中国海洋大学“985 工程”“海洋发展研究”哲学社会科学创新基地资助
中国海洋大学教育部人文社会科学重点研究基地资助
山东省人文社会科学重点研究基地“海洋经济研究中心”资助

海洋产业经济研究系列丛书　　丛书主编　姜旭朝

中华人民共和国海洋经济史

The Marine Economic History of the People’s Republic of China

姜旭朝　主编

经济科学出版社

责任编辑：吕　萍　张　辉
责任校对：徐领柱
版式设计：代小卫
技术编辑：邱　天

图书在版编目（CIP）数据

中华人民共和国海洋经济史／姜旭朝主编．—北京：经济科学出版社，2008.5
（海洋产业经济研究系列丛书）
ISBN 978－7－5058－7351－3

Ⅰ.中…　Ⅱ.姜…　Ⅲ.海洋经济学－经济史－研究－中国　Ⅳ.F129

中国版本图书馆 CIP 数据核字（2008）第 104705 号

中华人民共和国海洋经济史
姜旭朝　主编
经济科学出版社出版、发行　新华书店经销
社址：北京市海淀区阜成路甲 28 号　邮编：100142
总编室电话：88191217　发行部电话：88191540
网址：www.esp.com.cn
电子邮件：esp@esp.com.cn
北京汉德鼎印刷厂印刷
永胜装订厂装订
787×1092　16 开　31.5 印张　580000 字
2008 年 5 月第 1 版　2008 年 5 月第 1 次印刷
印数：0001—3000 册
ISBN 978－7－5058－7351－3/F·6602　定价：43.00 元
（图书出现印装问题，本社负责调换）

海洋产业经济研究系列丛书

编委会名单

总序

随着我国新发展观指导下的国家社会经济发展战略整体转型，尤其是国家“十一五”规划的出台和国家中长期科技发展规划的颁布实施，参与国家的自主创新体系建设，已经成为我国各个学科进行原创性基础研究和应用开发研究，以及相应学科革新与建设的重要指导使命，在国家“十一五”规划和科技中长期规划中，多次提及海洋科学研究和海洋开发的至关重要性和迫切性。

中国海洋大学是我国惟一一所以海洋综合研究为特色的教育部“211 工程”和“985 工程”重点大学，在海洋自然科学领域，已经成为国家海洋科技人才和科研成果的核心基地，随着国家、地方和学校对海洋学科综合方向发展的关注和投入，中国海洋大学海洋人文社会学科得到迅速发展，不仅批准建立海洋领域的教育部人文社科重点研究基地和国家哲学社会科学基地，而且在海洋人文社科研究领域连续得到教育部重大攻关项目及重点社科基地项目、国家自然基金、国家社科基金、国家软科学等项目的资助和支持，作为海洋人文社会学科领域重要组成部分的海洋经济学科建设，也已经纳入“211 工程”国家重点学科建设行列。

但是，无论与国家海洋领域经济发展需要相比，还是与经济学研

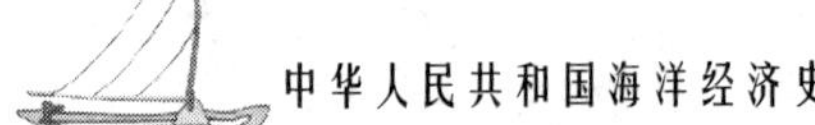

究领域的其他学科相比，海洋经济学领域的理论体系、方法体系和高水平应用研究还刚刚开始，尚有一系列学科建设空白需要填补。通过学校的通力协调和全面部署，以海洋发展研究院海洋经济研究力量和经济学院海洋经济本科专业、应用经济一级学科硕士点为基础，通过学校内部学科整合和外部学术交流，力争实现中国海洋大学海洋经济及海洋产业在基础研究和应用研究方面的全面提升。

为了及时交流和展示海洋经济学科理论体系建设和应用开发研究的学术成果，积累海洋经济学科发展所必需的基础文献和经典案例，我们计划出版海洋产业经济研究系列丛书，重点展示海洋经济领域学者在一般性基础理论和方法论研究、专项应用课题研究、国家层面战略对策研究、国际学术合作交流研究等方面的高水平研究成果，包括理论与方法专著、课题研究报告、学术会议论文集、重点课题阶段性研究进展等。

我们的海洋经济学科建设系列出版计划得到了经济科学出版社的大力支持和积极响应，经过友好协商，由经济科学出版社与中国海洋大学共同实施这一宏大学科建设工程。根据学科建设的需要和社会对海洋经济学术出版的反馈意见，从2006年开始，陆续出版系列海洋经济、海洋产业学术成果。

整个海洋经济学科建设出版计划，得到中国海洋大学“985工程”“海洋发展研究”哲学社会科学创新基地资助，得到中国海洋大学领导和学者的全力支持。在学科建设酝酿过程中，得到中国工业经济研究与开发促进会（中国工业经济学会）、《产业经济评论》编辑委员会，以及北京大学、复旦大学、山东大学、东北财经大学、中国人民大学、南开大学、中山大学、厦门大学、中南财经大学、北京交通大学、国家会计学院等学校经济学专家的大力支持和指导，同时，也得到美国、英国、荷兰、挪威、韩国等海洋经济领域学者的大力支持。上述大学和出版机构的领导及专家学者的鼓励和帮助，使我们更加感觉到任务的光荣与艰巨。同时，有大家的支持和监督，我们也会加倍努力，争取为我国海洋经济学科建设尽一份微薄之力。

海洋产业经济研究系列丛书编委会

2006年6月25日

前言

《中华人民共和国海洋经济史》一书脱稿了，相关工作可以暂时告一段落。但是我作为门外汉展开对中国海洋经济史的研究，始终有些诚惶诚恐的感觉。不过，丑媳妇始终是要见公婆的，最终应由读者来评判这项工作，我期待着！

2005年秋季，我从山东大学来到中国海洋大学经济学院工作。在山大经济学院，我主要从事金融研究，在民间金融领域做了一点工作。来中国海洋大学经济学院后，由于学科建设的需要，经济学院以海洋特色的产业经济学作为学科建设的主线，我责无旁贷地开始参与海洋经济的研究。我选择的突破口就是中国海洋经济史和新中国成立以来海洋经济理论研究演化，以期通过梳理这两个方面的内容，找到中国海洋经济发展的脉络，以及50年来中国理论界对海洋经济理论研究的内容、方法和总体状况。特别是后者的梳理是我进一步研究的逻辑起点。关于海洋经济理论演化的具体研究成果体现在稍后出版的书中，不在此详述。在本书的第五编里对中国海洋经济理论的梳理，只是对中国海洋经济理论研究的一个总体概述，是中国海洋经济史研究的一个必要的组成部分。

这就是我展开海洋经济史研究的缘由。这样的思路是一般问题研究的路径选择。因为不从整体把握对象或客体，就无法真正地进行一个具体的部分的研究。但是，中国海洋经济史研究方面的状况，令我始料不及。通过收集文献，我吃惊地发现，迄今为止，除了研究地方的海洋经济史外，

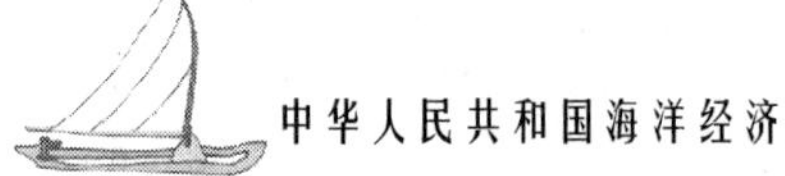

尚没有一部全面研究中国海洋经济史的著作。可资利用的整体性文献就是曾呈奎先生主持的《中国海洋志》。当然，我书中的很多资料来源于此，不过史和志还是有区别的。另一方面，建国以来，特别是改革开放以来的海洋经济研究如火如荼，大量的具体领域和部门的研究，又为海洋经济史的研究，提供了大量的资料，这为进一步研究提供极好的土壤！既然如此，不如放手一搏，那就在这个基础上开始吧，让门外汉尝试一下，能否开拓出一个新的研究天地！

由于很多问题属于探索性质的，值得仔细推敲和处理，我们有必要在这里向读者作一个交代。

第一个问题：数据处理。中国的国民经济核算体系经历了 MPS 框架时期、MPS 向 SNA 过渡时期和 SNA 框架时期。而两种核算体系在理论基础、统计目标、统计口径和统计方法上都是有差别的，因此在这样一个漫长的经济时期内，海洋产业体系核算也产生了前后不一致，形成了复杂的统计内容。

首先，在核算 MPS 体系时期的海洋生产总值时，一般不包括非生产部门的产值。MPS 体系主要以物质生产为主要核算目标，这些为海洋各个产业提供服务但和实际产、运、销不相关的部门，比如，灯塔、与海洋产业相关的气象服务、海上抢险、海事保险以及各种海洋科学技术研究服务等，大都没有相关的产值统计核算，更没有相关服务产品的价格或者计价方法，造成了这方面的数据缺失。[①] 所以，我们在进行时期、产值比较以及产业升级等方面的研究时，有很大的困难。

其次，MPS 体系时期核算的大多是海洋产业总产值或者国民收入（国民生产净值），与目前我们采用 SNA 有很大的不同。我们将以往使用 MPS 统计的数据要进行调整，去除中间消费或者增加折旧数据，与 SNA 体系下的海洋生产总值概念统一概念和口径，有很多的困难。

同时，过渡期内，即中国在 1993 年完全转向使用 SNA 体系之前，一直是混合使用 MPS 和 SNA 体系的统计核算项目，这导致有的数据是以生产法核算，而另外相关数据是以收入法核算，尽管可以为国民生产总值的核算提供足够的数据，但也导致一些数据在计算海洋生产总值时的缺失。

基于上面三个方面的原因，数据处理问题已成为研究中国海洋经济史研究过程的非常艰巨的任务。尽管我们整理数据工作很严格，但是不能保证没有缺失。

第二个问题：时期划分。由于我们只是研究当代中国海洋经济史，所以没有严格意义上的断代问题。当代中国海洋经济史的起始时间毫无争议的应从 1949 年新

① 在海洋运输业中，海洋客运也是不属于物质生产的范畴，所以在 MPS 体系下也不进行产值统计，只是进行客运量的统计。

中国成立之日算起，因为，新中国成立以后有关海洋经济管理体制、海洋经济政策等等一切都是在新的基础上进行的。但是，后面各个时期分类则一直困扰着我们。在本书中，读者会看到在不同的部分和不同行业中在演变时期上有不同的分类。我们在处理这些问题时，基本上采取一个实事求是的态度，能统一则统一，不能统一则按实际发生的时间进行分类，有些则是无必要进行统一和划分。比如，“海洋经济统一管理的初步形成阶段”，既可以划分在上个时间段，即海洋经济的行业分散管理体制（1949～1963年），也可划分在1964年以后。因为，在1963年，我国多名海洋专家学者上书党中央，建议加强我国海洋工作，经第二届全国人大审议批准，1964年7月国家海洋局正式成立。这本身就跨两个时间段，而且，地方上的体制变化可能更靠后。还有一些新问题，如第十三章新兴海洋产业及其他资源产业演变（1949年至今），为什么没有进一步的分类？就是因为这一章涉及的产业和资源都是比较新的，都是改革开放的以后形成的，而以前形成的又基本没有规模效益，所以就笼统地没有时期分类。再比如，产业的分类与第五编的有关章节的时间分类有很大的不同。第五编的内容作为对实践的思考和总结，在时间上滞后是必然的，所以在整体上没有强求一律的分类。

第三个问题：关于中国海洋经济史的内容。中国海洋经济史的内容应包括哪些内容？理论上，所有与海洋经济活动有关的内容都应包括进去。但是在实际研究过程中，内容千头万绪难以把握。我们在梳理资料的过程中，没有可资借鉴的相关方面的参照系。因此，我们按照下列次序，主要研究和整理如下内容：第一编，中国海洋经济管理体制演变；第二编，中国海洋经济政策演变；第三编，中国海洋产业结构演变；第四编，中国海洋经济中的技术演变；第五编，中国海洋经济理论的产生与演变；另加四个附录：附录一，中国沿海省市经济管理机构，安排在第一编之后；附录二，中国在海洋权益问题上的主张；附录三，各国最新海洋经济政策及其对中国的启示，安排在第二编之后；附录四，中国台湾地区海洋经济演变；附录五，中国香港地区海洋经济演变，后面两个附录安排在全文之后。

这样的安排和整理有一定的理由：第一编，中国海洋经济管理体制演变。新中国成立以后，海洋经济基本上处于完全的自然、放任、小生产的管理状态。在相当长的一段时期内，中国的海洋经济一直处于各行业部门的分散管理之下，如渔业划归农业部；港口、海上运输划归交通部；海洋盐业划归轻工业部管理，行业分散管理的框架清晰可见。不了解这样的管理体制和状态，我们就无法真正理解当时的海洋经济活动，这样的体制对经济活动而言，是否有效率，则不能一概而论。但是通过比较来看，形成一个比较完善的和有序的制度安排，比前者的效率似乎更高。

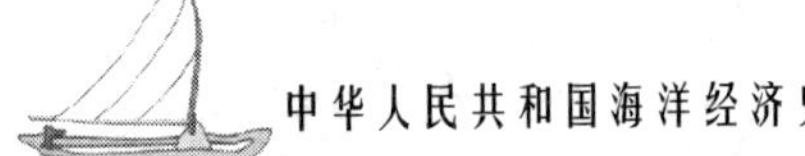

随着社会经济政治发展的需要，中国的海洋经济管理体制经历着从分散管理走向统一管理的演变轨迹。同时中国海洋经济逐渐从无序、分散、低效走向有序、统一和快速发展时期。正是基于对这方面的梳理，所以形成了“第一编中国海洋经济管理体制变迁”的内容。

我们安排第二编的内容，即“中国海洋经济政策演变”，理由是与上面第一编有共同之处，因为政策与体制是紧密相连。但是把中国海洋经济政策与管理体制放在一起，不是非常吻合，因为二者既有联系，又有区别！所以就有些勉强地单列一编，尽管仅仅安排一章内容。

第三编的内容为中国海洋产业结构演变。第三编为全文的重点内容。我们在这里主要梳理新中国成立以来中国海洋产业的变化，这种变化主要基于海洋产业的产值的变化。因为海洋产业是海洋经济活动的基本内容。本编我们安排内容是这样的：第五章，“海洋产业定义与分类演变”，这一章着重辨析新中国成立以来有关海洋产业定义的演变。因为这些定义与我国的国民经济核算工作是直接相关。第六章，“海洋产业整体演变”，本章分两大部分，第一部分内容是在三个时期分类的基础上进行的。三个分期是：1949～1957 年的海洋产业恢复发展期；1958～1978 年的海洋产业曲折中前行期；1979 至今海洋产业大发展时期。这三部分我们使用大量的统计数据分析期间海洋产业的变化。第二部分内容就是有关海洋三次产业的比重分析，这是一个总结性的内容，就是与陆域经济的三次产业对应的海洋经济三次产业的变迁。通过上面的内容的安排，我们期望为研究者提供一个更好的基础，以对照在时间序列内，海洋经济的三次产业与陆地的相关产业结构的变化。本编后面的各章在此基础上，就每一个海洋产业门类进行个别的分析和梳理。

第四编的内容是中国海洋经济中的技术演变。不了解海洋经济技术的作用和变化就无法了解中国海洋经济的变迁。新中国成立以来中国海洋经济的变化的每一步，都离不开海洋技术的进步，特别是中国海洋经济的“四次蓝色浪潮”的兴起，全然是与新型海洋生物技术的发明和运用有关。因此，这一部分内容的安排是必要的，何况经济技术本来就是经济活动的重要组成部分。

第五编的内容是海洋经济史研究的逻辑延伸。海洋经济史研究本身就是海洋经济研究的内容之一。从相关文献看，海洋经济研究的每一步都是与海洋经济的变化相关，包括海洋经济管理体制的变化；海洋政策的变化；海洋产业的变迁；海洋经济技术的变迁，等等。可以说，海洋经济的研究的每一步都是海洋经济各个部分实际状况的抽象和总结。我们通过海洋经济和海洋经济史的变迁可以更好地验证很多的理论，同时通过海洋经济研究变迁更好地理解和梳理海洋经济发展的规律。

另外，我们在全文加了5个附录，其中附录四、附录五是中国台湾地区海洋经济的演变、香港地区海洋经济的演变两部分内容。而澳门地区则没有列入，主要考虑其海洋经济规模较小，加之其经济成分的特殊性，所以就没有纳入本书的安排。

附录一，是介绍我国沿海各省市的海洋经济管理机构设置情况，由于篇幅较大，不宜放在正文中，作为附录，可以为读者提供一个极好的参考物。附录二、三安排在第二编之后，附录二是关于中国在海洋权益问题上的主张；附录三是就主要国家最新的海洋经济政策的简要分析，以作为学习海洋经济史的必要补充和对照。

以上是我们就内容安排所作的一个说明。

第四个问题：方法论。其实放在我们面前的书稿，是研究成果的一个叙述方式。包括上面的内容安排，也是叙述方式的组成部分。而在内容的形成方面，即我们研究的时候，试图预设某些研究方法。在写作之初我们总的要求是，必须按照经济学的一些方法论来做这方面的工作，而非传统意义上的经济史的编年史式的研究，试图使用经济学的方法来对海洋经济进行分析，包括使用制度经济学的制度变迁理论、产业经济学的理论、国民经济学的方法、发展经济学的理论等。但是，目前的工作与这项要求相距甚远。我们在第一编的海洋经济管理体制方面，强调在写作时必须贯穿制度经济学的内容，认为中国的海洋经济管理制度的变迁在新中国成立初期，一直在变化着，不断调整和完善，以更好地符合现实海洋经济发展的需要。这种渐进式的变化实际上是与中国整体的变革是相适应的，是更符合实际发展状况的制度安排。

第二编的内容的研究逻辑与第一编极为类似，不再赘述。

第三编得成稿与最初的写作要求有一定的距离。我们最初考虑产业变迁时，不想按照以往经济史的写作模式，即按照时间序列进行安排。试图以现代经济学的理论与方法，对建国以来海洋经济中的产业变化进行实证分析。但是在写作过程中，由于数据的缺失和其他原因，不能完全贯彻当初的要求。所以，在详细地解释了各种数据形成的背景及处理方法后，在总量方面进行了一个基本初步的分析，为进一步研究提供了一个窗口和平台。同时，我们又对海洋经济中的各个部门进行了个别的分析。在个别分析中，则着重时间序列中各部门的实质变化。

第四编的内容写作的初衷是想就海洋经济中技术变迁对海洋经济的影响展开讨论，并对其进行定量分析。理论上，我们的想法是可行的，但实际上，由于数据的缺失，过分按照定量分析，则更不符合实际状况，因为影响海洋经济的因素太多，如果把这些因素全部假定不变，而仅仅考虑技术变迁对总量的影响，则可能仅具有形式上的优势。

第五编的写作基本上就是按照时间先后、按照总体研究与部门研究两条线进行，以期比较明了分析中国海洋经济研究脉络。

本书是集体研究的成果。我负责全书的整体策划、修改和定稿。我的研究生负责收集资料、整理数据和初步撰写。每一章内容都是采取集体讨论。具体分工如下：第一编，王冬晓；第二编，王静；第三编，毕毓洵；第四编，孟祥波；第五编，黄聪；后面的两个附录，张文轩、于璐等。

本书的成稿，我要首先感谢我在中国海洋大学经济学院指导的数名研究生王冬晓、黄聪、毕毓洵、王静、孟祥波、张文轩、于璐。没有他们的辛勤工作，我是无法完成这项工作的，至少在近期内是无法完成的。

本书的完成还来自中国海洋大学一些朋友和同事的鼓励和帮助，方胜民研究员、权锡鉴教授、韩立民教授、刘曙光教授等对此书的写作给予我莫大的鼓励和各种帮助，使我在寂寞的探索过程中，有一种温暖始终相伴！

当然，我要特别感谢中国海洋大学的领导给我提供在中国海洋大学工作这一殊胜的机缘，吴德星校长高瞻远瞩地提出“海大”文科要利用好海洋研究方面的三大平台，突出海洋特色的学科发展思路，使我坚定了这一研究思路。

本书的编写有着太多的匆忙和无奈，尽管这不能当作这本探索性的书稿的这样那样缺陷的挡箭牌，但是我们仍然强调如果时间再宽裕一些的话，也许书稿离我们最初的设想会近一些！我们真诚希望读者能给我们提出批评和意见，使我们在以后的研究过程中，能补其不足。

谢谢！

作　者

于2008年

中国海洋大学、山东大学

目录

第一编　中国海洋经济管理体制演变

第二编　中国海洋经济政策演变

第三编　中国海洋产业结构演变

第四编　中国海洋经济中的技术演变

第五编　中国海洋经济理论的产生与演变

第一编

中国海洋经济管理体制演变

第一章　海洋经济管理体制的内涵和类型

一、海洋经济管理体制的内涵

（一）海洋经济管理体制

"体制"一词，在《辞海》中的定义为：国家机关、企业和事业单位机构设置和管理权限划分的制度；体裁、格局。根据制度经济学的观点，"体制"是制度的重要构成，是制度运行机制的体现，以"体制"为核心的制度运行机制与正式制度（各种政策、法规）、非正式制度（人们头脑中形成的观念、风俗、习惯）共同构成了制度的范畴。从这一点上看，体制反映的是制度运行的具体方式，是为了保证制度的顺利实施，国家以及各级行政主体所采取的职权划分、机构设置等内在安排。

海洋经济管理体制，是管理体制在海洋经济领域的延伸，是国家或地方对其所辖海域经济活动行使管理职能方式的具体体现。徐质斌和牛增福（2003）将"海洋经济管理体制"定义为：海洋经济管理体制是在国家基本经济政治制度下，海洋经济运作系统的组织形态，是中央和地方政府，海洋生产、科技、服务单位行使管理职能的机构设置、权限划分和活动规则的总称。它回答了海洋经济活动有哪些管理主体，行政机构如何设置和调整；哪些自然资源、海洋使用者、海上活动者归哪些部门或组织管辖，各自管什么；管理工作如何开展，遵循何种程序和方式，采用哪些手段等，并使这一切制度化、规范化。陈可文（2003）认为，海洋经济管理①体制是海洋经济管理的组织制度，包括中央和地方政府行使管理海洋经济的职能和机构设置、权限划分和活动规范，它是一国海洋经济可持续发展的制度保证。根据以上定义，我们可以清楚地看到，海洋经济管理体制无论在内容上还是范围上都已经具有明确的界定：即一国管理海洋经济所进行的职权划分、机构设置及其活动准则。

（二）海洋经济的综合管理体制

新中国成立以来，随着海洋资源开发力度的不断加大以及海洋经济重要性的日益显现，长期处于分散管理状态的海洋经济活动在各行业部门之间的矛盾逐渐暴露，其日益加深的利益争夺给海洋生态环境的维护带来了越来越多的威胁。在这样一种背景下，海洋可持续发展的概念应运而生，对海洋空间、资源等各种要素进行全面综合管理得到了越来越多国家和组织的重视和认可。近年来，各国的海洋经济管理实践告诉我们，海洋经济综合管理已经成为全球海洋事务管理的大势所趋。

国际上，海洋综合管理的提出，可以追溯到20世纪30年代，当时的美国考虑到其对相邻之海洋的资源空间包含着国家的广泛利益，不能只达到某一方面，要予以综合全面实现，因此有的专家提出："对伸延到大陆架外部边缘的海洋空间的海洋资源区域，国家应该采取综合管理方法。"② 无疑，那时对海洋综合管理的理解要比现在狭隘得多。美国的 J. M. 阿姆斯特朗和 P. C. 赖纳在其代表性著作《美国海洋管理》一书中认为：海洋综合管理"是把某一特定空间内的资源、海况以及人类活动加以统筹考虑。这种方法可以看成是特殊区域管理的一种发展，即提出把整个海洋或其中的某一重要部分作为一个需要予以关注的特别区域"。

1982年《联合国海洋法公约》颁布，号召各沿海国家要大力加强海洋管理，尤其是要加强海洋的综合管理。随着《公约》的生效以及人们开发、利用海洋活动的继续深入，海洋经济综合管理在各国不断的实践和发展中又被赋予了更加充实的含义。1992年召开的联合国环境与发展大会进一步明确了海洋综合管理的具体内容：

（1）海洋综合管理的主旨是国家通过各级政府对海洋的空间、资源、环境和权益等进行全面综合的、高层次的统筹协调管理活动。它立足于全部海域的根本长

---

① 陈可文认为可以从海洋管理的角度来认识海洋经济管理，海洋经济管理即海洋管理。这样理解海洋经济管理不是混淆概念，而是从更大的视野范围内来认识和加强海洋经济管理。

② 鹿守本，艾万铸：《海岸带综合管理——体制和运行机制研究》，海洋出版社2001年版。

远利益，涵盖海洋整体，而不是海洋的某一行业的某一项海洋资源开发利用活动的具体内容管理。

（2）海洋综合管理的目标是国家通过对海洋整体的系统功效的有效发展，来创造和发挥海洋开发利用条件，使其更好地为国家利益服务，这是任何局部或行业管理所不能做到的。

（3）海洋综合管理是通过战略、政策、规划、计划、区划的制定和立法与执法、行政协调等手段，建立和实践全局的、整体的、宏观的和公用条件下的综合性管理，从全局观点出发宏观调控海洋资源的开发利用。

（4）海洋综合管理的基本任务是合理享用本国的权利，遵从海洋是全人类的共同遗产这一理念，维护管辖海域之外的公海区域自然环境，并在公海区域取得海洋权利，维护本国的海洋利益不受侵害。①

1992 年库伯提出，海洋综合管理“可以被认为是一种方法，通过它可以将发生在海洋上的许多活动（航海、捕鱼、采矿等）及环境质量看做一个整体，在不破坏当地社会经济利益及危害子孙后代利益的前提下，优化使用这一整体以使一个国家获得最大的基本利益”。

我国于 1996 年发布的《中国海洋 21 世纪议程》第七章“沿海区、管辖海域的综合管理”中指出：综合管理应从国家的海洋权益、海洋资源、海洋环境的整体利益出发，通过方针、政策、法规、区划、规划的制定和实施：以及组织协调、综合平衡有关产业部门和沿海地区在开发利用海洋中的关系．以达到维护海洋权益，合理开发海洋资源，保护海洋环境，促进海洋经济持续、稳定、协调发展的目的。

《海岸带综合管理——体制和运行机制研究》一书中谈到，海洋综合管理是海洋管理范畴的高层次管理形态。它以国家海洋整体利益和海洋的可持续发展为目标，通过制定实施战略、政策、规划、区划、立法、执法、协调以及行政监督检查等行为，对国家管辖海域的空间、资源、环境、权益及其开发利用和保护，在统一管理与分部门、分级管理的体制下，实施统筹协调管理，达到提高海洋开发利用的系统功效、促进海洋经济的协调发展，保护海洋生态环境和国家海洋权益的目的。

有些学者认为，海洋经济综合管理体制是综合管理在海洋经济领域的表现，是国家（中央政府和地方政府）为了达到提高海洋开发利用的整体功能，推进海洋经济事业协调可持续发展的目的，通过发展战略、规划、区划、政策、法规、行政

① 王志远，蒋铁民：《渤黄海区域海洋管理》，海洋出版社 2003 年版。

等宏观调控手段，在发挥条块管理积极作用的同时，对国家管辖海域的各种自然资源及其开发利用行为进行的统一协调管理（徐质斌、牛福增，2003）。

参照国内外对海洋经济综合管理体制的以上理解，结合我国海洋经济管理的实际进展，本书认为，海洋经济综合管理体制中的“综合”主要体现在两个方面：其一，是管理内容的综合，即管理对象包括海洋权益、空间、资源、环境、人类活动等各种涉海要素，要对其进行综合管理，不能顾此失彼；其二，是管理方式的综合，包括立法、执法、政策制定、机构设置、职权划分等各种方法的综合使用，充分发挥每种手段的积极作用，以便实现对海洋经济事务最全面、最严谨的多角度、全方位管理。基于此，海洋经济综合管理可以被定义为：一国以实现海洋经济的可持续发展为目标，通过合理有效的立法、执法、机构设置、职权划分等手段，对一国的海洋空间、海洋资源、生态环境、海洋权益和人类活动等各种涉海要素进行全面的统筹协调，在行业分散管理的基础上进行集中的统一管理，以发挥海洋的整体功效，实现国家最大的海洋利益。

二、海洋经济管理体制的类型

纵观国际上主要海洋国家的海洋经济管理发展历程，海洋经济管理体制大致可以分为三种类型，即集中管理型、半集中管理型和松散管理型。

（一）集中管理型

集中管理型的海洋经济管理体制具有以下特点：首先，国家设有一个统一的权威性海洋管理机构，对涉及各个行业、各种性质的全国海洋事务进行综合管理和协调；第二，有较为系统和完善的国家海洋法律法规及海洋政策；第三，具有一支统一的海上执法队伍。

波兰是实行集中管理型海洋管理体制的典型国家。波兰具有一个高度集中的全国权威性海洋事务管理机构——海洋经济总局，直接隶属于部长会议，下设三个地区海洋局分别管理各自辖区。波兰海洋总局集国内所有涉海行业的管理职能于一身，如海洋渔业、海洋运输、海上安全、海洋环境保护、海洋科学研究、海洋政策、工作计划制定等职能。同时，海洋经济总局下设的航运救助公司负责波兰的海洋执法工作。无论是从海洋执法，还是海洋整体事务的管理来看，波兰都具有集中

管理体制的典型特征。除此之外，韩国、法国也属于集中管理型海洋管理体制。

纵观实行集中管理型海洋管理体制的国家，大致具有以下相似特点：海岸线长度有限。波兰的海岸线只有528千米，而法国和韩国虽然三面临海，其大陆海岸线总长度也只有大约5000～6000千米[①]。在这样一个海岸线延展有限的国家，国家对海洋事务更加容易实行集中管理，有效的集中管理可以促使国家在有限的海洋空间内充分利用各种海洋资源，协调配置各种海洋资源的使用并将其优化组合，在实现海洋价值的同时，兼顾海洋经济的生态效益，保证海洋经济的和谐健康发展。

（二）半集中管理型

半集中管理型的海洋经济管理体制具有以下特点：第一，全国不设立统一的权威性海洋行政管理机构，一国对海洋事务的管理分散在各涉海行业部门；第二，建有海洋工作的协调机构，负责协调解决涉海部门间的各种矛盾。

美国[②]在海洋事务管理过程中实行的即是集中与分散相结合的半集中型海洋管理体制。首先，美国的海洋管理体系分为三级，分别为联邦政府、州政府和市、县地方政府。联邦政府设有管理海洋事务的协调和服务机构——国家海洋大气局，下设5个局：国家海洋局、国家气象局、国家海洋渔业局、国家海洋环境卫星资料局和海洋与大气研究局。与集中管理型的海洋管理体制不同，国家海洋大气局在美国的海洋事务管理中负有有限的综合管理职能，而一些具体的涉海活动则分属商务部、内政部、能源部、国防部等相关行业部门进行分散管理。其次，美国具有较为完备的海洋法律法规体系。早在1972年，美国就率先通过了《海岸带管理法》，成为世界上第一个制定和实施综合性海岸带管理法的国家。至今，美国已制定了相关涉海法规数十部。第三，美国具有一支统一的海上执法队伍——海岸警备队。海岸警备队隶属美国五大武装部队，具有强大的执法力量，职责范围涉及渔业资源管理、海洋资源保护、海事安全、缉私等各个领域。除美国之外，澳大利亚和日本也具有半集中管理型海洋管理体制的特征。

在实行半集中管理型海洋管理体制的国家中，各个国家在地理环境、政治体制等方面也具有一些共性。首先，美国、澳大利亚和日本都具有一条漫长的海岸线，

① 韩国大陆海岸线总长5259千米，法国大陆海岸线总长5500千米。

② 关于美国的海洋管理，有学者认为美国属于集中管理型的海洋管理体制，如鹿守本、王志远等。本书基于美国海洋经济管理中尚存在行业分散管理这一现象，将其归于半集中管理型的海洋经济管理体制。

且国家海域面积辽阔。在美国，海岸线绵延22680千米，国内的50个州中，有将近4/5的州属于沿海州；在岛国日本，大大小小的岛屿共3000多个，海岸线总长35000千米；回望太平洋，澳大利亚的海岸线也长达37500千米。在这样一些海域规模相对庞大的国家，国家对海洋实行集中管理就会显得较为吃力，因此，一种集分散与集中相结合的半集中管理体制在此便会更加适宜，既保证了国家对海洋事务的集中统筹，又能发挥地方和行业涉海部门具体执行、操作海洋事务的积极性。其次，就政治体制而言，美国和澳大利亚都是典型的联邦制国家，在联邦制国家内部，联邦与州和地方之间具有明确的行政区划和职权划分，相应地，国家各种海洋经济管理职责也分散在联邦政府、州和地方政府之间，据此，国家内部明显的分级管理体制也构成了这些国家采用半集中管理体制的原因。①

（三）分散管理型

分散管理型，指国家的海洋事务遍布在各个行业部门进行分散管理。这种管理模式的特点为：第一，全国没有统一的海洋管理职能部门，海洋管理分散在较多的部门，海洋管理力度不大；第二，没有统一的海洋法规和海洋政策；第三，没有统一的海上执法队伍。

英国是实行分散型海洋管理的典型国家。英国没有建立一个专门负责并统一管理国家海洋事务的海洋行政管理机构，其国内海洋事务分属能源、国防、工业、交通、环境等各涉海行业部门分别管理。这主要是由于英国是一个近代海洋强国，国内各项海洋事务起步较早，各个行业部门较早的建立起了对相关涉海事务开展管理的稳固关系，随着国家的逐步壮大和社会的显著进步，这种行业分散管理的体制在英国也得以继续巩固，形成了目前的分散型海洋管理体制；其次，英国的自由经济制度在一定程度上遏制了国家对海洋经济实施集中管理的可能性，为海洋经济行业分散管理的形成提供了极大的机会。

目前，我国的海洋经济管理体制属于半集中管理型。首先，在我国除了国家海洋局代表政府行使管理海洋事务的职能以外，其他涉海行业部门也具有管理本行业开发利用海洋活动的职能。例如，农业部渔业局具有管理海洋渔业生产的职能，交通部具有管理港口作业和海上运输的能力，地质矿产部具有管理海洋地矿开采的职能，国家旅游局具有管理滨海旅游活动的职能等。其次，在海洋立法方面，我国至

---

① 数据来源：鹿守本，艾万铸：《海岸带综合管理——体制和运行机制研究》，海洋出版社2001年版。

今没有形成一部综合性的海洋法律法规对各种类型的涉海行为进行规范和协调。第三，我国的海洋执法，存在涉及交通部、农业部等多个部门的多支海洋执法队伍，没有形成一支中华人民共和国统一的海上执法队伍对海洋事务进行集中监管。因此，我们可以说，目前我国的海洋经济管理体制属于统一与分散相结合的半集中管理型。

第二章　中国海洋经济管理体制演变

新中国成立以前，在很长一段时间内，中国一直处于被帝国主义列强奴役压迫的境地，历时8年的对日抗战和国内战争使国内经济一片混乱，百废待兴，百业待举。作为一个海洋大国，当时的海洋建设几乎是一片空白，各种海洋资源也没有得到相应的利用和开发。海洋经济管理体制更是无从建立。在这样一种时代背景下，新中国的建立成为海洋经济管理体制初步形成的一个契机，新中国海洋经济体制冲破了以往分裂、割据式的局面，实现了突变式的跨越，在这一时期，我国最初的海洋管理体制的雏形——行业分散管理的海洋经济管理体制悄然形成。

新中国成立后，新中国的海洋经济管理体制正经历着从分散管理走向统一管理的演变轨迹。这一轨迹曲折漫长，分散中蕴含着统一的痕迹，走向统一的过程时刻渗透着行业分散管理的要素。建国以来，在相当长的一段时期内，中国的海洋经济一直处于各行业部门的分散管理之下，如渔业划归农业部；港口、海上运输划归交通部；海洋盐业划归轻工业部管理，行业分散管理的框架清晰可见。

随着海洋经济的持续发展、人类对海洋开发利用力度的不断加大，我国涉海行业内部、各行业之间的矛盾日渐显现，早期的海洋经济管理体制已经不能适应新时期海洋经济的发展速度和要求，传统的涉海部门权力划分体系也已无法解决新时期海洋发展过程中出现的新情况、新问题。在这一背景下，国家海洋局应运而生，为我国各涉海部门海洋事务提供整体服务。海洋局的设立使我国海洋经济从分散管理逐步走向统一。历经了20世纪80～90年代的国务院机构改革，国家海洋局的职责得到了进一步调整和扩大，其综合管理职能日益凸显。进入90年代，国家海洋局在全国海洋事务的综合管理中扮演着更加积极的角色，此时，国内海洋经济统一管理的要求日益急切，同时，各涉海行业的部门管理逐渐深化，在立法、执法、行政等方面都取得了较大的进展，随着沿海省、市、自治区地方海洋经济管理机构的建立和日臻完善，我国海洋经济综合管理与分散管理相结合的“条块”管理体制正在逐渐形成，并日益规范。

新中国成立以来，在海洋经济行业分散管理向统一管理迈进的漫漫征程中，我国海洋经济管理体制共经历了以下四个阶段的变革：

一、海洋经济的行业分散管理体制（1949～1964年）

1949年新中国成立初期，我国海洋产业得到了迅速恢复和发展。在这一时期，我国海洋经济管理建立在行业基础之上，各种海洋管理机构由原来大陆的行业管理向海洋延伸形成，尚未建立统一管理海洋事务的综合管理部门。与新中国成立初的国情相呼应，当时涉海行业海洋活动的主要目标在于恢复生产、增强管理，再加上出于经济技术能力的限制，海洋开发利用手段单一，各行业对整个海洋的开发利用程度较低，规模有限。在这样一种环境下，各涉海行业的海洋经济管理部门在海洋经济管理过程中各司其职，并未有大的矛盾和利益冲突出现。

（一）海洋渔业

建国初期，是我国渔业的恢复时期，水产品总产量逐年递增，水产养殖从无到有，淡水养殖迅速发展，水产品人均占有量呈明显上升趋势。在这一时期，海洋渔业先后历经了农业部、食品工业部、轻工业部和商业部四个部门的阶段管理。直至1956年全国人大常务委员会设立中华人民共和国水产部决议的出台，我国的海洋渔业才得以结束长期以来隶属国务院其他部委管理的状态。中华人民共和国水产部是我国建国以来第一个部级渔业管理部门，标志着国家对渔业工作的日渐重视以及渔业事务在国内总体地位的提高。20世纪50年代初期，中国渔政建立，归农业部渔政局管理，依据渔业法律法规执法。

（二）港口和海洋运输

港口和海洋运输，一直是由我国交通部负责管理，交通部下设的港务系统、航道系统和港务监督系统，都是海上航运业的管理部门。其中港务系统负责航运生产，航道系统保证航道畅通，港务监督系统则是负责海上交通安全。20世纪50年代港务监督在各主要港口先后建立，负责航务和港务监督工作。1951年，我国最早的中外合资企业——中波轮船股份公司的成立为我国与波兰、乃至世界其他国家的海洋运输贸易往来发挥了积极的作用。1956 年，交通部正式成立了船舶登记局，统一领导国内各主要港口船舶检验机构的业务工作。同一时期，中国港监建立，由交通部管理，监察执行的法律有《海上交通安全法》、《航务管理规定》、《重要水道的航行规定》和船舶航行管理制度。

（三）海洋盐业

新中国成立之初，中央人民政府政务院主要致力于解决各地盐务管理机构各自为政的分散状态，以统一盐政、加强生产。1950 年 6 月，财经委员会批准实行产盐由盐务机关统一收购的政策。1952 年 11 月第四届全国盐务会议决定，不论国营、私人和个体盐场，原则上均应按计划产量公收。

20 世纪 50 年代初期，国家根据当时各地盐业产、销、税分散管理制定了全国统一的生产归工业、运销归贸易、税收归财政的分工管理机制。这种机制下，各盐务部门独立工作，各负其责，一定程度上对我国盐业的持续发展起到了积极的作用。但同时，由于建国初期我国众多盐场规模不一、产量存在差异，致使我国盐产品流通过程中出于成本的考虑导致供求脱节、产销不平衡现象的产生。基于此，1954 年开始，国家决定盐业实行产销合管，将盐务总局和盐业总公司合并，形成工商合一，隶属于轻工业部，初次形成了我国盐业的集中管理体制。1958 年，由于“大跃进”的影响，盐业生产和流通领域产生混乱，直到 1963 年，全国制盐业集中统一的管理体制才得以再次形成。

二、海洋经济统一管理的初步形成（1964～20 世纪 80 年代初）

海洋经济管理体制的实质就是通过对整个国家和各涉海行政部门的职权进行划分，通过对其各种行政权力的分配实现海洋资源在整个国家中的优化配置，从而实现最大的海洋经济投入—产出比。因此，随着海洋经济的持续发展和各种海洋开发利用活动的不断加深，当一国现有的海洋经济管理体制不能继续适应海洋经济发展的新形势时，就需要出现一个对海洋管理职权进行重新划分的新格局，以在新的环境下重新优化配置各种海洋资源，实现最优的海洋经济整体效益。在这一时期，我国海洋经济管理体制主要呈现如下变化：

（一）国家海洋局的建立

随着海洋经济的持续发展和各种海洋开发管理技术的日益成熟，各涉海行业部门新中国成立初期的生产恢复工作已逐步完成。但同时，伴随着海洋开发力度的加大和利用规模的拓展，越来越多的海洋活动在理论和实践中逐渐暴露出自身存在的种种问题，在海洋开发利用过程中，涉海行业之间的各种利益矛盾和冲突也随之凸显。

1963 年，我国多名海洋专家学者上书党中央建议加强我国海洋工作，经第二届全国人大审议批准，1964 年 7 月国家海洋局正式成立。根据当时国内的海洋管理状况，国家赋予国家海洋局的建局宗旨是负责统一管理海洋资源和海洋环境调查资料收集整编和海洋公益服务，目的是把分散的、临时性的协作力量转化为一支稳定的海洋工作力量。国家海洋局成立之后，先后隶属于海军和国家科委，根据国家规定的任务，积极开展工作，迅速推进海洋调查监测、资料、预报、服务等一系列工作的全面展开，极大地扩展了我国海洋管理的科技工作力量。①

从此，我国有了专门的海洋工作领导部门，我国的海洋事业进入了一个全新的发展阶段，虽然当时的国家海洋局尚未具备综合管理海洋事务的整体职能，但我国海洋经济综合管理机构的雏形已经在这一时期悄然形成，海洋经济管理体制的演进轨迹开始向“统一”的方向转变。

（二）海洋经济行业行政管理体制继续深化

这一时期，在国家海洋局对海洋事务开展统一服务的总体框架下，我国涉海行业的行政管理体制得到了进一步深化。在渔业生产管理方面，1966 年，水产部发出通知：决定将原属水产部主管的 12 个省、直辖市水产供销公司和 7 个海、淡水养殖试验场划归地方经营、领导，有关水产供销归口事宜，仍由水产部负责。1970 年，国务院撤销了水产部，代之设立了农林部，下设水产局以行使海洋渔业的管理职能。第二年，在水产组的基础上建立了水产局，强化了渔业工作的管理力度。在海盐管理方面，20 世纪 60 年代末，盐务总局归商业部管。“文革”开始后集中管理体制被打乱，盐业的产、运、销流通领域再次陷入被动，直到 1980 年前后，盐

---

① 数据来源：鹿守本，艾万铸：《海岸带综合管理——体制和运行机制研究》，海洋出版社 2001 年版。

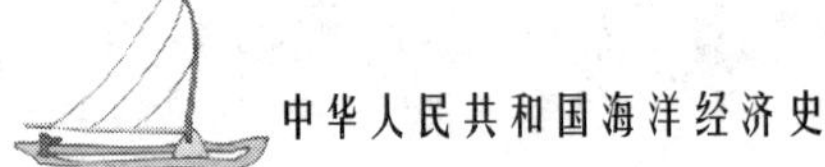

务总局回归轻工业部，我国盐业第三次形成集中统一的管理模式。

三、海洋经济管理向综合管理体制的迈进（20世纪80年代初~1998年）

进入20世纪80年代后，改革开放的不断深入和沿海经济的迅速发展极大地带动了海洋资源和空间的开发利用，一些新的海洋产业如海洋石油天然气、海洋盐化工、海水养殖、海水淡化与综合利用、海洋旅游和海洋空间利用等迅速形成。海洋新兴产业的出现以及沿海工业企业的急速增多在给国家和地方带来可观海洋经济效益的同时，也给海洋开发带来了日愈沉重的压力，并由此引发了一系列不利于我国海洋经济健康协调发展的现象：海洋污染物显著增加，海洋环境日益恶化；海洋资源过度开发，渔业资源面临枯竭；行业矛盾日渐加大，利益纠纷层出不穷；国际海洋争斗不断，海洋权益频遇威胁。

根据规制经济学的基本观点，当市场自身不能完善地发挥配置资源的基础作用时，政府规制则正当其时。针对在这一时期海洋开发活动中存在的以上种种问题以及海洋价值观在国际范围内的转变，国家顺应形势，利用社会性规制手段，对我国海洋空间、资源、环境等各种海洋要素做出全面统一的协调，外在表现为：对海洋局的职责做出了及时调整，在巩固国家海洋局综合管理、统一指导地位的整体思路下，加大了行业分部门管理的整改力度，同时，组建了各沿海省、市、自治区的海洋经济管理机构，为我国实现以“条块”管理为框架的海洋经济综合管理体制打下了坚实的基础。

（一）国家海洋局的职能调整

随着我国海洋事业的发展，国家海洋局原来的建局宗旨和职责已不能满足海洋行政管理工作的需要。因此，1983年国务院批准了国家海洋局的机构改革方案，明确国家海洋局直接隶属于国务院建制，是国务院管理全国海洋工作的职能部门，主要任务除负责组织、协调全国海洋工作外，还担负着组织、实施海洋调查、海洋科研、海洋管理和海洋公益服务等四个方面的任务。

1988年11月，国务院决定改变国家海洋局的性质和基本职责，使其成为国务院管理全国海洋事务的职能部门，赋予其综合管理中国管辖海域、实施海洋监视监

测、维护国家海洋权益、协调海洋资源合理开发利用、保护海洋环境、组织管理海洋基础与公共事业等“综合管理中国海域”的职责，并在1994年国务院机构改革方案中得到进一步明确。国家海洋局为履行综合管理职责，首先对原工作系统实行职能转移，进行组织机构的调整和力量的建设。为使海区布局合理化，在原中心海洋站和海洋站的基础上，建立了海洋管区和海洋监察站两级管理机构，自此，国家海洋局的综合管理形成了国家海洋局——海区海洋分局——海洋管区——海洋监察站的四级管理系统。1989年10月，国家海洋局下达了北海、东海和南海分局10个海洋管区和50个海洋监察站的职责，确定海洋管区是所辖海区的海洋综合管理机构。至此，海洋行政四级管理系统基本建成，有力地保证了海洋行政主管部门的管理职责有序地执行和落实，使得中国海洋经济向综合管理的方向迈出了重要一步。

（二）涉海行业行政管理体制的发展

经过30多年的发展，我国海洋经济管理领域在行业分散管理路径“自我增强”机制的不断作用下，各个涉海行业部门行政管理机构的管理运作方式不断进步，传统海洋行业管理体制在不断的探索和改进中日渐成熟，行业发展基础上形成的分部门行政管理与国家海洋局实施的综合性统一管理相辅相成，为我国海洋经济管理体制的完善共同发挥作用。

1. 海洋渔业。

这一时期，我国的海洋渔业管理有了长足的发展，特别是在渔业法制建设和机构队伍建设等方面有了突破性进展。1988年以前，渔业工作在较长一段时间内隶属于农牧渔业部管理，1989年体制改革后，渔业又隶属农业部管理，除设水产司外，还设立渔政渔港监督管理局，主管渔政、渔港监督、渔船检验、渔业环境保护、渔业电信等工作。为便于管理，还设黄渤海、东海、南海三个渔政局，主要负责各海区渔政、渔港、船检、环保等方面的管理工作。1986年，我国颁布了渔业的基本法《中华人民共和国渔业法》，随后又颁布了《中华人民共和国渔业法实施细则》和《中华人民共和国野生动物保护法》等法律法规，使我国的渔业生产结束了无法可依的历史，开创了“以法兴渔”的新局面。

国家对渔业的监督管理实行的是“统一领导，分级管理”的体制。在国务院划定的“机动渔船底拖网禁渔区线”外侧，属于中央一级管辖的渔业海域，由国务院渔业行政主管部门及其所属的海区渔政机构管理；在禁渔区线内侧的海域，除国家另有规定者外，由毗邻海区的省（区、市）渔业部门管理。重要的、洄游性的共用渔业资源，由国家统一管理；定居性的、小宗渔业资源，由地方人民政府渔业行政主管部门管理。至此，我国的渔业基本上形成了以专业管理队伍为骨干、以群众管理队伍为基础，专业、群众管理相结合的国家、省、市、县、乡五级管理网络。[①]

2. 港口和海洋运输。

长期以来，沿海港口实行政企合一的管理体制，港务局统一负责港口的航政、港政、生产和服务业工作。这种管理体制曾在一段时期内为我国统一港口管理、有效开展服务提供了有力的体制保障，但随着沿海经济的继续发展和港口工作的不断增多，这种政企合一的管理体制开始逐渐暴露出局限性：不利于激发地方政府建设港口的积极性，也在一定程度上遏制了企业的经营活力。据此，交通部决定根据《中共中央关于经济体制改革的决定》，对中国海洋运输管理体制试行改革。

从 1982 年开始，交通部对大连港实行政企分开的改革试点，将大连港务局分为两个性质不同的机构。一个是国家行政机构，由交通部和大连市双重领导；另一个是经济组织，即大连港装卸联合公司，实行独立核算，自负盈亏，直属交通部领导。1984 年，对天津港实行“双重领导、地方为主”的体制改革试点。1986 年，根据天津港试点经验上海港也完成了交通部与所在市双重领导、以港口所在市为主的管理体制改革。至 1987 年，除沿海的秦皇岛港为交通部直属港口外，其他沿海港口的港务局均改为“交通部与地方政府双重领导，以地方管理为主”的港口管理体制，全国共形成中央政府港口、交通部和地方政府“双重领导”港口和地方政府领导港口三种类型。

3. 海洋盐业。

随着生产力的发展，以往高度集中的盐业管理模式在社会主义市场经济发展过程中开始逐渐暴露出其弊端，在这种政企合一的管理体制之下，各盐业企业的生产积极性不能得到最大限度的发挥，其经营活力也出于行业竞争的缺乏而无法激发。在这样一种背景下，国家必须适时进行盐业管理体制的改革，以适应新形势下生产力发展状况，从而实现盐业资源的最优配置。

1987 年 3 月，根据《中共中央关于经济体制改革的决定》，中国盐业总公司与盐务总局实行内部职责分开。1988 年 7 月，轻工业部决定将盐业总公司改为经营、开发、服务型的经济实体；成立盐业协会和中国盐业总公司，撤销盐务总局建制，

---

① 鹿守本，艾万铸：《海岸带综合管理——体制和运行机制研究》，海洋出版社 2001 年版。

其行政管理职能交由轻工业部综合部门和中国盐业协会执行。盐业协会主要受轻工业部委托负责规划、质量、标准等一些盐业行业方面的管理工作；盐业总公司主要负责盐的生产、分配、调拨计划、运销等经营活动和有关矛盾处理、部分物资供应工作。继中国盐业协会和中国盐业总公司成立之后，沿海有关省（市）、地、县也设立了相应的地方盐务局（公司），主管本地区的盐务工作。1990 年，国家颁布了《盐业管理条例》，自此我国盐业生产管理步入了法制化轨道。

（三）地方海洋行政管理的初步实现

我国海域面积辽阔，海岸线长，沿海遍及十多个省、市、自治区，随着海洋经济的发展和改革开放的不断深入，沿海地区的区位优势更加明显，各项海洋产业成为地区经济增长的重要源泉，因此，对各种海洋要素进行综合协调、实现海洋经济的可持续发展已经成为沿海地区各级行政部门普遍关注的热点问题。

随着国家以及地方各级政府海洋开发意识的提高，20 世纪 80 年代起，五部委局联合组织，在全国沿海各省（区、市）相继成立了“海岸带调查办公室”，开展全国海岸带和海涂资源综合调查。经历了 8 年的综合调查，各沿海区域的海洋开发活动步入高潮，与此相伴，因开展海岸带和海岛调查任务而成立起来的沿海各省（区、市）领导小组及“海岸带调查办公室”逐渐转变成为地方政府协调、管理海洋工作的事业部门，为我国海洋经济区域管理体制的形成提供了实体根基。1989 年 3 月，我国第一个厅局级地方海洋机构——海南省海洋局成立，至 1991 年 5 月广东省海洋与水产厅成立时止，全国沿海省（区、市）和计划单列市全部建立了海洋管理机构，至此，我国的地方海洋经济管理体制初步建立。

1991 年 1 月，全国首次海洋工作会议把“完善中央与地方相结合的管理体制，加强地方海洋工作”列入了《90 年代我国海洋政策和工作纲要》中，并进一步强调了发挥中央和地方两个积极性的海洋经济管理手段。1992 年，国家调整了中央与地方海洋机构的分工，即海岸带、海岛及其邻近海域以地方管理为主，管区、监察站实行以中央为主的双重领导，并在河北省和辽宁省进行了试点。国家的此类种种政策和规划为地方海洋行政管理的实施提供了制度保障，极大地促进了地方海洋经济管理体制的成熟和完善。

（四）海上执法工作的积极探索

这一时期的海洋执法监察工作，主要以行业分散管理为主，如农业部的渔政渔

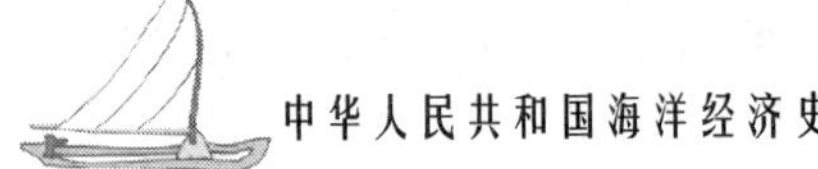

港监督管理局、交通部的港务监督以及公安部门在海上维护秩序的执法活动、海关在海上查缉走私活动等，都属于维护我国主权和海洋权益的行政管理活动。各涉海行业执法机构在各自的职责权限内积极开展海洋执法监察活动，为维护我国海洋权益、保障我国领海安全提供了坚实的后盾。

四、以“条块”为特征的综合管理与分散管理相结合的海洋经济管理体制的完善（1998 年至今）

面对快速发展的海洋经济，海洋承受着人口不断增加、资源逐渐减少、环境污染日益加重的压力。各行业间争抢岸线、海域的事件时有发生，开发利用矛盾增多，从海洋开发中获得的经济利益与海洋资源数量、种类和环境容量现状不协调，以上种种问题的存在使中国海洋管理面临着更为艰巨的任务。针对这一现状，该时期的国家海洋局及时转变职能，调整职责范围，强化海洋执法；地方和部门的行政管理部门也相应做出调整，开展了各种海洋行政管理机构的改革和试点，进一步巩固了我国现有的综合管理与分散管理相结合的海洋经济管理体制。

（一）国家海洋局的综合管理

1998 年，国务院根据第九届全国人民代表大会第一次会议批准的机构改革方案，明确国家海洋局是国土资源部管理的监督海域使用和海洋环境保护、依法维护海洋权益、组织海洋科技研究的行政机构。在国务院“三定”方案[①]中，国家海洋局的基本职能被调整为海洋立法、规划和管理三项职能，其基本职责发展为海域使用管理、海洋环境保护、海洋科技、海洋国际合作、海洋减灾防灾以及维护我国海洋权益六个方面。自此，国家海洋局的职责得到了全面提升，为其对全国海洋事务开展综合管理提供了可靠的职能保证。

根据“三定”方案，国家明确设立海域管理司，其主要职责为：草拟中国海岸带、海岛、内海、领海、毗连区、大陆架、专属经济区及其他管辖海域的海洋基本法律、法规和政策：草拟海洋功能区划、海洋开发规划，核准海域使用许可证，具体组织海域勘界，审核并监督海底电缆、管道的铺设。中国海域管理工作首次被

① 根据第九届全国人民代表大会第一次会议批准的国务院机构改革方案和《国务院关于机构设置的通知》，国务院的三定方案主要内容是：定职能、定机构、定编制。

写入政府职责，我国海洋经济管理体制向实现“统一”的目标又迈进了一大步。

（二）海洋经济行业管理体制改革

1. 海洋渔业。

为实施“依法治渔、以法兴渔”战略，农业部决定1999年起进行渔业行政执法体制改革。改革的主要内容是强化统一管理职能，改多头、分散执法为统一、综合执法，规范机构名称，完善执法体系，在现有渔政、渔港监督执法队伍的基础上，组建一支处罚主体统一的渔业综合执法队伍，综合行使渔政、渔港监督、渔船检验、水产种苗及水产品质量管理的监督检查职能和法律赋予的行政处罚权。

为推动渔业执法体制改革工作，农业部于1999年7月下发了《关于加强渔业统一综合执法工作的通知》，并召开了全国渔政、渔港监督管理工作会议，专门就渔业执法体制改革的有关工作进行部署。随后，各级渔政管理机构根据农业部统一部署，结合本地区的实际情况，进行了渔业综合执法队伍改革工作。年底，农业部根据统一综合执法的思路，开始组建农业部渔政指挥中心，同时大部分内陆省级机构基本实现了渔业统一综合执法。①

2. 港口和海洋运输。

从1999年开始，作为交通部直属的唯一港口秦皇岛港与交通部“脱钩”，双重领导的港口管理体制进一步深化。2003年，港口管理体制改革在2002年全面启动实施的基础上，取得了卓有成效的成果，38个原中央直属和双重领导港口中的绝大部分港口的政企分开工作基本完成。

按照《国务院办公厅转发交通部等部门关于深化中央直属和双重领导港口管理体制改革意见的通知》（国办发［2001］91号）精神，2003年交通部进行了理货体制改革，逐步放开理货市场，建立竞争机制，保证理货的公正性，促进理货质量的不断提高。交通部相继印发《关于组建第二家外轮理货公司有关问题的通知》、《关于组建各港口第二家理货公司有关问题的补充通知》等文件，推动了理货体制改革。2003年3月12日，交通部批准成立中联理货有限公司，该公司由中国对外贸易运输（集团）总公司、中国外轮代理总公司、中国海运（集团）总公司、中国外轮理货总公司合资组建。第二家全国性理货总公司——中联理货有限公司的成立，标志着理货体制改革取得了实质性进展。同年，交通部印发了《关于

① 参见历年中国渔业年鉴。

原中央直属和双重领导港口外轮理货公司改制工作有关问题的通知》和《关于进一步推进各地港口外轮理货分公司改制工作的通知》等文件，积极推动中国外轮理货总公司各分公司的改制工作。2004 年，港口管理体制改革有了再度进展。一是按照《国务院办公厅关于深化中央直属和双重领导港口管理体制改革意见的通知》（国办发［2001］91 号）要求，全面启动了港口引航管理体制改革的准备工作。二是按照国办发［2001］91 号文件要求，一方面继续推进理货公司的改制工作；另一方面，继续推进理货市场引进竞争机制工作，20 多个沿海主要港口根据《港口经营管理规定》和交通部有关文件规定设立了第二家理货公司或设立中联理货有限公司分公司，竞争机制的引进使得我国理货体制改革取得了实质进展。

3. 海洋救捞。

根据中央编办《关于交通部海上救助打捞局等 8 个单位机构编制调整的批复》精神，交通部海上救助打捞局，更名为交通部救助打捞局，成立交通部救助打捞局飞行调度中心。2003 年 6 月 28 日，交通部北海救助局、东海救助局、南海救助局和交通部烟台打捞局、上海打捞局、广州打捞局以及交通部上海海上救助飞行队正式挂牌成立，这标志着中国海上救捞体制改革胜利完成，海空立体救助力量开始正式运行。新的海洋救捞体制彻底改变了救捞合一，以经营养救助的局面，为以人命救生为主要目的救助工作提供了重要的组织保证和物质保证，同时也为打捞事业的发展提供了良好的机制和环境，为救捞事业跨越式发展奠定了坚实的基础。

（三）海洋经济地方行政管理体制改革

进入 20 世纪 90 年代，沿海各省、市、自治区加快开展本区域的海洋行政管理机构改革和海监队伍建设，统一部署各项海洋工作。到目前为止，已有海南省、浙江省、江苏省、山东省、辽宁省等 11 个沿海省、市建立了海洋与渔业厅（局），负责海洋和渔业的行政管理工作。广西、天津、河北三省份实行海洋管理体制改革，海洋行政管理部门与国土、矿产合并，由省（市）规划与国土资源局（部）共同管理，对外行使海洋行政管理职责。此外，上海市海洋局与国家东海分局实行"一个机构，两块牌子"管理体制。在这一时期，各沿海省、市、自治区的海监机构组建工作进展迅速，截至 2004 年底，98% 的沿海地级市设立了海监支队，90% 的沿海县（县级市）设立了海监大队，基本完成了海监机构组建工作。2003 年 12 月 4 日，经上海市机构编制委员会批准，中国海监东海总队增挂中国海监上海市总队牌子。

（四）海洋执法体系的进一步完善

20 世纪末，在海洋行业分散执法的基础上，海洋统一执法工作取得了较大进展，中国海监总队的建立，为我国最终实现海上统一执法做出了良好的典范。继 1998 年 10 月 19 日中央编制委员会办公室下发《关于国家海洋局船舶飞机调度指挥中心更名为中国海监总队的批复》之后，中国海监总队和各海区总队相继组建成立，同时沿海各省市区海监队伍陆续建立并使用“中国海监”称谓，国家与地方相结合的中国海监队伍逐步壮大。到目前为止，新的海上执法体系已经形成，组织体系上实行国家与沿海省市海洋监察队伍统一编制、双重领导，执法体制上紧密配合、协调一致，执法方式上国家与地方执法监察一体化和海、陆、空巡航监视一体化。

自此，经历了半个多世纪的探索和变迁，我国海洋经济管理体制以行业分散管理为起点，在经历一系列适应性调整之后，至今已经步入了一条分散管理与统一管理相结合、二者相互交织、共同作用的良性发展轨道。在路径依赖的作用下，在很长一段时期内，海洋行业分散管理仍将继续存在并作用于我国海洋经济的整体发展，但从长远看来，随着我国国民经济的持续发展和社会规制的不断健全，海洋经济“统一”管理的色彩必将更为浓厚，在不远的将来，我国海洋经济综合管理职能将会更加完善，最终实现统一管理指日可待。

第三章　中国海洋经济管理机构的设置

在谈及我国海洋经济管理体制时，管理体制与机构设置是相互联系、相互作用的，其实质是海洋权力在不同部门的划分，管理体制是机构设置的行动依据，机构设置是管理体制的组织形式和外在表现，并一定程度上影响着海洋经济管理体制的变迁。当一定时期内海洋经济管理机构与当时的管理体制相契合时，会对整个海洋经济管理体制的变迁起到推波助澜的作用；反之，管理机构的设置则会阻碍海洋经济管理体制的前进脚步。海洋经济管理体制和机构设置二者共同作用，将我国海洋经济管理体制的动态调整完美的诠释出来。新中国成立以来，在路径依赖影响下，我国海洋经济管理体制经历了由分散管理逐渐向统一管理迈进的阶段性变化，与之相对应，我国海洋经济在机构设置上体现出了体制变迁过程中不同阶段的鲜明特征。

历经了近60年的风雨洗礼，现阶段，我国的海洋经济已经形成了一套较为成熟的统一综合管理与行业分散管理相结合的“条块”经济管理体制，“条”，即行业管理；“块”，即区域管理。这种管理体制反映在我国海洋经济的机构设置上，也显示出其清晰的“条块”特征。

一、“条”——中国海洋经济的行业管理机构设置

新中国成立以来，我国的许多涉海机构曾历经多行业行政管理部门共同或轮流管理的混乱局面，没有自始至终形成一个固定的管理组织流程。根据我国海洋经济行业管理的这个特点，本书在对行业管理机构设置进行具体介绍时，将按照当前涉海部门所属国务院各部（局）机构的关系展开论述，具体关系见图（3-1）。

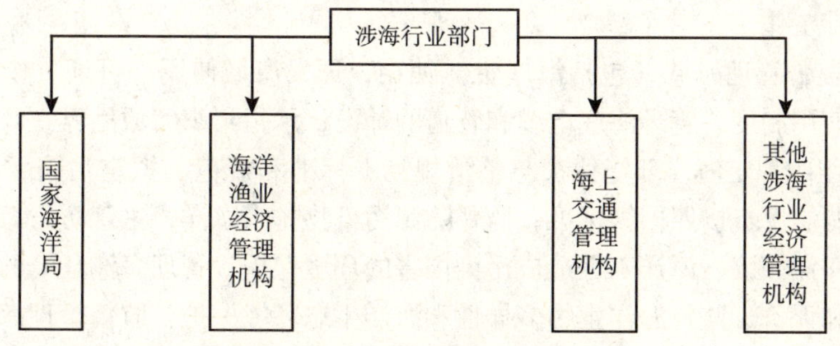

图 3－1　海洋经济行业机构设置

（一）国家海洋局

1964 年 7 月 22 日，第二届全国人民代表大会常务委员会第 124 次会议批准成立国家海洋局，直属国务院领导。当时，国家赋予国家海洋局的建局宗旨是负责统一管理海洋资源和海洋环境调查、资料收集整编和海洋公益服务，目的是把分散的、临时性的协作力量转化为一支稳定的海洋工作力量。

随着我国海洋事业的发展，国家海洋局原来的建局宗旨和职责已不能满足海洋管理工作的需要。因此，在 1983 年国务院批准了国家海洋局的机构改革方案，明确了国家海洋局直接隶属于国务院建制，是国务院管理全国海洋工作的职能部门，主要任务除了负责组织、协调全国海洋工作外，还担负着组织、实施海洋调查、海洋科研、海洋管理和海洋公益服务等四个方面的任务。1988 年以后，国家海洋局的综合管理已由两个层次的管理拓展成四个层次的管理，形成了国家海洋局——地区海洋分局——海洋管区——海洋监察站的四级管理系统。

1998 年 3 月 10 日，九届人大一次会议第三次全体会议表决通过关于国务院机构改革方案的决定，由地质矿产部、国家土地管理局、国家海洋局和国家测绘局共同组建国土资源部，并保留国家海洋局和国家测绘局作为国土资源部的部管国家局。1998 年根据国务院的“三定方案”，国家海洋局的基本职能被调整为海洋立法、规划和管理三项职能，其基本职责发展为海域使用管理、海洋环境保护、海洋科技、海洋国际合作、海洋减灾防灾以及维护我国海洋权益六个方面。

目前，国家海洋局的主要职责是：

（1）拟定中国海岸带、海岛、内海、领海、毗连区、大陆架、专属经济区及其他管辖海域的海洋基本法律、法规和政策。组织拟定海洋功能区划、海洋开发规划、海洋科技规划和科技兴海战略。管理国家海洋基础数据，承担海洋经济与社会

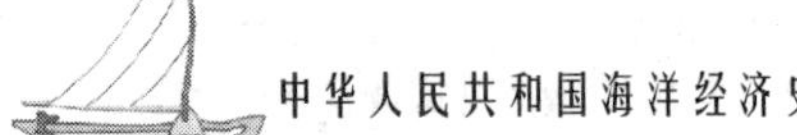

发展的统计工作。

（2）监督管理海域（包括海岸带）使用，颁发海域使用许可证，按规定实施海域有偿使用制度，管理海底电缆和管道的铺设，承担组织海域勘界。

（3）组织拟定海洋环境保护与整治规划、标准和规范，拟定污染物排海标准和总量控制制度。按照国家标准，监督陆源污染物排入海洋，主管防止海洋石油勘探开发、海洋倾废、海洋工程造成污染损害的环境保护；管理海洋环境的调查、监测、监视和评价，监督海洋生物多样性和海洋生态环境保护，监督管理海洋自然保护区和特别保护区。核准新建、改建、扩建海岸和海洋工程项目的环境影响报告书。

（4）监督管理涉外海洋科学调查研究活动，依法监督涉外的海洋设施建造、海底工程和其他开发活动。组织研究维护海洋权益的政策、措施，研究提出与周边国家海域划界及有归属争议岛屿的对策建议；维护公海、国际海底中属于中国的资源权益；组织履行有关的国际海洋公约、条约。组织对外合作与交流。

（5）管理“中国海监”队伍，依法实施巡航监视、监督管理，查处违法活动。

（6）组织海洋基础与综合调查、海洋重大科技攻关高新技术研究。管理海洋观测监测、灾害预报警报、综合信息、标准计量等公益服务系统。负责发布海洋灾害预报警报和海洋环境预报（不含天气预报警报）。管理极地和大洋考察工作。

（7）承办国务院和国土资源部交办的其他事项。

据上述职责，国家海洋局设6个职能司（室）：

（1）办公室（财务司）。承担局机关政务、新闻宣传、机关文电处理、对外联络、文书档案、信访、保卫、保密工作。管理国家海洋基础数据，承担海洋经济与社会发展的统计工作。管理海洋事业经费、专项资金等国家财政拨给的资金并监督检查使用情况。

（2）海域管理司。草拟中国海岸带、海岛、内海、领海与毗连区、大陆架、专属经济区及其他管辖海域的海洋基本法律、法规和政策。草拟海洋功能区划、海洋开发规划，核准海域使用许可证。具体组织海域勘界，组织监视涉外的海洋科学调查研究、海洋设施建造、海底工程和其他开发活动。审核并监督海底电缆、管道的铺设，审核新建、改建、扩建海岸和海洋工程项目的环境影响报告。联系“中国海监”队伍。

（3）海洋环境保护司。组织海洋环境的调查、监测、监视和评价，组织监测监视海洋石油勘探开发、海洋倾废、海洋工程造成污染损害环境的情况。草拟海洋环境保护与整治规划、规范和标准。草拟污染物排海标准和总量控制制度。按照国家标准监测陆源污染物排海，监测监视海洋自然保护区和特别保护区。组织海洋环境观测监测、灾害预报警报。

（4）科学技术司。草拟海洋科技规划和科技兴海战略，组织海洋基础与综合调查、国家海洋重大科技攻关和高新技术研究等科学研究工作。

（5）国际合作司。组织研究维护国家海洋权益的政策和措施，研究组织履行有关国际海洋公约、条约。承办、组织对外合作与交流工作。

（6）人事司。管理局机关、直属单位机构编制和人事、教育等工作。承办机关党委的日常工作。机关党委负责局机关及直属单位的党群工作，办事机构设在人事司。

国家海洋局直属机构和机关机构设置见表3－1。

表3－1　　国家海洋局机构设置中局属各单位

国家海洋局机关	国家海洋局第一海洋研究所
中国海监总队	国家海洋局第二海洋研究所
国家海洋局北海分局	国家海洋局第三海洋研究所
国家海洋局东海分局	国家海洋局天津海水淡化与综合利用研究所
国家海洋局南海分局	国家海洋局海洋发展战略研究室
国家海洋信息中心	国家海洋局极地考察办公室
国家海洋环境监测中心	中国大洋矿产资源研究开发协会办公室
国家海洋环境预报中心	国家海洋局海洋咨询中心
国家卫星海洋应用中心	国家海洋局离退休干部办公室
国家海洋技术中心	国家海洋局学会办公室
国家海洋标准计量中心	海洋出版社
中国极地研究所	中国海洋报社
	国家海洋局机关服务中心
	国家海洋局北京教育培训中心
	国家海洋局海口海洋环境监测中心站
	国家海洋局机关
	办公室（财务司）
	政策法规与规划司
	海域管理司
	海洋环境保护司
	科学技术司
	国际合作司
	人事司
	直属机关党委
	纪委、监察专员办公室
	审计办公室

资料来源：国家海洋局网站 www. soa. gov. cn.

1. 国家海洋局北海分局。

国家海洋局北海分局成立于 1965 年 7 月，是国家海洋局派驻青岛并代表其在渤黄海海域实施海洋行政管理的机构。主要任务是负责国家海洋法律、法规在本海区的监督实施，依法对黄、渤海海域实施海洋行政管理，完成国家下达的维护海洋权益、保障海洋资源的合理开发与利用、保护海洋环境、预防及减少海洋灾害等任务。

北海分局的主要职责包括：

（1）主管北海区海洋石油勘探开发和海洋倾废管理及其污染海洋的环境保护工作。

（2）负责北海区海底电缆、管道和人工构造物设置的审批和监督管理；负责辖区内海域使用的指导、协调和监督。

（3）参与国家海洋局审批外国调查船舶及其他运载工具进入我国管辖海域进行科学考察和海洋开发活动。

（4）参与管理领海、大陆架和专属经济区，维护我国在渤海黄海及其海底资源等方面的海洋权益。

（5）负责建设和管理北海区中国海监队伍，实施巡航监视、监督管理；组织北海区海洋资源环境监测、监视和海洋资源质量评价。

（6）承办国家海洋局交办的其他维护海洋权益、开发海洋资源、保护海洋环境、防灾减灾服务等工作任务。负责对辖区内各省市的海洋管理工作实施指导、协调、监督和服务的职责。

2. 国家海洋局东海分局。

国家海洋局东海分局派驻上海，是国家海洋局设在东海海区负责监督管理海域使用和海洋环境保护、依法维护海洋权益、管理东海海监队伍的国家海洋行政主管部门，代表国家海洋局在东海区行使海洋行政管理职能。国家海洋局东海分局辖区南起闽粤交界处的诏安头，北至苏鲁交界处的中国内海、领海和专属经济区大陆架，下设东海监测中心，上海海洋预报中心，厦门、宁波、温州海洋预报台及中国海监第四、第五、第六支队等单位。

东海分局的主要职责有：

（1）海洋行政管理。依据有关法律、法规的授权，监督管理海域使用，颁发海域使用许可证，实施海域有偿使用制度；审批海底电缆管道路的调查和铺设；监督涉外海洋设施建造及海底工程；主管海洋石油勘探开发和海洋倾废污染损害海洋的环境保护，签发海洋倾倒许可证，负责海洋石油勘探开发和海洋环境工程的环境

影响报告书的审批和审核；负责监督陆源污染物排海和海洋生态的环境保护工作。

（2）海洋执法监察。组织实施管辖海域的巡航监视、监察工作。依法查处侵犯我国海洋权益、违法使用海域、损害海洋环境与资源、破坏海洋设施、扰乱海上秩序等违法违规行为。

（3）公益服务。负责海洋环境观测监测、海洋基础与综合调查、海洋标准计量检定和技术监督等工作；负责海洋灾害预报警报、海洋环境预报和海洋环境质量评价工作；发布海区海平面公报、海洋灾害公报、海洋灾害年度预测和海洋环境公报。

3. 国家海洋局南海分局。

国家海洋南海分局成立于1965年3月18日，是国家海洋局在广州设立的南海区海洋行政管理机构，并对中国海监南海总队实施管理。分局机关内设12个职能处室，另有直辖15个处级单位；中国海监南海总队内设4个职能处室，直辖第七、第八、第九支队以及陆航执法监察队。

南海分局的主要职责是：

（1）监督国家有关法律法规、条例在本海区的实施，根据国家海洋发展战略和全国海洋功能区划，会同地方政府，制定本海区海洋发展规划、开发规划，划定海洋功能区。负责本海区省际海洋发展规划、功能区划和开发规划的协调工作。

（2）负责本海区海洋权益维护工作，监督本海区涉外海洋科学调查研究活动和海洋设施建造、海底工程及其他海洋开发活动。

（3）组织拟定本海区及重点海域的海洋环境保护规划并负责实施整治工作，管理审批本海区陆源污染物排海的总量和浓度，负责本海区防止石油勘探开发、海洋倾废、海洋工程和其他海洋开发活动造成的污染损害的海洋环境保护工作。参与本海区重大污染事件的评估与查处，负责发布海洋污染通报。

（4）组织本海区海域使用管理工作，负责管理本海区海砂勘探和开采工作，负责地方管理海域以外、涉及港澳和跨省（区）海底电缆与管道的铺设、海上人工构造物设置的审核与监督工作。

（5）负责履行对本海区各省（区）海洋管理部门海洋管理工作的指导、协调、监督，协调本海区省（区）间的海洋开发活动。

（6）组织实施本海区的海洋基础与综合调查，管理本海区海洋监测、观测、灾害预报警报、信息资料和标准计量工作，建设和管理海洋环境监视、监测网和海洋灾害预报预警系统，组织灾情评估，发布海洋环境预报和海洋灾情预报警报，为发展海洋经济提供服务。

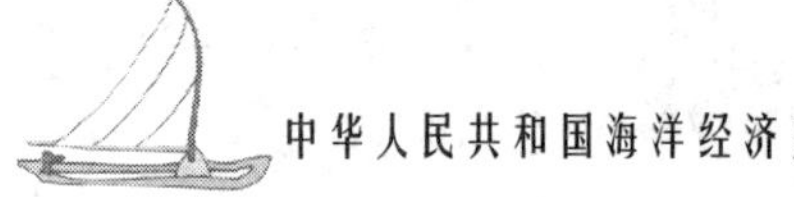

（7）建设和管理本海区中国海监队伍，组织协调本海区中国海监队伍的巡视监视和执法监察工作，查处违法活动，对本海区三省（区）的中国海监队伍履行监督、指导，领导中国海监南海总队。

（8）承办国家海洋局和本海区省（区）府交办的其他工作。

4. 中国海监总队。

1998年10月19日，中央编制委员会办公室下发《关于国家海洋局船舶飞机调度指挥中心更名为中国海监总队的批复》。之后，中国海监总队和各海区总队相继组建成立，同时沿海各省市区海监队伍陆续建立，国家与地方相结合的中国海监队伍逐步壮大。1999年1月13日，中国海监总队挂牌成立，国家海洋局局长王曙光兼任中国海监总队总队长。

根据国家海洋局印发的《中国海监总队职能配置、内设机构和人员规定》，中国海监总队机关参照国家公务员制度进行管理。其主要职责是依照有关法律和规定，对中国管辖海域（包括海岸带）实施巡航监视，查处侵犯海洋权益、违法使用海域、损害海洋环境与资源，破坏海上设施、扰乱海上秩序等违法违规行为，并根据委托或授权进行其他海上执法工作。中国海监总队内设办公室、巡航处、执法处、装备技术处、信息处、政治部（人事处）6个处室。

5. 国家海洋信息中心。

国家海洋信息中心位于天津市，是在1958年成立的全国海洋综合普查办公室的基础上扩建而成的。1965年建所时为国家海洋局海洋科技情报研究所，1989年10月28日更名为国家海洋信息中心。该中心是由国家海洋资料中心、海洋科技情报研究所（含海洋档案馆）、国际海洋学院中国业务中心、海洋空间信息研究开发中心4个业务系统组成的国家综合性海洋信息技术研究和公益性服务部门。

国家海洋信息中心的主要职责是：

（1）承担全国海洋信息业务与信息科技工作发展规划、计划和海洋信息管理规定、技术标准与规范的拟订工作；承担海洋经济与社会发展统计工作。

（2）负责国内外海洋基础信息和基本数据的收集、处理、存储、产品制作并提供信息服务；建设维护国家级海洋基础信息数据库和海洋专题地图数据库；负责全国海洋档案和文献的业务管理与服务。

（3）建立全国海洋信息质量管理业务体系，承担海洋信息及其产品的质量控制管理和质量认证；承担海洋信息系统设计、开发和信息服务的资质认证的评估工作。

（4）建设维护国家海洋综合信息业务系统及其网络；维护管理“中国海洋信

息网”；为国家海洋局政府网站提供信息技术保障。

（5）承担海域资源资产化管理的调查、海域使用评估和价格体系的研究工作；承担全国海洋功能区划和海洋开发规划的编写工作；拟定海洋功能区划技术规程；建立维护勘界、功能区划、海岸带管理信息系统和专家评审系统。

（6）承担海洋环境保护监督管理、海洋环境质量标准制定、海洋环境评价、海洋灾害评估等信息和技术服务工作；负责潮汐（流）分析、预报和海平面的预测，参加中国海洋环境状况信息的编制工作。

（7）负责国内外海洋情报研究，跟踪、分析海洋管理、权益维护和科技发展动态；参加海洋法律法规研究、草案拟定并提供信息服务；参加研究海洋管理和海域勘界的战略、政策与标准；承担国家海洋执法监察信息系统的建立维护工作。

（8）承担维护国家海洋权益及履行国际海洋公约和条约的信息服务和技术支持；建设维护军民兼用海洋信息网络工程和海洋战场环境保障信息系统。

（9）开展海洋信息技术跟踪、研究与应用；承担国家海洋信息基础建设与研究项目和海洋信息高技术项目。

（10）管理国际海洋学院中国业务中心和世界资料中心；负责我国海洋资料国际交换业务；承担国际组织有关海洋信息工作的国家义务；建设管理国际海洋计划中国资料中心。

（11）承担国家海洋局交办的其他任务。根据承担的任务，国家海洋信息中心加挂国家海洋局海洋科技情报研究所、海洋档案馆、国际海洋学院中国业务中心，在有关国际交往中，可以沿用国家海洋资料中心名称。

6. 国家海洋环境监测中心。

国家海洋环境监测中心暨国家海洋局海洋环境保护研究所是国家海洋局直属的公益性事业单位，该中心成立于1979年，位于大连市，其前身是1964年归属国家海洋局的中国科学院东北海洋工作站。

国家海洋环境监测中心基本任务是：

（1）实施全国海洋环境监测监视业务的组织、技术管理和技术支持；负责制定我国海域环境保护、生态保护与建设、污染监测的规划和技术标准、规范、管理政策和规章制度。

（2）组织承担国家重大海洋环境调查项目；拟订全国重点海域排污总量控制标准和实施方案、全国重大海上溢油应急计划、海洋倾废评价程序和标准。

（3）开展海域使用管理相关技术、海洋环境保护、海洋环境监测和海洋开发利用、海洋工程等方面的科学技术研究和相关的国际合作等。

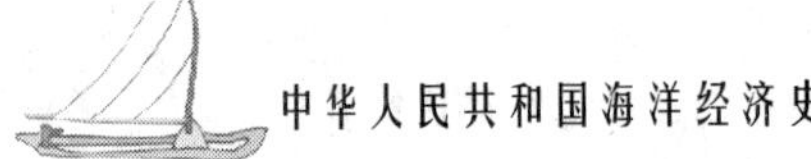

7. 国家海洋环境预报中心。

国家海洋环境预报中心成立于1965年，是由国家海洋局组建的专门从事海洋环境预报、咨询服务和科学研究的业务机构，也是国家授权发布海洋环境预报的唯一的国家级机构，其预报产品以国家海洋预报台通过多种方式、途径对外发布。业务组织机构的设置为：海洋水文预报一室、海洋水文预报二室、海洋气象预报室、极地预报室等10个处室。

海洋环境预报事业是新中国成立以后发展起来的一个新兴公益服务事业。经过几十年的发展，已建成了由国家海洋预报中心和大连、青岛、上海、厦门、广州、北海、海口海洋预报台等组成的海洋环境预报系统，形成了海洋实时资料的收集和传输、产品分析制作和发布等一系列内容组成的预报体系。国家海洋环境预报中心是中国海洋环境预报系统的业务中枢，其预报产品以国家海洋预报台的名义，通过新闻媒介公开向社会发布，还利用传真、电传、计算机通信、公众邮电网等多种途径向社会和用户传输。

8. 国家卫星海洋应用中心。

国家卫星海洋应用中心的主要职责和任务：

（1）拟订海洋系列卫星及其应用研究规划。负责对全国重大海洋卫星遥感应用项目与系列海洋卫星发展进行综合论证。

（2）管理海洋卫星遥感业务及其应用的技术工作，组织开展海洋卫星遥感应用技术研究；拟订海洋卫星遥感应用业务化系统的建设规划，组织实施海洋卫星遥感应用业务。

（3）负责海洋卫星地面应用系统及海洋卫星地面接收站的建设和管理；负责海洋卫星专用软件研制及其系统的更新、升级。

（4）负责我国海洋卫星数据的实时接收、处理、产品存档与分发服务及海洋卫星信息产品的发布。

（5）建设和管理海洋卫星数据库和信息系统。负责数据和系统的更新、升级。

（6）负责制订海洋卫星数据格式、数据处理及产品形式的标准、规范。

（7）负责海上辐射校正场和真实性检验场的规划、建立和维护管理；负责海上和陆地试验场工作任务的组织实施。

（8）组织开展海洋卫星遥感的国际技术合作和学术交流。

9. 国家海洋技术中心。

海洋技术研究所是国家海洋局直属的公益性事业单位，是全国海洋技术领域的业务中心。其主要职能是为国家海洋局履行职能、为发展我国的海洋高新技术和海

洋基础性技术研究及海上国防建设、社会公益服务提供以软硬件和高新系统技术为主的技术支撑和公共服务。

其基本任务是：

（1）承担全国海洋技术发展规划、计划的拟订和我国海洋技术政策研究。

（2）负责为国家海洋局履行海洋权益维护、海洋立法、海域（含海岸带）监督使用管理、海洋环境保护、海洋公益服务、海洋科学技术研究、海洋基础与综合调查和极地与大洋考察等职能以及建设维护国家海洋环境观测、监测、监视等业务系统，提供软件、硬件和系统技术支持。

（3）承担发展军事海洋学和海军作战能力建设所需的海洋调查、观测高新技术和仪器设备的提供，支持海军战略、战术和海洋环境能力系统建设。

（4）承担发展现代海洋公益服务、海洋环境保护、海域管理使用、海洋科学研究、科技兴海、海洋资源开发利用等急需的传感器、系统集成、数据通讯和数据处理等基础性、通用性及适用性技术。

（5）负责海洋调查、观测、监测、监视、海洋环境保护、海域（含海岸带）使用、执法管理等业务系统建设所需仪器设备的研制和小批量生产；并为海洋业务系统能力建设所需仪器设备和技术的引进提供技术咨询、技术服务和技术保障。

（6）承担我国海洋观测、监测、监视等业务系统的总体设计、方案论证、可行性研究，并为各系统的建设、组织实施和业务运行提供技术保障、技术支撑。

（7）承担国家、海洋局及有关部委下达的海洋高新技术研究，重大科技攻关及业务系统能力建设项目。

（8）开展对外海洋技术交流与合作，并为海洋局的对外使用与交流提供技术支持。

（9）行使国家海洋技术行业管理职能，并对全国海洋技术领域实施业务指导和协调。

（10）负责全国海洋调查、观测、监测、监视和系统检测鉴定方法、技术、设备的研究和仪器设备的研制。

（11）负责国内外海洋技术信息的收集分析、技术预测、技术评价和发展战略研究，跟踪国外海洋技术发展动态，为我国海洋技术发展和高层次决策提供动态技术信息服务。

10. 国家海洋标准计量中心。

国家海洋标准计量中心于 1989 年由中编委批准成立，直属国家海洋局领导，同时接受国家质量监督检验检疫总局业务指导，实施全国海洋标准化、计量和质量

的管理与监督；兼为国家海洋计量站，是国家质量监督检验检疫总局授权的法定计量检定机构；还是国家科技部和国家质量监督检验检疫总局联合授权的科技成果检测鉴定国家级检测机构。

11. 中国极地研究中心。

中国极地研究所是我国唯一从事极地科学考察与研究的专业研究所，于1989年10月10日成立，坐落于上海浦东新区。经国务院领导和中编委同意，中国极地研究所自2003年4月起更名为中国极地研究中心。

经过近20年的建设，中国极地研究中心已经逐步发展成为我国极地科学的研究中心、极地信息中心和极地考察后勤保障基地，同时也担负起管理中国南极长城站、中国南极中山站和“雪龙”号极地科学考察船等重要职能。该所设有极地冰川、低温生态、综合科学等研究室，分别进行冰川、生物、高空大气物理、地质、地球物理、物理海洋、海洋化学等学科的研究。

12. 国家海洋局第一海洋研究所。

国家海洋局第一海洋研究所于1964年组建，设址青岛，其前身是海军1958年创办的海洋研究所。主要研究以黄海、渤海、东海为重点的中国近海、临近大洋和南极地区的自然环境要素分布变化规律，海洋资源环境及其开发利用，海洋遥感及海洋高新技术，海洋工程勘探设计，海洋测量与测绘，海洋环境保护与评价，污水处理及其工程设计，海洋生物制品等。

研究所由物理海洋、地球流体力学、海洋地质、海岸带与海港、海洋遥感、海洋化学和海洋生物7个研究室，环境测试中心、计算机中心、科技信息中心及国家海洋局青岛海洋工程勘探设计和环境开发集团中心组成。中韩海洋科技研究中心也设在该所。

13. 国家海洋局第二海洋研究所。

国家海洋局第二海洋研究所成立于1964年，由原中国科学院华东海洋研究所浙江工作站等单位合并而成，现在位于杭州市，是一座国内外享有盛誉的综合性海洋研究和工程勘查设计机构，主要从事中国海及大洋、极地海洋环境与资源的调查、勘测预报和应用研究。

该所设有海洋地质地球物理、大洋矿产资源、海洋水文气象、海洋化学、海洋生物、海洋遥感技术、海洋工程勘测设计、海洋动力数值模拟等12个专业机构。

14. 国家海洋局第三海洋研究所。

国家海洋局第三海洋研究所位于厦门市，成立于1959年，前身是中国科学院东海海洋研究所。

这是一所公益服务型综合性海洋研究所，现设有海洋化学、海洋生物、海洋水文气象、海洋地质与海洋工程、放射性与核技术应用、环境与资源评价、遥感与信息系统、情报资料等 8 个研究室和海洋工程勘察设计、海洋生物工程、海洋监测技术、电子技术开发应用等工程技术中心。

15. 国家海洋局海水淡化与综合利用研究所。

该所位于天津市，1984 年由原天津市海水综合利用研究所和国家海洋局海水淡化研究所筹备处合并而成，是国家海洋局所属唯一的技术开发型研究所，也是我国唯一的以海水淡化及其综合利用为主要研究方向的研究所。

国家海洋局海水淡化与综合利用研究所下设水资源利用技术开发中心、海洋防腐工程技术开发中心、海洋化工技术开发中心、技术监测中心、膜分离研究室及实验基地等 6 个业务部门。

16. 国家海洋局海洋发展战略研究所。

该所成立于 1987 年 11 月，设址于北京，下设海洋法、海洋经济和海洋环境研究室。该所主要从事国际海洋法海域划界研究、国家海洋立法、国家海洋政策、国家海洋技术政策、海洋减灾防灾、国家海洋和海岸带发展战略、南极法律和政策方面的研究工作。

17. 中国大洋矿产资源研究开发协会。

中国大洋矿产资源研究开发协会（大洋协会）于 1991 年 4 月 24 日在北京正式成立，挂靠国家海洋局，主要职能为组织协调中国在国家海底区域的研究开发活动。协会于 1991 年 3 月 5 日在联合国登记注册为国际海底先驱投资者。

（二）海洋渔业经济管理机构

1. 渔业局。

渔业，作为海洋经济的支柱产业，建国至今，一直在我国的海洋经济发展中扮演着极其重要的角色。渔业行政管理部门，在这段时期，也经历着前所未有的频繁变迁。建国初始，水产工作归农业部领导。1949 年 11 月，中共中央财经委员会决定水产工作由农业部划归食品工业部领导。食品工业部下设渔业组，指导全国水产工作的开展。次年，政务院撤销食品工业部，成立轻工业部，渔业组划入轻工业部，10 天后，轻工业部将原食品工业部所辖渔业业务工作移交给农业部，下设水产处。1953 年，农业部在原水产处的基础上设立水产管理总局。1955 年，商业部、农业部发出通知，将水产管理总局划归商业部领导。1956 年，全国人民代表大会常务委员会第40次会议设立中华人民共和国水产部。1970年，国务院撤销农林办公室、中共中央农林政治部、农业部、林业部、水产部、农垦部，设立农林部，农林部下设水产组。第二年，农林部在水产组的基础上成立水产局。1978年，国务院设立国家林业、水产、农垦三个总局，直属国务院，由农林部代管。同年，国家水产总局改由国务院财贸小组代管。1982年5月，第五届全国人大常委会第23次会议通过《关于国务院部委机构改革实施方案的决议》，撤销国家农业委员会，将农业部、农垦部、国家水产总局合并，设立农牧渔业部。农牧渔业部设水产总局，渔政、渔港监督管理局，并设水产分党组。同年7月，农牧渔业部水产总局改为水产局。1988年，第七届全国人民代表大会第一次会议决定将农牧渔业部更名为农业部。农业部下设水产局、渔政、渔港监督管理局（中华人民共和国渔政、渔港监督管理局），撤销水产分党组。1988年12月，农业部水产局更名为农业部水产司。1989年，根据七届人大一次会议批准的国务院机构改革方案的规定，农业部新机构开始工作。新的农业部设20个职能司局，其中水产方面有水产司和渔政、渔港监督管理局（对外称中华人民共和国渔政、渔港监督管理局）。根据《中华人民共和国环境保护法》和有关法规的规定，国家环境保护局授予渔政、渔港监督管理部门负责水域污染事故调查处理权。1994年，国务院批准《农业部职能设置、内设机构和人员编制方案》，决定农业部水产司和渔政、渔港监督管理局合并，设立渔业局（中华人民共和国渔政、渔港监督管理局）①。1998年，农业部党组研究决定，渔业局下设10个职能处，即：综合处、计划处、科技与标准处、渔政监督管理处、渔港监督与电信处、养殖处、资源与保护处、加工流通与质量监督处、远洋渔业处、国际合作处。之后，全国渔业相关工作的开展，由农业部渔业局负责统一部署管理。

农业部渔业局的主要职责包括：

（1）研究提出渔业发展战略、规划计划、技术进步措施和重大政策建议；起草相关的法律、法规、规章，并监督实施。

（2）负责渔业行业管理，指导渔业产业结构和布局调整。

（3）研究拟定渔业科研、技术推广规划和计划并监督实施，组织重大科研推广项目的遴选及实施。

（4）研究拟定保护和合理开发利用渔业资源、渔业水域生态环境的政策措施及规划，并组织实施；负责水生野生动植物管理。

① 参见历年中国渔业年鉴。

(5) 代表国家行使渔政、渔港和渔船检验监督管理权，负责渔船、船员、渔业许可和渔业电信的管理工作；协调处理重大的涉外渔业事件。

(6) 研究提出渔业行政执法队伍建设规划和措施并指导实施。

(7) 研究提出水产品加工业发展、水产市场体系建设和促进渔业国际贸易的政策建议。

(8) 负责渔业标准化和质量安全管理工作。

(9) 负责水生动植物防疫工作；负责水产养殖中的兽药使用、兽药残留检测和监督管理，参与起草有关法律法规。

(10) 参与组织制定并监督执行国际渔业公约和多边、双边渔业协定，组织开展国际渔业交流与合作；负责远洋渔业发展规划、项目审核和协调管理。

(11) 负责提出渔业行业投资计划建议，组织项目初选，根据授权审批初步设计和概算，组织项目实施，负责项目的日常监督检查及竣工验收等工作。

(12) 指导渔业行业安全生产工作，归口管理渔业防灾减灾工作，研究提出渔业救灾资金分配建议。

(13) 负责渔业统计和信息发布。

(14) 负责有关单位的业务归口管理工作，指导有关社团组织的业务工作。

(15) 完成部领导交办的其他工作。

2. 中国渔政。

中国渔政，20 世纪 50 年代初期建立，归农业部渔业局管理，是一支根据渔业法律法规进行海洋监察执法的海监队伍。中国渔政在北京设立了中国渔政监督管理局，在黄海、东海、南海设立分局，在沿海省、自治区、直辖市以及市（地）、县（市）设立渔政局、处或站。另外在 300 多个渔港设立渔港监督机构，海区和省级机构设立渔政大队和渔政船队。

中国渔政的主要职责是：

(1) 监督、检查海洋渔业法律、法规和规章的贯彻执行。

(2) 监督、检查国际渔业协定、公约的履行，协助有关部门处理渔政管理方面的涉外事宜；对外国渔船非法侵入我管辖海域，依法采取取缔措施，维护我国海洋渔业资源权益不受侵犯。

(3) 负责渔业许可证的审核和颁发。检查渔船的海上作业、渔获物、捕捞技术与方法，维持渔业海域的生产秩序，查处违章捕鱼活动，及时处理海上渔业纠纷和其他事故。

(4) 管理渔业船只和渔船上的主要设备产品的技术检验，并进行渔船应备证

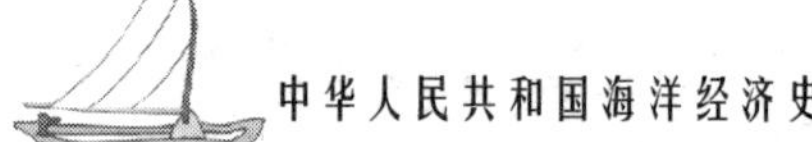

件文书的检查。

（5）监督管理渔港、渔业专用港区的安全生产活动。负责渔业船舶船员的考试和发证。

（6）维护渔业水域环境，保护海洋珍稀濒危水生动植物。

（7）对海洋渔业资源状况和与资源相关的有关问题，向本级或上级行政部门提出报告和建议等。

3. 渔业船舶检验局。

1990年，经人事部批准，农业部成立渔业船舶检验局（简称“渔船检验局”）。对外称“中华人民共和国船舶检验局渔业船舶检验分局”，为部属正局级事业单位。1995年，经农业部批准，农业部渔船检验局对外名称改为中华人民共和国农业部渔船检验局，各省、自治区、直辖市渔船检验机构的对外名称也相应改为（省、自治区、直辖市）渔船检验局。1999年，中央机构编制委员会办公室批准农业部渔业船舶检验局的对外名称由中华人民共和国船舶检验局渔业船舶检验分局更名为中华人民共和国渔业船舶检验局。

（三）海上交通管理机构

1. 交通部海事局。

1951年9月交通部设立了船舶登记局筹备处。经过5年的筹备，于1956年8月1日正式成立了船舶登记局。1958年改名为中华人民共和国船舶检验局，统一领导国内各主要港口船舶检验机构的业务工作。交通部海事局就是在原中华人民共和国港务监督局（交通安全监督局）和中华人民共和国船舶检验局（交通部船舶检验局）的基础上，合并组建而成的。海事局为交通部直属机构，实行垂直管理体制。内设机构包括办公室、法规规范处、通航管理处、船舶检验处、船员管理处、航标测绘处、安全管理处、审计处等16个机构。

根据法律、法规的授权，海事局的职责包括：

（1）拟定和组织实施国家水上安全监督管理和防止船舶污染、船舶及海上设施检验、航海保障以及交通行业安全生产的方针、政策、法规和技术规范、标准。

（2）统一管理水上安全和防止船舶污染。监督管理船舶所有人安全生产条件和水运企业安全管理体系；调查、处理水上交通事故、船舶污染事故及水上交通违法案件；归口管理交通行业安全生产工作。

（3）负责船舶、海上设施检验行业管理以及船舶适航和船舶技术管理；管理

船舶及海上设施法定检验、发证工作；审定船舶检验机构和验船师资质、审批外国验船组织在华设立代表机构并进行监督管理；负责中国籍船舶登记、发证、检查和进出港（境）签证；负责外国籍船舶入出境及在我国港口、水域的监督管理；负责船舶载运危险货物及其他货物的安全监督。

（4）负责船员、引航员适任资格培训、考试、发证管理。审核和监督管理船员、引航员培训机构资质及其质量体系；负责海员证件的管理工作。

（5）管理通航秩序、通航环境。负责禁航区、航道（路）、交通管制区、港外锚地和安全作业区等水域的划定；负责禁航区、航道（路）、交通管制区、锚地和安全作业区等水域的监督管理，维护水上交通秩序；核定船舶靠泊安全条件；核准与通航安全有关的岸线使用和水上水下施工、作业；管理沉船沉物打捞和碍航物清除；管理和发布全国航行警（通）告，办理国际航行警告系统中国家协调人的工作；审批外国籍船舶临时进入我国非开放水域；负责港口对外开放有关审批工作以及中国便利运输委员会日常工作。

（6）航海保障工作。管理沿海航标无线电导航和水上安全通信；管理海区港口航道测绘并组织编印相关航海图书资料；归口管理交通行业测绘工作；组织、协调和指导水上搜寻救助，负责中国海上搜救中心的日常工作。

（7）组织实施国际海事条约；履行“船旗国”及“港口国”监督管理义务，依法维护国家主权；负责有关海事业务国际组织事务和有关国际合作、交流事宜。

（8）组织编制全国海事系统中长期发展规划和有关计划；管理所属单位基本建设、财务、教育、科技、人事、劳动工资、精神文明建设工作；负责船舶港务费、船舶吨税有关管理工作；负责全国海事系统统计和行风建设工作。

2. 水运司。

水运司是交通部直属机构，负责拟定水运基础设施建设、水路运输的行业政策、规章和技术标准；维护水路交通行业的平等竞争秩序；负责水运基础设施建设有关项目的管理；负责水运设施的维护和管理；负责水运规费稽征和国际国内水路运输、港口、船舶代理、外轮理货及其他水运服务业的管理；组织实施国家水路重点物资运输和紧急运输。

水运司下设办公室、交通部台湾事务办公室、综合运输处、法规处、国内航运管理处、国际航运管理处、基本建设管理处、工程技术处、航道处、内河建设处、港口管理处共11个部门。

3. 中国海上搜救中心。

1973年12月，经周恩来总理批准，成立了全国海上安全指挥部，由交通部、

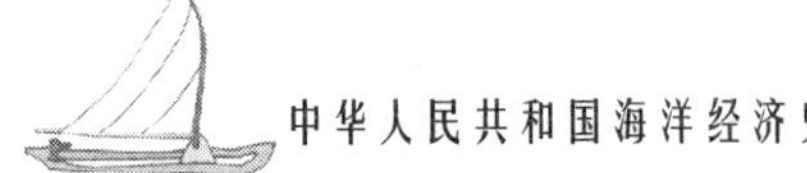

对外经济贸易部、邮电部、农牧渔业部、国家海洋局、国家气象局、总参谋部、海军和空军联合组成。1989 年 7 月 18 日，在原“全国海上安全指挥部”的基础上，建立了“中国海上搜救中心”，现隶属于交通部。

中国海上搜救中心的机构职能包括：负责组织、协调、指挥重大海上搜救和船舶污染事故应急处置行动，承担海上搜救和船舶污染事故应急反应值班工作；起草海上搜救有关政策法规，制订重大海上搜救和船舶污染事故应急反应预案及有关规章制度；负责国家海上搜救和船舶污染事故应急反应信息系统建设，协调和指导地方海上搜救和船舶污染事故应急反应信息系统建设；指导地方海上搜救和船舶污染应急反应工作，开展人员培训工作；履行有关国际公约，开展与有关国家和国际组织在海上搜救和船舶污染应急反应方面的交流与合作；承担国务院海上搜救部际联席会议的日常工作。

4. 救捞局。

救捞局隶属交通部，职责包括拟订救助打捞行业有关政策、法规、标准、规范，并监督实施；负责航行在我国沿海水域的国内外船舶、海上设施和遇险的国内外航空器及其他方面的人命救生和海上消防工作；负责船舶和海上设施财产救助、沉船沉物打捞、港口及航道清障、沉船存油和难船溢油的应急清除；提供水上、水下工程作业服务；承担国家指定的特殊的政治、军事、救灾等抢险救助、打捞任务；负责救助打捞系统交通战备组织协调工作；履行有关国际公约和双边海运协定等国际义务；负责统一部署救助船舶、直升机（飞机）等救助值班待命力量，承担实施有关救助指挥调度和协调工作；负责管理与海（水）上救助和打捞有关的涉外事宜；组织开展对外业务合作与技术交流；负责打捞、潜水机构资质审核；管理从事产业潜水作业的潜水员及与救助打捞相关的其他特殊工种的考核发证工作；组织行业发展战略研究；组织编制救助打捞系统中长期发展规划和有关计划；指导行业信息化建设；负责管理局机关和所属单位基本建设、财务、审计、科技、人事、劳动工资、思想政治工作、精神文明建设和职工队伍建设工作；负责救助打捞行业统计和行风建设工作。

5. 交通部长江航务管理局。

交通部长江航务管理局是交通部在长江水系的派出机构，对长江内河行使行政主管部门职责。

6. 交通部珠江航务管理局。

交通部珠江航务管理局是交通部在珠江水系的派出机构，对珠江内河行使行政主管部门职责。主要职责为规划、协调、监督、服务。

主要工作职能有：开展珠江水系航运发展战略研究，组织编制、修订水系航运发展规划、水系主要港口总体布局规划；开展水资源综合利用协调工作；负责珠江水系航运行政管理，履行珠江干线内河省际运输企业审批职责；负责珠江水系水路运输市场的管理、省际间运输协调，进行行业管理；协助交通部做好下达珠江水系工程建设项目的实施、协调、监督及管理检查工作；负责珠江水系科技信息交流工作，协助交通部制订水运技术标准、技术政策、科技发展计划等。

7. 中国船级社。

中国船级社的前身是中华人民共和国船舶检验局，1956 年成立，当时的任务是统一领导国内各主要港口船舶检验机构的业务工作。1986 年，为适应远洋运输船队迅速发展的需要，经国务院批准成立了中国船级社，与船检局实行“一个机构、两块牌子”。1988 年 5 月，加入国际船级社协会（IACS），成为其正式成员。中国船级社作为交通部直属事业单位，实行企业化管理，是国家的船舶技术检验机构，是中国唯一从事船舶入级检验业务的专业机构，是国际船级社协会 10 家正式会员之一。

中国船级社的主要任务有：承担国内外船舶、海上设施、集装箱及相关工业产品的入级检验、公证检验、鉴证检验和经中国政府、外国（地区）政府主管机关授权，执行法定检验等具体检验业务，以及经有关主管机构核准的其他业务。

8. 中国港监。

中国港监 20 世纪 50 年代建立，由交通部管理，监察执行的法律有《海上交通安全法》、《航务管理规定》、《重要水道的航行规定》和船舶航行管理制度，在北京设立港务监督局，在各大港口设立海上安全监督局（处）。

中国港监的主要职责是：

（1）监督检查船舶和船上设备及人员的技术证书和文书。

（2）对船舶在航行、停泊和作业活动中，遵守国际公约、中国有关法律、行政法规和规章进行监督、检查和各种海事事件的调查处理。

（3）发布航行警告和公告，及时为海上航行或其他活动的船只提供海区安全航行的信息及需要注意的事项，避免海难事故的发生。

（4）组织、实施海难救助，采用各种可行手段搜寻、打捞，最大限度地减少人员与财产的损失。

（5）为航行安全进行航道整治以及潜在爆炸危险的沉没物、漂浮物或其他航行障碍物的打捞、清除和疏浚，维护港口和航道及航行海区的航行条件。

（6）负责船舶或其他海上机动污染源污染海洋环境的监视、监测和调查处理，以及事后的清除工作等。

（四）其他行业海洋经济管理机构

1. 中国海洋石油总公司。

1981年10月6日，国务院常务会议决定成立中国海洋石油总公司，作为开发海洋石油的国家公司，并且是一个具有法人资格的经济实体。1982年1月，国务院颁布的我国《对外合作开采海洋石油资源条例》规定，中国海洋石油总公司统一负责对外合作开采海洋石油资源的业务。1982年2月，中国海洋石油总公司在北京正式成立，统一领导和管理我国海洋石油勘探、开发和生产。

2. 中盐集团。

2003年8月，中盐集团成立，其前身是中国盐业总公司，成立于1980年2月。在全国盐业第三次集中管理体制形成之后，中国盐业总公司于1987年实行与盐务总局内部职责分开。1988年，国家轻工业部将盐业总公司定性为经营、开发、服务型的经济实体。

中盐集团是以资本为主要连接纽带，以中盐总公司所属全资子公司、控股子公司、参股公司和科研、勘探、设计、质量检测等企事业单位，以及与中盐总公司在生产经营、运销、科研、贸易等方面联系密切的有关盐业企业为集团成员的企业法人联合体。

二、“块”——中国海洋经济的区域管理机构设置

与以行业为划分标准的“条条”管理相比，我国海洋经济“块状”管理模式突出的则是沿海省、市、自治区、计划单列市等地的各级行政区域海洋机构设置，其中，绝大部分区域涉海机构属于国家级海洋行业管理机构的下设分支。

到目前，全国共有15个沿海省、市、自治区和计划单列市设立了专门负责各自海域事务的管理机构①，按照所设立机构的不同属性和工作编制，可以将沿海区域的海洋管理机构分为三个类别：第一，是设置“海+渔”模式的区域海洋管理机构，如江苏、山东、辽宁等省、市的海洋与渔业厅（局）；第二，是国土资源管

① 各地区具体海洋管理机构设置状况见附录。

理模式的区域海洋管理机构，即由海洋、国土、地矿合并组成国土资源厅（局），其中由海洋部门负责海洋的综合管理，如广西、天津、河北；第三，是一种较为特别的海洋管理机构类型——上海市海洋局，上海市海洋局与国家海洋局东海分局合并，合署办公，这种模式在全国尚属首例。

（一）“海＋渔”模式的区域海洋管理机构

设立“海＋渔”模式海洋管理机构的沿海区域主要有海南省、辽宁省、山东省、青岛市、浙江省、宁波市、舟山市、大连市、江苏省、福建省和厦门市共11个地区，海洋管理机构名称为海洋与渔业厅（局）。

“海＋渔”模式的海洋管理机构具有以下特点：首先，机构设置主要来自于两种途径：（1）由区域原有的海洋管理部门和水产部门直接合并，成为区域综合管理海洋和水产的职能部门，如辽宁省、大连市；（2）为了加强海洋管理工作，实现海洋开发战略，直接建立区域性的海洋与渔业机构，如山东省为实现“海上山东”战略部署设立的海洋与水产厅。其次，由于该类型的海洋管理机构既是地区海洋事务的综合管理部门，同时又是本地区海洋渔业的主管部门，因此在机构内部，海洋和渔业二者的管理职能可以相互补充，强化整体管理效果。第三，出于“海＋渔”模式的自身特点，在实际的海洋事务管理过程中，区域管理部门易出现重渔轻海现象，导致其他海洋产业的发展失衡。

（二）国土资源管理模式的区域海洋管理机构

实行国土资源管理模式的沿海省、市有广西壮族自治区、河北省和天津市。其中，河北省海洋局与省国土资源厅是一个班子、两个机构；天津市在2005年机构改革中，将市海洋局划归到天津市国土资源和房屋管理局；广西的海洋行政管理部门与国土、矿产合并，但海洋保留牌子和公章，对外行使海洋行政职责。

国土资源管理模式的区域海洋管理机构具有以下特点：首先，海洋管理机构的设置与我国中央人民政府部局职权划分一脉相承，即海洋管理部门直接隶属于国土资源部门，二者共同行使管理地方海洋事务的职能。其次，在国土资源部门内设海洋、矿产等多个行业管理机构，既保障了各行业的健康有序运行，又能促进相关海洋产业的协调发展，不至于顾此失彼。第三，国土资源内设机构在行使各自内部职责时，出于整体利益的考虑，能够统筹顾及其他部门的相关利益并借鉴学习其成功管理经验，有利于各部门之间的优势互补，以形成最优的整体管理效果，实现地区的最大效益。

（三）上海市海洋行政管理机构

上海市的海洋管理机构模式在全国尚属首例，上海市海洋局自1991年成立以来，与国家海洋局东海分局实行“一套二牌”管理体制，履行双重职能。上海市海洋局是市级海洋管理机构，东海分局是国家海洋局下设的三个区域海洋分局之一，二者的结合既节约了人员编制，符合国务院机构改革的“精简、效能”原则，又有利于海洋事务内部管理的统筹协调，提高管理效率。

参考文献

1. 罗钰如，曾呈奎：《当代中国的海洋事业》，中国社会科学出版社1985年版。

2. 何一骏：《中国渔政学》，学术期刊出版社1988年版。

3. 鹿守本：《海洋管理通论》，海洋出版社1997年版。

4. 徐质斌：《建设海洋经济强国方略》，泰山出版社2000年版。

5. 鹿守本，艾万铸：《海岸带综合管理——体制和运行机制研究》，海洋出版社2001年版。

6. 郑敬高：《海洋行政管理》，青岛海洋大学出版社2002年版。

7. 陈可文：《中国海洋经济学》，海洋出版社2003年版。

8. 管华诗，王曙光：《海洋管理概论》，中国海洋大学出版社2003年版。

9. 徐质斌，牛福增：《海洋经济学教程》，经济科学出版社2003年版。

10. 王志远，蒋铁民：《渤黄海区域海洋管理》，海洋出版社2003年版。

11. 杨文鹤，陈伯镛，王辉：《二十世纪中国海洋要事》，海洋出版社2003年版。

12. 王曙光：《论中国海洋管理》，海洋出版社2004年版。

13. 潘迎宪：《渔业经济与管理学》，中国农业出版社2004年版。

14. 于立：《产业组织与政府规制研究新进展》，东北财经大学2006年版。

15. 胡笑波，骆乐：《渔业经济学》，中国农业出版社2001年版。

16. 农业部渔业局编：《中国渔业年鉴2006》，中国农业出版社2006年版。

17. 国家海洋局：《中国海洋统计年鉴》，2001~2005，海洋出版社。

18. 王琪，张川：《海洋管理制度的现状分析及其变革取向》，载《中国海洋大学学报（社会科学版）》，2005 年第 6 期。

19. 刘喜礼：《关于我国海洋管理体制的探讨》，载《海洋开发与管理》，1997 年第 1 期。

20. 汪帮军：《论我国海洋管理体制的发展方向》，载《水运管理》，2003 年第 3 期。

21. 张保胜：《从技术创新到制度变迁——路径依赖理论简评》，载《甘肃农业》，2005 年第 2 期。

22. 刘和旺：《诺思制度变迁的路径依赖理论新发展》，载《经济评论》，2006 年第 2 期。

23. 中国海洋年鉴编纂委员会，中国海洋年鉴编辑部编：《中国海洋年鉴：1987 ~ 1990》，海洋出版社 1991 年版。

24. 中国海洋年鉴编纂委员会，中国海洋年鉴编辑部编：《中国海洋年鉴：1991 ~ 1993》，海洋出版社 1994 年版。

25. 中国海洋年鉴编纂委员会，中国海洋年鉴编辑部编：《中国海洋年鉴：1994 ~ 1996》，海洋出版社 1997 年版。

26. 中国海洋年鉴编纂委员会，中国海洋年鉴编辑部编：《中国海洋年鉴：1997 ~ 1998》，海洋出版社 1999 年版。

27. 中国海洋年鉴编纂委员会，中国海洋年鉴编辑部编：《中国海洋年鉴：1999 ~ 2000》，海洋出版社 2001 年版。

28. 中国海洋年鉴编纂委员会，中国海洋年鉴编辑部编：《中国海洋年鉴：2001》，海洋出版社 2002 年版。

29. 中国海洋年鉴编纂委员会，中国海洋年鉴编辑部编：《中国海洋年鉴：2002》，海洋出版社 2003 年版。

30. 中国海洋年鉴编纂委员会，中国海洋年鉴编辑部编：《中国海洋年鉴：2003》，海洋出版社 2004 年版。

31. 中国海洋年鉴编纂委员会，中国海洋年鉴编辑部编：《中国海洋年鉴：2004》，海洋出版社 2005 年版。

32. 中国海洋年鉴编纂委员会，中国海洋年鉴编辑部编：《中国海洋年鉴：2005》，海洋出版社 2006 年版。

33. 中国海洋年鉴编纂委员会，中国海洋年鉴编辑部编：《中国海洋年鉴：2006》，海洋出版社 2007 年版。

34. 中国海洋年鉴编纂委员会，中国海洋年鉴编辑部编：《中国海洋年鉴：2007》，海洋出版社2008年版。

35. 国家海洋局：《中国海洋统计年鉴1997》，海洋出版社1998年版。

36. 国家海洋局：《中国海洋统计年鉴1998》，海洋出版社1999年版。

37. 国家海洋局：《中国海洋统计年鉴1999》，海洋出版社2000年版。

38. 国家海洋局：《中国海洋统计年鉴2000》，海洋出版社2001年版。

39. 国家海洋局：《中国海洋统计年鉴2001》，海洋出版社2002年版。

40. 国家海洋局：《中国海洋统计年鉴2002》，海洋出版社2003年版。

41. 国家海洋局：《中国海洋统计年鉴2003》，海洋出版社2004年版。

42. 国家海洋局：《中国海洋统计年鉴2004》，海洋出版社2005年版。

43. 国家海洋局：《中国海洋统计年鉴2005》，海洋出版社2006年版。

44. 国家海洋局：《中国海洋统计年鉴2006》，海洋出版社2007年版。

附录一

中国沿海省市经济管理机构

1. 海南省。

（1）海洋经济管理机构。海南省是全国人大授权的唯一享有海域行政管理权的省份，1989 年海南成立省级海洋管理机构——海南省海洋局，担负对所属海域实施海洋综合管理的任务。海南省海洋局建立了 6 个职能处室，成立了“海南省海洋监测预报和海洋开发研究中心”。至 1992 年年底，沿海的海口、三亚两市和琼山、文昌、万宁、陵水、乐东、儋县、昌江、临高、澄迈、东方等 10 个县设立了市、县海洋管理局作为市县政府行政管理海洋的职能部门，在全省范围建立起了中央与地方相结合的海洋管理体制。

1995 年 3 月，在省委书记、省长阮崇武倡议下，在国家海洋局的大力支持下，经国家编委正式批准，海南省海洋局历经六载中央与地方双重管理体制后，“改局设厅”，划入海南省政府机构序列，成为中国第一个正厅级地方海洋综合管理机构。同年，海南省省、市两级的海洋管理机构建立。

1998 年 5 月，海南省政府撤销了海南省海洋厅，其海洋管理职能并入海南省海洋国土环境资源厅。同年 8 月海口市政府也撤销了海口市海洋局，其职能相应并入海口市国土海洋资源局。其他沿海市县海洋机构没有变化，仍为文昌市海洋管理局、琼海市海洋水产局、万宁市海洋管理局、陵水黎族自治县海洋管理局、三亚市海洋管理局、乐东黎族自治县海洋管理局、东方市海洋管理局、昌江黎族自治县海洋管理局、儋州市海洋管理局、临高县海洋管理局、澄迈县海洋管理局，除三亚市海洋管理局为正处级外，其余均为正科级。

2000 年 5 月，海南省在行政机构改革中设立了海南省海洋与渔业厅，负责海洋和渔业行政管理工作。之后，除海口市仍由海口市国土海洋资源局负责海洋管理事务外，其他沿海市县也先后设立海洋与渔业局，负责所在市县海洋与渔业管理职能。

2003 年，海南省海洋机构随着行政区划的变化，逐步完善。除原琼山市撤销，并入海口市外，其余沿海市县海洋机构维持现状。海口市人民政府根据社会经济发展的需要，于 5 月设立正处级海洋管理机构——海口市海洋与渔业局。原琼山市海洋与渔业局自然撤销，编制人员划归海口市海洋与渔业局管理和安排。原海口市国土海洋资源局管理海洋的政府行政职能和人员，全部划转海口市海洋与渔业局。至此，海南全省除西南中沙群岛办事处外，均建立海洋与渔业局，负责管理海洋与渔业的政务。

（2）海洋执法监察队伍。中国海监海南省总队于2005年9月正式挂牌成立。海南省海监总队成立后，立即着手帮助市县建立海监机构，使9个沿海市县相继成立了海监支（大）队。

2. 辽宁省。

（1）海洋经济管理机构。辽宁省海洋局于1990年3月批准成立。省海洋局直属县团级事业单位3个，辽宁省海洋监察大队、辽宁省海洋环境监测预报中心、辽宁省海洋技术开发中心。省海洋局下设办公室、管理科、科技科、计划科。进入90年代，根据国家海洋局的要求，经省政府同意，在辽宁省进行海洋管理体制的试点工作。根据中国海洋管理体制应是中央与地方相结合的国家、省、市、县四级管理体制的思路，沿海大连、丹东、营口、盘锦、锦州、锦西6市除锦州市外，均成立了海洋局（办），沿海县（区）共18个，有12个成立了海洋局（办）。

1996年，辽宁省海洋水产厅由原辽宁省水产局和辽宁省海洋局合并组建成立，是省政府综合管理海洋和水产的职能部门。设置业务处室主要有渔政处、养殖处、捕捞处、资源管理处、环境保护处、科教处等。省辖沿海6个市都建立了海洋管理机构，负责管理市辖海域的海洋事务。丹东市海洋水产局，是1997年由市水产局与市海洋局合并组建的；大连市海洋局归口市科委，负责管理全市海洋事务；营口市海洋水产局，是1997年由市水产局与市海洋办组建成的；盘锦市海洋水产局，是由市水产局与市海洋办于1997年组建成的；锦州市海洋水产局，是由市水产局与市海洋办组成的，1997年组建；葫芦岛市海洋办公室，归口市科委，是市政府管理海洋事务的机构。

在2000年政府机构改革中，省政府决定，成立辽宁省海洋与渔业厅，是主管全省海洋事务和渔业行政的省政府组成部门。设置业务处室主要有海域管理处、海洋环保处、渔业处、渔政处、科技教育处，以及办公室、人事处、计划财务处等。2001年，省辖沿海6个市分别成立了海洋与渔业局，负责管理市辖海域的海洋事务。具体设置是：大连市海洋与渔业局内设海域处和环保处；丹东市海洋与渔业局内设海洋科；锦州市海洋与渔业局内设海洋处；营口市海洋与渔业局内设海洋科；盘锦市海洋与渔业局内设海域环保科；葫芦岛市海洋与渔业局内设海域科和环保科。

（2）海洋执法监察队伍。省编委 1992 年以辽编发（1992）89 号文批准《关于设立辽宁省海洋监察大队等机构的批复》，从而使辽宁省有了一支海上综合监察执法队伍。组建了“辽宁省海洋监视网”，加强对海洋自然灾害、人为损害和违规行为的监视。

为了加快海监队伍建设，2002 年辽宁省先后制定了《关于市、县级海监机构设置和队伍管理体制等有关问题的通知》、《关于海洋执法监察工作分工等有关问题的通知》、《关于中国海监集中实施行政处罚权的通知》、《关于启用辽宁省海洋与渔业厅行政处罚专用章的通知》、《关于加强海洋倾废监督检查的通知》、《辽宁省海监服饰管理办法》等必要的文件，进一步明确了海监机构性质、职责，理顺了管理体制，并积极为各市、县提供有关机构建设方面文件和有关资料，解释机构建设方面有关问题。在省总队的大力支持下，盘山县、大洼县于 2002 年 6 月成立了海监大队。至 2002 年底，大连、营口市支队已正式组建。

在未组建海监大队的情况下，辽宁省海监总队克服受机构编制和人员编制数量限制的困难，于 2005 年 10 月底圆满地完成了 7 个县（市、区）海监大队组建工作，并已得到中国海监总队同意使用标识称谓的批复，至此，辽宁省海监各级机构组建工作全部完成。

3. 山东省。

（1）海洋经济管理机构。为了使资源得到有效的利用，山东省及沿海地（市）的海洋开发和管理部门，设立了海洋管理的组织或机构，分别对海洋资源开发进行管理，在一定程度上，保证了海洋产业的发展。1991 年山东省政府提出了“海上山东”的战略部署，明确了海洋开发的方向、目标和任务。为了尽快实施这一部署，各海洋有关部门和沿海地、市都适时制定和调整了行业发展规划。至 1992 年底，山东省基本形成了在总条例和规划的约束之下，各级政府、行业、部门和生产单位多层次的管理体系。

1995 年 11 月，根据省级行政机构改革中山东省委、省政府的决定，省水产局撤销，山东省海洋与水产厅正式成立，下设 10 个处室，被赋予主管海洋事务和渔业行政的职能。与此相连，山东省沿海市（地）、县水产局大部分易名，或称海洋与水产局，或称渔业海洋局。

山东省海洋与水产厅于 2000 年改为山东省海洋与渔业厅，是主管海洋事务和渔业行政的省政府组成部门。沿海市（地）县（市）和部分市辖区原来设有海洋与水产局，2000 年，除滨州地区及所辖无棣县、沾化县仍称海洋与水产局外，其他市、县（区）均改为海洋与渔业局。

（2）海洋执法监察队伍。21 世纪初，根据国家海洋局《关于地方各级海监机构设置若干意见的通知》精神，山东省编制委员会办公室对《关于加强海监队伍建设进一步理顺我省海监机构的报告》作了《关于山东省海洋监察总队更名的批复》，山东省针对部分市、县海监队伍称谓、体制、人员设置等方面不够规范这一实际，根据国家海洋局《关于地方各级海监机构设置若干意见的通知》精神，进一步加强了对地方海监队伍的建设与规范。截至年底，全省沿海 7 个市全部成立了海监支队，沿海具有海洋管辖权的 32 个市（县、区）全部成立了海监大队，人员全部到位，市、县两级海监机构全部按照国家的要求统一称谓，全省、市、县三级海监队伍建设和理顺的工作已根据国家的有关规定全部组建完毕，以省总队及直属支队为主干，以市支队为中坚，以市县大队为基础的三级海监机构网络已形成。

4. 浙江省。

（1）海洋经济管理机构。为了有效地开发利用海洋资源和加强协调管理工作，浙江省编委于 1990 年 2 月同意将原省海岸带资源调查办公室改建为省海洋管理处；嗣后，又于 1991 年 10 月批准将省海洋管理处改为省海洋管理局。省海洋管理机构成立以后，沿海的市、县的海洋管理机构亦开始陆续成立，围绕着海洋资源的开发、保护和管理，直接组织或参与进行了大量的工作，为海洋综合管理的展开打下了扎实的基础。温州海洋管区是国家海洋局东海分局 1990 年 10 月建立的区域性海洋综合管理机构，承担着浙江沿海的海洋监测、监视任务。为了贯彻全国首次海洋工作会议及《九十年代我国海洋政策和工作纲要》的精神，完善中央和地方相结合的海洋管理体制，东海分局与浙江省海洋管理局根据国家海洋局有关文件的精神，自 1991 年 8 月 1 日起，对温州海洋管区实行双重领导、双向报告的体制。

为进一步实施海洋开发战略，加强政府对海洋开发的综合管理，省委、省政府决定并报经国务院批准，将原处级事业编制的浙江省海洋管理局升格为副厅级的浙江省海洋局，由省计划和经济委员会管理。

20 世纪末，在浙江省政府机构改革中，省委、省政府决定，撤销省海洋局和省水产局，组建浙江省海洋与渔业局，属省政府主管海洋与渔业工作的直属机构。新组建的浙江省海洋与渔业局于 2000 年 6 月 22 日正式挂牌运行。

2001 年，浙江省沿海市、县政府机构改革基本完成。宁波、舟山、台州、温州等省辖市和计划单列市及其所辖沿海县（市、区）分别成立了海洋与渔业行政管理机构，嘉兴、绍兴等省辖市及其沿海县（市、区）也分别在有关政府部门设立了海洋管理机构。至此，浙江省从省到县的海洋行政管理体系已基本形成。同年

底，“宁波市海洋与水产局”正式更名为“宁波市海洋与渔业局”。

（2）海洋执法监察队伍。2003年，以统一行使海洋与渔业行政执法职能、实现行政管理与行政处罚职能分离、人员依照公务员管理为基本目标，浙江省积极稳妥地开展了海洋与渔业执法队伍的改革工作。4月26日，省机构编制委员会以“浙编（2002）44号”文印发《关于建立省海洋与渔业执法总队等问题的批复》，批准成立浙江省海洋与渔业执法总队（下辖船队），核定事业编制55人（加挂中国海监浙江省总队、浙江省渔业行政执法总队两块牌子）。根据《国家公务员管理条例》及其他有关文件规定，从6月中旬开始到7月下旬，分准备、实施、人员分流、检查验收4个阶段完成了总队机构设置、公务员考录、人员定岗过渡工作。7月18日，浙江省海洋与渔业执法总队挂牌成立。

浙江省总队批复成立后，全省沿海地区海洋与渔业执法机构方案也随之下达。宁波市海洋与渔业执法支队于6月上旬挂牌成立，成为全省第一个市级海洋与渔业执法机构；7月中旬，嵊泗县海洋与渔业执法大队（加挂中国海监嵊泗县大队、嵊泗县渔业行政执法大队两块牌子）经当地编委批准成立，成为全省第一个县级海洋与渔业执法机构。2002年1月，经宁波市机构编制委员会批准，原市渔政处更名为“中国海监渔政宁波市支队”，对外同时增挂“中国海监宁波市支队”和“中国渔政宁波支队”两块牌子。各县（市、区）相继成立海监机构，随着县级机构调整的深入，宁波市已逐步形成一个完整的海洋执法体系。中国海监渔政宁波支队设有5个科室：渔政科、渔监科、海监科、通信科和办公室。各科室在岗人员实行了定岗、定责、定员。下设宁波港管理站，旨在建立宁波港的渔业综合执法队伍，加强对进出宁波港渔船的安全监督检查。

为贯彻执行国家海洋法律法规，促进宁波市海域的依法管理，2002年1月，经宁波市机构编制委员会的批准，原宁波市渔政渔港监督管理处整体改编，成立了中国海监宁波市支队，成为浙江省第一支海监执法队伍。支队分设办公室、海监科、通讯科、宁波港检查站、象山港分站和执法船艇等8个科室站。2003年，宁波市各地加快了海洋执法监察队伍的建设步伐，建立了以中国海监宁波市支队为中心，以中国海监象山县大队、中国海监宁海县大队、中国海监奉化市大队、中国海监北仑区大队、慈溪市海洋与渔业执法大队、江北区海洋与渔业行政执法大队等6个县级大队为基础的二级海监执法体系，75%的沿海县（市、区）建立了海监机构。2003年12月，经舟山市编委舟编［2003］62号文件批准，组建成立舟山市海洋与渔业执法支队，并于同年12月25日正式挂牌。组建后的舟山市海洋与渔业执法支队为行政预算事业单位，按照公务员制度管理。

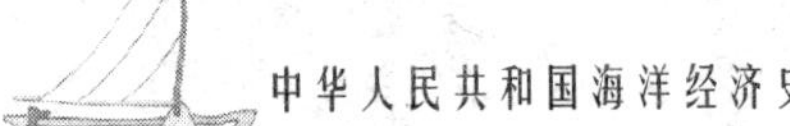

5. 大连市。

（1）海洋经济管理机构。2001 年底，大连市政府机构改革，原大连市海洋局与大连市水产局合并，组建大连市海洋与渔业局。大连市海洋与渔业局是大连市海洋与渔业行政管理部门，为市政府直属机构，正局级建制。

（2）海洋执法监察队伍。1996 年，大连市人民政府批准印发了《大连市海洋局职能配置、内设机构和人员编制方案》，批准成立大连市海洋监察大队。大连市初步建立了海洋管理专业执法队伍体系，基本形成了由市海洋局、市监察大队和有海区市县海洋办、监察中队组成的综合管理和执法监督体系。

6. 江苏省。

（1）海洋经济管理机构。1997 年，在全省范围内，首次完成了海洋管理机构的建设。虽然规格和名称叫法不一，但是从行政管理的角度而言，江苏省从省到市、县完善了机构的设置。连云港市设连云港市海洋局（正县级）与市科委合署办公，下辖沿海六县、区均设立海洋局；盐城市海洋局设在市科委内（正科级），下辖沿海五县（市）均成立海洋局；南通市海洋管理处（副县级）设在市科委内，下辖沿海五县（市）均成立了海洋局（办）。

2000 年，为理顺关系，转变职能，由原省水产局、省科委海洋局共同组建了省海洋与渔业局，为省政府直属正厅级工作机构。省海洋与渔业局于 6 月 22 日成立并揭牌。新组建的省海洋与渔业局的主要职责是：草拟江苏省海洋与渔业管理的法规规章和方针政策，组织编制海洋功能区划、海域利用规划、海洋产业与渔业发展总体规划；管理国家授权的海域使用，监督海洋生态环境保护和渔业水域生态环境保护；依法实施海洋监察、渔船检验和渔政渔港监督管理，维护海洋与渔业权益；指导渔业结构调整、产业化经营和可持续发展；负责海洋与渔业科技与教育、外事与外经、统计和信息工作，负责管理海洋与渔业的基础设施建设，做好公益性服务等。省海洋与渔业局内设办公室（政策法规处）、计划财务处、海域管理处、渔业处、海监渔政处（资源环境保护处）、科技教育处和人事处共 7 个职能处室。

针对长期困扰江苏省海洋管理的体制问题，沿海市、县政府认真落实省政府 2003 年第 47 号《专题会议纪要》精神，严格依法办事，加大协调力度，进一步明确海洋部门的管理职能和权限。射阳、通州等矛盾由来已久的县（市）滩涂权属管理问题都得到了根本解决。全省海洋管理体制于 2004 年底前全面理顺，海洋综合管理职能依法得到履行。这是江苏海洋管理工作的历史性突破，真正做到了职能到位、职责一致、管理统一。

（2）海洋执法监察队伍。2000 年，经省编办批准，江苏省海监总队、江苏省

渔政监督管理总队也宣告组建，并纳入公务员制度管理。

7. 福建省。

为加强海洋工作的管理，1989 年 11 月 20 日，福建省海洋管理处正式成立。福建省海洋管理处是省政府管理海洋的职能部门，主要负责全省海洋的综合管理工作，隶属福建省科委领导。其职责是：组织拟定省海洋工作的发展战略、方针和政策；根据国家海洋基本法和条例，制定本省相应的海洋法规和实施细则；组织拟订海洋工作发展规划和海域综合利用区划，管理海洋功能区，协调海洋资源合理开发利用；组织海洋科学技术研究和海洋资源的综合调查，海洋科技成果的转化和开发工作；负责本省海洋环境的保护工作，参与选划和管理倾废区，海洋自然保护区；负责本行政区域毗连海域使用管理和项目审批，颁发海域使用许可证；负责全省海洋公益服务工作。

8. 厦门市。

进入 21 世纪，作为国内海洋综合管理试点城市的厦门，通过近年海岸带综合管理的实践，探索出一套“立法先行、集中协调、科学支撑、综合执法、公众参与”的海洋综合管理模式。厦门市海洋综合管理的模式已经成为国际上海洋综合管理的成功经验，受到有关国际组织的高度评价。

1）厦门市海洋与渔业局。2002 年 1 月市政府机构改革，厦门市海洋与渔业局成立，由原厦门市人民政府海洋管理办公室和原厦门市水产局整合，是市政府主管海洋与渔业行政管理的工作部门，加挂厦门市海岸带综合管理国际示范项目执行办公室、厦门市珍稀海洋物种国家级自然保护区管理委员会办公室。

厦门市海洋与渔业局的职能包括：

（1）贯彻执行国家和省有关海洋与渔业方针政策和法律法规，研究提出厦门市海洋与渔业发展的战略和相关政策，拟定海洋综合管理与渔业行业管理的法规、规章，并监督实施：组织实施国家和省海洋资源、渔业资源管理技术标准和渔业行业各类产品、质量标准规程、规范和办法。

（2）组织编制海洋功能区划、海域使用与海岛开发规划、海洋与渔业发展总体规划并监督实施，协调指导涉海各部门、行业的海洋开发利用活动。

（3）负责厦门市海域使用的综合管理。监督管理国家授权的海域及厦门市海岸带、海岛使用，负责海域、海岸带自然资源的招投标出让等资产化管理，监督实施海域使用证制度和海域有偿使用制度，维护海域所有权和海域使用权人的合法权益；监督管理海洋工程（含海底电缆、管道的铺设）和海岛的开发与保护活动：承担组织海域勘界。

（4）负责海洋环境、海洋与渔业水域生态环境保护的监督管理工作。协同有关部门制订陆源污染物排海标准和总量控制制度并监督实施；负责管理海洋环境监测、监视综合信息系统及其网络建设，组织海洋环境的调查、监测、监视及评价，发布海洋环境质量公报和海洋灾害预报警报：主管防止海洋开发和海洋工程、海域使用倾倒废弃物对海洋污染损害的环境保护，调查处理渔港、海洋和淡水渔业水域污染事故；核准新建、改建、扩建海洋工程项目环境影响报告书，负责海洋工程建设项目环境保护设施的"三同时"制度的监督实施及检查、批准、验收，负责审核新建、改建、扩建海岸工程建设项目环境影响报告书。

（5）监督实施海洋与渔业行政执法。依法维护生产秩序，保护渔业资源所有者和使用者的合法权益；授权实施辖区内的巡航监视，发布巡航通报，督促各涉海部门履行各自的管理职责。监督实施海域使用证和海域有偿使用制度、渔业许可证和休渔期制度，监督管理重要水生野生动物利用、海洋动植物物种引进工作；依法对厦门市渔港水域、渔船和渔业电信实施安全监督管理，实施渔船和船用产品检验，调查处理渔业安全生产和渔船安全事故；负责厦门市水产品质量和批发市场交易的监督管理；依法维护海洋开发和渔业生产秩序，协调处理海域使用权益与渔事纠纷。负责海洋与渔业行政执法工作的监督和业务指导，办理行政投诉、行政复议和议案提案。

（6）负责渔业行业管理。负责渔业产业结构和布局的调整，指导渔业经济体制改革，指导协调养殖业、捕捞业、水产品加工与流通、远洋渔业开发活动：管理水产种质资源和水产苗种的生产、经营，组织实施水生动植物的防疫检疫，参加鱼用药物和饲料的监督管理；负责渔港、水产原（良）种场、水产养殖病害防治体系的规划和建设管理，协助组织指导水产品市场与流通信息体系的规划和建设管理；监督、指导和组织实施渔业防灾减灾与抢险救助工作；监督管理减轻渔民负担工作。

（7）负责海洋与渔业科技管理，组织实施"科技兴海"、"科教兴渔"战略。研究拟制海洋与渔业发展的重大科学技术进步措施，组织制定海洋与渔业的科技发展规划及有关政策；组织重点科技攻关项目和高新技术及其产业化研究，负责重大科研项目研究成果及成果转化工作的管理；负责海洋科技信息市场的管理及其网络建设；负责海洋与渔业专业人才的培训教育。

（8）组织开展有关海洋与渔业对外对台经济、技术交流与合作：监督执行国际海洋、渔业公约和双边、多边协定；组织研究维护国家海洋与渔业权益的政策、措施，依法监视涉外海洋科学调研、海洋设施建造、海底工程和其他海洋开发活

动，对外行使海洋与渔业的监督管理权；处理涉外渔事纠纷和有关涉外事务。

(9) 负责海洋与渔业经济的统计、财务、信息、资料、档案管理和服务工作：负责全市性海洋与渔业社团组织的行业领导和业务指导，以及对区镇政府的海洋与渔业业务指导。

(10) 承办市政府交办的其他事项。

2）厦门市海洋综合执法协调小组。根据《厦门市海域使用管理规定》的授权，为了加强厦门海域的综合管理，1998 年 4 月厦门市人民政府海洋管理办公室牵头正式组成厦门市海洋综合执法协调小组，开始了厦门海洋综合执法的探索和实践。厦门市海上综合执法小组由厦门市海洋管理监察大队、海事局厦门监督站、厦门市渔政处、厦门渔监局、厦门市公安局水上派出所、厦门市交通委水路运输管理处、厦门市城市建设监察支队市容大队、厦门航道分局等 8 家具有涉海行政执法单位组成。

厦门市海上综合执法小组成立后，制定了厦门市海上综合执法制度，建立了海上综合执法通讯指挥中心，采取“海上执法统一抓，问题处理再分家”的方式进行不定期的综合执法活动，联合打击各种海上违法行为，维护厦门海域使用秩序。

3）中国海监第六支队（厦门海洋管区）。中国海监第六支队（厦门海洋管区）成立于 1985 年 6 月，隶属于国家海洋局东海分局和中国海监东海总队的海洋监察执法机构。管辖海域范围南起诏安湾，北至沙埕港，东到台湾海峡中线。中国海监第六支队内设指挥（信息）科、装备技术科、巡航执法科（海洋管理科）、海洋执法监察队等。

中国海监第六支队的职能包括：

(1) 担负福建沿海我国管辖海域（包括海岸带）的巡航监察执法任务。

(2) 及时发现海上侵权、违法和违规行为，并依照有关法律、法规和规章的授权，开展执法监督检查，对侵犯海洋权益、违章使用海域、损害海洋环境与资源等违法违规事件进行调查取证和查处，并根据有关行政机关的委托承担其他海上执法任务。

(3) 配合有关部门参与海上救助及其他军事保障工作。

4）中华人民共和国厦门渔港监督局（厦门渔业船舶检验局）。中华人民共和国厦门渔港监督局（厦门渔业船舶检验局）隶属于厦门市海洋与渔业局的行政职能型事业单位，一套人马，两块牌子。内设渔港监督科、渔船管理科、船员管理科、渔业船舶检验科等，并有沙坡尾渔港监督、东渡渔港监督、刘五店渔港监督、海沧签证站 4 个派出机构。

厦门渔港监督局的职能设置：

（1）监督检查有关渔港监督的法律、法规的执行，维护水上交通安全秩序；办理渔业船舶登记，核发各类登记证书。

（2）负责渔业船舶船员的考试、发证；办理船舶进出港签证。

（3）调查处理渔港水域内的交通事故和其他沿海水域渔业船舶之间的交通事故。

（4）监督管理渔港岸线、码头及其附属设施的使用、维护和建设，审批在渔港内建造、改造、扩建各种设施或者进行其他水上、水下施工作业及易燃、易爆、有毒等危险货物装卸作业。

（5）依法征收港航规费；法律、法规和规章授权规定的其他职责。

渔业船舶检验局的职能设置：

（1）对辖内所有渔业船舶进行图纸审查、初次（含建造和重大改建）检验、营运检验，并签发相应的船舶检验证书。

（2）对涉及渔业船舶航行、作业安全的和防止水域环境污染的船用产品进行监督检验，并签发船用产品证书。

（3）办理渔业船舶海损、机损鉴定和公证性检验。

（4）负责辖内渔船修造厂、船用产品厂、渔船设计部门的资格认可初审及监督管理。

（5）负责督促、组织辖区渔业船舶及船用产品厂焊工参加培训、考试。

（6）法律、法规和规章授权规定的其他职责。

5）厦门市渔政管理处。厦门市渔政管理处是隶属于厦门市海洋与渔业局的行政职能型事业单位，内设法规科、资源环保科、市区渔政站、渔政船队、中华白海豚保护区办公室等。

厦门市渔政管理处的职能设置：

（1）监督检查《中华人民共和国渔业法》、《中华人民共和国野生动物保护法》、《中华人民共和国水污染防治法》等法律及其有关法规、规章的执行情况；保护、增殖渔业资源，征收渔业资源增殖保护费。

（2）受渔业行政主管部门委托审批发放、年审、注销渔业捕捞许可证和特许品种的生产、收购、运输许可证。

（3）维护渔场生产秩序，协调处理渔事纠纷，打击、查处电、毒、炸鱼等违法捕捞行为和事件。

（4）保护水生野生动物，对违反法律、法规、规章的规定从事捕捉、运输、

驯养、繁殖、出售、展览、经营利用等行为进行查处：负责对重要水生动物苗种、亲体和浅海滩涂水产增养殖的保护和管理工作。

(5) 负责渔业水域生态环境的保护，调查处理损失额度为100万元以下的水域污染事故造成渔业资源损失的事件。

(6) 对从事捕捞、养殖、购销等各种渔业活动及其渔业证件、渔船、渔具、作业类型、捕捞场所、捕捞时限、渔获物等进行监督检查。

(7) 负责对厦门海域中华白海豚及其生态环境的保护和监督、行使保护区的职责和监督管理权。

(8) 承办政府及上级部门交办的有关事项，协助涉海单位管理厦门海域，共同维护厦门港的良好环境和安全通航秩序及其他渔政管理事项。

6) 厦门市海洋管理监察大队。厦门市海洋管理监察大队成立于1997年，隶属于厦门市人民政府海洋管理办公室的事业单位。

厦门市海洋管理监察大队的职能设置：

(1) 保障国家和厦门市各项海洋管理法律、法规、规章以及厦门市海域功能区划的贯彻实施。

(2) 依法监察管理海洋开发利用行为，维持海域使用秩序，保障海上作业安全，保护海洋资源和生态环境。

(3) 制止、纠正和处理海上违反法律、法规、规章和海域功能区划的行为。

(4) 完成市政府和上级下达的海上紧急任务以及处理解决群众来信、来访、投诉等所涉及海洋管理方面的问题。

(5) 完成上级交办的各项工作任务，通过日常的执勤、监督、协调、表彰、处罚等方面落实各项海洋管理工作。

2004年初，厦门市海洋与渔业局将海监大队、渔监局、渔业无线电管理站、渔政处4个单位整合为“海洋综合行政执法支队”，并于12月举行了挂牌仪式。

9. 广西壮族自治区。

(1) 海洋经济管理机构。为加强广西的海洋综合管理，1993年3月22日自治区人民政府批准在原广西海洋资源研究、开发、保护领导小组和原广西海洋管理处的基础上成立广西海洋开发保护管理委员会，下设办公室处理日常事务。1993年6月2日，自治区人民政府又指令赋予广西海洋开发保护管理委员会办公室13条职责，明确其为主管广西海洋事务的行政职能部门，负责对广西管理海域、海岸带、沿海岛屿的海洋活动实施综合性规划、区划、监察、海域使用审批等海洋综合管理。

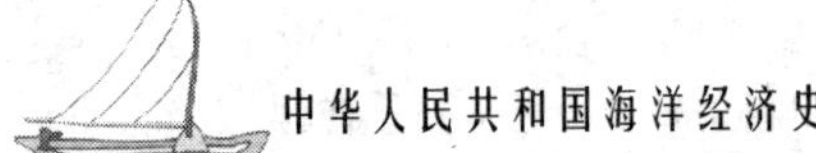

1996~1997年，在原有的基础上，自治区政府及沿海各级政府对海洋机构职责职能进一步明确和加强。自治区成立了广西壮族自治区海洋局，与广西壮族自治区海洋开发保护管理委员会办公室合署办公。同时，自治区沿海各市的海洋机构也不同程度地得到加强，1997年，钦州市政府批准成立钦州市海洋局，钦州市钦州港成立了海洋局，防城港市成立了防城港市海洋局。

1998~1999年广西的海洋综合管理体制和机构进一步建立和完善。目前，自治区建立了自治区级、沿海各地市级、县（区）级的三级海洋管理机构，并形成海洋监测、海洋预警预报服务网络、海洋环境生态保护框架。1999年，北仑河口海洋自然保护区升为国家级自然保护区，山口国家红树林生态自然保护区纳入联合国教科文组织世界生物圈保护区网络。

2000年，广西政府机构改革，广西海洋综合管理体制和机构进一步改变，海洋行政管理部门与国土、矿产合并，但海洋保留牌子和公章，对外行使海洋行政职责。

2001年，根据国家和自治区的部署，广西开展了市、县机关机构改革。在原海洋管理机构的基础上，北海、钦州、防城港市、合浦县、东兴市、防城区、港口区分别成立了海洋局，钦州市钦南区成立了海洋分局，全区海洋管理力量得到进一步加强。

2004年，广西壮族自治区海洋机构和海洋综合管理体制得到进一步加强，形成了协调配合的综合管理机制。自治区海洋局对外单独挂牌，其公章可以直接对外使用，独立行使自治区海洋行政管理职责。

（2）海洋执法监察队伍。1993年10月1日，国家海洋局授予广西海洋开发保护管理委员会办公室对广西邻近海域的海洋监察管理权，并在广西南宁市举行了授权仪式。同时，自治区编制委员会办公室下文批准成立广西海洋监察大队和广西海洋监测预报中心，与国家海洋局北海中心海洋站一起实行三块牌子、一套人马，由广西壮族自治区和国家海洋局南海分局双重领导，以广西壮族自治区为主。广西海洋监测预报中心是1993年9月在原国家海洋局南海分局北海海洋管区基础上成立的。与广西海洋监察大队实行一个机构、两块牌子、一套人员。下设广西海洋预报台、北海海洋站、涠洲海洋站、防城港海洋站。海洋站主要职责是按照国家海洋观测规范开展海浪、潮汐、海水温度、盐度等海洋要素观测。

经自治区人民政府和国家海洋局多次协商，国家海洋局和自治区人民政府就共建中国海监广西壮族自治区总队问题取得共识，签订了共建中国海监广西壮族自治区总队的协议，并批复同意共建中国海监广西区总队。2002年12月5日，自治区

编制委员会桂编［2002］86号批复成立中国海监广西壮族自治区总队。之后，经当地市编制管理部门批准，中国海监广西区总队北海市支队、防城港市支队和钦州市支队相继成立；中国海监广西区总队北海市支队合浦县大队、东兴市大队、钦州港经济开发区大队也相继成立。

2003年2月16日，中国海监广西壮族自治区总队成立挂牌仪式在南宁举行。中国海监广西壮族自治区总队是经国家海洋局和广西壮族自治区人民政府协商同意共建的首支省（区）级海监总队，此举标志着广西海监队伍的组建迈出了关键的一步。2003年12月30日，中国海监防城港市支队的成立，则标志着广西沿海3个地级市的海监机构的组建全部完成。截至2003年底，广西已组建成立了中国海监北海市、钦州市、防城港市支队，中国海监合浦县大队以及中国海监广西壮族自治区总队直属支队（即中国海监第九支队，一套人马、两块牌子）。

10. 河北省。

（1）海洋经济管理机构。1990年11月，河北省海洋局在石家庄建立，归口省科学技术委员会、省计划经济委员会管理，与省海洋及海涂资源研究开发保护领导小组办公室为一套机构、两个名称。

根据国家海洋局国海人发（1991）137号文“关于海洋管区领导体制有关问题的通知”和国海人发［1991］361号文“关于落实海洋管区双重领导的意见”，国家海洋局北海分局、省海洋局自1991年7月1日对秦皇岛海洋管区实行双重领导。这种双重领导是在党政关系，人、财、物管理体制不变的情况下，对业务工作中的海洋管理职能实行双重领导。省海洋局可以对秦皇岛海洋管区下达任务，并对海洋管区的管理工作进行检查指导。管区在认真完成海洋局下达的各项任务的同时，应及时向省海洋局汇报海洋管理工作，接受省海洋局的检查指导。

根据国家海洋局国海人发［1993］028号《关于秦皇岛海洋管区职能移交的函》，1993年1月15日，秦皇岛海洋管区及所属海洋监察站职能移交省海洋局，管区和监察站名称取消。秦皇岛中心海洋站及所属海洋站在原机构名称不变、原有任务不变、原资料传输和报送渠道不变的前提下，实行国家海洋局北海分局与省海洋局双重领导，以省海洋局为主的领导体制，即党政关系以及现有人员归属省海洋局，原经费总额和经济渠道不变。北海分局与省海洋局具体分工配合的有关问题，由北海分局与省海洋局协商，报国家海洋局核定后执行。

1995年4月25日，唐山市海洋局成立，为副县级，由市科学技术委员会管理，负责唐山市邻近海域的海域综合管理。唐海县于1994年5月6日成立了县海洋局。至此，河北省三市八县四区两农场中，三市已全部成立了海洋管理机构，六县两农场成立了海洋局。

2000年省级机构改革后，河北省成立了国土资源厅、海洋局，一套人马，两个牌子。河北省海洋局由具有行政职能的处级事业单位成为正厅级省政府组成部门，强化了海洋行政管理职能，加大了海洋综合管理力度。

（2）海洋执法监察队伍。1992年8月1日，在石家庄召开了省海洋监察大队成立大会，省海洋监察大队下设秦皇岛、唐山、沧州3个中队，隶属河北省海洋局领导。监察管理职责范围是：实施海洋监视，对污染损害海洋环境和资源的违法行为实施监察管理，按规定权限进行处理，发布海洋巡航通报，对海底电缆、管道履行国务院《铺设海底电缆管道管理规定》赋予的职责；组织实施临时倾废区和三类倾废区选划工作，签发倾废许可证，对倾废活动进行监视、监测、监督管理，对违章、违法、违纪行为按权限予以处理；负责石油平台所处海域环境监视、监测，参与登临平台检查，对平台溢油污染事故进行调查处理。

2000年的省级机构改革确立了中国海监河北省总队（含秦、唐、沧三个支队）作为省海洋局下辖事业单位负责河北省毗邻海域的海洋监察工作的职能。

11. 天津市。

（1）海洋经济管理机构。根据中共天津市委办公厅津党办发［2000］56号文批复天津市海洋局职能配置、内设机构和人员编制的规定，设置天津市海洋局（天津市海洋局同时加挂国家海洋局天津海洋管理办公室的牌子）。天津市海洋局是主管全市海洋行政事务的市政府职能部门，由天津市规划和国土资源局管理。天津市海洋局内设4个处室即办公室、发展计划处、海域管理处和海洋环境处。其所属事业单位有天津古海岸与湿地国家及自然保护区管理处、天津市海洋监察大队和天津市海洋预报台。

2005年天津市机构改革，天津市海洋局划归到天津市国土资源和房屋管理局。内设4个处室，包括办公室、发展计划处、海域管理处和海洋环境处。所属事业单位有天津古海岸与湿地国家级自然保护区管理处、中国海监天津市总队和天津市海洋环境监测预报中心。天津市塘沽区、大港区和汉沽区均设有海洋管理部门，承担着对毗邻海域海洋规划与管理、保护与合理利用。

（2）海洋执法监察队伍。加强对天津市海岸带、海岛及毗连海域的海洋监察管理权，经天津市委、市政府批准，2002年1月24日天津市编制委员会以津编二字［2002］3号文件批复，同意建立中国海监天津总队，为具有行政执法监察职能的处级机构，隶属于天津市海洋局管理。

2003年8月，天津市海监总队完成了“机关法人”注册，实现了由事业法人

向机关法人的转变，向行政执法体制迈出了关键性步伐。9 月，成功构建了海监、法院协同办案机制。12 月，天津市海监总队建立了与天津公安边防总队、天津渔政渔港监督管理处等单位的横向联合，形成军地协作、联合处置海上突发事件的应急处理机制，为全面开展海洋执法监察工作创造了有利条件。

12. 上海市。

1）上海市海洋局。上海市海洋局是上海市人民政府管理上海市海洋事务的职能部门，业务上接受国家海洋局的指导。1991 年成立以来，与国家海洋局东海分局实行“一套二牌”管理体制，履行双重职能。

根据上海市海洋工作新的形势和任务，2002 年，上海市政府（沪府［2002］98 号）调整充实了上海市海洋局的职能，其职能包括：

（1）组织制订上海市海洋工作长期规划和五年计划；会同有关部门组织制定上海市海洋功能区划、海洋开发规划、海洋科技规划和科技兴海战略；管理上海市海洋基础数据，承担海洋经济与社会发展统计工作；管理上海市海洋资源综合调查和开发的档案资料。

（2）贯彻有关海洋管理工作的方针、政策和法律、法规与规章；结合上海市实际，研究起草有关地方性法规、规章草案和政策，并组织实施有关地方性法规、规章和政策。

（3）负责上海市海域使用的监督管理，审核海域使用申请，按规定实施海域有偿使用制度；负责海底电缆、管道的审批和监督管理，组织上海市海域勘界。

（4）会同有关部门开展海洋环境的监督管理，组织制定海洋环境保护与整治规划和规范，负责防治海洋石油勘探开发、海洋工程建设项目和海洋倾倒废弃物对海洋环境污染损害的环境保护工作；会同有关部门制定地方性海洋环境质量标准和进行海域排污总量控制，管理海洋环境调查、监测、监视和评价；监督海洋生物多样性和海洋生态环境保护，监督管理海洋自然保护区；对海岸工程环境影响报告书提出审核意见，核准海洋工程环境影响报告书。

（5）依法实施海域巡航监视、监督管理，查处违法活动。

（6）组织海洋基础与综合调查、海洋重大科技攻关和海洋高新技术研究；管理海洋观测监测、灾害预报警报、综合信息、标准计量等公益服务系统；负责发布海洋灾害预、警报和海洋环境预报。

（7）负责协调海洋石油勘探开发污染损害事故、海底管道事故、赤潮灾害等突出事件的应急处理，参与上海市沿海核设施的应急处理。

（8）监督管理涉外海洋科学研究，依法监督涉外的海洋设施建造、海底工程和其他海洋开发活动。

2）上海市海洋执法队伍。经中编委批准，自1990年以来，上海市海洋局与国家海洋局东海分局实行“一个机构，两块牌子”管理体制。2003年12月4日，经上海市机构编制委员会批准，中国海监东海总队增挂中国海监上海市总队牌子。

中国海洋经济政策演变

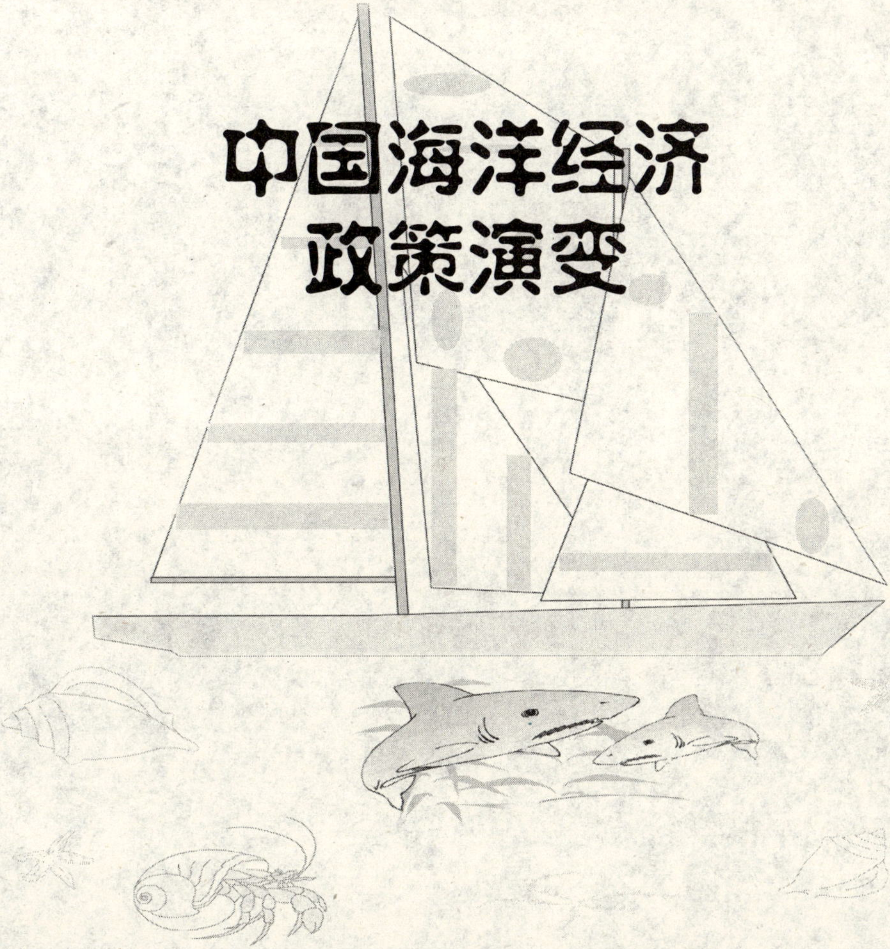

第四章　中国海洋经济政策的演变

迄今，对于海洋政策国内外学术界尚未形成较为统一的定义[①]。根据政策的一般定义，我们认为海洋政策是国家为实现海洋事业的发展而制订的目标、战略、方针、规划以及为实现他们而制定的具体法律法规和行动准则。制订海洋政策目的在于有力实施本国的海洋开发利用，协调国内海洋各部门之间的关系，正确处理海洋国际问题，维护本国的海洋权益，促进国际间海洋事务的合作。

我们认为，海洋经济政策是政府以加强对海洋的开发利用、发展海洋经济为目的而实施的一系列法律法规、办法、条例的总和。一般来说，海洋经济政策可以分为宏观海洋经济政策和微观海洋经济政策。宏观海洋经济政策是综合性的，多行业的，对海洋经济的整体规划。而微观海洋经济政策则是指针对具体行业具体海域而制定的管理措施。两者是相辅相成的，宏观政策为微观政策以战略指导，有力的促进微观政策的制定和执行。而微观政策的实施则为宏观政策的制定和调整提供事实的依据。

海洋经济政策是公共政策的一部分。对政策的定义国内外学者意见不一[②]。国外学者一般认为公共政策是公共部门对全社会的利益进行分配的手段。国内学者一般认为，政策是指公共管理部门为了实现一定的政治、经济或文化目标而采取的一系列行为或规定的准则。政策科学是对政策的调研、制订、分析、筛选、实施和评

---

① 美国学者 John King Gamble 认为，海洋政策是一套由权威人士所明示陈述的与海洋环境有关的目标，指令与意图。中国台湾学者胡念祖认为海洋政策是处理国家使用海洋之有关事务的公共政策或国家政策。

② 刘丽霞（2006）将国内外学者对政策的定义归结如下：国外学者及其代表观点主要有：威尔逊认为公共政策是具有立法权的政治家制定出来的，由公共行政人员所执行的法律和法规；伊斯顿认为公共政策是对全社会的价值做有权威的分配；拉斯维尔认为公共政策是一种含有目标、价值与策略的大型计划；安德森认为公共政策是一个有目的的活动过程，而这些活动是由一个或一批行为者，为处理某一问题或有关事务而采取的。国内学者及其代表观点主要有：陈振明认为政策是国家机关、政党及其他特定政治团体在特定时期为实现或服务于一定的社会政治、经济和文化目标所采取的政治。行为或规定的行为准则，它是一系列谋略、法令、措施、办法、方法、条例等的总称；孙光认为政策是国家和政党为了实现一定的总目标而确定的行为准则，它表现为对人们利益进行分配和调节的整治措施和复杂过程；林水波、张世贤（中国台湾）认为公共政策是指政府作为或不作为的行为。

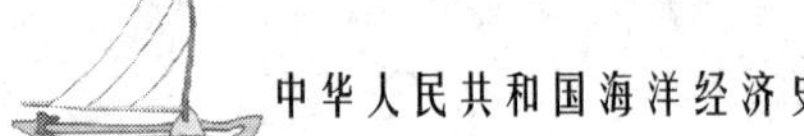

价的全过程进行研究的方法，起源于20世纪中叶，在政治学、经济学、管理学、社会学等多学科基础上，为解决政治、经济和社会等领域的问题，推动公共政策决策的科学化和民主化而形成的。1951年，美国著名政治学家拉斯韦尔在《政策科学：范围和方法的新近发展》一书中，第一次就政策科学的对象、性质和发展方向做出界定，奠定了政策科学的基础，成为政策科学诞生的标志。之后，一大批科学家、政治学家等开展了二三十年研究，发表了大量的政策科学著作，确立了政策科学的学科地位。由于政策科学有效推动了政治、经济、外交、军事以及科技、教育、文化、社会福利、生态平衡等方面至关重要的社会和政治问题的解决，迅速得到了各国学术界和政治界的共同关注，成为当代社会科学中一个重要的、富有成果和充满活力的新领域。①

国际上对于海洋经济政策的研究由来已久。1609年荷兰法学家H. 格劳秀斯发表的《海洋自由论》是最早的从法律方面研究海洋政策的著作，它对以后的国际海洋法和海洋政策的发展产生了深远的影响②。近20年来各国开始全面研究海洋政策，1977年美国特拉华海洋政策研究中心主任G. J. 曼贡教授所著的《美国海洋政策》，全面阐述了美国海洋政策的历史和现状，这是第一部关于海洋政策的专著。1984年G. 餐特等人的《东南亚海洋政策》等海洋政策专著相继问世，丰富和完善了海洋政策研究的内容。

近年来我国也加强了对于海洋政策的研究，这些研究散见于对于海洋经济和海洋管理的著作里。如《当代中国的海洋事业》③、《海洋经济学教程》④、《海洋管理概论》⑤ 等。除此之外，国家海洋局于1998年出版了《中国海洋政策》一书，对中国的海洋政策进行了全面专门的介绍。

---

① 王忠：《论我国海岛开发与保护管理的基本政策》，载《中国海洋大学海洋文献数据库》，2003年。

② 中世纪欧洲封建君主们为了扩大其势力范围，垄断海上航行和贸易权，对国际海洋进行了瓜分，大西洋和太平洋被西班牙和葡萄牙占据，英国也在积极寻找未被发现的海洋和岛屿。H. 格劳秀斯针对这种情况指出海洋不能成为任何国家的财产，以抨击当时的海洋霸权。

③ 罗钰如，曾呈奎：《当代中国的海洋事业》，中国社会科学院出版社1985年版。其中讲述了新中国成立至1983年的海洋政策，主要从海洋渔业、海洋运输及港口管理、海洋石油开发、海洋调查和科研、海洋环境保护和海洋国际政策等六个方面进行阐述。

④ 徐质斌，牛福增：《海洋经济学教程》，经济科学出版社2003年版。作者介绍了海洋法规与海洋政策。但是，该书对于海洋法规多是做了简单的罗列，海洋政策的阐述也没有具体的行业划分。

⑤ 管华诗，王曙光：《海洋管理概论》，青岛海洋大学出版社2003年版。作者概括性介绍了新中国成立以后的海洋政策，并提出了健全和完善中国海洋政策的建议，此外还简要介绍了美国、日本等国家的海洋政策。

一、中国海洋经济政策的恢复和确立时期（1949～1963年）

中华人民共和国成立以后，中央人民政府十分重视海洋事业。这一阶段的海洋经济政策主要体现在召开行业会议，颁布行业管理的条例，致力于恢复和发展传统海洋产业，并在此基础上制定长期的海洋发展规划，使新中国的海洋经济发展走向规范化道路。

（一）海洋渔业发展政策

新中国成立后，经过机构调整，水产工作由农业部下设的水产处负责。1950年2月，中央人民政府朱德副主席在第一届全国渔业会议上对海洋渔业和淡水渔业的生产组织、统一领导以及鱼价、运销、科学技术等问题作了重要指示。

20世纪50年代，水产界掀起了关于养捕之争的大讨论。一种意见是认为要发展水产事业，就应当依靠国家经营，实行集中管理，向深海远洋发展，并且以捕捞为主。另一种意见是主张依靠合作社经营，把管理权下放给地方，向内陆和近海的一切水面发展，并且以养殖为主。这个争论，是两种思想、两种方法的争论。在国营还是合作社经营的问题上，讨论结果认为，国营渔业虽是高级的形式，但数量很小，不能解决中国当前的问题。我国各种水面多，分布广，而水产业及大部分从来又是农业中很普遍的副业，不依靠几百万专业渔民和数以亿计的兼营渔业的农民，不依靠合作社的人力、财力、物力和智慧，要想把中国的水产事业发展起来是不可能的。在远洋还是近海的问题上，讨论认为中国的海洋捕捞的方针应该是以近海为主，充分利用我国现有的渔场，恢复原有的荒废渔场，开辟南海的新渔场，大力加速渔船的机械化，积极掌握最新的捕捞技术，力求提高近海生产的捕获量。加强资源的繁殖保护工作，巩固沿岸的渔业生产。至于远洋捕捞，在条件许可的时候，当然也应该适当发展。在捕捞为主还是养殖为主的争论的结果认为，以养殖为主的方法，是符合于我国的具体情况的。只要坚决的走群众路线，发动广大的合作化的渔民、农民群众，普遍发展海水和淡水养殖，就能使我国水产事业获得飞跃的前进。因此确定了依靠合作社、下放管理权、向内陆和近海的一切水面发展，以养殖为主

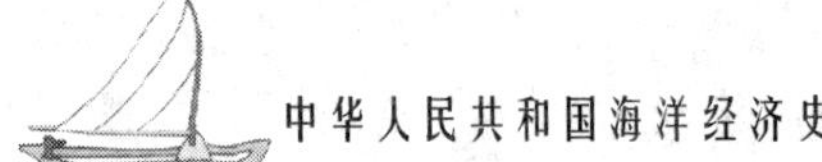

的方针政策[①]。为了保护我国沿海水产资源，1955 年 6 月国务院发布了《关于渤海、黄海及东海机轮拖网渔业禁渔区的命令》。命令划定了渤海、黄海及东海机轮拖网渔业禁渔区，禁止机轮拖网渔业在此区域内作业，对于违反规定的我国机轮，应由公安司法机关同水产管理机关视其具体情况予以警告和没收渔获物等处分，情节严重者得依法没收船只，并给船长或执行船长职务的人员及公司负责人以适当处分。对违反上述规定的日本机轮，应由公安司法机关视具体情况和情节轻重予以驱逐或暂时扣留。对暂时扣留的船只，应会同水产管理部门及时上报国务院听候处理。1957 年国务院又根据现实情况对禁渔区作了必要的调整。

1957 年 10 月，中共中央发布《一九五六年到一九六七年全国农业发展纲要修正草案》。第十九条规定：海洋捕捞业要实行“争取向深海发展”的方针。在海洋渔业中，应当在合作化的基础上，发挥现有捕捞工具的潜力，逐步改进生产技术。应当注意增加公共积累，添置和改良生产工具，逐步发展机帆船和轮船。加强生产的安全措施，争取向深海发展。利用一切可能养鱼的水面，发展淡水养殖业。加强培育优良鱼种和防治鱼瘟的工作。积极发展浅海养殖也，加强鱼类、藻类、贝类的养殖。

1960 年制定的水产工作方针，在指导思想上又有了进步，指出“国社并举，海淡并举，养捕并举”的方针。但是，由于原来重海轻淡、重捕轻养、重国营轻社队的思想一直在实际工作中起重要作用，新制定的正确方针，在实际工作中并没有很好地贯彻执行[②]。

（二）海洋运输和港口管理的发展政策

新中国成立以后，中央人民政府通过召开会议和发布一系列的法规条例，初步建立起了我国海洋运输和港口管理的政策法规体系。

1950 年 1 月，中央人民政府交通部在首届全国航务、公路会议上要求全国各地从速组织打捞沉船，组织运输，迅速恢复疏浚航道，修造各种船舶。以国营企业为骨干和领导力量，鼓励私人海运企业向国家资本主义方向发展。同年 7 月，中央财经委员会发布《关于统一航务港务管理的指示》，决定在上海、天津、广州、青岛、大连等地区设立区港务管理局，统一负责港务管理。

1952 年 3 月，上海区港务局接管由外国引水（引航员）控制的“铜沙引水公

① 高文华：《养捕之争》，载《红旗》，1958 年第 3 期。
② 罗钰如，曾呈奎：《当代中国的海洋事业》，中国社会科学出版社 1985 年版。

会”，辞退新中国成立后留用的外籍引水员，海港引航工作全部由我国人员接管，结束了从 1884 年开始的我国引水权掌握在外国人手中的局面。同年 11 月，交通部召开海运专业会议，决定进一步调整海运机构，统一北洋、华东两个航区，取消上海以北海运分区管理的体制，在上海成立上海海运管理局，统一经营管理北方航区的客货运输。

1953 年 4 月，我国公布了《中央人民政府交通部海运管理总局海务港务监督工作章程》。章程中规定，在交通部海运管理总局设海务、港务监督室；各大区港务局及各中型港的港务分局也设港务监督室。各级港务监督对外称中华人民共和国×港务监督。专职港务监督系统的建立，有力地加强了港务监督管理工作。4 月底，交通部发布《关于调整海运系统的组织机构和领导关系的指示》，从国家行政管理上建立了统一的海运体系。

随着水产业、海洋运输业等海洋产业的发展，我国的海上船舶日益增多，船舶检验、登记、船员考证等项业务随之增加。为了加强海上船舶的管理工作，国家有关部门制定了各种船舶管理规章。1958 年水产部和交通部发布了《中华人民共和国非机动船舶海上安全航行暂行规则》。1960 年交通部颁发了《船舶登记章程》。1961 年国务院批准发布《进出口船舶联合检查通则》。1963 年交通部又公布了《小型机动船安全管理守则（试行草案）》。这些规章的制定和施行，有效地加强了船舶检验和管理工作。

（三）海洋盐业发展政策

盐是人民生活的必需品，因此在经济恢复时期中央人民政府尤其重视海洋盐业的发展。1949 年 12 月，政务院在全国首届盐务会议上确定了生产方面“采取公私兼顾，按销定产，提高质量，增加产量”的方针。1950 年 3 月，政务院颁布《关于全国盐务工作的决定》，确定了新中国盐务管理的方向。同年 8 月，政务院在第二届全国盐务会议上做出了《关于执行大盐田收归国有的决定》。在这些路线方针的指引下，我国的海洋盐业走上了健康稳步发展的路子。

（四）海洋环境保护政策

这一时期的海洋环境保护意识才刚刚兴起，有关方面的法律法规并不多见。1957 年 4 月，水产部颁发的《水产资源繁殖保护暂行条例（草案）》对保护海洋

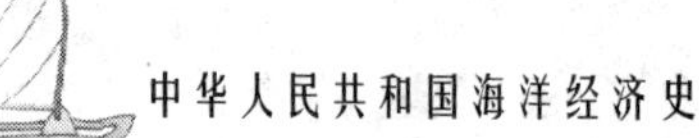

生物资源作了详细规定。1964 年 8 月，国务院批转水产部制定的《水产资源繁殖保护条例（草案)》，对保护水产资源乃至海洋资源起到了一定的积极作用。

（五）海洋调查和科研政策

新中国成立的初期，由于海洋调查和科研力量薄弱，难以开展大规模的海洋调查和理论研究，海洋调查和科学研究工作采取与生产建设紧密结合的方针，首先进行了海洋渔业资源方面的调查和科学研究。

1956 年 10 月，国务院科学规划委员会制定了《一九五六年至一九六七年国家重要科学技术任务规划及基础科学规划》，将“中国海洋的综合调查及其开发方案”列入第七项。这是我国第一次将海洋科学研究纳入国家科学技术发展的轨道。其方针是“重点发展，迎头赶上，为海洋开发利用服务”。当时确定的海洋调查研究政策是从近到远逐步进行，从浅海开始，逐步发展到其他海域和太平洋毗连部分。根据这些方针政策，调查规划中强调大力开展海洋水文气象调查，为各种开发活动提供有关资料和预报，保证各种海上活动安全；强调开展海洋生物、地质、化学等方面的调查，为各种资源开发提供依据，并为制定科学的海洋开发规划积累资料。在调查海区方面，根据当时我国海洋调查力量比较薄弱的状况，调查工作首先从近海开始，循序渐进，量力而行，比较符合实际情况。

在此方针的指导下，1957 年 7 月，在国务院科学规划委员会海洋组统一领导下，由海军、中国科学院、水产部和山东大学等合作，在渤海、渤海海峡及北黄海西部进行了为期一年的多船同步观测，每季度一次，共进行了 4 次，取得了比较系统的海洋资料，揭开了我国大规模海洋综合调查的序幕。1959 年 1 月，全国海洋综合调查在渤、黄、东、南海全面展开。1960 年 6 月全部完成。1960 年 9 月，国家科委海洋专业组在天津召开全国海岸带综合调查工作会议，制定了全国海岸带综合调查计划。实践证明，这些方针政策是正确的，它保证了 12 年海洋科学规划的顺利实施。

12 年规划完成之后，遵循“调整、巩固、充实、提高”的方针，1963 年 5 月，国家科委海洋专业组主持制定 1963 ~ 1972 年海洋发展规划。规划明确规定：继续进行中国海洋的综合调查，积极为深海远洋调查准备条件，以解决吃用和国防建设中的海洋学为重点，为长期生产建设和探索海洋基本规律作理论储备。这个规划比第一个规划更科学，可惜由于各种原因而没有完全贯彻落实①。

① 罗钰如，曾呈奎：《当代中国的海洋事业》，中国社会科学出版社 1985 年版。

（六）海洋国际政策

新中国成立以后，我国政府致力于维护我国的海洋权益，并通过一系列的主权宣示强调我国在海洋问题上的坚定立场。

1951 年 8 月，中华人民共和国外交部长周恩来在《关于美英对日和约草案及旧金山会议声明》中严正指出：南海诸岛“向为中国领土，在日本帝国主义发动侵略战争时曾一度沦陷，但日本投降后已为当时中国政府全部接收”，中国对南海诸岛的主权，“不论美英对日和约有无规定和如何规定，均不受任何影响”。1956 年 5 月，中国外交部发言人在《关于南沙群岛主权的声明》中指出，“中国对于南沙群岛的合法主权，决不容许任何国家以任何借口和采取任何方式加以侵犯”。

1958 年 9 月，中华人民共和国政府发表关于领海的声明，宣布中国的领海宽度为 12 海里。这项规定适用于中华人民共和国的一切领土，包括中国大陆及其沿海岛屿，和同大陆及其沿海岛屿隔有公海的台湾及其周围各岛、澎湖列岛、东沙群岛、西沙群岛、中沙群岛、南沙群岛以及其他属于中国的岛屿。一切外国飞机和军用船舶，未经中华人民共和国政府的许可，不得进入中国的领海和领海上空。任何外国船舶在中国领海航行，必须遵守中华人民共和国的有关法令。

这一系列的声明和发言表明了中华人民共和国维护国家主权的决心和对海洋权益的高度重视。

二、中国海洋经济政策在曲折中完善（1964～1978 年）

1964 年国家海洋局的成立，标志着中国海洋经济的发展和政策的制定进入了一个新的阶段。开始重视海洋环境保护和海水淡化等海洋资源利用等工作。然而发展的道路不是一帆风顺的，由于受到错误思想的指导，“十年动乱”期间海洋经济政策没有得到进一步的完善。

（一）海洋渔业发展政策

1964 年以后海洋渔业区开展了广泛的社会主义教育运动，在各地方认真学习和贯彻了中共中央“三十二条”和社会主义教育活动的报告精神。这一时期海洋渔业的机动渔船增长很快，海洋渔业产量也有大幅度的增长。[①] 但产量的增加却以资源的严重破坏为代价。由于受到“有水就有鱼”“增船就增产”等“左”的思想的影响，各地不顾资源条件，盲目发展，渔业资源受到严重破坏。同时，在沿海滩涂利用上，“以粮为纲”的指导思想造成了大量养殖基地被农业围垦占用，严重破坏了海水养殖业。[②]

（二）海洋运输与港口管理政策

这一时期，由于党中央领导的关心和支持，海洋运输和港口建设政策取得了长足的进步。

海洋运输方面，1970 年 2 月，在全国计划工作会议上，周恩来总理号召力争到 1975 年在远洋运输方面，基本上结束主要依靠租用外轮的局面。1977 年 4 月，全国交通工作会议在北京举行，会议提出远洋运输要基本结束租用外轮的局面和彻底解决港口及车站压车、压船、压货的现象。

港口建设上，1973 年 2 月，周恩来总理在党内一次重要会议上提出“三年改变港口面貌”，并指出要成立一个领导小组，专抓港口建设问题。根据周恩来总理提出的增加港口吞吐能力的指示，开始使用改装后的普通杂货船进行集装箱运输。

（三）海水淡化政策

这一阶段，海水淡化的工作进展迅速。1965 年 8 月，国家海洋局在青岛召开全国第一次海水淡化工作会议。会议交流了前一时期海水淡化的进展情况，明确了发展海水淡化的技术政策。1967 年 10 月，国家科委和国家海洋局共同组织了全国海水淡化研究，分别在上海、青岛、北京、天津设置了研究分点。根据所在地区的技术力量和研究基础，分别选出电渗析法、反渗透法、蒸馏法等组织技术攻关。国家海洋局组织全国 24 个单位进行的海水淡化研制工作全面展开。

1975 年 6 月，中科院海洋研究所创刊了中国第一个海水淡化技术学术刊物——《海水淡化》，对推动我国海水淡化、污水处理、化学药品的提纯等工作起到积极的推动作用。

---

① 渔业机动船的数量由 1965 年 7000 余艘发展到了 1978 年的 47000 多艘，基本上实现了渔船机械动力化。海洋渔业产量由 1965 年的 201 万吨发展到了 1978 年的 360 万吨。

② 罗钰如，曾呈奎：《当代中国的海洋事业》，中国社会科学出版社 1985 年版。

（四）海洋环境保护政策

海洋污染调查的广泛开展和改善环境方面规定的出台使得这一时期海洋环境保护工作取得很大的进展。

为了及时并充分的了解我国海洋环境的污染状况，为进一步做好海洋环境保护工作做准备，国家海洋局组织相关部门在20世纪70年代进行过多次海洋污染调查。调查结果表明，渤海和黄海的某些海域污染严重，治理问题需提上日程。

1973年8月，国务院召开第一次全国环境保护会议，提出了加强水系和海域的管理，防止海洋污染，保护海洋环境，拟定了《关于保护和改善环境的若干规定（试行草案）》1977年9月，国务院主持召开了渤海、黄海污染防治会议，决心解决渤海、黄海的污染问题。同年10月，渤海、黄海海域环境保护领导小组成立。这个小组负责组织和协调渤黄海海域污染控制和防治工作。1978年6月，在国务院环境保护办公室领导下，国家海洋局和辽宁等5省市所属的16个单位，建立了渤海、黄海环境污染监测网。同年12月，中共中央批转《环境保护工作汇报要点》，指出："消除污染，保护环境，是进行经济建设，实现四个现代化的重要组成部分。"

（五）海洋调查和科研政策

全国海洋普查加强了各部门对海洋经济发展的重要性的认识。随后，中央对海洋调查科研工作高度重视，调查船队扩大，取得了许多新的成果。但十年文化大革命期间错误的政策方针又使海洋调查和科研受到严重的冲击和破坏。

这一时期，我国设计、建造了一批海洋调查船，建立了一支规模较大的海洋调查船队①。随着调查船队的扩大，海洋调查工作也有了新的发展。

十年"文革"期间，由于受"左"的思想影响，海洋调查科研受到严重冲击②。由于坚持多年的海洋水文断面调查中断，其他海洋调查工作进展也很缓慢。

① 1965年建造、1969年交付使用的"实践"号海洋综合调查船，装备了比较先进的仪器设备，标志着我国60年代海洋调查船的建造技术达到了新的水平。1966年开始改装、1972年交付使用的大型远洋综合调查船"向阳红05"号，为我国的远洋调查做出了贡献。双体钻井船"勘探一号"、海洋地球物理专业船"科学一号"、万吨级综合海洋调查船"向阳红10号"等重要海洋调查船，也都是在此期间建造的。

② 在海洋教育方面，山东海洋学院等高等院校停课"闹革命"，停止招生达6年之久。山东海洋学院的水产系、上海水产学院等被迫迁往外地，广大教学人员业务荒废，校舍失修，仪器设备丢失损坏，十分令人痛心。

海洋科研机构陷入动乱局面，许多科学家受到打击迫害，科研工作被迫停止。

（六）海洋国际政策

这一时期，中国在海洋问题上面临的来自其他国家的威胁加大。美日两国政府拿钓鱼岛等岛屿私相授受，掠夺这些岛屿附近的海底资源；日本和韩国在中国东海大陆架划定所谓日韩共同开发区；菲律宾和瑞典石油公司在中国南沙群岛地区钻探石油作业。面临诸多威胁和挑战，中国政府采取了严正的态度，公开发表声明表示中国对这些岛屿及其海域拥有不可争辩的主权，一定程度上捍卫了国家主权。

中国自1971年恢复了在联合国的合法权利之后不久，相继参加了一系列重要的国际海洋会议①，申明了我国在海洋问题上的主张，反对海洋霸权，支持发展中国家为建立新的国际海洋法律制度的斗争，为制定《联合国海洋法公约》做出了贡献。

三、中国海洋经济政策体系初步建立（1979～1993年）

十一届三中全会以后，中国海洋经济发展进入了全面发展的新时期。海洋经济问题日益受到重视，国务院成立了专门的海洋资源研究开发保护领导小组，对海洋资源的开发进行统一的规划和领导。对海洋经济各部门的管理日渐深入，形成了较为完善的海洋经济政策体系，有力地推动了海洋经济的快速发展。

（一）海洋渔业发展政策

1979年2月，全国水产工作会议举行，会议根据党的十一届三中全会精神，在总结水产工作经验教训的基础上，研究水产工作调整和着重点转移，制定了加速水产发展的方针、任务和政策以及措施。新的方针概括为："大力保护资源，积极发展养殖，调整近海作业，开辟外海渔场，采用先进技术，加强科学管理，提高产品质量，改善市场供应。"

会上确定了水产工作调整的三个重点，之后的工作也围绕着三个重点全面铺

① 参加了"和平利用国家管辖范围以外的海床洋底委员会"（简称海底委员会）的会议，接着又参加了联合国第三次海洋法会议。

开：一是切实保护和合理利用资源。主要是控制捕捞强度，解决近海捕捞能力超过资源再生能力的问题。水产资源的保护工作得到切实加强。1983 年 5 月农牧渔业部在北京召开全国海洋渔业工作会议。会议着重研究了海洋捕捞的问题。二是大力发展海水养殖业。1982 年 10 月农牧渔业部在福州市召开全国海水养殖工作会议，着重研究加速发展海水养殖业的方针、政策、措施和规划等。三是抓保鲜加工，提高渔货质量。沿海渔区增加了冷藏设施，发展了各种水产品加工方法。1979 年 10 月，国家水产总局在北京召开各省市水产厅局长座谈会。会议进一步提出了控制近海捕捞强度，加速养殖生产的发展，提高渔货质量的措施。

为了对渔业资源进行统一的保护、开发和利用，《中华人民共和国渔业法》（以下简称渔业法）于1986 年7 月1 日开始施行。渔业法中规定，国家对渔业生产实行以养殖为主，养殖、捕捞、加工并举，因地制宜，各有侧重的方针。对于养殖业，国家鼓励全民所有制单位和个人充分利用适于养殖的水面、滩涂，发展养殖业。对于捕捞业，国家鼓励、扶持外海和远洋捕捞业的发展，合理安排内水和近海捕捞力量。对于渔业资源的增殖和保护，渔业法规定县级以上人民政府渔业行政主管部门应当对其管理的渔业水域统一规划，采取措施，增殖渔业资源。对于违反规定的，依法对其进行行政处罚或追究刑事责任。1987 年，农牧渔业部发布《中华人民共和国渔业法实施细则》。对渔业的监督管理、养殖业、捕捞业以及渔业资源增殖和保护等方面进行了进一步具体的实施规定。

根据《渔业法》的精神，全国各级部门召开会议，制定法规，保证渔业法的精神得以正确的贯彻。养殖业方面，1987 年 3 月，农林渔业部在大连市召开全国海水养殖会，提出要继续贯彻“充分利用浅海滩涂，因地制宜，养殖增殖，鱼虾贝藻全面发展，加工运输综合经营”的方针。1991 年 10 月农业部召开“两岛一湾”浅海滩涂渔业综合开发现场经验交流会。会议提出要加快辽东半岛、山东半岛和渤海湾地区海水养殖业的开发步伐，打好耕海牧渔攻坚战，向海洋国土要蛋白。“两岛一湾”浅海滩涂渔业综合开发已引起中央领导同志和有关方面的高度重视，中共中央政治局常委宋平在农业部呈送的专题报告上批示：“海涂养殖可以提供大量的动物蛋白，对改善中国人民的食品结构以及创汇方面，都是很有意义的，我认为，他们的意见应当予以支持，同时，对南方海涂的利用也应予以考虑。”1992 年 8 月农业部水产司召开全国南方海水养殖生产试验交流会，会议明确了“八五”期间南方海水增养殖业发展的指导思想。

渔业监督管理方面，1987 年 4 月国务院办公厅转发农牧渔业部《东、黄、渤海主要渔场鱼汛生产安排和管理的规定》和《关于近海捕捞机动渔船控制指标的

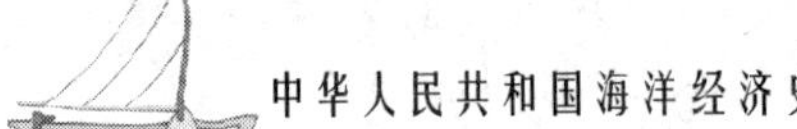

意见》两个文件的通知，要求各地认真贯彻执行，采取有效措施，严格控制近海渔船的盲目发展。同年7月农牧渔业部批准黄渤海区、东海区、南海区分别成立渔业资源管理咨询委员会。10月农牧渔业部在北京召开全国渔政工作经验交流会，讨论修改了《渔政管理工作条例》等五个有关渔业法规。

捕捞业方面，1992年11月全国远洋渔业工作会议在北京召开，会议确定了远洋渔业发展的指导思想，为远洋渔业的长足发展指明方向。

（二）海洋运输与港口管理政策

为了维护国家主权，维持港口秩序，1979年8月交通部颁布《中华人民共和国对外国籍船舶管理规则》。规则规定，在中国港口和沿海水域航行的外国籍船舶应遵守本规则以及中国一切相关法令、规章和规定。中国政府设置在港口的港务监督认为有必要对船舶进行检查时，船舶应接受检查。并对船舶进出港和航行、停泊、信号通讯、危险货物和航道保护等方面做出了具体的规定。

为了加强海上交通管理，保障船舶、设施和人命财产的安全，维护国家权益，1984年1月1日《中华人民共和国海上交通安全法》生效。规定船舶必须具有船舶检验部门签发的有效技术证书，应当按照标准定额配备足以保证船舶安全的合格船员。工作人员必须持有合格的职务证书。船舶设施航行、停泊和作业必须遵守中国的有关法律和行政法规。海上安全事故的救助、打捞和调查处理必须向主管机关报告并批准后方可实施。

围绕这部法律，中国政府又相继出台了一系列法规，以保障海上交通安全。从1986年开始交通部陆续改革了各地港务监督部门。成立了上海、大连、广州、连云港、烟台海上安全监督局。代表国家对各自所辖海区和港口的交通安全实行统一监督管理。1987年2月交通部颁发《中华人民共和国海船船员考试发证规则》。1990年，交通部又相继颁发了《中华人民共和国海上交通事故调查处理条例》、《国际船舶代理管理规定》、《直属水运企业货物运价规则》、《港口费收规则》、《水路运输管理费征收和使用方法》、《中华人民共和国船舶安全检查规则》、《国际船舶代理费费收项目与费率》、《关于沿海港口管理体制改革的调查和深化改革的报告》、《关于调整船舶吨税税率的通知》、《中华人民共和国海上交通监督管理处罚规定（试行）》、《中国籍小型船舶航行香港、澳门地区安全管理规定》等十几项法律法规，保障海上交通安全和促进港口发展。

1992年7月国务院总理李鹏签署发布了《关于外商参与打捞中国沿海水域沉

船沉物管理办法》。11 月第七届全国人大常委会审议通过了《中华人民共和国海商法》，国家主席杨尚昆发布第 64 号主席令予以公布，自 1993 年 7 月 1 日起施行。

在海底电缆管理方面，1989 年 2 月国务院发布 27 号令，颁发《铺设海底电缆管理规定》。1992 年国家海洋局局长严宏谟第三号令，发布施行《铺设海底电缆管道管理规定实施办法》。办法规定，国家对铺设海底电缆、管道及其他有关活动的管理，实行统一领导，分级管理。

（三）海洋资源开发利用政策

这一时期，海洋资源的开发和利用进入新的阶段，对海洋石油、海岸带管理、海岛建设、海洋盐业等方面的政策法规也相继出台。

在石油开采方面，1982 年 1 月 12 日，国务院公布《中华人民共和国对外合作开采海洋石油资源条例》。条例规定，中国对外合作开采海洋石油资源的业务，同意由中国海洋石油总公司全面负责。中海油公司通过订立石油合同同外国企业合作开采海洋石油资源，由石油合同中的外国企业一方投资进行勘探，负责勘探作业，并承担全部勘探风险；发现商业性油气田后，由外国合同方与中海油总公司双方投资合作开发，外国合同者并应负责开发作业和生产作业，直至中海油总公司按照合同规定在条件具备的情况下接替生产作业。外国合同者可以按照合同规定，从生产的石油中回收其投资和费用，并取得报酬。

在海岸带综合管理方面，1987 年 6 月国家海洋局决定和沿海省（区、市）编制开发海洋海岸带联合计划，努力把海岸带综合调查成果转化为生产力，促进沿海地区的经济发展。到 1987 年底已落实海岸带联合计划项目 42 个。1991 年 9 月 1 日中国第一部省级地方性海岸带综合法规《江苏省海岸带管理条例》开始施行。

在海岛建设方面，1990 年 5 月全国首次海岛市、县长联席会议在浙江省舟山市召开，出席会议的有海岛市、县长及有关部门的负责同志，共 60 余人，联席会议宗旨为共同探讨建设海岛、发展经济、开发海洋的新路子。

在海洋盐业方面，1990 年国务院颁发了《盐业管理条例》，条例规定，盐资源属于国家所有，国家对盐资源实行保护，并有计划的开发利用，国家鼓励盐业生产，对盐的生产经营实行计划管理。并从资源开发、盐场保护、生产和运销管理等方面加强规范了对盐业的管理。根据条例精神，1991 年 2 月轻工部发出“关于明确中国盐业总公司与中国盐业协会职能的通知”。5 月全国盐业会议召开，会上提出了“八五”盐业发展思想、目标和工作任务。6 月轻工部发布《盐业行政执行办法》，从机构、指导思想和行政执行等方面保证了盐业的健康迅速发展。

（四）海洋环境保护政策

随着对海洋资源保护性开发利用的意识日渐增强，这一阶段海洋环境保护工作取得突破性进展。

根据宪法第十一条规定："国家保护环境和自然资源，防治污染和其他公害"的精神，为了繁殖保护水产资源，发展水产事业，1979 年 2 月国务院颁布《水产资源繁殖保护条例》。

1979 年 9 月第五届人大常委会原则通过《中华人民共和国环境保护法（试行)》。同日公布。该法作为我国环境保护的基本法，对海洋环境保护也作了一些规定。例如，第十条规定：围海造田，新建水利工程等，必须事先做好综合科学普查，切实采取保护和改善环境的措施，防止破坏生态系统。第十一条规定：保护江、河、湖、海、水库等水域，维持水质良好状态。第二十条规定：禁止向一切水域倾倒垃圾、废渣。排放污水必须符合国家规定的标准。禁止船舶向国家规定保护的水域排放含油、含毒物质和其他有害废弃物。

海洋环境保护工作的许多具体问题还需要通过专门的立法得以解决。因此，1983 年 3 月《中华人民共和国海洋环境保护法》开始生效。制定本法的目的在于保护海洋环境及资源，防治污染损害，保护生态平衡，保障人体健康，促进海洋事业的发展。该法从海岸工程、海洋石油勘探开发、陆源污染物、船舶和倾倒废弃物等对海洋环境的污染损害的防治措施作了具体明确的规定。

1989 年 8 月山东省青岛市胶州湾内的油罐因雷击起火，相继又引起 4 个油罐爆炸，污染海域几十海里，海洋渔业和养殖业损失惨重。海水浴场、海滨旅游岸段污染严重。这一事故发生后，引起各方高度关注。9 月国家海洋局作出"关于加强海洋环境工作和实行中国海洋环境公报制度的决定"。次年 3 月，国家海洋局首次发布《中国海洋环境年报》。为了及时反映中国海洋环境的变化情况，向国家和沿海省、自治区、直辖市人民政府实施海洋管理提供决策和对策依据，促进海洋开发利用、国民经济、国防建设和海洋环境保护的发展，国家海洋局从 1990 年起，于每年的第一季度末发布上年度中国海洋环境状况年报，并提出当年的变化趋势和预测。

为了进一步保障海洋环境保护法的得到具体实施和深入贯彻，国家相继出台了一系列专门的海洋环境管理条例。其中包括《中华人民共和国防治海岸工程建设

项目损害海洋环境管理条例（草案）》、《中华人民共和国防治陆源污染物污染损害海洋环境管理条例（草案）》、《中华人民共和国海洋石油勘探开发环境保护管理条例实施办法》、《中华人民共和国海洋倾废管理条例实施办法》等。

根据海洋环境保护法的精神，国务院相继批准了一系列海洋特别保护区和海上自然保护区。其中，1990 年 10 月中国第一批五处国家级海洋类型自然保护区正式建立。它们是：河北省昌黎黄金海岸自然保护区、广西壮族自治区山口红树林生态自然保护区、海南省大洲岛海洋生态自然保护区、海南省三亚珊瑚礁自然保护区、南麂列岛海洋自然保护区。1992 年 11 月国务院批准在全国新建立 16 处国家级自然保护区。其中的天津古海岸与湿地、福建深沪湾海底古森林遗址、山东黄河三角洲、江苏盐城沿海滩涂珍禽、广东惠东港口海龟和广西合浦营盘港—英罗港儒艮等 6 处自然保护区为海洋类型的国家级自然保护区。

（五）海洋科学研究政策

开发海洋必须依靠科学技术的进步，而海洋科学技术的进步依赖于海洋学研究和海洋资源调查研究。因此，这一时期国家对海洋科学研究的扶持也主要放在这两个方面。

在海洋学研究方面，1979 年 7 月中国海洋学会第一次全国代表大会在大连召开，正式成立中国海洋学会，并进行综合性学术交流。从此进入了海洋学术交流的新阶段。1989 年 9 月《中国海洋报》正式创刊。邓小平同志为该报题写报名。1991 年 10 月全国海洋统计信息网成立。它的成立标志着海洋统计工作由组织准备阶段进入实施阶段。

在海洋资源调查研究方面，主要分为海岸带调查、南极考察、向阳号科学考察和海岛资源调查四个部分。

1980 年 2 月全国海岸带和海涂资源综合调查领导小组成立。开始我国第二次大规模的全国海岸带和海涂资源综合调查。1982 年 4 月，全国海岸带和海涂资源综合调查技术指导组召开会议，审查通过了《全国海岸带和海涂资源综合调查简明规程》。1987 年 1 月，由国家海洋局和全国海岸带及海涂资源综合调查领导小组联合主办的全国海岸带和海涂资源综合调查、开发利用成果展览会在北京开幕。国务委员康世恩为展览会剪彩，国务院副总理田纪云、国务委员宋健以及全国人大、政协、民主党派负责人周培源、雷洁琼等参观了展览会。展览会历时 10 天。11 月，山东省海岸带综合调查成果通过国家级鉴定验收。至此，历时 8 年之久的全国

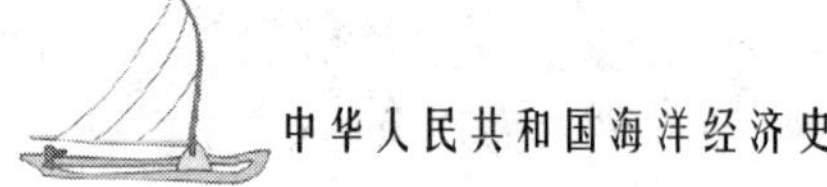

海岸带综合调查基本告一段落。

1984 年 6 月国务院批准国家海洋局、南极考察委员会、国家科委、海军和外交部联合向国务院和中央军委报请的《关于中国首次组队进行南大洋和南极洲考察的请示》。1984 年 11 月 20 日　中国首次赴南极考察编队“向阳红 10”号科学考察船和海军“J121”打捞救生船从上海起航。国家海洋局副局长陈德鸿任总指挥。这次考察建立了中国第一个南极永久科学考察站——长城站，并进行南太平洋科学考察。后来，中国又进行了多次南极考察，取得了宝贵的考察资料。

1987 年 4 月“向阳红 16 号”科学考察船开赴东太平洋进行第三次多金属结核调查。调查成果为我国向国际海底管理局申请海底矿区先驱投资者奠定了基础。同年 5 月“向阳红 5”号船抵达南沙群岛西部海域进行科学考察。登上永暑、华阳、六门等岛礁进行实地踏勘。取得的资料，为我国在南沙建立观测站提供了科学依据。

1988 年 12 月全国海岛资源综合调查领导小组第一次会议在北京召开。国务委员、国家科委主任宋健作重要讲话。1989 年 4 月全国海岛资源综合调查与开发研讨会在浙江省舟山市普陀区召开，与会代表 100 多名，提出了“关于加强海岛调查和开发工作的建议”。促进了海岛经济的开发和发展。

（六）海洋国际政策

随着中国国际地位的提高，中国在国际海洋事务中也发挥着越来越重要的地位。

1979 年 10 月，中国当选为联合国教科文组织政府间海洋学委员会执行理事会成员国。1982 年 11 月，中国再次当选为该理事会成员国。1982 年 3 月，我国派出代表团出席在美国纽约举行的第三次联合国海洋法会议第十一次会议。会议通过了《联合国海洋法公约》；1982 年 12 月，《联合国海洋法公约》在牙买加的蒙得哥湾开放签字，中国代表同 119 个国家和地区代表一起首先在公约上签字。1985 年 9 月我国加入国际《防止倾倒废物及物质污染海洋公约》。

1990 年 8 月中国向联合国海底筹委会递交了《中华人民共和国政府要求将中国大洋矿产资源研究开发协会登记为先驱投资者的申请书》。“七五”期间，中国先后在太平洋海域进行了 8 个航次的调查研究，调查面积达 200 万平方千米，并在

C-C① 区圈定出具有潜在商业开采价值的矿区 30 多万平方公里，为申请矿区登记创造了条件。1991 年 2 月在联合国国际海底管理局筹委会举行的第九届春季会议上，中国申请太平洋国际海底矿区获得批准。其面积为 15 万平方千米。

1982 年 11 月，中国外交部发言人就越南毫无根据地宣布 1887 年中法界约“规定了”北部湾的海上边界线，把中国的西沙群岛、南沙群岛作为越南的所属岛屿的卑鄙行径发表声明，揭露越南妄图霸占北部湾广大海域的丑恶嘴脸，重申西沙群岛、南沙群岛是中国的神圣领土。1987 年 4 月联合国教科文组织政府间海洋学委员会第十四届大会在法国巴黎举行，以严宏谟为团长的中国代表团出席了会议。大会共有 87 个国家和 18 个国际组织的 303 名代表参加。大会秘书处提出了全球海平面观测网计划。在中国南沙群岛和西沙群岛标明建有观测网站，并注明上述两群岛属中华人民共和国管辖。这届大会上中国再次当选为执行理事国。1992 年 1 月南沙永署礁举行立碑仪式，这是自 1988 年 4 月七届全国人大一次会议批准设立海南省并授权该省管辖西、南、中沙群岛的岛礁和海域后，首次巡视南沙行使管辖权的一项重要内容。

根据《联合国海洋法公约》，1992 年 2 月国家公布《中华人民共和国领海及毗连区法》。该法规定，中国领海的宽度从领海基线量起为十二海里，中国毗连区为领海以外邻接领海的一带海域。毗连区的宽度为十二海里。外国非军用船舶享有依法无害通过中国领海的权利，而外国军用船舶进入中国领海，须经中国政府批准。该法明确了中国对其领海的主权和对毗连区的管制权，维护了国家安全和海洋权益。

四、海洋经济综合管理政策初步呈现（1993 年至今）

从 1993 年至今，海洋经济越来越成为中国国民经济的重要组成部分，海洋经济成为海洋事业发展的中心，对海洋经济的管理也逐渐由分散化走向综合化。政府对海洋经济的总体规划给予重视，特别加强了海域使用管理和海洋功能区划工作，各海洋行业的法规体系日趋完善，有力地保障了海洋经济的全面发展。

---

① C-C 区位于夏威夷东南的东北太平洋，赤道东太平洋克拉里昂和克里帕顿断裂带之间中，东西延展 4000 多千米，覆盖海域约 450 万平方千米，是地球上已知多金属结核最富集的地区。

（一）海洋综合管理框架逐渐确立

海洋综合管理思想起源于20世纪30年代的美国。但由于缺乏充足的事实依据没有引起学术界和政策制订者的重视。到了20世纪80年代，随着海洋资源的大规模开采利用，海洋环境遭到破坏，海洋可持续利用的前景受到影响，海洋综合管理的思想应运而出。

一般认为，海洋综合管理是海洋管理的高层次管理形态。它以国家的海洋整体利益为目标，通过发展战略、政策、规划、区划、立法、执法以及行政监督等行为，对国家管辖海域的空间、环境和权益，在统一管理和分部门和分级管理的体制下，实施统筹协调管理，达到提高海洋开发利用的系统功效，海洋经济的协调发展，保护海洋经济和国家海洋权益的目的①。

海洋综合管理的概念是区别于海洋行业管理提出的。海洋行业管理多指根据不同的海洋行业的特征，由不同的政府管理部门对各行业分别进行管理。而海洋综合管理则是指对于事关全局的海洋发展问题国家和地方的海洋行政部门综合运用经济行政法律等多种手段进行的一系列调控活动②。海洋行业管理和海洋综合管理是局部和整体的关系。前者为后者的实施提供事实依据，后者则是对前者的整合提高。海洋综合管理有利于协调各行业之间的利益冲突，有力地保障和促进了海洋经济的可持续发展。

1. 海洋经济的总体规划。

1994年12月由国家海洋局编制的《海洋科学技术发展“九五”计划和2010年长远规划》专家座谈会在天津召开。1995年7月《全国海洋开发规划》经国务院原则同意，由国家计委、国家科委、国家海洋局联合行文印发全国有关省、自治区、直辖市人民政府以及国务院有关部门贯彻实施。

1996年3月国家海洋局发布《中国海洋21世纪议程》和《中国海洋21世纪议程行动计划》。《中国海洋21世纪议程》中指出，海洋工作的总体目标是建设良性循环的海洋生态系统，形成科学合理的海洋开发体系，促进海洋经济持续发展。把海洋可持续利用和海洋事业协调发展作为21世纪中国海洋工作的指导思想。必须坚持以发展海洋经济为中心、适度快速开发、海陆一体化开发、科学兴海和协调发展的原则。2001年3月第九届全国人民代表大会第四次会议批准的《中华人民

---

① 鹿守本：《海洋管理通论》，海洋出版社1997年版。
② 王琪，李真真：《论我国海洋政策运行现状及其完善策略》，载《海洋开发与管理》，2005年第5期。

共和国国民经济和社会发展第十个五年计划纲要》明确指出："加大海洋资源调查、开发、保护和管理力度，加强海洋利用技术的研究开发，发展海洋产业。加强海域利用和管理，维护国家海洋权益。"

2003年5月国务院向各省、自治区、直辖市人民政府，国务院各部委、各直属机构印发了《全国海洋经济发展规划纲要》。这是我国政府为促进海洋经济综合发展而制定的第一个具有宏观指导性的规划。《全国海洋经济发展规划纲要》中指出，海洋经济发展应遵循的原则是：坚持发展速度和效益的统一，提高海洋经济的总体发展水平；坚持经济发展与资源、环境保护并举，保障海洋经济的可持续发展；坚持科技兴海，加强科技进步对海洋经济发展的带动作用；坚持有进有退，调整海洋经济结构；坚持突出重点，大力发展支柱产业；坚持海洋经济发展与国防建设统筹兼顾，保证国防安全。海洋经济发展的总体目标：海洋经济在国民经济中所占比重进一步提高，海洋经济结构和产业布局得到优化，海洋科学技术贡献率显著加大，海洋支柱产业、新兴产业快速发展，海洋产业国际竞争能力进一步加强，海洋生态环境质量明显改善。形成各具特色的海洋经济区域，海洋经济成为国民经济新的增长点，逐步把我国建设成为海洋强国。

国家领导人也多次在公共场合强调了海洋经济对于我国经济和社会发展的战略地位。2004年3月胡锦涛总书记指出[①]："开发海洋是推动我国经济社会发展的一项战略任务。要加强海洋调查评价和规划，全面推进海域使用管理，加强海洋环境保护，促进海洋开发和经济发展。"

2. 海域使用管理。

海域使用管理是海洋综合管理的重要体现和重要组成部分。我国的海域使用管理工作可以追溯到1989年7月，全国海洋功能区划会议在天津召开。会议决定在全国范围内开展海洋功能区划工作，通过了《全国海洋功能区划论证报告》等5个文件。通过对海域使用情况的深入调查和研究，海洋管理部门于1993年5月颁布了《国家海域使用管理暂行规定》。该规定明确了国家对于海域使用的政策和管理措施。国家鼓励海域的合理利用和持续开发，根据海洋政策、海洋功能区划和海洋开发规划，统一安排海域的各种使用。对于使用国家海域从事生产经营活动的，实行海域使用证制度和有偿使用制度。其中，海域使用金包括海域出让金、海域转让金和海域租金。

1998年11月全国海域使用管理工作会议在北京召开，会议总结了《国家海域

① 2004年中央人口资源环境工作座谈会。

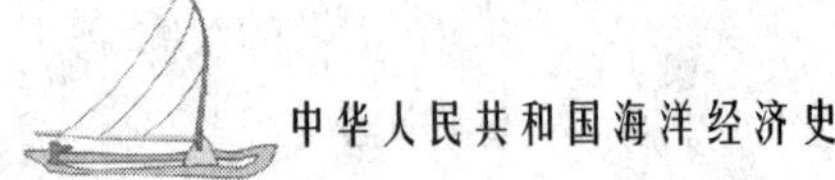

使用管理暂行规定》实施5年来的基本情况、经验和问题，研究了进一步推进海域使用许可制度和海域有偿使用制度的措施。

2001年10月《中华人民共和国海域使用管理法》颁布。海域使用法规定，海域属于国家所有，国务院代表国家行使海域所有权。国家实行海洋功能区划制度。海域使用必须符合海洋功能区划，国家实行海域有偿使用制度，单位和个人使用海域，应当按照国务院的规定缴纳海域使用金。法律还就监督检查及有关的法律责任做出了明确规定。这部法律的颁布，使中国政府进一步强化建设毗邻海域国家权益、彻底解决海域使用及其资源开发的“无序、无度、无偿”状态，强化海洋综合管理的关键举措，是推进中国海洋管理法制化建设的显著标志。同时也是破除传统用海观念，建立海洋资源开发利用的社会主义市场机制的一次深刻革命。《中华人民共和国海域使用管理法》的制定和实施，为中国海洋经济的科学规范发展创造了良好的有利条件。

为了进一步贯彻落实海域使用管理法，国务院又相继出台了一系列海域管理方面的法律法规，有《海域使用申请审批暂行办法》、《关于沿海省、自治区、直辖市审批项目用海有关问题的通知》、《海域使用测量管理办法》、《海域使用权登记办法》、《报国务院批准的项目用海审批办法》、《海域使用面积测量规范》、《临时海域使用管理办法》、《海域使用论证评审专家库管理办法》等，这些法规的出台使得海域管理法得到切实的落实，保证了海域使用管理工作的顺利开展。

3. 海洋功能区划。

1998年5月国家海洋局下发了《关于积极开展沿海省、市、自治区大比例尺海洋功能区划工作的通知》。此后，大比例尺海洋功能区划工作在全国沿海省、市、区迅速展开。2000年9月国家海洋局召开了全国海洋功能区划编制工作领导小组会议。会议决定成立全国海洋功能区划编制工作领导小组和技术指导组，会议通过了全国海洋功能区划编制工作方案。会议强调，编制全国海洋功能区划，是各有关部门的共同责任。

2002年9月国家海洋局在北京发布了《全国海洋功能区划》。这是依据《中华人民共和国海域使用管理法》和《中华人民共和国海洋环境保护法》的规定出台的第一部全国性海洋功能区划，是国家海洋局会同国家计委、国家经贸委、国土资源部、建设部、交通部、水利部、农业部、环保总局、林业局、旅游局、总参谋部等部门及沿海11个省、自治区、直辖市人民政府共同制定的。《全国海洋功能区划》明确了海洋功能区划的目的、依据、定义和范围，客观分析了我国的海洋资源状况、开发利用与保护现状及存在的主要问题，提出了全国海洋功能区划的指导

思想、原则和目标。在我国管辖海域划定了10种主要海洋功能区，确定了渤海、黄海、东海、南海四大海区中30个重点海域的主要功能，并提出了主要的实施措施。《全国海洋功能区划》是规范我国全部管辖海域开发利用与保护活动的重要科学依据，是海域使用管理和海洋环境保护必须遵循的行为准则。

2003年3月国务院批准了《省级海洋功能区划审批办法》，由国家海洋局组织实施。该办法主要规范了沿海省、自治区、直辖市海洋功能区划的审查依据、审查内容、审查报批程序及其他事项。该办法的发布进一步完善了海洋功能区划制度，为沿海省市海洋功能区划的编制和审批工作提供了重要的法律依据。之后，国务院相继批准了山东、辽宁和广西的海洋功能区划。各省级海洋功能区划的开展，使得海域使用走向规范化的道路，促进了海洋经济的可持续发展。

4. 海洋行政处罚。

2003年3月由国家海洋局组织起草的《海洋行政处罚实施办法》（以下简称《办法》）正式施行。《办法》共分7章42条，分别从总则、管辖、简易程序、一般程序、听政程序、送达和附则等方面，结合海洋执法工作自身特点和实际需要，对《行政处罚法》的相关规定进行了具体和细化，明确实施海洋行政处罚的主体、职责和管辖，具有较强的可操作性。

2003年11月《海洋行政处罚听证程序实施规则》正式实施。该规则的发布对规范海洋行政主管部门的海洋行政处罚听证行为，维护当事人的合法权益，提高案件的查处工作效率具有重要意义。同时也是为了进一步完善《海洋行政处罚实施办法》配套制度，规范海洋行政处罚听证程序，保障和监督海洋行政主管部门依法实施行政处罚，保护当事人的合法权益。

（二）海洋渔业发展政策逐渐完善

1994年1月全国农业工作会议在北京召开，会议确定中国渔业近期发展的方针是："快速发展养殖，稳定近海捕捞，积极扩大远洋，狠抓流通加工"。

1997年7月中国开始启用新的捕捞许可证，严格控制海洋捕捞程度，实行渔船数量和功率的宏观双控制。为了配合这一政策，1998年农业部又相继出台了一系列法律法规，有1998年的《渔业船舶船名规定》、《中华人民共和国渔业船舶普通船员专业基础训练考试发证办法》、《农业部远洋渔业企业资格管理规定》、《关于进一步加强对远洋渔业渔船管理的通知》、《农业部远洋渔船检验管理办法》、《关于切实加强海洋渔船管理的紧急通知》、《中华人民共和国管辖海域外国人、外国船舶渔业活动管理暂行规定》、《关于加强渔业统一综合执法的通知》，1999 年 7 月农业部发布《远洋渔业管理暂行规定》，对远洋渔业项目的建立、审批，远洋渔业企业资格的审批及远洋渔业船舶、船员的监督、管理等做出明确规定。这些规定使管理部门可以对海洋捕捞进行有效的管理和控制，海洋渔业的发展逐渐正规化。

2000 年 6 月至 8 月为全面、准确地掌握中国海洋渔船现状，加快船舶管理现代化，农业部首次进行全国海洋渔船的普查登记工作，普查对象为《中华人民共和国渔港水域交通安全管理条例》规定的从事海洋渔业生产的船舶和为海洋渔业生产服务的船舶。6 月《渔业船舶法定检验规则》颁布实施，该法规是在 1993 年发布的《海洋渔船安全规则》的基础上进行全面修订而成，是一部更加适合中国渔业生产，满足海洋环境保护和国际船舶安全要求的重要法规。与原有同类法规相比，其特点是在保证渔船基本作业安全的情况下，尽可能降低渔船修造成本，减轻企业负担，根据不同海区、不同船舶类型因船而异，特别是强化了对渔船的防污管理，更加切合实际和具有可操作性，是中国渔船检验 20 年来最完善的一部技术法规。2003 年 6 月《中华人民共和国渔业船舶检验条例》颁布。条例规定，国家对渔业船舶实行强制检验制度违反本条例规定，渔业船舶未经检验、未取得渔业船舶检验证书、擅自下水作业的，没收船舶；按规定应当报废的渔业船舶继续作业的，责令立即停止作业，强制拆船，并处以 2000 元以上 5 万元以下的罚款。构成犯罪的，依法追究刑事责任。

从 1994 年 11 月开始，农业部下发了《关于实施清理、取缔“三无”船舶通告有关事项的通知》。要求沿海各级渔业行政主管部门实施对无船名、船号、船舶证书、船籍港的“三无”渔业船舶进行清理、取缔，并将其管理工作纳入法制轨道。2001 年 1 月农业部发布《关于清理整顿“三无”和“三证不齐”渔船的通知》要求各地渔业部门整顿“三无”和“三证不齐”渔船，全面加强渔船管理。2002 年 6 月国务院对沿海渔民转产转业政策做出重要决定。这些政策包括：从 2002 年起 3 年内，中央财政每年安排专用资金用于渔民转产转业，主要用于减船补助和渔民转产转业项目补助等；增加专属经济区渔政执法经费；与渔民转产转业相关的建设资金除农业部要倾斜外，国家计委将从中央财政新增预算中予以适当安排，地方安排配套投入；捕捞渔民转产从事水产养殖免征农业特产税问题，由各地结合农村税费改革试点自主确定。7 月中国渔政渔港监督管理局发出《关于做好清理整顿“三无渔船”和“三证不齐”渔船后续有关工作的通知》。8 月国家财政部办公厅、农业部办公厅联合颁发《海洋捕捞渔民转产转业转向资金使用管理暂行规定》。8 月 23 日农业部发布《渔业捕捞许可管理规定》。

这个时期，农业部对休渔问题给予了高度重视，改革了休渔制度，取得了明显成效。1995 年 4 月农业部对《关于东、黄、渤海主要渔场渔汛生产安排和管理的规定》中第三部分第（三）条“底拖网、定置张网休渔管理”的第 1 款和第 5 款作重要修改。1998 年 4 月经国务院同意，农业部发出《关于在东、黄海实施新伏季休渔制度的通知》和《关于在东海、黄海实行新伏季休渔制度的通告》，决定自 1998 年起在东、黄海实施新的伏季休渔制度，即从 26°N ~ 35°N 海域 6 月 16 日至 9 月 15 日、35°N 以北黄海海域 7 月 1 日至 8 月 31 日禁止拖网和帆张网作业，24°30′N ~ 26°N 海域拖网和帆张网作业每年休渔 2 个月。1999 年 3 月农业部发出《关于在南海海域实行伏季休渔制度的通知》，决定从 1999 年开始，在 12°N 以北的南海海域（含北部湾），每年 6 月 1 日零时起至 7 月 31 日 24 时止，对所有拖网（含拖虾、拖贝）、围网及作业实行休渔。

1999 年 8 月国务院副总理温家宝在农业部上报的《上半年我国渔业经济形势》一文上批示：“要完善休渔制度，加强渔业管理和执法队伍建设，以保护近海渔业资源。各地和有关部门对这项工作应给予协助和支持。”2000 年 3 月农业部在北京召开了 2000 年伏季休渔新闻发布会，决定从 2000 年起，扩大南海海域休渔的作业类型，将南海、黄海、东海休渔起止时间统一后推 12 小时。2005 年 7 月中国渔政指挥中心组织开展了东海、黄海伏季休渔海上统一执法行动。黄渤海区、东海区共 9 条渔政船承担了此次行动的海上执法任务。

各项管理措施的出台和有效实施，初步控制了海洋捕捞强度盲目增长和资源过度利用的趋势，逐步实现海洋捕捞强度与海洋渔业资源可捕量相适应，海洋渔业发展朝着规范化的道路发展。

（三）海洋运输安全工作得到加强

这一时期，国务院颁布了一系列条例法规，海洋运输安全工作进一步加强。从 1993 年 3 月起国务院相继发布了《中华人民共和国船舶和海上设施检验条例》、《国际航行船舶进出中华人民共和国口岸检查办法》、《中华人民共和国水路运输管理条例》、《中华人民共和国水上安全监督行政处罚规定》等。

1999 年 11 月山东省烟大公司的“大舜”号客轮从烟台开往大连途中遇险，280 人遇难。事故引起党中央、国务院和社会各界广泛关注。次日，交通部发布《关于加强船舶安全生产的紧急通知》。2000 年被交通部定为水上运输安全管理年。同年 5 月交通系统开展“反三违月”活动，主题为抓管理、重落实、反“三违”、除隐患。这是交通部2000年实施水上运输安全管理年中的重点之一。

2002年1月《中华人民共和国国际海运条例》施行。该条例共七章六十一条，主要内容包括总则、国际海上运输及其辅助性业务的经营者、国际海上运输及其辅助性业务经营活动、外商投资经营国际海上运输及其辅助性业务的特别规定、调查与处理、法律责任及附则等。2003年1月交通部发布《中华人民共和国国际海运条例实施细则》。国际海运条例的实施保障了海上运输各方当事人的合法权益，维护了国际海上运输市场秩序，规范了国际海上运输活动。

2004年1月《港口法》开始实施。该法律调整了中国港口的行政管理关系及政府对港口的宏观管理。《港口法》的面世，确立了中国港口由地方政府直接管理并实行政企分开的行政管理体系，该管理体系的核心就是：政企分开，多家经营；"一港一政"，统一管理。确立了政府通过对港口规划、岸线的管理，保证港口资源得到合理利用的制度；确立了多元化投资主体和经营主体建设和经营港口的制度；确立了港口业务经营人的准入制度和公开公平的竞争制度；确立了港口基础设施的保护制度；港口的安全生产制度和对危险品运输安全作业监管制度。

2004年6月《港口经营管理规定》正式施行，港口经营管理是《中华人民共和国港口法》调整和规范的重要内容，为贯彻落实《中华人民共和国港口法》、做好港口经营管理工作，交通部研究制定了该规定。同日，由交通部、商务部联合颁布的《外商投资国际海运业管理规定》正式施行。该规定是《国际海运条例》的配套规章，是规范和保障外商在华投资经营国际海运及其相关辅助业的又一重要行政规章，对履行中国加入WTO海运服务承诺，进一步规范外商投资国际海运业的市场准入管理，保护中外投资者的合法权益具有重要意义。

此外，中国政府加强了对海底电缆管道的管理和保护。1994年10月由国家海洋局和总参谋部通信部共同制定的《中国人民解放军〈铺设海底电缆管道管理规定〉实施办法》施行。2001年10月针对连续发生多起因渔船作业等原因而阻断登录中国上海附近海域国际海底光缆的事故，国务院办公厅发出紧急通知，要求切实加强对国际海底光缆的保护工作，确保光缆的畅通无阻。2004年3月《海底电缆管道保护规定》开始实施。该规定共20条，自2004年3月1日起施行，由国家海洋局负责监督执行。

（四）海洋资源全面科学的开发利用政策

这一时期，对各种海洋资源的利用各个领域都有较大的发展，对其进行管理的

政策措施也相继出台。

在海水利用方面，结合前几年的发展经验，2005 年 8 月《海水利用专项规划》由国家发改委、国家海洋局、财政部正式颁布实施。该规划全面分析了当前我国海水利用面临的形势，明确提出了海水利用的指导思想、遵循原则和发展目标，科学规划了国家在“十一五”期间乃至 2020 年海水利用的发展重点、区域布局与重点工程，具体制定了加快发展海水利用业的政策和措施，既是我国水资源综合利用战略工程的重要组成部分，又是指导我国中长期海水利用工作的纲领性文件。

在海洋石油开发方面，2001 年 9 月公布了《国务院关于修改〈中华人民共和国对外合作开采海洋石油资源条例〉的决定》。《中华人民共和国对外合作开采海洋石油资源条例》1982 年 1 月 30 日由国务院发布实施，此次国务院对该条例进行了十余处修改，并对条文的顺序进行了相应调整。强调指出，国家对参加合作开采海洋石油资源的外国企业的投资和收益不实行征收。在特殊情况下，根据社会公共利益的需要可以对外国企业在合作开采中应得石油的一部分或者全部，依照法律程序实行征收，并给予相应的补偿。

在海岛建设方面，1995 年 12 月全国海岛资源综合调查领导小组第八次扩大工作会议在广西北海市召开。在此次会议上，《全国海岛资源综合调查与开发试验总成果报告》通过国家验收。2003 年 7 月《无居民海岛保护与利用管理规定》正式施行。该管理规定已明确了民政部门作为无居民海岛地名工作的行政主管部门，遵循《地名管理条例》和国家有关制度标准，要积极做好无居民海岛的命名、更名及名称标志设立工作，尽快告别昔日的无序状态。2004 年 11 月《厦门市无居民海岛保护与利用管理办法》开始实施。该办法是我国首部无居民海岛地方法规。

海洋旅游业逐渐兴起，2004 年 10 月中共中央政治局委员、国务院副总理吴仪在浙江考察假日旅游工作时强调，要进一步开发旅游产品，大力发展海洋旅游，加强区域联合，创新旅游管理体制和运行机制，完善各类服务，促进旅游业更快更好地发展。

（五）海洋环境保护力度加大

1993 年 9 月《中华人民共和国水生野生动物保护实施条例》经国务院批准施行。1995 年 5 月《海洋自然保护区管理办法》发布施行。1998 年 8 月全国人大常

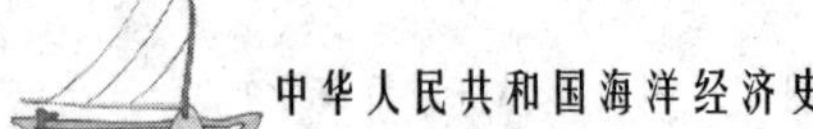

委会副委员长邹家华在全国人大常委会海洋环境保护法执法检查组第二次全体会议上表示，面对海洋环境污染日趋严重的局面，各级政府要高度重视海洋环境保护工作，加强海洋环境保护的执法力度，同时各级人大要加强对海洋环境保护法律执行情况的监督。9 月国家海洋局向沿海省、自治区、直辖市以及计划单列市人民政府办公厅印发了《全国海洋环境保护管理工作纲要》。

2000 年 4 月《中华人民共和国海洋环境保护法》开始实施。这是中国政府强化海洋环境保护、促进海洋事业可持续发展的重大举措。该法律高度概括了党和国家发展海洋环境保护事业的一系列方针、政策和措施，深刻总结了原《海洋环境保护法》实施 16 年来取得的一系列成功经验。它的颁布实施，标志着中国海洋事业发展进入一个新的历史时期。

为更好地贯彻落实《海洋环境保护法》，中国第一部海上污染事故应急计划——中国海上船舶溢油应急计划于 4 月开始在全国范围内实施。该计划由 3 个层次组成，即中国海上船舶溢油应急计划、海区溢油应急计划和港口水域溢油应急计划。为了贯彻新修订的《中华人民共和国海洋环境保护法》，进一步加强北海区海洋环境保护和海上执法监察工作，按照国家海洋局、中国海监总队的有关部署和要求，中国海监北海总队对北海区海洋石油勘探开发进行了环保执法检查，检查重点是渤海海区内的海洋石油勘探开发部门及其所属的海上作业平台。

省级海洋环境保护工作也取得了很大的进展。2002 年 12 月福建省人大常委会制定的《福建省海洋环境保护条例》生效，它明确规定福建沿海有关县级以上地方政府应当采取措施，加强对 8 大近海区域的保护。该条例共 7 章 46 条，是福建省立法机构制定的第一部系统的关于保护海洋环境和资源的地方法规，也是中国首部保护海洋环境的地方性法规。《浙江省海洋环境保护条例》于 2004 年 4 月 1 日起正式实施。该条例的出台，是浙江省海洋环境保护史上一个重要的里程碑，标志着该省海洋环境保护工作正式步入有法可依的轨道。

（六）海洋科学调查研究成果显著

1996 年 10 月《中华人民共和国涉外海洋科研究管理规定》开始施行。它规定了在中国内海、领海内外方进行海洋科学研究活动，应当采用与中方合作的方式。在中国管辖的其他海域内，外方可以单独或者与中方合作进行海洋科学研究活动，但须经国家海洋行政主管部门批准或者由国家海洋行政主管部门报请国务院批准，并遵守中国的有关法律、法规。

2001 年 7 月国家海洋科学研究中心在青岛成立，这标志着中国海洋科学研究进入了强强联合阶段。国家通过这一举措使各海洋科教单位之间实现强强联合，对于集中优势科研力量，紧紧围绕海洋科学发展的前沿，开展一些高水平的研究，开发更多高新科技的海洋产品，推动中国海洋科研水平的提高，都起到重要的推动作用。

1993 年以来，国家重视对海洋科学调查研究的支持，海洋科学调查取得了丰硕的成果。南极考察队圆满完成了第 22 次考察活动。北极考察也于 1999 年 7 月首次开展，2003 年 8 月 25 日“雪龙”船第二次考察北极就胜利进入 80°N，这是中国极地考察事业的一个里程碑时刻，实现了中国北极科学考察史上新的突破。使我国成为进入该纬度的少数国家之一，标志着中国已跨入北极科考强国之列。9 月经国务院和中编委批准，我国唯一专门从事极地科学考察与研究的中国极地研究所正式更名为“中国极地研究中心”，极地科学研究进入一个新的阶段。

同年 12 月我国“大洋一号”科学考察船圆满完成了中国大洋协会航次调查任务，胜利返航青岛。“大洋一号”2003 年 4 月从青岛起航，历经 254 天，行程 39349 海里，创造了大洋调查的多项考察新纪录，是我国大洋考察史上历时最长、涉及学科最多最广、使用手段最先进、完成工作量最大、样品数据采集最多的一个航次。在全面超额完成预期工作量的同时，该次调查数据的质量也得到前所未有的提高。完成的富钴结壳、多金属结核等资源的深入勘察任务，特别是首次获得了宝贵的海底热液硫化物，为我国在“十五”期间圈定出具有商业开发潜力的钴结壳区域打下了良好的基础。该船已进入了国际先进科学考察船的行列，成为我国第一艘满足国际海底区域研究开发活动的、面向国内外开放的综合性科学考察船。

（七）海洋国际合作密切

这一时期，中国政府加强了与世界各国在海洋方面的联系与合作。先后与俄罗斯、日本、韩国、越南、印尼、印度、美国以及菲律宾签订了海洋渔业协定，维护了国家海洋权益的同时，也为海洋渔业的发展提供了良好的国际环境。

南海问题一直是我国海洋国际政策的重点。2000 年 12 月中国与越南签订了两国间正式的划界协议。这是中国与海上邻国之间通过谈判划定的第一条海上边界，为今后中国与其他国家解决海上划界问题提供了一个良好的范例。

2001 年 3 月 17 日外交部发言人朱邦造回答记者提问时，驳斥了菲律宾方面对中国的黄岩岛提出的领土要求，指出黄岩岛是中国的固有领土，黄岩岛海域是中国渔民的传统渔场。中国对黄岩岛拥有主权并实施管辖的事实得到国际社会的普遍尊重。黄岩岛从来不在菲律宾领土范围之内。菲方近年来以200海里专属经济区和地理邻近为由对中国的黄岩岛提出领土要求，这在国际法上是根本站不住脚的。中方要求菲方尊重基本事实及国际法的基本原则，尊重中国的领土主权，恪守双方经过多次谈判达成的谅解及共识，以实际行动维护南海地区稳定和中菲友好大局。

2002年11月中国与东盟各国在柬埔寨首都金边签署了《南海各方行为宣言》。中国国务院总理朱镕基和东盟各国领导人出席了签字仪式。宣言规定，在南海问题争议解决之前，各方承诺保持克制，不采取使争议复杂化和扩大化的行动，并本着合作与谅解的精神，寻求建立相互信任的途径，包括开展海洋环保、搜寻与救助、打击跨国犯罪等合作。这一宣言是中国与东盟签署的第一份有关南海问题的政治文件，对维护我国主权权益，保持南海地区的和平与稳定，增进中国与东盟的互信有着重要的积极意义。

2004年3月18日，外交部发言人孔泉在例行的记者会上答记者问时说，中国对南沙群岛及其附近海域拥有无可争辩的主权。中国政府愿本着“搁置争议、共同开发”的精神，与有关国家积极探讨妥善处理南海问题的途径和方式。

参考文献

1. 罗钰如，曾呈奎：《当代中国的海洋事业》，中国社会科学出版社1985年版。

2. 徐质斌，牛福增：《海洋经济学教程》，经济科学出版社2003年版。

3. 管华诗，王曙光：《海洋管理概论》，青岛海洋大学出版社2003年版。

4. 谢地：《政府规制经济学》，高等教育出版社2003年版。

5. 陈振明：《政策科学》，中国人民大学出版社1998年版。

6. 鹿守本：《海洋管理通论》，海洋出版社1997年版。

7. 国家海洋局：《中国海洋政策》，海洋出版社1998年版。

8. 刘丽霞：《公共政策分析》，东北财经大学出版社2006年版。

9. 杰拉德尔·J·曼贡：《美国海洋政策》，海洋出版社1982年版。

10. 格劳秀斯：《海洋自由论》，上海三联出版社2005年版。

11. 徐质斌：《建设海洋经济强国方略》，泰山出版社2000年版。

12. 国家海洋局：《中国海洋21世纪议程》，海洋出版社1996年版。

13. 国家海洋局:《中国海洋年鉴》，海洋出版社 1986～2005。

14. 国家海洋局:《中国海洋统计年鉴》，海洋出版社 2001～2005。

15. 国家海洋局:《中国海洋政策》，海洋出版社 1998 年版。

16. 于宜法，权锡鉴，李永祺:《加强海洋管理建设海洋强国》，载《中国海洋报》，2004 年 11 月 12 日。

17.《国外海洋工作一瞥》，载《中国海洋报国际海洋版》，2005 年 7 月 1 日。

18. 王忠:《论我国海岛开发与保护管理的基本政策》，载《中国海洋大学海洋文献数据库》，2003 年版。

19. 高艳:《海洋综合管理的经济学基础研究——兼论海洋综合管理体制创新》，载《中国博士学位论文全文数据库》，2004 年版。

20. 高文华:《养捕之争》，载《红旗》，1958 年第 3 期。

21. 胡增祥，马英杰，解新英:《对我国海洋综合管理政策与法律框架的思考》，载《青岛海洋大学学报》，2001 年第 4 期。

22. 王琪，李真真:《论我国海洋政策运行现状及其完善策略》，载《海洋开发与管理》，2005 年第 5 期。

23. 刘新华，秦仪:《论中国的海洋观念和海洋政策》，载《毛泽东邓小平理论研究》，2005 年第 3 期。

24. 马志荣:《海洋意识重塑：中国海权迷失的现代思考》，载《中国海洋大学学报》，2007 年第 3 期。

25. 石莉:《美国的新海洋管理体制》，载《海洋信息》，2006 年第 6 期。

26. 金永明:《日本的海洋立法新动向及对我国的启示》，载《法学》，2007 年第 5 期。

27. 孟方:《欧盟新海事政策绿皮书解读》，载《中国船检》，2006 年第 9 期。

28. 伍业锋，赵明利，施平:《美国海洋政策的最新动向及其对中国的启示》，载《海洋管理》，2005 年第 4 期。

29. 张伯玉:《日本通过第一部海洋大法》，载《世界知识》，2007 年第 9 期。

30. 戴桂林，公维晓:《我国海洋经济发展政策》，载《中国水运》，2007 年第 3 期。

31. 朱凤岚:《亚太国家的海洋政策及其影响》，载《当代亚太》，2006 年第 5 期。

32. Preliminary report of the U. S. commission on ocean policy，http：//www. oceancommission. gov/ 2004. 10

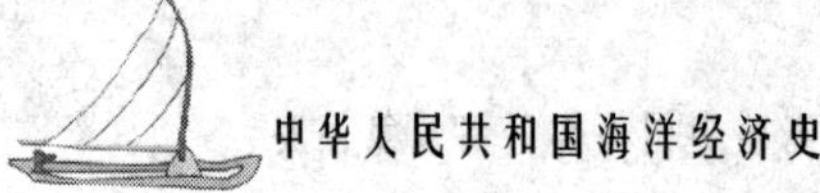

33. An integrated maritime policy for the European Union, http: //ec. europa. eu/maritimeaffairs/index_en. html 2007. 10

34. Masahiro Akiyama: Use of Seas and Management of Ocean Space: Analysis of the Policy Making Process for Creating the Basic Ocean Law [J] . *Ocean policy studies*, 2007. 12.

附录二

中国在海洋权益问题上的主张

1. 关于领海问题的主张。

领海问题争论的焦点，主要在领海宽度的问题上。1958 年的联合国第一次海洋会议和 1960 年的联合国第二次海洋法会议，在这个问题上都没有取得一致的意见。在联合国第三次海洋法会议上，与会各国又提出了各种不同的主张。我国政府一贯主张沿海国有权划定自己的领海宽度。1973 年 3 月 20 日，我国代表庄焰在海底委员会第二小组委员会会议上说："确定领海和管辖范围是每个国家的主权。"沿海国家所确定的领海宽度，无须别国承认，别国也无权干涉，一旦宣布，立即生效。关于确定领海宽度的标准，我国代表安致远在海底委员会全体会议上提出："各沿海国家有权根据自己的地理条件，考虑到本国的安全和民族经济利益的需要，合理地规定其领海和管辖权范围，并且要照顾到同处一个海域的国家必须平等和对等地划分两个国家之间的领海界限。"

我国不反对确定领海的最大宽度，但是强调世界各国共同商定，反对少数国家把某一统一宽度强加给其他国家。在加拉加斯会议上，我国代表着重强调："确定一个国际上合理的领海最大限度问题，应由世界各国在平等的基础上共同商定。"最后通过的《联合国海洋法公约》，确定领海的最大宽度不超过 12 海里。

1958 年联合国第一次海洋法会议通过的领海和毗连区公约，规定外国籍商船享有无害通过领海的权利。在无害通过权是否授予外国军舰的问题上，存在着尖锐的斗争。我国政府一贯主张，外国军舰通过领海应预先通知并征得同意。1958 年发表的我国关于领海声明中即宣布了这一主张，以后又加以重申。1981 年 8 月 25 日，在联合国第三次海洋法会议全体会议上，我国代表团副团长沈韦良指出："中国代表团认为，根据公认的国际法原则，只有非军用船舶享有无害通过领海的权利。外国军舰通过领海事关沿海国家的主权与国防安全，沿海国对此通过理应有权制定必要的规章。"继续坚持外国军舰通过领海要预先通知并得到批准的主张。1964 年 6 月 8 日，中华人民共和国国务院发布命令，公布《外国籍非军用船舶通过琼州海峡管理规则》。

关于国际航行的海峡制度问题，与领海的宽度问题关系很密切。把领海的最大

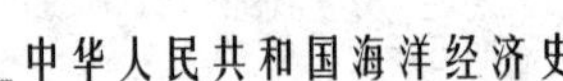

宽度确定为12海里，就会使100多条海峡完全置于沿岸国主权之下，而其中有30多条已被认为是国际通航海峡。我国在这个问题上的主张是很明确的：位于领海内的海峡，是沿海国领海不可分割的组成部分，沿海国对海峡拥有主权和管辖权，并拥有制定有关法律规则的权利。

2. 关于专属经济区的立场。

沿海国家在领海之外建立200海里专属经济区的主张，是大多数国家都同意的。但是，在这个区域内给予沿海国家什么样的权利，是有分歧的。沿海国家认为，他们在专属经济区内应当享有对生物和非生物资源的管理、控制、勘探、开发等方面的主权。超级大国、内陆国和地理条件不利的国家，企图在科研和渔业问题上减少沿海国的权利，仍把专属经济区列为公海的一部分。

我国一贯支持建立200海里专属经济区制度。1973年我国提交联合国第三次海洋法会议的关于国家管辖范围内海区的工作文件中指出："沿海国可根据其地理、地质条件，其自然资源的状况以及国民经济发展的需要，在邻接其领海的区域合理划定其专属经济区。经济区的外部边缘最大限度不得超过从其领海基线量起200海里宽度。"我国不同意把专属经济区列为公海的观点。但是，我国同意通过双边或区域协定，解决外国渔船在专属经济区内捕鱼的问题，这些意见在《联合国海洋法公约》中得到了反映。

3. 关于大陆架的主张。

大陆架是陆地延伸到海底的部分。美国早在1945年就宣布毗连美国海岸的大陆架受美国管辖和控制。1958年在日内瓦召开的海洋法会议确定，沿海国为了勘探和开采自然资源的目的，有对大陆架行使主权的权利。但是，在1973年召开的联合国第三次海洋法会议上，有些国家主张大陆架包括在200海里经济区内，大陆架制度可以取消。我国主张保持大陆架制度，并在会议上提出了建议，得到了广泛的支持。

关于大陆架的外部范围，争论也比较大。在1958年的日内瓦大陆架公约中，确定大陆架的外部范围为200米等深线或可开发深度。但是，这个规定的含义是不稳定或不科学的。因此一些国家提出大陆架是沿海国领土自然延伸的原则。我国政府支持这种观点。在1973年中国代表团提出的《关于国家管辖范围内海域的工作文件》中说："根据大陆架为大陆领土自然延伸的原则。沿海国可以在其领海或经济区以外，根据具体地理条件，合理地确定在其专属管辖下的大陆架的范围，其最大限度可由各国共同商定。"《联合国海洋法公约》最后确定的大陆架制度，符合我国的上述主张。

4. 关于国际海底的主张。

国家管辖范围以外的国际海底，有丰富的矿物资源。有国家提出这是无主的财产，任何人都可以占用。如果这样，国际海底的大量财富就会被少数发达国家所占有。1969 年联合国大会通过的“延缓决议” 和 1970 年联合国大会通过的国家管辖范围外的海床、洋底和底土的原则宣言，提出了两个新的观点：（1）国家管辖范围外的海床及其底土以及他们的资源，是人类共同继承的财产，任何国家或个人不得占有；（2）这些资源的勘探和开发应由国际海底管理局来管理。

附录三

各国最新海洋经济政策及其对中国的启示

进入21世纪，世界各国纷纷加强了对海洋经济的重视，调整各自的海洋政策，制定新的海洋发展战略，并将其作为国家长期发展战略的重要组成部分。这些政策地位重要，可实施性强，为海洋经济的发展扫清了障碍。海洋在全球的战略地位日益突出，这一观点已经被越来越多的国家认同。很多国家在海洋发展战略的制定和实施上已经走在了中国的前面，研究主要海洋国家的海洋政策对于中国制定长远的切实有效的海洋经济政策具有重要的参考价值。

一、美国的海洋政策

美国政府向来重视海洋政策的制订和实施。早在1966年，美国国会通过了《海洋资源与工程开发法》，要求成立海洋科学、工程和资源总统委员会（又称斯特莱顿委员会），对美国的海洋问题进行全面审议。并于1969年提交了题为“我们的国家与海洋”的报告。该报告提出的建议，对日后美国的海洋政策产生了很大的指导意义。

2000年，美国国会通过了《2000海洋法令》，提出了制定新的国家海洋政策的原则：即有利于促进对生命与财产的保护、海洋资源的可持续利用；保护海洋环境、防止海洋污染，提高人类对海洋环境的了解；加大技术投资、促进能源开发等，以确保美国在国际事务中的领导地位。这是美国30多年来第二次全面系统地审议国家的海洋问题，帮助国家制定真正有效的和有远见的海洋政策。法令要求设立完全独立的海洋政策委员会，负责全面制定美国在新世纪的海洋政策。美国总统布什亲自指定16位专家组建美国海洋政策委员会，委员会对美国海洋政策和法规进行了全面深入的调研，召开多次听证会，进行实地调查，掌握了美国利用和管理海洋方面的第一手资料。

2004年4月20日，美国海洋政策委员会发布了关于美国海洋政策的长达514页的《美国海洋政策初步报告（草案）》。此后，海洋政策委员会收到来自社会各界利益相关者的修改意见，对草案进行了修改。并于2004年9月20日，正式向总统和国会提交了国家海洋政策报告，名为《21世纪海洋蓝图》。

该报告基于以下四项原则：

第一，基于生态系统基础上的海洋管理：美国海洋和海岸带资源的管理应该反映所有生态系统的组成部分：包括人类和非人类物种以及他们所生存的环境。应用这一原则将要求对于海洋的管理应该基于生态系统而非基于边界的行政管理。

第二，要实现基于生态系统的海洋管理，需要建立新的国家海洋政策决策机制。包括加强对联邦海洋事务的领导和协调，强化联邦海洋事务管理机构，建立国家，州和其他当地利益相关实体的协调机制。

第三，提高海洋科学水平，满足海洋信息的需要。提高对海洋和海岸带环境的科学认识，确保使用科学的方法措施来利用，保护海洋和海岸带资源。提高国家对观察，检测和预测海洋和海岸的能力，更好的理解海洋、大气和陆地的相互影响并对它们采取相应措施。

第四，加强对国民的海洋教育。增强政策决策者对海洋的理解和认识，培养公众海洋意识，培养新一代的海洋事务的领导人。

报告分为以下九个部分：

第一部分，我们的海洋：国家财产。分为三章：第一章，认识海洋财产和挑战。从经济、就业、运输港口、海洋渔业、海洋能源开采、海洋旅游和娱乐业、沿海房地产等方面评估了美国海洋和海岸的重大经济和社会价值。从海洋水质下降、对海洋资源的破坏和人与自然的冲突方面阐述了美国海洋和海岸带的破坏。第二章，全面回顾了从第二次世界大战至今的美国海洋政策，为新的国家海洋政策的形成奠定基础。第三章，建立国家的视角，在四项原则的基础上建立新的海洋政策：生态系统基础上的海洋管理，建立海洋政策决策的科学机制，有效的海洋综合管理，加强海洋公共教育。

第二部分，变革的蓝图：新的国家海洋政策框架。通过加强海洋事务的领导和协调，推进地方性海洋事务的进展，协调联邦水域的管理，加强联邦管理机构，指明了海洋政策改革的方向。

第三部分，加强海洋财产的管理：教育和公众意识的重要性。推动终身海洋教育，通过建立协作的海洋教育网络，将海洋教育融入基础教育，加大对海洋高等教育的投资力度，让所有的美国人都建立起强烈的海洋意识。

第四部分，生活在边缘：海岸带的经济增长和保护。通过加强对海岸和海岸带的管理，保护人们更好地抵御自然灾害，在保护和重建海岸带居民区，促进海洋商业和运输等方面进一步加强，实现海岸带的经济健康增长和环境保护。

第五部分，清洁水质：改善海岸带和海洋水质。描述了海洋水污染情况，建立

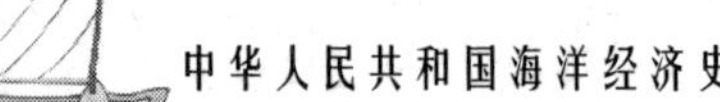

国家水质检测网络，降低船舶污染和增强海上运输安全。控制海洋侵略性物种，减少海洋垃圾。

第六部分，海洋价值和重要性：加强对海洋资源的利用和保护。实现可持续渔业发展，保护海洋动物和濒危海洋物种，保护珊瑚礁和其他珊瑚群体。建立新的可持续的海洋水产发展框架，协调海洋和人类健康的关系。加强对海上能源和其他矿产资源。

第七部分，科学基础上的决策：增进对海洋的认识和理解。建立一个提高海洋科学知识水平的国家战略，建成一个持续性的综合海洋检测系统，促进海洋研究机构和技术的发展，促进海洋数据信息向生产的转化。

第八部分，全球海洋：美国在全球海洋政策中的作用。回顾了国际海洋秩序发展的演变，提出通过国际海洋指导原则和法律法规，解决国际海洋事务管理中存在的问题，发展和完善国际海洋政策。通过建立健全国际海洋科学研究项目和全球海洋检测系统来提高国际海洋科学水平。

第九部分，前进：形成一个新的国家海洋政策：通过联邦预算和成立新的海洋政策信托基金来对实施新的国家海洋政策提供资金支持。

在此基础上，报告提出了几项关键行动建议：建立国家海洋委员会，由副总统担任主席，并在特别行政办公室成立海洋政策顾问委员会；加强 NOAA 的职能，完善联邦管理机构；建立灵活自愿的机制，建立由国家海洋委员会推动和支持的地区性的海洋事务委员会；将国家对海洋研究的投资经费增加一倍；完善国家综合海洋检测系统；通过协调性和有效的正式和非正式的项目加强海洋教育；增强海岸带和分水岭管理的联系；建立联邦水域的协调管理机制；建立可测量的水污染减少目标，特别是对非固定的污染源。并增强为实现这些目标而实施的激励机制、技术支持和其他管理目标；改革渔业管理机制，将评估与分配相分离，改善地方渔业管理委员会系统；加入联合国海洋法公约；建立海洋政策信托基金及其来源于海上石油的开发及其他海上开发项目，为上述建议提供资金支持。

根据《21 世纪海洋蓝图》，美国政府于 2004 年 12 月 17 日公布了《美国海洋行动计划》，作为实施海洋蓝图的具体措施。同时，美国总统布什的行政命令还宣布，为了实施该行动计划，成立一个内阁级的海洋政策委员会，设在总统行政办公室。新的海洋政策委员会将指导原海洋政策委员会的关于海洋和沿岸管理的建议的落实。其职责是就海水污染、过量捕捞等问题为政府提供意见，并着手协调各州和

联邦的相关法规。[①]

美国在海洋管理和海洋政策的制定上一直处于世界领先地位。《21 世纪海洋蓝图》和《美国海洋行动计划》，是对美国多年来的海洋工作进行的最为全面和透彻的回顾，同时也是美国在新的世界形势下对未来国家发展做出的战略部署。

二、日本的海洋政策

日本作为一个岛国，历来重视和依赖海洋的开发和利用。因此他们十分重视通过制定海洋政策，保障和促进海洋经济的发展。特别是在与中国发生东海争议[②]后，显著加快了海洋立法的步伐。

2006 年 12 月，日本海洋基本法研究会[③]向当时的内阁官房长官安倍晋三提交了《海洋政策大纲——寻求新的海洋立国》、《海洋基本法草案》。而他们是根据 2005 年 11 月该财团向政府提交的《日本 21 世纪海洋政策建议书》中的建议，由海洋基本法研究会历时 8 个月（2006 年 4 ~ 12 月），经过 10 次讨论审议完成的。2007 年 4 月 20 日，日本参议院以绝对票数通过了《海洋基本法》，成为日本综合性规范海洋问题的基本法律。根据新颁布的《海洋基本法》，新增一个海洋大臣，并于 7 月份新设一个综合海洋政策本部，由首相担任部长，副部长为内阁官房长官、新设的海洋大臣，成员为其他所有阁员。由政府最高领导出任海洋政策的统一指挥，在国际上实属罕见。日本走海洋发展道路的决心可见一斑。

《海洋基本法》的基本原则是海洋和人类的共存。建立在以下六项具体的原则基础上：海洋环境保护，确保海洋的合理利用和安全，可持续发展和开发，海洋科学文化的提高，海洋的综合管理，国际间海洋合作。《海洋基本法》主要包括十项措施：确保对国家所属海域的管理；加强对专属经济水域和大陆架的开发利用和管理；促进对海洋环境的保护和恢复；推动可持续发展和对海洋资源的合理利用；确保支持日本经济活动和日常生活的海洋运输；确保国家海洋安全；确保国家领海的

---

① 《国外海洋工作一瞥》，载《中国海洋报》国际海洋版，2005 年 7 月 1 日。

② 东海大陆架位于中、日、韩三国之间，是中国大陆领土的自然延伸。东海大陆架蕴藏着非常丰富的水产、石油、天然气以及稀有矿产资源。中方立场是钓鱼岛是中国的固有领土；依据联合国《海洋法公约》的有关规定，中日间专属经济区的划分应该遵循“大陆架自然延伸”的原则，按照这一原则，两国海洋专属经济区分界线应在冲绳。日方则主张采用陆地间等距离中间线来划分中日两国之间的东海大陆架。日方所谓“本国大陆架”勘测的范围包括中国领土钓鱼岛、日本与韩国有争议的独岛等海域，总面积达 65 万平方公里，相当于日本国土面积的 1.7 倍。尽管中日之间已经就此争议进行了 7 次磋商，但双方在一些关键问题上尚存在严重分歧。

③ 海洋基本法研究会成立于 2006 年 4 月，由多党（自民党，公明党和民主党）的参议员和众议员 10 人组成，海洋方面的专家学者 15 名和作为观察员的有关省厅的官员 10 名共 35 人组成，是一个综合考虑防卫、外交、历史、水产、资源、交通、海上执法、环境多方面人士组成的立法委员会。该研究会的事务局设在海洋政策研究财团。

完整和对重大灾害的防范；更好地做好海岸带的开发和管理，推动海洋产业的发展；加强对海洋科学和技术研究的支持力度，通过海洋国民教育和科学研究提高全民的海洋意识；在国际海洋事务中发挥主导作用，并促进国际间海洋合作。最终完成日本从岛国到海洋国家的转变。

日本这次海洋政策制定的过程有其特殊性：不是由传统的政策制定参与者：自由民主党、官僚机构、大财团、内阁大臣以及广大媒体，而是来自非政府组织、个人议员、市民、少数媒体和政党的支持。这个现象提供了一种新的政策制定模式。正是海洋事务的综合性紧迫性和对可持续发展态度的转变造成了此次政策制定的特殊性。

《海洋基本法》是日本首度制定具有战略性的海洋政策。前首相安倍晋三在该法通过之后表示，“日本是海洋国家，海洋权益对于国家利益或日本国民而言，是相当重要的，这是一部意义深远的法律”。

三、欧盟的海洋政策

自20世纪90年代以来，欧盟及其成员国采取了一系列加强海洋工作的措施。2006年6月，欧盟颁布了《欧盟海洋政策绿皮书》，要求各成员国围绕《绿皮书》开展为期一年的磋商与讨论。2007年10月，欧盟委员会在各成员国磋商成果的基础上颁布了欧盟《海洋综合政策蓝皮书》，以确保海洋资源的综合管理。蓝皮书指出，欧盟将实施一项综合的海洋政策。它可以帮助欧洲更好地面对全球化和竞争、气候变化、海洋环境的恶化、海洋安全和能源安全和持续发展。

蓝皮书指出，综合政策内容中几项关键的行动包括：无障碍的欧洲海运，统一的欧洲海洋研究战略，建立欧洲统一的海洋政策并被各成员国有效实施，建立统一的欧洲海洋检测网络和各国海洋开发的目标图，减少沿海地区气候变化的策略，减少二氧化碳的排放和海运污染，消灭鱼类盗捕活动和破坏性的深海捕捞，建立海洋从业人员的统一网络。

要建立海洋综合政策的新的管理框架，将综合管理充分应用到海洋事务中，建立一个海洋政策专门委员会，负责分析海洋事务和影响他们的海洋政策，各部门之间的政策协调。委员会将要求各成员国建立起各自国家的综合海洋政策，符合各利益相关方的利益，特别是沿海地区。为各国建立政策提供指导和依据，并每年向欧盟汇报各成员国海洋政策的执行情况，建立海洋政策交流机制，将海洋政策引向深入，鼓励各国交流海洋管理方面的先进经验。实施综合海洋政策的工具包括统一的海洋检测网络，协调的海洋空间规划和统一的海岸带综合管理，逐步建立欧洲统一

的海洋数据信息网络。

欧洲统一的海洋政策的行动计划包括：

第一，尽可能地扩大可持续的海洋开发和利用，从海洋运输，港口建设，海洋渔业，海洋从业人员的培养和提高等多方面全方位地提高对海洋的开发利用程度，同时下大力气控制海洋开发带来的大气污染和破坏性的捕捞行动。

第二，建立海洋综合政策的科学技术基础，提出欧洲海洋科学研究的综合策略，鼓励研究气候变化对海洋活动、海洋环境、海岸带及海岛的影响，鼓励科学界、产业界及政策制定者之间的合作和交流。

第三，改善沿海地区的生活质量。大力发展海洋旅游业，发行欧洲债券为海洋工程和沿海地区发展融资，建立欧盟防御海洋灾害策略，加大对海岛的开发力度。

第四，提高欧洲在国际海洋事务中的领导力，欧盟将致力于改善国际海洋事务的管理，更有力地执行国际海洋法律，督促各国批准并履行相关文件。加强与其他各国在气候变化以及综合海洋政策推广、合作方面的交流。

在同时推出的行动计划中，欧盟制定了推行综合海洋政策各项行动方针及其实行政策方案的具体时间表。

四、对于完善中国海洋经济政策的建议

以上三个国家和地区的海洋政策给我们以警示，这些海洋政策都是把海洋当作国家的生命线，并都充分认识到了建立宏观综合性的海洋政策的重要性。参考国外先进经验，回顾我国海洋经济政策的演进，我们对完善中国海洋经济政策提出如下建议：

一是建立更高级别的海洋经济管理机构。目前，专管海洋事务的国家机构是国土资源部下属的国家海洋局，远不及其他国家海洋管理机构的地位重要，且不能很好的起到统领海洋经济发展的需要。建议建立部级的海洋事务管理机构，提高海洋经济在国家战略中的重要性。

二是尽快制定宏观的综合性的海洋经济发展政策，结束海洋经济各行业各自为政的局面，实现统一的整合的管理。减少各部门之间发展过程中出现的冲突，从长远利益出发，建立健全海洋经济监督机制。

三是鼓励对海洋经济理论的深入研究。没有理论的指导，实践将不知何去何从。我国要进一步重视对海洋经济理论的研究，加大投入资金、人力、物力，提高海洋产业的自主创新能力。可以建立海洋经济发展的信托基金，支持海洋科研的发展，为海洋经济的发展提供智力支持和知识储备。

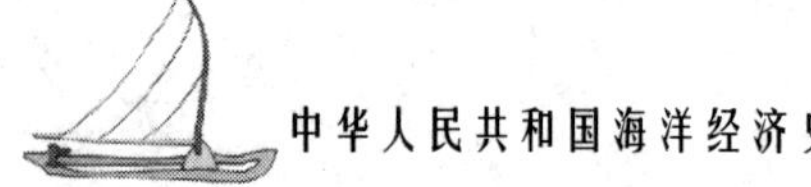

四是加强对国民的海洋教育，提高民族的海洋意识，重新唤醒对海洋事业的热情和积极性。自郑和下西洋以后，我国人民的海洋意识逐渐淡漠，与其他国家的人们相比，我们没有充分意识到海洋在未来国家发展和民族振兴中占的重要地位。只有从教育入手，在全国人民心中建立起对于海洋强国的向往，海洋经济的发展才能取得根本的动力。

第三编

中国海洋产业结构演变

第五章　海洋产业定义与分类演变

一、海洋产业定义的演变

海洋产业是海洋经济的主要内容，同时是海洋经济活动的基础，没有海洋产业及其相关活动，就没有海洋经济活动。新中国成立以来，我国海洋产业的定义，随着海洋经济内容的变化而不断演变。

在中国20世纪90年代[①]，海洋产业被认为是人类在海洋、临海带开发利用海洋资源和空间发展海洋经济的生产事业。[②]"海洋产业系人类开发利用海洋生物资源、矿物资源、水资源和空间资源，发展海洋经济而形成的生产事业。"[③] 这个时期主要把海洋产业定义在以海洋资源为对象的生产上。

1999年版的中华人民共和国海洋行业标准《海洋经济统计分类与代码》这样定义：海洋产业是人类开发利用海洋、海岸带资源和空间所进行的生产和服务活动，是涉海性的人类经济活动。涉海性表现在以下五个方面：直接从海洋中获取产品的生产和服务；直接从海洋中获取的产品的一次加工生产和服务；直接应用于海洋和海洋开发活动的产品的生产和服务；利用海水或海洋空间作为生产过程的基本要素所进行的生产和服务；与海洋密切相关的科学研究、教育、社会服务和管理。

属于上述五个方面之一的经济活动，无论其所在地是否为沿海地区，均可视为海洋产业。海洋产业是海洋经济的构成主体和基础，是海洋经济存在和发展的前提

---

① 这个时期，国外也有类似定义，《澳大利亚海洋产业统计框架：第一阶段研究报告》（1994）称海洋产业是指所有在澳大利亚本土的企业所从事的活动与海上或海中作业，或其生产的产品本身被用于海上或海中。它也把海洋产业局限在物质生产方面。

② 张慧霞：《环渤海地区城市与产业布局研究》，载《生产力研究》，1995年。

③ 国家海洋局科技司，辽宁省海洋局《海洋大辞典》编辑委员会：《海洋大辞典》，辽宁人民出版社1998年版。

条件。①

有的学者认为海洋产业是指开发、利用和保护海洋资源而形成的各种物质生产和服务部门的总和，包括海洋渔业、海水养殖业、海水制盐业及盐化工业、海洋石油化工业、海洋旅游业、海洋交通运输业、海滨采矿和船舶工业，还有正在形成产业过程中的海水淡化和海水综合利用、海洋能利用、海洋药物开发、海洋新型空间利用、深海采矿、海洋工程、海洋科技教育综合服务、海洋信息服务、海洋环境保护等。② 海洋产业的定义开始由狭义的利用海洋资源进行物质生产开始向包括以海洋资源为基础的物质生产、服务、管理、科研为一体的综合区域方向演化。③

我国学者对海洋产业的认识由纵向认识向横向跨越，海洋相关产业也进入了海洋产业的视线。海洋产业定义为不仅仅是主要活动在海上以海洋资源为开发对象的狭义海洋产业，还包括与上述海洋产业密切相关的产业。（王海英，2002）这凸现出海洋产业的辐射性，把整个海洋产业链条上下游作为海洋经济的一部分，将海洋产业看作和陆地产业相互对应、相互竞争、相互补充的两部分。④

二、建国后海洋产业内涵的变化

建国以后，我国海洋产业的实际内涵是随着经济、技术的不断发展，进而不断延伸的，新的产业也不断涌现。

在解放初期，我国由于技术水平较低，整个海洋产业主要指的是海洋捕捞和养殖、海上运输以及海盐的生产和少量的盐化工产业（只能生产氯化钾和溴素）。

---

① HY/T052－1999，中华人民共和国海洋行业标准海洋经济统计分类与代码［S］。

② 孙斌，徐质斌：《海洋经济学》，青岛出版社2000年版。

③ 许多学者在这一时期有将海洋产业从对资源的开发利用逐渐向包括海洋空间在内的产业发展，把海洋经济本身由资源利用向区域系统性开发方向发展的看法：

a. 海洋产业是指围绕着海洋资源开发活动而形成的物质生产和非物质生产事业是海洋经济的重要内容（陈本良，2000年）。

b. 海洋产业是指人类在开发和利用海洋资源和空间过程中以经济利益为目的所发展的海洋事业，是个区域性产业系统（郭晋杰，2001年）。

c. 海洋产业是人类开发利用海洋资源所形成的生产和服务行业（中华人民共和国国家标准《海洋学术语—海洋资源学》，2004年）。

d. 海洋产业是指以开发利用海洋资源、海洋能源和海洋空间为对象的产业部门，包括海洋捕捞、海洋水产养殖业、海洋盐业和海上运输业等物质生产部门和滨海旅游、海上机场、海底贮藏库等非物质生产部门（张耀光、刘锴、王圣云，2006）。

④ 加拿大也有以产业链为基础的海洋产业定义：基于加拿大海洋区域及与此相连的沿海区域开展的产业活动，或依赖这些区域活动而得到收益的产业活动（《加拿大海洋产业对经济贡献：1988～2000年》，2004年9月）。

20 世纪 50～60 年代，中国现代船舶工业逐步建立起来。中国的造船业由来已久，新中国成立后，一直主要生产民用近海渔船，而不具现代意义的造船工业，表现在我国一直不具备万吨级远洋船只的生产能力。1957 年由交通部门提出，由江南造船厂承办建造，中华人民共和国建立后的第一艘万吨轮于 1960 年 4 月下水，定名为“东风”号。1965 年 6 月 1 日，“东风”号万吨轮船安装了由 711 所研究、沪东造船厂试制的 7ESD75/160 型低速重型柴油主机，且首次采用国产低合金钢，于 1965 年 12 月试航圆满成功。它的成功，标志着中国的造船业具备了现代意义的造船工业，中国船舶及其配套产品设计生产能力有了极大的提高。①

20 世纪 60～70 年代，中国初步建立海洋油气业。中华人民共和国海洋石油和天然气的物探工作开始于 1959 年，1965 年以后开始海洋油气勘探，直到 1967 年，中国才能够生产少量的海上原油（1967 年生产 0.0203 万吨海上原油，1968 年没有生产），当然还只是试验生产。②

20 世纪 80 年代，滨海旅游业开始发展。改革开放以前，由于国家政策和经济发展水平的原因，中国大陆的滨海旅游业几乎是空白，主要是为国内的公务出差提供服务，改革开放以后，主要针对外国游人的滨海旅游业才渐渐发展起来。经济的不断发展使得人民收入不断增加，90 年代以后滨海旅游业逐渐由以国外游客为主向国内游客为主变化。滨海旅游产业的国内游客部分逐渐成为一个独立的产业分离出来发展。

20 世纪 90 年代，海洋新产业的涌现。90 年代以来，随着技术的不断发展以及经济发展带来的需求的变化，使得海洋产业向着纵、横两方面快速发展，出现了一批新的产业，比如海滨砂矿业③、海洋生物医药业④、海洋电力业⑤，以及海滨电力⑥、海水综合利用业⑦、海洋工程建筑业⑧以及其他海洋产业。

21 世纪，这种产业内涵的新陈代谢还在继续着，海洋产业中，一些新生命正在孕育，一些仍在探索发展阶段，另一些已经能够产业化发展，而且逐渐在取代旧的支柱性海洋产业，成为海洋产业发展的新动力。

---

①② 数据摘自曾呈奎、徐鸿儒、王春林主编：《中国海洋志》，大象出版社 2003 年版。

③ 海滨砂矿业是指在砂质海岸或近岸海底开采金属砂矿和非金属砂矿的活动。

④ 海洋生物医药业是指从海洋生物中提取有效成分利用生物技术生产生物化学药品、保健品和基因工程药物的生产活动。

⑤ 海洋电力业是指沿海地区利用海洋能中的潮汐能、波浪能、温差能、潮流能、盐差能、热能等。

⑥ 海滨电力是指火力、核力等进行的电力生产活动。

⑦ 海水综合利用业是指利用海水生产淡水及将海水应用于工业生产和城市生活用水的生产活动。

⑧ 海洋工程建筑业是指从事海港、海滨电站、海岸、堤坝等海洋、海岸工程建筑的生产活动。

三、中国海洋产业体系经济核算的演变

中国海洋产业体系经济核算包括两个部分：国民经济核算体系；海洋经济核算体系。

（一）中国的国民经济核算体系的变迁及其产生的问题

1949年初始，中国海洋经济管理建立在行业基础之上，各种海洋管理机构由原来陆地上的行业管理向海洋延伸形成，但未建立统一管理海洋事务的综合管理部门。1964年7月国家海洋局正式成立，但国家赋予国家海洋局的宗旨是负责统一管理海洋资源和海洋环境调查资料的收集整编和海洋公益服务，目的是把分散的、临时性的协作力量转化为一支稳定的海洋工作力量，而中国的海洋经济资料统计工作并没有包括其中。建国后到20世纪80年代末期，海洋经济统计一直由国家统计局在统计工业、农业、建筑业、交通运输业和商业等各个部门时一并进行。因此，建国以来，中国的国民经济核算体系的变化对海洋产业体系的核算产生了很大影响。

宏观经济核算体系基本上分为两种：一种是物质产品平衡表体系（MPS）[①]；另一种是国民账户体系（SNA）[②]。

中华人民共和国在建立初期到80年代初期，实施苏联式的计划经济模式，采用了MPS体系为基础的国民经济核算体系。国家统计局在1952年成立后不久，开展了全国范围的工农业总产值调查和核算。后来，又扩大到工业、农业、建筑业、交通运输业和商业五大物质生产部门总产值。从1954年开始，国家统计局在学习苏联国民收入统计理论和方法的基础上，开展了国民收入的生产、分配、消费和积累核算。为了满足社会主义改造后的全面计划经济的实施，1956年国家统计局派团对苏联国民经济核算工作进行了全面考察，随后在中国全面推行MPS。统计部

---

① 物质产品平衡表体系（MPS）由亚当·斯密（Adam Smith）在200多年以前创立，他认为价值是由物质生产部门的劳动创造的，也就是把生产劳动的范围限制在了物质生产部门。在其后的一百多年里面，物质生产理论一直是国民收入概念和估计的理论基础。同时，马克思的“劳动创造价值”理论也被看做以物质生产理论为基础的国民收入概念的另一理论基础。苏联从20世纪20年代设计完成MPS综合统计体系的初版，之后又不断完善。第二次世界大战以后，该体系被与苏联有同样经济和政治制度的东欧国家采用。

② 国民账户体系（SNA）是建立于凯恩斯和丁伯根的经济理论基础之上，以宽口径的生产概念为基础，将生产劳动拓展到了非物质生产部门。

门先后编制了社会产品生产、积累和消费平衡表，社会产品和国民收入生产、分配、再分配平衡表，劳动力资源和分配平衡表等 MPS 中的一系列重要表式。这段时期，中国是为了适应计划经济体制的需要，按照 MPS 的原则去实施国民经济核算的，但中国从来没有完整地实施过 MPS。

从 20 世纪 80 年代初期到 1993 年，中国国民经济核算体系一直在探寻着适合自己的模式。80 年代初期，在理论研究中，SNA 被介绍到中国来，中国开始研究和思考国民经济核算制度的改革问题。因此，中国在继续进行 MPS 核算的同时，逐渐开始研究并开展 SNA 核算内容的试算工作。1985 年，中国开始 SNA 的国内生产总值核算；1987 年，开始编制 SNA 的投入产出表；1992 年，开始编制 SNA 的资金流量表。与此同时，从 1984 年年末开始，中国政府成立了专门机构，组织研究 SNA 国民经济核算体系的设计工作。在进行了深入的理论研究，广泛征求了各方面的意见和建议，并试点检验后，于 1992 年年初确定了《中国国民经济核算体系（试行方案）》（许宪春，2001）。这一时期是 SNA 基本体系框架被中国政府逐渐认识、研究和应用的时期，而 MPS 的核算内容被缩减，到后期形成一个 MPS 与 SNA 并存的核算体系。

1992 年，国务院发出《关于实施新国民经济核算体系方案的通知》，宣告将在全国范围内分步实施新国民经济核算体系以适应发展社会主义市场经济体制的要求。国家统计局于 1993 年起取消了 MPS 的国民收入指标核算，这正式宣布了 MPS 体系在中国结束使用，而实际内容与国际多数国家在核算制度上基本接轨的新体系建立起来了。并且于 1994 年再度对国民经济核算制度方案进行了重大修订，形成了明确的以 SNA 为主体的新核算制度方案，并于 1995 年开始组织实施。此后，国家对 1992 年颁布实施的《中国国民经济核算体系（试行方案）》做了重大修改，形成了《中国国民经济核算体系（2002）》。

中国新国民经济核算体系吸收了国际上先进的核算理论与方法，克服了传统核算体系的许多重大缺陷，使得中国国民经济核算体系的功能大大加强了更加适应市场经济的需求。

中国的国民经济核算体系经历了 MPS 框架时期、MPS 向 SNA 转向时期和 SNA 框架时期。而两种核算体系在理论基础、统计目标、统计口径和统计方法上都是有差别的，因此海洋产业体系核算也产生了前后期数据不一致等问题。

一方面，在核算 MPS 体系时期的海洋生产总值时，一般不包括非生产部门的产值。MPS 体系主要以物质生产为主要核算目标，这些为海洋各个产业提供服务但和实际产、运、销不相关的部门，比如，灯塔、与海洋产业相关的气象服务、海

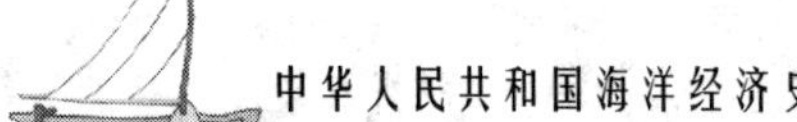

上抢险、海事保险以及各种海洋科学技术研究服务等，大都没有相关的产值统计核算，更加没有相关服务产品的价格或者计价方法，造成了这方面的数据缺失。①

另一方面，MPS 体系时期核算的大多是海洋产业总产值或者国民收入（国民生产净值）。因此这些数据需要进行调整，去除中间消费或者增加折旧数据，与 SNA 体系下的海洋生产总值概念统一概念和口径。

还有，中国在 1993 年完全转向使用 SNA 体系之前，一直是混合使用 MPS 和 SNA 体系的统计核算项目，这导致有的数据是以生产法核算，而另外相关数据是以收入法核算，尽管可以为国民生产总值的核算提供足够的数据，但也导致一些数据在计算海洋生产总值时的缺失与口径不一。

（二）中国海洋经济核算体系的发展及其产生的问题

建国后到 80 年代末期，中国的海洋经济资料并没有专门的机构进行统计核算，一直由国家统计局在统计工业、农业、建筑业、交通运输业和商业等各个部门时一并进行，再经过核算、估算获得。1988 年海洋出版社出版了《中国海洋年鉴》(1986)，包括了部分海洋经济统计资料，但也只是寥寥数十页，其记录主要是产业资源、技术等方面的情况。

1989 年国务院赋予国家海洋局的职责中明确提出由国家海洋局“负责海洋统计”的工作，国家海洋局组织开展了《海洋统计指标体系》的研究和前期准备工作，1990 年由国家海洋局组织制定的《海洋统计指标体系及指标解释》，确定了以海洋渔业、海洋盐业、海洋石油、海滨砂矿、海洋交通和滨海旅游等 6 个海洋产业为主体的统计体系，制定了反映这 6 个海洋产业活动的主要统计指标，界定了海洋产业活动指标的定义和统计范围，1991 年，由国家海洋局、国家统计局和国家计委联合向国务院 16 个涉海部委印发了《关于开展海洋统计工作的通知》，标志着海洋统计工作正式启动。在涉海部委统计工作的基础上，1995 年，由国家海洋局、国家统计局和国家计委又联合向全国 11 个沿海省（自治区、直辖市）印发了《关于沿海地方开展海洋统计工作的通知》，全国沿海地方的海洋统计工作也随即开展起来。1992 年开始，国家海洋局负责组织编制上一年度的《中国海洋统计年报(鉴)》。

① 在海洋运输业中，海洋客运不属于物质生产的范畴，所以在 MPS 体系下也不进行产值统计，只是进行客运量的统计。

1995 年国家海洋局编制的《中国海洋统计年鉴》①，进一步发展了中国海洋统计指标体系，统计的产业有海洋水产、海运与港口、海盐、海洋石油和天然气、滨海国际旅游、海洋科技与教育、海洋服务 7 类，指标有两种：实体数量指标（个数、人数、面积、产量、里程）和价值指标（产值）。《中国海洋统计年鉴 1997》改由海洋出版社出版，此后每年出版一本。统计分组略有变化，如增加了海滨砂矿、沿海造船；并将"海运与港口"改称"海洋交通运输"（徐质斌，2000 年）。同年，国家海洋局还组织制定了《海洋综合统计报表》，1999 年国家统计局批准正式实施。

1999 年 12 月中国的海洋经济统计分组和指标国家行业标准《海洋经济统计分类与代码》（HY/T 052—1999）颁布，它明确提出了海洋产业的概念，以《国民经济行业分类与代码》（GB/T 4754—1994）为依据，参考《国际标准产业分类》（ISIC），以涉海性为原则，在整个国民经济体系中划分出与海洋有关的产业分类和产业活动的统计范围，把海洋产业划分为 15 个大类（包括海洋农林渔业、海洋采掘业、海洋制造业、海洋电力和海水利用业、海洋工程建筑业、海洋地质勘察业、海洋交通运输业、海事保险业、海洋社会服务业、滨海旅游业、海洋信息咨询服务业、海上体育事业、海洋教育和文化艺术业、海洋科学研究与综合技术服务业和国家海洋管理机构）、54 个中类、107 个小类。但在国家海洋局 2004 年开始发布的中国海洋经济统计公报中，由于信息源的限制，并未严格使用该统计分组的分类规范，仍然只能统计 7 个主要海洋产业的内容。

2001 年，随着沿海经济的快速发展，海洋局在 7 个主要产业的基础上，又新增了 5 个新兴产业：海洋化工、海洋生物医药、海洋电力、海水利用、海洋工程建筑和其他海洋产业的统计，使得海洋统计的范围扩大到 12 个海洋产业。同时在滨海旅游中扩大了统计范围，将国内滨海旅游划入统计范围。为提高海洋统计的时效性，及时反映全国海洋经济发展现状和海洋管理、执法检查和权益维护等状况，2002 年 12 月，国家统计局以国统函［2002］209 号文批准执行《海洋统计快报制度》。2004 年 2 月，中国首次向社会发布了《2003 年中国海洋经济统计公报》，其后每年向社会发布。在以上过程中，海洋经济的核算数据也因发展过程的不断升级变化而产生诸多问题：

1. 海洋产业定义的界定不断发展，使得统计口径不一。

海洋产业初期被界定为以海洋资源为开发对象的狭义概念，之后，逐渐向包括

① 国家海洋局：《中国海洋统计年鉴 1993》，中国统计出版社。

非物质生产在内的产业发展；其后，又把海洋经济本身由资源利用向区域系统性开发方向发展，最终以涉海性和产业链条作为以海洋产业为基础的海洋经济的辐射范围。正是这种不断扩充的定义，再加上海洋经济活动的复杂特点，要把海洋经济活动与非海洋经济活动相互隔离，清晰的划定两者之间的界限，明确界定海洋经济范畴反而越来越困难。造成对部分行业是否计入或者哪些部分应该计入海洋经济存在分歧。比如，以前根据地域划分的不在沿海地区的某些科研服务产业由于其涉海性质，根据不断扩充的定义应该记入其中；在沿海地区的原油加工业，可能涉及到海洋石油天然气行业产品的一次使用，同时也会使用其他途径获得的原油，如何界定增加值的比例；锯材加工业、内燃机制造业等行业，部分产品涉及到海洋渔业和海洋运输业，但也会涉及其他的行业，同时其地域也不一定在沿海地区该如何处理；如何界定和统计涉及到滨海旅游业的滨海旅游区的房屋建筑业数量、产值；渔业用的渔绳渔网和渔业机器制造业这些行业的产品可能部分的销往河运企业或者出口，是否能计入海洋产业、哪些部分可以计入、以什么标准计入都会影响海洋生产总值，而不同的海洋产业定义所得出的结论是不同的。

2. 海洋统计指标体系不断变动，带来统计遗漏问题。

海洋统计从1990年《海洋统计指标体系及指标解释》的6个海洋产业到1995年《中国海洋统计年鉴1993》的7个，又扩展到1999年《海洋经济统计分类与代码》（HY/T 052—1999）的12个，直到《海洋生产总值核算制度》中规定的20个海洋产业，中、小类别更是不断变化调整。尽管不断调整后的统计指标能够反映主要海洋产业的发展更新情况，但逐渐增多和趋于细化的产业分类，造成历年各个产业数据口径的不一致，使得旧有数据相对新数据遗漏缺失，无法反映全部海洋经济的长期发展活动。

3. 长期以实物计量和产值计量为主，导致增加值数据缺失。

尽管MPS体系在1993年基本就退出了中国的统计体系，但是它的影响依然存在。1995年国家海洋局编辑的《中国海洋统计年鉴1993》（中国统计出版社出版），仍然以实体数量指标（个数、人数、面积、产量、里程）和价值指标（产值）两种指标，而增加值这一专门用来计算生产总值的指标并没有包括其中。此海洋统计体系一直被使用许多年，造成中国使用SNA体系以后在海洋产业增加值方面仍然长期缺失官方数据。

4. 不可计价海洋产业产值的计算方法不明确。

一直以来，海洋产业统计还是受着MPS的影响，对于不可计价的服务和新型行业，就如何定价没有统一标准。如海洋气象业产值的计算，海洋气象预报所创造

的价值是以海洋气象预报成本计算，还是以其在信息使用单位创造的价值贡献计算，还没有统一的方法；对海洋工程建筑业产值的计算，是由海洋工程承担企业计算，还是由海洋工程的投入计算，也未给予确定。这样，对于过去数据的调整核算也就没有一个统一的标准。

5. 区域划分方法尚有分歧。

由于对区域概念的界定和区域范围的划分一直存在分歧，而且在操作层面上，也存在诸多困难，造成在地域间的海洋产业统计隶属等方面模糊不清、交叉重叠或不一致等问题，需要进一步加以完善。

6. 长期缺乏独立的海洋统计机构，造成统计目标受限和数据失真。

1989 年国家海洋局开始"负责海洋统计"的工作，在此之前，则由国家统计局"顺便"统计核算。即便是由海洋局专门负责此项工作，在缺少必要的统计队伍和科学规范的调查统计手段的情况下，也只是对各海洋产业相关主管部门和统计局提供的数据进行整理核算，其数据的真实性、适用性和准确性无法科学地鉴别和验证，造成统计目标受限和部分数据失真。

（三）中国海洋经济核算体系走向统一

从 2005 年开始，国家海洋局和国家统计局联合开展了海洋经济核算工作，相继制定了国家标准《海洋及相关产业分类》和海洋行业标准《沿海行政区域分类与代码》，建立了《海洋生产总值核算制度》。2006 年的海洋生产总值开始使用此新的核算制度，而且依据新的标准和制度，核算出了"十五"以来的海洋生产总值，并在 2006 年的《公报》中予以发布。

可以说，通过《海洋生产总值核算制度》的实施，初步实现了海洋经济核算与国民经济核算的一致性和可比性。从核算范围来讲，海洋经济核算范围涉及国民经济行业分类的 20 个门类、70 个大类、172 个中类和 313 个小类，将国民经济行业中的所有涉海行业均纳入其中。

从 1989 年国家海洋局"负责海洋统计"的工作开始，到 2006 年建立了《海洋生产总值核算制度》并开始使用新制度核算，中国的海洋统计体系在不断的发展与完善。尽管《海洋经济统计分类与代码》（GB/T 20794—2006）的分类方法仍有某些瑕疵，但作为迄今中国最全面的国家海洋产业分类，同时也是 2006 年颁布的《海洋生产总值核算制度》的重要组成部分，将它的分类以及统计方法视作海洋经济统计分类标准，可以有效地与中国国民生产总值进行初步比较。

这一分类标准将海洋经济（海洋生产总值）划分为两大部分：海洋产业和海洋相关产业，如图5－1、图5－2所示。而海洋产业又包括两部分：主要海洋产业和海洋科研教育管理服务业。它对以前的统计范围进行了细化。以前的统计主要包括海洋产业和其他海洋产业产值及增加值以及各个沿海地区、沿海地带的总产值和增加值。

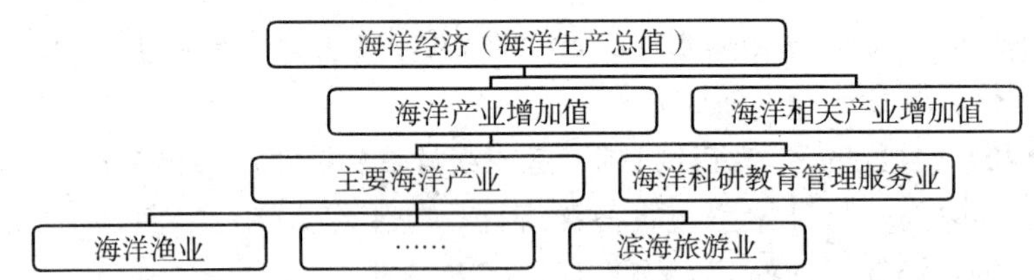

图5－1 2006年《海洋生产总值核算制度》及《海洋经济统计分类与代码》分类

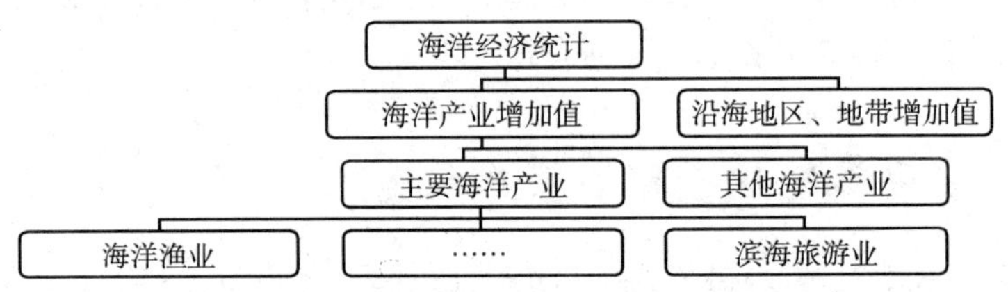

图5－2 2006年以前的海洋统计分类

按照这一分类标准要对以往各个海洋产业及其相关产业的定义作出相应调整。

首先，对海洋产业进行调整。2006年的《海洋经济统计分类与代码》中将海洋产业划分为海洋渔业、海洋油气业、海洋矿业、海洋盐业、海洋化工业、海洋生物医药业、海洋电力业、海水利用业、海洋船舶工业、海洋工程建筑业、海洋交通运输业、滨海旅游业等主要海洋产业，以及海洋科研教育管理服务业。

这一分类将其他海洋产业①拆分，一部分划归各个主要海洋产业，另一部分则成为另一个新的产业——海洋科研教育管理服务业，它是指开发、利用和保护海洋过程中所进行的科研、教育、管理及服务等活动，包括海洋信息服务业、海洋环境监测预报服务、海洋保险与社会保障、海洋科学研究、海洋技术服务业、海洋地质

① 其他海洋产业：按照《海洋统计报表制度》（国统函［2004］40号）规定的除现有统计的主要海洋产业外的所有海洋产业。包括：海洋石油化工、滩涂林业、海洋地质勘察业、海事保险、海洋专用设备制造、海洋信息服务业、海洋环境保护、海洋科研教育等。

勘察业、海洋环境保护业、海洋教育、海洋管理、海洋社会团体与国际组织等。

海洋渔业包括海洋水产品、海洋水产品加工、海洋渔业服务业以及海洋渔业相关产业（主要包括海洋渔业机械仪器仪表制造、海洋渔绳渔网制造、海洋渔用饲料药剂制造等）；针对2003~2005年的海洋渔业定义中包括海洋渔业相关产业的问题，按照《海洋生产总值核算制度》和国家标准《海洋及相关产业分类》修正后，剔除了海洋渔业相关产业部分，并将其纳入海洋相关产业部分。而2001年以前各年在统计海洋渔业增加值时（如果有统计值的话）一般只是包括海洋水产品、海洋水产品加工，已将海洋相关产业部分剔除，符合2006年的统计口径。

海洋油气业是指在海洋中勘探、开采、输送、加工原油和天然气的生产活动，而1999年的《海洋及相关产业分类》定义为在海岸线向海一侧任何区域内进行的原油、天然气开采活动，按照新标准，增加了海洋油气开采服务内容。这需要对其他各年海洋油气业产值和增加值数据调增开采服务的值。

按照1999年的《海洋及相关产业分类》海滨砂矿业包括海滨砂矿，海滨土砂石等采选活动，新标准将其更名为海洋矿业，并且增加了海底地热、煤矿开采和深海采矿内容。

海洋化工业是指以海盐、溴素、钾、镁及海洋藻类等直接从海水中提取的物质作为原料进行的一次加工产品的生产活动；新标准增加了海藻化工、海水化工部分内容，同时将其他海洋产业中海洋石油化工部分等内容纳入海洋化工业。另外，要将2000年以前的海洋盐业的数据进行重新核算，剔除海洋盐业中现在应归属于海洋化工的部分。

海洋生物医药业、海洋工程建筑业和海水利用业定义不变，但《海洋生产总值核算制度》对这些产业的统计方法进行了调整，海水利用业产值的计算，不再以海水作为工业用冷却水在用水单位创造的价值贡献计算，而是所创造的价值是以节约了多少淡水成本计算；对海洋工程建筑业产值的计算，按海洋工程承担企业盈利计算，而不是按海洋工程的投入计算。

海洋交通运输业是指以船舶为主要工具从事海洋运输以及为海洋运输提供服务的活动，包括远洋旅客运输、沿海旅客运输、远洋货物运输、沿海货物运输、水上运输辅助活动、管道运输业、装卸搬运及其他运输服务活动；增加了海洋港口内容。另外，在MPS统计体系下，远洋旅客运输、沿海旅客运输并没有计入海洋交通运输业的产值，应增加这部分数据。

滨海旅游业是指以海岸带、海岛及海洋各种自然景观、人文景观为依托的旅游经营、服务活动，包括沿海地区饭店、宾馆、度假营地、滨海疗养院、旅馆等住宿设施的经营管理活动；而1999年的定义是滨海地区开展的与旅游相关的住宿、餐饮、娱乐及经营等服务活动，相比之下增加了滨海旅游经营服务、滨海游览与娱乐、滨海旅游文化服务部分的内容。同时，2000年以前的滨海旅游业只包括涉外的旅游消费，而国内部分是2000年以后开始加入的，因此还要对改革开放以来的数据进行调整。

其次，对海洋相关产业进行调整。海洋相关产业是指以各种投入产出为联系纽带，与主要海洋产业构成技术经济联系的上下游产业，涉及海洋农林业、海洋设备制造业、涉海产品及材料制造业、涉海建筑与安装业、海洋批发与零售业、涉海服务业等。

这个定义体现了它的涉海性。打破了过去由沿海地区、沿海地带中涉海产业产值、增加值作为海洋经济的组成的传统区域的定义，按照产业链条的产生、发展方式，把海洋产业的前向或者后向产业作为其分类标准。尽管这一方式更加准确地描述了海洋经济的范畴，但要计算它的产值和增加值却要将产业的涉海与否进行区分，而某个产业或者企业有多大比例属于海洋相关产业也要根据相关规定或经验给予确认。

第六章　中国海洋产业结构演变

产业结构，既可以解释为某个产业内部的企业关系，也可以解释为各个产业之间的关系。直到 20 世纪 60 年代初期对于产业结构的理解还是两者并存的。产业组织理论创始人贝恩（J. S. Brain）1959 年出版《产业组织》一书，将产业内部的企业关系定义为产业组织。之后，一般把产业结构定义为产业间关系（史忠良，2005 年）。海洋产业结构即海洋各个产业之间的联系。

产业结构的重要分类方法包括标准分类和三次产业分类。

标准产业分类法一般由政府的权威机构进行编制和颁布，保证了标准分类法的权威性；基本囊括了目前的经济活动，具有较完整的涵盖性；能适应迅速发展的计算机技术，具有较强的实用性。（干春晖，2006）

根据《中华人民共和国国家标准海洋及相关产业分类》（GB/T 20794—2006）中的标准分类法，海洋产业包括主要海洋产业和海洋科研教育管理服务业。而主要海洋产业包括海洋渔业、海洋盐业、海洋化工业、海洋油气业、海洋矿业、海洋船舶工业、海洋工程建筑业、海洋电力业、海洋生物医药业、海水利用业、海洋交通运输业、滨海旅游业等。①

本编采取以上分类方式作为标准分类方法，在计算海洋总产值和增加值时采取计算主要海洋产业产值及增加值的方式。

三次产业分类法是费希尔于 1935 年提出的，认为把人类的经济活动可以划分为第一次产业（Primary Industry）、第二次产业（Secondary Industry）和第三次产业（Tertiary Industry）。其中，第一次产业是和人类第一个初级阶段相对应的农业和畜牧业；第二次产业是和工业的大规模发展阶段相对应的，以对原材料进行加工并提供物质资料的制造业为主；第三次产业是以非物质生产为主要特征的，包括商业在内的服务业（藏旭恒，徐向艺，杨蕙馨，2007）。

---

① GB/T 20794—2006，中华人民共和国国家标准海洋及相关产业分类［S］。

根据《中华人民共和国国家标准海洋及相关产业分类》（GB/T 20794—2006）中关于海洋三次产业的分类标准，可知海洋第一产业包括海水养殖、海洋捕捞和海洋渔业服务等，海洋第二产业包括海洋水产品加工、海洋石油和天然气开采及其相关产业、海洋矿业、海洋船舶工业、海洋盐业及盐化工、海洋工程建筑业、海洋电力业、海洋生物医药业和海水淡化与综合利用业等，海洋第三产业包括海洋客货运输、海洋港口、滨海旅游业、海洋服务业、海洋科研、海洋教育、海洋环境保护和海洋管理等。

本编在三次产业分类时基本采取以上分类标准，将海洋水产业①作为第一产业，海水产品加工业、海洋盐业、海洋化工业、海洋油气业、海洋矿业、海洋船舶工业、海洋工程建筑业、海洋电力业、海洋生物医药业和海水利用业作为第二产业，海洋交通运输业、滨海旅游业作为第三产业。

一、海洋产业结构与国民经济比较

中华人民共和国建立以来，海洋产业产值和增加值均在不断提高。改革开放前分别从1950年的3.13亿元和1.6亿元到1978年的60.81亿元和25.57亿元，增长幅度分别为1845%和1497%，年均增长率11%和10%②，期间虽受到大跃进和三年自然灾害的冲击，增长出现反复，但增速很快恢复。改革开放以后更是加速上扬，分别从1979年的56.24亿元和23.2亿元到2006年的11496.47亿元和4839.4亿元，增长幅度分别为20343%和20756%，年均增长率双双达到惊人的22%，如图6－1，图6－2，图6－3，图6－4所示。

（一）总量比较

海洋产业经济与国民经济总量对比，从绝对比重看，虽然海洋经济增长迅速，但其在整个国民经济产业中的比重尚不十分显著，在50年代，一直徘徊在0.5%左右，60～70年代逐步上升，但仍在0.7%左右，改革开放初期，由于陆地经济发展相对容易，海洋经济对整个国民经济的贡献甚至还出现了下降，如图6－5所示。

---

① 不包括海水产品加工业。

② 本编无特别说明年均增长率均按照复合增长方式计算。

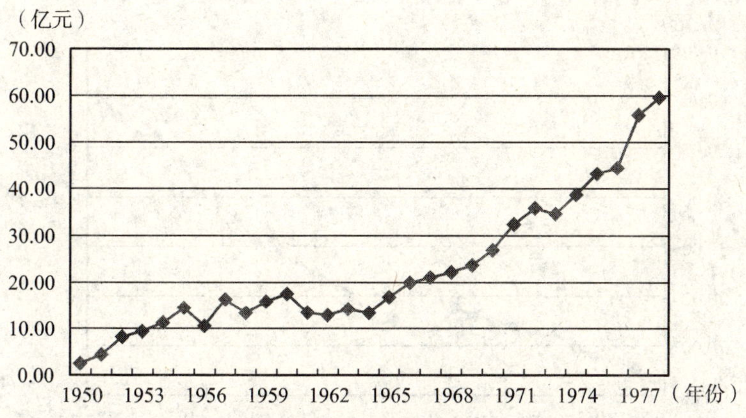

图 6－1　1950～1978 年主要海洋产业增加值①

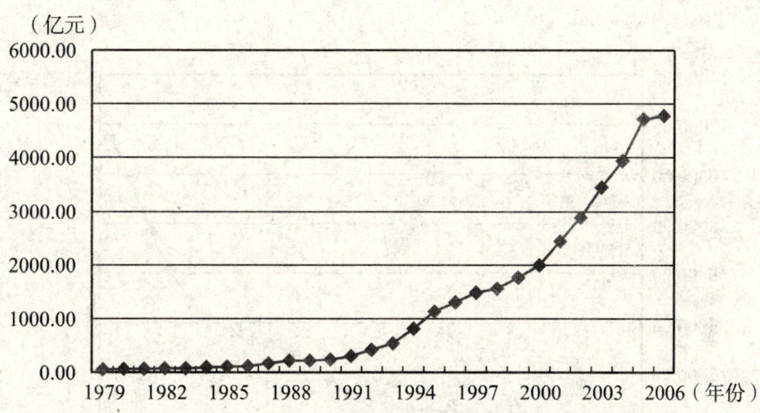

图 6－2　1979～2006 年主要海洋产业增加值

① 第三编图表数据来源说明：本编中数据（包括图表中数据）所涉及各个产业实物数据、产量、产值和 1993 年（含）以后增加值，如未作特别说明均是整理自国家海洋局海洋科技情报研究所《中国海洋年鉴》编辑部：《1986 中国海洋年鉴》，海洋出版社出版 1988 年版；国家海洋局：《中国海洋统计年鉴 1993》，中国统计出版社 1995 年版；国家海洋局：《中国海洋统计年鉴》海洋出版社，1997～2005 历年版。1993 年以前增加值按照各年实物数据、产量、产值估算。如未作特别说明，则为未包含国内滨海旅游业各种统计量的数据。

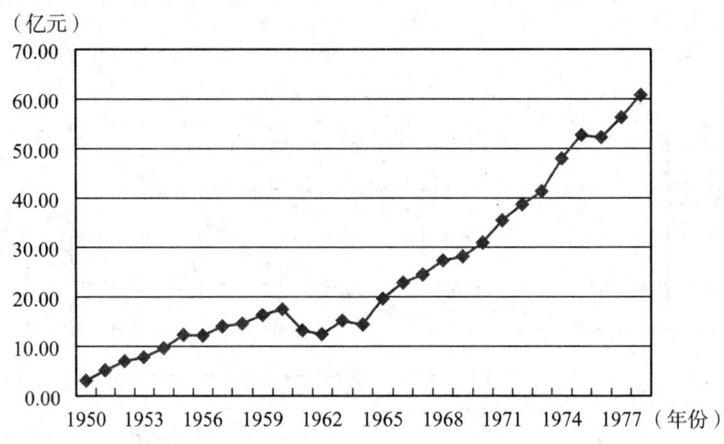

图 6－3　1950～1978 年主要海洋产业总产值

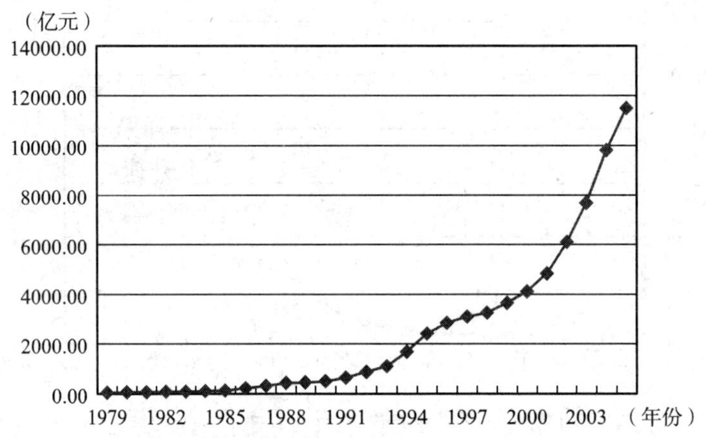

图 6－4　1979～2006 年主要海洋产业总产值

1986 年开始，海洋经济终于显现出改革开放对沿海经济的刺激作用，对国民经济的贡献快速上升，从 1986 年的 0. 61% 到 2005 年的 2. 63%，增幅 328%，这意味着这段时期海洋经济的发展速度远快于陆地经济和整个国民经济，而且这一增长趋势并未放缓。值得一提的是上述海洋经济增加值中未包括国内滨海旅游以及海洋经济对相关产业的辐射影响，如果将这些影响考虑在内，海洋产业对沿海地区乃至全国国民经济的贡献将会更大。因此，海洋经济已经成为国民经济的重要组成部分和动力，可以预见海洋产业在未来将会更快地推动整个国民经济发展，成为新的增长源泉。

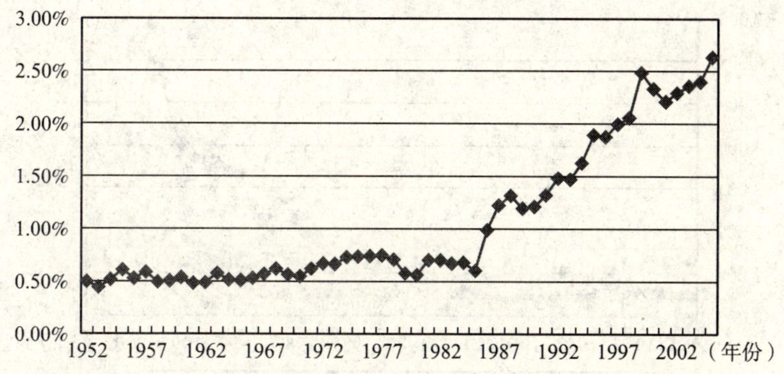

图 6－5　1950～2005 年主要海洋产业增加值与国民生产总值之比

（二）贡献度比较

按三次产业依次看其贡献度，在 1952～1978 年间，海洋第二产业对整个第二产业的贡献较大，一直在 1% 左右，而海洋第一产业对整个第一产业的贡献在 0.65% 左右，和海洋产业对整个国民经济的贡献类似，海洋第三产业对整个第三产业的贡献从 1952 年的 0.02% 上升到 1978 年 0.79%，上升速度很快，可以说是一个从无到有的过程。在 1978 年以后，海洋第二产业对整个第二产业的贡献在小幅下降了一段时间以后，开始稳步回升，海洋第三产业对整个第三产业的贡献则呈现出持续上升的局面，而海洋第一产业对整个第一产业的贡献在 1985 年以后快速上升，与海洋产业对整个国民经济的贡献的大幅提升出现在同一时间段，说明正是海洋第一产业的爆发式成长快速推进了整个海洋产业在国民经济中的比重。通过以上分析，我们得出：海洋第二产业基本保持与整个第二产业一致的发展速度；90 年代以后相对快一些，海洋第三产业发展速度明显快于整个第三产业，持续助推整个第三产业增长；1985 年以后，海洋第一产业发展速度远快于整个第一产业，大大提升了整个第一产业的增长，如图 6－6 所示。

（三）重要性比较

我们分析海洋经济的作用时，既要看到海洋经济对我国整个经济的推动作用，也要看到与国民经济相比其结构上的不同，即三个产业对海洋经济和国民经济的重要性在各个时期的不同。

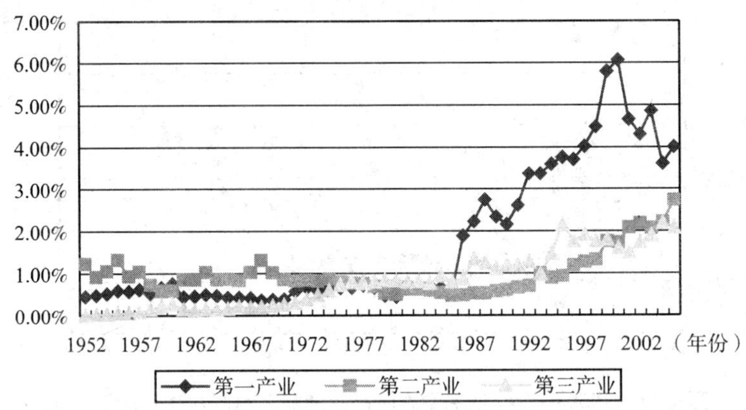

图 6－6　1950～2005 年海洋三次产业增加值与相应产业增加值之比

在建国初期，由于海洋经济的特殊性，海洋经济的第二产业主要是海洋盐业和海水产品加工业，它们较其他大部分工业相比生产技术不高，恢复生产难度不大，因此其第二产业的重要性明显超过整个经济第二产业的重要性，海洋第一产业与整个经济第一产业的重要性基本一致，而第三产业的海洋运输因基础设施破坏严重而难以快速恢复，因此其重要性远小于以零售业、公路铁路运输和金融业为主的国民经济第三产业，因为这些产业易于恢复。

此后国民经济迅速恢复发展，海洋第二产业重要性相对国民经济一直在下降，在大跃进期间，提出发展工业的口号，所谓“大炼钢铁”等运动，使得整个经济的第二产业发展较快，而第一产业因基本为农业“靠天吃饭”，无法短时间提高太快，而海洋第一、第二产业却恰恰相反，海洋第一产业当时主要是海洋捕捞业，而且捕捞资源相对丰富，增船即可增产，因此可以快速发展，而海洋第二产业中的海洋盐业特别是原盐生产却是个靠天吃饭的产业，无法快速增长，这导致了 1959 年和 1960 年海洋第一、第二产业占比与国民经济中第一、第二产业占比的比值发生逆转，当“大跃进”结束以后，海洋产业结构又恢复了其第一产业占比与国民经济第一产业占比持平，海洋第二产业占比高于国民经济，第三产业占比相对国民经济第三产业较低的特性。随后而来的文革时期，后劲不足的海洋盐业使国民经济第二产业的重要性逐渐迫近海洋第二产业，同时得到中央领导保护的运输业则渐渐追上饱受伤害的国民经济第三产业，三次产业比重与国民经济逐渐趋于一致。

改革开放以后，海洋第三产业因基础较好，发展快于国民经济第三产业，但 90 年代以后其重要性开始回落，主要可能是因其没有计入国内滨海旅游以及金融零售业的持续高速发展所致。国民经济第二产业则因改革开放带来的技术引进快

速发展，其在国民经济中的重要性也超过海洋第二产业在海洋经济中的位置，随后的发展中第二产业的海洋经济占比直到2005年才恢复其在国民经济中的占比，出现这一现象有两个原因：（1）海水产品加工业和海洋盐业的发展相对缓慢；（2）海洋船舶工业和海洋油气业相比陆地工业技术难度更大，即使都是引进技术，其消化吸收的过程要更长，自主发展需要的时间更久，也正因此其持续发展的可能也更大，可以预计第二产业在海洋经济中的重要性定会再次长期超过其在国民经济的重要性。在1985年以后，第一产业在海洋经济中的重要性远高于其在国民经济的重要性，原因主要是价格放开和人民生活水平的提高，改革开放以后的水产品价格改革快速推高了水产品价格，粮食价格虽然也有上升，但相对稳定，加上经济发展使得人民生活水平提高，特别是沿海地区因作为改革开放的先锋地区更是收入快速提升，进而持续推动海水产品价格相对粮食价格不断提高。但在2000年以后粮食价格相对于水产品逐渐增长，随着石油价格的不断攀升，粮食价格可能进一步上升，在这种背景下，第一产业在海洋中的重要性相对于国民经济持续下滑（见图6－7）。

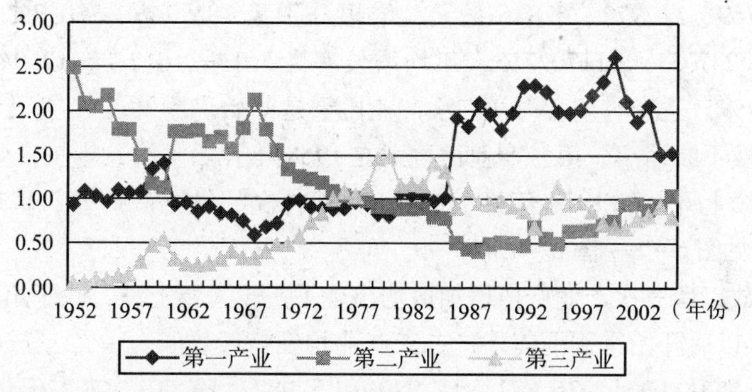

图6－7　1952～2005年海洋三次产业的产业增加值比重与相应产业之比①

二、海洋产业结构发展概述

（一）海洋三次产业产值增加值及其比重变化

从1949年中华人民共和国成立到1957年第一个五年计划完成，三次产业都处

① 即海洋三次产业产业增加值在海洋经济中比重/全国三次产业产业增加值在国民经济中比重。

于快速恢复发展时期，第一、二、三产业的总产值和增加值分别从 1.568、1.547、0.011 和 0.823、0.774、0.004 亿元增长到 5.122、8.298、0.658 和 2.688、3.316、0.264 亿元，增幅分别为 226.7%、436.2%、5872.0% 和 226.7%、328.3%、4980.9%，年均增长率为 16.0%、23.4%、66.7% 和 16.0%、19.9%、66.8%，第三产业之所以涨幅惊人主要是基数小导致。这个时期，海洋三次产业比重是“二一三”格局，而且第二产业份额不断扩大，而第一产业比重不断缩小，第三产业奋力追赶，三次产业的比重从 1950 年的 50.14%、49.50%、0.35% 到 1957 年的 36.38%、58.94%、4.67%。1958 年大跃进开始到 1978 年文化大革命结束，各种政治运动风波不止，海洋三次产业都受到不同程度的冲击，第一产业出现持续的徘徊不前，直到 1970 年以后才开始恢复增长，第二产业也出现停滞不前的情况，但 1964 年就恢复了增长，而且有加速增长的趋势，第三产业则在 1959 年达到顶峰以后开始回落，1964 年企稳并持续快速增长。第一、二、三产业的总产值和增加值分别从 4.5、8.815、1.337 和 2.361、3.55、0.537 亿元增长到 12.9、30.917、16.99 和 6.769、11.972、6.826 亿元，增幅分别为 186.7%、250.7%、1170.7% 和 186.7%、237.3%、1170.7%，年均增长率为 5.1%、6.2%、12.9% 和 5.1%、6.0%、12.9%。这个时期，海洋三次产业比重是开始仍为“二一三”格局，第一产业比重依然不断缩小，第二产业比重则在 1968 年开始下滑，第三产业比重从 60 年代初期持续上升，到 1978 年第三产业比重[①]首次超过第一产业，呈现出“二三一”格局（见图 6－8～图 6－13）。

改革开放以后三次产业产值增加值均出现了一轮大幅上涨，除了第一产业增加值从 2000 年以后开始徘徊不前外，二三产业均在持续增长，一二三产业的总产值和增加值分别从 11.4、26.871、17.970 和 5.982、10.001、7.220 亿元增长到 1689.085、4675.024、3537.93 和 923.902、2384.389、1531.107 亿元，增幅分别为 14716.5%、17297.9%、19588.0% 和 15344.2%、23740.8%、21106.3%，年均增长率为 20.3%、21.1%、21.6% 和 20.5%、22.5%、21.9%。这个时期，海洋三次产业比重格局变化很大，80 年代初期为“二一三”格局，第二产业比重持续下降，但仍是最高，第三产业比重有所下降，第一产业则小幅度上升，比重超过第三产业。随着 1985 年水产品价格改革后，第一产业比重快速增加成为最高，第二产业则延续跌势，成为最低，出现了“一三二”格局，这一格局在 90 年代中期被打破，三次产业比重再次交汇，这一不分伯仲的局面维持到 2000 年，第一产业比

① 此处为第三产业增加值比重首次超过第一产业，产业产值比重在 1976 年已经超过。

重开始快速下滑，第二产业比重则小幅上升，形成了“二三一”格局（见图6－8～图6－13）。

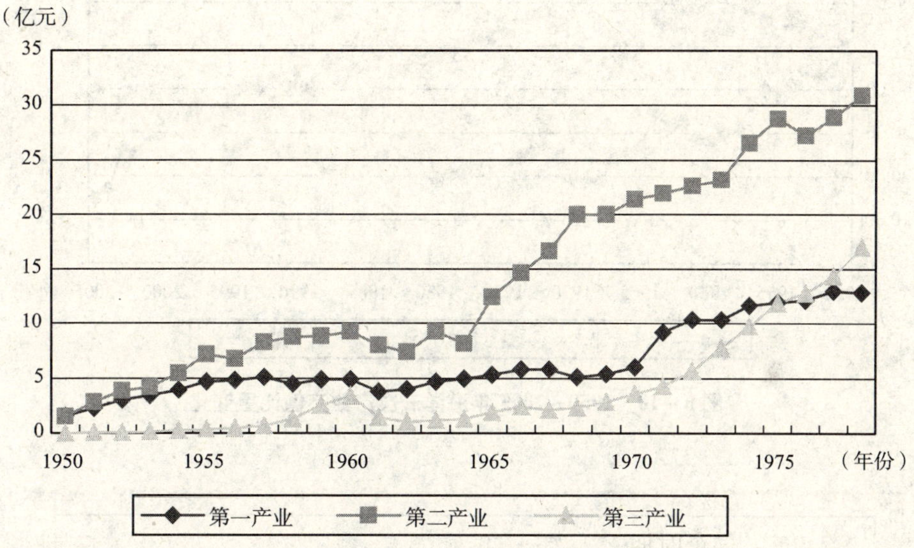

图6－8 1950～1978年海洋三次产业产值

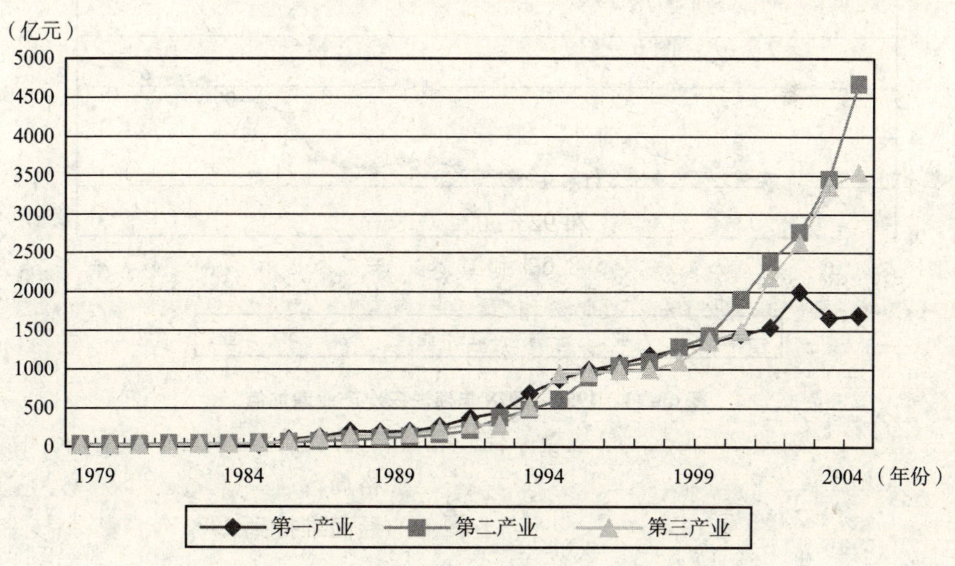

图6－9 1979～2005年海洋三次产业产值

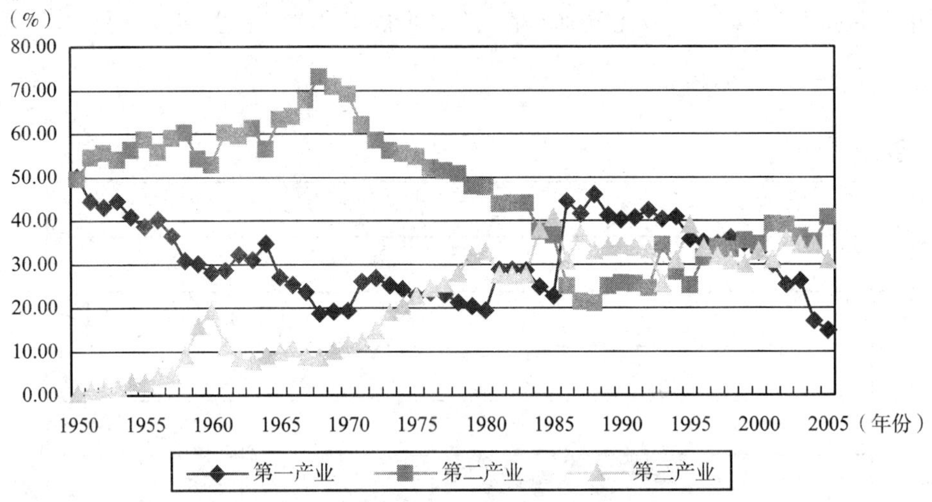

图6-10　1950~2005年海洋三次产业产值比重变化

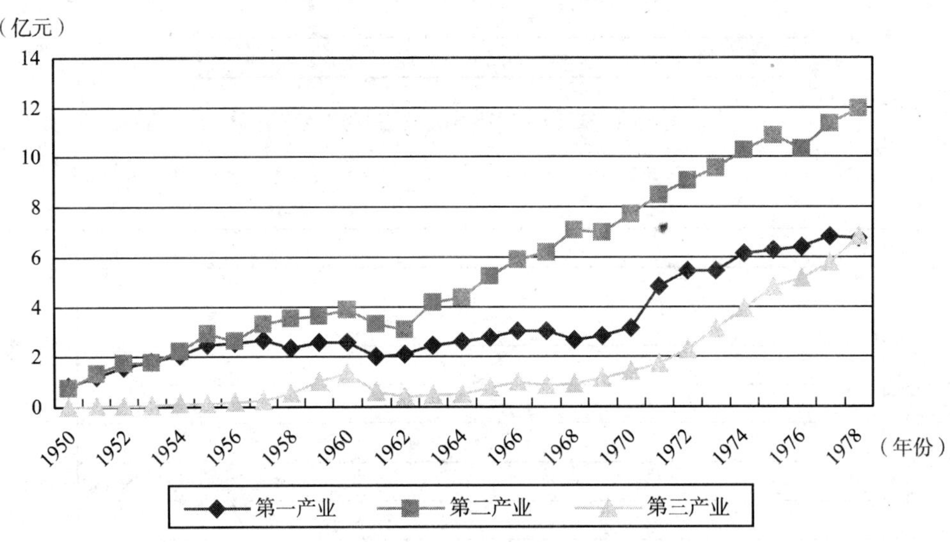

图6-11　1950~1978年海洋三次产业增加值

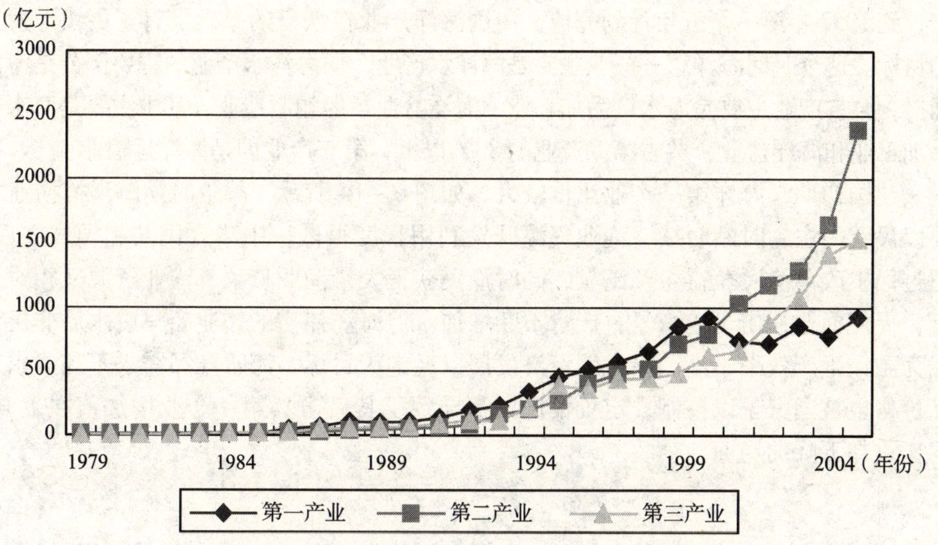

图 6－12　1979～2005 年海洋三次产业增加值

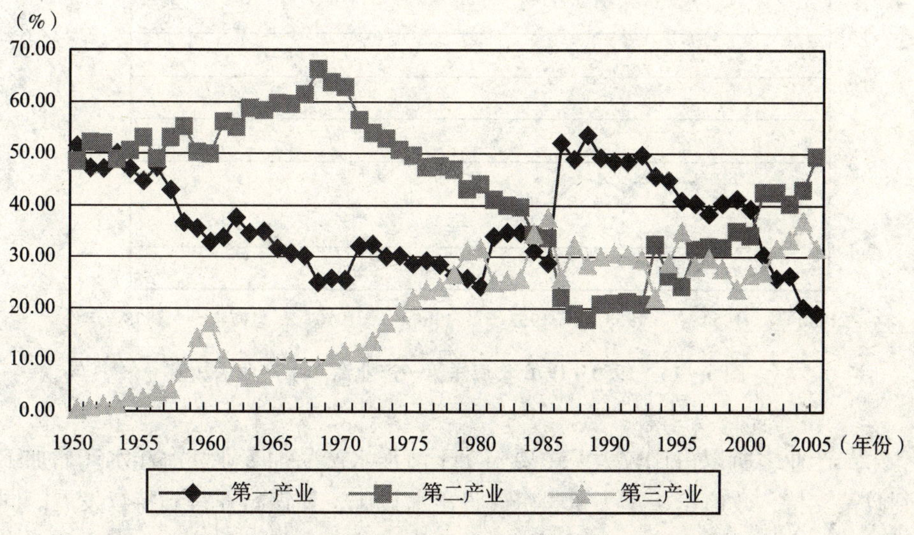

图 6－13　1950～2005 年海洋三次产业增加值比重变化

（二）海洋三次产业比重变化原因概述

1. 海洋产业恢复发展期（1949～1957 年）。

中华人民共和国刚刚建立时，百废待兴，海洋各个主要产业的目标在于恢复生产，到1957年第一个五年计划完成，中国海洋产业在恢复的基础上有了更快地发展的目标。这个时期海洋第一产业主要是海洋水产业，而海洋水产业的主要部分是海洋捕捞，第二产业主要是海水产品加工业、海洋盐业、船舶制造业，其中主要是海水产品加工业和海洋盐业，共占第二产业的80%以上，第三产业即是海洋运输业。

建国初期，海洋第一产业比重较大，如图6－14所示。战争时期海洋捕捞业主要以民营为主，时断时续，渔业资源开发利用程度很低。中华人民共和国成立后，通过民主改革渔民获得生产工具，同时渔民获得大量渔业贷款，渔业资源又相对丰富，促使渔业捕捞迅速恢复，产量不断增加。但海洋捕捞的作业船只以木质非机动船为主，生产效率不高，沿海因经济发展以温饱为目标，海水产品需求不高，水产品价格也被国家予以控制，定价偏低，都导致了其后虽然第一产业增加值在上升，但比重却下降的局面。

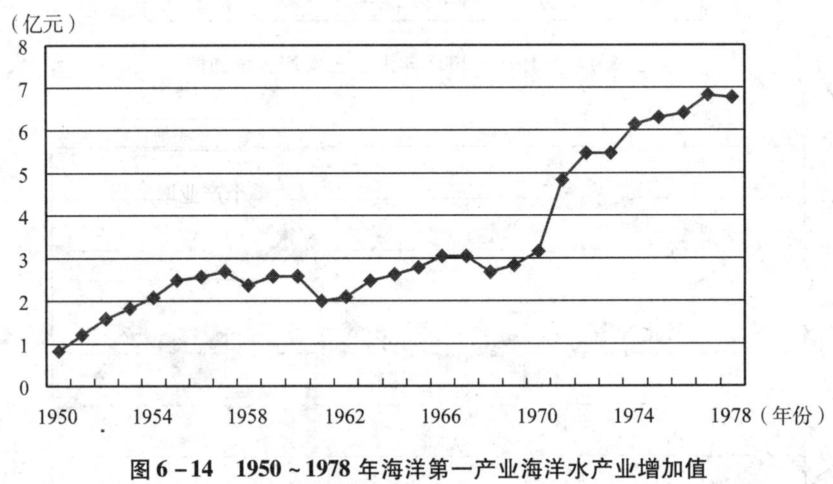

图6－14　1950～1978年海洋第一产业海洋水产业增加值

第二产业之所以占比较大，主要归功于海洋水产品加工业。海洋水产品加工业得到政策支持，政府给予了大量投资建设冷藏设施，使该行业得到持续发展。同时应该看到，支持第二产业比重不断增加的是海洋盐业和船舶制造业。海洋盐业对资金和技术要求都不高，特别是原盐生产，只要有资源适合的盐场就可以恢复生产，建国以后在没收了官僚资本经营的盐场为国营盐场的基础上，逐步对个体盐民和私人经营的盐场进行了社会主义改造，国家逐步控制了食盐的生产销售各个环节，通过盐业获得盐业税款也是当时国家重要的财政收入，于是国家在盐业的定价也就相对较高，造成了海盐产量增加的同时，增加值迅速增加。而船舶制造业在建国初期

基础设施被严重破坏，造船技术人员也大多转移到了中国台湾地区，国际上西方国家实施技术封锁，初期只能以生产渔船或船舶维修为主，不过对于工业品缺乏的中国，其定价并不低，中国投入大量资金支持，并提出“自力更生为主、力争外援为辅”的方针，积极引进苏联发展现代船舶工业的技术和管理经验，发展较快，推高了第二产业比重，如图 6－15，6－16 所示。

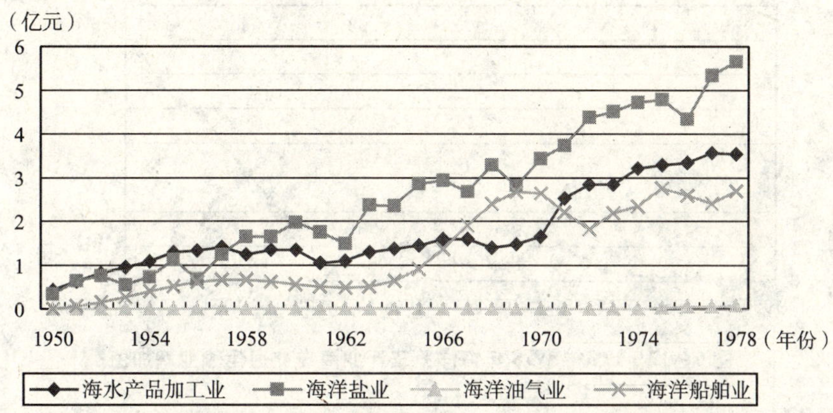

图 6－15　1950～1978 年海洋第二产业中各个产业增加值

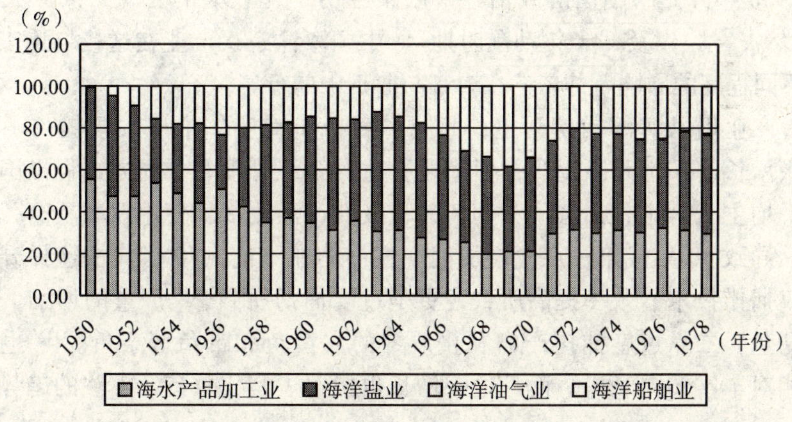

图 6－16　1950～1978 年海洋第二产业中各个产业增加值占比

第三产业的海洋交通运输业和船舶工业类似，在建国前夕，国民党撤退时带走了大部分船只，带不走的能炸毁就炸毁，基本不给大陆留下可用之船，经统计，招商局留在大陆的船只 23 艘，不足招商局总船只数的 20%，只有可怜的 10 万载重吨，而且基本都是早就失去控制的江轮和价值不大的小型轮船，在如此薄弱的基础上，中国运输业通过与爱国华侨船队的合作以及积极租船、买船支持海运事业，同时迅速修复破坏的港口，用大笔的外汇投入推动海运迅速崛起，在三次产业中的比重也迅速增加，如图 6－17 所示。

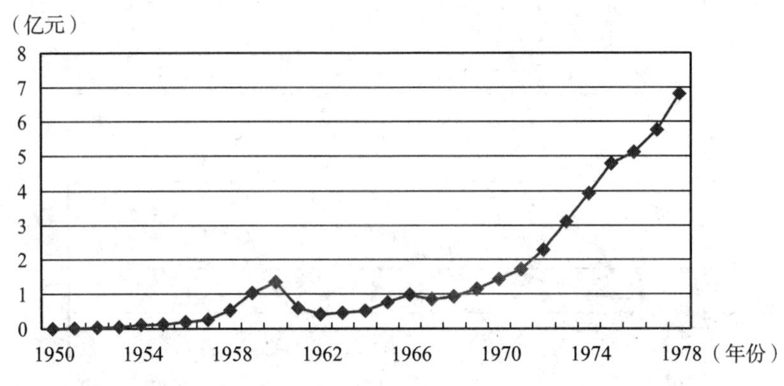

图 6－17　1950～1978 年海洋第三产业海洋交通运输业增加值

2. 海洋产业曲折中前行期（1958～1978 年）。

从 1958 年开始，中国的政治经济政策经历了比较大的变动，像“大跃进”、“三年自然灾害”以及“十年动乱时期”。中国海洋三次产业在这接二连三的打击下受到不同程度的影响，却依然在艰难与曲折中前行着。

第一产业仍以海洋捕捞为主，此间尽管机帆渔船的推广大幅提高了生产效率，收入增长需求也不断提高，但渔业企业的组织管理和分配方式仍以国家统一管理和平均主义为主，损害了劳动者的积极性，渔业贷款使用效率不高，积欠不断增加，导致 60 年代第一产业增加值一直徘徊在不前，70 年代快速提升的增加值是不仅捕捞技术、效率提高所致，更是过度捕捞所致，“产量的增加，一靠过度捕捞幼鱼，二靠过度捕捞产卵和止戒冬的大黄鱼和带鱼等亲鱼。”① 也使渔业资源由相对丰富转向衰竭。而且这一增长也挽回了其比重持续下跌的趋势，使其企稳。

第二产业在这个时期增加了一个海洋油气业，但它还处于勘探时期，产油量十分有限，在第二产业的占比相当小，即使到 1978 年其增加值达到这个时期最大值

① 中国社会科学院农业经济研究所、农牧渔业部水产局、全国渔业经济研究会编：《中国渔业经济 1949～1983》，1984 年第 9 期。

的情况下，占比也不到1%，基本可以忽略。海水产品加工业同海洋捕捞差不多，60年代徘徊不前，70年代增加较快，同第二产业比重变化基本无关。推动第二产业在整个60年代比重不断提高的仍是海洋盐业和船舶制造业。由于国家垄断管理海洋盐业的生产销售，加上不断提高的盐化工工业化程度，使其基本未受到60～70年代政治运动的影响并持续增长，是第二产业的重要推动力。船舶制造业则通过吸收苏联的技术以及国内渔业机帆化和海洋运输业的需求拉动，60年代快速上升，其第二产业占比一度超过海水产品加工业，但“成也萧何，败也萧何”，60年代的猛增推动第二产业占比增加，70年代却受到政治影响，整个产业长期徘徊，导致第二产业占比一路下滑。

第三产业的海洋交通运输业这一时期，由于国民经济政策和方向上的失误，造成海运业出现了一系列的问题，影响了其正常的发展进程。从1958年开始的“大跃进”使其连年高增长，但随后的三年自然灾害及经济的下滑带动其大幅度下降，在实行“调整、巩固、充实、提高”八字方针以后又跟随海运需求而上升。在“文化大革命”时期，尽管世界海运业因集装箱、计算机技术和经济增长而蓬勃发展，但被隔绝于世界经济之外的中国海上运输却饱受持续十多年之久的冲击。几乎全无的沿海港航生产管理、混乱的交通运输指挥和遭到严重破坏的生产秩序给中国的海运事业带来巨大的灾难，特别是沿海运输文革初期增长缓慢，但随后在周恩来等人的保护和支持下，海洋运输逐渐恢复发展。70年代，远洋运输因为中美关系解冻而迎来了发展机遇，增长迅速，弥补了沿海运输的发展，第三产业占比因所受到冲击较小而不断增加。

3. 海洋产业大发展时期（1979年至今）。

在结束了大起大落的20年后，中国各个产业都迎来了改革开放的发展契机，海洋产业也趁着这发展的时机，大步前进。无论在技术、资金还是工作热情上都有了很大的变化与提高。

80年代初期，第一产业因生产责任制以及沿海人民生活水平的提高引发需求快速增长，加上水产品价格放开，导致增加值不断提高，大幅提高了其三次产业占比，如图6－18所示。虽然近海资源已经破坏严重，但由于技术装备的提高，远海渔业资源得以大量开发，养殖业也开始发展，但主要以海带等藻类为主，鱼虾类养殖技术不高，其成本无法和捕捞相竞争，但随着1994年《联合国海洋公约》的生效，中国加大了对海洋捕捞的管理，同时积极鼓励海洋养殖，使养殖发展很快，其以海带等藻类为主，产量很大，但产值和增加值不高，导致其占比下降。1999年提出并基本实现的海洋捕捞计划产量“零增长”目标，以及之后不断加大的对海

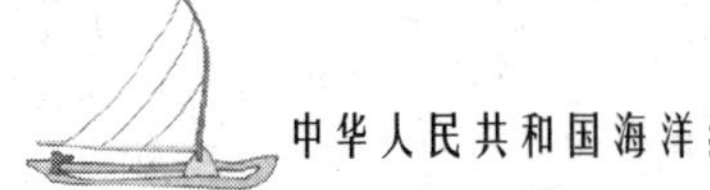

洋捕捞的严格管理，海洋捕捞出现负增长，第一产业占比进一步下降，并在2001年出现快速下降的情况。

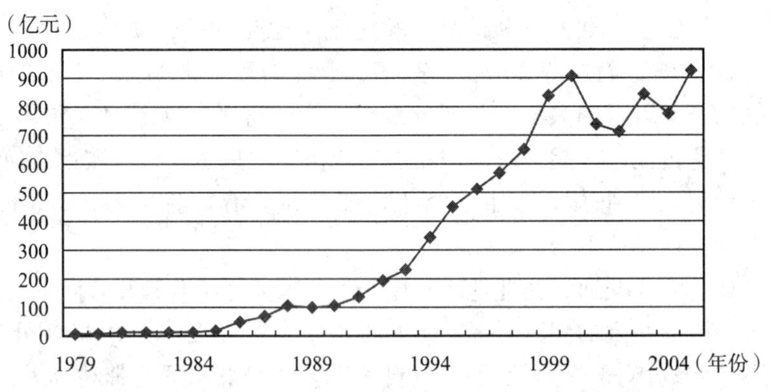

图6－18　1979～2005年海洋第一产业海洋水产业增加值

第二产业中产业数量大幅增加，特别是2001年以后，计入海洋统计的产业基本属于第二产业。海水产品加工业也因海洋水产业的发展而在2000年以前保持快速增长，其在第二产业中的比重也一直较高。但80年代至90年代中期第二产业在整个海洋产业中的地位持续下降并保持在低位徘徊，其原因是：（1）海洋盐业因需求具有刚性以及体制僵硬而发展缓慢，其在第二产业的占比不断下降，拖累整个第二产业；（2）海洋油气业这段时期发展也较缓慢，主要靠同国外合作，自主技术较低，增加值也较低；（3）在90年代新增的产业是滨海砂矿业，但其技术要求高，发展缓慢，在第二产业中的占比始终低于0.5%；（4）期间海洋船舶业因最早进行体制改革以及战略转移向出口型企业发展，但遇到了整个国际运输市场的萧条，虽然依靠劳动力优势，但增加值增长相对较慢。而1994～2005年第二产业占比出现了一轮持续上升，其原因是：（1）1994年以来海洋油气业逐渐走上自主发展的道路，产量迅速增加，同时国际原油价格出现了一波壮丽的飙升，使得海洋油气业收益颇丰，其在第二产业的比重持续增加；（2）2001年以后计入海洋统计的海洋化工业和海洋工程建设业发展相对较好，其因技术和经济的发展增加值快速上升，从其加入第二产业开始就占比较大且有增加趋势，推动第二产业整体走强，如图6－19～图6－22所示。

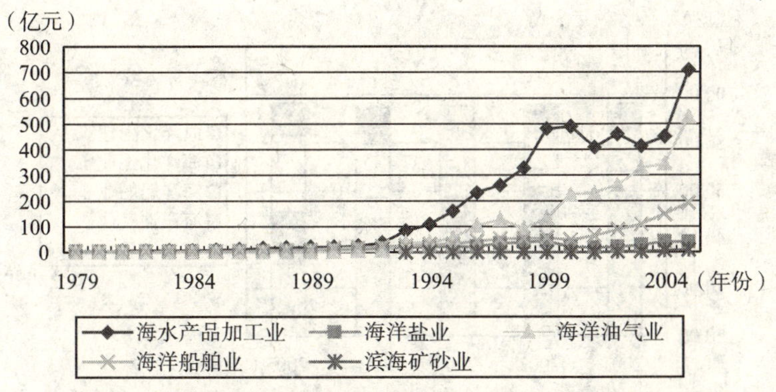

图 6－19　1979～2005 年海洋第二产业中各个产业增加值①

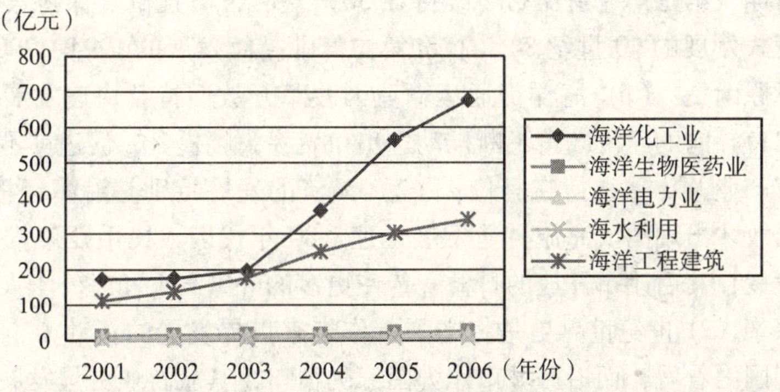

图 6－20　2001～2006 年海洋第二产业中新计入海洋统计的各个产业增加值

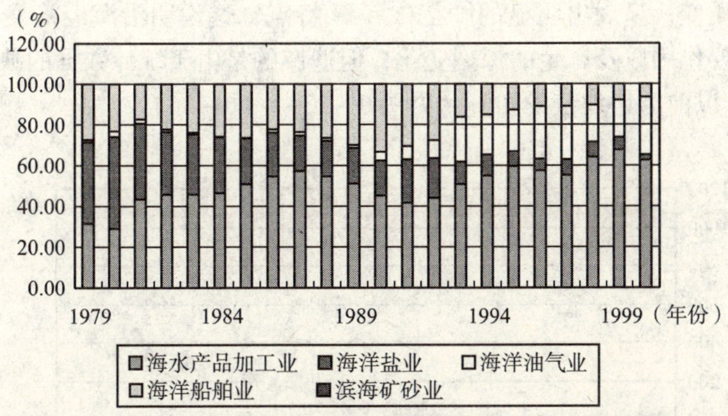

图 6－21　1979～2000 年海洋第二产业中各个产业增加值占比

① 2001 年以后计入海洋统计的海洋产业未在图中。

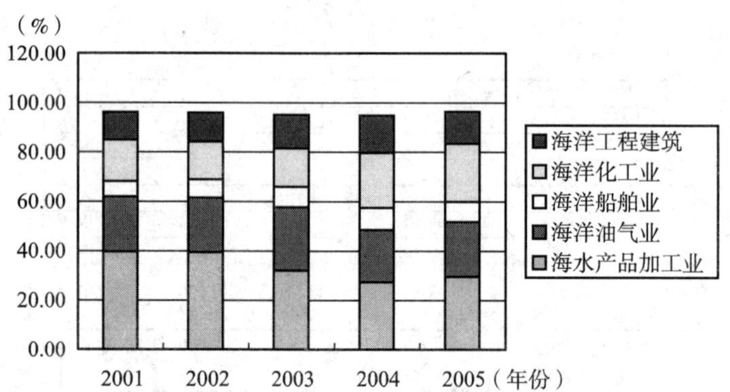

图 6－22　2001～2005 年海洋第二产业中占比超过 2%的海洋产业增加值占比

这个时期，第三产业占比始终维持在 30%左右，而且位置保持第二，这在第一产业爆发式发展的 20 世纪 80 年代和第二产业持续发展的 1994～2005 年都实属不易，主要原因是：（1）海洋交通运输业因改革开放而持续快速发展，特别是加工贸易和出口导向的经济政策不断推动进出口贸易大幅提升，促进其不断发展，进而推动第三产业的比重维持在高位；（2）经济的发展特别是沿海经济的高增长，使得改革开放才出现的滨海旅游业发展迅速，80 年代因人民币贬值推动滨海国际旅游快速发展，其后改革开放的日益宣传使更多的外国友人和海外华人华侨到沿海或旅游或探亲，21 世纪世界更是将中国看作未来世界发展的新动力，更多的外国人都希望到国内看看，而沿海城市作为国家的窗口，其旅游业更是发展快速。

另外应当看到在 2001 年以后将国内滨海旅游加入海洋统计中后，三次产业的比重发生了质变，呈现出明显的“三二一”特点，这说明沿海经济发展对启动国内旅游的重要作用以及产生的深刻变化，但遗憾的是由于统计数据的缺失无法具体估算 2001 年以前的增加值或产值（见图 6－23～图 6－26）。

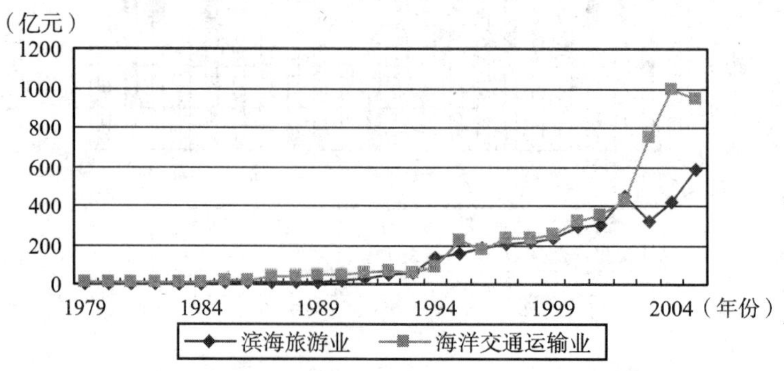

图 6－23　1979～2005 年海洋第三产业各个产业增加值

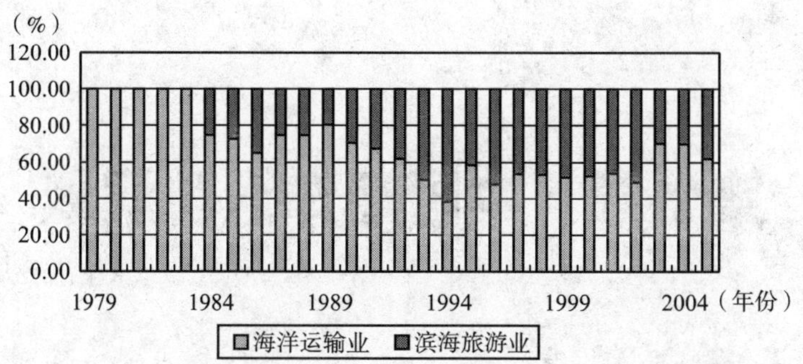

图 6－24　1979～2005 年海洋第三产业中各个产业增加值占比

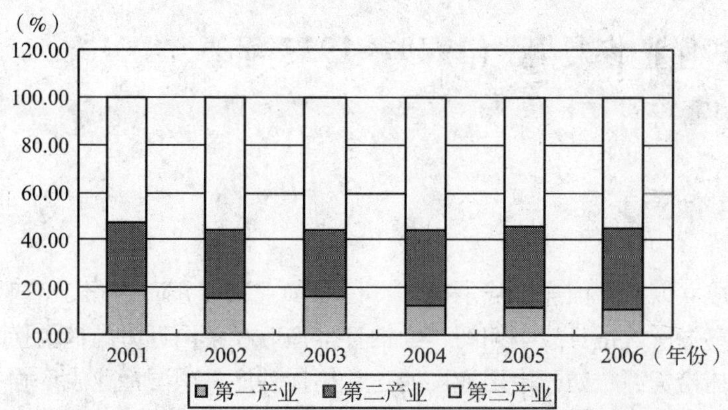

图 6－25　2001～2006 年海洋三次产业增加值比重①

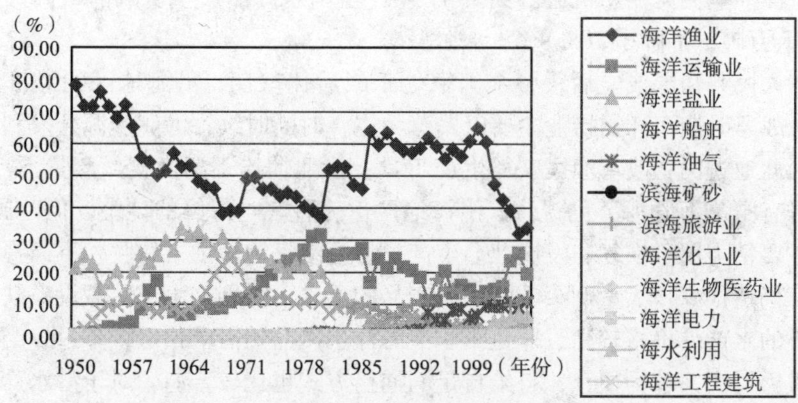

图 6－26　1950～2005 年海洋产业各个产业增加值比重

① 包括国内滨海旅游部分。

第七章　中国海洋渔业演变

一、海洋渔业恢复期（1949～1957年）

（一）背景

新中国成立以前，因连年战争破坏，民间渔业遭受沉重打击，渔船大量损失，渔民大批流离失所。抗日战争期间，大批日本渔船在中国近海滥捕滥捞，严重破坏了中国近海捕捞资源、妨碍中国渔民的正常捕捞秩序，中国渔业生产挣扎在生死边缘。抗战结束后，国民党统治时期由于内战和官僚资本垄断、霸占主要渔业基地和渔场，海洋渔业更无喘息机会。到1949年，全国水产品产量从战前最高的150万吨降为45万吨，下降了70%①。

中华人民共和国成立后，整个国家处于战后休整期，沿海地区的经济恢复较快，而且战争时期海洋捕捞业主要以民营为主，时断时续，渔业资源开发利用程度很低，因此通过民主改革渔民获得生产工具，渔业捕捞逐渐恢复，产量不断增加。渔民自古有“靠海吃海”的说法，沿海地区也一直有吃海鲜的传统。但建国初期，人们的主要精力用于恢复和发展社会生产，尽管沿海地区的人均收入不断提高，但相对而言仍然很少，大量购买、食用海产品的不多，特别是由于冷藏设备缺乏，非鱼汛季节的水产品价格较高，非鱼汛季节海洋水产品的需求很低，不过，当时资源丰富，人力资源又较为便宜，自给自足的捕捞方式也比较普遍，对于海水产品的需求有一定抑制作用。

---

① 中国社会科学院农业经济研究所、农牧渔业部水产局、全国渔业经济研究会编：《中国渔业经济1949～1983》，1984年第9期。

虽然渔业资源相对丰富，但由于捕捞设备落后、集中捕捞、滥捕乱捞现象严重，使得近海渔业资源有一定程度的破坏，国家及时的制定了相关政策，设置了禁渔期和禁渔区，但政策执行力度不大，同时，由于海水产品需求不高，而鱼汛季节大量鲜鱼上市，运销难于跟上捕捞的速度，就需要及时加工汛期不能完全消化的海鲜品并储藏起来，以便淡季供应或运往较远的地方销售，进而刺激了海水产品加工的需求。这一需求加上政策上的倾斜（水利部加强了对水产品加工业的冷藏设备方面的投资），更加有效地利用了海洋渔业资源，进一步减缓了对海洋渔业的破坏性捕捞。

这个时期，中国海洋渔业总产量不断增长从1950年的55万吨增长到1957年194万吨，增长252%，年均涨幅17%，其中捕捞量始终占总产量的95%左右，养殖量尽管相对增幅不小，但绝对产量很少，如图7－1所示。此间因为企业的组织管理和分配方式以生产责任制和按劳分配为主，较为合理，渔业资源相对丰富，国家开始积极实行渔业贷款和水产加工改造投资，技术发展虽然刚刚起步，但也小有成绩，使得海洋渔业整体盈利较好。“生产成本占总收入比例：集体为38%～40%（不含社员分配，下同），国营为81%（包括船员工资，下同）。增船增产不仅总产增加，单产稳定，而且质量好，经济鱼所占比重：集体40%以上，国营73.6%。”①

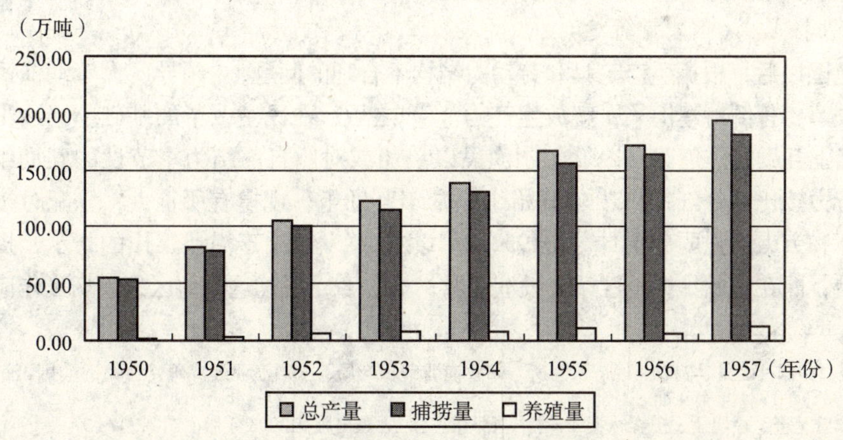

图7－1　1950～1957年海洋渔业总产量、捕捞量和养殖量

① 中国社会科学院农业经济研究所、农牧渔业部水产局、全国渔业经济研究会编：《中国渔业经济1949～1983》，1984年第9期。

（二）组织管理

建国以前，因战争引起渔民和船只损失严重。1949 年与 1936 年相比，河北 10 万渔民失散了一半，山东 3.3 万只渔船损失了 1/3，苏北各县渔船由 3500 只减为 1500 只，浙江 3 万只渔船战时损失了一半。广东、福建两省更为严重，福建战前有大小渔船 8900 只，战时损失了 5380 只，广东仅 13 个主要渔港的渔船就损失了 43%，甲子港战前有渔民 1.1 万人，战后仅存 950 人。[①] 战乱结束，原本参战的人员大批回归故里，因此从事海洋产业的劳动力明显增加了。

而就劳动力结构而言，据 1950 年调查占比例最大的海洋捕捞业的劳动力——渔民，自己占有少量船网工具和资本，生活较富裕的渔民约占 5.8%；自己有部分渔具，与他人合伙共有或共租渔船，生活仅能糊口的渔民约占 30.5%；自己仅有少量渔具或完全没有渔具，靠借贷或出卖劳动力出海捕鱼的贫苦渔民约占 53.9%；完全受雇于渔船主的渔工约占 9.6%；另外，还有占有大量船网工具和资本而自己不劳而获的船网主约占 0.3%。[②] 当时大多数渔民只能够糊口，而且是不具有完整劳动工具的。这也说明劳动力的文化水平明显不高，因为他们不可能有经济能力学习文化知识。劳动力的组织方式也是多种多样的。沿海渔民作业一向以合伙出渔为主要形式。每船人数及渔获分配方法，随渔网种类及船只大小而有不同。[③]

建国以后，根据生产工具和劳动力结构不合理的问题，“领导广大劳动渔民进行民主改革，打倒封建渔霸，解放生产力。[④]”之后，在民主改革的基础上，逐步引导渔民走上互助合作道路。1950 年，渔民以单船或对船自愿结为季节性的互助组，工具、劳力按比例分红；1951 年开始组织常年互助组，规模有所扩大，分配时按工具的好坏和劳力的强弱分别计分；1952 年中共中央发布关于渔业工作的指示，提出按渔设治，即在渔业集中地区，划设渔业县、区、乡，明确这些地区的一切工作应以发

---

①④ 中国社会科学院农业经济研究所、农牧渔业部水产局、全国渔业经济研究会编：《中国渔业经济 1949～1983》，1984 年第 9 期。

② 曾呈奎、徐鸿儒、王春林主编：《中国海洋志》，大象出版社 2003 年版。

③ 裤裆网：一般是两船一网 4 人作业，其中船为一股、网为半股、伙夫半股、其余 4 人各一股，计六股分红。流网，一般 3.5 人作业，收港后渔获由船主与渔民对半分。挂网，一般是两船 4 人作业，分红办法较为复杂，渔民个人有网的，多是“各倒包”，即渔获放在一起，每网一份，按份分红；如船网是船主的，则渔民与船主“平分账”（即劳资各半）。在胶东解放区，海上捕捞生产及分红除沿用上述传统做法之外，还实行过按人计股（裤裆网）、“四碰头”（每船 4 人每人一股平均分配）、“七分账”（船网主三分，渔民七分）、渔农变工（7 人一组，4 人出海，3 人种地，1 人 1 份，土地占三份，共 10 份）等生产组织和分配形式。摘自曾呈奎、徐鸿儒、王春林主编：《中国海洋志》，大象出版社 2003 年版。

展渔业为中心；同年，试办了一批渔业合作社，之后逐渐推行合作制；1956 年，全国基本完成对海洋捕捞为业的社会主义改造，渔民基本加入合作社。

这个时期合作社的分配方式主要有三种①，将劳动力能力、专业水平、生产工具水平综合考虑，通过共同讨论、民主协商等方式制订基本保证制度和必要的奖惩制度，并按照给定产值（或产量）、生产消耗、费用等对社员进行分配。这种组织方式极大地调动了劳动者的积极性，渔业合作社也将每年从总收入中的提留用于更新船网工具，推动了生产力的发展。从 1949 年到 1957 年，渔民人均年收入大幅提高了近两倍。

（三）资金

海洋捕捞业是一个相对分散的产业，过去捕捞业的生产资金主要靠原有的产业积累获得。由于生产资本大都掌握在少数生活较富裕的渔民和船网主那里，对于广大普通渔民而言，海洋捕捞业的生产资金主要靠借贷，但仍是明显匮乏的。新中国成立前夕，由于受政府更迭的影响，国民政府在乡村所推行的农贷消失殆尽，在农民的借贷来源中传统的私人借贷占据重要地位，据调查，在 20 世纪 30～40 年代湖北、湖南及江西省的农户各种借贷来源中私人借贷平均在 40% 左右，在最高年份竟达到 70% 左右。中华人民共和国成立后，受减租减息及土地改革的影响，农村私人借贷处于停滞的状态，对此，中共中央和地方各级人民政府一方面积极倡导自由借贷和通过发展各种形式的农村信用合作组织来组织农村闲散资金，另一方面增加国家农贷，以此来活跃农村金融，解决农民生产生活困难，促进农村经济恢复与发展。

建国后，国家为扶持渔民生产，由银行发放渔业贷款②，与发放渔盐并重。

---

① a. 集体对渔船实行“三包”，即渔船要包（负担）捕鱼的生产成本、包上交折旧费和公共提留（主要是公积金），渔船总收入在集体扣除上述“三包”的金额后，其余部分归船上人员按工分分配。社员实得工分是按劳力强弱、技术高低、责任轻重先评定每人的基本劳动工分（习称“崩底分”、“死分”），在劳动过程中再根据实际表现，按期进行死分活评。这种责任制形式，多在小型分散作业中实行；b. 包工、包产、包成本，超产奖励，欠产扣罚。在执行中一般掌握多奖少罚的原则，有的奖超产部分的 30%～50%，罚欠产部分的 20%～30%。因自然灾害或人力不可抗拒的其他原因而欠产太多，罚后影响社员基本生活时，经社员讨论，可适当减免；c. 按产量（或产值）记工分。即在“三包”（包工、包产、包成本）的基础上，按照各种作业的生产条件、劳动强度和经营效果等不同情况，分别计算出各种作业的每个生产单位（渔船）生产多少鱼（或生产多少产值）折得一个工分，然后以实际取得的产量（或产值）记分。这种做法，有的渔民简称为用产量（或产值）买工分。摘自中国社会科学院农业经济研究所、农牧渔业部水产局、全国渔业经济研究会编：《中国渔业经济 1949～1983》，1984 年第 9 期。

② 开始阶段为合作社、土产公司通过赊购等方式发放，季里在《渔业贷款有改进但仍有缺点》（《中国金融》1954 年第 11 期）中提到：江苏启东吕四港的渔业贷款，过去是配合合作社、土产公司通过赊购等方式发放的，今年（1954 年）则改由银行直接贷放，现已放出二十八亿四千余万元，帮助该港 88% 的渔船解决了生产上的困难。

1950 年春汛前，银行发给渔贷 4.07 亿元（当时按实物贷出，折合小米 2.97 万公斤），扶持市区和近郊渔户出海生产，维持生计。1951 年渔业贷款 21.77 亿元，1952 年 21 亿元，用于增船增网和修复船网 15.61 亿元。1952 年为扶持扩大加工运销业务贷款 4.47 亿元。1953 年农业部水产管理总局设立了渔政科，其主要任务是组织生产，发放渔业贷款，供应渔盐，防风、救灾。1953～1954 年群众渔业贷款共 61.3 亿元，用以扶持互助合作社增办渔具，并适当照顾贫苦渔民生活。以青岛地区为例，1955 年通过贷款支持，增加渔船 9 只，添网 392 条，修船 69 只，修补网具 193 条，受益的渔民 1890 户。1955 年贷款 42.34 万元，其中用于增船添网 26.40 万元，修补船网 15.94 万元。1955 年按增添船网价值的 85% 贷款扶持，互助组、合作社占 74.75%，贫苦渔民占 25.25%。通过贷款扶持，修造渔船 35 只，添办各种新网 5565 条，钓钩 1214 筐。1956～1957 年贷款为 86.7 万元，除大部分用于增船增网外，少量作贫苦渔民合作基金贷款，1956 年崂山郊区此项贷款 4428 元。

虽然渔业贷款中有部分问题贷款①，但渔业贷款确实保障了渔民的基础生活，补充了渔业发展的必需资金，保证了汛期及时的海上作业，大幅提高了捕捞产量，但是产量的增加也带来了渔业加工业投资不足、冷藏能力不足的问题。

中国在建国初期用于水产冷藏保鲜加工方面的投资很少，同时基础薄弱②，即使是国营水产品加工单位也不得不用天然冰冷藏。1950 年 2 月，朱德副主席在全国首届渔业会议上讲述了水产品加工制造的重要性，并批示由国家投资建设冷藏库。1951 年第二次全国水产会议决定将各地尚未有效利用的水产冷藏设备移交水产部门管理。

之后，国家开始大规模的对水产品加工产业进行投资，在水产基建投资的 1.2 亿元中用于建设包括冷藏制冰、修复和扩充冷藏设备的资金占 70% 以上，其中投资海洋捕捞的水产品加工产业的占 54.5%。1953 年上海水产市场即上海水产公司的冷藏制冰厂建成，建造了采用两层楼的结构形式、冷藏和储冰能力各为 1000 吨并配有输冰桥和轧冰、碎冰机等设施的冷藏制冰厂，截至 1953 年，大连、青岛、烟台、上海国营海洋捕捞企业共有冷藏制冰厂 11 个，制冰 7.9 万吨。截至 1957 年

---

① 季里在《渔业贷款有改进但仍有缺点》（中国金融，1954－11）中提到：因为部分同志存在着片面的生产观点和群众观点，强调照顾渔工和渔民的生活，在工作中也发生了一些偏差。例如在三月初发放的一批贷款，对于已失去修理价值，在第一汛期也赶不及出海的八只渔船，盲目的每只贷给修理费五千万元左右，超过了旧船原有价值的数倍，也超过了贷户的偿还能力。

② 当时全国只有大连、天津、烟台、青岛、上海有从国民政府接收的制冰厂，不仅数量少，而且机械设备残缺不全，冷藏规模小。

底，全国水产系统冷藏制冰能力为冷藏 7702 吨、储冰 4200 吨。全年制冰达 23.6 万吨，冻鱼 17.2 万吨、冷藏 43.8 万吨。①

（四）资源

我国东南两面临海，大陆海岸线北起与朝鲜交界的鸭绿江岸，南至与越南接壤的北仑河口，全长 18000 多公里。自北而南，有渤海、黄海、东海、南海，习称“四大海区”。水深 200 米以内的大陆架渔场面积 280 万平方海里，合 42 亿亩。多数海区、海底地形平坦，是各种海洋动、植物栖息、生长、繁殖的良好场所。沿海有许多优良渔场②，适于渔捞作业和放流增殖水产资源。

我国海洋渔业资源比较丰富。仅鱼类③就有 1500 多种，分布在多种水温带④和水层⑤，其中主要经济鱼类有几十种，还有种类繁多的虾、蟹、贝、藻⑥等水产动植物几千种。虾、蟹类和贝类在我国沿海均有分布。藻类除海带、裙带菜外，主要

① 数据摘自曾呈奎、徐鸿儒、王春林主编：《中国海洋志》，大象出版社 2003 年版。

② 渔场是捕鱼生产的作业场所。按地理位置划分，我国已经开发利用的主要渔场大致可以分为两类：第一类是沿岸和近海渔场，第二类是外海渔场。沿岸和近海渔场自北而南有：渤海湾渔场、滦河口渔场、辽东湾渔场、海洋岛渔场、莱州湾渔场、烟威渔场、石岛渔场、青海渔场、海州湾渔场、连青石渔场、吕泗渔场、大沙渔场，长江口渔场、舟山渔场、鱼山渔场、温台渔场、闽东渔场、闽中渔场、闽南渔场、台北渔场、台东渔场、汕头渔场、甲子渔场、台湾浅滩渔场、汕尾渔场、珠江口渔场、沙堤渔场、电白渔场、洲头渔场、铜鼓渔场、陵水渔场、三亚渔场、涠洲渔场、清澜山渔场、白马井——西口渔场、夜篙岛渔场、昌化渔场、莺歌海渔场以及上下川、高栏横、沱泞横、泥口尾等渔场。外海渔场主要的有：沙外渔场、江外渔场、舟外渔场、鱼外渔场、温外渔场、闽外渔场以及西沙、中沙、南沙诸岛渔场。摘自中国社会科学院农业经济研究所、农牧渔业部水产局、全国渔业经济研究会编：《中国渔业经济 1949～1983》，1984 年第 9 期。

③ 主要的鱼类：带鱼、火黄鱼、小黄鱼、白姑鱼、鲵鱼、黄姑鱼、真鲷、血鲷、红笛鲷、二长棘鲷、大眼鲷、甘鲷、髭鲷、金线鱼、银鲳、刺鲳、鲆、鲽、鳓、鲐、鲅、青、鲂、鳞、鳕、海鳗、狗母鱼、梭鱼、鲈、银米、鲵、角白鲨、犁头鲨、星鲨、姥鲨、马面纯、赤魟、白魟、尖咀魟、黄鲫、银鱼、鳊、海鲶、河鲀、金枪鱼、旗鱼、鲻鱼等。国家海洋局海洋科技情报研究所《中国海洋年鉴》编辑部：《1986 中国海洋年鉴》，海洋出版社 1988 年版。

④ 从适应水温情况看，可分为：热带性鱼类。这一类鱼主要分布于台湾南部椰南海，如金枪鱼、旗鱼、鲣、飞鱼等；温水性鱼类：主要分布在东海、黄海、南海，如鲷、小黄鱼、大黄鱼、带鱼、鳓鱼、魟、蛇鲻、马面缶屯等；冷水性鱼类：主要分布在黄海北部和渤海，如鳕、牙鲆、火马哈鱼等。摘自中国社会科学院农业经济研究所，农牧渔业部水产局，全国渔业经济研究会编：《中国渔业经济 1949～1983》，1984 年第 9 期。

⑤ 从分布水层看，大体可分为：浮游性鱼类（又称中上层鱼类）：这类鱼多栖息于外海的上层，春夏随暖流游到沿海，如鲐，鰺、鲅、鳐、鳓和南海的金枪鱼等；底栖鱼类（又称中下层鱼类）：这类鱼有完全栖息海水底层的，如鲆、鲽、角工、海鳗红娘等；也有时上时下的，如小黄鱼、带鱼、鲵鱼等。摘自中国社会科学院农业经济研究所、农牧渔业部水产局、全国渔业经济研究会编：《中国渔业经济 1949～1983》，1984 年第 9 期。

⑥ 软体类：墨鱼、鱿鱼、壮蛎、蚶、蛏、蛤、贻贝、岛贝、鲍鱼等；甲壳类：对虾、毛虾、英爪虾、梭子蟹等；哺乳类：长须鲸、小鳐鲸、座头鲸、海豚、海豹等；爬行类：海龟、玳瑁等；棘皮类：海参等；腔肠类：海蜇等；海藻类：海带、紫菜、裙带菜、石花菜等。国家海洋局海洋科技情报研究所《中国海洋年鉴》编辑部：《1986 中国海洋年鉴》，海洋出版社 1988 年版。

经济藻类在全国沿海都能生长。在中国海洋渔业资源中，以区域性鱼类为主，大洋性洄游鱼类较少，从各大渔场来看，各海域资源种类明显。

沿海气候温暖湿润，沿岸海水肥沃，浮游生物和底栖生物繁多，可供人工养殖的浅海、滩涂约有2000多万亩。若按低潮线下水深10米以浅及整个潮间带计算，海涂总面积可超过一亿亩①，从北往南浅海、滩涂自然资源主要分布在渤海②、黄海北部③、东海沿岸④、台湾沿海⑤和南海北部沿岸⑥

由于新中国成立以前，长期战乱，客观上无法组织大规模的捕捞活动，只是渔民零星的捕捞，捕捞量有限，海洋捕捞能力受到制约，导致建国初期海洋渔业资源相对丰富。

新中国建立后，从事海洋捕捞的渔船设备简陋，沿海群众渔业仍以旧式风帆渔船作业为主，国营渔业机动渔船功率较小，技术装备差，捕捞效率不高，虽然作业

---

① 国家海洋局海洋科技情报研究所《中国海洋年鉴》编辑部：《1986中国海洋年鉴》，海洋出版社1988年版。

② 渤海是一个半封闭的内海，周围有辽宁、河北、天津、山东等省市。沿岸有辽河、滦河、海河、黄河等十多条河流汇入，夹带大量泥沙，在河口附近形成广袤的浅滩，贝类资源比较丰富。主要有毛蚶、文蛤、杂色蛤、四角蛤蜊等，其中杂色蛤、四角蛤蜊等低质贝类是对虾的优良饲料。湾内底质多为泥沙，适于虾类栖息，每年春夏，对虾、毛虾、梭鲁等在誓岸产卵、孵化，幼体在海湾肥育，鱼虾幼苗极为丰富。适于对虾、海带、滩涂贝类、梭鱼等增养殖。摘自中国社会科学院农业经济研究所、农牧渔业部水产局、全国渔业经济研究会编:《中国渔业经济1949～1983》，1984年第9期。

③ 黄海北部为山东、辽宁两省，沿海多山，岸线曲折，岛屿众多。水深10米左右的浅海相当广阔，滩涂平缓，多为泥沙底。贝藻类资源丰富，主要有海带、裙带菜、紫贻贝、牡蛎以及鲍鱼、扇贝等，是我国养殖对虾、海带、紫贻贝的主要产区。黄海南部沿海的苏北平原，海岸平缓，入海河流众多，夹带大量泥沙入海，使沿岸形成广阔的浅滩，面积约500多万亩。滩涂贝类资源丰富，特别是文蛤，分布广而藏量多。此外，各河口附近鲻、梭鱼幼苗和蟹苗资源比较丰富。地处黄海和东海交界处的崇明岛和苏南沿岸，是我国特产——中华绒螯蟹蟹苗的主产区。摘自中国社会科学院农业经济研究所、农牧渔业部水产局、全国渔业经济研究会编:《中国渔业经济1949～1983》，1984年第9期。

④ 东海沿岸为上海、浙江、福建各省市，沿海多山，岸线曲折，北起长江口，南至台湾海峡南端，浅海滩涂面积辽阔，沿岸地质多岩礁或沙砾，宜于紫菜、贻贝、鲍鱼等附着生长。由于长江、钱塘江、温江、闽江、九龙江等许多大小河流汇入，河口附近形成许多浅滩，滩涂地质多为泥沙或软泥，泥层深处达半米以上，贝类资源丰富，主要有泥蚶、缢蛏、文蛤、牡蛎、杂色蛤等，是紫菜、缢蛏、牡蛎的主产区。摘自中国社会科学院农业经济研究所、农牧渔业部水产局、全国渔业经济研究会编：《中国渔业经济1949～1983》，1984年第9期。

⑤ 台湾地区东岸边深坡陡，浅海滩涂面积较小，西岸相对比较平缓，但面积也不大，约为23.99多万亩，海区水温较高，鱼虾类资源丰富。国家海洋局海洋科技情报研究所《中国海洋年鉴》编辑部：《1986中国海洋年鉴》，海洋出版社1988年版。

⑥ 南海北部沿岸区域东西狭长，大陆海岸线有3000多公里。近岸岛屿560多个，岛屿岸线也有3000多公里。本地区属于亚热带和热带区，气候湿润，雨量充沛。沿海有珠江、韩江、鉴江、南渡江、龙门江等大小河流来水，河口附近底质为砂或泥沙，此外多为沙砾、岩礁或珊瑚礁。有的潮间带有红树林分布。本区水温较高，年平均约为21℃。水产资源丰富，除适温性较广、我国南北部都有分布的种类外，还有一些特有种类，如马氏珍珠贝、白蝶珍珠贝、美丽珍珠贝、企鹅珍珠贝、翡翠贻贝、华贵栉孔扇贝、大砗磲，以及紫菜、麒麟莱等，并有遮目鱼和各种虾类资源。闻名中外的合浦珠就产于南海区的合浦县。摘自中国社会科学院农业经济研究所、农牧渔业部水产局、全国渔业经济研究会编：《中国渔业经济1949～1983》，1984年第9期。

范围多局限于近岸海域的传统渔场，但较低的渔业生产能力保证了渔业资源依然丰富，出现了增船增网即增产，海洋捕捞产量持续增长的局面。50年代初，国家前瞻性地从保护海洋渔业资源、引导全国各地发展大船、扩大渔船作业区域，降低对幼鱼、幼虾的损害的角度出发各大行政区先后颁布了一些地方性的渔业管理暂行条例、规定，对捕捞工具和禁渔区作了规定。由于当时渔业资源潜力大，因此各级渔业行政部门主要是采取措施发展捕捞业，大力开发利用渔业资源，对这些地方性的条例执行并不很有力。

50年代中期损害渔业资源状况日趋严重，对幼鱼和幼虾的损害比较严重①，日本渔船大量在中国沿海捕鱼，挤占中国传统渔场。针对这些情况，1955年国务院公布了由周恩来总理签署的《关于渤海、黄海及东海机轮拖网渔业禁渔区的命令》。禁渔区命令由公安机关会同水产管理机关执行。对违反规定的国内渔轮给予警告、没收渔获物直至没收渔轮。对违反规定的国外渔轮予以驱逐或扣留。1957年水产部渔政司制定了《水产资源繁殖保护条例（草案）》，规定在重点省、市划定禁渔区、禁渔期，保护捕捞对象，禁止不良的捕捞方式，改进危害资源的渔具、渔法，防止水域污染等。这些政策既保护了沿海渔业资源特别是幼苗有较有利的生长环境和时间，也维护了中国的渔业资源主权。

同时，针对渔业资源保护措施执行不力的问题，于1956年9月，在水产部设立的渔政司其主要职责是包括保护水产资源，从而建立了对渔业资源保护的具体监督管理机构。

（五）技术

1. 捕捞技术。

直到20世纪50年代中期以前，中国沿海渔民世代从事捕捞作业的渔船仍然主要是木制非机动渔船。正如前文提到的，大多数渔民新中国成立后还没有自己的船只，更不要说使用机动船只了，尽管国家在资金方面予以渔民渔业贷款，但由于技术障碍，发动机的生产和动力与船只的配合等技术问题刚刚开始研究，所以他们还是要用旧有的甚至是租来的木制非机动渔船。

而中国在这个时期，已经着手非机动渔船向机动渔船发展的研究并取得了部分

① 据1953年统计，全国海洋捕捞的幼鱼占捕捞总产量的30%，损害幼鱼、幼虾最为严重的主要是转轴网、插网、挂子网、坛子网等定置网具。摘自曾呈奎、徐鸿儒、王春林主编：《中国海洋志》，大象出版社2003年版。

成果。首先山东省黄海造船厂于1952年试制了中国第一台12马力渔用柴油机。之后机帆渔船开始研制并得到发展。[①] 1953年掖县（后改称莱州市）试制了中国第一艘机帆渔船。随后机帆船的动力逐渐增加，制造数量也大幅增加，截至1957年，全国机帆渔船已达1029艘，共3.82万马力，其中广东658艘，浙江241艘，山东72艘，河北33艘，辽宁14艘，江苏7艘，福建4艘，[②] 机动渔船已达1485艘，共10.35万马力。这些船大多配备给国营渔业企业，由于功率小且相对数量少（截至1957年，全国非机动渔船已达135187艘，共73.25万马力），因此没有在当时的生产效率上带给海洋捕捞业什么实质帮助。

2. 养殖技术。

这个时期是中国海水养殖业初步发展的阶段，技术也主要是研究性的，规模生产很少，养殖的年均产量大约是捕捞量的1/20。1951～1957年，主要的技术进步有山东省试验成功了海带筏式养殖和自然光人工育苗，曾呈奎、吴超元等完成"海带人工养殖原理的研究"并在江苏、浙江、福建等省成功进行了海带南移试验，以及通过研究总结了我国海洋浮游植物[③]和浮游动物[④]的分类、分布和习性等，对中国进一步开展沿海养殖提供了基础材料。

3. 海产品加工业。

由于渔业生产迅速恢复、发展，运销难于跟上捕捞的速度，汛期不能完全消化的海鲜品如何及时加工储藏起来，以便淡季供应或运往较远的地方销售就成了问题。沿海渔民主要沿用海盐腌制，再通过晾晒使其干燥的传统加工方法，但这种靠天晒鱼的处理方式经常因加工不及时或天气变化而发生大量烂鱼的现象。技术的落后严重地影响了海产品加工业的发展，同时也浪费了大量的渔业资源。

1956年水产部成立后，安排了专项投资并由基建司组织40多名技术人员成立了水产勘察设计所，加强水产冷藏库的设计建造工作。先后设计了宁波1000吨冷藏库、青岛5000吨高层冷藏库、烟台5000吨冷藏库以及相应的制冰配套项目。又参照青岛冷藏库设计方案，相继在连云港、舟山和温州建造了4000吨、3000吨和4000吨冷藏库。这些冷藏库的建成，保证了当时国营海洋捕捞企业渔轮出海用冰和冷藏加工的需要。[⑤]

---

① 机帆渔船大体经历了三个发展阶段：20世纪50年代是试验、少量使用阶段，60年代为推广阶段，70年代为多品种发展阶段。

② 数据摘自曾呈奎、徐鸿儒、王春林主编：《中国海洋志》，大象出版社2003年版。

③④ 郑重、郑执中：《十年来我国海洋浮游植物的研究》，载《海洋与湖沼》，1959年10月第2卷第4期。

⑤ 数据摘自曾呈奎、徐鸿儒、王春林主编：《中国海洋志》，大象出版社2003年版。

二、海洋渔业曲折发展期（1958～1978年）

（一）背景

这个时期，中国海洋渔业总产量呈现出在波动中增长的态势，从1957年的194万吨逐渐下降到1961年143万吨，在三年自然灾害期间，因粮食缺乏，沿海居民为填饱肚子增加了对海水产品的需要，但这个时期的需求满足不是通过在市场上购买得来，而是居民自己动手捕捞或采掘获得。之后，经历国民经济调整时期到1967年达到219万吨，其后受文革的影响，小幅度下降后，开始稳定增长，主要因为：（1）调整时期，人民生活、收入水平逐渐恢复、提高，即使是在文化大革命时期，人均收入依然在缓慢增长，城镇居民家庭人均人生活费收入从1957年的235.4元上升到1978年的439元，升幅86%，且每年均有增长，农村居民家庭人均收入从1957年的73.0元上升到1978年的133.6元，升幅83%，而海产品价格因国家实施价格管制，海产品平均价格从1957年到1969年价格基本保持在264元/吨，从1970年到1978年价格基本保持在358元/吨，升幅35%，因此海产品逐渐成为人们餐桌上的必备食品。同时，这个时期也是人口增长的高峰，人口数量从1957年的6.4653亿人上升到9.6259亿人[①]，升幅48.8%，大幅增加的人口基本分布在东部沿海一线，大幅推高了对海产品的需求量（见图7－2）；（2）70年代“盲目地发展了底拖网作业，酷渔滥捕，产量一度大幅度增加，但产品质量却大大下降。海洋捕捞320万吨产品中，优质鱼大大减少，而幼鱼、低值鱼和贝藻类则占总产量的一半以上，渔民群众增产不增收”[②]。表明海洋渔业确实受到了“大跃进”、三年自然灾害和“文革”的冲击。其中捕捞量占总产量比重逐渐下降，特别是在70年代以后下降速度加快，但养殖量依然占比很小，平均为7.3%，如图7－3所示。

此间尽管机帆渔船的推广大幅提高了生产效率，但企业的组织管理和分配方式以国家统一管理和平均主义为主，损害了劳动者的积极性，渔业贷款使用效率不高，积欠不断增加，海洋渔业整体逐步呈现亏损，过度捕捞也使渔业资源由相对丰富转向衰竭。60年代，“资源利用已接近饱和，增船虽然总产继续增加，但单产下

---

① 数据摘自《新中国五十年统计资料汇编》。

② 阎国良：《关于我国水产发展战略问题初探》，载《中国农村观察》，1983年第4期。

降。”70 年代，“资源利用过度。产量的增加，一靠过度捕捞幼鱼，二靠过度捕捞产卵和止戒冬的大黄鱼和带鱼等亲鱼。生产成本占总收入比例：集体约 60%，比 50 年代增加 20% ~22%，比 60 年代增加 15%，社员分配减少，国家贷款增加，1977 年累欠超过 4 亿元；国营成本收入的 102%（亏本），比 60 年代上升 9%，比 50 年代上升 21%。”①

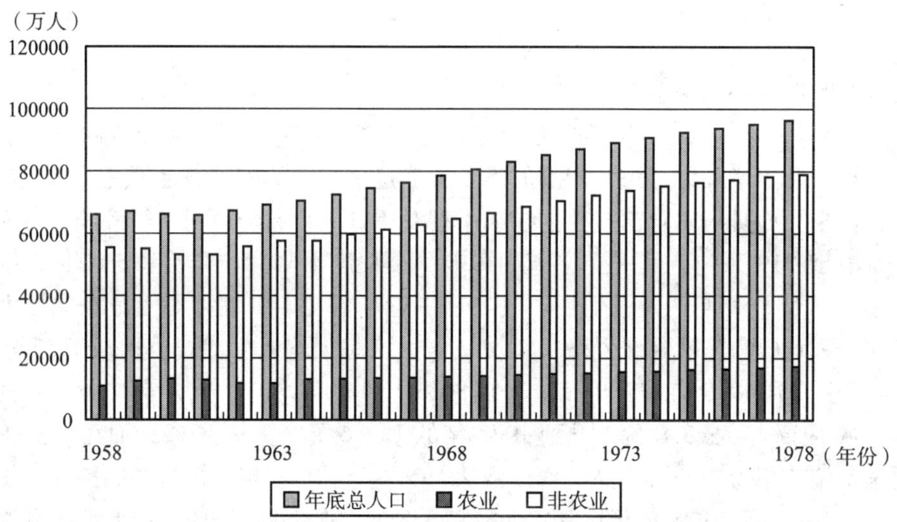

图 7－2　1958 ~1978 年总人口、农业人口和非农业人口

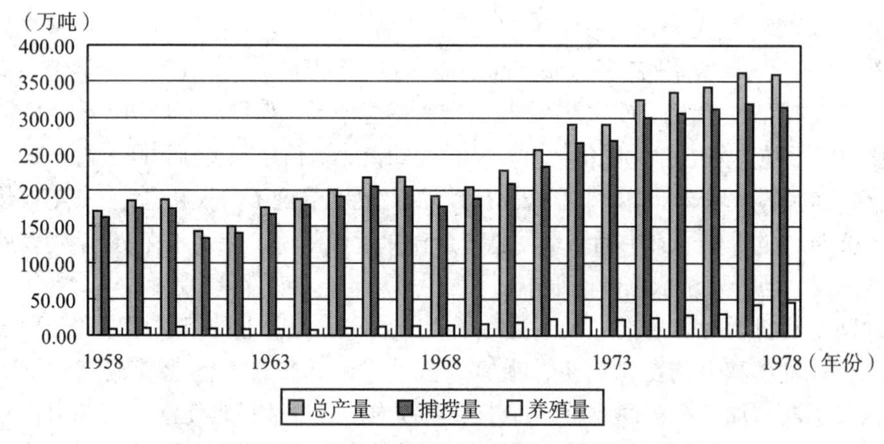

图 7－3　1958 ~1978 年海洋渔业总产量、捕捞量和养殖量

① 中国社会科学院农业经济研究所、农牧渔业部水产局、全国渔业经济研究会编：《中国渔业经济 1949 ~1983》，1984 年第 9 期。

（二）政策

1958～1965年，渔船动力化发展迅速，自1970年以后，与捕捞密切相关的科学技术进展更快、促进了捕捞生产力的提高，给中国海洋捕捞业注入了新的动力。但是，“大跃进”时期，由于盲目追求高产，违反渔业资源再生的客观规律，使强大的捕捞能力成为对渔业资源巨大的破坏力。十年动乱中，海洋捕捞业更是遭到严重破坏，特别是“文化大革命”的前几年，由于渔业行政管理工作瘫痪，水产基本建设投资停止以及“穷过渡”的折腾，水产品的产量连年下降、徘徊。

1957年10月25日，中共中央发布《一九五六年到一九六七年全国农业发展纲要修正草案》。其中第十九条规定：海洋捕捞业要实行“争取向深海发展”的方针。在海洋渔业中，应当在合作化的基础上，发挥现有捕捞工具的潜力，逐步改进生产技术。应当注意增加公共积累，添置和改良生产工具，逐步发展机帆船和轮船。加强生产的安全措施，争取向深海发展。利用一切可能养鱼的水面，发展淡水养殖业。加强培育优良鱼种和防治鱼瘟的工作。积极发展浅海养殖业，加强鱼类、藻类、贝类的养殖。该规定将渔业经济发展与生产组织结构（合作化）、生产技术、公共积累联系起来，提出了捕养结合、积极发展淡水与浅海养殖业的发展目标，是与当时我国渔业发展水平相适应的。

但随后而来的“大跃进”打乱了这一规定的贯彻执行。在中共八大二次会议之后，各省均将计划产量大幅提高至不合理水平①。1959年2月23日水产部在青岛召开了全国国营企业海洋渔捞工作会议，在会上各方确定1959年国营渔捞企业生产实现更大跃进的任务②，并且要实现大面积丰产的要求。总结该会议的研究成果，除确定目标之外，对如何确定该目标、为何需要达到该目标、该目标对今后渔业经济活动的影响均未有所提及，渔业经济研究的核心已转变到片面地将产量作为唯一发展目标的研究中来。

---

① 1958年渔业生产计划数字上调，其总额达到500万吨以上，如按此数字计算，当年我国水产总量就可超过当时世界水产品产量最高的日本。同时，当时还提出，计划到1962年，使我国水产品的产量达到2000万吨以上，这将等于1958年全世界水产品产量的2/3。

② 该会议还总结了1958年海洋渔业发展状况，提到：去年（1958年），国营海洋企业在整风的基础上，大大加强了党的思想政治工作，发动群众开展了学先进、赶先进、比先进的生产竞赛运动，船员们在鱼汛期间昼夜苦战，产量比1957年增长了31.6%，超额5.61%完成了国家计划。并结合生产，探索和扩大了新渔场，增加了鲥鱼、鳕鱼、海豚等新品种，以改进网具、改进操作方法为中心的技术革命运动也取得了重大成绩。所有这些，不仅促进了去年（1958年）生产的大跃进，而且为今年更大更好更全面地跃进打下了基础。摘自《全国国营海洋企业会议总结（摘要）》，载《中国水产》，1959年7月1日。

1958年11月~1959年7月，中共中央开始认识到大跃进运动中出现“左”倾错误，着手纠正“共产风”，强调要反对浮夸、冒进，对1959年的国民经济计划指标作了较大的缩减。随着1959年8月八届八中全会开展反右倾斗争决议，一度有所收缩的高指标、浮夸风的重新泛滥。结果，沿海各地盲目增船增网，扩大捕捞强度[①]，造成生产结构不合理，近海渔业资源遭到了破坏。[②]

“文化大革命”时期，渔政管理机构被撤销，渔业资源保护和渔船、渔港安全处于无人管理的状态，海洋渔业资源受到更为严重的破坏。

（三）组织管理

1958年，沿海渔村以原来的乡为单位组建人民公社，原渔业合作社改为渔业大队。1958~1960年，由于“左”的思想和政策的干扰，高级渔业生产合作社阶段的生产责任制的分配方式都被斥为修正主义物质刺激而被取消，尽管初期因为要完成巨额的产量指标，对技术改造等有些正面作用[③]，而对渔民搞“一平二调”[④]，又挫伤了其生产积极性。之后的调整期逐渐有人提出改革这种错误做法[⑤]，但接下来的“文化大革命”期间将其否定，“四人帮”搞穷过渡，割资本主义尾巴，强调“一大二公”，向公社一级所有制过渡，搞平均分配，吃大锅饭，有些渔业社队甚至实行限额分配，由于劳动与否、干的好坏与所得无关，使渔民的生产积极性严重受挫。

50年代极少数地方的小型国营企业内部在实行过类似集体企业的定额管理、超产奖励等制度，后来由于批判物质刺激、奖金挂帅而取消。60年代以来，国

---

① 今年上半年海洋捕捞生产，在1958年生产大跃进的急促上取得了很大的成绩。不少国营捕捞企业和部分省、市、超额完成了上半年的生产计划：特别是船只单位产量和劳动生产率比去年同期显著提高。但由于上半年出海劳动力和作业渔船比去年同期有所减少，从目前总的生产任务完成情况看，还必须抓紧下半年海洋捕捞生产关键时期，鼓起更大干劲，充分发动群众，在海洋捕捞生产战线上，掀起一个轰轰烈烈的增产节约新高潮，力争完成和超额完成全年生产任务。摘自《继续巩固提高渔轮队伍，争取海洋渔业的更大跃进》，载《中国水产》，1959年9月1日。

② 罗钰如、曾呈奎主编：《当代中国的海洋事业》，中国社会科学出版社1985年版。

③ 《解放思想创造奇迹——记上海市海洋渔业捕捞队修建科节约石油小组》，载《中国水产》，1959年第22期。文中介绍柴油掺水，节省柴油的方法。

④ 这是合作化运动高潮和人民公社化运动初期出现的一种“左”倾错误，是平均主义和无偿调拨的一种分配形式。它以公社为基本生产和分配单位，原生产队或社员个人的自留地、房基、牲畜、果树及部分大型生产工具等都必须转为公社所有。为使各队之间、社员之间的穷富拉平，公社可以无偿调拨各生产队或社员的财物。

⑤ 广东省湛江专署水产局：《关于海洋捕捞渔业社队经营管理的几个问题的探讨》，载《中国水产》，1964年第8期。文中提到应当对核算体制、收益分配、积累与消费关系等方面进行改革，强调应该实施三包一奖制度，杜绝平均主义。

家对国营企业进行行政性经济管理，下达经济任务指标，如产量、产值、利润、劳动工资总额等，企业按照国家有关制度的规定，实行计划管理、财务管理、技术管理、质量管理和成本核算等，由于国家在财政管理上对企业实行“统收统支，统负盈亏”，没有把责（企业的责任）、权（企业的自主权）、利（企业和职工的经济利益）挂起钩来，企业和职工身上虽有担子，但无压力，也没有动力。[①]

这个时期的渔业企业是典型的计划经济企业，因为国家统一管理，缺乏竞争，也就没有外部压力；因为没有考核指标及其相应的奖惩制度也就没有内部动力，形成了国家与企业、企业与职工之间的博弈，最终一切都被倒逼到国家层面，而当时混乱的政治又无力解决这些问题，使得企业效率不断降低。同时，为了完成计划产量，沿海捕捞企业采取了增加渔具数量、扩大渔具主尺度、缩小网目尺寸、延长作业时间、增加投网次数等不科学的手段，使捕捞强度逐年加大，使捕捞成本逐渐提高，捕捞难度加大，这进一步推动企业采取更为严酷的捕捞方式，竭泽而渔，对国家资源造成极大的浪费与破坏，也使企业陷入困境，连年亏损，不能自拔[②]。

（四）资源

从1958年开始的“大跃进”要求提高机动船的数量以提高产量，因此国营渔轮技术装备不断改善，机帆船数量明显增加，作为沿海捕捞主力的集体渔业[③]机帆船发展也很快，逐渐结束了五十年代主要使用的生产率很低的木帆船[④]。到1969年中国海洋渔船中机动渔船的数量已达到12407艘，比1957年提高786%，马力89.56万吨，作业渔场随之扩展。如东海带鱼冬汛，机帆船作业范围已扩展到北至佘山洋、南至大陈一带。这一时期比较重视渔业资源管理，1962年规定春季对虾

---

① 中国社会科学院农业经济研究所、农牧渔业部水产局、全国渔业经济研究会编：《中国渔业经济1949～1983》，1984年第9期。

② 前13年（1953～1965年）渔捞年年盈利，后14年（1966～1979年）多数年份亏损，盈亏相抵净亏6360万元，各企业的情况也不相同，烟台、舟山、青岛、大连、上海、江苏、宁波七个企业盈利，其他公司均不同程度的亏损。尤其是天津、南海、湛江、福建四个企业，自1963～1979年，连年亏损额高达9400万元。摘自中国社会科学院农业经济研究所、农牧渔业部水产局、全国渔业经济研究会编：《中国渔业经济1949～1983》，1984年第9期。

③ 林新濯、甘金宝、尤红宝：《盲目发展沿海机动渔船的教训》（《中国海洋经济研究》第一编，海洋出版社1981年版）中提到：同样以东海区为例，东海区的海洋捕捞中，国营渔业产量在五十年代只占2%～7%，1980年左右才提高到19%～21%，可见，在当时集体渔业始终是本海区海洋捕捞的主力。

④ 据估计要比机动渔船低十来倍（林新濯、甘金宝、尤红宝，1981）。

汛期禁渔区、禁渔期，1964 年规定黄渤海区禁渔区、禁渔期，并不断完善减少损害大的渔具使用，采取季节性作业，主要经济鱼类资源处于良好状态。海上作业种类很多，有拖、围、流、钓等各种方式，有利于合理利用资源。

70 年代初期，中国对禁渔区、禁渔期作了进一步规定，但随着“文革”的不断深入进行，彻底破坏了渔业监管体系，禁渔被逐渐放弃，捕捞方式由 60 年代的季节性作业过渡到 70 年代的常年作业，使用拖网，对资源破坏严重①。由于造船业生产能力的提高，机动渔船数量截至 1978 年增加到 39285 艘，比 1969 年增加 216%，马力 273.17 万吨，机帆船的大规模增加使海洋捕捞能力明显提高，由于使用船只马力不大，对渔业资源损害巨大，鱼体出现了明显的小型化②，许多经济鱼类如青鱼、大黄鱼、带鱼、鳓鱼、鲳鱼、乌贼等产量大幅度下降，全国小黄鱼和鲷科鱼类产量均比 50 年代下降 50%，小黄鱼、鲥鱼、鲈鱼等已濒临绝灭。70 年代初连年旺发的太平洋鲱，由于连年滥捕产卵亲鱼，使该鱼资源锐减，已形不成渔汛。渔获物中，经济鱼类和幼鱼比重大大增加，严重地影响了市场供应③。渔获物比例④由 50 年代的 8∶2，60 年代的 6∶4 到 70 年代倒挂 4∶6。渔获物中幼鱼占很大的比重。1977 年黄渤海区捕捞产量中，幼鱼及低值鱼虾贝类高达 63.6%，被戏称为“筷子鱼”、“纽扣鱼”。⑤ 面临这种状况，国家渔业大型渔轮开始向东海外海开发近底层鱼类马面纯，渔场逐步东移，然而这一过程成本较高，因此发展缓慢。⑥

---

① 70 年代以后，国营渔船大部分都以拖网作业为主，有的船只甚至不顾禁渔区、禁渔期的规定，深入到禁渔区内的产卵场大捕亲鱼、幼鱼，损害了资源的再生产能力，破坏了种群数量的平衡……拖网被大量采用，“威力”的确是十分可观的，据有人推算，在渤海秋汛生产时，每一平方海里的海底都要经拖网扫过 30 余次。鱼类无一刻喘息之机，海底都被刮平坦了（从子明，1980）。

② 林新濯等在文中对该问题形成的原因进行了详细解释，认为：沿海机动渔船虽比木帆船先进得多，但由于它的吨位马力都较小，抗风能力有限，因此它的活动范围一般都集中在 30～60 米等深线以内的浅海区，而这些海区，恰恰又是许多经济底鱼的索饵场、越冬场、产卵场以及幼鱼的分布区。鱼群受此庞大船队的捕捞压力，不仅移动范围小的小群体，而且移动范围较大的大群体，也是经不起它的强烈捕捞的。由于采取的经营方式又是掠夺式的，因此几年之内，就使群落生产量大大下降，在生物学方面表现出群体年龄组成很快缩短以及性成熟的提早（林新濯、甘金宝、尤红宝，1981）。

③ 以上海市为例，1959 年上海市海洋渔业公司虽只产鱼 5 万多吨，但小黄鱼占 2.3 万吨，带鱼 1.2 万吨，两种鱼合计约占 70%，当时从外地调进的经济鱼也比较多，所以市场供应是相当正常的。1964 年上海公司产鱼 10.4 万吨，其中带鱼占 6 万吨，黄鱼占 1.5 万吨，三种经济鱼合计亦占 70% 左右，夏汛带鱼多时还贴油票推销带鱼。而到了 1980 年，虽然产量已达 15 万～16 万吨，但四种经济捕捞对象的比重只占 30% 左右，市场上供应的主要是马面鲀和中小型带鱼。因此在 80 年代初，就是沿海的鱼米之乡，吃鱼难也已是一个越来越突出的普遍问题（林新濯、甘金宝、尤红宝，1981）。

④ 渔获物比例：主要经济鱼类产量与经济鱼类捕获量的比例。

⑤ 丛子明：《加强集中统一，整顿海洋渔业》，载《农业经济问题》，1980 年第 1 期。

⑥ 外海、远洋渔业发展迟缓，也是近海资源遭到破坏的原因之一。国营渔轮和集体渔船都在近海争夺这点有限的资源，造成生产秩序混乱，增加了组织管理上的极大困难。关于远洋渔业，我国早在 60 年代就开始酝酿，建立了湛江远洋渔业公司，但十多年来，这一步始终未能迈出去（丛子明，1980）。

（五）资金

1. 渔业贷款。

从1958年开始，为了提高生产积极性，加快修造渔船，渔业贷款大幅提高，贷款结构也是长短有序且大都为无息贷款，并对特殊困难渔业队提供无偿投资并且专户存款，控制支付，集体渔业贷款对大部分集体渔业队发放，而且分为少量贷款支持、一般支持和重点支持几种类型。1958～1962年期间，渔业社队因管理上采用平均主义和无偿调拨的分配形式，渔民缺乏劳动热情，对偿还贷款更是漠不关心，对贷款的使用缺乏严格控制，有些渔船效益不好，还款没有保证，渔业队负债不断增加，如青岛市到1963年积欠陈贷200多万元，占1958～1962年期间总贷款量的1/3。1963年，水产行政部门协同银行对渔民贷款进行监督。经调查发现，大多数渔业队是有还款能力的，但还款依然不多。

1964～1965年，群众渔业经营管理状况好转，开始提倡生产责任制，按劳动质量分配，极大地调动了渔民积极性，由于"包成本"中包括贷款偿还，因此对贷款的使用趋向合理，还款和清偿积欠款也更及时。

60年代后期和70年代，渔业贷款一直是解决群众渔业生产资金的重要手段。银行对于增加机动渔船、开展养殖业、春秋汛出海等生产性需求一般提供贷款支持，但群众捕捞业由于受资源衰退、鱼价格不合理以及生产经营决策和管理办法不完善等方面的影响，过去曾多年处于微利、无利，甚至亏损的状况，还款能力低，国家贷款增加，1977年累欠超过4亿元。①

2. 投资。

这个时期的渔业投资仍然主要针对国营企业，而对集体渔业则要的多，支持的少。②

60～70年代，国家以大量投资用于渔港码头建设，不仅使国营捕捞企业有了后方配套齐全的现代化专用渔港，而且全国沿海重点渔区都有了与前方生产基本适应的后方设施。

---

① 中国社会科学院农业经济研究所、农牧渔业部水产局、全国渔业经济研究会编：《中国渔业经济1949～1983》，1984年第9期。

② 每年国家基建投资绝大部分是用在沿海18个重点国营企业的建设上，而对主力军的集体渔业，国家近几年只从水产投资中拿出5%左右，用在建设群众性小型渔港。集体渔业生产，主要依靠社队自筹资金来解决。由于渔业生产投资大、成本高，加上海洋渔业受渔情、风情等自然影响较大，生产极不稳定，搞得不好就得赔本。（王泽沃、杨运俊、黄士根，1980）

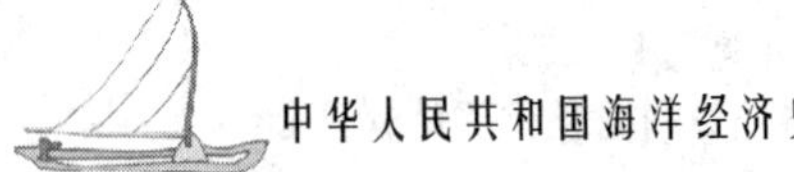

从1958年开始，随着机帆渔船的发展，为满足国营渔业企业的需求，提高机帆渔船生产效率，减少停港时间，对渔港设施进行改造，增加渔货装卸、加工、冷藏、维修、油库、织网等后方基地。1958～1965年，国家共投资9000多万元，占全国水产总投资的14.4%，将大连湾渔港、江苏浏河渔港、连云港市渔港、舟山平阳浦渔港、宁波渔港、温州渔港、青岛中港渔港、烟台渔港、海南白马井渔港，天津陈塘渔港和上海复兴岛渔港等渔港及其陆上设施改造成为11个国营渔业公司的专用渔港，基本解决了机帆渔船与后方服务设施的不协调。

1972年，国家为解决因国营渔轮快速增加造成的与原有国营捕捞企业的渔港设施不匹配的问题，在全国海洋捕捞会议上对“四五”计划期间的国营渔业公司基地建设作了每年都在1亿元上下的资金安排。1973～1978年，国家改造、新建和筹建了一批国营渔港。①

进入70年代后，国营渔轮快速增加的矛盾日渐突出。1972年召开的全国海洋捕捞会议，对第四个五年计划期间的渔港建设作了安排。

但渔港的投资收益却并不好，60年代“造船和渔港等配套建设累计国家投资5.4亿元，比50年代增加一倍多。平均每吨位渔船年产量2吨，与50年代持平，每马力年产量1.6吨，比50年代下降30%。”到了70年代，“造船和渔港等配套建设累计国家投资10.8亿元，比60年代增加一倍。平均每吨位渔船年产量比50年代和60年代下降0.05吨，每马力年产量1吨，比60年代下降37.5%，比50年代下降56.5%。”②

（六）技术

1. 捕捞技术。

1958年以后，为了提高生产效率，国家开始推广机帆渔船，木质非动力船使用量逐渐减少，而机帆渔船的改造也是如火如荼，刺激了柴油机的快速发展，国产

① 计划新建福建厦门和马尾基地，扩建海南白马井、广东湛江、广西北海、浙江舟山和温州、江苏浏河和连云港、山东石岛、河北秦皇岛等基地，筹建广东汕头基地，积极勘察广西企沙、浙江镇海基地，上海、青岛、烟台、天津等基地进一步完善。摘自曾呈奎、徐鸿儒、王春林主编：《中国海洋志》，大象出版社2003年版。

② 中国社会科学院农业经济研究所、农牧渔业部水产局、全国渔业经济研究会编：《中国渔业经济1949～1983》，1984年第9期。

柴油机迅速研制成功①，此后大量新型柴油机研制成功，国家还专门对此进行了配件标准化。

伴随机帆渔船的普及，与此相应的捕捞机械也发展起来，包括由浙江省海洋水产研究所研制、舟山船厂制造的机械传动立式绞钢机，浙江省海洋水产研究所、山东省长岛县修船厂、福建省厦门水产造船厂等相继研制成功围网起网机和液压动力滑车等，使大中型群众性机动渔船的绞钢、起网操作基本实现了机械化。

晶体管探鱼仪器也逐渐国产化，而且性能指标与国外的差距较小，对群众机帆渔船的发展起了很大的促进作用，又研制了渔用声呐，但作用较小。

60 年代机动渔船增多，采用化学纤维、探鱼仪、定位仪等先进的渔用材料和助渔、助航仪器设备，劳动强度有所减轻，捕捞效率相应提高，安全情况好转，作业渔场扩大到近海 100 米水深的水域。②

70 年代以后，渔船动力化步伐加快。群众渔业渔船不再机帆两用，开始由木质机帆船向完全动力化的小型钢质渔轮演进。

1971 年全国建造了 70 组灯光围网船，主要是捕捞外海中上层鱼类，但当时被认为围网平均产量不如拖网高，不久纷纷中缀，仍坚持搞灯围的生产船组尚不足 1/3。③

2. 养殖技术。

这个时期，虽养殖逐渐兴起，但其占捕捞产值仍然很小，因此仍是养殖技术积累期。

这个时期对许多技术进行了推广，比如朱树屏教授的海带自然光育苗法、曾呈奎、吴超元等提出的海带陶罐施肥法和裙带菜海上筏式育苗、室内常温人工育苗、低温育苗和筏式养殖等研究成果都纷纷得到应用。同时，山东大学水产系和中国科学院生物研究所对藻类的综合利用，上海水产学院对贝类的综合利用，都作了有价值的试验研究。

3. 水产品加工。

随着沿海经济的发展，广大人民生活水平逐步提高，对海水产品的需求也逐

---

① 1958 年，上海渔轮修造厂在制造了 6250C 型柴油机的基础上，进行 6260ZC 型柴油机的设计、试制和技术攻关。该型柴油机结构紧凑，重量轻，耗油量较低，使用和维修也较方便，适合于渔捞作业船的需要。摘自曾呈奎，徐鸿儒，王春林主编：《中国海洋志》，大象出版社 2003 年版。

② 夏世福：《我国海洋渔业资源的演变及其对策的探讨》，载《中国海洋经济研究（第二编）》，海洋出版社 1982 年版。

③ 丛子明：《加强集中统一，整顿海洋渔业》，载《农业经济问题》，1980 年第 1 期。

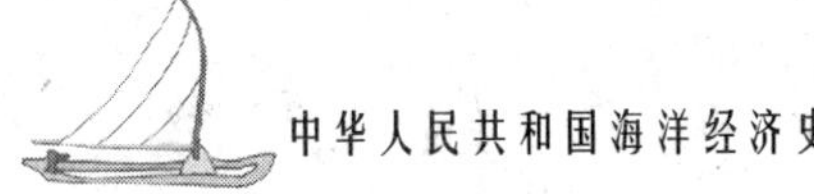

渐多样化。除了将鲜鱼冷冻以备非汛期食用外，开始深加工海水产品及副食品。另外，多种海产品也可以作为药品、制药原料、工业原材料、农业肥料、农药和饲料使用。

1958 年，为满足当时消费者的不同需求，出现了多种水产品加工新产品，因此除冷冻方法外，研究了制罐、盐干、卤制、熟制、熏制、糟制等新的加工方法，与此同时，为制造这些新产品，创造了大量新加工设备，如鱼类综合处理机、刮鳞机、洗鱼机、虾米脱壳机、综合剖鱼机、蒸气开蚝炉、烘干室等。这些举措大大地提高了劳动效率和产品质量，为加工生产逐步走向机械化、半机械化创造了有利条件。从 1958 年开始，我国共开发了 120 多种海产品加工产品，其中食品 35 种、药品及制药原料 42 种、工业原材料 35 种、农业肥料和农药 6 种、饲料 2 种。①

三、海洋渔业高速发展期（1979 年至今）

（一）背景

1979～2005 年，中国海洋渔业总产量一直在稳步提升，而捕捞量则在 2001 年开始负增长，养殖量在 1996 年以前稳步提高，其后开始大幅增长。出现这一局面的原因是 80 年代初期的生产责任制和水产品价格放开，导致捕捞量的不断增加，虽然近海资源已经破坏严重，但由于技术装备的提高，远海渔业资源得以大量开发，养殖业也开始发展，但主要以海带等藻类为主，鱼虾类养殖技术不高，其成本无法和捕捞相竞争，但随着 1994 年《联合国海洋公约》的生效，中国加大了对海洋捕捞的管理，同时积极鼓励海洋养殖，使养殖发展很快，以海带等藻类为主，产量很大，因此海产品产量大幅增加。1999 年提出并基本实现了海洋捕捞计划产量“零增长”目标，以及之后不断加大的对海洋捕捞的严格管理，海洋捕捞出现负增长（见图 7－4）。

---

① 曾呈奎、徐鸿儒、王春林主编：《中国海洋志》，大象出版社 2003 年版。

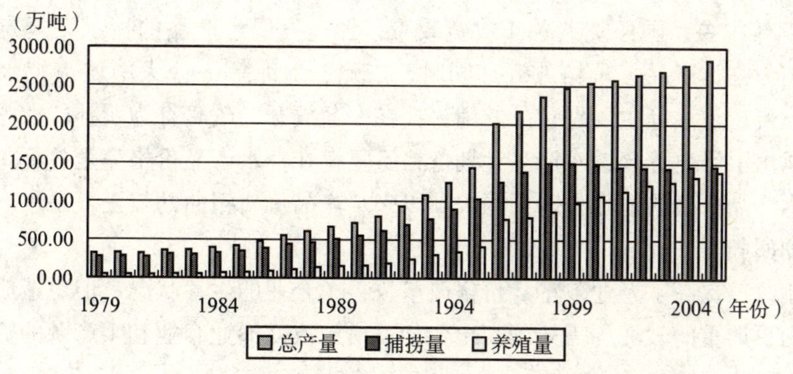

图 7－4　1979～2005 年海洋渔业总产量、捕捞量和养殖量

（二）政策

1979 年以来，在党的十一届三中全会的正确路线、方针、政策指引下，遵照国民经济调整、改革、整顿、提高的方针，海洋渔业开始调整，提出“合理利用资源，大力发展养殖，着重提高质量”的调整方向①，改变旧的企业管理体制，由过去的片面追求高产、忽视质量、不讲经济效果，向重质量、重经济效益的正确轨道转变，逐渐放开价格管制渔业市场。

十一届三中全会后，放宽政策，实行多种形式的生产责任制，改变了以前平均分配的模式，增强了企业的主动性和积极性。

在改革体制的同时也开始了价格和市场化改革。1979 年，国家大幅度提高了水产品计划收购价格，同时允许计划外议价，改变了单一的计划收购、零售价格形式，开始了水产品价格的双轨制。因议价提高较快，1981 年国务院下达了水产品议价高于牌价的最高幅度为一般不超过牌价的 30%，个别品种最高不超过 50% 的规定，但收购水产品比例不断降低，计划外议价推着计划收购价走的局面一直持续。1983 年 7 月，国家物价局、商业部、农牧渔业部等联合发出《国务院有关部门农产品价格分工管理试行目录》的通知，对 1973 年颁发的旧目录作了重大修改，农林渔业部统一管理价格的水产品，由 18 种减为 8 个。价格改革对于亏损严重的渔业企业而言作用显著，1979～1982 年，虽然海洋捕捞产量下降到 3098 万吨，但产值都有所提高。

---

① 国家水产总局在 1980 年 12 月 11 日至 22 日的烟台座谈会中提出了当时水产工作的三个重点，即加强渔政管理，切实保护资源；充分利用水面，大力发展养殖；搞好保鲜加工，提高鱼货质量。

1985 年中央、国务院《关于放宽政策，加速发展水产品的指示》规定：水产品全部划为三类产品，价格放开。同时，广州、上海等一些大中城市把水产品同肉、禽、蛋、蔬菜等主要副食品的销售捆在一起放开，改暗补为明补。从此水产品双轨制退出了历史舞台，水产品计划价格不复存在，水产品价格完全放开，由市场调节。水产品价格的上涨是对中国长期以来水产品价格扭曲的校正，是水产品价格向价值的回归。①

体制改革提高了企业效率，价格改革改善了企业的生存状况，但也造成对于资源短期内更严重的破坏，需要国家出台相关措施改变渔业企业和生产队的资源利用模式。

70 年代末，国家提出了“合理利用渔业资源，大力发展养殖业”的方针，80 年代便确立了“以养殖为主”的渔业发展方针。但初期对海水养殖的认识仍然不足。从 80 年代起，国家采取了一系列的优惠政策，确立了海水养殖在海洋渔业中的重要地位。这些政策包括：调动一切积极因素，国家、集体、个人一齐上，水产、农业、农垦、盐业、水利等部门联合发展海水养殖业；海涂定权发证，明确浅海滩涂属国家所有，海涂使用权长期归企业或生产队所有，受法律保护，消除群众怕变化心理；② 提供优惠银行贷款，建立水产品生产基金（自然风险基金、技术进步基金和承包租赁启动费），用于生产者建设养殖池塘、扩大生产规模；1988 年开始实施的“菜篮子工程”，政府统筹建造高标准鱼塘、虾池，并统一合同购买，进一步扩大了养殖规模；国家投资建设水产苗种场、病害防治站和技术推广等服务机构，为养殖生产提供从前向到后向的全方位服务，从而确保了养殖业的发展。

在大力发展养殖业的同时，中国也积极开展远海捕捞和远洋捕捞，1994 年已经通过的《联合国海洋公约》③ 正式生效，世界上大部分国家要进行 200 海里专属经济区的渔业管理，1995 年联大又通过了《关于跨界和高度洄游鱼类种群养护和管理协定》，这些国际法规的生效，对我国海洋捕捞管理产生了深远影响。农业部

① 1978 年以前在水产品由国有水产供销企业独家垄断经营的体制下，水产品实行统购统销，统购价格和统销价格由政府部门确定。由于当时经济发展总的指导思想是农业部门支持工业部门，因而包括水产品在内的农产品价格的确定均向城市消费者倾斜。结果是中国水产品价格长期低于其生产价格和价值，而且在大农业“农林牧副渔”中渔业又被排于末位，使得水产品不仅与工业产品的比价不合理，而且与其他农副产品的比价也不合理。在国际市场上，鸡、猪、牛、羊、鱼的价格中鱼居其首，而中国恰恰相反，鱼的价格定的最低，还不及猪肉价格的 1/2。因此水产品价格放开、引入市场机制后，其价格向价值的回归是必然的。（孙琛，2000）

② 中国社会科学院农业经济研究所、农牧渔业部水产局、全国渔业经济研究会编：《中国渔业经济 1949～1983》，1984 年第 9 期。

③ 于 1982 年 12 月 10 日在牙买加的蒙特哥湾召开的第三次联合国海洋法会议最后会议上通过，但一直未生效。

于 1999 年首次提出海洋捕捞计划产量“零增长”目标。这些协定和目标都意味着中国为了世界海洋资源的可持续发展在做出自己的贡献与牺牲，也意味着在降低海洋捕捞的同时要面对大量渔民的失渔问题。

（三）需求

改革开放以来，我国经济一直保持着高速发展的态势，1978～2007 年，我国年均 GDP 增长速度超过 9.8%，2007 年 GDP 总额达到 26847.05 亿美元，占世界排名第四，人均 GDP 也达到 2042 美元（按当年汇率计算折合人民币 14916 元），比 1978 年的 381 元增长了 3815%。随着人民生活水平持续稳定的提高，人民的购买力水平逐渐增强，消费结构也发生了很大的改变，对海洋水产品的需求大幅度提高。

1. 居民收入稳定增长促使水产品需求增长。

1978 年以来，我国经济快速发展，居民的人均可支配收入也处于一个稳定增长的状态，如图 7－5 所示，农村居民家庭人均纯收入从 1978 年的 133.6 元上升到 2006 年的 3587.0 元，增长了 25.8 倍；城镇居民家庭人均可支配收入从 1978 年的 343.4 元上涨到 2006 年的 11759.5 元，增长了 33.2 倍。且水产品较其他食品而言具有较高的需求弹性，达到 0.98，其中海产品的消费弹性最高，[①] 随着人们收入的进一步增加，人们对虾蟹类等水产品的支出必将不断增大。同时，人口数量不断增长，其中城市化进程加速导致城镇人口数量增加，而从 1991 年以后农村人口则呈现下降趋势，如图 7－6 所示。

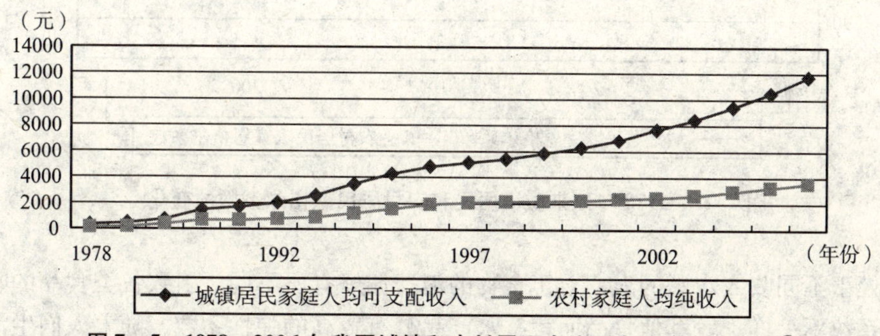

图 7－5　1978～2006 年我国城镇和农村居民人均可支配收入的变化②

① 董楠楠、钟昌标：《1978 年以来中国收入增长对水产品需求的影响》，载《渔业经济研究》，2005 年第 2 期。

② 中华人民共和国国家统计局：《中国统计年鉴》（2007），中国统计出版社 2007 年版。

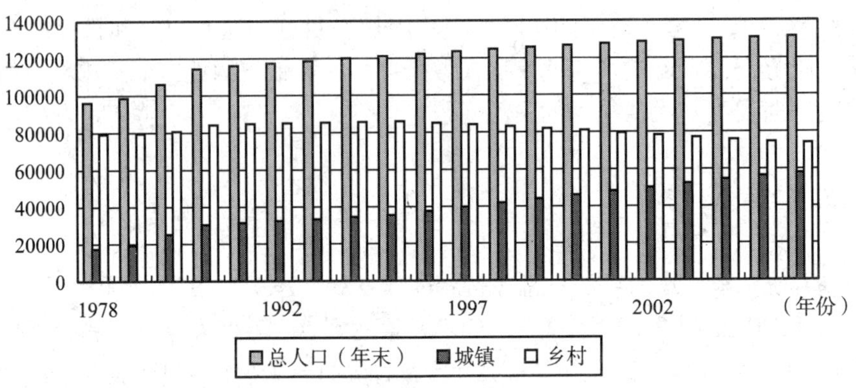

图 7－6　1978～2006 年我国总人口、城镇和农村人口数量①

2. 居民消费结构的变化导致需求的增长。

自 1978 年来，我国居民生活水平不断提高，恩格尔系数不断下降，城镇居民、农村居民的恩格尔系数分别从 1978 年 57.5、67.7 下降到 2006 年的 35.8、43.0，均下降了 40 个百分点。从消费结构上来看，随着人均可支配收入的不断增加，中国城镇居民的消费观和食品消费结构也在发生不断的变化，居民的消费需求逐渐由低水平的温饱过渡到小康和富裕，食品消费支出也逐渐由以粮食类消费为主转向了非粮食类的消费（见图 7－7）。

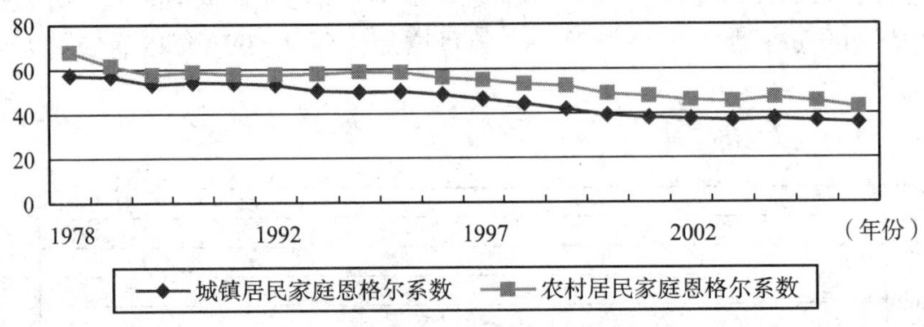

图 7－7　1978 年以来城镇居民和农村居民恩格尔系数的变化②

处于不同收入水平的人们对于食物的消费偏好有所不同，引致各类食品的收入弹性系数不一样。较其他食品而言，水产品具有较高的弹性系数，随着人们生活水平的提高，其食品消费结构也发生了很大的变化。如表 7－1，表 7－2 所示，1990 年到 2006 年，在粮食消费量大幅度减少的同时，我国城镇居民家庭人均水产品消

①② 中华人民共和国国家统计局：《中国统计年鉴》（2007），中国统计出版社 2007 年版。

费量（kg）由7.69增长到12.95，农村居民家庭人均水产品消费量（kg）由2.13增加到5.01，分别增长了68.4%和135.43%。

表7-1 我国城镇家庭人均主要食品消费量① 单位：千克

项目	1990	1995	1999	2000	2005	2006
粮食	130.72	97.00	84.91	82.31	76.98	75.92
鲜菜	138.70	116.47	114.94	114.74	118.58	117.56
猪肉	18.46	17.24	16.91	16.73	20.15	20.00
牛羊肉	3.28	2.44	3.09	3.33	3.71	3.78
家禽	3.42	3.97	4.92	5.44	8.97	8.34
鲜蛋	7.25	9.74	10.92	11.21	10.40	10.41
水产品	7.69	9.20	10.34	11.74	12.55	12.95
鲜奶	4.63	4.62	7.88	9.94	17.92	18.32
水果（瓜果）	41.11	44.96	54.21	57.48	56.69	60.17
坚果及果仁类	3.21	3.04	3.26	3.30	2.97	3.03
总计	358.47	308.68	311.38	316.22	328.92	330.48

表7-2 我国农村家庭人均主要食品消费量② 单位：千克

品名	1990	1995	2000	2005	2006
粮食（原粮）	262.08	256.07	250.23	208.85	205.62
小麦	80.03	81.11	80.27	68.44	66.11
稻谷	134.99	129.19	126.82	113.36	111.93
大豆		2.28	2.53	1.91	2.09
蔬菜	134.00	104.62	106.74	102.28	100.53
肉禽及制品	12.59	13.42	18.30	22.42	22.31
猪肉	10.54	10.58	13.28	15.62	15.46
牛肉	0.40	0.36	0.52	0.64	0.67
羊肉	0.40	0.35	0.61	0.83	0.90
家禽	1.25	1.83	2.81	3.67	3.51
蛋及制品	2.41	3.22	4.77	4.71	5.00
奶及制品	1.10	0.60	1.06	2.86	3.15
水产品	2.13	3.36	3.92	4.94	5.01
瓜果及制品	5.89	13.01	18.31	17.18	19.09
坚果及制品		0.13	0.74	0.81	0.89
合计		394.43	404.07	364.05	361.60

3. 海水产品出口需求的增长。

该阶段海水产品进口数量不大，以饲料用鱼粉为主，进口金额很低，但出口量

①② 中华人民共和国国家统计局：《中国统计年鉴》(2007)，中国统计出版社2007年版。

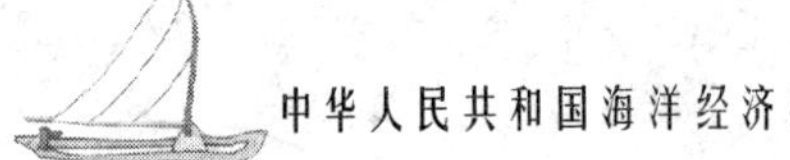

大幅增加，1978年至2006年，中国海水产品的出口大幅度增长，2006年达194万吨，金额47.3951亿美元。港澳和国际市场对虾、活石斑鱼、龙虾、鳗鱼、青蟹等优质海水产品需求大且进口价格高，挤掉了国内的供给，广东、福建、浙江等沿海省区因此价格呈几倍甚至十几倍地上涨。

（四）组织管理

集体渔业生产队的体制改革始于1979年的全国水产工作会议，会上重新提出了在渔业生产中实行“三定两奖”的生产责任制管理办法。此后逐渐实施了“几定奖赔”[①]、“比例分成[②]”和大包干[③]等生产责任制。后来开始推行专业承包、联产计酬等各种形式的联产承包责任制。1980年，福建省南安县石井渔业大队，为了克服集体渔业所有制规模过大和责任制中存在大锅饭的弊病，开始实行“以船核算”[④]，由于所有权、使用权、经营自主权和分配权统一，利益更直接，没有大锅饭，因而更能调动渔民增产节约、爱护设备、学习技术和发展生产力的积极性。到1983年，全国沿海群众渔业包括广东、浙江、山东、江苏、辽宁等省开始推行“以船核算”，到1986年，全国沿海群众渔业82%的渔船实行“以船核算”，成为海洋捕捞业的主要经营形式。集体渔业逐渐被“以船核算”的小的承包个体所

---

① 几定奖赔是对合作化时期高级渔业生产合作社实行的“三包一奖”（包工、包产、包成本、超产奖励、欠产赔）的继承和发展。确定“几定”和奖赔的内容，因地而异，有的“三定”（定产值、定成本、定工分），有的还定工具和定劳力，成为“五定”。“奖赔”有的只规定超产奖，欠产赔。奖赔比例各不相同，有的多奖少赔，有的同奖同赔，有的还规定成本节约奖，超成本赔，有的为了加强海上保鲜加工，还设水产品加工奖。摘自中国社会科学院农业经济研究所、农牧渔业部水产局、全国渔业经济研究会编：《中国渔业经济1949～1983》，1984年第9期。

② 这种责任制是在几定奖赔的基础上产生的。有两种做法：一是按纯收入（有的称“纯益”）分成，具体做法是集体负责提高生产工具和生产成本，承包单位负责生产，所得的产值扣除生产成本后比例分成，集体所得部分作为“二金二费”（公积金和公益金、折旧费及管理费），承包单位所得部分作为社员分配。二是按产值比例分成。做法是集体只负责提供船网生产工具，不负责直接生产费用。分成比例依据各种作业在正常年景或近三年平均向集体提交的“二金二费”的实绩占产值的比例确定。摘自中国社会科学院农业经济研究所、农牧渔业部水产局、全国渔业经济研究会编：《中国渔业经济1949～1983》，1984年第9期。

③ 渔业的大包干，如捕捞包到船，养殖包到组、到户、到劳，原先只是在个别地方的小型、分散生产作业中实行，现已成为主要的责任制形式。大包干责任制可说是从比例分成的形式演化而来的，是基本核算单位与承包单位双方为了避免比例分成那种“水涨船高”的办法，干脆将作业单位应向集体负担的“二金二费”的经济责任确定为包干指标，不管丰年歉年，一包到底。例如，一对渔船（一个承包单位）按正常年景或近三年实行“比例分成”时，平均每年集体从中提留的“二金二费”为一万元，则这一万元就作为确定该对渔船包干指标的依据。摘自中国社会科学院农业经济研究所、农牧渔业部水产局、全国渔业经济研究会编：《中国渔业经济1949～1983》，1984年第9期。

④ 把船网工具作价下放到作业单位（单船或对船），变大队（或生产队）所有、统一经营、统一核算、统一分配为作业单位所有，由作业单位独立经营、独立核算、独立分配，作业单位对原来的大队（或生产队）只交纳公益金和管理费。摘自中国社会科学院农业经济研究所、农牧渔业部水产局、全国渔业经济研究会编：《中国渔业经济1949～1983》，1984年第9期。

代替。

到80年代末90年代初，海洋群众渔业经济体制逐渐由“以船核算”向“合伙经营”转变，还出现了股份经营、雇工经营等形式，① 在渔业生产水平较高、公共积累较多的沿海地区，如山东省的荣成，则由原来的海洋捕捞生产队发展成为养殖、捕捞和加工综合经营，产、供、销“一条龙”的渔业公司，生产专业化、管理企业化、经营集团化的现代渔业模式。

如果说80年代初期的“以船核算”的承包制度有利于生产者和生产资料的结合，增强了渔民的主人翁责任感，权责利能直接统一，那么实行合伙经营、渔业股份制则“有利于快速大范围聚集渔区大量闲散资金，扩大生产规模，有利于带动渔区技术、劳力和生产资料等生产要素的合理流动和优化组合。”② 同时，这种转变也符合捕捞资源开发由近海向远海发展的情况，有利于加速渔区产业结构的调整，渔业生产的广度和深度进一步拓宽、加深。

企业组织模式的转变是适应捕捞资源逐渐衰竭的转变，但90年代初期近海渔资源枯萎，远海状况转坏，对小企业而言又达不到远洋捕捞能力，③ 迫使组织模式

---

① （一）股份经营。包括两种：一种是集体和渔民合股。渔船折价落实生产作业单位作为公股，渔船拆造、改装、扩大所需资金和增置网具等资金以及生产流动资金则全部由船上渔民按劳力投股，每年向集体上交一部分承包款，财产增值部分归船上人股渔民所有。另一种，原为集体财产的对（单）船核算分散经营的，改变为按劳入股，按股分红的形式。这种股份经营主要是大中型渔船，在近海和近外海之间边缘生产，全省这类形式的约占对（单）船核算的渔船数的25%。（二）合伙经营。这种形式在我省海洋群众渔业中占多数。它原有的财产也是大集体（大队或生产队）所有分为小集体所有的以船核算的分散经营，以后逐渐演变为合伙经营。生产作业主要在沿岸、近海渔场，生产工具简陋，生产技术简单，以中小型渔船为主，其船网等生产工具属生产作业单位的对（单）船上劳动者按劳投资，一般的一劳一份，按劳分配，退出生产作业单位时，其投资可以带走。此类形式的在我省对（单）船核算的渔船中的占50%。（三）雇工经营。这种形式主要是具有生产技术的渔民，又拥有较多的自有资金，一般的是几个合资或独资购置船网工具等生产资料，本人参加船上劳动，也有些本人不参加船上劳动，劳力不足部分或大部分则雇工。收益分配有两种：一种以工资形式雇工经营；一种从收益中给予雇工报酬（限额）。这种形式在我省渔区虽占比例不大，但有发展趋势，就全省来说，约占对（单）船核算的渔船数的10%左右。（四）个体经营。这种形式主要是以小型作业为主，本人和全家劳力参加劳动，自筹资金购置船网工具，在沿岸渔场生产作业的自营生产，此类形式在全省对（单）船核算的渔船中约占15%（胡伟，1991）。

② 黄炯辉：《海洋渔业体制改革的新路子——惠安县渔业股份制合作经济的探讨》，载《福建论坛（社科教育版）》，1988年第8期。

③ 盐城市近海浅滩小船只密集，酷渔滥捕严重，仅20马力以下的近海作业渔船就比邻近的南通市多1400多只，加之近海环境污染系数逐年增加，严重影响鱼类资源的生存和繁衍，近海资源的枯萎衰退已成定局……远海渔业资源也呈日下之势。全市远海捕捞作业主要在黄海的1736海区，北邻韩国的济州岛，南航到东海的远海区域。仅就黄海1736海区而言，捕捞作业者较多，韩国和我国的山东、辽宁等省市海捕靠近，均占优势；黄海南端其他四位数海区，又临日本渔轮捕捞能力较强，难以与之竞争，而连云港、南通等市也多在该区作业，捕捞强度日趋增强渔业资源也渐转坏，南端东海区也不断恶化，据资料反映，该区虽然带鱼产量增加，但都是在对带鱼资源掠夺性捕捞的基础上获得的。整个黄海与东海的带鱼小型的比重过大，中型和大型的比例减少，群体小型化的趋势表明渔资源已遭破坏，远海海捕前景不容乐观……只有远洋渔业资源丰富，仅太平洋北部的陕雪鱼，年可捕资源为1000多万吨，目前年开发为600多万吨，而我国只占几万吨。国家渔业部门已提出“走出近海，发展远洋渔业”的口号，可是，我国市一级现有捕捞能力以及其他装备远远不能介入远洋作业（殷克林、孙东海，1991）。

再转变。由有利于集中协作远海捕捞的合伙或股份制向个体的承包养殖方向发展。“1996 年至 2001 年，海洋捕捞业逐渐衰退，海水养殖业稳步增长。长期以来，海洋捕捞业超负荷生产；工业废水、农药化肥、生活污水和垃圾等污染物对海水水域资源严重侵蚀，最终导致近海渔业资源日趋衰退。加之因柴油价格持续上涨、人员工资增加、渔具损耗严重等原因引起海洋捕捞成本不断上升。在这种背景下，捕捞船只和人员不断减少，海洋捕捞总产量连年下降。而养殖业在国家政策的支持下，加上养殖户经过学习和经验积累，产量和产值开始稳步增长。”①

农业部于 1999 年首次提出海洋捕捞计划产量“零增长”目标，捕捞向养殖的过渡成为必然，如何分配养殖资源使用权给失渔渔民或者使其转业、转产成为下一步企业面对的主要问题。特别是《联合国海洋法公约》生效后，我国的管辖海域虽然达约 300 万平方公里，但是我国海域相邻的国家、地区较多，情况较复杂，与周边国家有争议的海区面积达 120 万平方公里。随着中日、中韩、中越双边渔业协定的签署、生效，海洋渔业开始由领海外自由捕捞向专属经济区制度过渡，我国海洋捕捞渔船的作业渔场将明显缩小，大量捕捞渔民面临转产转业问题，对海洋渔业和沿海经济发展带来严重的影响。②

（五）资源

1. 捕捞资源。

1980 年以后，随着“以船核算”和生产责任制的确立，水产品市场的开放，人们对水产品的需求又很大，因此捕捞生产上的经济效益越来越高，1984 年担鱼平均价达 60 元，比 1978 年上升 4 倍，③ 尽管政策上有加强禁渔区管理的部分措施④，但

① 任广艳、陈自强：《透过一个渔村产业结构的变迁看我国新渔村建设——日照市东港区任家台村调查》，载《山东农业大学学报（社会科学版）》，2007 年第 2 期。

② 据初步统计，3 个渔业协定生效后，每年全国约有 6000 艘渔船要陆续从部分外海传统渔场撤出，有 30 多万海洋捕捞渔民和近百万渔业人口的生产、生活受到不同程度的影响。水产品流通、加工、冷藏、运输、渔船网具制造及港口服务等与海洋捕捞业直接相关的产业受到连带影响，渔区劳力就业难度增大。例如，中越《北部湾渔业合作协定》生效后，广东省主要是湛江市将减少传统作业渔场 3.2 万平方公里，占传统作业渔场的 50%。广东省常年在北部湾中心线以西生产的 6000 艘渔船（主要是湛江市）将被迫退出，每年减少产量 32 万吨（其中湛江占 22 万吨），渔业经济损失 17 亿元，后勤损失 10 亿元（马英杰，2003）。

③ 周惠民：《以养殖为主好——发展浙江渔业方针的探讨》，载《浙江社会科学》，1985 年。

④ 自 1981 年起，小于 80 马力的底拖网机动渔船也不得进入禁渔区内作业生产。利用某些特定品种必须在禁渔区线内拖网生产时，要经山东省水产局批准。同年 12 月，国家水产总局决定将渤海“机动拖网渔业禁渔区”改为“机动渔船拖网禁渔区”，并将渤海原有的禁渔区域改划到辽宁省大连市老铁山灯塔、山东省蓬莱灯塔一线。在此禁渔区线以西海域，全年禁止机动底拖网渔船生产。在秋冬对虾汛和对局部海域若干小水产品的利用，在未有较理想的渔具和捕捞方法前，暂允许继续使用底拖网，但需经国家水产总局批准或由黄海区渔业指挥部发给对虾准捕证。摘自曾呈奎、徐鸿儒、王春林主编：《中国海洋志》，大象出版社 2003 年版。

因海洋捕捞投资利润率高于许多其他产业，地方保护主义抬头，政策执行不利，不但大批专业渔民下海，还吸引大批农民下海，小型作业和张网作业的发展大有失控之势，所有船只高度密集在近海渔场进行捕捞[①]，对近海资源破坏严重，在80年代初，就是沿海的鱼米之乡，吃鱼难也已是一个越来越突出的普遍问题。[②]

在这种情况下，海洋捕捞调整策略，通过与外海、远洋相关国家多种形式合作，以减轻近海捕捞的压力，缓和近海资源过度利用的矛盾，这也符合世界海洋渔业资源利用的发展规律。[③]

尽管中国大力发展远海和远洋渔业，但近海始终是捕捞的密集区，八九十年代资源破坏严重，生物数量大幅减少，80年代中期在黄渤海水域捕捞对象只以鳗鱼、黄鲫等小型中上层鱼类为主，它们已占总量的60%以上，黄海、东海鳗鱼的总生物量已达到300万~400万吨。1992~1993年，与10年前相比，渤海的无脊椎动物减少了39%，妒鱼、勤鱼、真绸、牙虾、半滑舌蝎、对虾、梭子蟹等重要经济渔业资源的生物量只有10年前的29%，[④] 江苏省东台市港镇是我国鳗鱼苗的主要产地，鳗鱼苗的产量占全国的1/4。1986年该海区每天捕鳗鱼苗100万尾，1994年每天捕鳗鱼苗10万尾，而1997年每天只能捕到1万尾左右，11年时间里鳗鱼苗下降了100倍。[⑤] 个体生物学特性也在向体型小、鱼龄低的方向发展，小黄鱼、大黄鱼、带鱼、真绸、黄姑鱼、银鳍等产卵群体平均年龄都在1龄左右，而“1992~1993年，鱼类产卵群体的平均体重只有10年前的30%。”[⑥]大量海珍品如海参、鲍鱼、中华白鳍豚等也遭受毁灭性打击。[⑦]

海洋污染对生态环境的破坏也影响了鱼类的生存与繁衍。据环保部门不完全统

---

① 如在渤海2.9万平方海里的渔场里，就拥有机动渔船1.4万多艘，非机动船3万余艘进行作业。在秋捕对虾时，渤海渔场，每1平方海里，1个月要被拖扫30多次（王泽沃、杨运俊、黄士根，1980）。

② 1964年上海公司产鱼10.4万吨，其中带鱼占6万吨，黄鱼占1.5万吨，三种经济鱼合计亦占70%左右，夏汛带鱼多时还贴油票推销带鱼。而到了1980年，虽然产量已达15万~16万吨，但四种经济捕捞对象的比重已只占30%左右，市场上供应的主要是马面鲀和中小型带鱼（王泽沃、杨运俊、黄士根，1980）。

③ 海洋渔业发展的历史证明，海洋自然资源的利用由近及远，由易到难，由密集到分散，这也是和人类科学技术与经济力量的发展相一致的。不少渔业发达国家的渔业发展史，一般是先发展沿岸渔场，到一定程度并产生了危害，如对沿岸渔场资源造成了破坏，由国家采取法律等强制措施后才被迫移向近海，并逐渐向外发展的。当各国都采取200海里经济专属区的政策后，南极和深海渔业资源的开发才为渔业国家所重视并有所进展（王泽沃、杨运俊、黄士根，1980）。

④⑥ 孙吉亭：《中国海洋渔业可持续发展研究》，中国海洋大学学位论文2003年版。

⑤ 蒋国先，张春林：《海洋渔业资源亟待保护》，载《现代渔业信息》，1998年第4期。

⑦ 素有“天然鱼池”美称的大连湾原是海珍品的乐园，60年代海参、鲍鱼年产量1000吨左右，而现在海珍品已与大连湾告别了；文昌鱼被达尔文称为提供脊椎动物起源的钥匙，在世界海洋中唯有我国厦门刘五店海区能形成鱼汛，如今刘五店海区文昌鱼已濒临绝迹。我国独有的国家一级野生保护动物中华白鳍豚，是我国生物基因库中的一块瑰宝，60年代其栖息地厦门海区随时可见，现在已成为珍稀濒危物种。（蒋国先，张春林，1998）

计：1980 年我国排入海洋的污水 65 亿吨，1990 年为 80 亿吨，1995 年为 90 亿吨。进入 90 年代我国有 80 万平方公里的海域受到无机氮的污染，有 20 万平方公里的海域受到油类的污染，在锦州湾的五里河口底质油厚度达 2 ~ 4mm，这里的底栖动物由 50 年代的 150 种减少到目前的 8 种。1995 年我国发生渔业油污事件 570 多起，造成渔业经济损失 5. 6 亿元。[①]

1994 年《联合国海洋公约》生效使各个国家的要进行 200 海里专属经济区的渔业管理，为了进一步保护近海渔业资源，实现可持续发展，农业部于 1999 年首次提出并基本实现海洋捕捞计划产量“零增长”目标，全社会和国际社会对此反映强烈，近海海洋生态资源的保护关乎未来的持续发展，要严格控制近海捕捞强度，除了控制渔业船只总数，取缔对杀伤海洋水产资源较严重的作业方式外，更要注重合理安排、分流渔业劳动力，引导其逐步向工业、企业、服务业等转移，理顺与地方利益的冲突矛盾，有效加强保护措施的推行。

2. 养殖资源。

由于“文革”时期的过渡捕捞使近海渔业资源近乎枯竭，文革后期渔业虽然在产量上仍然增长，但质量明显下降，难以解决我国人民膳食结构中蛋白质不足，特别是动物性蛋白缺乏的问题，难以满足人们对海水产品的需求。但远洋捕捞面临的问题是：蛋白质含量低、营养价值较差，不能满足人类对水产品日益增长的需要[②]；远洋资源的自由开发可能受限制，经济专属区问题提出之后，到别国经济渔区外海开发渔业资源将很困难[③]。而通过开发养殖业，特别是养殖产量大、消

---

① 蒋国先、张春林：《海洋渔业资源亟待保护》，载《现代渔业信息》，1998 年第 4 期。

② 据统计，100 米水深以内鱼产量约为 12. 5 公斤/平方千米，100 ~ 200 米水深海区下降到 5. 4 公斤/公里，到了 300 米水深则下降到 1 公斤/平方千米。尽管目前对 500 米水深以下的渔获量尚没有可靠的统计数字，但是可以预料，随着深度的增加，渔获量将有重大下降。且生活在 1000 米以下的深海鱼类，其蛋白质含量 6. 13%，而大陆架鱼类的蛋白质含量则为 17% ~ 30%，足见营养价值亦较差（徐恭绍，郑澄伟，1978）。

③ 近十几年来，日本、苏联的渔获量都曾迅速提高到 1 千万吨左右。这是由于他们大力向外扩张，掠夺第三世界大陆架水域资源而得到的。如日本 1975 年海洋渔获量达 957. 3 万吨，其中，就有 39% 是从其他国家的人陆架水域捕获的。苏联掠夺他国资源的比重更大，将近本国总渔获量的 70% ~ 80%。因此，自经济专属区问题提出以来，掠夺与反掠夺的斗争日益尖锐。近几年，日本提出了由捕捞渔业转向“栽培渔业”的口号，并力图在 1977 年使海水鱼养殖的产量从 1974 年的 8 万 ~ 9 万吨增至 31 万吨。苏联近几年也在大力加强这方面的工作，至今已开了两次全苏性的海水养殖会议。另一些国家，为了争取外汇，也相应地开展了高级鱼类的养殖（徐恭绍，郑澄伟，1978）。

耗少的食物链中第二级产品，对解决人类对海水产品的需求问题潜力巨大、前景广阔。①

70年代末，国家提出了“合理利用渔业资源，大力发展养殖业”的方针，②80年代便确立了“以养殖为主”的渔业发展方针。但初期对海水养殖的认识仍然不足，各地的盲目围垦③，缺乏管理，为经济利益滥采滥挖，④ 挤掉了养殖场地和苗种来源。

养殖资源利用效率不高，中国的养殖在初期以贝类和藻类为主，贝类养殖面积与养殖产量均为我国海水养殖业中最大的，而藻类养殖因技术成熟、单产高，虽然养殖面积在鱼虾贝藻中是最低的，产量却仅次于贝类，在80年代初期由于政策性补贴利润率很高，也是致富的重要途径，为沿海渔业由单一的捕捞向捕养并举的多种经营方式转变做出了贡献，但由于其加工水平跟不上，附加值较低，几次降价并

① 陆地上的产品，85%是植物性食品；动物性食品（包括肉类、奶和蛋类等）为15%。植物性产品基本上是生长于平均约1米厚度的地球表层，部分在土层中，部分在空气中，易于用人力和机械进行收割。动物性产品基本上是以植物性饵料为食的动物，如猪、牛、羊、家禽及其产品（肉、奶、蛋类）等。其中，猪、鸡等亦常有饲以鱼粉或其他低值动物性食料，但是绝大多数是属于食物链中第二级产品。可是海洋却不同，直接可供人类食用的海洋植物性产品只有少数几种海藻，绝大部分却是个体微小（直径为0.01～0.5mm），不能供人类直接食用，特别是不可能大规模进行商品性生产的浮游植物。海洋中食物链第二级产品（相当于陆地上牛、羊、家禽等）是浮游动物。这类动物基本上也不能作为人类的直接食品，而且生活水层可深达100米，利用人力或机械力大规模进行商品性生产目前也不可能。海洋中可供人类食用的产品75%～80%是鱼类，这些鱼类在食物链中主要属于第三级、第四级，甚至第五级。非洲原始大草原食物链的关系是草—羚羊—狮子。如果与海洋中食物链相比，那么鱼约等于狮子或以狮子为食的动物，甚至更高一级的肉食性动物。我们知道，动物吃进胃中的饲料，平均只有10%转换为动物体的组织及其产品（如肉、奶、蛋、内部器官、皮肤、骨骼等），90%是作为日常新陈代谢的需要而消耗掉，也就是食物链每升高一级，食品的转换率只有10%，10斤饲料产生一斤产品。这就是海洋和陆地在食物链第一级产品的生产量相差异常悬殊，而至今从海中所得的食物产量只占人类总食物产量1%的理由所在（徐恭绍，郑澄伟，1978）。

② 水产品是具有高蛋白低脂肪的营养食品。在我国人口多、耕地少、粮食生产和供给之间的矛盾短时间内难以缓解的情况下，大力发展节地、节粮型的水产养殖业和海洋捕捞业，对改善人民的膳食结构，调整农村产业结构，促进渔区和农村的经济发展，将起重要作用。国内巨大的水产品消费市场，将有利于水产业的发展。随着消费者经济收入的增加，膳食结构的改善，对水产品的消费量将增多，国内水产品市场潜力很大，总的趋势将是供不应求。摘自水产发展研究课题组：《我国水产业发展前景研究》，载《农业经济问题》，1990年第10期。

③ 刘志民（1985）具体分析了海水养殖的认识问题。首先是各级领导干部的认识问题，其普遍没有意识到开发滩涂、创造财富的意义，特别是在极左错误思潮影响下，眼睛一直盯在种田上。荒芜一亩田有人过问，荒芜万亩滩涂却无人管。即使围垦了少量滩涂，也是栽培芦苇，种植水稻。对水产养殖业，尤其是对虾养殖业不够重视。致使已经开发的少量滩涂的经济效益也没有得到充分发挥。其次，国营农场办场的旧模式没有冲破，受老框框的束缚，只统不分，统而不养。不敢把滩涂交给农工让他们修池养虾，而是紧紧地握在农场手里，而农场又受资金、物力等多方面限制，养虾业发展不起来。最后，没有改变历史传统习惯，认为对虾是天然生长的，渔民祖祖辈辈主要是捕捞，对逐步发展的海洋养殖业缺乏认识。

④ 山东北部和江南北部沿海有大量的文蛤，同样由于缺乏管理、部分地区不分大小全采上来，造成文蛤资源的破坏。渤海的毛虾资源早期有人估计高达数十万吨，而到1980年左右也基本采光了。海参、鲍鱼等海珍品，由于盲目大量采收，大的卖给国家，不合规格的稚参成了特殊的热门货。滩涂岩礁分布的自然资源也遭到不同程度的损害（张海峰，1986）。

由包销改为自产自销，养殖户纯收入减少，① 但由于技术发展和国际市场褐藻胶价格一直看好等原因仍然坚持养殖，虽然积极性不高但养殖面积仍缓慢提高。虾蟹类养殖1990年以后面积稳步增加，产量也稳步回升，对虾养殖的技术在80年代已经成型，但还不能因地制宜、立体利用水面，② 同时需求量小，销售不易，但随着人们的生活水平提高，这些蛋白含量高的产品逐渐走入普通家庭，销售问题逐渐解决。鱼类1993年以后养殖面积连续两年迅速增长，但从1995年以后变化不大。这种养殖结构问题，导致我国虽然海水养殖产量在世界上名列前茅，但养殖资源利用率不高，只有通过加大养殖面积来维持产值，因而产值不尽如人意。

从80年代末以来，浅海单产呈现下降趋势，既有其不好的一面，海洋水体生态环境受到破坏，养殖能力逐年减小，特别是污染海水富营养化后发生赤潮，危害巨大③；也有其好的一面，说明单产较低的鱼类、虾蟹类养殖面积在扩大，平均单产自然水平有所提高。

（六）技术

1. 捕捞技术。

过去由于我们木船多、船体小、设备差，不能到外海作业。产量主要靠近海渔场。随着技术的发展，渔轮和机帆船发展很快，船体和马力都加大，可以到外海生产，甚至到远洋。

80年代初，试制成功低压液压拖网绞钢机，绞机拉力接近日本70年代中后期水平。机械化操作水平也大幅提高，有的已相当于国外70年代的水平，同时探鱼

---

① 海水养殖产品深加工问题。佘大奴、朱宝馨（1984）分析了海水养殖产品的加工、运销问题。认为这是当时阻碍生产、发展的主要环节，也是影响产品质量和商品量的主要原因。他们认为当时海水养殖产量98%是贝藻类，可是在加工上，缺乏设备，缺乏技术指导，有的只能就近鲜销，有的只能进行粗加工，因而质量差、品种单一。产品集中于产区附近，价格水平较低。这样既影响生产者的积极性，又满足不了消费者的需要。而在购销上，则是“少了赶、多了砍”，国家的各项配套措施没有跟上，有些产品国家收购不了，又没有积极组织生产者自运自销，特别是对个体小商贩的远途运销，更缺乏必要的支持和鼓励，其结果是堵截流通渠道，阻碍了生产。

② 广阔的岩礁是鱼繁殖生长的良好场所、海藻丛生的地带也适于鲍鱼、海参的繁殖生长，但由于重视不够，增养殖技术落后，这一优越的自然资源条件尚未得到充分利用（张海峰，1986）。

③ 海洋被污染以后使海水富营养化，为赤潮的发生提供了物质基础。赤潮研究最新报告指出，从1973年到1997年我国共发生赤潮260多次。纵观赤潮发展的动态，危害较大的赤潮60年代以前只记录了4次，70年代为6次，80年代为16次，而90年代则发生了三四十次之多，且赤潮的规模不断扩大，造成的损失也不断上升。1997年广东饶平县拓林湾发生历史罕见的冬季赤潮，180户渔民的3800个网箱经济鱼类，在短短的10分钟内全部死亡，每户平均损失4万元。1998年3～4月，广东沿海又发生大规模赤潮，面积达3000多平方公里，使粤港两地损失超过亿元。1998年8～10月下旬，渤海海域发生大规模的赤潮，面积达3000平方千米，其损失不可估量（殷政章、夏宏伟，1999）。

仪器逐渐普及，为围网渔船开辟外海渔场创造了有利条件。

2. 养殖技术。

在1980年以前，海带、紫菜、苔贝等加工技术单调、远不能适应市场的要求，积压亏损束缚了生产的发展；养殖品种单一，海水养殖产量80%是贝、藻类，鱼、虾类极少，一些名贵海珍品奇缺，还要进口。至于水产资源的人工增殖，基本上还没有开展。①

利用新科技，增加养殖品种。新产品的发展首先需要新技术的支持，在80年代我国水产养殖技术最重要的革新就是对虾人工培育的成功。1979～1982年，浙江、福建、辽宁等省先后引进优良品种太平洋牡蛎试养成功并逐步推广，增加了贝类养殖新品种。

进入20世纪90年代，海带绑小漂及贝藻间养等技术在生产中大面积推广，既适合市场畅销的薄嫩鲜海带的加工，又可提高淡干品产量一倍以上。

① 王泽沃、杨运俊、黄士根：《我国渔业经济结构概况》，载《中国农村观察》，1980年第1期。

第八章　中国海洋运输业演变

海洋运输产业属于第三产业，是一个特殊的物质生产部门，其投入表现为一定数量的船舶、港口、装卸、航道设施以及燃料等生产资料的消耗和劳动能力的消耗，其产出不是物质产品，而是运输劳务①。

中国的海洋运输业建立在断壁残垣的战后，基础十分薄弱。然而，通过政策的呵护以及积极有效的计划管理措施的实施，中国海运业快速恢复。但是，随着大跃进、三年自然灾害以及文化大革命的一波三折使得海运业震荡剧烈。改革开放的实施终于结束了这种政治社会经济的动荡，海运业也迎来了其发展的契机，伴随经济全球化的进程，中国的远洋运输更是发展迅猛。

一、海洋运输业恢复发展期（1949～1957年）

（一）背景

建国初期，中国的海洋运输业所用船只大都是接收国民党政府以及争取在海外的部分爱国轮船起义和民营私营船只北归得来的。1949年初，在国民党军队节节败退以及中国人民解放军跨过长江攻占南京以后，国民党要求当时分管海洋运输的招商局通过海上运输将其军队、物资、器械运往台湾，以图发展台湾，未来反攻大陆。在运输过程中，使用了大量的招商局所有和民营海运、河运的大型江轮、海轮

① 运输劳务在商品经济条件下是一种特殊商品，既具有价值又具有使用价值，其生产和消费是同一个过程。其使用价值是能使客货发生位置移动，实现各国、各地区之间的客货交流。衡量运输劳务大小的指标是一定的运输量、周转量和一定的运输质量。在投入的资金、人力和物力一定的情况下，产出的运输量和周转量越多、运输质量越高，运输收入、利润越多，说明其经济效益越大。反之，则经济效益越小（姜园华，1990）。

（包括自由轮、大湖轮和格莱型船等），据统计，其中江轮54艘，约4.2万载重吨，海轮80艘，约22.4万载重吨，这些轮船在输送完物资人员以后，属于招商局管辖的一般直接留在中国台湾地区，而民营部分有些因听信国民党的片面宣传担心战争后的问题留在台湾地区或者被强制滞留在台湾地区，还有一些则担心被国民党军队征用而转道中国香港地区、南洋（今新加坡、马来西亚等地），仅去香港地区的船只就超过100艘，合计约38万载重吨，对于仍然滞留在大陆的船只则通过凿沉或炸毁的方式处理，基本不给大陆留下可用之船。在新中国成立以后，经统计，招商局留在大陆的船只只有23艘，不足招商局总船只数的20%，只有可怜的10万载重吨，而且基本都是早就失去控制的江轮和价值不大的小型轮船，而其他民营轮船公司虽然留下了将近280艘船只，但其平均吨位约为200载重吨，绝大部分是小船（钱玉戬，1986）。

而中国当时的造船产业也基本被国民党军队毁坏殆尽，造船技术人员更是奇缺，不要说制造新的设备，即使是旧设备的更新也是个棘手的问题，这在技术上、硬件上确实阻碍了海洋运输业的发展。另外，在新中国成立以后，台湾国民党当局和美国在海上进行封锁，形成了军事对峙，致使沿海航区不能贯通。

随着国民经济的逐渐回暖，大大推动了海洋运输的发展，这个时期，海洋货运量从1950年的69万吨增加到1957年的1223万吨，年均增长率高达43.2%，其中，沿海货运量占95%左右，如图8-1所示。客运量从1950年的103万人增加到1957年的312万人，年均增长率达14.9%。

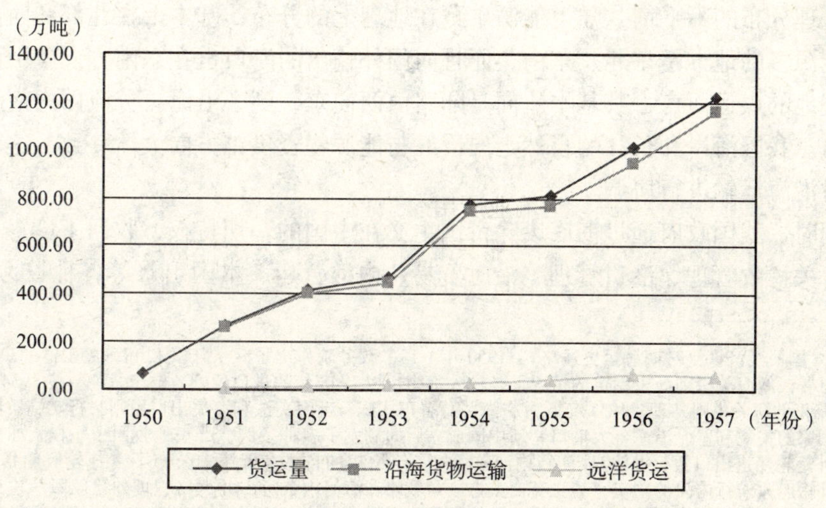

图8-1　1950~1957年货运量、沿海和远洋货运量

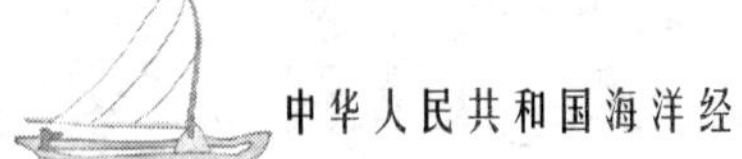

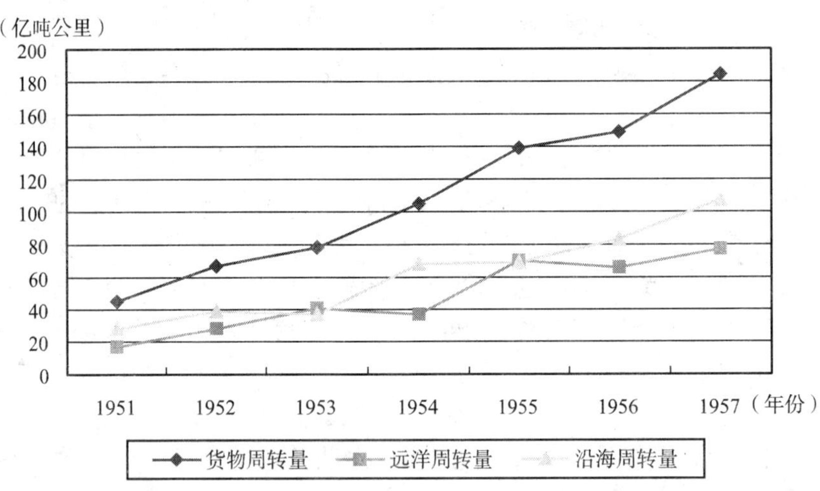

图 8－2　1951～1957 年货运周转量、沿海和远洋货运周转量

建国初期，主要海运任务是保证城市粮煤运输，支援解放沿海岛屿，活跃城乡经济，促进国民经济早日恢复。"一五"期间，全国进入有计划的大规模的经济建设后，随着东北的钢铁、煤炭、机械、石化等重工业基地的兴建，以及长江、珠江流域工农业生产的蓬勃发展，南北物资的相互需求和交流急速增长，铁路运输已不堪负担，必须从海上分流。又因海运具有量大、价廉的优点，所以海运量逐年成倍地上升。

我国是一个生产能源物资的大国，同时又是一个消费能源的大国。但供需之间存在地理分布的不平衡。陆上能源矿藏在地理上的分布，基本上在北部和西部，而消费能源多的地方是东北、东南，而且向国外输出的海口也在东南方。就山西煤炭开采基地的煤运而言，其基本流向是陆路由西向东，到了沿海再分流国内南北和国外出口。我国海岸和长江的自然走向恰好与能源物资供销方向大体一致。这就方便了通过沿海运输进行协调。

同时，我国政府通过彻底废除帝国主义在中国的一切特权，收回了沦丧一百多年的海关税收管理、港口管理、沿海贸易、内河营运、本国引水等各种权力①，同

① 《国民经济恢复时期海运史述略》：1950 年 1 月，政务院作出了《关于关税和海关工作的决定》，准许海关总署在新海关税则尚未制定的情况下，输入货物暂按 1948 年的进口税则，输出货物暂按 1934 年订立、1945 年修正的海关税则办理。1951 年 5 月，海关总署正式施行新海关法和海关出口税则暂行实施条例，从而维护了国家的关税利益。沿海各大港口，新中国成立后即颁发了多种条例，严正地收回了航权。如上海港公布了《外籍轮船进出口暂行办法》，实行内河航行权、停泊权的自主；天津港公布了《拖轮驳船指派办法》和不准外籍船只航行内河的规定，禁止英商太古公司驳船在海河内营运，并严格管理外籍船只的进出口。对外籍船舶的进口则规定了严格的审批手续。凡航行于我国沿海，或在我国港口有转口货物的外籍轮船，必须经过我国航政部门单程批准。在引水方面，辞退了外籍引水员，将引水公会收归国营，并实行外国轮船进港必须由中国引水员引水的制度（钱玉戡，1986）。

时收回外轮代理业务①。并通过对外籍的船只进行相对严格的管理审批，以保障本国航运业的独立发展，给本国船只以航行的优先权。这大大促进了中国海洋运输业的进出口贸易的需求，提振了中国远洋运输发展。

但是，刚刚结束的内战以及朝鲜战争加剧了南北对抗，西方国家进一步加大了对中国大陆的封锁，远洋贸易发展缓慢也就导致了远洋运输需求增长缓慢。

（二）沿海运输

这段时期，中国的沿海运输发展迅猛，主要靠三方面的努力：

1. 船舶数量的增加。

增加船舶数目的方法主要有通过打捞遭到国民党破坏的船只并进行修补，通过国内造船厂新造船只和购买国外的船只，但由于国内造船业缺乏技术、人才，造船设备也基本在内战中被破坏殆尽，修造能力都很薄弱，给打捞修复和船舶自造都带来较大困难；而紧张的台海局势以及西方对中国大陆的封锁与禁运和国内资金的缺乏，不可能较多地引进国外新型船舶和先进航海技术，购买国外船舶的数量也不大。因此，尽管运力紧张，但实际的营运船舶却增长缓慢，北方航区从 1952 年的 49 艘增长到 1957 年的 79 艘，增长了 62%，其中货轮从 34 艘增加到 56 艘，客轮从 7 艘增加到 13 艘，华南航区从 1952 年的 24 艘增长到 1957 年的 29 艘，增长了 20%，其中货轮从 14 艘增加到 19 艘，客轮保持 10 艘不变，总载重吨从 1952 年的 17.9 万载重吨增长到 1957 年的 26.5 万载重吨。②

2. 运输管理方式的调整。

既然增加船舶数量的方法相对效果不佳，那么通过调整运输管理方式则是一个成本低廉效果较好的解决方法。调整运输管理方式主要有两种：

（1）把分散的、多环节的公私营海上运输业，逐步集中，统一经营管理，使之纳入国家计划经济的轨道，以充分发挥其运输效能；包括对官僚资本航运企业、

① 新中国成立前，在航权丧失的条件下，沿海港口的外轮代理业务，均为外籍商行、代理行和小部分私商报关行所控制。新中国成立初期，由于国家船舶代理业没有正式建立起来，大部分来华船舶依然由上述商行、报关行代理。直到 1953 年元旦才成立了中国外轮代理总公司，接受和从事国际远洋运输的代理业务。公司成立后，代理业务迅速扩大，并逐步赢得信誉。1956 年下半年随着社会主义改造的进行，在中国的外籍航商和代理行，开始将业务转让给中国外轮代理公司。截至 1960 年，所有外商的转让工作全部结束。公司的建立和发展有力地促进了远洋运输业的发展，并在远洋运输局的领导下，在沿海主要港口建立了外轮代理分公司。

② 卫太夷：《关于“一五”时期我国海运管理改革的探讨》，载《上海海事大学学报》，1986 年第 2 期。

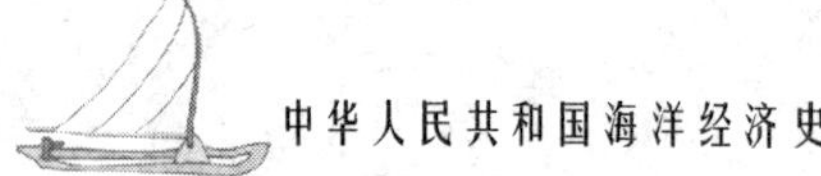

南洋航线的私营航业和沿海个体木帆船运输业的改造。

对于官僚资本航运企业的接管和社会主义改造工作是“依照革命阶级科学准备的水准逐渐加以改良”稳步进行的，鉴于官僚资本航运业原有的一套管理机构和制度，产生于官僚资本主义的生产关系，这些企业的组织系统和管理机构是资本主义生产长期发展的结果，是社会化大生产的产物，它既有适应垄断剥削的方面，也有适应生产发展需要的方面。因此“对于旧的统治阶级所组织的企业机构、生产机构，在打倒旧的主人换成新的主人之后，则不应加以破坏，而应加以保持”。尤其是我们接收官僚资本航运企业的工作是在解放战争尚未完全结束，社会秩序尚不稳定的情况下进行的。当时我们还缺乏管理现代化航运企业的经验，稍有不慎，就会带来严重的损失。按照中国共产党和人民政府的规定，对官僚资本企业的接收采取了“不要打烂旧机构”和给企业的原有工作人员“保持原职、原薪、原制度”，维持其原有的生产组织和技术系统，原封不动的先行接收，实行监督，迅速恢复生产，而后再逐步进行改革的政策。[①] 这种政策在当时而言，对于安定人心、稳定社会秩序、保证接收改造工作的顺利进行，保持航运生产的持续进行，避免因新旧交替而可能造成混乱和资财的损失，并逐步把官僚资本航运企业改造成为社会主义性质的企业，都是十分有利的。

随着社会主义的改造进一步加深，出于对中国当时的政策的理解，一些原本滞留海外的私营航运企业开始接受公私合营制度，1955 年 6 月，南洋航线的私营航运企业进入公私合营，成立了南洋轮船公司，在营运一年后将这些企业打散分别并入福建、浙江两省的航运局经营管理。

1956 年根据社会主义改造的政策要求把生产资料私有制改造成为社会主义全民所有制，对沿海个体木帆船运输业进行了社会主义改造。

（2）改革企业的经营管理上，依靠和发扬海运职工的主动性和积极性，充分发挥聪明才智，千方百计挖掘原有运输工具的潜力，努力提高工作效率和经济效益，以保证国家运输计划和财务计划的完成。

为合理利用现有运输工具，在 1953 年初结束了船舶的民主管理以后[②]，开始调整管理体制。为改变海上运输历来存在的运价高、质量低、费目多、手续繁等积弊，以达到提高运输效率、降低成本和安全生产的目的，积极开展经营管理的改革。改革包括按照社会主义计划经济的原则实行计划管理、技术管理和财务成本管

① 钱玉戡：《国民经济恢复时期海运史述略》，载《上海海事大学学报》，1986 年第 4 期。

② 中央交通部于 1953 年 4 月 30 日发布了《关于调整海运系统的组织机构和领导关系的指示》，从国家行政管理上建立了统一的海运体系。

理来管理企业和组织生产①，强调港务工作，开展经济调查②，为货主提供经济运输路线，大力组织货源，调整并降低运价和港口费率③，开办代运中转业务等，使海运企业由生产型开始向经营型发展。建立海上安全监督检查机制④，开展技术革新⑤和海上劳动竞赛⑥等，引进苏联的先进海运技术和不断地挖掘运输潜力并行。我国海运业在新中国成立初期的具体历史条件下，紧紧抓住企业管理改革这一关键，充分调动和发挥员工主观能动性，从而克服了种种困难，发展了海上运输，提前完成了国家规定的"一五"海运计划，在国民经济建设中起到了先行作用。这有力地证明了当时在不增加船舶的情况下，"向管理要运力"，成为提高劳动生产率和经济效益的一个行之有效的重要方面。

3. 运输线路的改进。

由于台湾海峡的军事对峙以及西方对我国的海上封锁和适应国家大规模经济建设的需要，中央交通部根据1952年11月全国海运专业会议《关于统一北洋、华东两航区的决定》，沿海运输不得不以台湾海峡为界，划分成南北两大航区，分别集中管理。划分后，南方航区的运力、运量和航线均少于北方航区，但它是中国对外贸易的重要口岸，是发展国际贸易的重要基地。这个时期开辟了中越航线和广州到香港、澳门等地的航线。北方航区则以沿海航运为主，运输国内建设物资为主要任

---

① 卫太夷：《关于"一五"时期我国海运管理改革的探讨》，载《上海海事大学学报》，1986年第2期。

② 北方航区1954年4月在华东财经委员会的领导下，进行了统一的计划运输调查研究工作，同年7月又组织上海铁路局、长江航运局、上海港务局、上海海运管理局四个单位对上海地区进行经济调查，以后成为制度，不断地调查、掌握重点物资产、运、销的动态，货源、货流的变化规律，为合理地组织平衡运输，以及运输工具的分工，编制年、季、月生产计划创造了条件（卫太夷，1986）。

③ 通过对海路、陆路的运输费用、里程、时间等方面的分析、比较，提供合理运输的路线。例如：马鞍山运往鞍山钢铁公司的矿石，组织海轮直达，每吨比走铁路节省运费5元，平均每年按20万吨计算，可减少运费100万元（卫太夷，1986）。

④ 新中国的海运企业，非常重视船员和旅客的生命安全，极力维护海运货物的完整无损，为此采取了一系列有效措施，来保证安全生产。1951年首先在各级海运、港务管理局建立了海务、港务监督室，从法制上来全面地监督船舶安全运行。为贯彻预防为主的安全方针，"一五"期间，逐年开展安全生产大检查，反复向船员进行安全生产的思想教育，及时发现潜伏的事故苗头；其次，制定和颁布了一系列安全航行的规章制度，并严格贯彻执行，定期检查；再次，建立和健全船舶检验和船员考试、考核制度；同时还抓紧航海科学技术的研究，注意现代化助航仪器的更新换代，加强海图和航海科技资料的管理与使用（卫太夷，1986）。

⑤ 解决"一五"时期运力与运量之间的矛盾的另一条途径是：深入开展群众性的技术革命和技术革新运动，五年来，广大海运职工在安全航行、提高周转、增加载重量、保养维修机器、提高航速和装卸效率、节约燃料物料等方面，共提出合理化建议1910项，成效显著（卫太夷，1986）。

⑥ 解决"一五"时期海上运力与运量的矛盾的又一种办法是：开展社会主义劳动竞赛，组织和发动船岸职工以主人翁的态度，参加海运企业的生产管理，并在各自的岗位上，动脑筋，找窍门，提合理化建议，开展技术革新，不断地向生产的广度和深度进军……海上劳动竞赛的内容是：与企业生产改革的中心任务相结合，从推行航次分时运行计划图表，发展到先进航次和快速航线等群众运动。竞赛的形式从个人、班组、船舶，逐步扩展到船队、船岸、港航厂之间的相互竞赛，促使整个海运系统生产改革的热潮，波浪式地向前推进（卫太夷，1986）。

务，保证沿海地区的煤炭和其他主要物资的供应，开辟了“北煤南运”和“南粮北调”航线，并将“水陆联运”与“江海直达”连接成为一条龙运输线路。

另一方面通过国际合作和租用外轮，国际海上贸易获得较快的发展，进出口贸易1957年比1952年增长2.8倍，并且完成了私营海运业和个体木帆船运输业在生产资料所有制方面的社会主义改造以方便中国沿海地区的运输。

（三）远洋运输

远洋货运量从1950年的8万吨增加到1957年的60万吨，占货运总量比重也由3%增长到5%左右，可见远洋运输发展仍然较为缓慢，制约远洋运输发展的因素除了上面提到的船舶数量增长缓慢以外主要还有海上封锁问题。

解决以上两个问题的方法主要有积极开展同海外华侨、华商以及国际合作。

1. 海外华侨、华商的合作。

在新中国建立前夕，由于担心被国民党军队征用并受到国民政府的片面宣传和对中国共产党的不了解、不信任，大批私营航运企业将船只开往中国香港或滞留南洋（今新加坡、马来西亚等地），1950年通过政府派人赴港宣传、联络和组织，有21艘船回归祖国，约13万载重吨，[①] 但多数未回归，甚至有少数转向中国台湾地区，这个时期由于台湾海峡被美国等西方势力封锁，华侨、华商船必须改悬外国旗才可继续航行于此，而且在1950年1月，政务院作出的《关于关税和海关工作的决定》、《外籍轮船进出口暂行办法》以及《拖轮驳船指派办法》等大大影响了这些船只对国内的运输活动，处境相当艰难。此时，中国大陆也正因为船舶数量少和无法穿越海上封锁而积极想办法，双方一拍即合，由交通部出台《关于侨华船舶可按代理私营海轮收费》的办法，它们便以租船方式参加国家的海上运输，由于它们大多悬挂外国国旗，可以突破海上封锁禁运，成为新中国成立初期新中国外贸运输的一支重要力量。在1958年成立远洋运输局以前，华南一带近海与远洋的出口货，几乎全部使用华侨、华商船。

① 1949年4月至1950年3月，在中国共产党的领导下，在全国革命形势的推动和人民祖国的召唤之下，在中国香港地区、新加坡、日本广阔的海洋上，我国海员先后爆发了一系列驾船起义的壮举。如1949年4月，招商局“中102号”轮满载国民党空军伞兵二千五百多人，起义后安抵苏北解放区连云港；1949年9月，招商局“海辽”轮在珠江海面起义，驶达解放区大连港；1950年1月，香港招商局及停泊香港的“海厦”、“登禹”等十三艘海轮，经过在香港坚持九个多月的护产斗争，最后全部起义，驶回广州，1950年1月，招商局“海玄”轮在新加坡起义，护产斗争长达五年，1950年3月，原中国油轮公司的“永灏”油轮起义；1950年1月，招商局“海辰”轮起义受挫，船长张巫烈、报务主任严敦烨在台湾高雄英勇就义（钱玉戡，1986）。

2. 对外合作的开展。

这个时期，中国与前广大社会主义阵营国家积极合作。同波兰、捷克斯洛伐克都有洽谈过合作，并与波兰首先建立了合作关系，与前捷克斯洛伐克签订了相关合作协议。

中波两国的合作符合两国的共同利益，并且通过合作两国之间建立了深厚的友谊。中波海运公司是最早同新中国建立合作关系的海运企业，这一合作对于当时的中国远洋运输事业而言具有举足轻重的意义。中国和波兰以及其他社会主义阵营国家之间的贸易，因为西方势力的海上封锁，能够长期保持相当不易。捷克斯洛伐克是社会主义阵营当中对外贸易比较发达的国家，早在20世纪50年代初就开始与中方接触，洽谈合作事宜，1953年6月11日在北京签订了两国《关于发展海上运输的议定书》；1955年7月9日两国政府又签订《关于捷方代营中国远洋货轮的协定》，捷方的船公司先后代营中国三艘轮船；1959年3月9日两国政府又签订了《关于成立并共同经营捷克斯洛伐克国际海运股份有限公司的协议》。

针对远洋运输中美国海上封锁的问题，中国采取积极同广大社会主义阵营国家和滞留海外的华商私营航运企业合作的方式，最终在广大社会主义国家以及海外华侨、华商的支持帮助下，逐渐冲破封锁，打通了远洋航路，为远洋运输的发展打下了基础。

二、海洋运输业曲折发展期（1958～1978年）

（一）背景

这一时期，由于国民经济政策和方向上的失误，造成海运业出现了一系列的问题，影响了其正常的发展进程。从1958年开始的“大跃进”使货运量连年高增长，从1957年的1223万吨到1960年的2852万吨，随后的三年自然灾害又使得货运量大幅度下降，特别是1961年降幅达到42.7%，在实行“调整、巩固、充实、提高”八字方针以后跟随需求的上升，货运量也逐年升高，但直到1970年才回到1960年水平，而沿海货运量更是到1973年才恢复。在“文化大革命”时期，尽管世界海运业因为西方世界经济大发展以及集装箱和计算机技术在海运业的广泛应用而蓬勃发展，而被隔绝于世界经济之外的中国海上运输却饱受持续十多年之久的冲

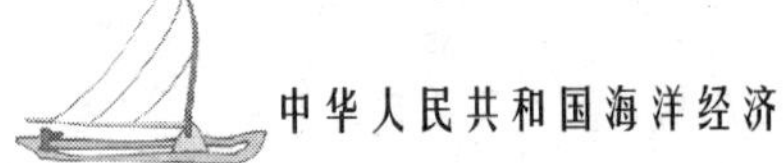

击。几乎全无的沿海港航生产管理、混乱的交通运输指挥和遭到严重破坏的生产秩序给中国的海运事业带来巨大的灾难，特别是沿海运输在文化大革命初期增长缓慢，好在随后在周恩来等人的保护和支持下，海洋运输逐渐恢复发展。70 年代，远洋运输因为中美关系解冻而遇到了发展机遇，增长也较为迅速，远洋货运量从1970 年的 499 万吨增加到 1978 年的 3695 万吨，年均增长幅度为 24.8%，远大于沿海运输的 12.9%，如图 8－3 所示。

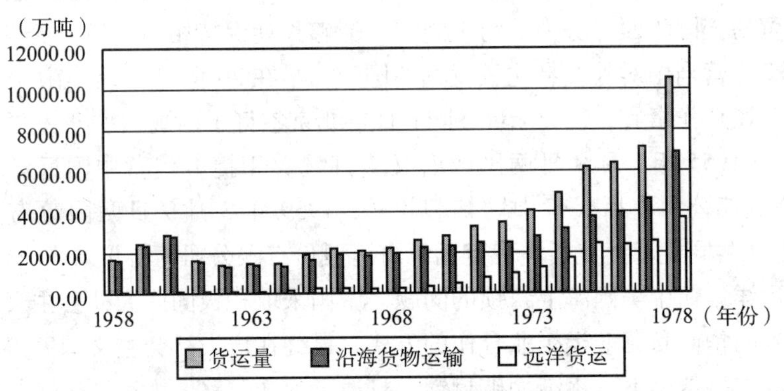

图 8－3　1958～1978 年货运量、沿海货运量和远洋货运量

在第一个五年计划完成以后，我国的工业初见规模，对于各种能源物资的需求加大，而工业发展和能源物资的大规模结合则需要廉价的沿海货运。随着经济进一步的好转，特别是大跃进期间，中国由于虚增的经济增长而激增沿海运输需求，每年为我国基本建设运送大量的钢材、木料、水泥和砂石等。从东北大连、营口运送钢材、木材到沿海各地，从山东海运沙子到天津、上海、浙江等地，运水泥到华南各地，导致一度运力紧张，然而之后不久的三年自然灾害则大大降低了海洋货运需求，也缓解了运力紧张的局势。

随着我国油田的发现和开采，石油和成品油运输又加大了运输压力。① 尽管文化大革命对整个经济冲击较大，大大降低了沿海运输需求，也造成了海运业本身的

① 从大庆油田和胜利油田通过大连、秦皇岛、青岛各港口输送给华东、华南沿海沿江的炼油厂、石油化工厂作为原料，以便生产成品油和各种化工产品，完成一个生产过程。海运再把成品油输给各地成为开动轮船、汽车、拖拉机、发电机、排灌设备等的能源，又使生产品进入另一个消费领域（施存龙，1985）。

混乱，但经济发展的需要①仍然加剧着沿海运输紧张的局面。

同时，由于中国经历恢复时期和一五时期的发展以及“大跃进”激增的需求，进出口贸易快速增长，进出口总额从1950年的41.5亿元增加到1958年的128.7亿元，增幅210%（图8－4），刺激了远洋运输需求的增长，随后的三年自然灾害使进出口贸易开始逐渐下降，接下来的调整时期进出口总额又开始上升，到70年代随中国同主要西方国家关系的缓解，进出口贸易发展迅速，持续带动了远洋运输需求的增长。

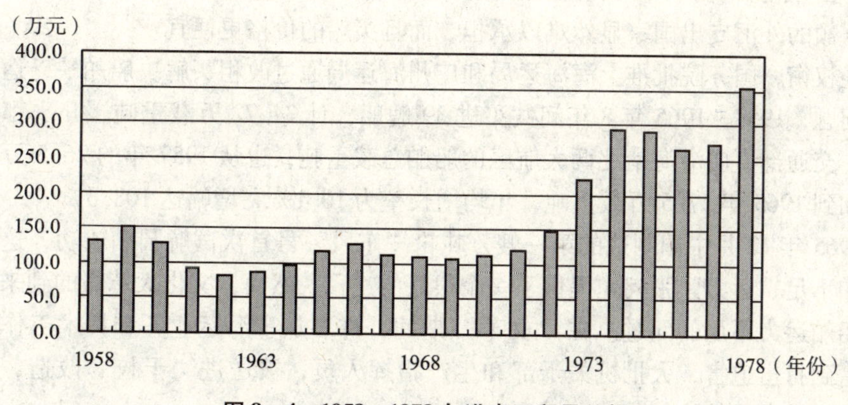

图8－4　1958～1978年进出口贸易总额

（二）沿海运输

这一时期沿海运输通过社会主义改造基本实现了集中管理、统一调配，同时，实施《外籍轮船进出口暂行办法》，收回沿海贸易权，实行内河航行权、停泊权的自主，整个沿海运输业完全由国营海洋运输企业垄断。这种垄断加上快速增长的沿海运输需求主要带来了两个问题：

1. 船只不足和结构不合理问题。

从吨位上看，船舶平均吨位偏小，散货船、油船和集装箱船平均吨位都比较低。从船龄上看，老旧船较多，技术水平低，一些船舶甚至满足不了当时国际公约

① 每年需要将海南岛开采的约300万吨的石碌铁矿石和开滦煤矿的焦炭通过沿海货运输往华东、华南的冶金工业钢铁厂，之后把炼铁厂的生铁海运到炼钢、轧钢厂加工成各种各样型材。完成轧钢工业的生产过程后，又继续把钢材送给各机械工业、各基本建设工地，使之有可能制造出船舶、火车头、拖拉机、房架、桥梁等成品。例如1975年河北遭受地震而需重建城市和乡村，海运为之运输了大批建筑器材。海运把山东的海盐运往大连化工厂制成纯碱，再把大连纯碱运往华北、华东、华南各地的工厂（施存龙，1985）。

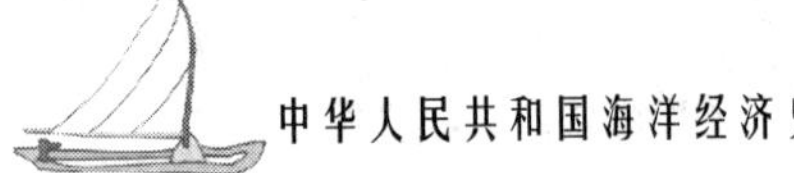

与规范的要求，这也是造成其效率低、安全性差和竞争能力不足的重要因素之一。从船型上看，专用船的发展不尽人意，如散装水泥船、冷藏船、滚装船、客船等都已不能适应发展的需要。①

初期通过租船解决船只不足、结构不合理的问题。1957 年末，中国结束了恢复时期和社会主义改造的过程，一五计划基本完成，进入了全面建设社会主义时期，这时经济发展迅速，沿海运输需求很大，“大跃进”时期更是因虚增的巨大经济需求而大幅增长，导致运力异常紧张。为了保证了国家物资的运输，1958～1960 年，中国共花费 467.5 万英镑租用海轮 42.65 万吨，完成货运量 1364 万吨。长期如此巨额的外汇支出国家显然难以承担，而且买船的价格更便宜。②

经权衡，国务院批准上海海运局和广州海运局通过改租买解决船舶缺乏运力不足的问题，1958～1965 年 8 年间共买进 39 艘船，计 34.72 万载重吨，几乎都是万吨轮。交通部直属沿海南北两大航区的船舶总载重吨，也从 1957 年的 26.5 万载重吨增加到 1965 年 57.5 万载重吨，年均增长率为 10.1%，增幅达 108.3%。

1965 年 12 月中国制造的第一艘万吨轮“东风”号首次试航圆满成功，这给解决船舶不足、运力紧张问题提供了一个很好的途径，然而，文化大革命的到来却加剧了船舶运力不足的问题。在“文革”期间，许多从事海运业务和技术工作的骨干，遭到打击迫害，大批机关干部和生产指挥人员，被送进“干校”改造，大批船只能在港抛锚等泊。

船舶不足的情况又一次出现，当时因买船解决还是通过自造船解决的问题，导致了“风庆轮事件”③，这一事件的结果是长期以自造船为主，现实船舶不足的问题则以租船解决，由于自造船只的生产时间较长，而且质量没有保障，极大地浪费了租船费用。

① 聂嘉玉、王玉田：《中国海运政策的调整及其对航运业发展的影响分析》，载《水运管理》，1998 年第 8 期。

② 当时购买万吨级货轮平均每一载重吨价格仅为 11～12 英镑，几乎与三年租船费用相等，并且自有船可以自由调度、集中管理，通过运输效率的提高来增加运量，进而节约外汇支出增加收入，短期内即能收回投资，据测算，若是买船，1959 年和 1960 年可分别多运 144 万吨和 136.9 万吨，换算成支出则减少外汇支出 104.8 万英镑和 178 万英镑，极大的节省外汇。摘自曾呈奎、徐鸿儒、王春林：《中国海洋志》，大象出版社 2003 年版。

③ “风庆轮事件”具体介绍：1974 年 9 月 30 日，远航欧洲归来的国产远洋轮“风庆”号返回上海港。江青等借题发挥，安排发表大量文章，批判洋奴哲学和卖国主义路线，借此影射攻击周恩来针对远洋运动事业现状提出的造船为主、买船为辅的方针。13 日，江青在《国内动态清样》有关“风庆”轮的报道后面加上批语，并给政治局写信质问：“交通部是不是毛主席、党中央领导的中华人民共和国的一个部?”还说：“有少数崇洋媚外买办资产阶级思想的人专了我们的政”，“政治局对这个问题应该有个表态”，“而且应该采取必要的措施”。王洪文、张春桥、姚文元表示同意江青的意见。他们抡起“洋奴哲学”、“卖国主义”、“假洋鬼子”的大棍子，叫嚷要揪“大后台”。摘自人民网资料 http：//www.people.com.cn/GB/historic/0930/3213.html

这种情况到1975年邓小平同志主持中央日常工作时得到了彻底的改变。通过政策调整，将部分退役远洋运输船舶转让给沿海运输企业，使沿海大量经营的船舶获得更新。仅上海海运局在1974年、1975年的两年中，就更新了近15万吨海轮，同时解决了船只不足和结构不合理的问题，船舶的平均船龄普遍降低，运力大幅增加，上海海运局经过改变用途和报废1/3的船舶后，到1975年船舶总数仍保持130艘计90万吨左右，且新船比重有所提高，船舶技术状况有较大的改善。经过调研，1973年广州海运局成功开辟南北航线，船队迅速得到扩充，特别是油轮的增长更为显著。1974年不足2万吨，1976年突破20万吨，发展速度是惊人的，而且还成功地实现了由大连港装原油，直达南京炼油码头和从秦皇岛港装煤炭直运武汉港，再从武汉港装磷矿石直达大连港的“江海直达”运输，既提高运输效率、缩短货物周转时间，又显著降低了运输成本。①

2. 船舶运输体制问题。

尽管在“一五”期间，海运业在改革企业的经营管理上，依靠和发扬海运职工的主动性和积极性，充分发挥聪明才智，千方百计挖掘原有运输工具的潜力，努力提高工作效率和经济效益，全面纳入国家计划经济的轨道统一经营管理后，发挥集中调度优势，在短期确实提高了效率，但过分强调集中管理、缺乏竞争，中央管理太严不利于发挥地方的积极性的问题凸现。而在发扬海运职工的主动性和积极性方面往往使用劳动竞赛等荣誉奖励型的方式，缺乏物质奖惩，再者劳动竞赛规则设计也有不合理之处，使职工的主动性和积极性逐渐降低。

针对船舶运输效率低的问题，1958年1月根据国务院1956年作出的关于国家行政管理体制改革的规定，交通部将广州海运局和北方沿海1000吨级以下的海轮以及全部港口，分别下放给辽、冀、鲁、江、浙、闽、粤和沪八个省市的地方航运部门，只保留北方航区的上海海运局，并分别实行中央和地方主次不同的双重领导的体制，除交通部直属企业外，沿海的省、市、自治区也都建立了自己的海运企业，逐步形成了以交通部直属海运企业为主，地方航运企业为辅的综合海运体制，充分发挥了中央与地方在海运事业中的两个积极性。并在中央的积极支持和地方本身的积极努力下，沿海的航运事业获得了迅速的发展。

然而海运管理体制刚下放就来了“大跃进”，水路运输首当其冲，暴露出不少问题，出现了运量与运力的尖锐矛盾。1960年贯彻中央的“八字”方针，调整了海洋运输体制上出现的问题，把下放的港航企业重新上收。

---

① 曾呈奎、徐鸿儒、王春林：《中国海洋志》，大象出版社2003年版。

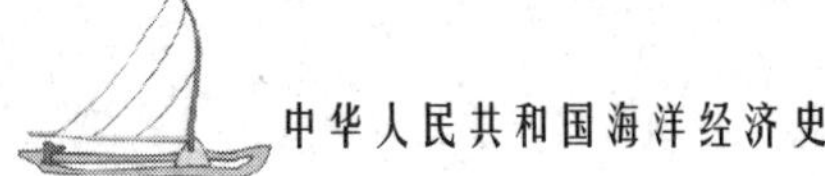

在调整期间，中国还进行了许多体制和技术的革新尝试，比如试办长江航运托拉斯①和集装箱运输②，但均未获得成功。

调整尚在进行，“文化大革命”的浩劫，却又一次把中国海运事业推入艰难境地。在“文革”的政治动乱中，不仅将与经济效益、利润指标、奖金以及生产管理的规章制度相关的内容全部称为“修正主义”的东西要予以“破除”，还将交通部打倒，将大批机关干部和生产指挥人员送进“干校”改造，对从事海运业务的技术人员的骨干打击迫害，船舶管理调度陷入混乱。

通过周恩来总理的关注和海运界的努力，中国海运事业逐步出现了排除干扰、积极发展的趋势，许多海运的规章制度得到恢复和修订，海洋运输指挥机构获得恢复和重建，并积极参加国际有关的公约。

这一时期沿海运输业希望通过发展改进船只不足、结构不合理以及运输效率不高的矛盾，在周恩来、邓小平等人的努力下，逐步缓解了这些问题，进一步发展了沿海运输业。

（三）远洋运输

1961 年 4 月 28 日，新中国成立以来第一艘悬挂五星红旗的远洋船舶“光华”轮首航印度尼西亚，标志着新中国远洋船队的诞生。在远洋船队诞生以前，中国远洋运输主要依靠国外的船只运作，面临的主要问题是如何同国外合作，在合作中如何降低成本。而在中国远洋船队诞生以后则将重点转移到逐渐发展壮大远洋船队，使其能够担负中国远洋运输事业。

1. 中国远洋船队建立前的远洋运输。

1958 年 7 月成立了交通部直属的远洋运输局，掌管远洋运输，负责国际航运合作的事宜，这个时期由于中国经历恢复时期和“一五”时期的发展以及“大跃进”激增的需求，进出口贸易快速增长，进出口总额从 1950 年的 41.5 亿元增加到 1958 年的 128.7 亿元，增幅 210%。仅依靠与中国建立商船合作关系的波兰、捷克斯洛代克等社会主义国家已经难于满足进出口物资运输需求，而恰在此时，国际航

① 1964 年 8 月，中共中央和国务院批转了国家经济委员会党组《关于试办工业交通托拉斯的意见的报告》，并指定交通部试办长江航运托拉斯。交通部派于眉副部长去武汉筹办此事，同时交通部党组和部务会议决定，并经国务院批准，于 1965 年 7 月在上海成立北方区海运管理局，此机构既有托拉斯性质，又代表交通部行使有关职能。1966 年随着“文化大革命”的开展，区局机构在动乱中被撤销。因此，正在筹划中的北方航区海运托拉斯和长江航运托拉斯，也就成为泡影。摘自曾呈奎、徐鸿儒、王春林主编：《中国海洋志》，大象出版社 2003 年版。

② 中国曾于 1965 年在大连到上海的航线上试运，因缺乏经验，未受重视而中止。

运业受世界经济危机的影响出现衰退和萧条。当时比较发达的海运国，如北欧的芬兰、瑞典、比利时以及英国等都出现无货可运、运价大跌、航运商大量破产的问题，在危机中的西方航运商纷纷要求放宽对中国的禁运，发展对中航海贸易；有的甚至不惜违法当时西方的禁运法规，通过封锁海域同中国开展贸易运输。

航运的萧条进一步降低了船价，国际租船和购船价格都在大幅下降，然而中国租船运价由于国际航运商组织对中国国际航运的垄断却一涨再涨。但中国通过和航运商组织激烈的讨价还价，最终过剩的航运供给打破了价格垄断，接受了中国制定的运价表，宣布中国至欧洲的班轮运价降低30%，使一直居高不下的租船费用和经常出现的延迟送货问题得到了根本解决。运价的降低，提高了中国出口商品在国际市场上的竞争能力，为中国发展远洋运输事业打下了良好的基础。

2. 中国远洋船队的发展。

1959 年印度尼西亚华侨遭迫害事件发生以后，中国政府为了加快难侨接运，筹备建立中国远洋运输公司和广州分公司，并由该公司负责调遣船舶，赴印尼接运难侨，1961 年 4 月 28 日，“光华”轮首航印度尼西亚，这是新中国成立以来，第一艘悬挂五星红旗的远洋船舶出航，标志着新中国远洋船队的诞生。

在建立之初，远洋运输船队除买自希腊的“光华”轮和另一艘买自挪威的“新华”轮外，只有三艘国内运输船改建的“中华”轮、“和平”轮和“友谊”轮，共计 5 艘船，34000 载重吨，年运力为 14 万吨，不足外贸运量要求的 1%。如何壮大船队规模成了远洋运输船队发展的重要议题。

当时，虽然租船价格不高，但船价本身也很低，通过沿海运输[①]中的分析知道买船相对租船更经济，但我国当时的外汇有限，好在当时船舶制造业也处在低谷，船舶出口国纷纷向购买方提供出口贷款。因此 1963 年 11 月，交通部、外贸部、财政部和中国银行，联合向党中央和国务院建议，利用贷款买船的办法来发展中国的远洋运输船队。建议得到李先念、周总理的批准。1964 年初，交通部和中国人民银行签订贷款买船合同，购置了远洋船舶 20 艘，总计 24.9 万载重吨。

购买船只的优势迅速显现，1964 年至 1966 年底三年间，第一期贷款所买船只满足了我国大量的远洋运输需求，累计完成货运量 187 万吨，占三年累计远洋货运量的 27.9%。而且仅短短的三年时间就偿还贷款的 50%。这表明贷款买船是快速壮大发展远洋运输船队的捷径。

随着远洋运输船队迅速壮大，中国远洋运输业处于蓬勃发展时期，但“文化

① 详见第八章第二部分。

大革命”的冲击也强烈影响到了远洋运输业，“文化大革命”初期，准备对远洋运输的领导机关和业务机构进行夺权行动，声称要全面废除远洋运输的各种规章制度，并对部分远洋运输的管理和技术人员打击迫害，使远洋运输业务无法正常进行，船舶无法靠港作业。在这种局面下，周总理等国家领导人采取相应的保护措施，1967 年 5 月，周总理提出：“铁路和轮船关系到全国交通命脉，决不能中断。”同年 10 月他又发出了“联合起来保护海港运输”的号召，使远洋运输业务从初期的混乱状态中逐步恢复过来，通航范围不断扩大，增加了南亚、西亚、地中海、东非、西非和整个欧洲等 25 个国家和地区的港口。

1967 ~ 1970 年间远洋船舶不断增加，其中不乏我国自主研发的远洋船舶，但仍然不能满足我国的远洋运输需求，特别是 70 年代中美关系解冻，外贸海运量快速增长，基于这一新情况周总理 1970 年在全国计划工作会议上提出：在远洋运输方面，要力争在 1975 年基本结束租用外轮的局面。

1972 年西方各国再次爆发经济危机，导致国际海运贸易大幅萎缩，货运量骤减，国际航运业再次遭受沉重的打击，租船费用和船舶买卖价格双双下跌，大量船舶停航。尽管这对国际航运业是危机，却给了我国远洋运输发展的契机，一方面降低的租船费用可以节省大量外汇用于购买新船，另一方面大幅降低的船价和各个造船企业和国家给出的优惠条件和低息贷款又增加了我国的购买力。贷款买船政策得到顺利实施，而且购买速度也在加快，到 1972 年远洋船队的载重量比 1971 年前增长了一倍；1972 ~ 1973 年贷款买船 167 艘，计 234 万载重吨；1974 年中东战争爆发，为保证中国原油出口任务，又贷款买船 22 艘，计 113 万载重吨，同年发生的“风庆轮”事件虽然短暂的打乱了远洋船队的扩张，但不久便得到平息；1975 年邓小平主持中央日常工作时，除建立了更详细、更全面的安全生产规章制度外，再次批准贷款买船，计划在三年内再购进 300 万 ~ 400 万吨船，到 1975 年底，共计买船 183 艘，347 万载重吨，比 1972 年再增加一倍，运输能力突破了 500 万吨大关。1976 年中国远洋船队完成的货运量，已占外贸运输中我方派船运量的 70%。至此，在远洋运输方面基本结束了租用外轮的历史。[①]

（四）港口发展[②]

港口是海运系统一个重要组成部分，是海运吞吐货物的咽喉和运输的重要枢

① 数据摘自曾呈奎、徐鸿儒、王春林：《中国海洋志》，大象出版社 2003 年版。

② 因 1949 ~ 1957 年港口内容较少，与此一同介绍。

纽。新中国成立以前，国民党撤退进行了有组织破坏活动，港口基础薄弱，新中国建立伊始面对百废待兴的局面，中国有优越的海运自然条件，但港口建设较差，是海上交通运输业的薄弱环节。所以，对港口的改建、扩建和新建，就成为发展和配置交通运输业的一个关键问题。因此，这一时期，主要对原有港口进行恢复、改造和提高装卸机械水平，改善工人的劳动条件，先后建设了塘沽、湛江、裕溪口等现代化大港口，其中湛江港是新中国自行设计、自行建设的第一个新港口。通过改建、扩建海港平稳发展，货运吞吐量从1950年的882万吨增长到1957年的3527万吨，增幅353%，年均增长率20.8%，之后由于"大跃进"，货运吞吐量猛增，随后的三年自然灾祸又猛降，随着调整时期的到来，港口货运又恢复了以前的增长，但文革的到来还是影响了港口的正常运作，通过图8-5、图8-6中货运量与货物吞吐量之比的变化，可以看出从1964年开始到1978年中国的货运量与吞吐量相比始终处于不断上升的局面，说明港口相对沿海运输变得越来越紧张了。特别是1973~1975年这一比值增加迅速，主要是此时的海洋运输有了恢复和发展，港口建设则长期滞后，当时沿海港口出现严重堵塞的现象，1973年周总理指示"港口问题一定要解决"，要用"三年时间基本解决港口问题"。通过比值变化可以发现，1975年以后运输与港口矛盾得到暂时缓解，实际上沿海港口的通过能力已由1972年的1亿吨提高到了1975年的1.7亿吨。

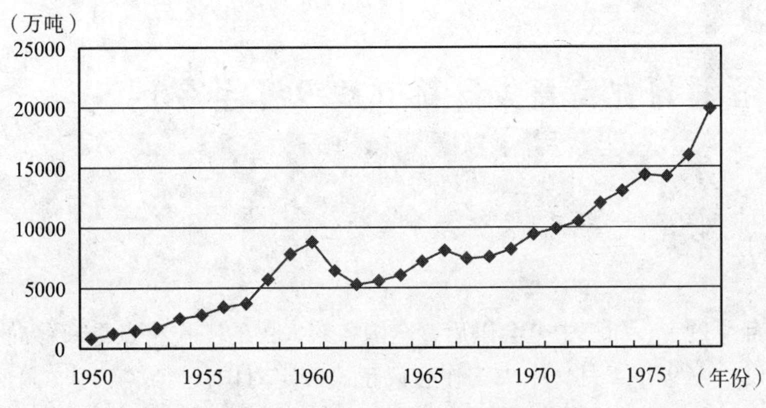

图8-5　1950~1978年海港吞吐量

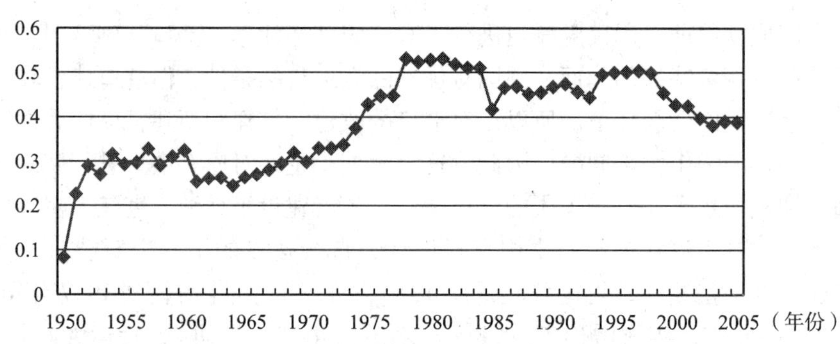

图 8-6 1950~2005 年货运量与货物吞吐量之比

另外管理模式上，新中国成立初期，中央对港口进行了军事管制。50 年代后学习苏联的模式，全国主要港口由交通部直接领导和管理，即港口都归国家所有，由交通部管理为主的体制。这种纵向型的港口管理体制，在建国初期，对港口生产的恢复和发展，对巩固国家政权都起到积极的作用。[①] 在“大跃进”以前，中国开始改革这种管理体制，向下放权，港口交给地方管理，但“大跃进”的吞吐需求剧增又不得不收回中央，而到文革时期交通部被合并，港运管理更是一片混乱，沿海港航生产管理机构亦被撤销合并，打乱了交通运输指挥机构，生产秩序遭到破坏。直到党的十一届三中全会后管理才逐渐走上正轨。

三、海洋运输业高速发展期（1979 年至今）

（一）背景

1978 年党的十一届三中全会以后，全国各族人民的工作重点重新移向社会主义现代化建设。1979 年 4 月，中央工作会议正式确定对国民经济实行“调整、改革、整顿、提高”的方针。紧接着国务院又召开了全国工交战线增产节约工作会议[②]。

随后，对海运业进行了一系列政策调整，包括改革独家垄断经营航运市场的局

① 全国主要港口的吞吐量，在十年左右的时间里，都超过了历史最高水平。上海港经过八年，即超过了开港后 60 年中的最高吞吐额。天津港是全国最早超过历史最高吞吐量的港口（刘卯忠，1987）。

② 曾呈奎、徐鸿儒、王春林：《中国海洋志》，大象出版社 2003 年版。

面，实施由计划经济向市场经济的变革，对内积极鼓励社会各界兴办水运，对外全方位开放国际国内海运市场，促进和发展运输集装箱化和联运航线，针对港口双压问题，大力建设新港、改造已有港口、改革港口管理体制。

这些政策推动了海运业的发展，货运量和货运吞吐量均大幅提高，分别从1978年的10530万吨和3266亿吨公里增长到2005年的113900万吨和47047亿吨公里，如图8-7、图8-8所示，增长率分别为982%和1341%。沿海货运量占总货运量的比例一直在下降，原因是在改革开放初期，煤炭木材等能源物资仍需沿海运输，而且海上石油气开发发展较快，在海上油气开发过程中，包括平台在内的各项设备、人员、生产和生活供应、海上守护、救助、物资以及原油的运输都有赖于海运业，但运输时间较长、公路铁路建设的加速和运价的下降逐渐蚕食着沿海货运的需求量。

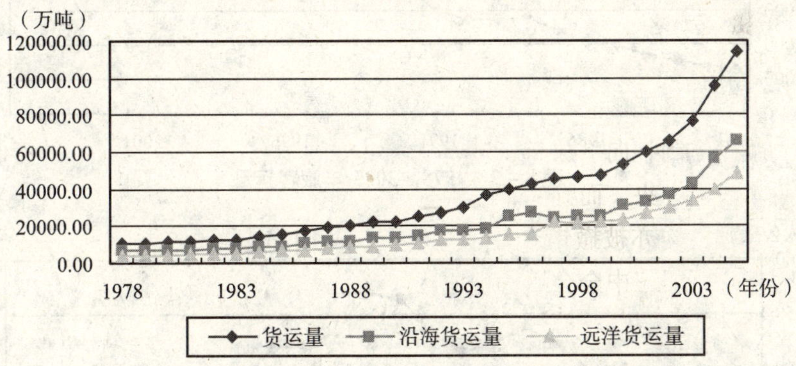

图8-7　1978~2005年总货运量、沿海和远洋货运量

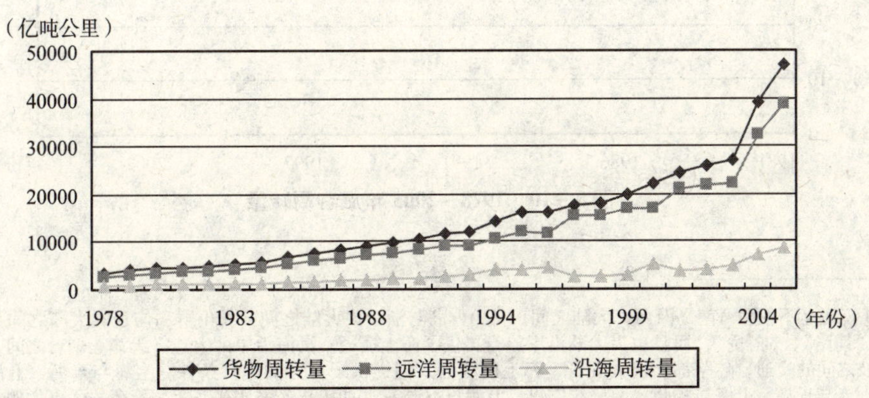

图8-8　1978~2005年总货运周转量、沿海和远洋货运周转量

旅客运量也有所提升，由 1981 年的 1232 万人增长到 2005 年的 7673 万人，虽然旅客周转量在 1978 年到 1994 年之间上涨，但此后却一路下滑，主要因为在改革开放初期，由于运价低的特点，海运成了重要的旅游运输工具。[①] 然而，由于海运舒适度不佳、时间较长、公路铁路建设的加速和价格的下降等原因，导致沿海客运需求不断下降。再者，海洋客运以沿海短途为主也导致旅客周转量的下降（见图 8 -9 ~ 图 8 -11）。

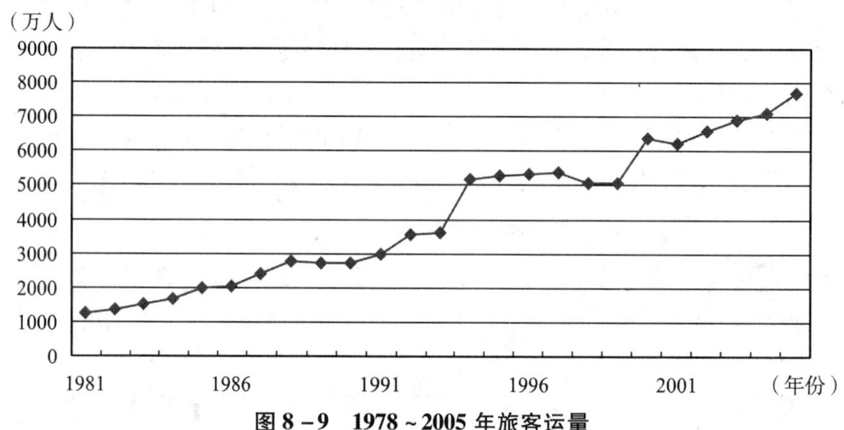

图 8 -9　1978 ~ 2005 年旅客运量

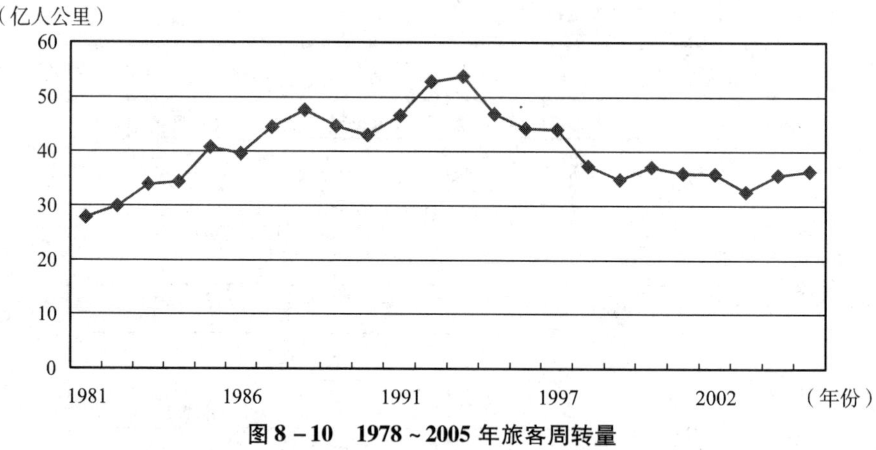

图 8 -10　1978 ~ 2005 年旅客周转量

① 海运不但为海南岛及两广大陆之间，舟山群岛与浙、沪大陆之间，长山群岛与辽冀大陆之间人们的旅行"铺路"、"搭桥"，而且也为大陆沿岸旅行提供了海上捷径。渤海沿岸的大连、天津、烟台之间，上海与宁波之间的交通，陆路都要绕大圈子，海上航线为人们提供了良好的旅行条件。上海与青岛、上海与大连、大连与青岛、上海与福州、上海与广州、上海与香港等地的海上航线具有路短、价廉的优点。例如上海到大连铁路里程 2426 公里，火车硬卧票价 53.70 元，海上里程 1043 公里，三等卧舱船票在调价之后也只有 23.60 元。里程比前者要少一半多，费用只有前者的 44%（施存龙，1985）。

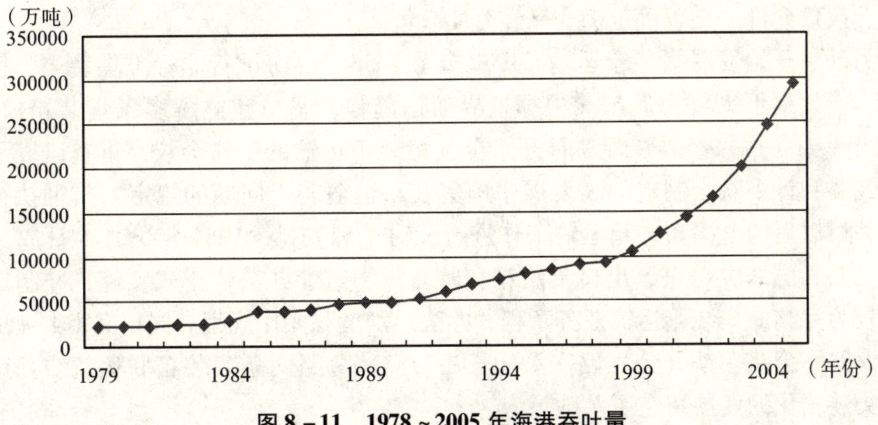

图 8－11　1978～2005 年海港吞吐量

（二）海洋运输

1. 80 年代的海洋运输。

这个时期的海洋运输还是泾渭分明的沿海运输和远洋运输运作模式，沿海运输企业和远洋运输不能兼营。

（1）沿海运输。这个时期的沿海运输首先结束了南北两大航区不能通航的历史。[①] 南北试航成功打破了台湾海峡 30 年之久的封锁，大大缩短了绕航台湾东部公海的航线，缩短航程 744 海里。同时，因南北通航恢复了中断 30 多年的上海—香港、上海—福州、大连—青岛—石岛的客货班轮航线，又开辟了汉口—香港、上海—广州、广州—青岛—大连的客货航线。

其次，对沿海航运企业进行管理体制的改革，实行下放责权，鼓励多家经营、相互竞争的市场化政策，促成集体和个体共同兴办航运的局面，先后有多个省、市、自治区建立了地方海运企业且发展较快，更新淘汰了大量的运输船只[②]，使运力结构更加合理，但这些企业之间的竞争并不大，在各企业之间有明确的航区经营

① 十一届三中全会以后，交通部邀请有关部门，研究贯彻国务院关于悬挂五星红旗的商船，按国际航线通航台湾海峡的决定。经研究部署后，由广州远洋公司“眉山”轮担任试航，于 5 月 27 日从黄埔港载货起航北上，白天通过台湾海峡试航成功。紧接着有“沪救 101”拖轮拖曳“渤海 6 号”和“红旗 121 号”先后航行台湾海峡的通道。摘自曾呈奎、徐鸿儒、王春林：《中国海洋志》，大象出版社 2003 年版。

② 辽、冀、鲁、江、浙、闽、粤诸省和广西壮族自治区，以及天津、上海市的地方海运企业都有较快的发展，使海洋运输船队经过汰旧更新后仍增加运力 150 万载重吨。到 1985 年末，全国船舶保有量已达 1695.45 万载重吨，其中交通部直属的上海、广州海运局占有 362.9 万载重吨。对一些老龄船和设备落后的船逐步加以淘汰，并增添设备先进、性能良好的新型专用和多用途的船，以适应近洋和能担负江海联运的中小型船只的需要，摘自曾呈奎、徐鸿儒、王春林：《中国海洋志》，大象出版社 2003 年版。

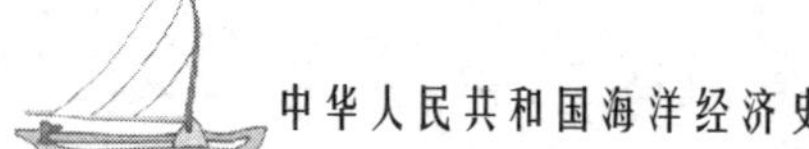

分工，仅仅允许一定程度上的交叉经营的政策。

另外，开始发展集装箱运输。1977 年在广州、上海试行非标准集装箱，但因规模小，效果不太好，后来又根据世界航运趋势，坚持建立了多条集装箱航线。1983 年 9 月，国家经委在青岛召开了全国集装箱运输的工作会议，审查研究了由国家经委和计委联合制定的《发展中国集装箱运输若干问题的规定》贯彻执行情况，并对以后的全国集装箱运输工作进行了讨论和安排。1984 年 1 月 1 日起《中华人民共和国海关对进、出口集装箱和所装货物监管办法》正式实施，并制定了一套较为完整的集装箱运输业务章程、办法、制度和操作规程。同年又相继建成铁路—海路—公路、铁（公）路—水（长江）路—海路两条集装箱联运航线。这为我国集装箱化的发展奠定了基础。

（2）远洋运输。这个时期的远洋运输还在国家政策保护之下，对国内拥有垄断能力，但国家实施了政企分开政策。1984 年，国务院下发《关于改革中国国际海洋运输管理工作的通知》，对远洋运输企业实行简政放权，使企业成为独立经营的经济实体。这一举措推动中国远洋运输公司向企业化发展，使其积极开辟新航线[①]、组织货源。同时，引入了竞争机制，打破了远洋运输只由交通部直属船队独家经营的局面，允许更多的海运企业共同参与远洋运输。到 1985 年底，中国从事国际海运的轮船公司已达 73 家，有商船约 1290 艘。实际上这个时期的远洋运输工作还是以交通部直属船队为主的，通过下图 8－12 可知，交通部直属远洋货运量占远洋货运量的比例虽然有下降趋势，但基本仍在 80% 以上。

为适应因改革开放的深入和国民经济迅速增长而迅速增加的进出口贸易和商品结构的变化，中国开始调整各种船型的船龄、吨位、数量等，购买或建造了大量的集装箱船、油船、冷藏船，同时退役和淘汰了许多船龄过大的船只，并配备了先进的航运设备等现代化程度不断提高。同时，远洋运输大力发展国际集装箱化和集装箱多式联运，符合国际运输的发展趋势。

2. 90 年代之后的海洋运输。

90 年代初期，我国海运市场进行了一系列对内对外改革，将国内沿海和国际远洋运输市场打通，允许国内企业竞争发展，同时根据对等和逐步开放的原则引入

① 截至 1985 年，中国远洋货轮已航行于约 150 个国家和地区的 600 多个港口，开辟了 94 条班轮航线，其中，包括集装箱班轮航线 20 多条，杂货班轮航线 37 条，以及中—日客货轮航线……1981 年新开辟了中—美（西海岸），中—日国际集装箱航线，并增加福州和广州两港。此时，中国已拥有全集装箱船和半集装箱船 93 艘。1982 年除继续巩固和拓展上述集装箱航线的运输外，又开辟中—美（东海岸）的全集装箱船直达班轮航线，上海港—西非国家半集装箱班轮航线，上海和黄埔—西欧的半集装箱班轮航线，上海港—波斯湾的半集装箱航线。1983 年开辟了中国—地中海和中国—北欧、西欧的国际集装箱航线。摘自曾呈奎、徐鸿儒、王春林：《中国海洋志》，大象出版社 2003 年版。

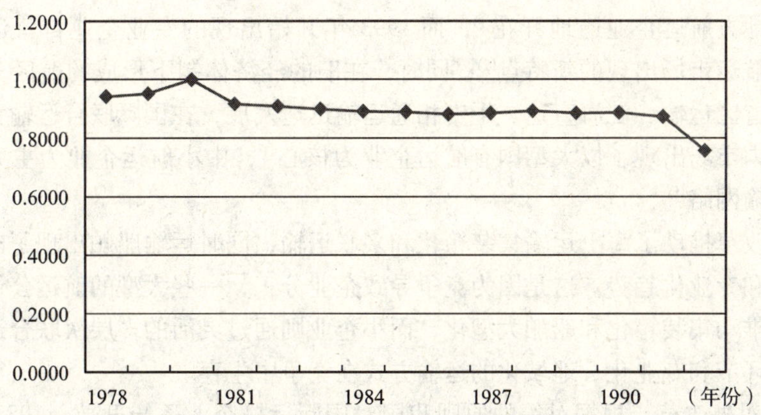

图 8-12　1978～1992 年交通部直属远洋货运量与远洋货运总量之比

国际竞争者。始于80年代中后期及90年代初期的海运改革，从中国海运政策的历史演变过程来看，具有重大革新意义的，是我国市场化进程的重要一步，符合国民经济要求与国际趋势，具有深刻的时代背景①。

（1）对内改革。在80年代对国内企业逐步放开沿海和远洋市场的基础上，1992年7月交通部提出了《深化改革、扩大开放、加快交通发展的若干意见》，缩小了沿海和远洋市场之间的距离，② 进一步拓宽了国内航运企业的自主经营权限③，同年11月，国务院发布了《关于进一步改革国际海洋运输管理工作的通知》，进一步贯通国际国内两个市场，④ 加强国内航运企业的公平竞争。

体制改革打破了中国远洋运输公司一统中国远洋运输的局面⑤，实行“有水大家行船”的开放政策、积极鼓励社会各界兴办水运，各省市纷纷筹资成立地方航

① 聂嘉玉，王玉田（1998）认为就当时的历史情况而言，促成中国海运政策调整的因素主要有以下几个方面：a. 国民经济发展和改革开放形势的迫切要求；b. 计划经济转向市场经济的必然要求；c. 加入世界贸易组织及与国际管理接轨的必然选择。

② 经交通部批准，凡有经营管理能力的国际船公司均可经营远洋航线，可对从事国际海运兼国内运输或从事国内运输兼国际运输的船舶相互调剂使用，可经营自有船舶代理业务，也可互相委托代理（聂嘉玉、王玉田，1998）。

③ 从事国际海运的船公司，在批准的规模和经营范围内，可根据经营情况自行决定运力增减，买、造船舶和出售自有的贷款船舶，或出租自有船舶（聂嘉玉、王玉田，1998）。

④ 凡符合开业条件、合法经营的企业（包括大型企业集团和专业进出口公司），经批准均可建立船公司，从事国际海洋运输业务（聂嘉玉、王玉田，1998）。

⑤ 目前，中国从事国际海上运输的企业已发展到130余家，传统的独家经营局面已一去不复返，随之呈现出多家经营、相互竞争的形势。在货源组织方面已由过去计划安排货载的办法转变到市场揽货，择优选择承运人的市场竞争方式。各家航运企业为得到船舶所需的货载，必须想方设法改进经营管理水平，提高运输服务质量，提供具有竞争性的运价和创造方便货主的各种条件，否则，便会在激烈的市场竞争中失去货主，处于不利地位（钱永昌，1990）。

运公司，地方航运企业遍地开花[①]，而1993年开始出现的专业企业自营运输逐渐成为我国航运市场出现的新特点[②]；同时，在旧的经济体制下形成的航区分工已经打破，跨省区运输、江海直达、干支相通运输迅速发展，在国际联合运输大势的推动下，国内市场出现了以大型国有航运企业为核心[③]，中小航运企业为主力的多层次联合运输网络[④]。

这一改革推动了海上运输集装箱化和多联运输，同时运输船舶出现了前所未有的大型化和专业化趋势。这是因为竞争导致企业分工，一些大型的航运公司为追求规模效应推动集装箱化和船舶大型化，而小企业则通过灵活的多层次联合运输网络中的某些环节和专业化、地域化的运输方式在竞争中生存。

（2）对外改革。根据对等的原则我国对国际运输企业逐步开放，1988年国务院口岸领导小组颁布的《关于改革我国国际海洋运输管理工作的补充通知》基本取消了货载保留[⑤]，我国取消了“国货国运”政策，政府不再为国轮船队保留货运价额[⑥]，不久，允许外国航运公司从事停靠中国港口的国际班轮运输，[⑦] 1992年在中国与欧共体海运事务会谈中，交通部表示，给予所有外国承运人以平等待遇[⑧]，

① 随着海运市场的进一步开放以及交通部《关于深化改革、扩大开放、加快交通发展若干意见》的实施，地方航运公司积极开拓远洋航线。凡有经营管理能力的国际船公司均可经营远洋航线，可对从事国际海运兼国内运输或从事国内运输兼国际海运的船舶相互调剂使用，可经营自有船舶代理业务，也可互相代理。在这样的环境下，广东、深圳、湖南、安徽、南京、山东、辽宁等省市纷纷以不同形式成立经营远洋运输的海运公司。大的企业或企业集团，如宝钢、首钢、中化、中粮、外运等也借此纷纷扩建自有船队（郑金岩，1993）。

② 比如宝钢、首钢、化工、粮油、五矿、外贸等进出口公司以及外运和地方一些大型专业企业都先后在海洋运输方面有所突破，并不断扩充各自的船队，这标志着我国航运业已进入了一个新的发展时期（陈德明，1994）。

③ 面对竞争激烈的航运市场，中国远洋运输集团总公司、中外运等国有大中型航运企业积极开拓、勇于改革，寻求发展之路。在计划经济体制下成长壮大起来的国有大型航运企业存在着市场竞争意识较弱；揽货网络结构不合理、效率低，服务质量差，缺乏现代化经营管理手段等问题。因此，为了提高企业经济效益，增强竞争能力，以中国远洋运输集团总公司为首的国有大中型航运企业正在进行内部结构优化，实行专业化规模经营，增强陆运网络力量和服务水平，发展多元化经营。（高慧君，1996）

④ 为了跻身区域内与支线运输，一些中小型地方运输企业也开始向国际化迈进，由交通部批准成立的合资船公司已达80多家，其中近30家是1992年上半年批准成立的（陈德明，1994）。

⑤ 自1988年起，我国取消货载保留政策，不再采用行政手段规定国轮的承运份额，也不再规定承运外贸进出口货物的我方派船比例（聂嘉玉、王玉田，1998）。

⑥ 现在，我国只与扎伊尔、阿尔及利亚、阿根廷、孟加拉国、泰国、巴西和美国等7个国家签订的双边海运协定中还保留有货载分配条款，新签订的双边海运协定已不再有货载份额的条款。（郑金岩，1996）

⑦ 1990年6月，交通部颁布《国际集装箱班轮运输管理规定》，允许外国航运公司从事停靠中国港口的国际班轮运输。1992年，国务院在相关文件中进一步提出，对国内船公司无力开辟的航线或班轮密度不够的航线，应本着对等原则吸引外资班轮或侨资班轮停靠大陆港口（聂嘉玉、王玉田，1998）。

⑧ 自1992年4月1日起，中国对行驶国际航线的中外籍船舶征收统一的港口装卸与使用费，实行无差别待遇，且向中外籍船舶提供非歧视性的港口辅助服务，包括引航、拖轮协助、加油及淡水和食品供应、垃圾收集、污水处理、岸上服务、应急修理设施、锚地及泊位和移泊服务，其中引航、垃圾收集、污水处理为强制性的，其余均为非强制性的（聂嘉玉、王玉田，1998）。

允许欧共体航运公司在中国领土上设立从事航运活动的实体，独资或合资皆可，这意味着我国海运市场改革开放步伐进一步加快了，而且正逐步向着全面开放迈进。[①] 1992 年的《关于深化改革、扩大开放、加快交通发展的若干意见》提出参照国际惯例，按照对等的原则，允许外国船公司在我境内开办独资或合资船务公司，从事自有船舶的我国外贸进出口的揽货、签单、结汇和签订海运业务合同。[②]

这些政策展示了我国海运环境朝国际化发展的趋势，也将早已虎视眈眈的国际航运企业放入中国市场[③]，揭开了外国及港台航运企业大举进军中国市场的序幕。通过改革，我国海运业对外开放的程度无论与发达国家[④]还是发展中国家比较[⑤]都是比较高的，最为突出的是货载保留和税收优惠两个方面，我国货载保留的取消使得我国海运保护性立法逐步取消，而税收的优惠待遇也有利于外国海运企业的进入。

而在与国际航运企业的竞争中，除了上面提到的政策的不公平的状况外，我国企业还遇到了许多问题，包括缺乏政策扶持[⑥]和规范市场的法律法规[⑦]、执法也不

---

① 郑金岩：《中国海运市场开放发展趋势》，载《国际贸易》，1993 年第 6 期。

② 在有利于引进发展资金、先进技术装备和科学经营管理方式的条件下，经交通部批准，可以适度发展中外合资水路运输企业，从事境内沿海和内河运输（聂嘉玉、王玉田，1998）。

③ 截至 1995 年 3 月底，已有约 70 家外国航运公司开辟了挂靠中国开放港口的干线和支线班轮运输，21 家国外班轮公司先后在大陆设立了 194 个航运代表处，9 家外国航运公司在我国设立了独资子公司，直接在华为其母公司自有和租用的船舶从事订舱、揽货、签发申请者的提单、结汇以及签订服务合同等项业务（郑金岩，1996）。

④ 在班轮运输和商业存在方面，美国和欧盟均无任何限制，相对而言，我国比不上美国和欧盟。但是在货载保留上，美国、欧盟和韩国均采取了保护政策，而我国、日本和新加坡都取消了货载保留。在国民待遇上，我国在税收方面还实行优惠政策，对于外资实行低税率（万红先、戴翔，2007）。

⑤ 由于我国与这些发展中国家的国情比较相似，我们可以更容易看出我国海运业的开放水平。同样是在货载保留上，印度、巴西、菲律宾、印度尼西亚都未取消，而在其他方面这些发展中国家的开放程度和我国差不多，但国民待遇上，我国在税收方面实行优惠政策（万红先、戴翔，2007）。

⑥ 由于航运业有资本密集、技术密集、初期投资庞大、投资报酬率低，回收期缓慢的性质，所以各国才采取了扶植政策。我国在从计划经济体制向市场经济体制转化之际，不能忘记航运业这种特性而将航运业全面推向市场，使其自生自灭（石友服，1995）。

⑦ 事实上，我国航运市场的开放程度可与世界上任何国家媲美。然而，我们却没有相配套的规范航运市场的法规条例。由于市场缺乏必要的监督，难免会出现一些外国船公司通过各种方法操纵市场，哄抬物价的行为。航运立法工作则是建立健全航运市场良性运转机制的基础。各海运企业既要依法处理横向经济关系，还要依法开展市场经营活动，在不违反市场管理法规的基础上最大限度地创造经济效益，这样我国航运市场才能健康有序地发展。为此，要加快行业管理立法，规范政府对于航运市场的管理职能、管理程序，制定国际航运市场的行为规范，明确国际航运市场监督、检查、处罚的具体项目和尺度，并制定相关的国际航运、国际船舶代理、国际货物运输代理、国际海上集装箱运输管理等配套法规，形成完整的国际航运法律体系。只有如此，规范市场运作才能成为可能，外贸企业也才能少受不法奸商的欺诈（邬关荣，1999）。

严格[①]、缺少海运信息中心的建设[②]、运力盲目增长[③]、整体竞争力不强[④]，而外国企业则通过充分竞争形成了太平洋区域跨国海运公司及其环球性联盟发展多式联运[⑤]，而我国市场却仍在相互竞争，缺乏必要行业组织。随着市场份额不断被蚕食，对我国本土海运企业冲击巨大[⑥]。解决这些问题要从两方面入手：

1. 政策方面。

包括制定统一规范的海运市场法规，加强国际航运管理，杜绝市场垄断现象的发生；制定有利于我国海运业发展的产业政策，确立海运业在整个国民经济中优先发展的战略地位，扭转海运市场上存在的不公平竞争状况，不得给予国外航运企业超国民待遇，大力扶持民族航运企业；积极建立健全国海运行业组织[⑦]，并大力发挥其对行业的辅助作用，建立统一的海运信息中心；为了保证我国航运市场的公平合理竞争及有序发展，在开设航运市场的同时，制定适合于未来发展的竞争战略，

---

① 我国国际航运市场之所以出现混乱局面，很重要的一个原因是没有健全的执法机构，以致有法不依，执法不严，弊端丛生。……因此，我们建议政府应建立一个类似美国联邦海事委员会那样的专职航运执法机构，对各种违反我国航运法规与政策以及扰乱我国航运市场正常秩序的行为，实行集中的管理和有效的监督。同时，应制定和规范执法人员严格执法的奖惩条例，使执法人员切实做到有法必依，违法必究；对敢于以身试法者，课以重罚，直至追究应负的法律责任。只有这样，才能使国内外非法航运经营者有所忌惮，才能使航运市场成为进行公开、公正与公平竞争的空间，才能使奉公守法的国有航运企业获得正常健康的发展机会（孙光析、吴琦、王杰，1996）。

② 作为航运大国，我们还没有一个权威的航运信息中心，从而使海运的透明度不够，供需不能见面，在同一时间会发生船找货、货找船的现象，这也是非法货代赖以生存的条件（聂嘉玉，王玉田，1998）。

③ 海运市场开放后，全国各地竞相开办航运企业，添置船舶（运力），由于未考虑到国际海运市场的实际需求和周期性变化，造成了海运运力大量过剩，运价难以回升，削弱了发展后劲。以中/日航线为例，由于近年来双方贸易额续增，箱运量亦大幅度增长，从而吸引大量船公司，尤其是中国船公司加入这一市场。据日中海运协会统计，至1995年初，中日集装箱航线运力为122.6万TEU，比上年同期增长24.7%，其中中国船队占该航线总运力的7300、中/日集装箱航线约有41家公司的船在运营，其中日本船公司11家，中国船公司26家，其余为第三国船公司。该航线1994年1~11月运量为66万TEU，可见运力要大于货运量1.5倍以上。由于运力过剩，不可避免地引起运费下降。这种情况在中/韩航线也同样存在（郑金岩，庄素云，1996）。

④ 我国的远洋运输业经过几十年的发展，已具有一定规模，但与国际上大航运公司相比，整体竞争力还不是很强，尤其是货运代理等海运辅助业，竞争力相对较弱（聂嘉玉，王玉田，1998）。

⑤ 为适应集装箱海运降低成本和跨国公司对"全球承运人"、"多式联运"的要求，集装箱班轮公司近年来的主要策略就是联盟，通过优势互补，提高整体竞争力，相继形成"环球联盟"、"新四联"、"新组合"、"新三洲"等多种联营体，世界前20家最大的集装箱班轮公司绝大多数参加了这种联营。战略联盟的主要目的是增加班期密度、扩大服务范围、更有效地利用资源和提高市场占有率（贾大山，1998）。

⑥ 这些存在的主要问题包括：a. 我国相当一部分国际海运市场已受其控制；b. 国轮承运的班轮航线受到威胁，其中有些已被侵占；c. 我国相当一部分码头、仓储、内河航运的业务受到外方影响或控制，个别甚至有被垄断的可能；d. 因部分管理与技术骨干人才流失，我国远洋航运企业的利益受到相当大的损失；e. 我国的国际航运市场正常的市场竞争机制受到冲击（孙光析、吴琦、王杰，1996）。

⑦ 在日益开放的市场条件下，行业协会的作用应充分发挥。由行业协会会同各会员企业进行协调，制定出能够从整体上加强市场竞争力的方案，并在自愿的基础上，组织国内企业在价格制订、市场准入、服务标准等方面采取联合行动是至关重要的。这样，一致对外，减少内部摩擦，避免恶性竞争而导致自相残杀。另外，行业组织还可以协助企业收集技术信息，分析国际市场行情，了解其他国家的航运政策和海运法规，组织企业对外应诉，并可随时向交通主管部门反映本行业情况，提出有关本行业的政策和立法建议（孙光析、吴琦、王杰，1996）。

逐步恢复和扩大国内企业在国内国际航运市场上的占有率。

2. 企业自身。

大企业要积极进行国际化以应对跨国企业竞争，立足国内市场，开拓国外市场，在充实国内的揽货网络的基础上，大力拓展在海外的自营货代体系；加强管理，有效利用运力，以技术提高带动运力增长，通过质的而不是量的方式增长，努力建立以国内为基础的多联运输网络，完善集装箱多式联运配套工程，提高服务质量和整体竞争力。小企业则要找准市场定位，通过船小好掉头的特点，积极挖掘特色性服务，通过与大企业和组织的联合，走专业化道路；通过管理加强成本控制，以达到专精生产，同时要注意多种生存方式并重，集中力量发展优势方面。

尽管我国海洋航运业在20多年的发展历程中有了长足的进步，但当时间发展到21世纪，海运企业面临的国内外环境与90年代已有了天差地别。从国际环境上讲，21世纪，世界日新月异，新科技被广泛应用于航运产业，如海运公司电子商务系统将“为航运企业提供一个全新的信息交换平台，把海运公司、资源方、需求方、货主船东、代理、港口、码头、船舶及全球范围内的客户紧密地结合起来通过互联网进行企业沟通、信息发布、洽谈和交易，”[①] 极大地降低了沟通成本，加快了内部信息传递，而且通过信息化带来的商业模式的创新与变革，又推动国际航运业向更加功能一体化方向发展。同时，世界经济的全球一体化和知识化趋势将对国际航运业带来一系列影响，包括海运货源结构的调整，如各种新型产品的货物运输需求量和运输能力的增加；运输方式的变革，如更加信息化的多联运输在今后将重点发展；国际航运政策的新趋势，如各国逐步对本国航运业由直接保护转向间接保护，对航运业的管制手段逐渐从经济手段转向技术手段。

随着我国可持续发展战略和科技兴国战略的实施，在我国的航运业发展过程中，同样以可持续发展战略作为目标，注重航运与社会、经济、资源、环境的协调发展，同时应积极利用新技术提高海运效率，积极应对国际航运的新变化、新趋势。

（三）港口

1. 港口建设。

党的三中全会以来，实行了经济开放政策，1984年国务院批准了全国14个沿

---

① 赵德鹏：《海运公司B2B电子商务系统的构建与研究》，载《航海技术》，2001年第5期。

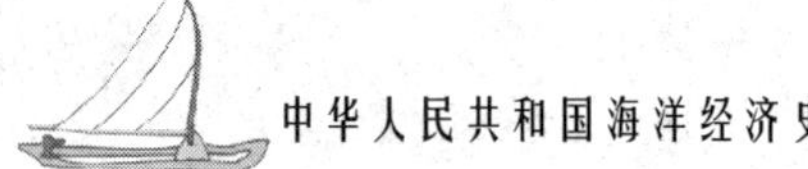

海开放城市，我国的对外贸易有了很大发展，海上运输相当繁忙。但我国现有的几个大港和疏港铁路能力严重不足，造成海港压船压货现象严重。这不仅不利于国家的经济建设发展，而且对外造成不良影响，此种被动局面必须扭转。[①] 随着海洋运输的恢复和发展，沿海港口的“双压”问题始终严重威胁着我国海运业的发展。

比如，上海港虽自1973年之后经历了很大的发展[②]，但还远不能适应经济发展的需要，造成了严重的压船现象[③]，因而对我国海洋航运经济造成严重的压船损失[④]、利息损失[⑤]、商誉损失[⑥]等等。而上海港之所以出现如此严重的“双压”现象，是由于吞吐量和水陆转运的综合能力严重不足造成的。这在一定程度上也反映了我国国民经济各种比例关系失调的一个侧面，是文革时期“重工贸、轻交通；重航运，轻港口”的结果[⑦]。

这些情况在当时比较普遍，在具体的应对措施上除了加强自身管理，提高到港

---

① 张国伍：《刍论海南岛交通系统发展与海港建设——考察体会》，载《数量经济技术经济研究》，1984年第8期。

② 1973年周恩来总理提出“三年改变港口面貌”号召后，到1976年（上海港）先后新建和改造了20个码头泊位，并建起了3条煤炭装卸作业线，1条散粮和1条木材机械化作业线。改革开放以来港口生产建设获得长足发展，面貌发生了巨大变化，从1984年起港口吞吐量超过1亿吨，1987年跃居世界第四位。曾呈奎，徐鸿儒，王春林：《中国海洋志》，大象出版社2003年版。

③ 1980年到港外贸船舶1800艘次，平均每艘在港停留12.02天，扣除作业5.25天，船舶在港移动0.5天，待作业为6.27天。最近，在市人民政府领导下，港务、铁路、交运、外贸等部门协同作战，成绩显著，在港船舶已压缩到一百艘以内。但是，由于吞吐量和水陆转运的综合能力严重不足，长期以来大量压船压货的问题，尚未从根本上得到解决（刘汉，1981）。

④ 据上海港务局资料，按上海港96个泊位计算（减除浮筒作业量和船边过驳作业量），每个泊位全年平均完成装卸量约60万吨（不计千吨以下船舶的作业量），比世界装卸效率最高，船只随时可靠泊作业的联邦德国汉堡港每个泊位作业量大七倍多。现在上海港的泊位利用率高达80%～90%，出现了严重的压船赔款。（陆伯辉（1984））外贸船舶到港后，不能及时上泊位卸货。1979年在港停泊待卸8157艘/天，按平均每艘每天应付滞期费6000美元计算，损失4894万美元；1980年压船比1979年增加41.800，损失6942万美元；1981年2月1日至10日，作业船舶仅占在港应开工船舶的23.6%，在港停泊待卸船舶1131艘/天，损失772万美元（刘汉，1981）。

⑤ 出口商品不能及时出运，增加了利息和各项费用。外贸已托待运的在港口商品，1979年平均每月1.4亿美元，1980年增至2.3亿美元，仅利息损失就达136.3万美元。如再加上由此而造成的退货损失以及因发货不及时而增加的函电等各项费用，损失就更大（刘汉，1981）。

⑥ 由于出口货物不能按时装运，预借和倒签提单愈来愈多，国外客户意见很大，有的拒付货款，有的不愿赎单，以致货到国外后不得不原船带回或削价处理。因运输延缓影响出口成交的损失就更难以估计（刘汉，1981）。

⑦ 新中国成立以来，上海工业生产增长25倍，对外贸易增长97倍，其中出口增长34倍。沿海和长江航运的航力增长10倍；中国远洋公司的船舶从无到有，现有135艘计221万载重吨。上海港口吞吐量增加42倍，而上海港的码头长度仅比解放初期增加3300个；泊位增加5个；仓库场地增加15%，通过能力与需要相差甚多。1979年交通部核定上海港的通过能力为7000万吨，实际完成8483万吨，超负荷约1500万吨，比1978年增长50%。港务部和海港工人虽然做了很大努力，采取了各种措施，如对散装货的装卸作业线进行技术改造，增开舱口作业线，开辟海上过驳，把十万吨级的“双峰”海轮改装成我国第一艘海上装卸平台以及开展集装箱运输等等，但港口仍经常处于拥塞状态。市领导部门一再组织力量进行疏港，但因通过能力与吞吐任务之间的根本矛盾没有解决，屡疏屡塞，见效不大（刘汉，1981）。

计划的准确性[①]，搞好输港工作[②]，逐渐实现集装箱化，提高装卸效率[③]，建立一整套有效的装卸流程[④]，加速驳船周转[⑤]之外，还应充分挖潜，改造已有港口，包括新港区建设和老港区的改造[⑥⑦]，改建、新建其他港口，分流对已有港的压力[⑧]以及协调与港口相关铁路的建设、改造工作[⑨]。

事实上，针对“双压”问题，80年代开始以来，我国进行了历史上空前规模的海港建设，海港建设规模之大，速度之快，是我国历史上空前的。各港口纷纷向河口和海湾的新址转移，建造了多处大深水散货码头和集装箱码头，将电子计算机等先进手段引入港口作业和港口管理系统，并且装备了高效率、大起重能力的装卸

① 最近几年，上海港计划管理中存在这样的问题，即计划到港的船不到，计划外的船却到。以1980年第四季度为例，在到港的440艘船和455万吨货物中，计划外的有155艘、171万吨，分别占35.2%和37.5%。这些物资的流向不合理，储存和接运工作又都不落实，特别是纸张第四季度到货量占全年的57%；又如木材计划14.6万吨，实际到货30.2万吨，超计划106.8%。由于接运工作事先未落实，造成长期压港压船。因此有关部门，从订货开始一直到租船、到港都要加强联系，以提高进口的计划性，有利于减轻港口的拥挤……加强计划管理还应包括提前向港务部门提供船舶的装载资料，以便港务部门有针对性地安排舶位和制定作业计划，加快卸货速度（刘汉，1981）。

② 加强出口粮食的转运和装船，一是加强短途运输，动员和组织专业和社会车辆，满足装船需要；二是对出口粮食的供货、铁路运输、短途运输、仓储等各环节，实行分段包干的经济责任制，调动各方面的积极性；三是发挥后方仓库的接卸、储存和中转的调节作用（魏富海，1986）。

③ 研究提高装卸效率的措施，如可试行计件工资和使用一部分集体所有制的劳动力（刘汉，1981）。

④ 从船舶到货物进出仓各个环节，分别规定合理期限并制定延期罚则，对于违章事件一律依法办理。一切罚款不准列为正常开支（刘汉，1980）。

⑤ 目前驳船在海舶或浦东仓库码头落驳以后，有60%进入苏州河各厂（出口物资也大都在苏州河落驳），但上海港24小时昼夜作业，而苏州河只有二班装卸作业，工厂只有一班作业，因此落驳快，起驳慢，不相适应。改进办法，可以增设驳船起驳点，改进苏州河及工厂的装卸作业班次，也可考虑恢复驳船延期费制度（刘汉，1980）。

⑥ 老港区的改造花钱少，见效快，效益高，能够赢得时间。首先要扩大港前区的作业和堆存能力。为了适应现代化装卸作业的需要，要有计划、有步骤地对老港区的总体平面布局进行改造。对港区内的非生产性设施，分期分批地从港前区向后方迁移，扩大货物堆场和装卸作业面积；同时把物资部门长期占用的港内库场，逐步腾出来，用于港内货物周转。其次，提高装卸设备的现代化程度。当前，首先应抓紧改造集装箱码头的设施和散粮装卸设施，以适应疏港任务的需要（魏富海，1986）。

⑦ 据上海港务局资料，上海港尚有非商用货主专用泊位57个（各工厂企业自用），这些泊位多数利用率很低。部分沿江工厂企业共占有近10公里深水岸线并未利用，出现商用岸线泊位超负荷运转，而非商用岸线泊位则未发挥充分作用，出现深水不用、深水浅用或利用率太低的不合理状况。如经过适当调整、改造，可增加一批泊位。据估计，对其中较有把握的岸线调整后新增泊位，约可增加1500万吨的通过能力（陆伯辉，1984）。

⑧ 1977年国家计委规定，除沪、苏、浙、赣、闽、皖、鄂、陕、青、甘、宁、新等十二省市外，其他省市的物资不到上海港卸货。这个规定有待于进一步贯彻执行。1980年物资部门等受理的进口物资为627.7万吨，其中属于不合理流向的有64.5万吨，占10.3%。这些物资如果按照合理流向选择港口，有利于节省时间，节约运力。我国沿海港口仍有相当潜力，如旅大可以负担东北各省，青岛可以负担山东、山西，天津可以负担河北、内蒙古，连云港可以负担陇海线西侧。浙江的宁波，福建的厦门，也都可以充分利用（刘汉，1980）。

⑨ 两省与福建港口相关的铁路现状和问题主要包括：a. 联系福州马尾、厦门东渡港的鹰厦、外福铁路亟待加强与改造；b. 鹰潭、来舟等枢纽编组站和区段站亟待进行改造；c. 浙赣线亟待加强，逐步向复线过渡；d. 皖赣线要搞好配套、形成综合运输能力；e. 南浔线应配合大沙线、合九线抓紧全线的改造；f. 漳泉线要迅速接通（张国伍，1984）。

搬运机械，开掘了深水航道，增设新式航标、现代化海岸无线电台，出现专用客运码头，新式海上客运站，装备了一大批港口的水上过驳设施，包括水上装卸平台、系船浮筒等，同时注意建设水陆集疏运设施，在软件上也应注意改善群众和归侨、国际游客的海上旅行条件。①

通过对图 8 –6 的分析不难发现 1978 年以后，我国港口吞吐能力紧张的局面虽然还在，但逐渐在缓解，特别是 1985 年以后迅速下降说明大规模建港活动大大缓解了已有港口的“双压”问题，改善了全国沿海港口布局，促进和支持了海洋运输业的发展。同时开发和利用了我国一部分海岸带和海域，一些城市因港而兴，吸引工业企业布局于沿海，促进了我国外向型经济发展，为参加国际经济大循环提供了“先行”条件，扩大了就业，增加了国民收入。②。

到 90 年代末期，出现了一些与航运业发展相适应的新特点，包括：(1) 港口深水化。大型和超大型集装箱船舶在主要干线上被广泛地采用，这些船舶的吃水深度至少在 12 ~15 米之间，对港口的基础设施有特殊的要求。因此，港口的深水码头、深水航道建设已引起各国的普遍重视。(2) 码头合营化。国际港口中，经营码头有多种模式，如：合资、合作、出租、私营等等。各港口都根据自己的特点选择有利于自身发展的经营模式。(3) 经营多元化。现代物流需要港口强化运输功能，开发港口的多功能。因此，港口必须摆脱单一的码头装卸业务，开拓新的业务领域。港口经营多元化是港口多功能开发的重要途径③。(4) 管理现代化。现代运输技术和经营方式的发展要求信息能在各运输环节之间准确、快速地传递。国际集装箱运输系统也从传统、独立、分散的运作进入综合系统管理的新时代。④

而这些趋势也在 21 世纪继续推进着，港口的发展与国际航运、国际贸易发展的需求将更加紧密相关，国际港口的主要功能，将在商业、综合物流枢纽、全程运输服务中心和国际商贸后勤基地的基础上，向海洋生态经济后勤服务基地推进；同时泊位、航道深水化和码头外移趋势及船舶大型化趋势使泊位和航道水深一般需要

---

①② 施存龙：《中国八十年代海港建设》，载《海洋开发与管理》，1989 年第 3 期。

③ 增强了上海港的对外服务功能。目前多元化经营主要有以下几种类型：a. 船舶代理型。1994 年与上海外代合资组建上海联合国际船舶代理有限公司，为上海口岸 10 多家班轮公司提供船舶代理服务。b. 货运代理型。经过近三年的培育和发展，货代业务从无到有、从小到大，形成了以 SCT 货运公司为主体的中型货代企业。c. 货运仓储型。征用土地开发集装箱货运基地，与香港东方海外、美国海陆、香港长荣、香港胜狮等20 多家公司合资或合作组建一批以仓储货运业务为主的经营企业。这些企业在拓展业务、扩大市场占有率方面都有较长足的发展。d. 多式联运型。国际中转业务已于 1997 年 9 月 1 日起向所有班轮公司开放，目前已有 10 多家班轮公司开展此项业务。1997 年全港完成国际转运箱 1. 28 万标准箱，比上年增长86% 。e. 海上运输型。上海海华轮船公司是上海港第一家按现代企业制度组建的国内船舶运输企业，其主要经营日本、中国香港地区、中国台湾地区等近洋航线的集装箱班轮运输，并与世界著名班轮公司进行舱位互租形式的合作，联手扩大干线网络（陆海祜，1998）。

④ 陆海祜：《海运市场竞争激烈条件下港口集装箱经营方式的变化趋势》，载《水运管理》，1998 年第 6 期。

15 米以上，且水域、锚地和港池宽敞，新建码头主要是离岸栈桥形式，码头外移，以满足国际散货船舶大型化的需要，减少船舶进出航道时间，减少航道疏浚量，码头专业化和装卸设备更加大型化；另外由于海上运输业本身所具有的强烈的国际性，为提高服务效率，港口信息化、网络化是发展趋势，再者港口功能多元化并向物流分拨中心发展，现代化港口既是货物海陆联运的枢纽，又是国际商品储存、集散的分拨中心，也是贸易、加工业发展的聚集地，除了传统货物装卸、中转及分配功能之外，还须增加产业的服务增值功能。一个现代化的国际港口必须集物流服务中心、商务中心、信息与通讯服务中心和人员服务中心为一体，才能巩固和提高其在运输链中的地位和作用。①②

2. 港口管理。

1984 年我国开始在港口管理体制上逐步改进，改革了苏联式的港口管理机制，将港口管理权和经营权逐步下放，实行以地方为主的领导③，这种措施在很短的时间内就已显示出许多优势，调动了地方和基层的积极性④，加速港口的建设和技术改造，提高了劳动生产率和经济效益，有利于港口城市的统一规划发展，较好地处理了港口和腹地的关系。

这种“双头”或“多头”⑤ 管理港口有其积极意义⑥，但也会产生如何确定单

① 李晓靖、李英：《港口经济的作用及其现代港口的特征》，载《商场现代化》，2007 年第 10 期。

② 张林红、陈家源：《我国港口在市场化进程中的竞争策略》，载《港口经济》，2001 年第 3 期。

③ 天津港下放主要有三方面变化：第一，变直属交通部领导为双重领导并以天津市为主。随着天津港务局的下放，天津港务监、天津外轮理货公司、天津船舶燃料公司、天津外轮代理公司等一并下放天津市，统归天津港务局领导，第二，变“政企合一”为政企分开。港务局所属各港埠公司一律实行独立经营，成为生产经营型的企业实体，港务局向间接管理和宏观控制为主的行政型转变；第三，变单一由国家投资建港为自筹资金为主，实行以港养港，各企业的利税（工商税除外）由上缴中央财政，一律变成养港建港所需资金……由于我国整体经济技术比较落后，以及指导思想上的失误，这种纵向型的港口管理体制逐步出现了“统得过死”和“政企合一”的弊端，阻碍了港口生产的发展，并形成了“马鞍形”和曲折变化的畸形状态（刘卯忠，1987）。

④ “双重领导以地方为主”，发挥了中央和地方两个积极性，特别是调动了地方管理港口、组织疏港、扩大港口吞吐能力的积极性，为港口的更快发展创造了条件……中央把经营、管理港口的权力下放给天津后，天津市又基本不留的下放给港务局，港务局又把生产经营权下放到各基层单位，因此增强了基层企业的活力，调动了企业和职工两个积极性（刘卯忠，1987）。

⑤ 经济体制改革以后，国家把大量的国有资产下放给地方。我国绝大部分港口也随着这一变革被下放到地方管理，呈现出交通部直属管理，港口所在城市管理，联合投资建港者管理的多元化局面（唐兴国，1991）。

⑥ 港口组织形态的多元化首先使港口投资结构发生了变化，地方政府可以动员它管辖的企业、单位投资扩港，以港兴市。有些港口可以吸收国内外其他行业的资金或经济腹地其他省市的资金扩建港口。以资金为纽带的联合为发展港口集团打下了坚实的基础。同时由于港口下放到地方管理，港口与其他行业同属于一个地方政府领导，为了便于管理，地方政府把与港口协作的行业或部分相关单位，组成一个计划单列，形成了不同以前的港口集团企业（我国南方有些新建港口基本上具备或形成了这种雏形）。港口与其他行业这种亲密的伙伴关系，必然会随着我国企业改革的深化，逐步转化为跨行业、跨地区的港口集团。只有这种港口集团，才能实现跻身世界大港之林的历史使命。港口组织形态的多元化与港口集团的出现，具有重要的进步意义（唐兴国，1991）。

一领导的问题。而这一问题的根源在于政企不分①。2004 年以港口开放和政企分开为目标的港口体制改革已经基本完成。新的港口管理体制，有利于港口和城市的协调发展，港口已在推进地方经济中发挥了更加重要的作用，同时也为港口自身的发展提供了良好的环境。《港口法》打破了原来政企不分、区域垄断的经营局面，以集装箱跨地区投资和经营为标志，使我国码头公司实现了长足发展。对我国的港口经济的持续健康发展起到了很大的作用②。

---

① 当前港口管理体制行政管理权分散，政出多门，企业也参与行政管理，在企业方面则是行政干预过多，企业的权力太小。(牛茂新，1989)

② 许多学者对港口体制改革的作用都作了总结，主要包括如下几点：首先有利于岸线开发，先进的管理模式和运营技术得以迅速推广到相对落后的地区，促进了技术上的跨越式发展；其次有利于码头公司做大做强并逐步形成我国的大型码头经营公司，实现走向世界。为提高码头的综合效率，应在战略准备阶段 2004 年前完成对自由港的相关研究。从目前实际进展情况看，为了提高口岸综合效率，大通关试点取得的成果已在全国推广，将全面提高我国通关效率。在此基础上，“港区联动”工作率先在上海市试点，并进一步推广到深圳、青岛、宁波、天津、大连、厦门和张家港等港口城市进行试点。为进一步提高口岸效率、提升港口功能，为发展中国特色的“自由港”奠定基础，在这些试点工作的基础上，国务院批准上海市进一步推进“保税港”的发展。很多港口城市都在探索、并力争实现“自由贸易港”的目标。这些探索与实践的进程与战略推进阶段估计的推进速度大致相同，是为了在 2010 年形成中国特色的自由港发展模式。

第九章 中国海洋盐业演变

一、海洋盐业稳定发展期（1949～1978年）

（一）背景

中国以海水生产食盐的历史最悠久，已有五千多年。据考证，炎帝时曾有“夙沙氏煮海为盐”的记载，距今有4500余年。新中国成立前，海盐的生产过程完全是手工操作，当时有着这样一句话：“盐工三大愁，扒盐、抬盐、拉大轴。”劳动负荷极重。从1910～1949年的40年间，中国海盐业生产发展迟缓，全国的盐产量（包括海盐、湖盐、井矿盐）仅增长67%，1949年全国只生产海盐250多万吨。①

同时，盐既是人们生活的必需食品，没有代用品，又是重要的化工原料，除了氯化钠以外，还有80多种化学元素可以分析鉴定出来②。中国历史上盐的主要用途是食用，1950年，食盐占总产盐量的88.9%，工业用盐仅占6.2%，我国的盐业一向以海盐为主，海盐产量占全国原盐总产量的65%～80%。

这个时期，海盐产量随着盐田面积的增加和技术进步而不断增加，但因生产技术采用日晒法，产量并不稳定，总体呈现上涨趋势，从1949年的254.6万吨到1978年的1546万吨，增长505%，年均增长6.18%。

---

① 曾呈奎，徐鸿儒，王春林：《中国海洋志》，大象出版社2003年版。

② 国家海洋局海洋科技情报研究所《中国海洋年鉴》编辑部：《1986中国海洋年鉴》，海洋出版社出版1988年版。

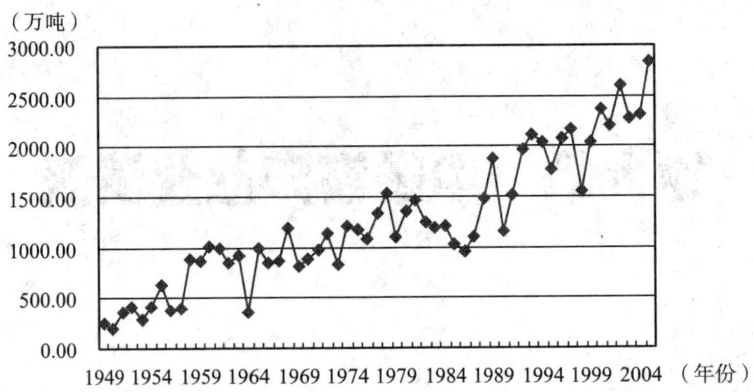

图 9－1　1949～2005 年海盐产量

海盐工业产值则因为工业化程度增大而增长更快，从 1949 年的 8835 万元到 1978 年的 118455 万元，增长 124.07%，年均增长 9.03%。产值增加每年平均高于产量 3%，如图 9－1、图 9－2 所示。

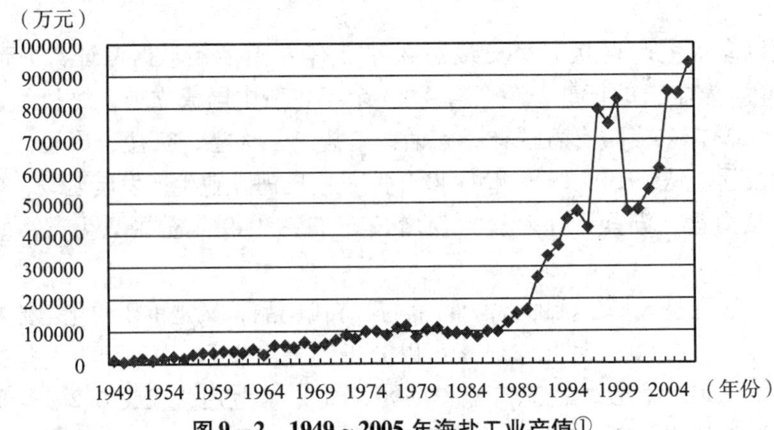

图 9－2　1949～2005 年海盐工业产值①

（二）海盐

1. 海盐区、盐场和海盐管理。

我国的海岸线绵长，大陆海岸线长达 1.8 万千米，沿海多是沙岸，海滩平坦辽

① 1949～1956 年按 1952 年不变价格，1957～1969 年按 1957 年不变价格、1970～1979 年按 1970 年不变价格、1980～1989 年按 1980 年不变价格、1990～1992 年按 1990 年不变价格计算，1949～1990 年仅为轻工系统产值，1991～1992 年为全行业产值。

阔，有大量的土地可以开辟为盐田。沿海气候也适于晒盐，特别是渤海、黄海沿岸，年蒸发量较大，降雨量较小，而且有明显的较长的干旱季节；东海、南海沿岸气温高，除雨季外，其他时间都可产盐。因此，我国沿海10个省、市、自治区和台湾地区都产海盐。

新中国成立初期，海盐盐区以辽宁、长芦、山东、淮北四个北方海盐区为主，占海盐产量的80%以上。经过数年发展，我国形成了包括辽宁、河北、天津、山东、江苏盐区的北方海盐区和包括浙江、福建、广东、广西、海南及台湾省的南方海盐区。其中北方海盐区相比南方海盐区，降雨少、气候干燥，蒸发力强，因此海盐品质好，产量高。

我国的主要盐场有塘沽盐场，汉沽盐场，南堡盐场，羊口盐场，营口盐场，复州湾盐场，大清河盐场，黄骅盐场，大连皮子窝化工厂，金州盐场，埕口盐场，寿光菜央子盐场，寿光岔河盐场，青岛东风盐场，江苏盐业公司，海南莺歌海盐场。①

1949年12月，政务院（国务院前身）召开首届全国盐务会议，确定了“公私兼顾，按销定产，提高质量，增加产量，减低成本”的生产方针。1950年1月，政务院颁发了《关于全国盐务工作的决定》，按全国各大行政区划分7个销盐和产盐区，由中央人民政府贸易部下设中国盐业公司，负责经营华北、中南华东3大区盐的运销业务；财政部设盐务总局负责经营管理盐的生产和其他地区的运销业务，② 海盐受气候影响较大，和农业生产类似，有丰年有歉收，需要及时沟通，统筹调剂，以保证食盐和工业用盐，多头管理使得产销脱节，不方便统一调配，同年，第二届全国盐务会议制定《关于执行大盐田收归国有的决定》，在没收了官僚资本经营的盐场为国营盐场的基础上，逐步对个体盐民和私人经营的盐场进行了社会主义改造。从1954年1月1日开始，生产、运销统一由盐务总局③负责管理。此后几次权力收放都是希望以计划管理为主，不要管得太死，但因政治或经济原因未能成功。文化大革命期间，盐业管理下放，但又导致管理混乱、供销脱节的情况，1980年再次收回管理权由盐务总局管理。

这个时期全国进行了3次较大范围的盐价调整。1950年第一次调整，国家为国民经济快速恢复，实行减征盐税措施，拉低了盐的市场价格。1957年为增加财

① 曾呈奎，徐鸿儒，王春林：《中国海洋志》，大象出版社2003年版。

② 政务院财政经济委员会编：《1949年中国经济简报》；中财委第8次委务会议纪要，1949年12月23日；中财委第11次委务会议纪要，1950年1月10日。转载自董志凯：《当代中国盐业产销变迁史》，载《中国经济史研究》，2006年第3期。

③ 后来改称为制盐工业局、盐业公司。

政收入进行了第二次调整，提高税率，调高了盐价，但这一政策是区别对待的，对于老、少、边、穷地区实施补贴税率，降低盐价。调整后盐的零售价格水平提高9.4%，每年为国家增加盐税收入约1亿元。第三次于1966年，进一步调低了老、少、边、穷、地区食盐价格。

2. 盐田利用效率分析。

新中国成立以来，中国的盐田面积基本呈现逐步增加的趋势，从1950年的86476公顷到1978年的270380公顷，增长幅度212%，年均增长率4%，小于海盐产量的年均增长率，说明盐田面积增长不是海盐产量的唯一决定因素，如图9-3所示。

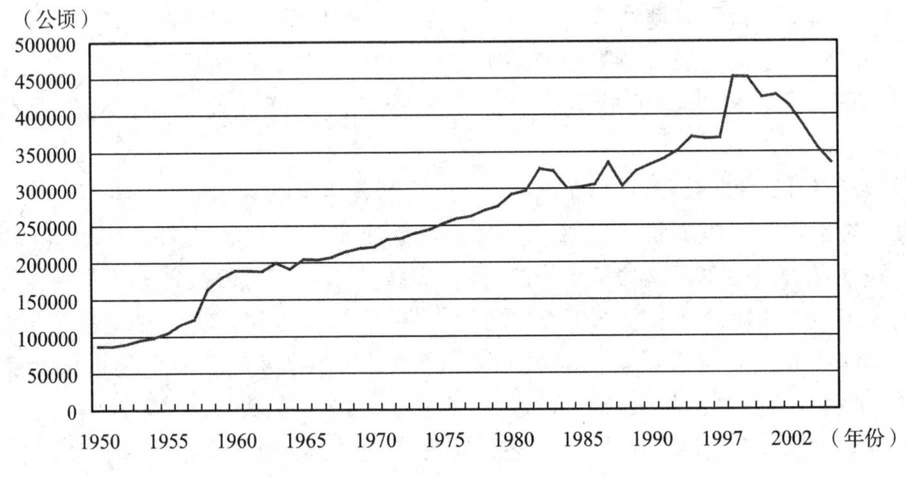

注：缺少1993~1994年数据。

图9-3 1950~2005年盐田总面积

单位面积盐田产海盐量在1967年以前波动范围在20吨/公顷~60吨/公顷之间，年均单位面积产量为42.34万吨，1967年到1978年年均单位面积产量45.79万吨。这一变化主要来自生产技术进步，如图9-4所示。

海盐业是利用自然蒸发的日晒盐工业，盐场的主要工序，包括扬水、收盐、集运、堆列、盐田维修和放销，天气因素对产量变化影响较大。自20世纪60年代起，盐务总局提出“三化”（盐田结构合理化、生产工艺科学化、生产过程机械化）、“四集中”（纳潮、蒸发、结晶、集坨）的指导原则，重点产区的北方海盐区据此进行技术改造，在盐田结构上已将过去分散式滩田改为半集中或集中式盐田，生产流程日趋合理，并方便了生产管理。在工艺措施上，大中型盐场建立了气象

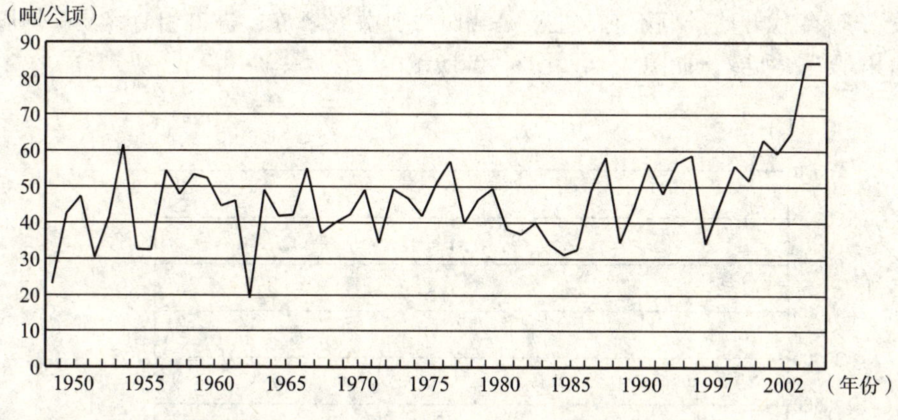

注：缺少 1993 ~ 1994 年数据。

图 9 -4　1950 ~ 2005 年单位面积盐田产海盐量

站，配备了气象雷达等观测仪器，降雨预报准确率达 50% ~70% 。[①] 同时，1967 年以后我国首创的海盐塑料薄膜苫盖结晶技术得到广泛应用，起到了很好的增产效果。

（三）盐化工

这个时期，中国能够生产的氯化钾和溴素也是重要的工业盐产品，需求广泛。

1. 氯化钾。

钾是海水中含量较高的元素。可溶性钾盐对植物生长必不可少，可以直接作为肥料或作为化肥的原料。氯化钾是一种施用最普遍的钾肥品种，适用于除烟草和茶叶等忌氯作物以外的所有作物，增产效果明显。氯化钾在工业上是制取其他钾盐的原料，如苛性钾、氯酸钾、过氯酸钾、碳酸钾、硝酸钾等，钾的化合物可从陆地钾石盐矿生产，且成本较低，但我国缺乏陆地钾盐矿藏。

这个时期由于国际社会的封锁，中国进口肥料比较困难，而且成本较高，为解决我国钾盐资源匮乏的问题，通过海盐苦卤，采用兑卤法生产氯化钾。由于氯化钾的需求量较大，尽管生产成本较高，但产量一直在增加，从 1949 年的 222 吨到 1978 年的 58470 吨，增幅 26237. 8% ，年均增长率 20. 4% ，增长可谓惊人，其工业化程度增长 4252% ，年均增长率为 13. 4% ，说明其增长主要是其工业化程度加深所致，但也有 7% 的年均增长来自海盐产量的增长。同时应看到，氯化钾的工业化

① 曾呈奎，徐鸿儒，王春林：《中国海洋志》，大象出版社 2003 年版。

程度在70年代开始徘徊不前，主要是当时中美关系解冻，进口相对容易，钾肥的进口出现松动所致，如图9-4、图9-5所示。

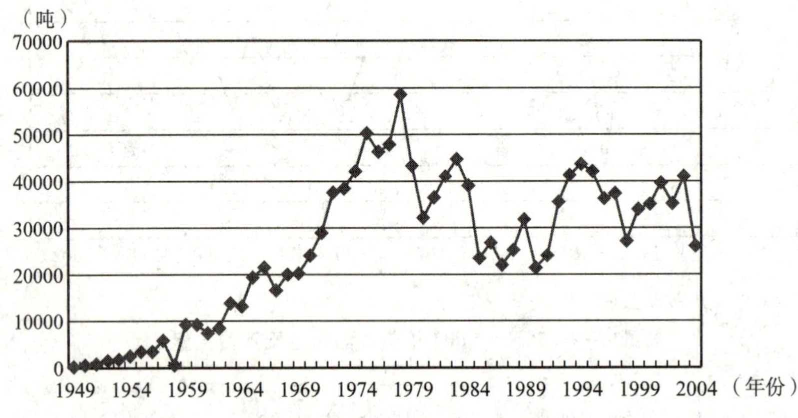

图9-5　1949~2004年氯化钾产量

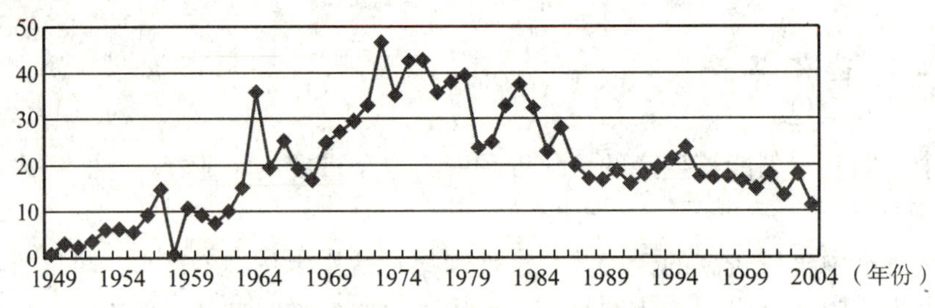

图9-6　1949~2004年氯化钾工业化程度①

2. 溴。

因几乎所有溴元素集中在海洋中，其又称为“海洋元素”。主要用于医药、农药、染料、熏蒸剂、灭火剂、阻燃剂等。新中国成立以后，生产溴主要方法是水蒸气蒸馏法②。溴产量一直在增加，从1949年的2吨到1978年的3644吨，增幅182100%，年均增长率28.4%，其工业化程度增长30110%，年均增长率为20.96%，其增长主要也是其工业化程度加深所致，产量增长和工业化程度均高于氯化钾，说明应用更加广泛，需求更大，如图9-7、图9-8所示。

---

① 氯化钾产量/海盐产量。

② 水蒸气蒸馏法：从苦卤制取氯化钾以后的母液中制取溴。

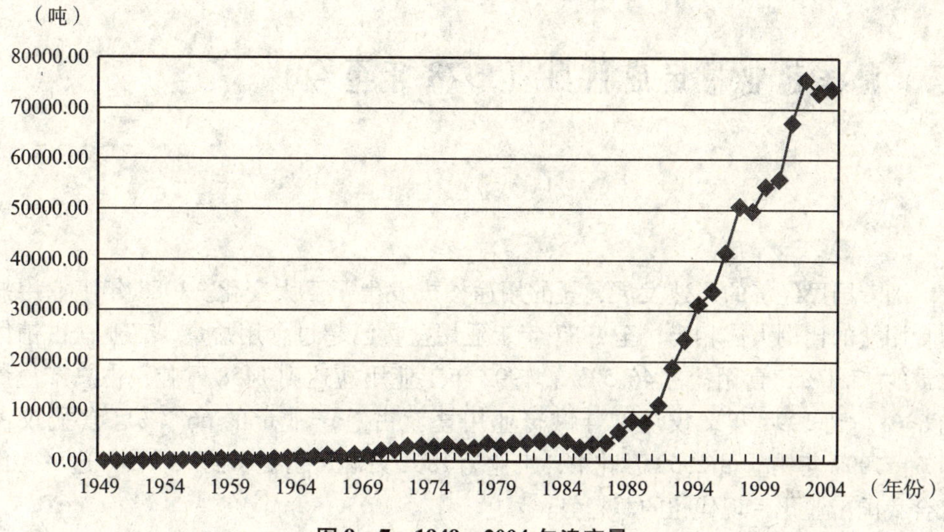

图 9－7　1949～2004 年溴产量

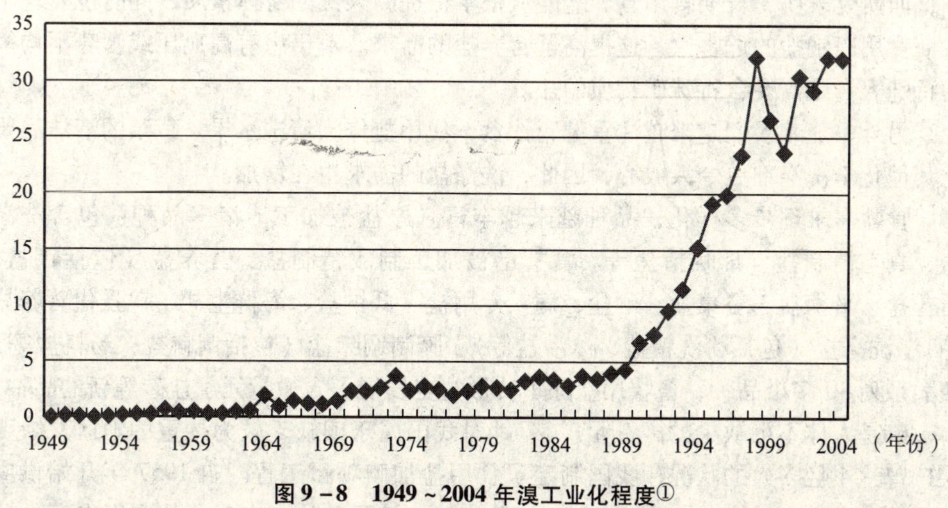

图 9－8　1949～2004 年溴工业化程度①

工业化程度对于海盐产值的贡献。由于国家对盐的价格进行控制，使其基本不变，因此海洋盐业的产值高于海盐产量的年均 3% 的增长很大程度来源于工业化程度的加深。

---

①　溴产量/海盐产量。

二、海洋盐业稳定成熟期（1978 年至今）

（一）背景

随着国民经济的飞速发展，盐的用途构成发生了巨大变化。1983 年工业用盐与食用盐的比例大体相当，至 1987 年工业用盐量已超过食用盐量，工业盐占销售总量的 47.1%，食用盐占 46.52%。1992 年工业用盐达到 1458 万吨，占总产盐量的 63%。到 1994 年，仅烧碱纯碱行业用盐就占总产盐量的 66.7%，食盐仅占 25%。1999 年销盐量 2550 万吨中，工业盐 1861 万吨，占销量的 73%，[①] 这一变化符合我国工业化、现代化的总趋势。

同时，经济的发展，人民的生活水平不断提高，对营养型食品的需求也逐渐增加，而研究表明，长期食用营养盐能从根本上提高人民的身体素质，同时也发现了长期食用高钠盐的危害性，这提高了营养盐的需求。对于患有高血压或营养不均衡的特殊人群则需要含特殊矿物质的盐。

另外，随着人们越来越注重健康饮食，使用盐作为清洗水果、蔬菜的清洁品要比其他化学洗涤剂更令人放心，因此，洗涤盐的需求也在增加。

食盐需求逐步多样化，品种越来越丰富。原盐被加工成诸多品种：包含洗涤盐、真空精制盐、日晒精盐等。食盐已被加工制成精制盐、营养盐（包括钙盐、雪花盐、平衡盐、餐桌盐、硒盐、病人专用盐、低钠盐、海群生盐、锌强化营养盐等）、洗涤盐（包括粉洗精盐、沐浴盐等）、腌制调味盐（包括调料盐、汤料盐等）四大系列 30 多个品种；畜牧用盐除了砖形盐也发展了含微量元素盐砖等新的品种。

碘是人体不可缺少的微量元素，[②] 针对我国属于碘缺乏较为严重的地区，缺碘人口曾达 4 亿多人的状况，我国制定了食用盐加碘项目工程。自 1957 年开始供应加碘盐，1993 年全面启动加碘项目工程，1994 年国务院决定对食盐实行专营，并为此先后出台了《中国 2000 年消除碘缺乏病规划纲要》、《食盐加碘消除碘缺乏危

---

① 董志凯：《当代中国盐业产销变迁史》，载《中国经济史研究》，2006 年第 3 期。

② 碘是合成必需的甲状腺激素的重要原料，甲状腺激素影响着机体的生产、发育和代谢，大脑是它的第一靶器官。在智力发育全过程中，如果碘摄入不足，就会在生长发育过程中产生一系列障碍，即使轻微缺碘，也会引起智力的轻度落后并持续终生。而严重的缺碘会对儿童的体格发育造成障碍，即身材矮小，性发育迟缓、智商低下，并可造成早产、死胎、先天畸形、聋、哑、痴呆等，更为常见的为地方性甲状腺肿（即粗脖子病）和地方性克汀病。

害管理条例》、《食盐专营法》等一系列政策、法规，对食盐实行专营，以保证碘盐的供应。2000 年 10 月 1 日实施的食用盐新标准将加碘浓度由每千克 40 毫克调整为每千克 35 毫克，这一法定推广大大提升了食用盐的附加值。全国碘盐的覆盖率逐年提高，2002 年 1 ~ 10 月的抽查统计显示，全国碘盐覆盖率超过 95%，分别比“八五”末和“九五”末高出 56 个和 4 个百分点。碘盐的广覆盖，为我国人民的身体健康提供了基础保证①。自 1999 年实行食盐专营制度以来，我国普及碘盐供应、消除碘缺乏病工作取得了巨大的成就。为此，联合国儿童基金会曾授予我国消除碘缺乏病“世界的典范”之荣誉。

（二）海盐

1. 海盐管理。

1980 年，国家经委批准第二次尝试创办中国盐业总公司，并恢复盐务总局制度②，与前次不同，这次将盐业公司与盐务总局分开，一个企业自负盈亏，一个政府执行监管成为中国首批企业化改革的试点之一。中国盐业总公司作为国有性质的全国产销合管企业，在国家计划指导下独立核算，管理全国盐的生产、分配、调运、批发销售和存盐安排。轻工业部将所属长芦盐区塘沽、汉沽、大清河、黄骤 4 个盐场（包括 7 个盐化工厂，2 个运销站）和制盐工业科研所划归总公司领导，总公司又先后上收了北京、天津、上海 3 市的盐业运销企业和盐业资源勘测队。③ 从改革的成果看，中国盐业总公司实际上是以企业之名行政府之事，作为一个国有垄断机构并没有市场化的运营，没有做到政企分开。由于 1978 年第四次盐业调价国务院规定了全国食盐零售最高限价由 1 角 7 分降为 1 角 5 分，使得我国食盐零售价格保持了较低的水平，甚至 1982 年的食盐价格低于 1957 年而和 1953 年基本持平④，因此盐业企业并没有产生出多少暴利。

为加强对盐业的管理，促进盐业的发展，1990 年 2 月 9 日国务院发布了新中国成立以来第一部制盐业的规范性法规《盐业管理条例》。该《条例》的发布实施为盐业管理走向法制化轨道奠定了基础。

---

① 顾立林，国家计委：《我国碘盐覆盖率超过 95%》，http：//www.sohoxiaobao.com/chinese/bbs/blog_view.php？id＝564370，2002 年 11 月 19 日。

② 1963 年，试办盐业托拉斯。国务院批准成立中国盐业公司，盐务总局与盐业公司一套机构、两块牌子。摘自董志凯：《当代中国盐业产销变迁史》，载《中国经济史研究》，2006 年第 3 期。

③ 中国轻工业联合会：《中国轻工业年鉴》，中国轻工业年鉴社出版社 1985 年版。

④ 每百公斤食盐零售价格 1953 年为 27.5 元，1957 年为 31 元，1982 年为 29 元（董志凯，2006）。

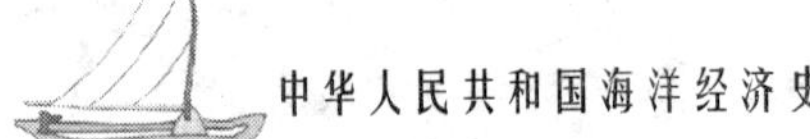

1992 年我国确立经济体制改革的目标是建立社会主义市场经济体制，但由于食盐具有重要的战略意义，因此无法放开食盐管理，但工业盐则可以考虑放开。1994 年国务院发出《关于进一步依法加强盐业管理问题的批复》，确立了“对食盐实行专营，对工业盐实行计划管理”的原则。

首先是工业盐管理体制改革。1995 年国家经贸委、国家计委下发《关于改进工业盐供销和价格管理办法的通知》，实行在国家保护价的基础上，逐渐向市场化过渡的新政策。

为了保证食盐的管控和配合加碘盐项目，1996 年国务院颁布《食盐专营办法》，实行了食盐生产定点制度、食盐批发许可证制度和运输准运证制度。

全国 31 个省市区设盐务管理局（专卖局、盐管办）、盐业公司，由国家轻工业局统一管理。2001 年，在政府机构改革过程中，国家经贸委设立了盐业管理办公室，这导致盐业公司的主管部门混乱，① 为此，国家经贸委发出了《关于做好 2002 年盐业管理有关工作的通知》，明确了经贸委盐管办的管理职责。② 然而，盐业体制政企不分的局面依然，③ 而且由于加碘盐利润大，食盐专营权造成了盐业产业的食盐销售暴利和工业盐与生产者的窘况。④

2. 海洋盐业产量产值分析。

这个时期的盐田面积在一路上升以后，于 2001 年开始下降，主要因为盐场收入低，各地在积极开展浅滩养殖以后，将部分盐场改为水产养殖所致，但总体仍然小幅度上升，2005 年比 1979 年盐田面积增加 20%，而海盐产量增势则并未大幅减缓，27 年间产量增幅 157%，年均增长率 3.5%，主要归功于生产技术的提高。海洋盐业的工业产值增长较大，增幅 1011%，年均增长率 8.98%，远大于产量增长。这一增长主要源自盐业体制改革和加碘盐项目的实施所带来的“体制暴利”和新的需求增长点。

---

① 各省、市、县都有自己的盐务局和盐业公司，但隶属不一。有的隶属于轻纺集团，有的隶属于供销部门，有的隶属于粮食系统，还有的隶属于其他部门。迄今为止，盐行业不像其他部门一样在全国都有自己独立的全国总局，而只有一个中国盐业总公司和国家盐管办，国家盐管办则是国家发改委下面的工业司轻工处的一个职能机构（屈道群，2007）。

② 《共和国辉煌五十年·轻工业卷》，中国经济出版社 1999 年版。

③ 到目前为止，我国大部分地区的盐政管理和经营队伍是一套机构两块牌子，盐政部门直接负责食盐计划安排、生产、调运和除两碱工业用盐以外的其他上业用盐的销售。此外，盐政执法（包括执法队伍和执法费用支出）也由各地盐务部门承担。各地盐务局是盐业管理政策的制定者、盐政执法者、生产企业的上级兼管者，但同时又是盐产品的经营者。政企小分是食盐管理体制的显著特征（屈道群，2007）。

④ 广东省湛江市海康县国营房参盐场盐工每月的工资为三四百元，盐场场长的工资为每月 550 元，在盐业的整个产业链内，并不是所有的职工工资都这么低。事实上，广东省盐业公司一个中层干部的年薪约 20 万元。……业内人士说，同样是氯化钠，争取到食盐计划就能“变身”，卖出每吨 350 元左右的价格。而作为工业盐出售，仅为每吨 170 元到 200 元。价格相差 100 多元，而计划指标由盐业公司“说了算”，生产企业获取计划指标并不完全靠产品的质量、成本，关键点在“跑计划、跑关系”（赵东辉，黄玫，2007）。

（三）盐化工

这个时期，中国盐化工可以生产的产品除了溴素和氯化钾，1986 年开始生产的无水硫酸钠、氯化镁，2000 年以后开始生产的硫酸钾，再有一些少量生产的工业盐产品，如硫酸镁、硫酸钙、光卤石、氯化钙、硼酸、硼砂、碳酸锂、碳酸锶、碘素等。

改革开放以后，我国每年开始大量进口钾肥，由于陆地钾矿丰富，国际市场上价格便宜，从海水中提钾成本高，无法与由矿物中生产相竞争，海盐产氯化钾的需求得到缓解，国内钾肥的价格也持续走低，随着地处青海省格尔木市察尔汗的青海盐湖开发，成立了青海盐湖钾肥股份有限公司，[①] 对于海盐苦卤提钾需求进一步降低。尽管近些年，利用溶剂从卤水中提取氯化钾、兑卤——冷结晶法生产氯化钾等新工艺层出不穷，但仍然很难工业化后成本低于陆地钾盐的生产。因此，氯化钾的产量在振荡中不断走低，从 1979 年的 43332 吨到 2005 年的 26043 吨，降幅 40%，工业化程度更是一路下降，降幅 72%。

因为溴用途广泛，20 世纪 80 年代因消防安全意识的增强，灭火剂需求旺盛，溴因其具有阻燃性成为灭火器的重要原料，需求增长很快；溴化银是一种重要的感光材料，在数码相机普及之前其需求也较大；在制药领域需求量也极大，现在医院里普遍使用的镇静剂，有一类就是用溴的化合物制成的，如溴化钾、溴化钠、溴化铵等；石油钻井清洁液用溴量因我国石油生产需求的增长而有增加。溴的需求如此之大以至于我国每年仍需进口一定量的高质量溴用于制药及有特殊要求的阻燃剂行业。正是由于巨大的需求，溴产量持续增长，从 1979 年的 3103 吨到 2005 年的 73832 吨，增幅 2279%，年均增长率 12.96%，其工业化程度增长 1034%，年均增长率为 9.79%，高于海盐工业产值增长速度，说明其对海盐产业有推动作用。

其生产方式也有进步，我国 1980 年后新建溴厂基本采用空气吹出法，它是 20 世纪 90 年代后全球产溴国家主要采用的方法，该法对原料含溴量适应性强，易于自动化控制。

无水硫酸钠，又称无水芒硝，是玻璃工业、造纸、化学制碱和医药的重要原料，20 世纪 80 ~90 年代由于大量使用无水硫酸钠制造洗衣粉等日用化工产品而需求大增，但随着日用化工产品的竞争加剧，价格走低，需求下降，其产量也随之下降，到 2004 年基本无海产无水硫酸钠，如图 9 -9 所示。

---

① 青海盐湖钾肥股份有限公司为上市企业，现已形成集生产、经营、科研、综合开发为一体的大型、现代化钾肥生产企业，是中国现有最大的钾肥生产基地。

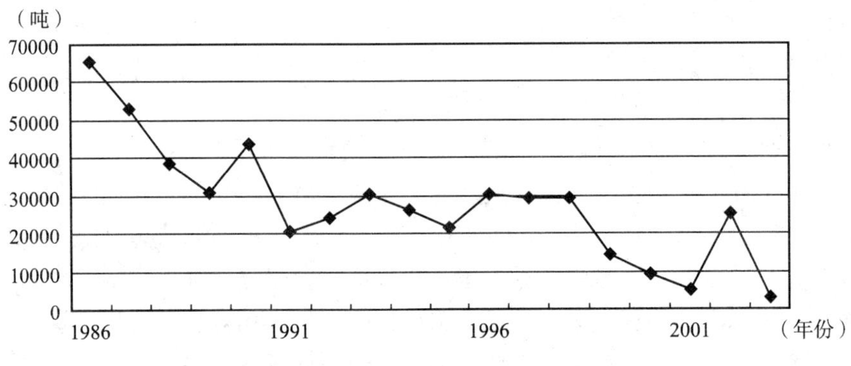

图 9－9　1986～2004 年无水硫酸钠产量

氯化镁因其处理后可以得到氧化镁①和氢氧化镁②等需求巨大的产品而产量不断提升。氯化镁全部富集在苦卤经制氯化钾和提溴后的老卤中，其产品加工工艺简单，我国产量较大，20 世纪 90 年代初期一度增长较快，但随后因价格优势不明显且质量不高而逐渐陷入徘徊，如图 9－10 所示。

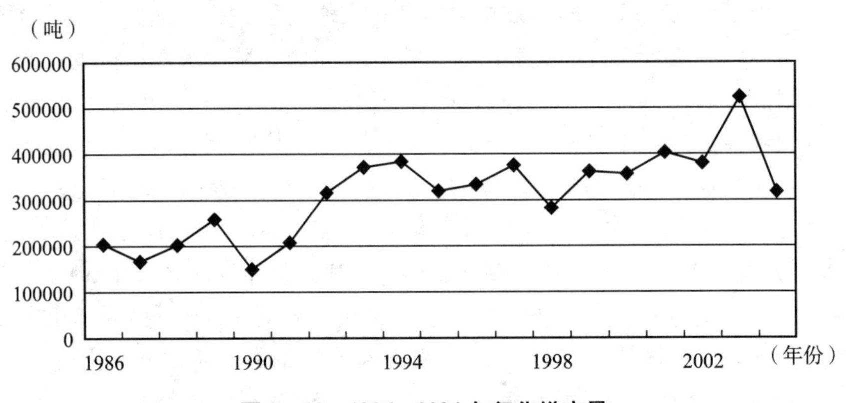

图 9－10　1986～2004 年氯化镁产量

① 氧化镁是一种产量大、应用广泛的化工产品，经制球和烧结后的高密度氧化镁称为镁砂。镁砂分为耐火材料级和化学级，耐火级主要用途是炼钢工业中做炉衬的耐火材料；化学级用于橡胶、医药、硅钢片、陶瓷、半导体及绝缘材料等，其中用量最大的仍是球状耐火级的高纯镁砂。摘自曾呈奎，徐鸿儒，王春林：《中国海洋志》，大象出版社 2003 年版。

② 氢氧化镁用于含酸废水中和处理、烟气脱硫、重金属脱除、水处理等领域，较之传统的处理剂（石灰、烧碱、纯碱等）具有无可争议的优越性，不仅用量少、活性大、吸附力强、中和速度快，而且不具腐蚀性、pH 值较低（被中和液的 pH 值不会超过 9），是一种无毒阻燃剂和性能优异的环保中和剂。摘自曾呈奎，徐鸿儒，王春林：《中国海洋志》，大象出版社 2003 年版。

第十章　中国海洋船舶业演变

船舶是多学科、多专业、高技术的综合产品，现代舰船工程体现一个国家的工业化水平。世界上一些先进工业国家在本国科技、经济发展的进程中，船舶工业的发展都曾起过重要作用，并曾是这些国家进入世界经济贸易竞争中的战略支柱产业，如20世纪30年代、40年代的英国和第二次世界大战后的日本。

中国船舶工业是国民经济的重要产业，是中国现代水上运输、现代海洋开发、现代渔业和现代国防装备的制造部门。改革开放以来，船舶产品已成为中国重要的机电出口产品。发展船舶工业对发展中国水运事业，解决当前国民经济发展中的交通、能源紧张状况，加强海军工程开发和国防现代化，均具有十分重要的现实和长远意义。①

一、基础积累期（1949～1957年）

（一）背景

1949年前夕，中国大船厂仅有29家，职工不足2万人，仅有5000吨级以上船坞6座，修船坞总容量大约在10万载重吨左右，船台数十座，其中仅1座5000吨以上船台，年造船能力不足2万载重吨②，部分船厂由国外资本经营。在内战接近尾声时，国民党军队破坏了大量的船厂设备。新中国成立初期，中国船舶工业不只产业基础差，而且技术比较落后，同时，也不具有大批科技人员，工程建设因陋就简。

刚刚结束战火的破坏，又有西方国家技术封锁的国际环境，中国提出自力更生

① 王荣生：《推动科技进步，振兴船舶工业　在改革开放中前进的船舶科技》，载《船舶工程》，1989年第5期。

② 吴锦元：《中国船舶工业发展回顾与展望》，载《船舶物资与市场》，2000年。

为主、力争外援为辅的方针，积极引进苏联发展现代船舶工业的技术和管理经验，为中国船舶工业的未来发展奠定了初步基础。

1949 年末，为了恢复遭到战争破坏的航运，首先由上海市军管会成立华东地区船舶建造委员会，组织 48 家船厂和 65 家机修厂，建造、修造内河拖船、机帆船、木驳等船只。之后，全国修造船厂由各地军管，并按照交通、水产、海军三类船只需求分别管理。天津、青岛、黑龙江在 1949 年底前抢修各种船舶 1200 余艘。1950 年 10 月 1 日，中央重工业部船舶工业局在上海成立，将各个地方分管船厂收归统一，划分为江南、求新、中华、大连、武昌、芜湖六大船厂，并征用外国造船厂，比如上海的英商马勒机器造船厂，改名为沪东造船厂。这也就意味着整个海洋船舶工业统一由国家管理。

尽管这一时期中国对海洋船舶需求较大，但技术低、基础差等问题制约了海洋船舶业的发展，只能先通过消化吸收的技术和经验，初步建立未来发展的技术基础，但还不具有规模化生产的能力。在提供的产品与服务方面，主要是维修服务和船只的简单组装生产。1952 年产船 75 艘，16187 载重吨，工业总产值 7157 万元，到 1957 年产船 140 艘，49070 载重吨，工业总产值 30107 万元。

（二）按需生产

这一时期，中国海洋捕捞业处于恢复发展期，这个时期的海洋捕捞量增长迅速，由 1950 年的 53.6 万吨增长到 1957 年的 181.5 万吨，平均年增长率 11.5%，而且渔业资源相对丰富，甚至有“增船增网即增产”的说法。沿海群众渔业仍以旧式风帆渔船作业为主，国营渔业机动渔船功率较小，技术装备差，使得海洋捕捞业对更高效率、高质量的渔船的需求不断增加。为满足人民渔业的需要，在 1950 年 88 千瓦热球式动力机试制成功后，建造了钢质海船 300 余艘，交国营水产公司使用。

在战争结束后稳定下来的海洋运输业恢复速度惊人，海洋货运量从 1950 年的 69 万吨增加到 1957 年的 1223 万吨，年均增长率高达 43.2%，其中，沿海货运量占 95% 以上，客运量从 1950 年的 103 万人增加到 1957 年的 312 万人，年均增长率达 14.9%。海货运量几倍的增长，客运量增长 2 倍多；可是沿海船舶的载重吨位只增加近 50%，两者的增长率相差悬殊。而且 1949 年 10 月中华人民共和国诞生时的海运事业，基础十分薄弱，仅从原招商局、中国油轮公司等十多个国民政府航运机构中，共接收大小各种类型的船舶 406 艘，计 16.1 万吨，其中海轮 21 艘，计 5.8 万吨。此外，“一五”时期由于增加的新船少，导致营运的海轮超龄严重并有

大量船只即将退休。① 因此，对于货运船只的需求猛增，特别是沿海货运船只缺口较大，需要向国外购买。为适应海洋客运的需要，1955 年建成“民主 10”号、“民主 11”号小港间客货船，可以载 500 客和 500 吨货，较适合沿海船运的需求。但这只是试制产品，由于没有配机和各种船装设备规模化生产的能力，并没有实现批量生产。

海军军队建设也需要船只。当时，台湾海峡局势紧张，国民党在撤退到中国台湾地区时，将船只修造技术人员运往台湾地区，同时将招商局运送物资人员船只滞留台湾地区。对于仍然滞留在大陆的船只则通过凿沉或炸毁的方式处理，基本不给大陆留下可用之船。1950 年，台湾地区新增原招商局船只共 134 艘，26.6 万吨，其中江轮 54 艘，约 4.2 万载重吨，海轮 80 艘，约 22.4 万载重吨，占招商局海轮总艘数的 80% 以上，占总吨位的 86%，所有大型船只如自由轮、大湖轮、格莱型船等全部留在台湾地区。相比大陆船只数量、总吨位、单位船只吨位以及船只修造技术人力，导致了两岸当时海军实力差距悬殊。为弥补这一战略不足，急需提高船舶工业的制造能力。同时，突破台湾当局和美国等西方国家对我国进行的海上封锁，也需要提高船舶工业的制造能力。为满足军事需求，1953 年 6 月 4 日中国与苏联签订协定（简称“六四协定”），中国向苏联购买军事舰艇技术。1954 年 5 月船舶工业局成立了船舶产品设计分处，是新中国早期的军用舰艇专业设计机构，主要负责翻译和研究从苏联购买的五种型号舰艇的有关技术文件和图纸资料工作，同时负责处理舰艇制造过程中的遇到的技术问题以及如何同中国实际制造水平结合的问题，共翻译复制了 10 万多份图纸资料，为中国军用舰艇的制造提供了技术准备。1955 年首先建成小型木质鱼雷快艇，以后逐渐批量国产化生产。

二、震荡独立期（1958～1978 年）

（一）背景

1957 年“反右”，1958 年“大跃进”运动，使得中国各方面生产、投资快速虚

① 当时营运的海轮大部分是超龄，或老龄的旧船。例如拥有全国 4/5 海上运力的北方航区，其货轮船龄超过 30 岁的占 63.2%；最老的船有：1897 年建造的民主 5 号船龄已届 60 岁，1899 年建造的中兴 9 号船龄为 58 岁，船龄逾 50 岁的有和平 4 号、和平 20 号等轮；当时全国海轮平均船龄为 23.8 岁。再则，这些海轮的主机大都是烧煤的往复式蒸汽机，其中尤以货轮为甚，北方航区占 81%，华南航区占 84%；北方航区的客货轮全部是蒸汽机。这些蒸汽机海轮不但燃料载量大，而且航速慢。再次，航海仪器也很简陋，绝大部分海轮还是用磁罗经、六分仪和听测式测向仪导航，只有个别船装有电罗经，测深用手锤，计程仪是拖曳式的，船用雷达直到 1957 年下半年才开始在客轮上陆续安装使用。

增，对船舶的需求量随之激增。随后，发生了连续三年的严重的自然灾害，经济各个方面损失惨重，对船舶的需求量也有所降低。1963～1965年，中国进行了3年整顿和调整，海洋经济渐渐恢复，船舶的需求量逐步回升。但是，接下来的持续了十多年的“文化大革命”，冲击了整个社会生活和秩序，海洋船舶工业不仅面临需求紧缩的局面，同时，产业政策也是动荡不稳。直到1978年中共十一届三中全会实施改革开放的国策以后，中国船舶业才进入快速发展轨道。

1960年中国与苏联关系趋于紧张，苏联单方面终止“六四协定”，致使许多在建舰艇材料、配套设备来源中断。同时，冷战中的西方资本主义国家与中国关系并没有解冻，仍然对中国实行经济封锁。海洋船舶工业要想在技术方面取得进展，只有自力更生、自主创新一条路可以走。

1970年，中国同美国关系逐渐好转，增加了中国远洋运输对船舶的需求。与此同时，国际海运业蓬勃兴起推动了世界船舶工业的发展，客观上既拉大了中国船舶业同世界船舶业的技术距离又推动中国船舶业向前发展。

这个时期，随着经济建设的进一步发展，对船舶的需求呈现出多样化趋势，由新中国初期的海洋捕捞业、运输业和海军需求逐渐增加到海洋油气业、海洋科学调查以及海洋救捞。

1. 海洋渔业船舶的需求。

海洋渔业船舶的需求随着“大跃进”运动的浪潮大幅增长。海洋渔业资源相对丰富加强了增船即增产的思想，于是在“大跃进”的思潮下，为了生产更多的海洋水产品的目标就演变成大量增加捕捞船只。另外，1959～1960年，水产部推行机帆化，也助长了海洋渔业对沿海捕捞船舶的需求。然而，不计后果的滥捕滥捞和大量船只的水体污染导致沿海渔场水产品资源渐渐呈现出枯竭状态，势必使沿海捕捞船需求的下降。在这种情况下，远洋捕捞成为海洋水产战略的重要转型，增加了远洋捕捞船的需求。20世纪70年代中后期，中国海洋养殖业进入技术推广期，产量增长迅速，降低了沿海捕捞劳动力人数和船只数。总之，这一时期海洋捕捞业对于船舶的需求由近海渔船向远洋渔船过渡。

2. 海洋运输船舶需求。

海洋货物运输由于“大跃进”虚增的经济增长而激增，造成运力紧张。为了保证运输任务的完成，必须大量增加运输船舶来解决运力的不足，甚至在考虑经济合理性后，不得不使用中国当时紧缺的外汇购买外国船只，这时自然为中国船舶业的发展提供了良机和动力。然而之后不久的三年自然灾害却重创海洋货运，在“大跃进”时期购买的大量外国船只的运力已经能够满足灾害和调整时

期海洋货运的需求，反而降低了对本国船舶业的支持（如图 10－1 所示）。在“文化大革命”时期，被隔绝于世界经济之外的中国海上运输饱受持续十年之久的冲击，使得其对运输船舶的需求迅速降低。到“文化大革命”后期，中国海洋运输业出现转机。由于中美关系解冻，于 1973 年 11 月和 1974 年 7 月 2 日两次成功地试航，开辟了两条南北新航线，这大大缩短了南北海上运输距离，增强了中国“北煤南运”、“南粮北调”和“南矿北运”等战略的海上运力，也增加了对远洋运输船舶的需求。

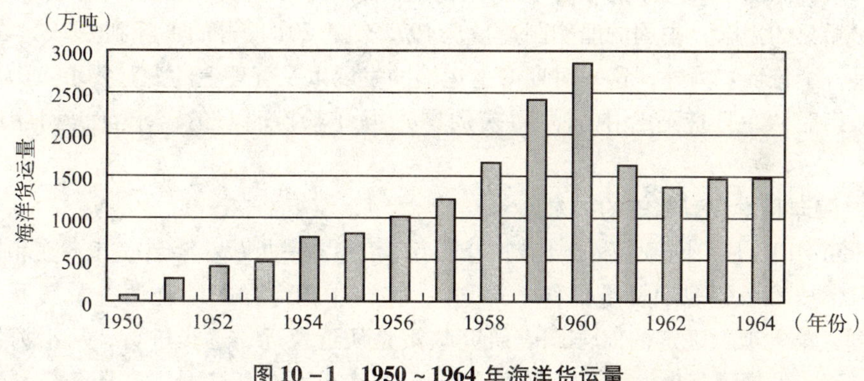

图 10－1　1950～1964 年海洋货运量

1974 年，周恩来总理为了结束海洋运输业长期不能满足国民经济发展运力需求的局面，采取了贷款大规模购买外国船只的措施，一方面可以结束长期外贸运输靠租用外轮的不经济做法，另一方面，也能够购买国外船只通过仿造设计间接的引进先进的船舶技术，提高中国船舶工业的技术水平。但“四人帮”从政治目的出发，在中央政治局利用“风庆轮事件”① 制造事端，阻碍这一政策。成功后，他们要求造船企业弃修为造，进行大规模的自我摸索的造船研究，但这一行为并没有使得中国的造船产业快速的吸收他国的先进技术②，也没有在短时间内解决海上运输

---

①　参见本书第八章海洋运输业。

②　沈岳瑞在《船舶动力研制工作中的自力更生和技术引进》（1980 年）一文中对这一事件评论说：“60 年代中期以后，‘四人帮’为了篡党夺权的罪恶目的，盗用‘独立自主、自力更生’名义，推行真正的‘夜郎自大，闭关自守’反动政策，把‘洋奴哲学’帽子到处乱扣，这种倒行逆施，和毛泽东同志所号召的‘独立自主、自力更生”的方针毫无共同之处。相反地，十余年来，‘四人帮’在工业和科研工作中所造成制度废弛，质量低下的后果，严重损害了自行研究设计的信誉。加上‘四人帮’乱批‘条条专政’，使国家无法对工业产品的发展进行统一规划和领导，造成力量分散，机型庞杂，而所谓‘研制’也往往是急于求成，不重视基础研究，造成欲速则不达的后果。这些反面的经验造成现在有一些同志全盘否定前一时期的成绩，把技术引进看成是‘纠正’这些错误倾向的措施，把技术引进和自行研制对立起来，而对于认真总结过去一段时期的经验教训，以利再战，反而忽视了。”

运力问题，反而将原本可以从事海洋修船业务的人员力量转向了造船研究，大大减少了修船量，使得相当数量的远洋运输船只能转道香港、日本甚至欧洲进行修理或者带病工作，虽然花费大量外汇，损失巨大而且相对不经济，但在客观上，短期内提高了对自造船舶的需求。

1975 年邓小平同志再次主持中央日常工作，进行了一次全面地整顿，使海运业出现了转机，增加了运输船舶的需求。然而，恢复大规模购买国外远洋货轮的措施以及将部分船舶退役转让给沿海运输企业，使沿海大量经营船舶获得更新，由于此时国内船舶制造的产品技术水平以满足沿海运输为主，这又在短期内大幅降低了对国产船只的需求，中国的船舶制造量从 1975 年的 201 艘开始下降到 1979 年的 75 艘就是一个佐证。另外，这一时期海上运输的发展以及管理上的混乱要求大力发展海上救捞船队，打造适合中国海救捞的国产海洋救捞船只的需求也拉动船舶业增长。

3. 海洋科学调查船舶的需求。

1956 年 10 月，国务院科学规划委员会制定了《一九五六年至一九六七年国家重要科学技术任务规划及基础科学规划》，将“中国海洋的综合调查及其开发方案”列入第七项。确定的海洋调查研究政策是从近及远、逐步进行，从沿海区域开始，逐步发展到其他海域和太平洋毗连部分。在 1957 年 7 月，在国务院科学规划委员会海洋组统一领导下，由海军、中国科学院、水产部和山东大学等合作，在渤海、渤海海峡及北黄海西部进行了为期一年的多船同步观测，每季度一次，共进行了 4 次，取得了比较系统的海洋资料，揭开了中国大规模海洋综合调查的序幕。1959 年 1 月，全国海洋综合调查在渤、黄、东、南海全面展开。1960 年 6 月全部完成。1960 年 9 月，国家科委海洋专业组在天津召开全国海岸带综合调查工作会议，制定了全国海岸带综合调查计划。1963 年完成了主要针对的是沿海区域的 12 年规划调查。1963 年 5 月，国家科委海洋专业组主持制定《1963—1972 年海洋发展规划》。《规划》明确规定：继续进行中国海洋的综合调查，积极为深海远洋调查准备条件。① 备战深海远洋调查就需要建造一支深海远洋调查船队，自主研发深海远洋调查船也就成了中国船舶工业的重要任务。尽管在文化大革命时期，中国深海远洋调查并未成功进行，却并未冲击到已经提上日程的远洋调查船只的制造。

4. 海洋石油气海上设备的需求。

中国早在 1959 年就开始了海洋石油和天然气的物探工作，1965 年以后又开始

① 部分摘自罗钰如，曾呈奎：《当代中国的海洋事业》，中国社会科学出版社 1985 年版。

海洋油气勘探。海洋油气勘探需要远洋勘探船只，而从 1967 年起中国开始在沿海大陆架尝试开采石油，但产量相当小，没有达到规模化生产的技术水平。1967～1978 年间近海产油总量 47.68① 万吨，而 1974 年以前每年产油量不超过 1.3 万吨。各个油田开采程度也很低，比如，埕北油田于 1972 年发现，直到 1977 年建成试采平台，用 9 口井试采 46 个月，总产油量才 40 多万吨，采油速度慢，采出程度低。直到改革开放，开始与外国公司合作开发，才逐渐形成自己的勘探、生产和运输体系。但在这一摸索过程中，给了海洋船舶业新的发展契机，试生产并不减少多少开采设备的使用，而其中绝大部分都要由国内生产，特别是钻井平台，如果在试生产情况下还需要购买国外产品则相当不经济，这也就成就了海洋船舶业在钻井平台生产方面和海洋油气业一同成长，研发、生产近海石油钻采新设备。

总之，对于海洋船舶的需求由以渔船为主向以海洋运输船为主、多种船舶需求并存的局面。同时，国际关系的转暖也促使海洋船舶由沿海捕捞或运输转向远洋发展。

（二）海洋船舶成就

从 1957 年到 1965 年期间中国的船舶生产具有明显的特点，生产数量上不断减少，由 1957 年的 140 艘降低到 1965 年的 97 艘，而单船平均吨位却不断升高，由 1957 年的 350.5 吨/艘上升到 1965 年的 414.4 吨/艘。之后到改革开放以前，年产船舶数量虽或有增减，但单船平均吨位却是屡创新高，到 1976 年达到 2950.24 吨/艘，这一特点符合中国当时对海洋船舶由渔船向运输船、由沿海向远洋发展的历史要求以及中国船舶业技术进步助推供给升级的事实。

为满足“大跃进”时期沿海客货运的激增，中国自主开发制造了许多客货短程船舶。之后，随着客货短程船舶设计生产技术水平的不断提高，新型大载客货量、高质量的短程船舶大量涌现。另外，为了川江、江南水网、港湾河口作为短途载客交通之用，中国将军用气垫船改用船用高速柴油机，采用侧壁式或侧体式气垫，艇体或用铝合金或用玻璃增强纤维，推进方式从螺旋桨逐渐改用高速喷水，艇体不需要水陆两用，以适应民用需求。

为了提升中国船舶制造的能力以及满足远洋运输的需要，1957 年交通部门提

① 此处指南海与渤海的近海石油产量，包括自用与销售两部分，引用自《1988 年海洋统计年鉴》。另外，《1993 年海洋统计年鉴（1993）》记载，截至 1978 年中国共在包括渤海石油、南海西部石油、南海东部石油、大港石油、冀东石油的近海大陆架区域生产用于销售石油 62.49 万吨，不包括自用部分。

出要研制万吨级远洋货船，经中国科技人员努力，多种方案选优，中华人民共和国建国后由江南造船厂建造的第一艘万吨轮“东风”号于1960年4月下水。1965年12月首次试航圆满成功。万吨货轮“东风”号的研制以及验收成功，是船舶制造一个质的突破，除了说明中国已有相当高的设计水平，也证明中国形成了规模化的船舶制造及其配套材料设备生产能力。之后又按照“东风”号的设计续建“朝阳”、“岳阳”号万吨轮交付中国远洋运输公司经营使用。随后又建成同型号的“红旗”号。“红旗”号由上海远洋运输公司使用，一直营运良好。在对“岳阳”号设计略有改动的基础上，又建造“风”字系列船，分别由4个造船厂建造，共计26艘。改为尾机船型后的“庆阳”号型万吨远洋轮，分别在4个造船厂建成8艘。①

20世纪60年代末70年代初，交通部学习大庆石油会战的经验，组织上海造船大会战，自力更生、艰苦奋斗，共建造了9艘万吨级客货轮。风庆轮就是当时中国自行设计制造的9艘万吨轮中的一艘。这艘远洋货轮是由上海江南造船厂为交通部上海远洋运输公司承造的，于1973年完工。随后，在上海远洋分公司的参与下，先后进行了轻载和重载试航，并在1974年春季根据交通部的决定执行了远航欧洲的任务。在风庆轮轻载试航中，上海远洋公司指出，风庆轮主机汽缸套磨损达0.15毫米，质量尚不过关，需要采取改进措施。但是，受“四人帮”控制的上海市公交组却说，交通部的人对国产船百般挑剔刁难，是“崇洋媚外”的典型。我们依靠自己的力量，建造了万吨级的风庆轮，这本来是件好事。但是，由此引起的政治动荡对社会经济造成负面影响。

随着中国1960年大庆油田、1966年胜利油田的相继开发，北油南运及输出的需求量增加，为此，我国建造了多艘油轮。

表10－1　　1958～1978年部分客货船

名　称	吨　位	年份	功能及说明
民主14	445客520吨货	1958	短途蒸汽机客货船
民主17	306客、1040吨货	1958	短途蒸汽机客货船
普民101和普民102	—	1959	江海客货船
和平25～28	均为5000吨	1958	江海客货船
民主18	500客、400吨货	1961	客货短程船
民主19	773客、800吨货	1961	客货短程船

① 曾呈奎，徐鸿儒，王春林：《中国海洋志》，大象出版社2003年版。

续表

名　称	吨　位	年份	功能及说明
“长征”号	960客、2000吨货、7500吨级	1969	客货短程船
“天山”、“天华”号	1200客、400吨	1974	客货短程船
“浙海”型401~404号	447客、290吨货	1973	客货短程船
“红卫”型7号		1965	客货短程船
“红卫”型9号、10号	553客、260吨货	1975	客货短程船
“马兰”号	600客、260吨货	1973	客货短程船
“山茶”号	600客、500吨货	1973	客货短程船
琼沙线客货船	214客、200吨货	1976	客货短程船。带有不同减摇周期的4型减摇水舱

表10－2　　1958~1978年部分货船

名　称	吨　位	年份	功能及说明
建设9和建设12	4500吨	1958	冰区航行油轮
第一艘500吨级冷藏船	500吨	1959	冷藏船
和平65	3000吨	1960	沿海货轮
和平66	3000吨	1960	沿海货轮
“跃进”号	万吨	1962	远洋干货轮。苏联图纸设备，蒸汽轮机，首航日本触礁沉没
“东风”号	万吨	1965	中华人民共和国建国后第一艘万吨轮
“大庆”型4艘	5000吨	1966、1967	油轮
“大庆40”号	1.15万吨	1974	油轮
“大庆61”号	2.4万吨	1974	肥大型油轮。到1978年共造16艘
“郑州”型	13艘3.26万吨	1973	南北新航线货轮
“长春”型	20余艘1.6~1.9万吨	1974	南北新航线货轮

为满足沿海和远洋科学调查的需求，不断提高技术和设备水平，建造了多艘科学调查船、综合调查船。为了海上远程补给干货及湿货，中国建造了多艘远洋油水补给船，可同时输送煤油、柴油和淡水。为援救海损事故抢修、消防、排水、供电并能在恶劣海况下拖带难船，中国建造了多艘远洋援救拖船。为了勘探沿海滩涂海区的地下油气资源，中国自行设计建造了多种钻探平台，如表10－3所示。

表 10－3　1958～1978 年部分调查船

名　称	吨　位	年份	功能及说明
黄海水产调查船	—	1959	水产调查船。随之东海、南海同型船建成
气象调查船	834 吨、440 千瓦	1960	气象调查船。设有 4 个实验室和 1 个制氢室
“东方红”号	—	1965	海洋实习船。有 8 个实验室，1 个大教室，139 个床位
“实践”号	3165 吨	1968	海洋综合调查船
“海洋”1 号和 2 号	3300 吨	1972	海洋综合调查船
地质勘察船		1975	地质勘查船
“向阳红 9”号	4437 吨	1978	远洋调查船。有减摇水舱和先进导航设备
“向阳红 10”号	1.32 万吨	1979	远洋调查船。有气象、海洋、通信三个系统，备有直升机

表 10－4　1958～1978 年部分石油钻探设备

名　称	吨　位	年份	功能及说明
“渤海 1”号	5700 吨	1972	第一艘自升式钻井平台
“渤海 5”号	—	1977	自升式钻井平台。后又建成“渤海”7 号、9 号、11 号
“胜利 1”号	—	1978	沉垫坐底式钻井平台
“勘探 1”号	两艘 3000 吨货船加连接桥	1973	浮动式钻井平台

为满足“大跃进”时期的渔船需求，20 世纪 60 年代初期，中国研制开发拖围混合式艉机型渔轮、尾滑道拖网渔船、拖网船轮等大型机械渔船，并且为了满足水产部要求制造机帆渔船，为了海洋渔业战略转型向深海发展，70 年代末期研制了尾滑道双拖速冻加工渔船、单船底曳网渔船带吹风冻结设备，并进行了深海试捕，但由于技术尚不成熟，制造成本过高，只是为今后发展远洋捕捞船打下技术基础，也因此这期间中国远洋跨海域捕捞多数使用二手进口渔船。

在“六四”协定所获得的技术基础上，中国潜艇建造提速，建造了舰艇、潜艇等。继“六四”协定之后，1959 年 2 月 4 日中苏两国再次签订协定（又简称“二四”协定），中国再向苏联购买另 5 型舰艇的技术图纸资料。1960 年中国和苏联关系紧张，苏联单方面撕毁协定撤回了大批技术专家，而此时正值中国各大船厂

建造各型军用舰艇的关键时刻，没有苏联技术专家指导，也没有急需的材料、设备。而长期以来西方封锁中国海运，只要和军事沾边的产品或技术都会被西方特别是美国列为禁运名单。在这种困难的条件下，国内科技人员和技术工人只能自力更生，创造性地使用国产材料设备，最终克服材料、工艺、设备以及应用科学问题的各种难关，逐步完成任务。在这个过程中，锻炼了本国的造船科研队伍，形成自行研制的骨干力量，并且在造船材料及其配套设备等方面的国产化水平得到了极大地提高。之后，我国军用船只发展迅速，建造了鱼雷滑行艇、反潜护卫艇、小登陆艇、攻击型核动力潜艇、小型舰对舰导弹护卫舰、大型登陆舰等，并研制成功海上跟踪测量船，在海洋调查船、远洋打捞救生船、远洋油水补给船和远洋援救拖船的共同协作下，形成了中国远洋跟踪测量船队。

表 10 - 5　　1958 ~ 1978 年部分军用舰艇和其他船舶及设备

名　称	吨位、功率	年份	功能及说明
常规潜艇	1000 吨级	1957	潜艇
蒸汽动力军舰	1100 吨级	1958	备有鱼雷发射器、中小口径舰炮、反潜深水炸弹
木质机帆船	7000 余艘	1959 ~ 1960	动力机均是国产小型柴油机
铝质双管鱼雷滑行艇	—	1963	水面舰艇，近岸防御
铝质双管鱼雷单水翼艇	—	1964	水面舰艇，近岸防御
711 - Ⅱ艇	—	1965	全垫升气垫船
鱼雷攻击型核动力潜艇	—	1971 年试航	军用。有自主研发水声、通信、核导、指挥仪、鱼雷、核反应堆及自控系统
潜水工作母船	—	1974	设氧源、减压舱
反潜护卫艇	—	1963 年试制，1975 年定型	南海护卫
尾滑道双拖速冻加工渔船	—	70 年代末期	渔船
钢质四管鱼雷单水翼艇	—	1976	水面舰艇，近岸防御
“邮电 1”号	—	1976	布缆船，中日海底电缆的近中国段铺设、检修
两型小登陆艇	100 吨	1964 年建成，经过 1970 年、1974 年改进 1978 年量产	岛屿浅水运送物资，登陆，退滩

续表

名　称	吨位、功率	年份	功能及说明
“远望1”号、“远望2”号	2.1万吨	1978	弹道跟踪测量船。装有各种先进的高精度测控、通信、导航、定位、气象、电脑系统，达到低噪声、低振动、电磁兼容、抗干扰的要求
大型登陆舰	—	1978	航速高，易于退滩，备有折叠式双节吊桥，纵通大舱，利于短时间内坦克登陆
近海救捞船	295～1910千瓦	—	近海救楞
消防船	970千瓦	—	港口及都市沿岸消防

（三）船舶配套技术的发展

各种船舶配套产品设备的生产工艺技术不具备或不成熟是发展造船的重要瓶颈，而动力机型的短缺则是其重中之重。20世纪50年代中国以沿海船舶为主，船用的主要动力机型是蒸汽机，中国不断研发更大功率的蒸汽机为近海船舶的发展提供动力更新，船用配套锅炉也从原始燃煤式发展到燃煤自动化过热水管式。50年代中期上海地区新船采用了55千瓦、110千瓦的蒸汽往复机机型，哈尔滨地区的机动船舶则采用了一批295千瓦斜卧式双缸蒸汽机机型，新港船舶修造厂更是自制双联双缸蒸汽机作为30余艘370千瓦长江拖轮的主机机型。1958年沪东造船厂制成1100千瓦四缸三片式重热循环蒸汽机装配“民生14”号轮，同年1765千瓦五缸单流式作为“和平25”号和“和平26”号的主机。

20世纪60年代以后，特别是远洋万吨轮发展起来后，基本使用的动力为柴油机。为中国首艘万吨轮船“东风”号使用而由711所设计、沪东造船厂试制的7ESD75/160型低速重型柴油主机，于1965年6月1日鉴定并安装，标志着中国远洋船舶高度的自主化程度，也为其规模生产打下坚实的基础。1968年建成“实践”号海洋综合调查船配备1470千瓦国产双柴油主机，设主动轮，航速可从3.75千米/小时变到14.5千米/小时。1969年设计建成的7500吨级“长征”号短程客货船采用了国产9ESDZ43/82B型柴油机，1973年建成3.26万吨载重、吃水10.3米的“郑州”型船，用沪东6ESDZ76/160柴油机驱动。

另外，大量船舶的制造难题不是技术水平，而是特种材料，以及国内不具有相

关技术而不能生产，只能依赖进口，最终形不成经济的船舶产品，不得不进口，在这方面中国也进行了许多探索并取得了一定成果。例如，首艘万吨轮船“东风”号即采用国产低合金钢，为国家独立生产万吨级轮船提供了经济的选择。还有，1971 年利用新试制成功的锰铝系低磁钢材料建成低磁江河港湾扫雷舰。由于采取特殊消磁措施，该艇磁场为普通钢质同型艇的 1/10。

期间也设计生产了各种专用船只配套设备。为中国鱼雷攻击型核动力潜艇试制了水声、通信、核导、指挥仪、鱼雷、核反应堆及自控系统。1974 年为潜水工作母船生产了氧源、减压舱。

为了适应制造船舶吨位的不断增加，1961～1979 年间，中国先后建造过 600 吨、1700 吨、9000 吨、13000 吨等举力的浮坞，在工艺上用过水上定位合龙法，也设计过子、母坞三段式浮坞。除钢制结构者外，也造过钢筋混凝土结构者，配合修理船，为船舶提供维修服务。①

（四）船舶工业科技情报工作

中国船舶工业科技情报事业创始于 20 世纪 50 年代中期。这个时期中国开始与苏联合作，同时，积极展开国内外情报和科技资料的收集、整理、翻译、分析研究、出版和交流工作。为此，1961 年，中国船舶工业开始组建了专门的科技情报机构，原国防部七院情报所和三机部九局技术情报所先后成立。此后，由于体制的变化，原国防部七院情报所改名为六机部七院情报所；原三机部九局技术情报所改名为六机部情报所。与此同时，为了积极配合科研、设计与生产，在船舶工业系统内的一些工厂、研究所亦相继设置了情报室（组）。②

在这个阶段，船舶工业的专业科技情报机构的任务是为船舶工业的企事业单位提供技术情报服务。服务的内容有：无偿提供情报资料，提供研究成果和开展技术交流活动。③ 经过十多年的努力，中国船舶工业的科技情报工作的网络初步形成。通过网络，先后与国内外 1000 多个单位建立了科技情报资料的交换关系，收藏中外文图书资料数百万份，期刊 300 多种、上百万册，出版了各种情报期刊 30 多种。船舶工业科技情报事业经过 20 年的开创和巩固，已为船舶工业科技信息工作的进

① 数据摘自曾呈奎，徐鸿儒，王春林：《中国海洋志》，大象出版社 2003 年版。

② 部分资料摘自陈惠民：《开创船舶工业科技信息事业的新局面》，载《政策研究》，1996 年。

③ 据不完全统计，船舶工业情报网络平均每年接待 15 万人次，提供资料约 20 万份；在配合船舶工业科研生产中，提供了 3000 多篇具有重大参考价值的情报调研报告；组建群众性的，以专业为主的科技情报网站，先后组织各种交流会、报告会、座谈会、展览会 2000 多次（陈惠民，1996）。

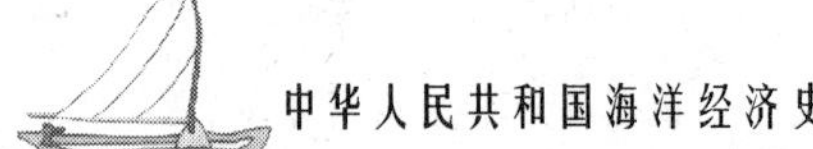

一步发展打下了扎实的基础。①

改革开放以后，船舶工业科技情报工作的服务方向也发生了改变，转向以提供经济情况，为船舶工业打入国际市场经济服务，同时随着企业化进程加快，知识产权保护力度加大，科技情报工作逐步变为企业行为，而政府则渐渐退出。

三、国际市场化时期（1979 年至今）

（一）背景

这一时期中国最重要的政策背景就是改革开放，而船舶制造工业是最早受惠于开放政策的产业。早在 1977 年 12 月邓小平就提出了中国船舶要出口，要打进国际市场的要求。根据这一要求，中国六机部系统立刻行动起来，进行了行政改企业的改革实践，将上海造船局改制成为上海船舶工业公司，在这一改制成果实施后，又把整个六机部改制成中国船舶工业总公司，这是中国工业改革历史上的重要突破，也是中国船舶工业市场化道路的转折点，自此，中国船舶工业开始走向国际化市场。

中国把船舶工业作为改革开放后的重点发展产业是由其产业特点决定的。

1. 产业资金技术门槛中等，适合中国现阶段经济发展水平。

对于刚刚起步的发展中国家而言，技术不高、资金相对匮乏，又有发展工业化的要求，由于船舶工业在资金和技术的有机构成方面低于电子、飞机、汽车等工业部门，而又高于纺织、轻工部门，较适合后起工业化国家的发展。统计资料表明，后起工业化国家（地区）和东欧国家中，造船业的发展均先于汽车、电子等工业的发展。日本的造船也先于汽车的发展。②

2. 对于相关产业具有拉动作用。

中国船舶工业在国民经济 116 个产业部门中，对其中的 97 个部门有关联。既有前向推动作用，即船舶工业通过为下游各产业部门直接提供产品和服务所产生的作用，船舶是海军国防建设、水运交通、海洋渔业、海洋资源开发、远洋贸易等必

① 陈惠民：《开创船舶工业科技信息事业的新局面》，载《政策研究》，1996 年。

② 陆云毅：《正确认识船舶工业的地位和作用　努力促进船舶工业的发展》，载《经济研究参考》，1992 年第 24 期。

需的工具，起到了基础性作用，提供更高质量和专业的船舶，也会促进这些产业的进步，又有后向带动作用，即船舶工业通过使用上游各产业部门的产品和服务所产生的作用。船舶工业需要钢铁、动力设备、电子机械、化工、物理材料等行业的支持，发展船舶工业提高船舶工业的需求也就拉动了这些配套产业在国内的发展。此外，船舶工业通过需求联系，也会产生一些其他的衍生作用，其中最重要的一点就是可为高新技术的应用提供重要阵地，从而为高新技术的发展作出积极的贡献。船舶工业是综合性极强的一种产业。它的核心技术主要有两个，即大型结构的加工装配技术和多学科多门类复杂系统的综合集成技术。这两种核心技术使船舶工业具有高度的产业扩展性，除了制造各种船舶及船用设备外，还可向其他领域扩展，通过提供各种非船产品，满足国民经济其他诸方面的需要。①

另外，通过查对1997年的投入—产出表数据，可知船舶工业的完全消耗系数总计高于整个机械工业，说明船舶工业对整个国民经济关系密切、影响很大。

3. 船舶工业是劳动密集型产业，符合中国的比较优势，有助于增加出口、解决就业。

劳动密集表现在，建造一条现代船舶必须集中地使用大量的劳动力。由于造船不易像生产汽车或电子产品那样高度自动化、机械化，船舶产品必须消耗大量的活劳动。以造船先进的日本为例，建一条4万吨的货轮耗用12万工时，中国甚至要上百万工时。在船用材料、设备价格日趋国际化的情况下，劳动费用高低在很大程度上决定一个国家造船竞争力的强弱①。而中国的劳动力相对过剩，这就使得造船的人工成本相对较低，增强了中国造船业的国际竞争力，同时，可以解决大量富余劳动力的就业问题。有了比较优势，船舶出口也就成为中国的出口支柱产业。1995年1月李岚清副总理指出："现在中国唯一能称得上出口产业的就是造船"；"要把造船行业进一步推动，成为一个更大的出口产业，来参与国际市场竞争"。②

为了支持船舶制造业的发展，市场化以后，特别是在国际市场上，中国政府对本国船舶工业很注意保护其合理的利益。由于美国和日本在1995年审批"经济合作与发展组织"（简称OECD）提交的关于"取消造船补贴和反倾销"协定案时，拒绝在协定上签字，使该协定至今仍无法生效。为此，各国政府都在充分利用这段有利的时间，不断加大对其船舶工业的扶持力度。如欧委会统一指令其成员国继续

---

① 部分摘自吴锦元：《船舶工业对国民经济的作用与贡献》，载《船舶工业技术经济信息》，2001年第1期。

② 船舶总公司办公厅政策研究室：《船舶工业的发展与改革》，载《船舶工业技术经济信息》，1997年第5期。

发放船价补贴等等，以促使其船舶工业的稳定和发展，争取在这新的一轮“造船热”中占有更多的份额。在1995年以后，中国造船行业承造的出口船均可享受先征后退增值税的优惠。① 退税政策对船舶出口的影响是非常大的。因为国际市场上的船，不像其他的商品，基本上都是明码标价，大体是韩国的船是多少钱，日本的船大体上也这个价格，所以硬碰硬地说差几个百分点就面临被国际市场挤出的危险。② 船舶出口退税从9%到14%再到16%，现又调到零税率，充分表现出国家对于船舶出口的支持政策。③

国家对于船舶工业的支持还表现在大力提供出口买方信贷甚至对于国内购船也提供少量信贷。④

由于国际竞争压力较大，船舶企业需要整合，组成大的集团化企业，而在这个过程中，国家也给予了大力支持，时任副总理的吴邦国在谈到船舶工业发展时说，你们这个行业很实，规划要落实扶持强的企业，与国际竞争。他要求，统一思想，排除非经济因素干扰，加速联合，搞出像样的企业集团。⑤

（二）出口战略

船舶出口战略是邓小平提出的，造船工业作为传统工业和劳动密集型产业，在这方面我们具有明显的优势，由于人力成本较低，在解决了技术瓶颈以后，中国制造的船只在国际上具有强大的竞争力。但造船工业又是多学科、技术密集型综合性很强的工业。与先进的国家相比，在科技领域里还存在着较大的差距。船舶通常集中了当代的信息技术、电子技术、自动化技术、节能技术及其他工程技术的最新成果。当今船舶市场趋势要求船舶大型化、专业化、自动化和高技术化。这就意味着

---

① 部分资料摘自夏穗嘉：《对中国船舶工业扶持政策的若干思考》，载《中国工业经济》，1997年第8期。

② 苏中：《船舶工业已成为一个高度外向型的产业（讲话摘要）》，载《世界经贸机电信息》，1997年第21期。

③ 李幼林：《困境中的船舶企业如何面对市场》，载《船舶物资与市场》，1999年第2期。

④ 中国进出口银行行长羊子林在《运用出口买方信贷大力支持船舶出口》中提到：“8年来，我行（中国进出口银行）始终把支持中国船舶出口作为出口信贷的工作重点之一，船舶也一直是我行支持出口的主要产品。截至今年6月底，我行出口信贷业务累计对船舶出口发放贷款434亿元人民币。占同期放款总金额的23%。此外，还办理了船舶出口的对外担保22.5亿美元占担保总金额的74%。共计支持了包括超大型油轮、大舱口集装箱船、液化石油汽船、化学品船、高速水砚船和自卸船等在内的各种出口船舶708艘，总吨位1767万吨，合同总金额121亿美元。同时，为贯彻国家关于鼓励国轮国造的政策我行在政策允许的范围内，对内销远洋船舶的建造也提供了少量的出口卖方信贷支持。目前国内的大中型造船企业基本上都是我行的客户。”

⑤ 徐鹏航：《努力开创船舶工业改革和发展的新局面》，载《国防科技工业》，1998年第1期。

向我们船舶科技工作提出了严峻的挑战，任务是艰巨的。

1. 20 世纪 80 年代的出口转型期。

出口需求是受国际航运业的发展不断起伏的。在改革开放初期，恰好是国际航运业的鼎盛时期，因此，对船舶的需求也较大，1948 ~ 1981 年，世界商船总吨位由 8034 万吨增至 42080 万吨。但是很快在 1979 年石油危机的打击下，全球贸易收缩使得国际航运业迅速萎缩，货运量从 1980 年的 36.5 亿吨的顶峰跌到 1982 年的 32 亿吨，国际运输船队大量闲置。据统计，到 1983 年 1 月，闲置的油货轮共 2055 艘，5873 万吨，占世界船舶总吨位的 13%。这导致很长一段时期国际船舶市场大萧条，而且这一时期出现了新兴需求——拆船业①。但相对较低的人力成本以及配套材料和技术的不断完善提高着中国船舶工业的国际竞争力，在一段时间的出口需求萎靡后，又逐渐增加。

80 年代初期，西方发达国家基本已经完成工业化，主要的国际造船国家除了日本仍保持其世界第一造船大国的地位外，其他主要发达国家正在逐渐退出造船国际市场，而日本的造船总量占世界造船总量的比例也是略有下降，从 1971 年的 48.2% 降至 1980 年的 46.5%，长期以来一直以军用船只生产为主的美国也因为 1981 年美国政府推行自由竞争的原则，废除了对美国海上运输和造船工业的财政补贴而日渐衰退。与此同时，巴西、韩国等当时正处于工业发展初中期国家则比例不断上升，到 1989 年时，日本的造船比例下降至 40%，而主要造船国除传统制造业强国德国和北欧国家丹麦外，基本都是工业化初期国家和地区，比如，韩国、前南斯拉夫、罗马尼亚、中国台湾地区。在此期间中国大陆因为价格优势在世界船舶市场也逐渐占有了一席之地。

中国第一艘出口的 1.75 万吨多用途船“海上建筑师”，于 1981 年 2 月由中华造船厂交船试用，性能、质量、营运情况良好。按国外规范和国际标准规定设计的 2.7 万吨“太湖”型散货船，可符合航行北美五大湖防污染要求。中国改革开放后第一批出口船的代表性产品远洋散货船“长城”号和“世沪”号，先后于 1982 年在大连厂和江南厂交船。中国大型海船的设计及工艺质量从此赢得声誉。按船东送来日本设计图纸建造的 3.9 万吨散装船，由沪东造船厂陆续交船。②

然而，尽管中国在劳动力成本方面有优势，可是初期由于技术水平较低加上还

① 闲船既占场地，又需耗资维修，久置还会生锈毁坏，成了船东的沉重包袱。倒不如贱价抛出，还可收回一点成本投于他用。于是一种新兴的船舶业——拆船业兴盛起来了。油轮上 85% ~90% 的钢材可以回收；机器仪表稍事修理喷上漆就能使用；船舱木材可做家具用材，总之可利用的东西很多（李原，1983）。

② 曾呈奎，徐鸿儒，王春林：《中国海洋志》，大象出版社 2003 年版。

未在国际市场上建立信誉，致使中国造船企业不得不与他国企业合作，一方面为了争取订单，打入合作国市场①，另一方面，可以学习他国的先进技术，优化产品结构，提高技术含量②。

2. 20世纪90年代以后的国际市场化。

经过80年代的萧条，大量船只已经超期服役。据统计，1990年世界运输船中有近4.3亿载重吨的船舶船龄已超过10年，占全部船舶载重吨的68.6%。其中，油船队的老化更加突出，平均船龄已达12.5年。这使得90年代旧船更新及新增船只需求相当大。在10年萧条期间，由于船舶严重过剩，曾促使船舶加速拆解。1980～1987年的8年里共拆解了2亿载重吨船舶。大量拆船使船舶吨位下降，再加上海运量回升，航运市场上供求关系逐渐改善。1986年下半年起，世界航运市场走出谷底，1988年起，造船市场渐趋活跃。直至1989年才急速回升，但好景不长，到1990年上半年，由于新船订单增加过快，运力超出运量和增长需求，船价上升幅度超过运费增长的幅度，船东资金紧缺等等原因使船市“由热变冷”。③ 而1991～1994年年间，海湾危机和海湾战争影响了船舶市场发展。

在需求下降的情况下，90年代初期中国船舶工业的技术与管理的缺陷使得中国船舶工业面临着一个带普遍性和根本性的问题，这就是造船周期长、劳动效率低。④

在3年萧条之后，1994年世界新船订造量由3390万总载重吨位增加到4110万

---

① 中国船舶工业总公司经济研究中心郭锡文在《当前中国船舶工业的基本概况》（1997）中提到：船舶出口已进入世界五大洲40多个国家和地区，其中包括挪威、美国、英国、德国、日本等发达国家。张守淳在《中国的船舶工业及产品出口》（1995）中提到：“自80年代初第一批出口船成功地进入中国香港市场开始至今，中国出口船舶产品的市场已经逐步扩大到德国、美国、挪威、丹麦、比利时、新加坡、泰国、孟加拉国、巴基斯坦、智利、英国、法国、加拿大、俄罗斯、西班牙、越南，以及中东和非洲等五大洲50多个国家和地区。在1994年，中国船舶工业总公司首次同日本签订了2艘万吨级出口船的合同。与此同时，开始向日本、韩国这两个世界造船大国出口全封闭抛落式救生艇、锚和锚链、柴油机零部件以及大型钢结构等产品。”

② 张守淳在《中国的船舶工业及产品出口》（1995）中提到：“中国出口船舶的种类也由一般型的散货船、油船发展到具有现代先进水平的油船、汽车滚装船、多用途船、大型冷风集装箱船、冷藏船、液化石油气船等；船舶吨位从2万吨级发展到15万吨级，同时还出口了大批海洋石油平台、船用设备和其他机电产品，外轮修理业务也占有相当大的比例。……通过与国外联合设计或委托国外设计的办法，掌握国外先进设计技术，逐渐发展到自己设计、建造出口船舶，例如80年代末为德国建造的2700箱大型冷藏集装箱船。船舶的出口促进了引进国外名牌船用设备制造技术100多项，从进口部分零部件装配整机开始，逐步提高产品零部件国产化程度。目前，中国绝大部分出口船舶已经采用引进技术生产的国产柴油主机，有些机型已经单机出口到一些发达国家和地区。”

③ 孔祥鼎：《影响造船报价的因素及分析》，载《武汉造船》，1996年第2期。

④ 陆云毅在《正确认识船舶工业的地位和作用　努力促进船舶工业的发展》（1992）中提到：“从造船周期看，建造3.6万吨散货船，日本船台周期约两个月，我们则要半年。从工时消耗看，中国建造一艘4.2万吨散货船需要120万个工时，日本前几年为20万～22万工时，最近已降到12万工时，扣除某些不可比的因素，中国仍比国外高出好几倍。由于建造周期长，影响了中国在国际市场上的竞争能力。中国劳动费用低的优势，也被劳动效率低所大大抵消。”

总载重吨位，达到1974年以来的最高水平。其中干散货船所占份额最大，达1940总载重吨位；油船订造量为1250万总载重吨位。全球新船订单持有量由5860万总载重吨位上升到7060万总载重吨位，当时达到1977年以来的最高点。其中干散货船和油船占总的订单持有量的75%以上。同时，集装箱船的订造，全年始终未有间断。此外，人们对液化气船（LPG）的兴趣也日渐浓厚。[①] 而1995年国际需求仍然热情不减，国际造船业开始了全面的复苏，国际船舶的价格也止住从1991年开始的跌势，各类船舶造价小有上升。[②] 加之，各国经济强劲增长，世界船舶闲置量明显下降，而拆除量也同时下降[③]，即使船舶超期服役也坚持使用，说明国际海运需求增加明显。

1995年，中国在1994年船舶国际订单大增长的基础上又更进一步，造船150万载重吨。工业产值达151亿元，其中出口产值53.3亿元（或8.79亿美元，按当年汇率计价），同比增加48.9%（按美元计价为59.2%）。根据劳氏船级社统计，中国造船吨位已超过德国，居世界第三位，而造船产量在1982年仅排在世界第17位。[④] 而此后，中国船舶的出口创汇能力节节攀升，1996年出口产值达到95.9亿元，占1996年船舶总产值的49.4%，而1998年这一比例更是达到60%以上，由于亚洲金融危机的影响，1998年起国际航运业不景气，船价大幅度下跌，新船成交量也在下降。国际市场需求下降、人民币继续坚挺以及日韩大肆降价销售对中国造船业产生了严重影响，承接出口船舶订单极为困难，市场竞争力削弱，此后几年逐步回落，但仍在50%左右，占世界造船份额也从1996年的4.42%提高到1997年的5.7%。这段时期，中国船舶出口量大增，主要受惠于汇率大幅贬值，人民币兑美元汇率从1993年的5.76元劲升至1994年的8.62，此后小幅下调并稳定至

---

① 郑金岩，孟庆林：《1994年以来的世界船舶市场供求分析》，载《造船技术》，1995年第11期。

② 俞忠德：《世界船价发展趋势》，载《船舶》，1996年第5期。

③ 杨燮庆在《世界船舶市场的回顾与展望》（1996）中提到："据统计，1995年底世界船舶闲置量为336艘、558.4万dwt，其中，干货船272艘、272.4万dwt，液化气船11艘与前几年相比都趋于减少。1995年全世界共拆解船舶287艘、1445.2万dwt，比1994年减少142艘、633.3万dwt，其中，拆解油船108艘、1209.3万dwt，散货船30艘、148.1万dwt，其他船舶169艘、157.0万dwt。"

④ 尹荣金：《日、韩、欧、中造船与船舶市场竞争》，载《国际经济合作》，1995年第12期。

8.27元，造船价格相对国外大幅下滑，再加上相对廉价的劳动力[①]、技术及配套设备材料生产以及其他相关产业的发展的积累[②]和政策性融资支持[③]，中国船舶业在世界造船市场迅速抢占市场份额，成就了当时激烈国际竞争下[④]的强势崛起。

船舶出口拓展了船舶工业的生存、发展的空间，使其逐渐成为了一个高度外向型的产业，特别是中国船舶总公司更是以出口为主，只是少量生产满足国内市场需求的船舶。[⑤]

而随着全球经济的起飞，全球化的日益扩散，国际贸易不断增多，国际航运业也重新焕发了活力。自2003年以来，受航运需求的带动，造船市场一扫以往的低迷，船厂从晒船台变为有船可造，再到订单排至三四年后，船价也是节节攀升；不少船东为了早日拿到新船，对船厂礼遇有加，求着船厂加班加点，船厂体会到了身处卖方市场的惬意。[⑥] 从这样的描述中不难看出船舶需求的强劲增长，但也要注意到这一需求的顺周期性，当经济处于经济周期增长开始时，由于以前船只的使用尚

---

① 中国船舶工业第十一研究所的刘传茂在《中国船舶工业面临的形势和挑战》（2001）中提到了不同的认识：有关统计数字显示，实际上，早在80年代中国船舶工业就已经出现明显的造船成本快速升高的势头。从1982～1988年，中国造船成本从每修正总吨2284元上升到4622元，6年中平均每年增幅达12.5%。这一成本上升速度不仅大大高于国际上大多数造船国家在同一时期中造船成本的增长速度，而且也超过了日本、美国等国造船成本的历史最高增幅水平。按此成本增长速度，如其他因素不变，则用不了4年的时间中国船舶工业的造船成本就将高于日本。对于这样一个高度紧迫的隐患，却并未引起中国船舶工业足够的重视。进入90年代以后，中国船舶工业的成本增长势头非但没有得到有效抑制，相反进一步加速。从1988～1992年，中国的单位造船成本从每修正总吨4622元升高到8622元，年均增长高达16.9%。若非汇率变化的影响，中国目前出现的竞争力下降、经营困难的局面可能早在90年代初期就已出现。

② 吴锦元、曹有生在《中国船舶工业将进人调整期》（1999）中提到："能源、交通等基础产业获得迅速发展，为船舶工业等其他产业部门的发展解除了'瓶颈'约束。而钢铁、机械、电子、化工等产业的发展，直接为船舶工业发展提供了有力支持。"

③ 李福胜在《船舶出口是政策性金融机构重点支持对象》（1996）中说："中国进出口银行在成立之始，即把成套设备、船舶、卫星、技术服务作为主要服务对象。其中，船舶义是重中之重。这一点，可以从船舶出口信贷占全部出口信贷的比重得到证实：1994年批贷金额271401万元，其中船舶99300万元，占全部批贷的36.60%；1995年批贷金额为695539万元，其中船舶23797万元，占全部批贷的34.20%。"

④ 尹荣金在《日、韩、欧、中造船与船舶市场竞争》（1995）中写到："1993年日本新船成交量760万DWT，失去了连续37年保持的世界造船的主位，屈居世界第二。日本船厂并不灰心，在各船厂仍处于困难境地，尤其面临韩国造船业设备扩张情况下，它们通过提高技术水平，改进管理来提高生产效率，设法提高竞争能力。由于日元急剧升值，使日本船厂的船价普遍高于国际市场，国内船东纷纷到国外订购新船，致使本国订单流失，迫使日本采取了一系列的新政策，如日本船厂采用降低船价和放宽融资限制等竞争手段争取订单……日本为了确保其世界造船王位，认为必须不断开发新技术，确保技术优势才能立于不败之地。它们凭借造船业技术与生产优势，在常规船和技术复杂船型上积极进行技术开发。……韩国由于1993年夺得王位，大型船厂中除大宇造船以外的其他4家都进行设备扩张，而且近期的设备扩张意欲之强令人吃惊，为建造VLCC（巨型油轮）就投资14.2亿美元。……独联体和美国船厂实施军转民以低船价格优势大规模进入国际造船市场。一些船厂把新船以低于建造成本的价格出售，藉此来吸引更多的订单，从中寻找机会垄断造船市场。"

⑤ 苏中在《船舶工业已成为一个高度外向型的产业（讲话摘要）》（1997）中提到："1995年船舶总公司全年订单是248万吨，其中244万吨是出口船，国内船东几乎没订船总的船，只有4万吨是国内订的船。去年船舶出口是160万吨，占整个造船产量的85%。"

⑥ 桂雪琴：《卖方市场：船企请别"傲慢"》，载《中国船舶报》，2008年1月4日。

未完全，往往船舶需求增长不快，但当经济处于增长高峰时，船舶制造的国际订单开始大量出现，这种滞后性导致了周期拐点出现时船舶需求就将饱和，但仍有船舶出厂。因此，这是一种时间相对经济周期而言更短并且集中释放的需求，中国船舶业要为这种需求之后可能的快速衰退做好准备。

（三）国内发展需求的满足

为国内的需求，船舶企业主要从沿海运输、远洋运输和军用三方面做出了努力。

1. 沿海运输需求的满足。

经济体制改革后，国家对主副产品、水产品价格放开，把统购统销改为市场调节为主。船运业务日趋清淡，货源奇缺，竞争激烈，船舶运能难以发挥，国内运输业处于困境之中。尽管“六五”、“七五”期间长江和沿海主要客运干线客运十分紧张，买票难，乘船难问题越来越严重，为了完成国家运输任务，一些已到报废期限的老旧船舶不得不继续使用。许多客船加班、超载、货舱载客，潜伏着发生重大航运事故的诸多因素，加上购船量不大，除几条长江旅游船和区间客船外，没有签订新的客船合同，使原已十分紧张的水路客运更趋严重。水运客运量每年增加，大连轮船公司和上海海运局从 1985 年以来增加客运量 100 多万人。而 20 世纪 90 年代初期，随着经济的发展，沿海能源运输需求增长，运输船舶不足的问题尤为突出。据有关部门的调查，由于运力不足，内河、沿海运输任务难以完成。秦皇岛等四个煤炭下水港口存煤一直保持在 200 多万吨，因船舶运力不足运不出去，而沿海地区缺煤十分严重，不少电厂停产或减产待煤，影响工业生产。而海上石油储运更是需要进口。

由于国内船舶需求量大同订单大量外流互为抵消，国内船厂难觅国内船订单。因此，国内沿海货运货船供给主要是提供国内中央政府和地方政府的订单，90 年代中期主要航运任务是北煤南运。为了适应沿海港口多数水深较浅的特点，设计建造了经济实用的浅吃水肥大型船，它的操纵性、快速性都较高，成功批量生产了 2 万吨级煤船、3.5 万吨级货船、3.5 万吨级油船。针对国内运输船队更新需求，批量建成的有 5000 吨级和 1.2 万吨级散货船。

90 年代中期国家扩大内需、国轮国造的政策，将为船舶工业和非船产品带来新的发展机遇，交通部门近年将建造 500 万吨海洋船舶，水利等部门也将建造 100 艘挖泥船，与此同时，各沿海省市大力投资进行基本建设，也为船舶企业提供了极好的新市场；中国已拥有一支规模较大的干散货船队，1994 年中国有干散货船 369 艘、1300 余万载重吨，在世界上列第 8 位。为了保证国家重点资源的稳定供给，“八五”期间，国家又发展了一批 4 万吨级、6 万吨级和 14 万吨级的远洋散货船。沿海以能源运输为主，重点发展了 3.5 万吨级浅吃水肥大型船和 2 万吨级运煤船，这类船舶已成为沿海运煤的主力船型。① 为缓解重庆川江客运紧张局面，1997 年 702 所设计的“歌乐山”号水翼艇，载 82 客，航速 68 千米/小时。为了提高海上耐波性，香港远东公司曾使用过美国波音深浸式水翼艇在港澳航线服务。在远东公司支持下，701、702 所研制成功“南星”号铝合金水翼高速客船，载 290 客，航速 77.78 千米/小时，建 2 艘。1994 年交付使用，船东反映性能比“波音”更好。中国还将过去用于军用的水陆两用气垫船改为采用船用高速柴油机的侧壁式或侧体式的短途客艇。708 所和黄埔造船厂设计建造的“迎宾 4”号气垫船，载 162 客、航速 56 千米/小时，在蛇口香港线航线服务，1992 年到 1998 年营运良好。北海造船厂建造、载 257 客、航速 51 千米/小时的“海翔”号气垫船在青岛黄岛——薛家岛之间营运，总功率 2265 千瓦，可在 8 级风，1.5 米浪上航行。②

随着国内船舶的数量增加，船舶维修的需求也在不断增长。船舶使用寿命取决于船体和主机的损耗程度。两者的损耗情况并不一致，通常，主机等机械装备在维护正常和修理及时的情况下，其损耗不比船体损耗严重，所以船舶的使用寿命主要取决于船体的腐蚀速度。搞好船舶维修保养，是提高船舶营运率，减少开支费用的重要措施，是使船舶获得最佳经济效益的手段，是保持良好的技术状态，从技术上保障使用的必要方法。③

2. 远洋运输需求的满足。

随着改革开放的深入，中国国民经济迅速发展，进出口贸易迅速增加，商品结构发生了显著的变化，从而要求运输结构更加完善和合理。

改革开放以来，中国经济和外贸一直持续稳定增长，随着经济贸易的增长，中国海运业也呈现出迅猛发展的势头。中国外贸海运量大大超过同期世界海运量的增长速度。

外贸海运量的大幅度增长，已使中国成为推动今后世界航运市场发展的重要因素之一，并为中国航运企业和造船业带来了新的发展机遇。

尽管远洋运输需求船舶巨大，但是这段时期对国产远洋船舶需求并不大，因为

① 刘松金：《中国航运业的发展及对船舶的需求》，载《船舶工业》，1996 年第 1 期。
② 曾呈奎，徐鸿儒，王春林：《中国海洋志》，大象出版社 2003 年版。
③ 姚武明：《必须重视船舶维修问题》，载《广西交通科技》，1994 年第 19 卷第 1 期。

20 世纪 90 年代初中国远洋运输总公司所属五个公司有船舶近 600 艘、1500 多万吨，而其中 90% 是从国外购买的。不过，船队结构不合理，一半以上是杂货船，缺少散货船、集装箱船、油船，而且船龄偏大。① 在此后远洋船舶的需求才因更新而有较大增长。

3. 海洋油气生产需求的满足。

海洋油气业在最初开始与国外合作开发阶段，使用的大多是进口的设备，随着中国海洋油气的自营逐步展开，对于勘探开发设备的需求不断增加。20 世纪 90 年代初期，在海洋石油开发方面，由于重点集中在海滩、浅海石油的开发，船舶工业研制了适合国情的新型海滩和浅海的石油勘探、开发装备，如两栖运载装置、浅海移动式钻井装置、浅海油田开采和集输装置以及小型全垫升气垫交通艇、浅海推拖轮、海滩浅海救生设备等。而到了 90 年代末 21 世纪初，近海石油开发渐起，船舶工业开发研制了所需的物探船、钻井平台、钢质导管架平台，以及各种海上工程作业船、海洋工程辅助船等。② 而我国的浮式生产储油船生产技术更是达到了国际顶尖水平。③

4. 军用需求的满足。

在军费削减，军用品需求减少的条件下，海军装备更新速度减缓，为了中国能够发展一支初具现代化规模的近海防御力量，船舶工业提供了以导弹舰艇为主，包括大批水面舰艇、常规动力潜艇和核动力潜艇的海上作战力量，20 世纪 90 年代以来，由中国船舶工业研制的一批新型战斗舰艇和军辅船，包括新一代潜艇、新一代导弹驱逐舰等战斗舰艇和“远望三号”航天测量船、大型综合补给船等军辅船舶开始装备海军部队，大大推动了海军装备现代化建设水平的提高，对保卫祖国海疆和维护中国海洋领土安全作出了重大贡献。此外，船舶工业还为工程兵、铁道兵和边防部队提供了大量舟桥、船艇等水上装备；为航天及运载火箭试验提供了远洋测试所必需的重大装备，为中国的国防建设作出了重要的贡献。④

---

① 摘自中国船舶工业经济研究中心吴锦元：《船舶工业对国民经济的作用与贡献》，载《船舶工业技术经济信息》，2001 年第 1 期。

② 摘自中国船舶工业经济研究中心吴锦元：《船舶工业对国民经济的作用与贡献》，载《船舶工业技术经济信息》，2001 年第 1 期。

③ 2003 年 3 月 26 日，1990 年建成的大连新船重工有限责任公司为美国考努科公司建造的 20 万吨浮式生产储油（FPSO）船出坞。该船长 285 米，型宽 58 米，型深 26 米，设计能力为每天处理原油 10 万桶。该船按美国船级社（ABS）规范设计，建造，可以保证该船在百年一遇的强台风条件下，连续 30 年固定在水深 90 米的巴拉而克油田进行采油作业。该船在国内首次采用了艏艉两段分头建造，然后在坞内完成全船合拢的工艺技术。摘自曾呈奎，徐鸿儒，王春林：《中国海洋志》，大象出版社 2003 年版。

④ 摘自中国船舶工业经济研究中心吴锦元：《船舶工业对国民经济的作用与贡献》，载《船舶工业技术经济信息》，2001 年第 1 期。

（四）船舶配套产品生产发展

船舶配套产品的价格约占船价的30%①，如果大量使用进口材料设备更可能大幅提高船价或者吃掉大部分造船利润。因此，船用材料及配套设备的发展便成为降低成本，加强船舶制造竞争力特别是国际竞争力和制约船舶工业发展重要因素。因此，改革开放以后，如何使得船舶配套产品与造船生产相适应，如何不断提高和优先发展何种材料设备生产技术，使船舶制造与配套设备生产在平衡中相互促进、协调发展，成为造船企业的重要课题。

改革开放初期，主要由原中国船舶总公司下属的子公司负责研发、生产配套船舶设备。总公司直属配套设备厂有60家，其中船用柴油机及其配附件厂巧家，船用特辅机厂18家，电子仪表厂27家，共有职工11.4万人，其中工程技术及管理人员1.2万人。

据统计，20世纪80年代中国国产设备装船率曾高达80%以上。② 那时国产船用柴油主机和辅机的制造水平处于国际先进水平，产品产量不仅完全满足了中国各种船舶建造的需要，而且还能批量出口到国外。由于配套工业的蓬勃发展有力地促进了造船工业的发展，中国船舶工业在“八五”时期出现了发展速度最快、经济效益最好的黄金时期。

通过大力发展合作生产以及引进国外技术，快速提升了中国的落后的配套设备生产能力。自1978年到90年代末，原船舶总公司围绕船用柴油主机这一生产薄弱环节，共引进船用柴油机制造技术9项，柴油机配附件制造技术6项，毛坯制造技术3项。引进技术的消化吸收、国产化促进了船用柴油机生产。到1995年，国产低速机产品已接近当代国际水平，使出口船、远洋船所需柴油主机基本立足于国内配套；各类机型国产化率大致在80%左右，柴油机配附件产品的国产化率达90%以上；船用特辅机产品，技术引进和合作生产项目达32项。1995年，船舶总公司共完成造船产量135万载重吨，其中出口船占一半，生产船用柴油机110万马力，船用特辅机1415台（套），基本满足国内船舶市场配套的需要。电子仪表产品，技术引进与合作生产的重点是船舶自动化设备的制造技术。在引进与合作生产的同时，总公司还与日本、新加坡、韩国、瑞典、法国等联合，在国内建立船用设备合资企业，促进了中国船舶配套工业的发展。据某柴油机厂统计，技术引进与合作生

① 根据海洋船舶产业配套厂产值与总产值之比确定。
② 祁国宁，顾新建，谭建荣：《大批量定制技术及其应用》，机械工业出版社2003年版。

产，促进了企业技术创新能力增加，使主机建造周期缩短为43天/万马力。主机预装率达90%左右，高效焊接率达80%以上。电子仪表产品，由于产品规格繁多，产品技术性能有较大差距，出口船、远洋船船舶用的自动化设备大多从国外进口。①

在引进国外船舶配套先进技术的同时，中国也自行刻苦研制、创新船舶配套工业产品。原中国船舶工业总公司系统的企业、设计科研院所，经过几十年艰苦努力，已成功地开发、设计、制造了40余项船舶配套工业产品，使中国初步形成较先进、完整的船舶配套工业体系。②

另外，船舶舾装设备也是中国船舶配套设备的重要组成部分。由于中国20世纪八九十年代制造大批出口船舶和海洋船，大量采用国际标准和国外先进标准，许多舾装产品已经立足国内生产，随着产品水平不断提高，国际竞争力的不断提升，还大量出口创汇。能达到出口水平的产品有锚和锚链、门、窗、盖、梯、救生设备等。③

到90年代末期，中国船舶配套设备已取得较大发展。但是，一方面由于船用配套设备厂向国外的宣传还较少，使国外船东对中国的船用配套设备缺少了解，没有形成自有品牌；另一方面配套厂家与船厂、船舶设计院之间协调不够，造成标准不一致，配套工业在品种规格上也不齐全，一些产品在质量上还存在问题。因此，国外船东向中国订船，都希望订购国际名牌配套产品。④

同时，90年代以后，世界上船用设备技术在效率高、功率大、体积小、更节

---

① 李林：《中国船舶配套工业现状与发展对策研究》，载《船舶配套产品专刊》，1996年。

② 中国船舶工业行业协会常务副秘书长杨新昆：《船舶配套工业发展令人欣慰》，载《船舶物资与市场》，1999年第5期。

③ 船舶总公司第六零一研究院张吉胜在《中国船舶舾装设备的发展》（1996）一文中提到："九十年代中期，锚和锚链产品已经基本成熟。中国锚的标准与国外相比可以说是数量最多的，标准大多数是国外定型产品引进消化吸收，并不断加以改进，国家标准GB10829－89《ZY－6锚》，产品获得专利，并得到了广泛应用。不仅满足了国内造船的需要，还有很大的出口量。大连锚链有限公司的锚链产品，几乎100%的出口；镇江、青岛锚链厂锚链出口量在70%以上；佛山大中锚链有限公司锚链的出口达50%以上。中国的电焊锚链生产已经达到国际水平，完全满足了造出口船和海洋船的需要。……门、窗、盖、梯有标准99项（门30项、窗29项、盖19项、梯21项）。为了适应80年代造出口船的需要，这些标准有60%是参照国际标准和国外先进标准制定、修订的，这些产品的性能指标先进，质量可靠，满足国内外规范要求，因此，广泛应用于中国建造的出口船和海洋船上。如中国船用的铝质舷窗和矩形窗，从80年代造出口船开始，我们按新标准，采用铝型材，用亚弧焊新工艺生产的铝质舷窗和铝质矩形窗，结构轻巧美观，质量好，完全达到国外同类产品的水平，很受欢迎。又如，开始造出口船用的铝质舷梯都要进口，每套要花许多外汇。从80年代中期开始按新标准，用铝型材，采用亚弧焊和氧化新工艺生产的铝质舷梯，质量达到国外同类产品的水平，取得国内外用户的好评。……制造全封闭救生艇，中国起步比较晚，难度比较大、但是我们不能老是依靠进口，花掉大量外汇。我们一方面自己开发研制全封闭救生艇，另一方面引用国外先进技术，如北海船厂游艇分厂引进了挪威哈丁公司的全封闭救生艇生产线。经过十多年的努力，中国全封闭救生艇的生产已经初具规模，产品质量不断提高，产品性能接近和达到国际水平，不仅满足中国造船的需要，还有部分出口。"

④ 刘祖源：《从国际船舶市场看中国船舶工业的发展》，载《武汉造船》，1998年第3期。

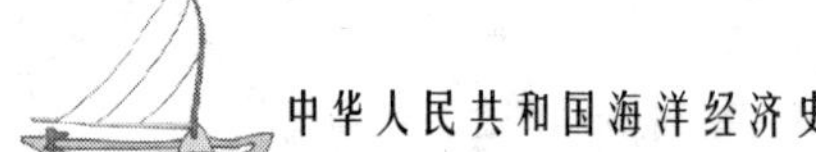

能、更可靠、无污染等方面发展迅速。中国许多配套企业引进技术的许可证合同到期未能续签，后续引进和创新工作又没有跟上，导致从 90 年代后半期，中国国产设备实际装船率逐年下降。1995 年国产设备的装船率为 43.3%，1998 年降至 32.5%，现在最低的连 30% 都不到。如原大连新船重工建造的 VLCC，国产设备仅占 11.7%。许多配套企业经营状况恶化，甚至出现了连年亏损，[①] 而日本是 90%，韩国是 70%。[②] 这些都说明中国船舶配套设备生产的科技水平还比较低，发展后劲不足，需要进一步提高。逐步在中国兴盛起来的船舶设计生产一体化也要求中国船舶配套设备更大的发展与标准化信息化生产。

船舶出口参与国际竞争，质量必须保证。国际著名船级社和国际标准化组织已颁发给中国几个大船厂质量达标证书，中国国产的钢板钢材也已达标。国产引进专利的各型柴油机、起重机等也已达标。

（五）船舶工业组织管理模式改革

由于较早地参与国际市场竞争，使得船舶管理的改革一直走在国家产业改革的前列。

在 20 世纪 80 年代初期，张德洪提出了船舶技术经济论证，就是对船舶的各种技术方案进行经济效果的评价，选择技术上先进业可能，营运上经济业合理的船舶，以不断提高船舶运输效率，发挥其经济效益。[③] 在 1981 年，江扬船厂的胡生提出改革中小型船舶工业企业管理的若干建议，他从 20 个方面入手，建议建立一套适合市场调节和鼓励竞争政策的经营管理方法。[④]

中国船舶工业总公司经过筹备于 1982 年 4 月召开了第一次董事会。会议通过了董事会和常务董事会的组成，以及董事长、副董事长、总经理、副总经理、总工程师的人选名单附后，通过了总公司章程，讨论了总公司的工作。王震、薄一波同志到会接见了全体董事，薄一波同志在会上作了讲话。1982 年 5 月 20 号国务院正式下文同意《关于成立中国船舶工业总公司的报告》。中国船舶工业总公司为国务院领导下的相当于部级的全国性专业公司，由六机部 138 个直属单位和交通部 15

---

① 曹惠芬：《中国船舶配套产业存在问题分析及发展思路探讨》，载《船舶工业技术经济信息》，2001 年第 3 期。

② 数据摘自杨日旺：《试论我国船舶工业的产业定位》，载《船舶工业技术经济信息》，1998 年第 5 期。

③ 张德洪：《略论运输船舶船型技术经济论证》，载《交通部上海船舶运输科学研究所学报》，1980 年第 2 期。

④ 胡生：《中小型船舶工业企业管理改革的一些设想》，载《江苏船舶》，1981 年第 S1 期。

个直属单位，共153个单位组成，全公司职工30万人。其中，造修船厂26个，船用配套厂66个，事业单位61个。①

尽管在体制改革中中国船舶工业始终处于改革开放的前沿，走出了一条在改造老船厂的基础上逐步扩大造船规模的路子，但到了90年代初期，仍然存在政企不分、责权不明等诸多问题，② 存在人浮于事、劳动纪律松弛、浪费严重、分配不合理、资金周转慢等状况并无明显转变。

90年代中后期，随着国际经济一体化、经营全球化、竞争全球化的趋势日趋明显，国际船舶市场竞争日益激烈，船舶工业参与国际竞争，必须全面提高经济实力，组成大企业集团。组建企业集团的方法是生产要素的合理组合，其目的是要达到资本集中或最大化，以取得规模经济的效益。组建企业集团必须"以资本为纽带，通过市场形成具有较强竞争力的跨地区、跨行业、跨所有制和跨国经营的大企业集团"。在这种情况下，如果仍然沿用旧有体制则会导致越大越臃肿，效率越慢的半政府半企业的机构。股份制作为一种现代企业组织形式而言，它具有一套完备的公司章程和制度，能最全面地体现现代企业制度的特征：产权清晰、权责明确、政企分开、管理科学。因此，"股份制是现代企业的一种资本组织形式，有利于所有权和经营权的分离，有利于提高企业和资本的运作效率，资本主义可以用，社会主义也可以用"。

广船国际股份有限公司取得了上市成功的经验，共募集资金10.2亿元，其资产负债率降到了55.2%。船舶工业企业还可以出让部分股权，扩大投资主体，比如，可以拿出30%的股份，甚至更多一点，用来吸收社会上其他投资者参股，改变其原有的国有全资公司的性质，以利于扩大实力和建立规范的运营机制。③

这种整合不应该只是数量上的增加或者更直接的是船厂规模的扩大，而应该是质量上的。20世纪90年代，中国船舶的主要投资方式就是简单的规模扩大，即在同一个系统、集团内部将已经建成的船厂同比例或者稍做修改的在他地建厂，造成重复建设，使得内部竞争加剧，船厂在低端相互价格战，无序竞争。据统计，2001

---

① 摘自《国务院关于成立中国船舶业总公司的通知》，1982年5月20日。

② 江南造船厂的龚海青在《船舶工业企业转换经营机制问题浅析与研究》（1993）一文中提到："由于计划经济管理模式的习惯延伸，政企职责不分，所有权与经营权不分，船舶总公司系统无论哪一级法人，或是属于有争议的，或是属于不健全的实体。……船舶总公司作为全国第一个由国家政府部门翻牌成的专业性公司，实体地位原不就很含糊，不仅在管理上有明显的隶属色彩，而且在具体操作中担负有很大一块属于政府的职能，出任的角色可自由地在经济实体与政府职能两点之间游移。遇有风险时就多强调政府职能这一头，可以减轻或者不承担责任；要求政府不干预企业正常经济活动，实行间接管理时，就多强调经济实体这一面。……船舶工业基层企业由于受以上二层管理层次的管理和制约，只能在船舶总公司适度放权的允许范围内活动。"

③ 蒋惠园：《股份制是船舶工业公有制的有效实现形式》，载《武汉造船》，1998年第1期。

年国内销售额500万元以上的造修船厂200多家，平均每个船厂产量不到1万载重吨，约为日本船厂平均规模的1/4，韩国船厂平均规模的1/20。而且前5家造船企业产量仅集中了30%，不仅远低于日本的45%和韩国的99%，甚至远低于世界平均水平。① 这样不利于企业学习曲线和规模经济的发挥。而随着上海外高桥造船有限公司技术设施先进的大型现代化总装厂和江南造船集团规模大、现代化水平高的综合性大型造船基地等项目的落成同时一些小型的船厂被兼并，管理方式先进的大型船厂不断提高着中国造船的效率。

为了改变军用船舶市场的局面，1998年国务院正式批准了航空、航天、船舶、兵器、核工业五个军工总公司改组企业集团的方案，中国船舶工业总公司改组为中国船舶重工集团公司和中国船舶工业集团公司，这是国家对船舶工业进行的重大重组，也是船舶工业管理体制的重大变革，打破了原本由中国船舶总公司基本垄断国内市场，加强了国内军用船舶市场的竞争。②

另外，船舶企业在抓企业改革、改组、改造的同时，切实抓好企业管理，狠抓减员增效，形成企业优胜劣汰的竞争机制。因为即使改革重组后，形成了大型的企业集团，具有了规模优势，但要达到规模经济，那就是对人的要求很高，如果扩大规模同时成本管理跟不上，规模过大会造成国家和企业信息不通，企业自身信息不通、决策失误等，那么只会导致长期成本的上升，就到了另一个极端，那就是规模不经济。③ 把人均造船吨位、人均劳动生产率、人均效益作为造船企业的三大重要指标加以考核。特别是在船市低迷的年头，船舶企业必须通过管理改革来降低成本。具体措施有：（1）缩短船舶生产周期，不断扩大生产总量，减少单船所分摊的管理费用，降低建造成本。（2）优选优化产品设计，降低设计成本。（3）加强采购控制，降低采购成本。（4）加强费用统一管理，压缩管理费用。（5）结合企业实际，减员增效。④

以船舶为主要研究目标的科研院所也积极参与体制改革，并取得了一定的成

---

① 李泊言：《贸易政策扶持中国船舶工业的战略性思考》，载《宏观经济研究》，2005年第5期。

② 时雨在《船舶工业重组顺利完成集团发展任重道远》（1999）中提到："这次改组将船舶总公司所属企事业单位分别组建成中国船舶工业集团公司（简称中船集团）和中国船舶重工集团公司（简称中船重工集团）。两个企业集团的组成基本上是按地域划分的，实力大体相当，主要承担以舰船武器装备为主的军品科研生产，同时面向市场，积极发展民品和第三产业，形成军品、民品、三产协调发展的有机整体。……（两个集团）都有能力进入对方的领域，在一些方面形成竞争的态势是难免的。但要看到，适度的竞争也有利于中国船舶工业的发展。竞争会使两个集团都有危机感和紧迫感，迫使自己不断创新，建立灵活的市场机制；竞争会促进两个集团加强科学管理，推进技术进步和创新；竞争会促进两个集团进行结构调整和生产要素优化配置。这种竞争是有益的，也正是以前所缺少的，需要通过这次改革来促进和建立的。"

③ 王森涛：《中国造船业的优势在哪里》，载《船舶物资与市场》，2004年第6期。

④ 李幼林：《困境中的船舶企业如何面对市场》，载《船舶物资与市场》，1999年第2期。

果。在科技体制改革以来，科研院所由单一的纵向科研转入了纵向与横向相结合的运行机制，打破了依靠国家拨给事业费而生存的局面，也使科研院所充满了活力与生气。科研单位集中一部分力量投入到国民经济建设主战场，根据市场需要开发新技术和新产品，把科技成果直接应用于国民经济建设之中，获得了较好的效益，也使科研院所有了科研经费的投入，使科研工作得到了进一步加强。[①] 这一体制改革把研究人员推向市场的同时也培养了一批造就了一批既懂技术又懂经营、善于在“大海”里游泳的复合人才，他们学会了如何将研究成果转化为企业利益，然后再通过获得的利益进一步提高研发能力。

国内外的竞争和挑战将有利于提高中国大型船厂的现代化管理水平，从而由根本上提高中国出口船舶的国际竞争力。在压力面前，中国船舶企业通过一次次的再组织与整合。

（六）技术提高

改革开放以前，中国的船舶技术提高主要靠国外引进，而引进很有限，通过购买专利许可，只能引进国际市场上已成为商品的产品，这些产品国外一般都已经过 5 ~ 10 年的研究发展工作才形成的，而研究发展的过程，通常都属于“商业秘密”，并不随专利图纸而来。正在研究发展中的下一代产品，更是保密。[②] 自主研发的效率不高，并且科技人员之间缺乏交流，“文化大革命”更是将一批技术骨干“打倒”。另外，技术与市场脱轨严重，技术人员往往只考虑船舶能不能造出来，而对于成本问题并没有太多的认识。

“文革”结束以后，国内科技界的交流迅速增加。在 1979 年 12 月船舶科技人员讨论了电子计算机在船舶操作自动化上应用并制定了研究计划。中国造船工程学会船舶轮机学术委员会柴油机学组于 1980 年 3 月在江苏省苏州市召开了船舶柴油动力机学术会议。早在 1980 年中国就着手建立船舶基础标准，并于 1980 年 9 月 13

① 郑兴富在《浅谈船舶工业科技成果推广应用》（1998）中提到：“上海船用柴油机研究所开发的热管技术、调速液力耦合器、节能风机等技术列入了国家科技成果重点推广计划，目前这些技术已累计产值 2000 万元。几年来，该所科技成果应用产值达亿元以上，投入科技经费 945 万元，除补纵向科研外，还设立了科技发展资金，用于超前技术的开发，增强了科技开发后劲。哈尔滨船舶锅炉涡轮机研究所‘七五’时期以来推广应用科技成果约 50 余项，在全国 400 余家企业应用，创产值 1 亿元以上，利税约 4000 万元。江苏自动化研究所自动控制器件研究中心将高精度数模转换器推入市场应用，1992 年产值达 500 万元，人均产值 10 万元。科技成果的推广应用不仅增强了科研院所的科技开发实力和市场应变能力，而且还提高了经济效益，给科研院所进入市场经济注入了新的活力。”

② 沈岳瑞：《船舶动力研制工作中的自力更生和技术引进》，载《船舶工程》，1980 年第 3 期。

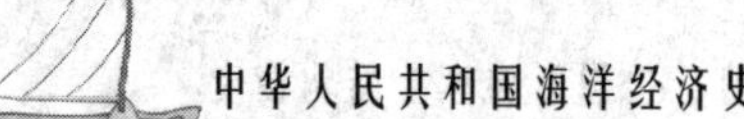

日在上海召开船舶基础标准工作会议。而1980年10月更是由中国海洋工程学会和中国造船工程学会船舶设计专业委员会在天津组织举行了第一届全国海洋开发工程船舶学术交流会，自此中国的船舶技术交流越加频繁，使得相互间的学习提高更快，促进了技术进步。

20世纪80年代初期为了增加出口创汇能力，船舶工业的技术标准开始向国际市场看齐，一是在编制、修订国家标准、专业标准（部标准）时，大力采用国际标准和国外先进标准。编制标准计划时，优先安排采用国际标准和国外先进标准的项目，加快了采用步伐，缩短了编制周期，提高了标准水平。船舶工业219项国家标准中，采用国际标准和国外先进标准以及同国际标准、国外先进标准水平相当的约占65%。二是制定外贸标准。为满足出口船配套的急需，1980～1983年，他们参照国际标准和世界造船先进国家的标准，组织制定了各种装件、阀门、辅机等产品的外贸标准287项。① 国际标准化可以提高产品质量，节约外汇，降低出口船成本，缩短船舶设计、建造周期，促进企业技术进步以及提高职工素质。② 为了更好地融入世界市场，由中国船舶工业总公司标准化研究所陈家齐、陈国敏、孙英及中船总公司技术部程天柱组成的船舶产品认证工作考察组于1985年11月还进行了英国船舶产品认证的考察工作。

1986年中国船舶工业技术市场开发中心筹备组在北京成立，它加强了对系统技术市场的组织和管理，促进了技术开发和多种经营，推动了科技和经济体制改革的顺利进行，是中国船舶工业技术市场化的产物。同年，国务院发布12个领域技术政策要点，对船舶工业的技术进步提出了“国内为主，积极出口，船舶为主，多种经营”的指导方针。③ 船舶工业总公司系统组成的技术交易团通过参加“中国深圳技术交易会”，尽管深交会船舶出口的技术产品数量、金额都不是很大，但“我们深深感到军工技术向民用转移的道路是极为广阔的，也是切实可行的。中国完全可以利用自己的优势和实力在国内的技术市场上开辟出新的领域，并可将一批实用技术打入国际市场”。④ 然而，当时不景气的船舶市场还是让部分“等米下锅”的企业不得不转而生产非船舶产品，比如，有生产造纸机的，有生产液氨汽车槽车的，还有将原来用于船舶的压力容器用于其他民用设施的，虽为无奈之举，但也使

① 《船舶工业积极采用国际标准和国外先进标准增强出口创汇能力》，载《中国经贸导刊》，1986年第11期。

② 杨安礼，林瑜：《出口船舶需要国际标准》，载《上海标准化》，1998年。

③ 刘峰：《国家发布十二个领域技术政策要点对船舶工业的技术进步有指导意义》，载《经营管理方法》。

④ 《技术出口初见成效——船舶技术交易团在“深交会”上》，载《船艇》，1986年第5期。

得技术得以市场化了，而且盘活了企业资源，如果这种非船舶产品的生产能够有计划有目的地进行也可以对新的船舶产品的研发有积极意义。① 技术市场化还从技术人员对于成本控制与降低方面表现出来，1988 年镇江船舶学院管理工程系的王利曾就如何建立在质量保证的前提下降低造船成本的评价体系撰文。②

到 20 世纪 80 年代中期，随着改革开放的深入发展，船舶工业积极引进国外先进技术，加快内部技术革新和技术改造的步伐，取得了显著成绩，造船技术与国际先进水平的差距有了明显缩小，某些领域已接近或达到当时的国际水平，并且成功地建造了一批具有当代国际水平的船舶。但是，从总体上看，我国造船业的技术水平与先进造船国家的差距还很大。据上海船舶工艺研究所用评价指标体系进行的调查、分析，上海 6 家大船厂 1986 年的生产技术水平比 1978 年日本、欧洲 16 家船厂的技术水平相差 7.6 年。这表明，中国大船厂的生产技术水平在总体上仍落后于国际先进水平约 15 年。尽管这种差距在进一步缩小，但要全面赶上去仍要走一段艰难的路程。

到 20 世纪 90 年代，通过大力开展计算机技术、高效焊接技术、分段框架建造、单元组装、涂装技术、预加装技术、两段造船法、船舶取消舾支架、数控切割、成组技术等新工艺、新技术的推广应用，提高了管理和生产效率，提高了产品建造质量和水平，缩短了产品生产周期，降低了能源及原材料消耗，对船舶工业的发展起到了积极的推动作用。③

另外，在这一时期，作为技术、人才、劳动力和信息密集的综合性产业，船舶工业在从事舰船研制生产中取得了大量可以贡献于非船舶领域的科技成果。在这些科技成果中，有的技术与陆用产品技术互为通用，可以直接用于民品生产，有的技术与卫生产品的技术原理相通，对船用技术稍加改进就可发展民品生产；有的技术与陆用技术相关，并可利用船用技术发展民品生产。船舶总公司利用这些技术成果先后为国家十几项重点工程提供了重大技术装备；为各行各业提供了 1000 多种技术和产品，这些技术既为国民经济建设作出了贡献，又促进了船舶工业产业结构的

---

① 《非船舶产品经营开发工作思路的探讨》，载《船艇》，1993 年第 9 期。

② 王利：《正确选择功能评价方法降低船舶建造成本》，载《价值工程》，1988 年第 5 期。

③ 郑兴富在《浅谈船舶工业科技成果推广应用》（1998）中提到："电焊接技术应用，使船舶总公司高效焊接率从 1986 年的 27% 提高到现在的 60% 左右。由于推广了高效焊接，在船舶产量翻番的情况下，焊接技术工人基本没有增加；由于推广了计算机技术，使船舶设计、生产、产品质量、物资消耗、组织管理等方面都发生了深刻的变化。据统计，计算机技术成果的推广应用后，一艘万吨级船舶可缩短生产准备周期 2～3 个月，节约钢材 150～200 吨和大量的优质木材。1992 年全系统在加强管理和推广应用节能新技术、新工艺取得了较好的效益，节约钢材 19513 吨、有色金属 1366 吨、节约和代用木材 21375 立方米，总价值 15167.1 万元，比 1991 年提高 10%。"

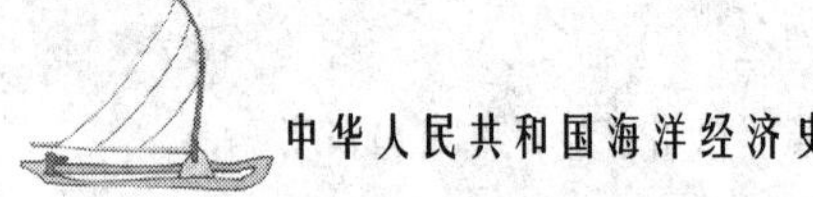

调整，对提高船舶工业在国民经济建设中的地位产生了重大影响。[①]

尽管20世纪90年代末期船舶科技发展迅速，但在科技创新方面，仍然存在问题。黄鲁成、张相木在《中国船舶工业技术创新现状与对策研究》[②] 一文中提到，首先，在产品创新方面：第一，研究开发的船舶产品品种少，技术含量高、附加值大的船舶承接能力弱；第二，船舶产品设计落后、设计周期长；第三，船用设备国产化水平低，实际装船率呈下降趋势；据对1994～1997年需完工178艘主要船舶统计，国产主要船用设备比例是，柴油主机75%、发电机组25%、舵机为5%、锚机47%、污水处理装置18%、造水机4%。其次，在船舶工艺创新存在的主要问题：第一，造船技术装备老化；第二，造船生产效率低下；第三，精度造船技术发展缓慢，未能实现“无余量上船台”；第四，机器人在造船中的应用方面，预舾装及单元组装技术、模块化造船方法、船舶分段建造技术还比较落后；第五，未能积极适应造船业高度信息化和自动化的要求。关于其成因，他们认为主要是技术创新内部动力不足和技术创新战略选择不当。

① 郑兴富在《浅谈船舶工业科技成果推广应用》（1998）提到：“调速液力耦合器技术，已在全国28个省市的冶金、发电、化工、建材、矿山、石油、供排水等行业中广泛应用。据统计，已累计节电19亿度，节约电费4.75亿元，这些电用于工业生产可增加产值133亿元。钢管内壁涂塑技术广泛应用于船舶、电力、化工、城建、印染、环保、石油等行业，此技术转让到全国10个省市14家乡镇企业、国营大中型企业、中外合资企业，加工能力达3万吨，产值达4800万～8000万元。由于涂塑后的钢管寿命延长5倍以上，可为国家节约材料费上亿元。”

② 黄鲁成，张相木：《中国船舶工业技术创新现状与对策研究》，载《科研管理》，1999年第1期。

第十一章　中国海洋油气业演变

一、海洋油气业调查勘探期（1959～1978年）

（一）背景

国际海洋石油产业尽管在1947年就已经有了成果，第一个海上商业性油井在墨西哥湾建成。然而，其相对于陆上设施高达2、3倍的建设成本，使得石油生产企业望而却步。1962年全世界的原油总产量为12.1亿吨，而其中海上石油仅有1.19亿吨，占9.8%，第一次石油危机①爆发后，情况发生了逆转。如何摆脱石油资源的限制成为西方主要发达国家的重要议题。海洋石油资源的开发与利用便是解决之道的其中之一，也因此大力发展海洋石油业成为国际石油巨头们的共同目标。

---

① 石油危机是指经济危机在世界石油领域的一种表现。所谓经济危机是指经济比例的严重失衡或产生剧烈震荡。1950～1973年期间，原油价格被七大公司人为地压得很低，平均每桶约1.80美元，仅为煤炭价格的一半左右。经过OPEC的斗争，到1973年1月才上升到2.95美元一桶。产油国对资本主义旧的石油体系，特别是价格过低很不满。西方世界对石油的需求急剧增长，但是，西方石油公司却不肯对主要生产石油的发展中国家的提价要求做出让步，双方的矛盾日益尖锐，大有剑拔弩张之势。1973年10月，第四次中东战争爆发，阿拉伯国家纷纷要求支持以色列的西方国家改变对以色列的庇护态度，决定利用石油武器教训西方大国。10月16日，石油输出国组织决定提高石油价格，第二天，中东阿拉伯产油国决定减少石油生产，并对西方发达资本主义国家实行石油禁运。因为当时，包括主要资本主义国家特别是西欧和日本用的石油大部分来自中东，美国用的石油也有很大一部分来自中东。石油提价和禁运立即使西方国家经济出现一片混乱。提价以前，石油价格每桶只有3.01美元，两个月后，到1973年底，石油价格达到每桶11.651美元，提价3～4倍。石油提价大大加大了西方大国国际收支赤字，最终引发了1973～1975年的战后资本主义世界最大的一次经济危机。这次石油危机对美国等少数依靠廉价石油起家的国家产生极大冲击，加深了世界经济危机。美国的工业生产下降了14%，日本的工业生产下降了20%以上，所有工业化国家的生产力增长都明显放慢。1974年的经济增长率，英国为-0.5%，美国为-1.75%，日本为-3.25%。但发动石油战争的阿拉伯国家却因此增强了经济实力，数百亿石油美元流向中东。据统计，仅提价一项，就使阿拉伯国家的石油收入由1973年的300亿美元猛增到1974年的1100亿美元。

这段时期中国石油基本保证自给自足,[①] 因此对于海上石油的需求并不迫切,但石油资源本身具有极高的战略价值，因此中国政府进行前瞻性的调查国家的海上石油资源是必要的。当时的石油需求主要是两个方面:

1. 出口创汇需求。

1962 年已生产了 575 万吨原油，除自用外还出口了 6.28 万吨，做到了自给有余。1965 年开始出口，出口额近 20 万吨，彻底结束了使用“洋油”的历史，从此，石油成了重要的创汇产品。而 70 年代的两次石油危机，更是把石油变成极其重要的战略资源，其价格更是大幅飙升，这更增加了中国石油出口换汇的需求。

2. 自身需求增加。

石油产量在增长，石油消费量也在增长，从 1959 年的 965 万吨到 1965 年的 1941 万吨再到 12987 万吨，年均增长幅度为 13.4%，从人均消费增长的角度看，从 1959 年的 1.44 公斤/人上升到 1983 年的 11.89 公斤/人，年均增长率为 10.5%。[②]

从战略发展的角度出发，1956 年开展的中国海洋的综合调查将海洋石油天然气作为调查中的一项。

（二）勘探与开发

这一时期，中国虽然希望通过绵长的海岸线及其周边海域开发海上资源，以满足国家经济的需求和出口换汇，但由于相对陆上石油的开发，海上石油的开发成本高、技术难度大，因此勘探成为这一时期海洋油气业的主要工作，而所打海上油井则基本上为勘探井。

1. 勘探。

早在 1959 年中国就开始了海洋油气的物探工作，而 1966 年 12 月底在渤海钻探“海 1”号标志着中国海洋石油天然气勘探工作正式开始。

20 世纪 60 ~ 70 年代，中国在海洋资源调查过程中开展了近海大陆架石油普查

① 1949 年全国石油年产量只有 12 万吨，1957 年第一个五年计划结束时，全国的石油总产量为 176 万吨，其中 90 多万吨还是人造油。在 1959 年建国十周年之际，我国生产的石油已能满足社会主义建设和人民生活需要量的 60% 左右。随着老一代科学家陆续发现国内的几大油气田以后，再经过大庆、胜利、大港、吉林、辽河、长庆等一系列石油会战，中国原油产量大幅提高，并且开始出口原油换取外汇。1978 年全国原油产量达到 1 亿吨，我国成为世界上的主要产油大国。

② 数据摘自朱世伟:《我国石油发展战略初探》，载《数量经济技术经济研究》，1985 年第 12 期。

勘探工作。在设备和技术条件都很差的情况下，通过海上信息采集与研究，经勘探发现渤海、黄海、东海、南海珠江口、莺歌海、北部湾等六个大型沉积盆地，总面积达62万平方公里的区域内石油资源量约208亿吨，估计石油地质储量在90亿~180亿吨之间，为中国进一步勘探开发海上石油天然气打下了基础。[①]

南黄海的海洋物探工作始于1961年，首先中科院海洋研究所其后由地质部实施地震测线和航空磁测调查工作，到1979年总计完成地震线26万公里，航空磁力测量线总长20余万公里。70年代中后期，为了石油勘探，地质部在南黄海共钻井7口（黄一、二、四、五、六、七、九井），发现了海四、埕北和石臼坨油田及一些含油气构造。

1967年，国外学者认为东海是世界上海上石油开发远景最好而未经勘探的近海地区之一。直到1974年，中国才开始对东海大陆架进行地球物理调查，经过初步调查以及对东海盆地的面积、新生代地层的厚度、构造规模等的分析，再通过一定数量的测试井和钻探井，认识到东海大陆架可能有丰富的油气资源。此间，日本、韩国和中国台湾地区都加紧在东海进行油气资源勘探，并陆续发现了一些含油气盆地。

南海地区是世界上油气资源比较丰富的海区之一，中国在50年代末期到70年代一直在对该地区进行物探和勘探。南海北部地区早期主要做地质和油气调查，用冲击钻、轻便钻在近岸或岛上钻一些浅井，曾捞获若干千克低凝固点原油。后期（主要是70年代）开始了大规模进行的油气勘探，进行了地震、重磁力综合调查，并经区域性钻探发现了涠11－4、涠11－1、乌16－1、松32－2油田和含油构造。[②] 在20世纪60年代后期，亚洲近海地区矿产资源勘探协调委员会曾在南海进行过调查。进入70年代以来，南海周边国家逐渐开始进行南海海上油气资源的勘探开发或者同其他国家合作开发，由此还在南沙群岛附近和中国产生的边界纠纷。

70年代末期，中国还在近海大陆架以外的深海区域进行了勘探工作，发现了曾母暗沙盆地、巴拉望西北盆地、万安滩西北盆地和冲绳盆地等。这些区域由于距离陆地较远，而距离海面较深，不易开发，但储量较大，初步估计石油资源量约243亿吨、天然气资源量8.3万亿立方米。

改革开放以前，中国海域勘探发现石油资源量约451亿吨，天然气资源量约

---

① 曾呈奎，徐鸿儒，王春林：《中国海洋志》，大象出版社2003年版。

② 姚长保：《南海北部大陆架西区油气勘探开发概况及勘探潜力》，载《中国海上油气（地质）》，1994年第6期。

14.1 万亿立方米，海上储油气构造种类繁多，含油气地层从古生界到新生界均有发现，特别是新生界沉积物中有机质丰富，生油指标好，产油潜力大。

2. 开发。

1971 年在渤海发现了具有开采价值的海四油田，建设了 2 座开发平台，建成了中国第一个海上油田，该油田于 1972 年由中方发现，1977 年建成试采平台，用 9 口井试采 46 个月，总产油量 40 万吨，采油速度 0.5%，采出程度 1.9%。[①]

除了在渤海开发油田外，在南海西部、南海东部、大港、冀东地区等都进行了试采，但产油量（见图 11－1）十分有限，从 1967 年试产海上原油 0.0203 万吨之后，次年更是一吨未产，截至 1978 年总共产原油 47.7 万吨[②]。而由于这段时期国内石油价格基本保持稳定，其工业总产值变化情况也和产量基本保持一致。而海上天然气开发更是有限，截至 1979 年对外合作前共产油气 66 万立方米。

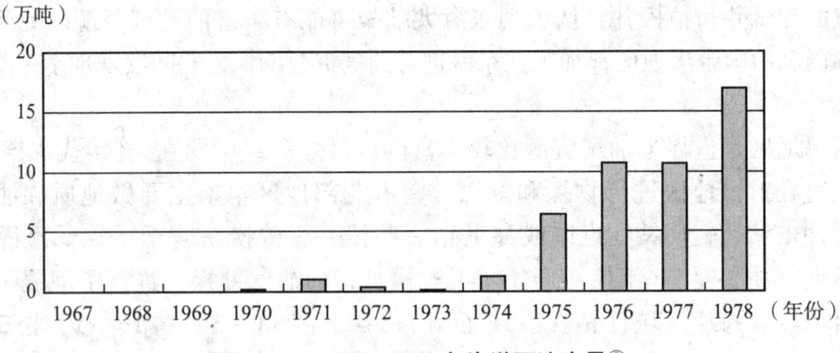

图 11－1　1967～1978 年海洋石油产量[③]

（三）资源争议

根据国际海洋法，沿海国家的领海范围一般以海岸线（包括常年居住岛屿的外延连线）为准，以其垂线方向向外扩展 12 海里为界；专属经济区包括渔业、油气等矿产资源则采用大陆架自然延伸法或中间线划分法界定。大陆架自然延伸法的地理依据是，大陆架是海水淹没的连续陆地不可分割的一部分，适用于与太平洋相

① 曾呈奎，徐鸿儒，王春林：《中国海洋志》，大象出版社 2003 年版。

② 根据《海洋统计年鉴（1988）》数据计算，而根据《海洋统计年鉴（1993）》记录截至 1978 年共生产海上原油 62.3 吨。

③ 本章所有图表数据均来自国家统计局：《中国统计年鉴（2007）》，中国统计出版社 2008 年版。

邻的国家,[①] 按照大陆架是领土自然延伸的原则，中国的管辖范围应该包括约 50 万平方公里的东海大陆架区域，中国具有勘探开发其自然资源的主权权利。不同国家由于对于上述划界规定理解不同，海域的划界常常出现纠纷，而随着勘探工作的深入和国际对海上石油的重视，关于海上石油开发权利的双边或多变摩擦不断。这一时期的争端主要集中在南沙群岛及其周边的问题。

南沙海域从新中国初期中国政府就曾多次声明，南沙群岛历来是中国的领土，南沙群岛近海域的资源完全属于中国所有，而且在 20 世纪 50 ~60 年代并没有引起他国争议，但 70 年代以来，因南沙海域发现蕴藏着丰富的石油资源，同时，石油需求不断提升以及海洋石油开发技术的成熟，南沙海域周边一些国家为了利益纷纷对南沙群岛的全部或部分声称拥有主权，并开始石油资源勘探甚至与国际石油巨头合作开发，使南沙群岛的主权争端不断激化升级。

在南沙群岛东部，菲律宾划定了大面积矿区，并出租给欧美石油公司，包括埃克森美孚莫比尔等。其中部分位于中国传统国界线以内租让区，有礼乐滩地区、尹庆群礁、郑和群礁和巴拉望以西地区，并已陆续发现了石油天然气资源。中国政府曾于 1976 年就此发表声明再次重申南沙群岛及其附近海域的资源完全属于中国所有，强调不允许其他国家占有和开发。

马来西亚占据了南沙群岛南部的 9 个岛礁，并划定自己的石油开发区。马来西亚在这一带矿区发现并开发油气资源。马来西亚矿区北部伸进了中国传统国界范围内，马来西亚不顾中国的严正立场，仍然占据这些岛礁并在其周围勘探开发油气资源。在南沙群岛西部，越南先后占领了 11 个岛礁，并划定了石油开发区。1975 年后，越南不仅没有放弃开发，反而变本加厉，派兵占据一些岛礁，并同苏联合作进行油气资源勘探开发。这是对于中国领土主权的侵占[②]，中国政府于 1980 年再次发表声明，重申了中国的原则立场，指出："任何国家未经中国许可进入上述区域从事勘探、开发和其他活动都是非法的，任何国家与国家之间为在上述区域内进行勘探、开采等活动而签订的协定和合同都是无效的。"[③]

① 岳来群，甘克文：《国际海上油气争端及其中日东海能源争议的剖析》，载《国土资源情报》，2004 年第 11 期。

② 中国政府于 1974 年 1 月 11 日发表声明中指出："西贡当局把南沙群岛中的南威、太平等岛屿划入南越的决定是非法的、无效的。中国政府决不允许西贡当局对中国领土主权的任何侵犯。"

③ 曾呈奎，徐鸿儒，王春林：《中国海洋志》，大象出版社 2003 年版。

二、海洋油气业发展期（1979 年至今）

（一）背景

改革开放以后，中国逐渐成为世界经济的一分子，在开放初期，为了学习和交流海洋油气勘探开发技术以及及早获得开发所需的资金设备，中国积极与国际海洋石油气业展开合作，而西方发达国家的海洋石油气开发商也受到两次石油危机的冲击，急需寻找开发成本较低的沿海石油气田。

1981 年 11 月 30 日，国务院公布《中华人民共和国对外合作开采海洋石油资源条例》。它参照国际上其他资源国与他国进行海上石油勘探开发的国际合作的做法，规定了利用外国资金和技术开采中国海上石油资源的方针、政策和做法。当时中国与 13 个国家 48 家石油公司合作在南海、南黄海 42 万平方公里完成了地球物理普查，急需要一个开发条例使中外石油公司有所遵循，以保证勘探开发工作的顺利进行，促进加快石油的开发工作。运用这套灵活的政策和办法，有利于中国大量使用外国资金和技术，加快海上石油工业的发展，为繁荣本国经济服务。

20 世纪 80 年代中期，针对吸引外资，加强合作的要求，中国优惠政策方面进行了一定的倾斜，在法律保护方面就外资关注的投资安全和征收补偿、待遇问题、自由汇兑问题、企业自主权问题、争议解决问题都给予了较为明确的规定，保护了合作者的利益，加速了海洋石油的对外合作步伐。

到了 20 世纪 90 年代，中国的海洋石油开发正在如火如荼地进行，此时正需要进一步拓宽勘探开发的领域。1994 年 11 月 16 日世界历史上第一部造法性的《联合国海洋法公约》（以下简称《公约》）正式生效，它确定了未来全球千年的海洋划界框架和全球海洋管理体制。1996 年 5 月 15 日第八届全国人人常委会履行了中国批准加入该《公约》的法律手续，中国从此不但成为《公约》的缔约国，也成为这部法典的成员国。根据《公约》规定，地球上 1.09 亿平方千米的海域将转为沿海国的主权管辖海域，中国据此获得的主权管辖海域从 30 多万平方千米增加到了 300 万平方千米。“海洋中国”将成为一个可与 960 万平方千米的“陆地中国”

比攀的整体资源系统，陆海两地将各主半壁江山。[①] 这极大地增加了中国海洋石油的可勘探、开采海域面积。

（二）需求

1. 出口换汇需求。

从1978年开始，中国的石油产量突破了1亿吨大关，在世界上已由20世纪50年代的第20多位，上升到1984年的可数的前列，80年代的自给自足略有出口，而1984年出口额达1500多万吨。但随着中国经济的快速发展，1993年中国成为石油净出口国，出口换汇需求消失。

2. 自身经济增长的需求。

改革开放以来，中国经济在不断增长，GDP屡创新高，随之而来，平均每人生活消费能源（千克标准煤）数量也在大幅提升，而人均煤炭使用量却不断减少，替代煤炭的能源主要是电力、液化石油气和天然气，汽油的需求更是因汽车数量的快速增长而增加。

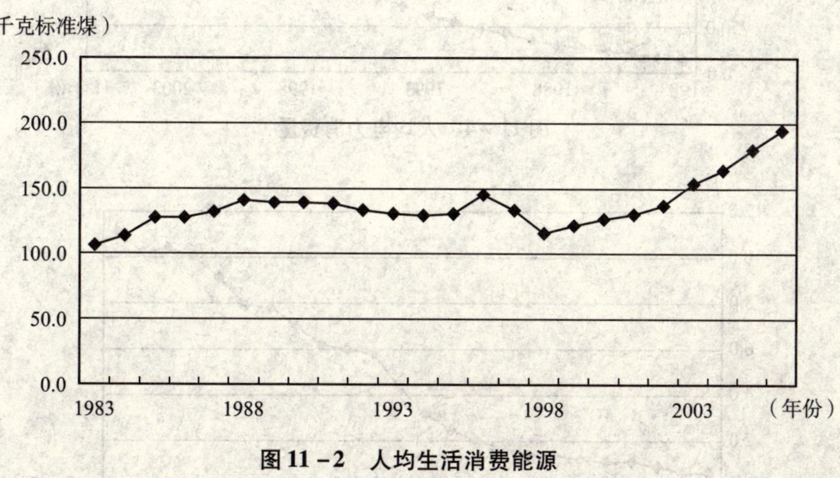

图11－2 人均生活消费能源

① 武建东：《海洋石油热撑中国 海洋石油开发与当代中国能源政策的转型》，载《海洋世界》，2007年第1期。

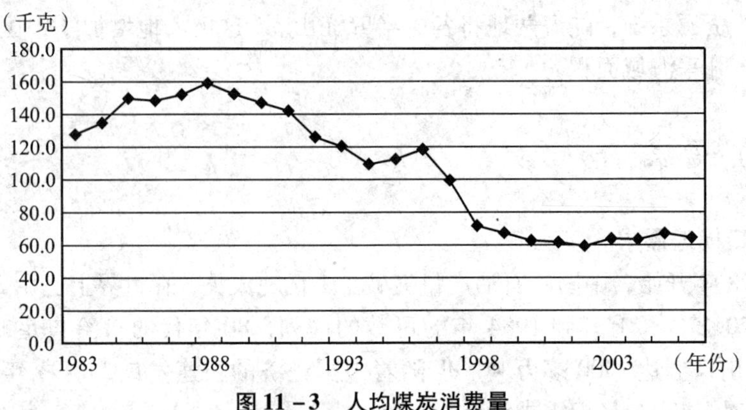

图 11－3　人均煤炭消费量

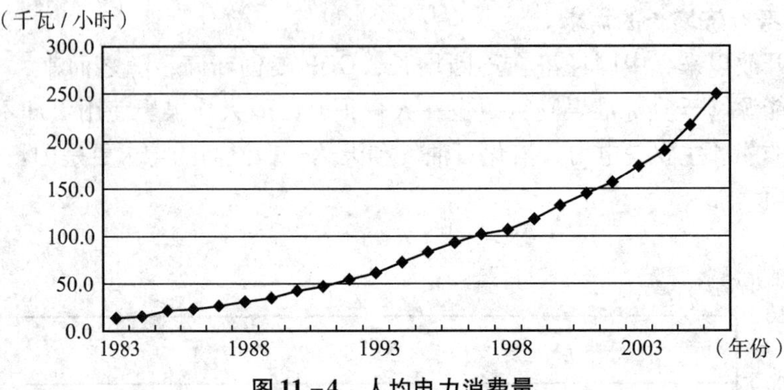

图 11－4　人均电力消费量

图 11－5　人均液化石油气消费量

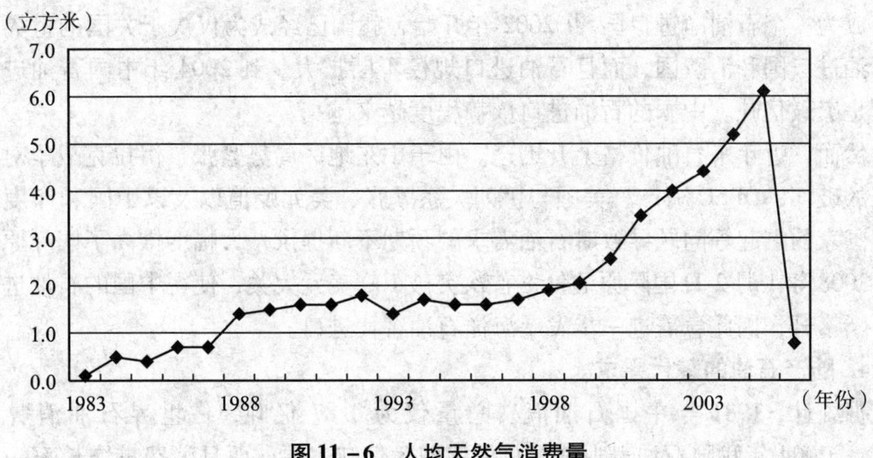

图 11－6　人均天然气消费量

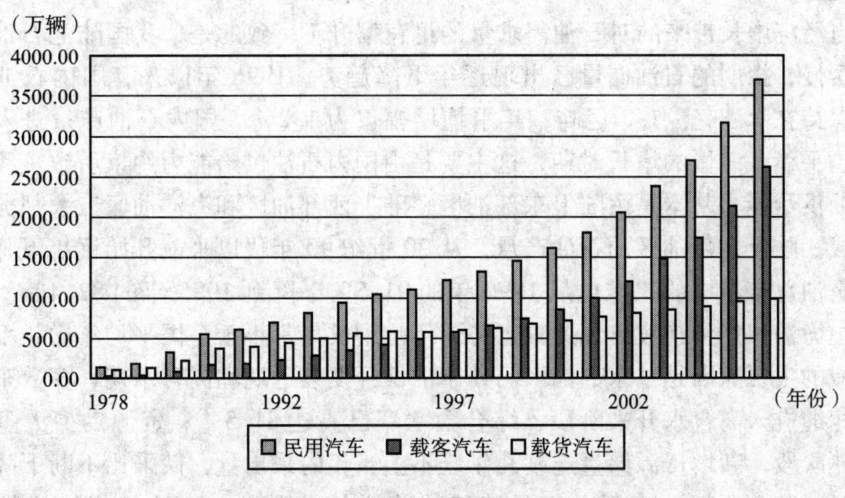

图 11－7　民用汽车拥有量

3. 进口石油的替代需求。

根据国家统计局资料，1992 年我国共进口原油、成品油 1904 万吨，用汇金额 31 亿美元，出口原油、成品油 2690 万吨，出口创汇 35.8 亿美元，我国仍是石油净出口国。1993 年我国共进口原油、成品油 3312 万吨，用汇金额 53 亿美元，出口原油、成品油 2314 万吨，出口创汇 30.3 亿美元，净进口石油（原油、成品油）998 万吨，多用汇 22.7 亿美元，无论从绝对数量还是从金额上看，1993 年我国已

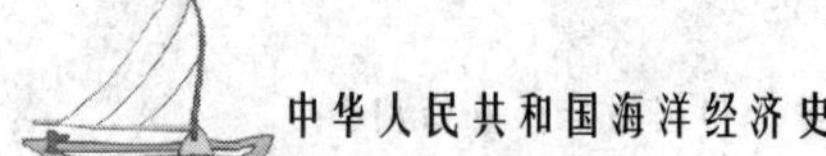

转变成为一个石油净进口国。① 2002 年开始，我国已经成为仅次于美国的世界第二大石油进口国和消费国，而且石油进口规模不断扩大。到 2004 年中国石油进口数量更是突破亿吨。中国的石油进口依赖程度越来越高。

然而，近年来石油价格上升迅速。由于中东地区局势紧张、伊拉克战争对石油设施的破坏、OPEC 减产、美国与伊朗关系紧张、美元贬值以及以中国和印度等发展中国家的崛起等问题导致对石油需求的预期不断提供，大幅度推高了国际原油价格，2008 年 1 月 2 日国际原油价格首次突破 100 美元大关，使得中国的石油进口价格不断攀升，因此急需进一步发展海洋石油替代进口。

4. 陆产石油的替代需求。

据统计，1981 年中国石油消费总量仅为 0.87 亿吨，占世界石油消费量的 3.5%，2004 年我国石油表观消费总量突破 3 亿吨大关，而且消费量增长率一直在 5% 以上。

与经济增长带来的对石油需求量的迅速攀升不一致的是，我国陆上石油生产增长缓慢，探明的石油储量已出现逐年下降趋势。1996 年以来，国内石油产量基本保持在 1.4 亿～1.7 亿吨，年平均增幅仅为 1.2%，国内石油产量进入一个低速、平稳、缓慢的增长时期，这主要是由国内石油供给能力约束所致。我国国内石油供给能力基本是由陆上东部油区、陆上西部油区和海洋油区三大部分的产能构成。陆上东部油区的石油产量，从 20 世纪 90 年代以来就开始逐年下降，在全国石油总产量中的比重也从 1990 年的 91.5% 下降到 1995 年的 82.4%。一批陆上主力油田产量连续出现递减态势，年均增长率都小于全国平均年增长率。产量递减的主要原因是：东部油区已处于油田开发衰退期和高含水期，多数东部老油田相继进入高含水开采阶段，综合含水率已高达 81.5%；资源勘探大多已进入成熟阶段，新增资源储量连续几年赶不上当年的采出量，储采比不断下降。与此同时，陆上西部油区石油产量持续快速增长，1990～1995 年年均增长率达 11.06%，占全国石油产量比重也从 7.4% 增加到 11.6%。② 虽然西部油区石油增长超过了东部油区的总递减量，同时发现了许多新的陆上油气田，但是，由于自然条件和投资所限，也难以在短期内大幅度增加产量。所有的这些使得国内陆上石油生产的增量十分有限。

---

① 季崇威，郑敦训：《我国成为石油净进口国面临的挑战——重新制定我国石油发展战略的建议》，载《国际贸易》，1994 年第 7 期。

② 傅诚德：《21 世纪中国石油发展战略》，石油工业出版社 2000 年版。

（三）对外合作为主时期的勘探与开发

海洋石油是一项技术复杂、投资巨大的事业，刚刚改革开放时，中国自身还不具备大规模勘探和开采海上石油的条件。在党的十一届三中全会制定的对外开放政策指引下，中国在勘探、开发海上油气方面不再一味强调独立自主、必须依靠自己的力量，而是开始借助对外合作的契机，积极利用国际资本，分散、规避勘探风险，引进先进技术，学习外国公司先进的管理经验和技术，培养海洋油气勘探开发人才，加快海洋油气产业的发展，海上石油工业开始走上了蓬勃发展的道路。

改革开放以来，中国开始引进外资和勘探技术，加快了海上石油勘探和开发进度。石油部于1979年起先后同日本、美国、英国、法国、意大利等16家石油公司签订了南海、南黄海等部分海域的8个海上地球物理勘探协议，截至1984年引入风险投资达21亿美元，到1985年直接利用外资达17.7亿美元。[①] 对南海、南黄海的42万平方公里海区进行了地质普查，发现了有利于找油气构造200多个。[②] 各国石油公司都在各自的合同区进行了地质勘探，并各自打了两口探井，发现了油流，但未发现有商业价值的油气田。多数外国石油公司已停止在南黄海投入资金，南黄海的石油勘探已处于基本停顿状态。

1980年又分别与日本、法国的石油公司签订了渤海南部和西部，渤海理北油田夕渤海中部，南海北部湾等海域的四个石油勘探开发合作合同。[③] 渤海中日合作的埕北油田于1985年投产，成为中国海上第一个与外国石油公司合作开采的油田；1989年，渤海中日合作的渤中28－1油田开始生产，1990年6月渤中34－2/4油田投产。1986年，北部湾中法合作的涠10－3油田投入试生产。

截至1988年，通过对外合作已发现了39个含油气构造，评价证实的油气田有11个，有2个油田已投产，正在开发建设的有6个油气田，外商提供了大量资金，1982～1992年间已累计投入31亿美元，其中勘探风险投资25亿美元，开发投资6亿美元，有的合同区由于勘探不成功，外商累计损失已10亿美元。[④] 截至1989年，公司承包合同区的石油作业，获得的外汇收入，累计达9.6亿美元。另外，外国公司还向我国累计交纳税金1亿多美元。

---

① 程守礼：《海洋石油工业对外合作中的技术转让》，载《中国科技论坛》，1986年。

② 海莲：《海洋石油战线的喜讯》，载《瞭望》，1984年第44期。

③ 四川省机械工业局程木生：《加强组织协调积极发展海上石油设备》。

④ 吴耀文：《石油对外合作应坚持“一个窗口对外”的原则》，载《国际石油经济》，1993年第3期。

海上天然气的生产一直不多，截止到1992年12月产气累计4.074亿立方米，1993～1995年共产天然气10.5亿立方米，每年平均3.5亿立方米。天然气田开发方面的突破始于1994年，与阿科石油公司正在合作开发建设我国海上第一个大气田——崖13－1，1996年1月建成投产，这使得中国的海上天然气产量有了大幅的上升，1996年海上天然气产量为26.8788亿立方米，是截止到1995年累计产量的1.8倍。

（四）自营与对外合作并重时期的勘探开发

在大规模对外合作开始有了发现，开始了油田建设的基础上，中国积极开展自营勘探开发。康世恩提出“两条腿走路”，把对外合作学到的本事用到自营上，我们自己去搞一块，锻炼自己的队伍，提高自己的技术和管理水平，将来还可以打到国外去。①

截至1984年，自营勘探已投入7.8亿元，发现了12个含油气构造，其中已评价证实的油气田有6个，1994年中国在开发上有了长足的进展，建成我国南海第一个自营油田——涠11－4，1994年年产原油将达到100万吨。到1999年在我国已有的21个海山油田中有8个是自营勘探开发的。自营勘探开发的生命力，关键在于降低成本，在自营作业中按国际标准严格要求，尽可能降低成本，全面提高技术和管理水平，获得好的经济效益。这段时期，中国千方万计集中力量和资金，陆续开发已发现的商业性油气田，也逐步开始了规模比较大的油田建设。这些油田设计，建设、生产和管理基本都是海洋石油在对外合作中学习、探索出来的，基本上是按照国际标准自己做的。另外，中国还积极通过对外合作中的反承包盈利。② 同时，在考虑对外合作和自营开发的基础上，中国海洋石油还积极探索上下游一体化和国际化的道路。

东方1－1气田是国家重点建设项目，由中海石油（中国）有限公司自主投资开发，投资总额32.7亿元，是我国独立开发和作业的第一座海上天然气气田，也是目前为止我国开采的第二大海上气田。该气田位于南海北部湾莺歌海海域，距东方市113公里，水深75米。其天然气储量996.8亿立方米，含气面积287.7公里，年开采量为24亿立方米。2000年6月，中海石油化学有限公司董事会宣布启动海

① 卫留成：《海洋石油改革的昨天、今天和明天》，载《中国石油石化》，1999年第2期。

② 油田投资到1997年大约90亿美元，其中外资接近60亿美元。在这60亿美元的投资中，中国海洋石油总公司通过反承包挣回来20多亿美元（卫留成，1999）。

南海洋石油天然气化肥项目，中海石油（中国）有限公司同时启动东方 1－1 气田的开发。2002 年 6 月 7 日海上平台开始钻井，同年 10 月 6 日中心平台钢结构吊装工作全部安全完成。2003 年 7 月 31 日上午 8 时，随着一声指令，操作人员打开下海关断管阀门，我国第一个自主开发的海上天然气气田——东方 1－1 气田，开始正式向陆地送气。①

中国海上最大的油田区块——渤海油田正在步入开发建设的高潮期。2002 年底，中国最大的海上油田——蓬莱 19－3 油田投产后，渤海海上油田产量占到中国石油总产量的 1/5，成为国家能源新的主力军。2006 年，渤海石油年度总产量达到 1561 万立方米（当量），从而超过南海油田成为中国海上最大的油田区块。预计到 2010 年，渤海油田年油气总产量将达到 3000 万立方米（当量），占中国海上石油总产量的一半以上。

近年来，渤海海上石油作业量逐年攀升，渤海海上油田开发建设也步入高潮期。渤中 25－1 油田、曹妃甸－11 油田、旅大油田、南堡 35－2 油田相继建成投产。蓬莱 19－3 油田正在紧张施工，超大型 FPSO 将于 2008 年上半年到位投产，预计年增产量 1000 万吨。2007 年，渤海中海石油所属海上油田达 15 个、海上平台 69 个、浮式生产储油装置（FPSO）6 个，相关作业船舶（包括移动式平台）达 100 余艘。

在渤海海上油田生产建设高速发展的同时，海上油田作业活动中，大事故以上等级的水上交通事故持续为零、船舶污染事故持续为零，人员伤亡持续为零，海上石油作业安全形势持续稳定。

（五）技术发展

海上石油开发在技术上要比陆上石油开发困难得多，要考虑海流和水深的影响，对于设备的要求高，其技术含量和造价都不低。②

① 甘远志，符运炜，下王玉珏：《我国首个自主开发的海上天然气气田正式送气》，载《海南日报》，2003 年 8 月 1 日。

② 徐明琪（1991）在《关于海上石油开发的问答》中提到：首先，最主要的是，陆土钻采设备安装于陆上，技术上要方便得多，因为只承受风力的影响。而海上钻采设备要承受海流、海浪和风的影响，特别是海流和浪的影响，使设备承受巨大外力，必须仔细地进行结构计算，其计算是极为复杂的，必须借助大型计算机来完成。为了考虑风浪、流的影响，除了要承受巨大外力外，设计时还必须采取相应措施，保证钻井设备和采油设施在波浪起伏的海面上能正常工作，而这些对陆上钻井设备却是不需考虑的。其次，是水深的影响。陆上设备不存在这个问题，而海洋石油开发却不得不面对这一情况，在浅水区安装和作业相对于深水区要容易得多。水深增加，受力也随之增大，结构趋于复杂、庞大，且结构的型式要随之改变。例如坐底式只运用于浅水区，而水深大于 300 米，只好用半潜式。钻井船或张力船平台水深增加，致使设备复杂、庞大，造价也大幅度上升。

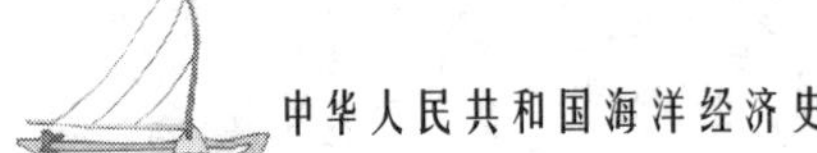

为了适应中国海上石油开发所需要的大量设备制造任务，国家机械委于1980年8月成立了海上石油开发设备领导小组。1981年6月，国家机械委主持召开了海上石油设备技术经济座谈会，对发展海上石油、天然气设备的规划设想、分工定点原则以及有关的技术方针政策，进行了研究和部署。

中国希望通过对外合作的过程，学习国外先进的技术，因此在中国海洋石油总公司与参加中国海域石油、天然气合作勘探开发的各国石油公司所签订的合同中要求，外国石油公司对中国技术人员进行了培训并作技术转让。

尽管这在一定程度上充实、提高了我国海洋石油工业的技术水平，缩短了与外国石油公司在技术上的差距，加速了对外合作的进程。但在实际过程中存在一些问题和困难：（1）在对中方技术人员进行培训的过程中，往往只是讲述一些一般性的公开技术，传授一些操作技能，很少系统地传授与技术有关的科学知识、经验，很少提供有关的数据、资料及软件等。（2）对中方技术人员进行培训和实行技术转让消极应付、敷衍了事，浪费了人力、物力和财力，没能达到预期的目的。[①] 这导致中国获得的知识技术的价值较低甚至相对落后，同时，再利用的可能也较小。

虽然在引进国外先进技术、新方法和新工艺的过程中中方人员遇到了一些阻碍，但通过积极消化、吸收，并结合本国油气田的实际情况加以研究改进和创新，在油气勘探开发工作中也形成了许多配套的技术体系：（1）含油气盆地资源评估和优选勘探目标技术；（2）二维地震特殊处理技术和三维地震采集处理技术；（3）浅滩、浅海、深海地震采集技术；（4）油气田的油藏数字模拟技术；（5）中、小油气田开发技术；（6）浅水、深水导管架设计、建造、拖航和安装技术；（7）海上钻井平台定位和输油气管道铺设技术；（8）海上油气田采油生产技术；（9）高压、含气复杂地层直井和丛式井、水平井钻探技术；（10）数控测井技术。此外，在海上地球物理勘探方面，我国开发出具有国际领先水平的三维波动方程P－R分裂一步法偏移技术；在海上钻井作业方面，不但能打高压油气探井，还能在一个平台上打近30口大斜度的定向井和在产油平台上打成高深度的水平井。这标志着我国海上油气勘探开发能力达到一个新的水平。[②]

随着海洋油气开发合作学习以及自营的开展，中国海洋石油总公司也研制了大量的海上钻采设备。海洋石油总公司1982年成立初期，海上油气的开发，都同外国公司合作进行，设备全部进口。从20世纪80年代末开始探索用我国的民族工业进行自营油气的开发建设。数据显示，20世纪80年代初期，我国共引进国外先进

① 程守礼：《海洋石油工业对外合作中的技术转让》，载《中国科技论坛》，1986年。
② 莫杰：《高新技术促进海洋石油产业的发展》，载《海洋信息》，1994年第12期。

产品制造技术系统28个，计88个项目，经消化吸收后，增加新产品约470种。现在我国已具有了独自设计制造钻井平台、采油平台、海洋石油钻机、钻井泵、防喷器系统、井口装置、抽油设备、油气水处理集输设备和辅助船舶及交通运输装备以及通讯系统等的能力。①

（六）组织管理

根据同年国务院发布的《对外合作开发海洋石油资源条例》，海洋石油总公司1982年初成立之后，作为国家石油公司和独立法人，全面负责我国海域的油气资源对外合作勘探和开采，是具有法人资格的国家公司，享有在对外合作海区内进行而勘探、开发生产和销售专营权。②

由于是中国海洋油气产业“国家石油公司”地位的垄断企业，海洋石油总公司在内部管理上强调在保障员工基本利益的基础上，引入市场化的竞争机制。中国海洋石油总公司建立了住房、养老公积金，实行了医疗保险和待业保险，保证员工的基本需要，但在分配制度上却做了大胆尝试，基本的思路是拉大收入差距，打破传统的收入平均化，工资制度从八级工资制到1993年的结构工资，到1998年的岗薪工资制度。这种转变使得其效率大幅提高，海洋石油总公司在1982年人均劳动生产率为1万元，到1997的增加值人均劳动生产率达37万元；装备从1982年仅有的一两条钻井船到现在的供应船、钻井船、平台建造设备、安装设备等，可以说大小配套。③

同时，它还在自身的内部管理设计上引入独立核算的子公司制度，下设中国海洋石油渤海公司、中国海洋石油南海西部公司、中国海洋石油南海东部公司和中国海洋石油东海公司等独立财务核算的子公司，形成子公司间的竞争机制。从1993年起，总公司开始实施油公司、专业公司和基地公司的“三分离”，首先集中油气勘探开发的投资决策权和油气销售权，实现了资金的统一使用；然后将各专业公司从地区公司中分离出来，迫使其自主经营。

1999年8月20日以红筹股方式，中海油总公司以间接控股方式在香港设立

---

① 白木，周洁：《我国海洋石油钻采设备发展综述》，载《石油钻探技术》，2003年12月，第31卷第6期。

② 1985年国务院批准南方11省区对外合作勘探开发石油时也明确了石油对外合作“应由国家集中管理，统一经营”，“国务院确定由石油工业部（后改为中国石油天然气总公司）作为对外合作开采陆上石油资源的政府主管部门，由中国石油开发公司负责经营对外合作开采陆上石油的业务。其他部门和地方政府今后都不要再就此问题对外联系”（吴耀文，1993）。

③ 卫留成：《海洋石油改革的昨天、今天和明天》，载《中国石油石化》，1999年第2期。

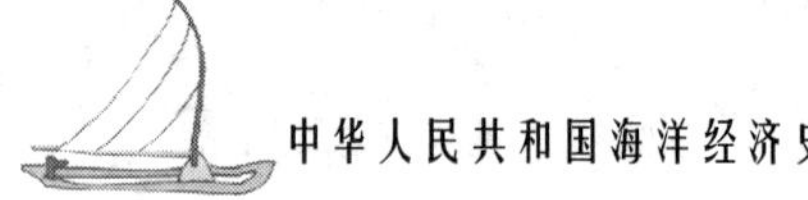

“中国海洋石油有限公司”（中海油），并将海上石油的勘探、开发、生产、销售等业务资产全部转让给中海油。完成海外上市以后，引入了香港资本市场相对完善的监管机制和信息披露机制，使得公司的运作也更加的有效率。

2000年4月20日由中国海洋石油总公司、中国海洋石油渤海公司、中国海洋石油南海西部公司、中国海洋石油南海东部公司和中国海洋石油东海公司共同发起的中国海洋石油系统首家股份制专业服务公司——海洋石油工程股份有限公司在天津塘沽隆重宣告创立，这家上市公司是中国海洋石油总公司积极推进资本运营迈出的重要一步。①

① 刘伟：《海洋石油首家股份制专业公司创立》，《中国海上油气（工程）》，2000年第2期。

第十二章 中国滨海旅游业演变

中国是一个海岸线绵长的国家，总长度3.2万公里，其中大陆海岸线1.8万公里，沿大陆海岸线自北而南分布着大连、秦皇岛、天津、烟台、青岛、威海、连云港、上海、宁波、温州、福州、泉州、厦门、汕头、深圳、广州、珠海、湛江、北海等优良港湾和城市，其中许多是驰名中外的旅游胜地，具有发展海洋旅游的优越条件，岛屿海岸线绵延1.4万公里，其中以海南岛最为出名，海岛旅游也是这些地区经济发展的重要方向。

然而中华人民共和国成立后，百业待兴，由于社会生产力水平低，人民群众主要把重点放在恢复和发展国民经济方面，再加上战争的破坏，使得整个社会的交通运输等基础设施严重缺失，包括海洋旅游的国内旅游也仅局限于小规模商务、公务、会议等旅游方式，极少出现散客自主旅游。

刚刚结束内战，海峡两岸的军事对峙仍在持续，同西方资本主义国家的交流也是始于20世纪70年代，在改革开放以前，沿海地区并不是国与国交融的空间，而是海防前哨的战略要地。在这种社会环境下，滨海国际旅游根本不可能发展起来，只能是小范围的友好人士来华访问、观光。“文化大革命”更是将大量的历史古迹、文物、风景名胜等旅游资源作为批判的对象，进行了毁灭性的破坏，还把旅游作为资产阶级的东西予以批判，不允许单位、企业或个体兴办旅游以及与旅游相关的产业，滨海旅游事业陷入停滞，甚至倒退。

1978年，中国共产党十一届三中全会纠正了“左”的错误，决定把全党工作的重点转移到社会主义现代化建设的轨道上来，并提出在中国实行“对外开放、对内搞活”的基本国策。这就停止了对旅游资源的破坏，也改变了过去沿海地区的海防前哨的形象，转变为对外开放的窗口和桥梁，沿海地区通过率先开放经济迅速崛起。

随着经济的发展，首先是一些具有滨海旅游资源的城市开始重视旅游产业，而它们因此也收获颇丰，旅游业作为第三产业中的重要行业，其投入少、产出大、无

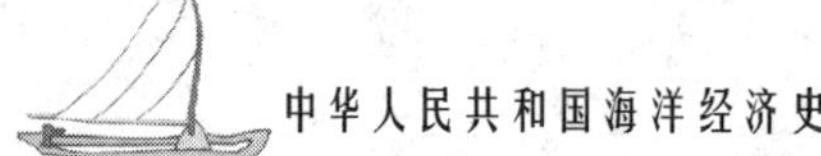

污染等优点吸引了其他城市纷纷效仿，许多滨海通过加强城市市容市貌建设，出台产业结构调整政策，给予相关行业税收优惠等，积极发展滨海旅游业。

中国实行开放政策的直接结果，是中国滨海地区的开放度大大提高。伴随着物流、资金流、信息流的流动，中国滨海地区与国外的人员交往也大量增加。同时，滨海地区涉外旅游交通、通信等基础设施条件的改善及旅游景点、景区的建设，也增加了对海外游客的吸引力，来滨海地区旅游的海外游客逐年增加，滨海地区旅游外汇收入也逐年增加。国际旅游业已成为海洋旅游业的重要组成部分之一。

20 世纪 80 年代以前，限于国内当时的经济和社会发展水平，来滨海地区旅游的国内旅游者多是来滨海地区从事商务、公务及探亲访友者等，且以公费旅游者为多。改革开放不久，沿海地区受惠于改革先锋地位，经济发展很快，沿海及其周边地区人民物质、文化生活水平的提高，收入提高也较快，周边地区到沿海旅游区的国内游客数量增多。改革深化以后，带动内陆地区高速发展，整个国家收入水平的提高以及经济基础设施的建设的发展，滨海地区的国内旅游者中以观光、游览为目的的旅游者逐渐减少，而以休闲、度假为目的的旅游者越来越多，并成为我国滨海地区国内旅游的主体。

一、滨海旅游资源利用及旅游新项目开发

（一）旅游地滨海旅游资源整合

我国是海洋大国，拥有 18000 多千米的大陆海岸线，14000 千米的岛屿海岸线和 6500 多个岛屿。滨海旅游资源极其丰富，海岸带南北纵跨三个气候带，拥有丰富的自然旅游资源，不仅有着阳光海滩、水光山色、流泉飞瀑、海鲜美食等自然风景旅游资源，而且还有悠久而丰富的历史古迹、民族风情、宗教文化、文学传说等。

由于滨海旅游业具有投入少、见效快、无污染、解决就业等优势，在 20 世纪 80 年代初期，中国沿海城市纷纷利用海洋自然旅游资源，[1] 开发滨海旅游项目，发

① 海洋自然旅游资源可分为海洋地质、地貌旅游资源、海洋气象气候旅游资源、海洋水体旅游资源、海洋生物旅游资源等。

展滨海旅游业。然而，这也造成了一些问题。

1. 资源割裂，缺少统一规划。

许多地方海滨旅游的开发由于缺乏有效的统一规划，采取部门所有，自划自建，自成体系，造成往往只顾个体利益忽视全局利益，造成滨海旅游资源之间没有联系，无法形成规模经济。旅游者往往要把大量的时间花在路上，但实际到达旅游地能够游玩观光的景点却很少，然后又要继续上路赶往他地。

2. 滨海旅游资源开发利用程度低。

目前我国滨海旅游开发仅限于对海水、阳光和沙滩的利用，缺乏陆域和水上娱乐活动；在空间布局上仅限于对近岸水域和沙滩的利用，缺乏对海岛的开发，造成旅游方式单一，活动内容单调。多以避暑度假和观光游览为主，致使夏季海滩游客过于集中，人满为患，冬季冷落，客房空半年的局面。

3. 交通不畅。

在一些海滨城市，随着经济发展，交通有了一定的改善，但远远落后于旅游饭店的增长速度，不能满足旅客需求，每逢旅游旺季，交通运载能力明显不足，一方面造成饭店客源不足，另一方面使旅客出不去，进不来，这种现象严重影响了旅游业的发展，成为制约滨海旅游业发展的“瓶颈”问题。①

因此，一些中国的滨海旅游城市改变了最初的简单利用旧有资源的模式，进行了旅游资源的整合，建立了以原有的海洋自然旅游资源的利用为主，将其及其周边其他海洋文化、娱乐等资源整合，同时辅以方便的交通设施，形成完整的规模经济的滨海旅游带的新发展模式。

例如，青岛市将传统意义上的主要旅游景点栈桥、鲁迅公园、第一、第二、第三海水浴场、八大关、崂山等串联上20世纪80年代利用传统资源周围地区新建的小鱼山公园、海军博物馆、海豚馆、石老人国家旅游度假区等旅游景点，辅以薛家岛省级旅游度假区、琅琊台省级旅游度假区和风景名胜区、大小珠山景区等青岛市区周边旅游资源，再加上旅游专线公交车形成了大规模的旅游区域，促使青岛滨海地区的各种旅游景点、景区连为一体，初步形成了青岛滨海，并进而向海、向陆两侧辐射，带动了整个青岛旅游业的发展。旅游内容既集中体现沿海风光，展现沿海魅力，又体现沿海文化特色，集观光旅游和休闲旅游为一体。

闽南三角地区也利用当地的约1600多公里的港湾式海岸，近1000公里沙质海

---

① 贾泓：《中国滨海旅游业的发展》，载《海洋开发与管理》，1993年第2期。

岸开辟海滨浴场，同时辅以神学文化[①]以及名人胜迹[②]建立滨海旅游区；连云港则利用它的滨海浴场、海滨公园和东西连岛以及闻名遐迩的神话小说《西游记》相关的名胜如花果山等形成了仙境与海景的呼应，也是20世纪80年代整合利用传统旅游资源的典型。

截至1990年，全国沿海省市自治区修缮开放了近400个滨海旅游景点，其中有国务院公布的16个国家级历史文化名城，[③] 25处国家重点风景名胜区，130处全国重点文物保护单位以及5处国家海岸带自然保护区，[④] 有众多的城市、地区渴望开发当地的旅游资源。

（二）滨海旅游自然资源与城市发展融合

到了20世纪90年代，滨海旅游业的发展有了更新颖的模式，开始体现与城市发展的融合，主要有两种：（1）现代化城市消费旅游与海洋资源结合的模式；（2）花园式城市休闲旅游与海洋资源结合的旅游模式。

上海是第一种模式的代表，过去上海并没有有特色的海洋自然资源，同时，缺乏对游客具有吸引力的旅游景点、景观，特别是世界知名的旅游景点、景观较少。

自20世纪90年代年代以来，上海利用在经济高速发展建设的机遇，开展了大规模的标志性城市新貌工程建设，与外滩的“万国建筑博览群”隔江相望的“东方明珠”电视塔等，南浦大桥、杨浦大桥、中国第一高楼金茂大厦以及大量国际知名公司、银行的中国总部大楼都成为吸引游客的重要景点。具有浓厚现代化气息的巍峨大厦和繁华的商业街与海洋风光相伴，使上海成为旅游热点，每年慕名而来的中外游客不计其数。

具有类似特点的还有深圳地区。深圳把海滨岸线作为城市的天际线，在平衡海水、陆域、山体和动植物生态关系的基础上，构建与整合城市环境、城市建筑、城市构筑物、城市公共空间和城市景观元素等形象要素，突出海滨特色，[⑤] 同时，通

---

① 彭一万在《发展闽南三角地区旅游业刍议》中提到：闽南曾是世界多种宗教交汇并存之地，佛教、道教、基督教、天主教、伊斯兰教、摩尼教、婆罗门教，都在这里留下不少胜迹。佛教大丛林有泉州开元寺，漳州南山寺，厦门南普陀寺；伊斯兰教寺宇有泉州清净寺，厦门清真寺，泉州灵山圣墓是伊斯兰教创始人穆罕默德四大门徒中的两人的墓葬。晋江草庵摩尼教遗址，是全国独一无二的。泉州北门羽仙岩老君造像是全国罕见的宋代道教石刻佳作。

② 如宋代的苏颂，明代的李贽，明末清初的黄道周、郑成功、清代的陈化成、邓廷桢以及近代的李叔同、鲁迅、陈嘉庚等。

③ 包括秦皇岛山海关、天津、青岛、扬州、上海、宁波、临海、福州、泉州、漳州、潮州、广州、雷州、琼山等。

④ 贾泓：《中国滨海旅游业的发展》，载《海洋开发与管理》，1993年第2期。

⑤ 董观志：《海滨城市旅游发展模式与对策》，载《社会科学家》，2005年3月第2期，总第112期。

过共享深港海滨旅游资源，发展具有深圳特色的旅游业。

建设滨海花园城市这个模式，大连是在中国的首创者。20 世纪 90 年代中期，大连城市建设者提出了“花园式城市”的概念，并有“不求最大，但求最佳”、“绿起来、亮起来、洋起来”等形象的说法，建设了星罗棋布的广场和街心花园，其中最著名的是垃圾场上崛起的星海广场和坟墩头上建起的森林动物园，大连的绿化更是闻名全国，数百家工厂，数十万居民大动迁，腾出来地方搞绿化，于是有人戏言：“大连的草种比粮贵”。另外，通过修造滨海大道，将城市美景串联起来，形成了一个休闲旅游观光的好地方。它是和前一种模式相对的，不是把旅游定义在看沿海现代化的城市大都会的繁华与喧嚣，而是取其反者，针对在大都会中厌倦了喧嚣与紧张，以一种放松、悠闲、恬淡的心态欣赏城市广场与花园的美，感受海滨的轻松、愉悦。这种模式的发展也正是前一模式的颠覆性前进，是经济发展以后人们旅游心态的一种变化的体现。

这一模式出现不久，受到大量城市的效仿，比如青岛在东部沿海兴建了五四广场、音乐广场等，同时修建了滨海栈道，栈道一侧是绿地、一侧是海洋，将青岛的沿海旅游景点一一串起。烟台、蓬莱也修建了滨海大道，日照、威海更是要建成花园城市，就连上海等城市也转变了过去依靠现代化城市作招牌的模式，而新建了黄浦江观光台，[①] 并对外滩在 20 世纪 90 年代完成了防汛墙外移和交通综合改造的基础上进行了大规模的绿化，同时，添加了大量城市绿地。

这种滨海现代化城市旅游的模式下，一批与城市发展文化相关的旅游节庆活动、文化节庆活动、商贸节庆活动、体育赛事活动等被开发出来。比如，青岛市的海洋文化节、国际啤酒节，大连的国际服装周等。

（三）地区滨海旅游资源再整合与细分

由于大批的城市加强了城市绿化美化、积极建造广场，使得滨海城市普遍没有旅游特色，都是美丽的花园、湛蓝的天空、清新的空气、蔚蓝的大海，相互间竞争激烈。这时，整个滨海旅游又回到了起始的旅游资源与旅游项目的整合上来，但这种整合已经不是旅游地本身的整合发展，而是形成滨海旅游区，同时，通过整合也突出了它们的主要旅游特色，细分了滨海旅游市场。中国最主要的滨海旅游区是：

---

① 它建于黄浦公园至新开河的黄浦江边，观光台临江有 32 个半圆形花饰铁栏的观景阳台，64 盏亭柱式方灯。观光台上还有 21 个碗形花坛，柱形方亭和六角亭，供游人休息的造型各异的人造大理石椅子；观光台西侧，有四季常青的绿化带，成了观光台绿色的栏墙，既保证了游人的安全，又使游人赏心悦目。

（1）环渤海地区滨海旅游区。环渤海滨海旅游带以大连、天津、青岛、秦皇岛、烟台五个主要口岸城市为中心，其中以天津、大连和青岛三个旅游区为重点，分别辐射丹东、锦州、北戴河、日照市、烟台、威海、秦皇岛等城市。这里的海洋旅游资源极为丰富，有丹东的大狐山古建筑群，大连的星海广场和老虎滩，旅顺甲午海战旧址，金州的金石滩，营口的西炮台，秦皇岛的山海关，北戴河的滨海疗养地，蓬莱的蓬莱阁和海市蜃楼，青岛的滨海风光、崂山道教圣地等自然景观和人文景观。除了自然景观和人文景观，这里还是花园城市的集中区域，各个大中小城市几乎都有让人惊叹的城市花园广场和滨海大道。

这里由于距离日本、韩国较近，隔海相望，也是日、韩旅客的主要旅游目的地。

（2）闽江三角地区滨海旅游区。闽江三角地区滨海旅游带以福州、厦门为中心，分布着宁德、泉州、漳州、晋江等，拥有众多的名胜古迹和旅游景点，包括如福州的三山（屏山、于山、乌山）、两塔（白塔、乌塔）和厦门的鼓浪屿等，是我国东南沿海的重要名胜古迹旅游区，而且与台湾一衣带水。这一区域主要的旅游看点是在闽越文化方面。

这里不仅是著名的侨乡，福建籍的华侨遍布东南亚各地，在香港、澳门也有许多旅居同胞，回乡探亲旅游趋热，随着海峡两岸交流的越来越密切，台胞回乡探亲和追根寻源者也日益增多。

（3）长江三角洲滨海旅游区。长江三角洲滨海旅游区以上海为中心，辐射杭州、绍兴、连云港、南通、温州、宁波、舟山等，这里旅游景点、名胜古迹众多，不说上海国际大都会众多的旅游景点，就说苏州的园林、杭州的西湖、连云港的花果山等等就让人流连忘返。另外，该区也是商业文化旅游区是旅游购物、展销博览和娱乐休闲的好地方，近几年还开发了休闲海钓等新项目。

（4）珠江三角洲滨海旅游区。珠江三角洲滨海旅游区以广州、深圳、珠海为中心，辐射汕头、湛江、中山、北海等。该区沿岸有许多名川大山，名胜古迹。除此之外，这里气候宜人、四季如春，较其他区域有更长的时间发挥滨海优势，而不会出现特别强的季节性旅游特点，适宜避寒度假旅游娱乐活动。

这里接近中国香港和澳门地区，与东南亚和大洋洲相距不远，有着有利的区位条件，一方面可以利用港澳和东南亚的旅游资源、相互促进，另一方面可以吸引更多的港澳游客，同时可以面向大洋州的国际游客，作为度假胜地。

（5）海南岛旅游区。海南岛旅游区主要指的是海南岛及其周围岛屿地区，它与美国的夏威夷处于同一纬度，处于我国热带气候区，是一块保持着热带自然风貌

的处女地，旅游资源有各种天然热带动植物、珊瑚礁海岸、古代火山遗迹、温泉、三亚天涯海角，是冬季避寒的理想场所。此外，海南岛也是我国少数民族集中居住地，各民族的风土人情也是重要的旅游资源。

实际上，以上五个滨海旅游区早在20世纪90年代中期就隐隐成型，但真正连接起这些城市使之成为旅游区的是城市旅游项目的雷同与竞争加剧以及城市间交通的发达和由经济增长带来的休闲生活旅游的兴起。

二、滨海国际旅游收入分析

滨海国际旅游的收入从20世纪80年代中期以来一直增长较快，从1984年的130708万元（按当年汇率计算56928.5万美元）到2005年的11638898.43万元（按当年汇率计算1420816万美元），年平均增长率为22.6%（按美元计为15.7%）。

滨海国际旅游收入的增长可能源于两个因素，一个是汇率波动，汇率自1984年的2.296元到1994年的8.46元，之后到2005年汇改以前都是在8.27元左右变动，另一个是改革开放程度。

（一）汇率变动对滨海国际旅游收入的影响

通过图12－1可以看出，在1994年汇率稳定以前，汇率变动与滨海国际旅游收入有较明显相关关系，而之后汇率几乎不变，对影响明显减小。通过Chow检验也证明了这一关系。

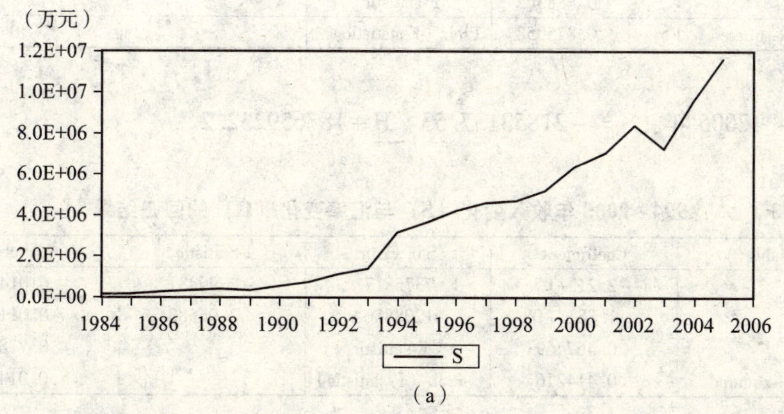

（a）

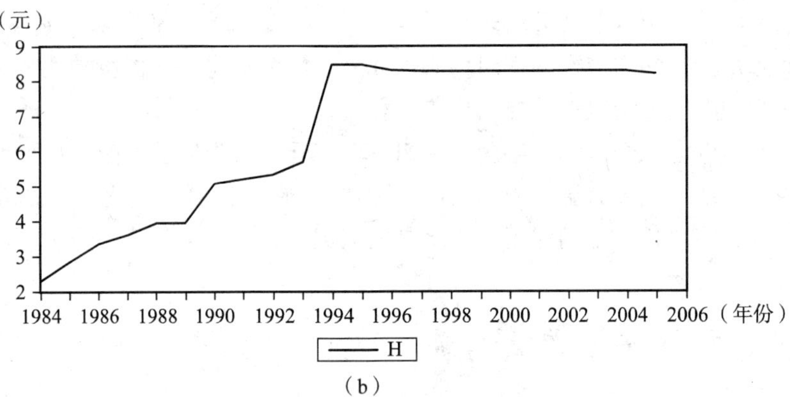

（b）

图 12－1　1984～2005 年收入变化（S）与汇率变化（H）

表 12－1　汇率变动与滨海国际旅游收入 1984～2005 年的 Chow 检验

Chow Breakpoint Test：1994			
F-statistic	11.47396	Probability	0.000613
Log likelihood ratio	18.08244	Probability	0.000118

按 1984～1994 年和 1994～2005 年数据分别计算得：

1984～1994 年：S＝487344.5875×H－1428360.022

表 12－2　1984～1994 年收入变化（S）与汇率变化（H）的回归结果

Variable	Coefficient	Std. Error	t-Statistic	Prob.
H	487344.6	57587.24	8.462719	0
C	－1428360	276838.7	－5.15954	0.0006
R-squared	0.888362	F-statistic		8.778239
Adjusted R-squared	0.875958	Prob（F-statistic）		0.01422

1994～2005 年：S＝－21853137.53×H＋187659232.2

表 12－3　1994～2005 年收入变化（S）与汇率变化（H）的回归结果

Variable	Coefficient	Std. Error	t-Statistic	Prob.
H	－2.2E＋07	7375817	－2.96281	0.01422
C	1.88E＋08	61208856	3.065884	0.011924
R-squared	0.467469	F-statistic		8.778239
Adjusted R-squared	0.414216	Prob（F-statistic）		0.01422

通过调整的 R-squared 统计以及相关性分析可知，1984～1994 年汇率对于滨海国际旅游收入有87%以上的解释力，并且为正相关影响，而在 1994～2005 年则下降到41%的解释力，且为负相关影响。这说明在 1994 年以前，我国人民币的大幅贬值确实是刺激了外国旅游者来中国旅游消费，而之后，汇率基本保持稳定，这时其对国际旅游收入的影响大幅降低。

（二）改革开放程度对滨海国际旅游收入的影响

改革开放程度指改革开放让更多的外国人或者海外华人、华侨到国内旅游，这里用到滨海城市的外籍旅游者人数代替。通过对滨海国际旅游收入 S、汇率 H 以及外籍旅游者人数 R 从 1994～2005 年数据的回归分析发现：$S = c(1) + c(2)^* R + c(3)^* H$

表 12－4　　1994～2005 年收入变化（S）与汇率变化（H）和外籍旅游者人数（R）的回归结果

Variable	Coefficient	Std. Error	t-Statistic	Prob.
R	0. 382598	0. 009114	41. 98022	0
H	949109. 2	775987. 9	1. 223098	0. 2524
C	－7824139	6544795	－1. 19548	0. 2624
R-squared	0. 997294	F-statistic		1658. 631
Adjusted R-squared	0. 996693	Prob（F-statistic）		0

由于 t 统计量不能通过，汇率以及常数项不可用（见表 12－5），剔除后得到 $S = 0.3842275048^* R$。

表 12－5　　1994～2005 年收入变化（S）与汇率变化（H）不含系数 C 的回归结果

Variable	Coefficient	Std. Error	t-Statistic	Prob.
R	0. 384228	0. 002639	145. 6007	0
R-squared	0. 996111	Mean dependent var		6316980
Adjusted R-squared	0. 996111	S. D. dependent var		2587958

通过分析可知，这一模型的 R-squared 和 t 统计量都较好，这表明 1994 年以后外国旅游者来华旅游人数这一因素很好地解释了国际旅游收入的变化，也就是说，改革开放的程度导致的旅游人数的上涨是国际旅游收入增长的主要因素。

然而也应当同时看到这种增长主要是旅游人数上涨而不是消费质量增长造成的，反而，1994 年到2005 年 12 年间人均国际旅游消费量基本保持不变，平均为3880 元（按美元计 467.5 美元）。

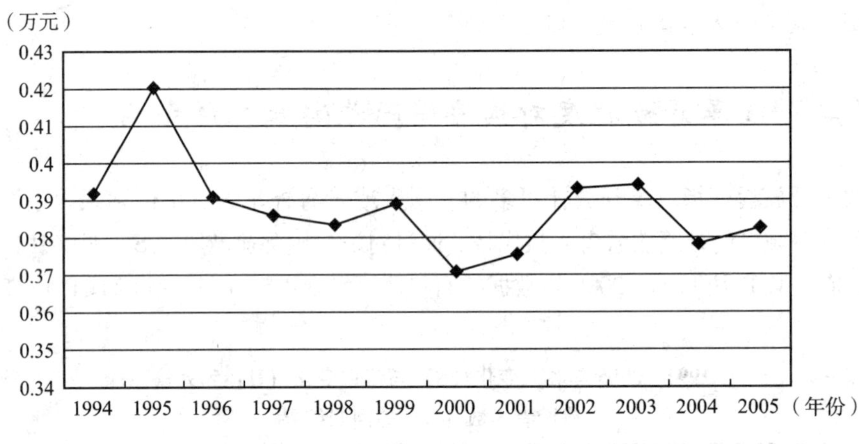

图 12－2　1994～2005 年人均国际旅游消费量

（三）综合分析

通过以上分析，我们可以得到两个结论：

其一，开放程度的提高，确实推动了中国滨海国际旅游的发展，增加了旅游收入，但这只是数量上的增加而非质量上的提高，今后滨海旅游应该苦练内功、提高国外旅游者的消费欲望。

其二，尽管汇率问题由于其保持稳定而在最近十几年对滨海国际旅游影响较小，但也应该看到，在汇率剧烈波动的时候，其对滨海国际旅游的影响不容忽视，故而，在人民币不断升值的今天，滨海旅游城市更要重视汇率对国际旅游者的消费带来的冲击。

第十三章　中国新兴海洋产业及其他资源产业演变

一、海洋化工业

海水中化学物质提取是有着无限前景的新兴产业，溶解于海水的3.5%的矿物质是自然界给人类的巨大财富。海洋化工业，作为我国的新兴海洋产业之一，指以海盐、溴素、钾、镁及海洋藻类等直接从海水中提取的物质作为原料进行的一次加工产品的生产，包括烧碱（氢氧化钠）、纯碱（碳酸氢钠）以及其他碱类的生产，还包括以制盐副产品为原料进行的氯化钾和硫酸钾的生产，或溴素加工产品以及碘等其他元素的加工产品的生产。

我国的海洋化工产业始于20世纪30年代，那时主要是海水制盐，天日滩田海水制盐是我国海水化学资源最早而唯一的产业。新中国成立后在相当长的时期内，我国仍然以制盐业为主，海盐的生产导致了近代氯碱工业的建立。这一工业构成了一系列重化工产品的核心，并进一步带动了现代化学工业的发展。20世纪30年代，人们开始研究直接从天然海水中提取有用的化学物质，到了50年代中期，海水提溴、提取镁化物的单项提取技术和技术改造工作，均已基本完成并用于生产阶段。需要指出的是，目前我国生产溴素的原料主要来源于山东省的地下卤水和晒盐苦卤水中，资源开发潜力很有限。在溴及溴系产品的生产上，我国在提取溴的技术方面做了大量的研究和试验，但在实际生产上，我国基本上还是采用国外的先进技术，但是即使我国使用同样的技术，溴系产品的产出率仍然低于国外水平。为满足我国每年3% ~5%增长率的需求，研究新一代高效节能海水提溴技术十分重要。从海水中提取的大量氯化镁，同样是技术含量低，在高新技术发展氯化镁附加值的深加工产品基本上空白。我国南方12省缺镁情况十分严重，而且前我国镁肥产品

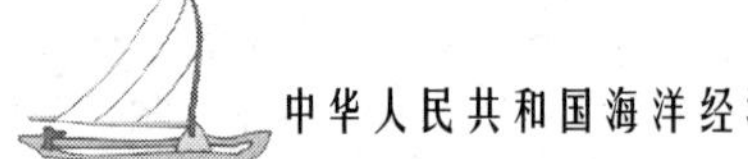

品种单一，年产量较少，无法满足农业的需要，因此开发海水、卤水制取系列镁肥技术对我国的粮食和经济作物的丰产将起到重要作用。20世纪60年代初期，从海洋中低浓物质和痕量元素的富集分离和提取的新技术新方法层出不穷，标志着近代海水化学产品开发的新开端。我国海水化学物质提取技术形成产业的规模小，品种少，目前具有一定规模的仅有溴、镁、钾、氯、钠、硫（酸盐）等几种物质，并且除了氯化钠是直接由海水得到外，其他元素的提取还仅限于地下卤水和苦卤的提取。对海水中其他化学物质的提取，尤其是稀有元素的提取，也尚处于试验阶段。

总体而言，我国海洋化工业发展迅速，如图13－1所示。2001～2006年，海洋化工业总产值逐年递增。国家海洋局的《2006年中国海洋经济统计公报》显示，2006年我国主要海洋产业总产值为18408亿元，其中海洋化工业所占比例为2.2%，全年实现工业总产值406亿元，增加值140亿元，比上年增长13.0%。其中天津市海洋化工业产值占全国海洋化工业产值的33.0%，居全国首位。2007年我国海洋化工业继续保持良好发展态势，同时由于受下游产业需求拉动，主要产品产销两旺，全年实现增加值209亿元，比上年增长16.3%。

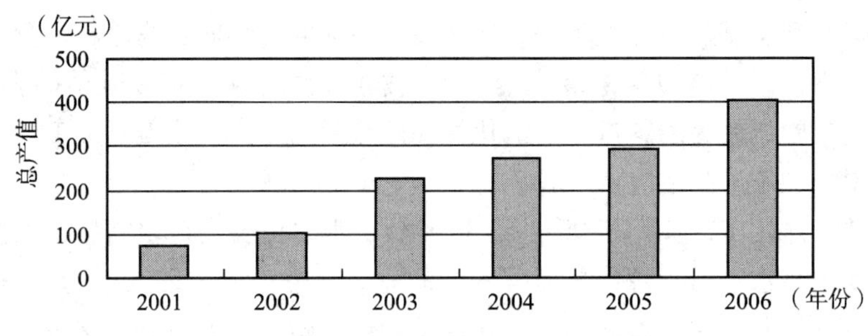

图13－1　2001～2006年海洋化工业总产值

海洋藻类化工业作为海洋化工业中另一重要组成部分，在国民经济中的作用也不容忽视。海藻化工是利用某些海藻吸收海水中特定元素的生物学特性，对海藻进行收集、加工处理，以获得需要化工产品的工业过程。我国目前已发现如海带等经济藻类达到50多种，并且利用其生产出碘、琼胶、甘露醇等10多个系列产品。微藻作为动物幼苗的饵料也具有重要的价值。此外，从微藻中提取次生代谢物如色素、多糖、维生素、脂肪酸的产业刚起步，具有远大前景，产值无法估量。目前已大量上市的商品微藻有螺旋藻、小球藻、盐藻、雨生红球藻等。从海藻中提取抗生素、抗肿瘤药物，利用海藻产生燃料也是海藻的主要用途之一。我国的海藻工业，

起步于20世纪60年代末，至今已形成了一个较完整的独立的工业部门，其中大型海藻的养殖和应用上一直处于世界领先地位。但是总体而论，我国的海藻工业基本上还是狭义的海藻工业，长期以碘、甘露醇和褐藻胶三种产品为主。近年来，虽然经过不断地开拓，有褐藻酸、琼胶、卡拉胶、铸造胶等新产品投入市场，但是还无法形成取代老产品的气候，难以承受国内外市场变化冲击。海藻化工业要开发更多用途和开拓市场，还应扩大原料和产品品种，提高质量，积极推进产业化。

潍坊市北部沿海的山东海化集团是目前我国最大的现代化海洋化工生产基地。海化集团的主要原料是海水、地下卤水和原盐。据勘测，该地区地下卤水净储量达到60亿立方米，氯化钠、氯化镁、溴素等储量丰富，并且含有钾、硼、锶等多种开发经济价值较高的矿产资源，发展海洋化工具有得天独厚的资源优势。由于发展海洋化工业容易造成环境污染，海化开发区运用生态经济原理，发展循环经济，首先实现了“一水五用”：用海水放养贝类、鱼虾等海产品；初级卤水放牧卤虫；中级卤水先送纯碱厂、硫酸钾厂供工艺冷却，吸收了化工肺热后的中级卤水再送到溴素厂吹溴；吹溴后的卤水全部送到盐场晒盐；晒盐后的老卤生产硫酸钾、氯化镁等产品，并在此基础上加大产品研发和投入力度，初步形成了一个以碱系列、溴系列、苦卤化工系列、精细化工系列为主的海洋化工产业发展链条，同时实现了废弃物的资源或和清洁生产。目前海化开发区已成为全国最大的海洋化工生产和出口基地，纯碱、溴素、溴化物、两钠、氯化钙等11种产品的生产规模和市场占有率均为全国第一，有30多种产品出口40多个国家和地区，年出口创汇达4600万美元。1999年2月11日，由山东海化集团与以色列死海溴集团合作的中国最大的溴化物合资项目——潍坊中以溴化物合资项目合同签字。该项目将充分利用山东海化集团在中国的溴素资源优势和以色列死海溴集团在国际上的技术和市场营销能力，建设一座中国最大的、具有世界先进水平的溴化物生产基地。该项目建成后，不仅将使海化集团溴化物的生产技术水平迅速赶超世界先进水平，促进结构优化升级，提高国际市场竞争能力，而且对整个中国海洋化工高新产业以及其他相关产业的发展，都将是一个有力的带动。

开展海水资源化学的科学研究，大力发展海洋化工，充分开发、利用海水中丰富多彩的化学物质和与之相关的能源，对解决人类社会发展中面临的能源等问题，具有极为重要的现实意义和战略意义。

二、海洋生物制药和保健品

人类为寻求治疗对人类健康造成极大威胁的多种疑难杂症的药物进行着不懈地努力，然而陆地药物资源日益枯竭和品质下降，以及化学药物具有明显毒副作用的问题，使人们开始转而向海洋寻求海洋药用生物资源。生长在海洋中的海洋生物，在其生长和代谢过程中，产生并积累了大量的天然产物，有些产物具有抗癌、抗菌、抗病毒等多种生物活性。对海洋生物医药的开发研究逐渐形成了海洋经济的一新兴产业——海洋生物医药业。海洋生物医药业，指从海洋生物中提取有效成分利用生物技术生产生物化学药品、保健品和基因工程药物的生产活动。包括：基因、细胞、酶、发酵工程药物、基因工程疫苗、新疫苗、菌苗；药用氨基酸、抗生素、维生素、微生态制剂药物；血液制品及代用品；诊断试剂；血型试剂、X 光检查造影剂、用于病人的诊断试剂；用动物肝脏制成的生活药品等。

1967 年，美国率先提出“向海洋要药物”的口号，随后，美国、日本及一些欧美发达国家投入了大量资金，对海洋生物活性成分等方面进行研究，其中，美国人在研究的 400 余种还有天然产物中发现有 100 余种具有各种生物、药理活性，但至今作为药物开发的不足 1%。中国是世界上最早研究和利用还有天然有机药物资源的国家之一。在我国，将海洋生物作药用具有悠久的历史，早在《诗经》中就有鲨、鲔可食用及入药的记载，公元前 3 世纪的《黄帝内经》中也有以乌贼骨作丸、饮鲍鱼治血枯的记载，战国时期的《山海经》、东汉的《神农本草经》、唐代的《本草拾遗》、明代李时珍的《本草纲目》和清代的《本草纲目拾遗》也都有用海藻治疗疾病的记载，流传于民间的海洋药物方剂更是数以千计。但系统、科学地对海洋药物进行深入研究，将开发海洋天然产物作为一个重要研究领域则是在 20 世纪 70 年代后。

目前，我国在海洋天然有机物资源的研究开发中，取得了一系列的重大科技成果。目前已发现的海洋生物活性物质主要有抗生素类、大环内酯类、萜类、生物碱、聚醚类、脂类、多糖类及蛋白质和肽类八大类。对于海洋生物医药开发的主要目标是严重危害人类生命健康的心脑血管疾病、肿瘤、艾滋病及一些疑难杂症的防治药物，以及有利于延年益寿的保健药物。在基础研究方面，我国已发现并分离、提取、测定其结构的海洋天然有机活性物质达 100 多种；在应用开发上，研制投产

的药物已有10余种。其中已开发的"准"字号海洋药物有5种。这5种海洋药物分别是藻酸双酯钠、甘糖脂、海豚毒素、多烯康、烟酸甘露醇酯，到2000年已获得2~3个国家一类新药。另外还有10种获得健字号的海洋保健食品。随着人们生活水平的提高，对医疗保健品需求的增加对海洋生物医药提出了新需求，海洋生物的药用开发进入了新阶段。目前我国已经研制开发了一大批海洋药用保健品，如厦门海洋科技开发有限公司研制开发的"海洋宝"天然医药系列产品，对中老年人具有延年益寿的功效，对青少年的生长发育具有营养保健和辅助食疗的功能。

随着海洋生物制药技术的日益提高，我国海洋生物制药和保健品行业在不断发展的过程中，海洋生物医药逐渐向产业化发展，如图13-2所示。2006年，我国海洋生物医药产业成长较快，海洋生物医药业总产值94亿元，占2006年全国主要海洋产业总产值的0.5%，增加值26亿元，比上年增长15.5%。其中浙江省海洋生物医药业产值占全国海洋生物医药业产值的38.3%，居全国首位。而2007年，海洋生物医药业不断加强新药研制与成果转化，产业化进程逐步加快。全年实现增加值40亿元，比上年增长37.7%。其中山东省海洋生物医药业增加值占全国海洋生物医药业增加值46.3%，居全国首位。

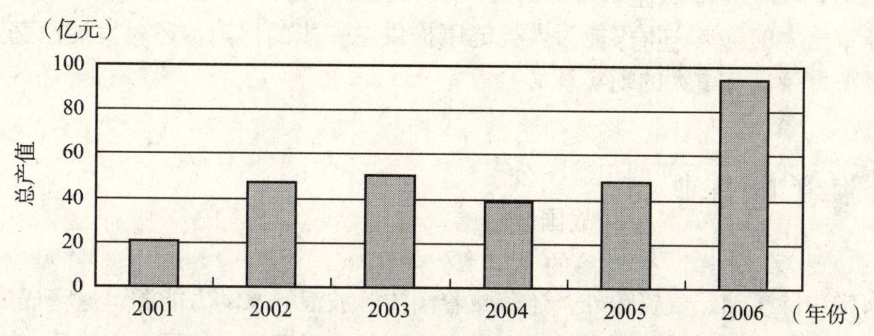

图13-2　2001~2006年海洋生物医药业总产值

随着海洋生物医药研究的发展，我国海洋生物制药业已形成了一定的技术储备。目前我国天然药物研究机构已有数十个，其中建立于1982年的山东省海洋药物科学研究所是我国第一个从事海洋药物研究的专业科研机构。中国海洋大学、中山大学、中科院海洋研究所、中科院植物所、北京大学、南京药科大学中药学院、沈阳药科大学动物药化学室和生药室等也纷纷建立了海洋药物研究开发基地。为了建立和培育海洋药物科技人才的基地，青岛海洋大学（今中国海洋大学）于1993

年增设了全国唯一的海洋药物专业，重点研究严重危害人类生命健康的心脑血管疾病、肿瘤、艾滋病及一些疑难杂症的防治药物。为适应海洋药物开发产业化，我国还建立了一批与海洋药物开发相配套的企业，使得我国海洋生物医药产业化进行得以加快。据不完全统计，全国海洋药物生产企业已有 40 多家，年创产值约 10 亿多元，主要分布在青岛、大连、上海、广州等沿海城市。

对海洋药物的开发，还必须解决药源生物资源、生物活性物质筛选、改造和生产、提高活性、明确功效、降低毒副作用等问题，而海洋生物技术的应用是解决这些问题的关键。在未来 10 余年间，海洋生物技术在海洋活性物质的开发，尤其是海洋药物的研制和生产，主要技术仍然是基因工程、蛋白质工程、细胞工程、发酵工程、酶（生化）工程、生物反应器技术，以及计算机辅助药物设计等。随着我国高效筛选技术、计算机辅助药物设计以及组合化学等技术的研究启动，运用现代高新技术开发海洋新药，振兴医药产业，是现实有效的途径。

海洋药物和保健品工业是海洋新兴产业，目前还十分弱小，并且面临海洋生物活性物质提取等基础研究薄弱、海洋药物开发投入不足、创新能力弱，产品种类少的问题，但这一新兴产业具有广阔发展前景，政府应当采取扶植政策，促进其扩张和发展壮大。可采取国家投资、财政援助、税收减免、资金支持、优惠贷款、放宽国内限制、政府采购等手段鼓励海洋生物医药业的发展。海洋药物的研究和开发将具有非常重大的意义，不仅能为人类健康提供进一步的保障，还对发展医药工业，促进经济繁荣具有重大的现实意义。

三、海洋电力业

海洋中除了油、气资源外，还蕴藏着潮汐、波浪等水动力能源，这将成为人类未来的主要能源。海洋能源通常指海洋中特有的依附于海水的可再生能源，它具有蕴藏量大、环境污染轻、不占用土地等众多优点。海洋能按照储存性质可分为海洋机械能（潮汐能、波浪能、海流能），海洋热能（通常表现为海水温差能）和海洋化学能。海洋能源的开发利用主要是应用于海洋电力业。海洋电力业，指利用海洋能进行的电力生产。包括利用海洋中的潮汐能、波浪能、热能、海流能、盐差、风能等天然能源进行的电力生产，还包括沿海地区利用海水冷却发电的核能、火力企业的电力生产活动。

（一）潮汐能发电

潮汐能使海洋能源中的“富矿”，它是海水受月球和太阳对地球产生的引潮力作用而周期性涨落所储存的势能。因受地形因素的影响，有些海岸线潮差较大，又有河口、半封闭的海湾聚集能量，非常适合开发。潮汐发电的原理是利用潮流的波力，使水轮旋转而发电，由此将海水涨、落潮的能量转变为电能。利用潮汐能发电是海洋能利用中发展最早、规模最大和技术最成熟的一种。

我国可开发的潮汐能丰富，装机容量在 200 千瓦以上可建设潮汐能坝址的有 424 处，年发电量约 619 亿度。我国自 20 世纪 50 年代中期起对潮汐能进行开发研究，并在 1958 年和 70 年代形成了两次开发高潮。其中，1958 年，我国提出初步试点项目，在全国建立了 40 多座小型潮汐发电站，装机容量 583 千瓦。但因自然条件以及技术因素等问题，最后仅剩浙江沙山电站。70 年代，我国共建起潮汐电站 10 座，也由于技术等原因，现在大多数已停止运行。到了 80 年代，潮汐能的利用才得以稳步发展，1980 年浙江省的江厦潮汐电站第一台机组开始发电，容量 500 千瓦，电站的总规模为 3200 千瓦，是我国目前规模最大潮汐电站，居世界第三位，其开发技术代表了我国目前水平。目前，我国共有 8 座潮汐电站运行发电，总装机容量 6120 千瓦，并且经过 40 年的发展，我国小型潮汐电能的建设和开发技术已基本成熟。浙江省海山潮汐电站，由于各项指标先进，1995 年曾荣获联合国科技发明创新奖，并向全球 110 多个国家推广。

（二）波浪能发电

波浪能是波动自水面伸至无波动水深处，在一个波长范围内的功能和势能的总和，波浪能的大小主要取决波高和波的周期。波浪能发电是利用海面波浪的垂直运动、水平运动和海浪中水的压力变化产生的能量发电，它利用波浪的推动力，使波浪能转化为推动空气流动的压力来推动空气涡轮机叶片旋转而带动发电机发电。波浪发电设计方案最多，但是因为波浪能源分散，本身破坏力大，开发技术到现在为止还不成熟。

我国拥有 2 万多公里长的海岸线，蕴藏大量的波浪动力资源，每年平均浪高 2 米，波长 1 米的时间可达 6000 小时左右。据估计，波浪能可达 1.7 亿千瓦。我国对波浪能的研究始于 20 世纪 70 年代，在 1975 年曾研制成一台 1 千瓦的波力发电浮标。到了80年代，我国成功研制航标灯用波能发电装置，并根据不同航标灯的要求，开发了一系列产品。1989年，我国第一座波力电站在南海大万山岛建成，装机容量3千瓦。1995年底，又在大万山岛建成一座装机容量20千瓦的试验电站、一座5千瓦的后湾管型漂浮式波能发电装置进行海上试验，并在青岛小麦岛建成一座8千瓦的摆式波能发电站。2000年，我国首座岸式波力发电工业示范电站广东汕尾100千瓦岸式波力发电站建成，标志着我国海洋波力发电技术已达到实用化水平和推广应用条件。

（三）海流潮流能发电

海流是海洋中的一部分海水体以相对稳定的速度，沿着一定方向和固定路线大规模不停的流动。海流能就是海流中蕴藏的能量。海流流量极大而且流量四季稳定，适宜发电。海流发电的原理是先将海洋潮流运动中的能量转换成机械能，在转换成电能。由于海流能的开发利用受地域和多种条件限制，我国目前尚未展开海流能发电。

潮流是在日、月等天体的引潮力作用下产生的海水周期性水平运动。海水发生波动，海面离开原来的平衡位置时，由于重力场的作用，具有一定的位能，又由于水质点的运动，所以又具有动能。位能和动能的总和即为潮流的能量。

我国的潮流能有可开发92个水道，装机容量约0.18亿千瓦，年发电量约270亿千瓦小时。我国于20世纪70年代开始研究潮流能发电技术。1978年，在浙江舟山海区的水道上曾对8千瓦潮流发电机进行了原理性试验。随后，我国又研究建成一座装机10千瓦的潮流试验电站。我国对于潮流能目前仅处于开发前期的研究和小型机组试验阶段。

（四）温差能发电

海水温差能又称为海洋热能，是最稳定的海洋能，是由于海水表层于底层之间温度差异所产生的热能。海洋是太阳辐射热能的巨大收集器和存储器。在热带和亚热带海域，终年可形成20℃以上的垂直海水温差，这种温差蕴藏着巨大的能量，可利用其实现热力循环发电。温差能发电的原理是用表层海水加热如氨这类沸点很低的液体，产生蒸汽驱动涡轮发电机进行发电，并通过低温海水冷却氨还原为液态。由于冷凝出来的水是淡水，所以这种利用温差能发电的装置有可以用作淡化

设备。

我国曾于1986年建立了一套开式海洋热能转换实验室装置，开展了“雾滴提升循环”和“开式海洋热能转换循环”两项研究。我国台湾地区也选择了台湾岛北部的“和平”站址建设海水热能电站，装机容量4万千瓦。

（五）海水盐差能发电

海水盐差能是由于淡水和海水汇合界面间的盐度差而形成的化学能主要存在于河海交接处，淡水丰富地区的盐湖和地下盐矿也可以利用盐差能。我国盐差能资源丰富，然而由于地理分布不均和资源量有明显季节变化和年际变化以及部分地区存在冰封期的特点，我国对于海水盐差能发电研究尚处于基础研究阶段，1985年西安曾研制成功一套小型卤差能发电试验装置。

（六）海上风能发电

风能发电是目前世界发电业的发展趋势之一，它是指在沿海及其岛屿利用风能来开发电力的活动。我国目前海洋风能发电技术日益成熟，几千千瓦的风力发电机群可投入运行，并进入商业化发展阶段。由于风力资源和气候关系密切，因此我国风能资源丰富和较丰富的地区主要分布在三北地区、沿海及其岛屿，特别是东南沿海。我国东南沿海的海岸向内陆丘陵连绵，风能丰富地区在海岸50千米内，都是我国风能资源最佳地区。沿海每年夏秋季节受到热带气旋影响进而引起台风登陆，是利用风力发电的机会。我国目前拥有位于台湾海峡喇叭口西南端的广东南澳岛风力发电场、东岗风力发电场、大连横山风电场、福建平潭风电场、浙江苍南风电场、位于舟山群岛的嵊泗风电场、海南省的东方风电场、山东荣成地区的龙须岛成山头马兰湾风电场和山东长岛风电场。在2007年11月，由中海油投资、设计、建造安装的我国首座海上风力发电站正式投入运营。

我国海洋电力业作为我国海洋新兴产业，在近几年发展迅速。2005年我国海洋电力业生产逐步形成规模，呈现良好的发展态势，全年总产值首次突破1000亿元，达到1090亿元。其中海洋电力生产以广东省和浙江省规模最大，两省合计超过全国海洋电力业产值的90%。2006年，我国海洋电力业总产值1150亿元，占2006年全国主要海洋产业总产值的6.2%。2007年，在国家可再生能源政策支持和引导下，我国海上风电项目相继投入运营，海洋电力业取得新的进展。海洋电力业全年实现增加值 5 亿元，比上年增长 17.0%。其中，广东省海洋电力业增加值占全国海洋电力业增加值的 24.9%，位居全国首位。由于设备投入较高，其增加值不高，但呈现出明显上升势头。

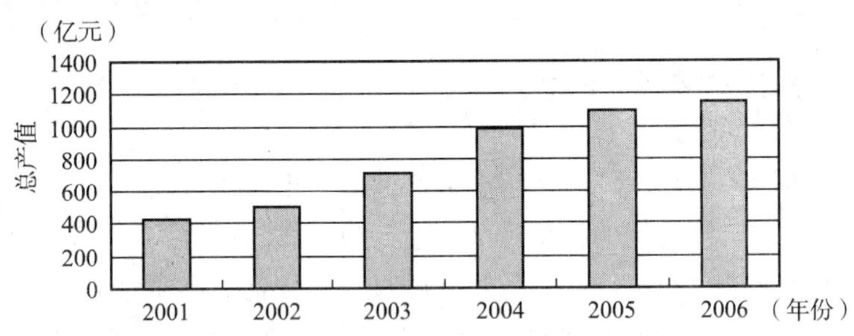

图 13－3　2001～2006 年海洋电力业总产值

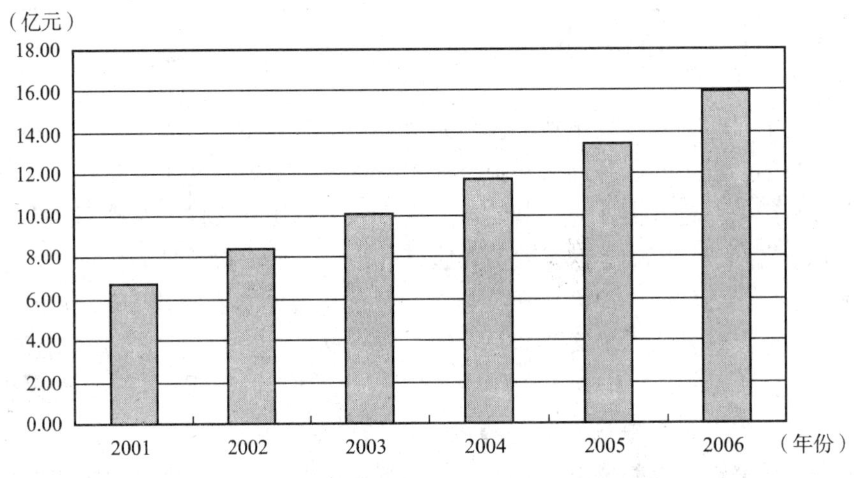

图 13－4　2001～2006 年海洋电力业增加值

我国海洋能开发技术的发展方向是：首先，重点发展海洋温差发电、波浪发电技术，提高发电的功率，是指向实际应用阶段发展。其次，大力推进海洋能的综合开发利用，使其综合化、大型化，如潮汐发电站的建设与海水养殖业和旅游业相结合，还有温差发电站的建设与海水淡化工程相结合等。

四、海水利用业

海水利用业指利用海水进行淡水生产和将海水应用于工业生产和城市用水。包括利用海水进行淡水生产和将海水应用于工业冷却用水和城市生活用水、消防用水。

我国水资源总量排在世界第 6 位，人均占有量更低，约为世界人均的 1/4，在世界银行连续统计的 153 个国家中居第 88 位，是世界上 21 个严重缺水国之一。我国采取了很多措施来缓解我国水资源危机，如大型跨流域调水工程——南水北调工程就是为了解决北方严重的水资源短缺问题，加大宣传提高公民的节水意识，推广使用节水设备防止漏水，加大废水处理力度等，这些措施的实施对缓解我国水资源供需矛盾起到了积极作用。但是，社会经济发展、人们生活水平的提高、城市化和人口的增加导致整个社会对水资源的需求只会不断增加，各地区已开始出现水资源的普遍短缺，[①] 靠调水、蓄水等传统做法只能起到治标不治本的作用。

大力发展海水淡化和海水直接利用无疑对解决我国水资源危机具有长远的战略意义。首先，我国东部沿海地区既是我国的经济发达地区，又是非常缺水的地区，几乎所有沿海城市都非常缺水，水资源供需矛盾的突出一定程度上影响了东部地区的经济和社会发展。从北方的大连、天津、青岛一直到南方的上海、宁波、厦门，人均淡水拥有量不到 200 立方米，距离联合国所颁布的每个人每年 3000 立方米的水标准相差甚远。我们传统的解决方法就是从内陆地区向沿海地区调水，这样既耗费财力，又得不偿失。内陆地区很多地方也缺水，这样是拆东墙补西墙。如果实现海水淡化和海水的直接利用，既节省了调水所花费的财力，又节省了内陆并不丰富的淡水资源，相当于增加了淡水资源，使内陆地区水资源供需矛盾得到缓解。随着海水利用技术的不断发展，海水淡化和海水直接利用必将成为解决沿海地区水资源

---

① 近年来我国的水资源危机也愈发地严重，黄河几乎每年都会出现断流，成为名副其实的季节河；长江也在不断地被污染，其他各大江河污染的污染，枯竭的枯竭。据统计，在我国 600 多个城市中，有 400 多个存在供水不足，其中 110 个严重缺水，全国城市正常年份缺水总量达 60 亿立方米。农业用水短缺更为严重，仅甘肃一省就有近 300 万亩农田得不到有效灌溉。每年全国因缺水损失的工业总产值达 2000 亿元，农业损失 1500 亿元，成为地区经济发展的瓶颈。水利部《21 世纪中国水供求》指出，到 2010 年我国工业、农业、生活及生态环境用水总需求量在中等干旱年分为 6988 亿立方米，供水总量 6670 亿立方米，供需缺口达 318 亿立方米，我国即将进入严重的缺水期。据有关专家估计，到 2030 年我国缺水量将达到 600 亿立方米（林珍铭，韩增林，2003）。

供需矛盾的根本途径。其次，我国沿海地区具有发展海水淡化和海水直接利用的天然条件。海水可以说取之不尽，用之不竭。在海水淡化方面，随着各种海水淡化技术的发展，我国海水淡化初步具备了产业化的发展条件。截至2006年底，中国日淡化海水能力接近15万吨，比2005年翻一番。在海水直接利用方面，工业上可利用海水除尘、做溶剂、做还原剂、洗涤净化、试漏、冷却等，生活上使用海水冲厕、洗涤、冲洗地面及作为消防用水等。

我国在1958年就开始对电渗析等海水淡化技术进行研究，起步较晚，[①] 但发展较快。由于电渗析法投资相对节省，见效快，维修方便，可连续除盐，我国最先于20世纪60年代（1965年）研制成功电渗析器；而蒸馏法能耗很大，成本过高，适用于大型或者特大型的海水淡化工程，不适合小型化，直到1974年我国才建成日产百立方米淡水的多级闪蒸[②]设备；70年代初开始着重研究反渗透法，并研制成功小型反渗透器，此法流程是用薄膜在压力的推动下脱盐，虽然存在着膜的寿命较短、易堵塞和不易清洗等缺点，但相对于其他技术，其具有能耗较低、投资少、建设周期短、操作简单、运行稳定及运行费用较低等优点，再加上可适用于大、中、小各种规模的淡化工程，使其在全球海水淡化市场占据主导地位，成为海水淡化的主要方法。经过近50年的发展，在电渗析、蒸馏法和反渗透法等海水淡化技术上已经取得了长足的进步。比较典型的海水淡化工程有：西沙永兴岛于1981年建成日产200立方米的电渗析淡化站并于1990年扩建为日产600吨。浙江嵊山镇在1997年建成日产500吨的反渗透海水淡化站。大连长海县在2000年建成日产1000吨的海水淡化站。国家发改委高技术产业化项目“山东荣成日产10000吨级反渗透海水淡化示范工程”采用最先进的反渗透膜技术，其一期工程已经于2003年建成投产等。

我国的海水淡化技术在很多方面已接近和达到先进水平，海水淡化的运营成本也在随着技术进步不断下降，已经具备了产业化的基础。但是，我国的海水淡化产业作为新兴的朝阳产业却进展缓慢。这是由多种原因造成的：目前我国海水淡化水项目仍以国家小范工程为主，基础科研、设备研发不足，配套设备的国产化率不高，没有形成产业链条，导致设备成本偏高；我国水资源管理部门职能分散，各管一域，各自为政，而且没有海水利用的主管部门，缺乏政

---

① 1593年就提出使用蒸馏法生产淡水，以解决远航船只的用水问题。1872年在智利建成的太阳能蒸馏器，连续使用了多年（叶耀先，顾芳，1996）。

② 多级闪蒸技术为1957年英国（R. S. Silver）教授发明，其原理是将海水加热到一定温度后引至压力较低的闪蒸室骤然蒸发，依次再进入压力更低的闪蒸室骤然蒸发，产生的蒸气在海水预热管外冷凝而得淡水（叶耀先，顾芳，1996）。

策扶持，无法形成合力以推动海水淡化产业的发展；公众的观念意识不够，“海洋意识”缺乏等都阻碍着海水利用产业的发展。我国只有上至政府下至公众都将海水利用事业重视起来，才有可能使海水利用产业成为我国21世纪真正的朝阳产业。

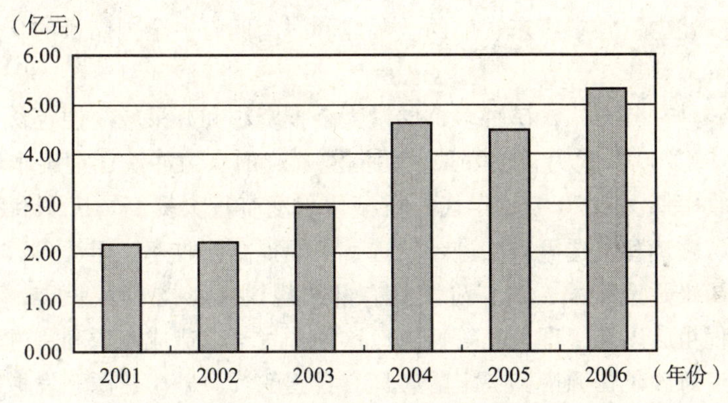

图 13－5　2001～2006 年海水利用业增加值

五、海洋矿业

随着世界工业化进程和社会经济的发展，人类对各种矿产资源需求大幅增加。由于矿产资源是非可再生资源，加上人们无节制的开发，陆地上的许多矿产资源正面临着枯竭的危险。人类转向海洋要矿产是无奈之举，但却是明智之举。海洋矿产资源极为丰富，包括金、银、铜、镍、钴、铁、锰等多种金属矿，以现在的技术水平就可以进行开发和利用。海洋矿产资源根据产地的不同又可分为滨海矿产资源、海底矿产资源和大洋矿产资源。

（一）滨海矿产资源

滨海矿产资源主要来源于陆地上的岩矿资源，后经陆上江河搬运及海浪、潮汐、海流和冰川的冲刷、分选等作用，并在滨海大陆架上聚集而形成的次生富集矿床，主要包括金红石、独居石、钛铁矿、铁砂矿、磷钇矿、沙金、煤等矿种。我国海岸陆架宽广，砂矿物质来源丰富，滨海砂矿资源种类较多，主要以共生矿和伴生

矿形式存在。我国沿海地区发现各类滨海砂矿达20余种，其中13种有工业开采价值，占已发现的滨海砂矿一半以上，主要包括金红石、独居石、钛铁矿、铬铁矿、磁铁矿、磷钇矿、沙金、金矿、锡石砂矿、金刚石、锆石等矿种。主要矿产地有91处，各类矿床140个，重要矿点160余处，砂矿探明储量约为16亿吨，金属砂矿约为0.25亿吨，仅占总量的1.6%，以钛铁矿和锆石两种矿产为主。我国砂矿在分布上南多北少，其中广东、广西、福建和海南四省占全国储量的9成以上，广东砂矿储量最多。

滨海砂矿具有分布广，矿种多，储量大，投资小和开采较简便等优点，发展较快，20世纪50～60年代为土法开采，用淘洗、流槽水力冲洗、螺旋水洗法及粒浮选方法，回收率低。在70～80年代，机械化程度有很大提高。广东和海南岛等地的矿山浮选、磁选和电选等方法进行精选，大幅提高回收率，但大多数中小企业技术仍然处于初级开发阶段，这一阶段具有开采规模小，技术水平低，生产能力不高、采矿过程粗放以及管理混乱等特点，这种开发不仅造成资源利用的低效率和浪费，而且使滨海砂矿资源遭到一定的破坏。我国的滨海砂矿资源开发取得了一定的成绩，但由于近年来国家对砂矿开采实行严格的管制，2006年海滨砂矿业总产值21亿元，增加值8亿元，比上年减少24.2%。2007年，国家正式实施禁止天然砂出口管理措施，海砂管理力度进一步加大，海洋矿业呈现出稳中趋降的趋势。全年实现增加值5亿元，比上年减少24.2%。①

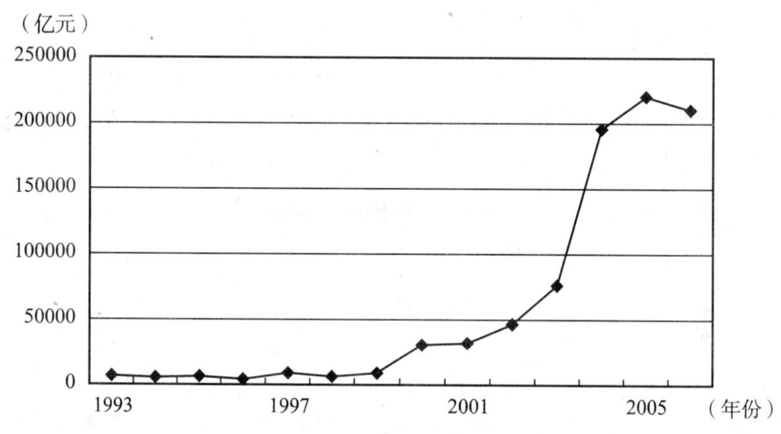

图13－6　1993～2006年滨海砂矿业产值

① 国家海洋局：《2007年中国海洋经济统计公报》，http：//www.cme.gov.cn/hyjj/gb/2007/index.Html。

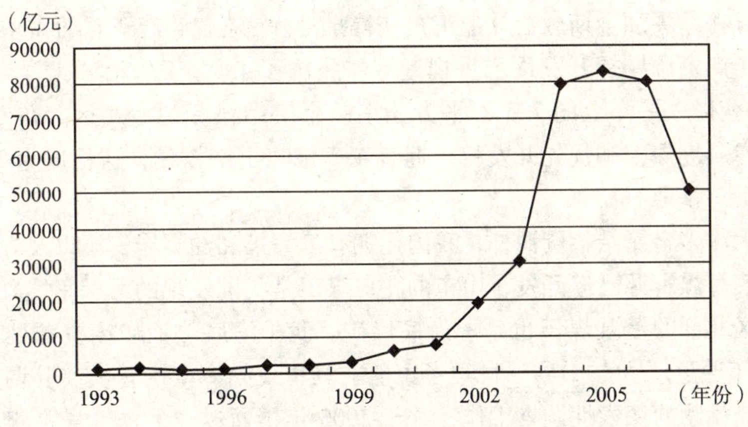

图 13－7 1993～2007 年滨海砂矿业增加值

要改变现状就必须加大资金投入进行技术研发，适时引进国外成熟的砂矿资源勘探开采技术和再创新，提高技术水平；促进砂矿开采企业的资源整合和发展壮大，使之初步具备产业化的基础；加强滨海砂矿资源的监管，明晰产权，避免政出多门，促进管理水平的提高。

（二）海底矿产和大洋矿产资源

海底矿产资源是指蕴藏在大陆架和部分陆坡上的矿产，主要包括海底油气矿产、海底煤矿、岩盐矿、硫矿、磷灰石矿等固体矿产。

大洋矿产资源主要分布于国际公海区域，包括多金属结核、富钴锰结壳、多金属硫化物等。多金属结核颜色为黑色或褐黑色，分布于水深 4000～6000 米海底，富含锰、钴、镍、铜、铁等 20 多种金属元素。据估计，多金属结核在世界海洋中的储量可达 30000 亿吨。富钴锰结壳颜色为黑褐色，分布于水深 800～4000 米海底，富含元素与多金属结核相近。多金属硫化物是分布于大洋中脊的海底热液矿床，富含有铜、铁、锌、锰以及贵金属金、银、钴、镍、铂等，比较易于开采和冶炼。

我国自 20 世纪 60 年代初期开始注意大洋多金属结核的潜在前景，70 年代末，开始对大洋矿产资源进行调查研究。80 年代更是在三次大洋综合考察中对多金属结核进行调查评估。我国在大量调查研究工作的基础上，于 1990 年 8 月 17 日向联合国国际管理局和国际海洋法庭筹委会正式提出先驱投资者资格申请，并于 1991

年3月5日在牙买加金斯敦会议上正式获得批准。① 随着矿产资源的需求加强，我国对大洋矿产资源勘探开发逐步重视起来。我国于1991年启动“大洋专项”，并于1999年获得太平洋上的7.5万平方公里的金属结核资源专属区。在专属区内，中国具有专属勘探权和优先开发权，拥有4.2亿吨干结核量，这将成为21世纪中国的战略资源基地。

除了大洋多金属结核资源外，我国还拥有滨海煤和油页岩资源以及海底热液矿床资源。滨海煤资源已经开发，山东的龙口煤田是我国发现的第一座滨海煤田，我国台湾地区北部的橙基煤田也是一海底煤矿。我国海底热液矿床资源处于调查初期，1998年通过“大洋1号”科学考察船在马里亚纳海槽的首次实验调查开始了海底热液硫化物的探索性调查工作，并于2005年再通过“大洋1号”组织完成针对海底热液硫化物资源首次环球考察，推动了对海底热液硫化物研究的发展。

我国在大洋矿查资源的勘探开发中取得了一些成绩，但与发达国家相比，无论是研究成果还是技术水平都存在着很大差距。我们只能加快发展我国的深海资源开发技术，增加研究投入，开展国际合作，才能促使我国深海资源开发向着产业化的方向发展，对我国经济发展也具有长远的战略意义。

参考文献

1. AMISC（1997），*Marine Industry Development Strategy*，Australian Marine Industries and Sciences Council.

2. Colgan，C. S.（2003），*Measurement of the Ocean and Coastal Economy：Theory and Methods*，National Ocean Economics Project，www. oceaneconomics. org.

3. David Pugh，Leonard Skinner（2002），*A New Analysis of Marine-Related Activities in the UK Economy with Supporting Science and Technology*，IACMST Information Document No. 10.

4. GB/T 20794—2006，中华人民共和国国家标准海洋及相关产业分类［S］。

5. HY/T052—1999，中华人民共和国海洋行业标准海洋经济统计分类与代码［S］。

6. Judith T. Kildow（2000），*Developing better economic information about coastal resources as a tool for integrated ocean and coastal management.*

7. Kenneth White（2001），*Economic Study of Canada's Marine and Ocean Industries*，Industry Canada and National Research Council Canada.

① 曾呈奎，徐鸿儒，王春林：《中国海洋志》，大象出版社2003年版。

8. 白木，周洁：《我国海洋石油钻采设备发展综述》，载《石油钻探技术》，2003 年第 6 期。

9. 臧旭恒，徐向艺，杨蕙馨：《产业经济学》，经济科学出版社 2007 年版。

10. 曹惠芬：《中国船舶配套产业存在问题分析及发展思路探讨》，载《船舶工业技术经济信息》，2001 年第 3 期。

11. 陈本良：《纵论海洋产业及其可持续发展前景》，载《海洋开发与管理》，2000 年。

12. 陈德明：《国际海运市场回顾与展望》，载《国际贸易》，1994 年第 2 期。

13. 陈惠民：《开创船舶工业科技信息事业的新局面》，载《政策研究》，1996 年。

14. 陈可文：《中国海洋经济学》，海洋出版社 2003 年版。

15. 陈新明：《中国深海采矿技术的发展》，载《矿业研究与开发》，2006 年第 z1 期。

16. 程木生：《加强组织协调积极发展海上石油设备》，载《机械》，1982 年第 3 期。

17. 程守礼：《海洋石油工业对外合作中的技术转让》，载《中国科技论坛》，1986 年。

18. 《船舶工业积极采用国际标准和国外先进标准增强出口创汇能力》，载《中国经贸导刊》1986 年第 11 期。

19. 船舶总公司办公厅政策研究室：《船舶工业的发展与改革》，载《船舶工业技术经济信息》，1997 年第 5 期。

20. 丛子明：《加强集中统一，整顿海洋渔业》，1980 年第 1 期。

21. 崔木花，董普，左海凤：《我国海洋矿产资源的现状浅析》，载《海洋开发与管理》，2005 年第 5 期。

22. 董观志：《海滨城市旅游发展模式与对策》，载《社会科学家》，2005 年第 2 期。

23. 董楠楠，钟昌标：《1978 年以来中国收入增长对水产品需求的影响》，载《渔业经济研究》，2005 年第 2 期。

24. 董志凯：《当代中国盐业产销变迁史》，载《中国经济史研究》，2006 年第 3 期。

25. 窦照英：《海水淡化技术及其发展》，载《华北电力技术》，1997 年。

26. 傅诚德：《21 世纪中国石油发展战略》，石油工业出版社 2000 年版。

27. 于春晖：《产业经济学：教程与案例》，机械工业出版社 2006 年版。

28. 甘远志，符运炜，卞王玉珏：《我国首个自主开发的海上天然气气田正式送气》，载《海南日报》，2003 年 8 月 1 日。

29. 耿汉亭：《海水淡化技术的发展前景》，载《河北电力技术》，1998 年（增）。

30. 龚海青：《船舶工业企业转换经营机制问题浅析与研究》，载《船艇》，1993 年第 6 期。

31.《共和国辉煌五十年·轻工业卷》，中国经济出版社 1999 年版。

32. 顾立林：《国家计委：我国碘盐覆盖率超过 95%》，http：//www.sohoxiaobao.com/chinese/bbs/blog_view.php？id = 564370，2002 年 11 月 19 日。

33. 广东省湛江专署水产局：《关于海洋捕捞渔业社队经营管理的几个问题的探讨》，载《中国水产》，1964 年第 8 期。

34. 桂雪琴：《卖方市场：船企请别"傲慢"》，载《中国船舶报》，2008 年第 4 期。

35. 郭晋杰：《广东省海洋经济构成分析及主要海洋产业发展战略构想》，载《经济地理》，2001 年。

36. 郭锡文：《当前中国船舶工业的基本概况》，载《世界机电经贸信息》，1997 年第 21 期。

37. 国家海洋局：《2007 年中国海洋经济统计公报》，http：//www.cme.gov.cn/hyjj/gb/2007/index.Html。

38. 国家海洋局：《中国海洋统计年鉴（1997）》，海洋出版社 1998 年版。

国家海洋局：《中国海洋统计年鉴（1998）》，海洋出版社 1999 年版。

国家海洋局：《中国海洋统计年鉴（1999）》，海洋出版社 2000 年版。

国家海洋局：《中国海洋统计年鉴（2000）》，海洋出版社 2001 年版。

国家海洋局：《中国海洋统计年鉴（2001）》，海洋出版社 2002 年版。

国家海洋局：《中国海洋统计年鉴（2002）》，海洋出版社 2003 年版。

国家海洋局：《中国海洋统计年鉴（2003）》，海洋出版社 2004 年版。

国家海洋局：《中国海洋统计年鉴（2004）》，海洋出版社 2005 年版。

国家海洋局：《中国海洋统计年鉴（2005）》，海洋出版社 2006 年版。

国家海洋局：《中国海洋统计年鉴（2006）》，海洋出版社 2007 年版。

39. 国家海洋局：《中国海洋统计年鉴（1993）》，中国统计出版社 1995 年版。

40. 国家海洋局海洋科技情报研究所：《中国海洋年鉴》编辑部：《中国海洋年

鉴（1986）》，海洋出版社 1988 年版。

41. 国家海洋局科技司、辽宁省海洋局《海洋大辞典》编辑委员会：《海洋大辞典》，辽宁人民出版社 1998 年版。

42. 国家统计局国民经济综合统计司编：《新中国五十年统计资料汇编》，中国统计出版社 1999 年版。

43.《海洋统计报表制度》(国统函［2004］40 号)。

44. 海莲：《海洋石油战线的喜讯》，载《瞭望》，1984 年第 44 期。

45. 何广顺，王晓惠，周洪军，郭越，徐丛春：《海洋生产总值核算方法研究》，载《海洋通报》，2006 年第 3 期。

46. 何广顺：《海洋经济核算体系与核算方法研究》，中国海洋大学出版社 2006 年版。

47. 何季民：《我国海水淡化事业基本情况》，载《电站辅机》，2002 年第 2 期。

48. 胡生：《中小型船舶工业企业管理改革的一些设想》，载《江苏船舶》，1981 年第 S1 期。

49. 胡伟：《海洋群众渔业分散经营的利弊与对策》，载《浙江社会科学》，1991 年第 1 期。

50. 黄炯辉：《海洋渔业体制改革的新路子——惠安县渔业股份式合作经济的探讨》，载《福建论坛（社科教育版)》，1988 年第 8 期。

51. 黄鲁成，张相木：《中国船舶工业技术创新现状与对策研究》，载《科研管理》，1999 年第 1 期。

52.《技术出口初见成效——船舶技术交易团在“深交会”上》，载《船艇》，1986 年第 5 期。

53. 季崇威，郑敦训：《我国成为石油净进口国面临的挑战——重新制订我国石油发展战略的建议》，载《国际贸易》，1994 年第 7 期。

54. 季里：《渔业贷款有改进但仍有缺点》，载《中国金融》，1954 年第 11 期。

55.《继续巩固提高渔轮队伍，争取海洋渔业的更大跃进》，载《中国水产》，1959 年第 9 期。

56.《加拿大海洋产业对经济贡献：1988 ~ 2000 年》，2004 年第 9 期。

57. 贾大山：《近 10 年海运集装箱运力供求分析》，载《集装箱化》，1998 年第 4 期。

58. 贾泓：《中国滨海旅游业的发展》，载《海洋开发与管理》，1993 年第 2 期。

59. 姜园华：《浅谈海洋运输经济效益及其提高的途径》，载《大连海事大学学

报》，1990年第S1期。

60. 蒋国先，张春林：《海洋渔业资源亟待保护》，载《现代渔业信息》，1998年第4期。

61. 蒋惠园：《股份制是船舶工业公有制的有效实现形式》，载《武汉造船》，1998年第1期。

62. 《解放思想创造奇迹——记上海市海洋渔业捕捞队修建科节约石油小组》，载《中国水产》，1959年第22期。

63. 孔祥鼎：《影响造船报价的因素及分析》，载《武汉造船》，1996年第2期。

64. 李泊言：《贸易政策扶持中国船舶工业的战略性思考》，载《宏观经济研究》，2005年第5期。

65. 李福胜：《船舶出口是政策性金融机构重点支持对象》，载《机电国际市场》，1996年。

66. 李林：《中国船舶配套工业现状与发展对策研究》，载《船舶配套产品专刊》，1996年。

67. 李晓靖，李英：《港口经济的作用及其现代港口的特征》，载《商场现代化》，2007年第10期。

68. 李幼林：《困境中的船舶企业如何面对市场》，载《船舶物资与市场》，1999年第2期。

69. 李原：《新兴的船舶业——拆船》，载《世界知识》，1983年第24期。

70. 李忠恕：《海运运价及我国海运运价之改革》，载《国际贸易》，1986年第6期。

71. 林新濯，甘金宝，尤红宝：《盲目发展沿海机动渔船的教训》，载《中国海洋经济研究》（第一编），海洋出版社1981年版。

72. 林珍铭，韩增林：《海水淡化对我国缓解沿海地区水资源短缺的作用分析》，载《辽宁师范大学学报（自然科学版）》，2003年第3期。

73. 刘传茂：《中国船舶工业面临的形势和挑战》，载《船舶工程》，2001年第1期。

74. 刘峰：《国家发布十二个领域技术政策要点对船舶工业的技术进步有指导意义》，载《经营管理方法》，1986年。

75. 刘汉：《上海港口拥挤问题》，载《国际贸易问题》，1981年第3期。

76. 刘洪滨：《我国海水淡化和海水直接利用事业前景的分析》，载《海洋技术》，1995年第12期。

77. 刘卯忠：《从天津港的下放刍议我国港口的改革》，载《海洋开发与管理》，1987 年第 1 期。

78. 刘松金：《中国航运业的发展及对船舶的需求》，载《船舶工业》，1996 年第 1 期。

79. 刘伟：《海洋石油首家股份制专业公司创立》，载《中国海上油气（工程)》，2000 年第 2 期。

80. 刘志民：《充分利用滩涂资源发展对虾养殖业》，载《新农业》，1985 年第 17 期。

81. 刘祖源：《从国际船舶市场看中国船舶工业的发展》，载《武汉造船》，1998 年第 3 期。

82. 卢希：《中国工业盐管理体制改革的现状和问题》，载《战略与管理》，2000 年第 2 期。

83. 陆伯辉：《中国最大的港口——上海港的现状和未来》，载《世界经济文汇》，1984 年第 1 期。

84. 陆海祜：《海运市场竞争激烈条件下港口集装箱经营方式的变化趋势》，载《水运管理》，1998 年第 6 期。

85. 陆云毅：《正确认识船舶工业的地位和作用——努力促进船舶工业的发展》，载《经济研究参考》，1992 年第 Z4 期。

86. 栾维新：《中国海洋产业高技术化研究》，海洋出版社 2003 年版。

87. 罗钰如，曾呈奎：《当代中国的海洋事业》，中国社会科学出版社 1985 年版。

88. 马英杰：《谈新的海洋制度下我国海洋捕捞渔业的发展对策》，载《现代渔业信息》，2003 年第 1 期。

89. 马志华：《大洋中的矿产资源》，载《大自然》，2003 年第 6 期。

90. 莫杰：《高新技术促进海洋石油产业的发展》，载《海洋信息》，1994 年第 12 期。

91. 慕永通：《我国海洋捕捞业的困境与出路》，载《中国海洋大学学报（社会科学版)》，2005 年第 2 期。

92. 聂嘉玉，王玉田：《中国海运政策的调整及其对航运业发展的影响分析》，载《水运管理》，1998 年第 8 期。

93. 聂嘉玉，费维军：《我国海运业的发展与前景》，载《百科知识》，1995 年第 4 期。

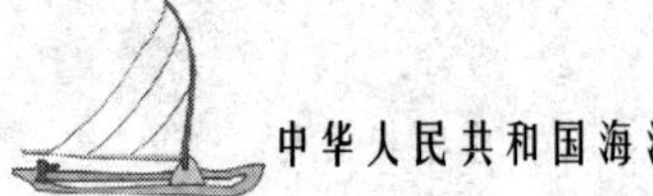

94. 彭一万：《发展闽南三角地区旅游业刍议》，载《福建论坛（社科教育版）》，1985 年第 12 期。

95. 祁国宁，顾新建，谭建荣：《大批量定制技术及其应用》，机械工业出版社 2003 年版。

96. 钱伯海：《国民经济核算通论》，中国统计出版社 1992 年版。

97. 钱永昌：《九十年代世界和中国海运事业展望》，载《船舶工程》，1990 年第 1 期。

98. 钱玉戡：《国民经济恢复时期海运史述略》，载《上海海事大学学报》，1986 年第 4 期。

99. 邱东：《国民经济核算史论》，载《统计研究》，1997 年第 4 期。

100. 屈道群：《浅议盐业体制改革》，载《科技咨询导报》，2007 年第 11 期。

101. 《全国国营海洋企业会议总结（摘要）》，载《中国水产》，1959 年第 7 期。

102. 任广艳，陈自强：《透过一个渔村产业结构的变迁看我国新渔村建设——日照市东港区任家台村调查》，载《山东农业大学学报（社会科学版）》，2007 年第 2 期。

103. 《非船舶产品经营开发工作思路的探讨》，载《船艇》，1993 年第 9 期。

104. 佘大奴，朱宝馨：《福建渔区新事述评》，载《中国水产》，1984 年第 1 期。

105. 沈岳瑞：《船舶动力研制工作中的自力更生和技术引进》，载《船舶工程》，1980 年第 3 期。

106. 施存龙：《我国海洋运输及其对社会经济的作用》，载《海洋开发与管理》，1985 年第 4 期。

107. 施存龙：《中国八十年代海港建设》，载《海洋开发与管理》，1989 年第 3 期。

108. 时雨：《船舶工业重组顺利完成集团发展任重道远》，载《船舶物资与市场》，1999 年第 4 期。

109. 史忠良：《产业经济学》，经济管理出版社 2005 年版。

110. 水产发展研究课题组：《我国水产业发展前景研究》，载《农业经济问题》，1990 年第 10 期。

111. 苏中：《船舶工业已成为一个高度外向型的产业（讲话摘要）》，载《世界经贸机电信息》，1997 年第 21 期。

112. 隋映辉：《海洋新兴产业的发展与政策》，海洋出版社1993年版。

113. 孙斌，徐质斌：《海洋经济学》，青岛出版社2000年版。

114. 孙琛：《中国水产品市场分析》，中国农业大学出版社2000年版。

115. 孙光析，吴琦，王杰：《跨国海运公司对我国远洋运输业的影响和对策》，载《中国水运》，1996年第6期。

116. 孙红，李永祺：《中国海洋高技术及其产业化发展战略研究》，中国海洋大学出版社2003年版。

117. 孙吉亭：《中国海洋渔业可持续发展研究》，中国海洋大学论文，2003年。

118. 孙岩，韩昌甫：《我国滨海砂矿资源的分布及开发》，载《海洋地质与第四纪地质》，1999年第1期。

119. 谭永文，谭斌，王琪：《中国海水淡化工程进展》，载《水处理技术》，2007年第1期。

120. 万红先，戴翔：《我国海运服务贸易竞争力的国际比较》，载《国际商务》，2007年第1期。

121. 王海英，栾维新：《海陆相关分析及其对优化海洋产业结构的启示》，载《海洋开发与管理》，2002年第6期。

122. 王海英：《海洋资源开发与海洋产业结构发展重点与方向》，载《海洋经济》，2002年第4期。

123. 王利：《正确选择功能评价方法降低船舶建造成本》，载《价值工程》，1988年第5期。

124. 王荣生：《推动科技进步，振兴船舶工业在改革开放中前进的船舶科技》，载《船舶工程》，1989年第5期。

125. 王森涛：《中国造船业的优势在哪里》，载《船舶物资与市场》，2004年第6期。

126. 王永生：《海洋矿产资源开发，新兴的朝阳产业》，载《地质勘查导报》，2005年。

127. 王泽沃，杨运俊，黄士根：《我国渔业经济结构概况》，载《中国农村观察》，1980年第1期。

128. 卫留成：《关于中国海洋石油发展的几个问题》，载《石油企业管理》，2000年第9期。

129. 卫留成：《海洋石油改革的昨天、今天和明天》，载《中国石油石化》，

1999 年第 2 期。

130. 卫太夷:《关于“一五”时期我国海运管理改革的探讨》,载《上海海事大学学报》,1986 年第 2 期。

131. 魏富海:《谈谈大连港口的改革和改造》,载《财经问题研究》,1986 年第 3 期。

132. 邬关荣:《析海运费上涨对我国出口贸易的影响及对策》,载《对外经贸实务》,1999 年第 9 期。

133. 吴锦元,曹友生:《我国船舶工业将进入调整期》,载《船舶工业技术经济信息》,1999 年第 2 期。

134. 吴锦元:《船舶工业对国民经济的作用与贡献》,载《船舶工业技术经济信息》,2001 年第 1 期。

135. 吴锦元:《中国船舶工业发展回顾与展望》,载《船舶物资与市场》,2000 年。

136. 吴耀文:《石油对外合作应坚持“一个窗口对外”的原则》,载《国际石油经济》,1993 年第 3 期。

137. 武建东:《海洋石油热撑中国 海洋石油开发与当代中国能源政策的转型》,载《海洋世界》,2007 年第 1 期。

138. 夏世福:《我国海洋渔业资源的演变及其对策的探讨》,载《中国海洋经济研究》(第二编),海洋出版社 1982 年版。

139. 夏穗嘉:《对中国船舶工业扶持政策的若干思考》,载《中国工业经济》,1997 年第 8 期。

140. 徐恭绍,郑澄伟:《海洋鱼类增养殖的意义与前景》,载《水产科技情报》,1978 年。

141. 徐明琪:《关于海上石油开发的问答》,载《船舶》,1991 年第 1 期。

142. 徐鹏航:《努力开创船舶工业改革和发展的新局面》,载《国防科技工业》,1998 年第 1 期。

143. 徐质斌:《海洋统计分组与指标改进研究》,载《统计研究》,2007 年第 2 期。

144. 许宪春:《中国国民经济核算体系改革与发展》(修订版),经济科学出版社 1999 年版。

145. 许宪春:《中国国民经济核算与分析》,中国财政经济出版社 2001 年版。

146. 阎国良:《关于我国水产发展战略问题初探》,载《中国农村观察》,

1983 年第 4 期。

147. 羊子林：《运用出口买方信贷大力支持船舶出口——中国进出口银行行长羊子林在“运用出口买方信贷支持船舶出口研讨会”上的讲话》，载《世界机电经贸信息》，2002 年第 10 期。

148. 杨安礼，林瑜：《出口船舶需要国际标准》，载《上海标准化》，1998 年第 5 期。

149. 杨日旺：《试论我国船舶工业的产业定位》，载《船舶工业技术经济信息》，1998 年第 5 期。

150. 杨燮庆：《世界船舶市场的回顾与展望》，载《船舶》，1996 年第 5 期。

151. 杨新昆：《船舶配套工业发展令人欣慰》，载《船舶物资与市场》，1999 年第 5 期。

152. 姚长保：《南海北部大陆架西区油气勘探开发概况及勘探潜力》，载《中国海上油气（地质）》，1994 年第 6 期。

153. 姚武明：《必须重视船舶维修问题》，载《广西交通科技》，1994 年第 1 期。

154. 叶向东：《现代海洋经济理论》，冶金工业出版社 2006 年版。

155. 叶耀先，顾芳：《海水淡化及其产业进展》，载《科技导报》，1996 年第 9 期。

156. 殷克林，孙东海：《冷静看待海洋捕捞热——对盐城市海洋捕捞业的调查》，载《现代金融》，1991 年第 6 期。

157. 殷政章，夏宏伟，丁玉兰：《我国应加强赤潮监控预报力度殷政章》，载《海洋信息》，1999 年第 5 期。

158. 尹荣金：《日、韩、欧、中造船与船舶市场竞争》，载《国际经济合作》，1995 年第 12 期。

159. 于大江：《近海资源保护与可持续利用》，海洋出版社 2000 年版。

160. 俞忠德：《世界船价发展趋势》，载《船舶》，1996 年第 5 期。

161. 郁灵燕：《海水淡化——国际承包工程的新领域》，载《经贸实务》，2001 年第 6 期。

162. 岳来群，甘克文：《国际海上油气争端及其中日东海能源争议的剖析》，载《国土资源情报》，2004 年第 11 期。

163. 曾呈奎，徐鸿儒，王春林：《中国海洋志》，大象出版社 2003 年版。

164. 张德洪：《略论运输船舶船型技术经济论证》，载《交通部上海船舶运输科学研究所学报》，1980 年第 2 期。

165. 张国伍：《刍论海南岛交通系统发展与海港建设——考察体会》，载《数量经济技术经济研究》，1984 年第 8 期。

166. 张海峰：《中国海洋经济研究大纲》，海洋出版社 1986 年版。

167. 张慧霞：《环渤海地区城市与产业布局研究》，载《生产力研究》，1995 年。

168. 张吉胜：《中国船舶舾装设备的发展》，载《船舶配套产品专刊》，1996 年。

169. 张林红，陈家源：《我国港口在市场化进程中的竞争策略》，载《港口经济》，2001 年第 3 期。

170. 张鸣治：《中国海洋石油工业的发展战略》，载《中国海上油气（工程）》，1998 年第 1 期。

171. 张守淳：《中国的船舶工业及产品出口》，载《国际经济合作》，1995 年第 12 期。

172. 张耀光，刘锴，王圣云：《关于中国海洋经济地域系统时空特征研究》，载《地理科学进展》，2006 年第 5 期。

173. 张振国，方念乔，李文平：《我国海洋矿产资源开发与海洋权益维护问题浅探》，载《海洋开发与管理》，2006 年第 6 期。

174. 张振国：《海洋石油工业的发展与国产化》，载《中国海上油气（工程）》，1998 年第 1 期。

175. 赵德鹏：《海运公司 B2B 电子商务系统的构建与研究》，载《航海技术》，2001 年第 5 期。

176. 赵东辉，黄玫：《“体制暴利”下的盐业鸿沟》，载《瞭望》，2007 年第 33 期。

177. 赵生才：《大洋底部：人类未来的重要资源接替区》，载《中国基础科学》，2002 年第 1 期。

178. 郑金岩，孟庆林：《1994 年以来的世界船舶市场供求分析》，载《造船技术》，1995 年第 11 期。

179. 郑金岩，庄素云：《我国海运市场的问题及对策》，载《综合运输》，1996 年第 1 期。

180. 郑金岩：《我国海运市场存在的问题及对策》，载《水运管理》，1996 年第 2 期。

181. 郑金岩：《中国海运市场开放发展趋势》，载《国际贸易》，1993年第6期。

182. 郑兴富：《浅谈船舶工业科技成果推广应用》，载《船艇》，1993年第9期。

183. 郑重，郑执中：《十年来我国海洋浮游植物的研究》，载《海洋与湖沼》，1959年第4期。

184. 中国海洋年鉴编纂委员会，中国海洋年鉴编辑部编：《中国海洋年鉴：1987～1990》，海洋出版社1991年版。

185. 中国海洋年鉴编纂委员会，中国海洋年鉴编辑部编：《中国海洋年鉴：1991～1993》，海洋出版社1994年版。

186. 中国海洋年鉴编纂委员会，中国海洋年鉴编辑部编：《中国海洋年鉴：1994～1996》，海洋出版社1997年版。

187. 中国海洋年鉴编纂委员会，中国海洋年鉴编辑部编：《中国海洋年鉴：1997～1998》，海洋出版社1999年版。

188. 中国海洋年鉴编纂委员会，中国海洋年鉴编辑部编：《中国海洋年鉴：1999～2000》，海洋出版社2001年版。

189. 中国海洋年鉴编纂委员会，中国海洋年鉴编辑部编：《中国海洋年鉴：2001》，海洋出版社2002年版。

190. 中国海洋年鉴编纂委员会，中国海洋年鉴编辑部编：《中国海洋年鉴：2002》，海洋出版社2003年版。

191. 中国海洋年鉴编纂委员会，中国海洋年鉴编辑部编：《中国海洋年鉴：2003》，海洋出版社2004年版。

192. 中国海洋年鉴编纂委员会，中国海洋年鉴编辑部编：《中国海洋年鉴：2004》，海洋出版社2005年版。

193. 中国海洋年鉴编纂委员会，中国海洋年鉴编辑部编：《中国海洋年鉴：2005》，海洋出版社2006年版。

194. 中国海洋年鉴编纂委员会，中国海洋年鉴编辑部编：《中国海洋年鉴：2006》，海洋出版社2007年版。

195. 中国海洋年鉴编纂委员会，中国海洋年鉴编辑部编：《中国海洋年鉴：2007》，海洋出版社2008年版。

196. 中国轻工业联合会：《中国轻工业年鉴（1985）》，中国轻工业年鉴出版社1986年版。

197. 中国社会科学院农业经济研究所，农牧渔业部水产局，全国渔业经济研究会编：《中国渔业经济1949～1983》，1984年第9期。

198. 中华人民共和国国务院公报:《国务院关于成立中国船舶业总公司的通知》, 1982 年。

199. 周惠民:《以养殖为主好——发展浙江渔业方针的探讨》, 载《浙江社会科学》, 1985 年。

200. 朱启贵:《世纪之交: 国民经济核算的回顾与前瞻》, 载《统计研究》, 2000 年第 11 期。

201. 朱世伟:《我国石油发展战略初探》, 载《数量经济技术经济研究》, 1985 年第 12 期。

202. 朱树屏, 郭玉洁:《十年来我国海洋浮游动物的研究》, 载《海洋与湖沼》, 1959 年第 4 期。

中国海洋经济中的技术演变

我国海域辽阔，从北到南拥有渤海、黄海、东海、南海以及台湾地区以东的部分太平洋海域，大陆海岸线1.8万千米，岛屿海岸线1.4万千米；管辖海域面积约300万平方米，渔场面积约280万平方米，这使我国发展海洋经济具备了得天独厚的自然优势。新中国成立以来，我国海洋经济产业逐渐得到了恢复和发展，特别是在1978年党的十一届三中全会以后，国家实行改革开放政策，为经济发展注入新的活力，引进国外先进技术和管理经验，促进了以海洋渔业为主要代表的海洋经济产业的高速发展，人民生活水平也得到了不断提高，海洋水产品产量稳步提升。据统计，改革开放30年来，我国水产品的年均增长率达到10.5%，超过世界年均增长率6.8%的发展速度。2006年我国海洋生产总值超过2万亿元，达20958亿元，同比增长13.97%，占同期国内生产总值的比重达10.01%，高出同期国民经济增长速度3.3个百分点。①

纵观我国海洋经济发展的历程，经济发展成果的取得在很大程度上是科技进步不断推动的结果，以海洋渔业经济为例，海洋渔业的发展在一定程度上就是海洋渔业科技自主创新的历程。新中国成立后我国在海洋渔业新技术和新产品的研发上取得了重大突破，海带和紫菜的人工育苗技术、贻贝采苗和养殖技术、对虾工厂化人工育苗技术、扇贝人工育苗技术、渔业暴发性流行病防治技术和抗风浪深海网箱养殖技术等一系列技术创新成果的运用为我国海洋渔业的高速发展提供了重要的技术支撑。我国海洋渔业科技进步对水产品总产值增长速度的贡献率不断提高，“六五”期间为35%左右，“七五”期间为42%，“八五”期间达到了46%，“九五”期间为49%，“十五”期间预计可以达到53%。② 科学技术是第一生产力在海洋渔业经济的发展中得到了充分验证。

进入21世纪，科学技术革命突飞猛进，经济信息化和全球化进展已经深入到社会经济发展的各个领域，从而也使海洋经济由以直接开发海洋资源的低级产业发展阶段逐渐跨入以高新技术为支撑的高科技精细化产业发展阶段。海洋科学技术是人类在21世纪最有可能取得重大突破的领域，这一观点已经是世界上大多数科学家的共识，海洋科技发展实力也已经成为衡量国家综合国力的重要指标，因此海洋科技的发展直接关系到国家的经济发展、人民生活和国防安全。

我国政府历来重视发展海洋科技，早已提出建设21世纪蓝色强国的目标，并且在2006年第十届全国人大四次会议上通过的《国民经济和社会发展第十一个五年规划纲要》中强调，要“强化海洋意识，维护海洋权益，保护海洋生态，开发

① 国家海洋局：《2006年中国海洋经济统计公报》，2007年。
② 杨宁生：《科技创新与渔业经济》，载《中国渔业经济》，2006年第3期，第8～11页。

海洋资源，实施海洋综合管理，促进海洋经济发展”。因此，不断提升海洋经济产业的技术创新水平，增强国家的自主创新能力，打造我国海洋经济发展的核心竞争力，可以优化海洋经济产业结构，缓解我国经济发展中所面临的人口、资源、环境方面日益严重的压力，并能使我国顺利参与全球海洋事务管理，从而维护国家海洋权益和经济安全，实现海洋经济发展方式转型，有力推动我国海洋经济又好又快的发展。

第十四章　中国海洋捕捞业中的技术演变

一、海洋捕捞业的发展状况

海洋是一个非常广阔的世界，海洋表面积约占地球面积的71%，海洋里生长着大量有经济价值和社会价值的水生动植物，是我们最大的蛋白源。我国海洋面积非常辽阔，东南两面临海，拥有渤海、黄海、东海、南海四大海区和台湾以东太平洋海区，水产资源极为丰富，具有发展海洋捕捞业得天独厚的自然优势。海洋捕捞业通常是指利用各种渔具、渔船及设备捕捞海洋鱼类和其他水生经济动植物的生产行业。

我国海洋捕捞业是历史最悠久的海洋产业之一，我国历代王朝统治期间海洋捕捞业都有一定程度的发展，但由于统治者通常实行海禁政策，海洋捕捞业发展非常缓慢。尤其在近代，外国列强的入侵和封建统治者的压迫使我国海洋资源遭到了严重破坏，海洋捕捞业濒临停产，广大渔民深受重重压迫和剥削，加上这段时期主要使用手工操作渔船渔具，捕捞作业范围小、品种单一，产量很低，1949 年全国水产品年产量仅 45 万吨。

新中国成立后，在政府的推动下，我国海洋渔业生产在“一穷二白”的基础上逐渐得到恢复和发展，其中以海洋捕捞业发展最为迅速，通过改变过去手工操作模式，大大提高了海洋渔业生产效率，逐渐实现了海洋渔业生产向机械化、现代化方向发展的目标。特别是在 1978 年党的十一届三中全会以后，国家实行改革开放政策，带来了海洋捕捞业快速、全面的发展，我国海洋捕捞业在解放生产力的同时重视先进技术的应用，一批新的捕捞技术和捕捞工具投入到生产中，扩大了海洋捕捞范围，使我国捕捞业向多海域、多作业、多品种方向发展，大力开拓了外海及远洋渔场捕捞。

海洋捕捞技术的发展和运用大大提高了海洋捕捞产量和质量，1950 年我国海洋捕捞产量仅有 60 万吨，经过“一五”期间的发展 20 世纪 60 年代初超过 200 万吨，20 世纪 70 年代初超过 300 万吨，20 世纪 80 年代后期超过 500 万吨，1990 年超过 600 万吨，到 1998 年达到 1496 万吨，是 1978 年我国海洋捕捞产量 314.5 万吨的 2 倍还多①。而且海洋捕捞业的快速发展也改善了沿海地区渔民的生活质量并调整了产业结构和带动了与其他相关产业的发展。

二、海洋捕捞业技术的发展

（一）海洋捕捞渔具和捕捞方法的创新

据史书记载早在明清时期我国就在东南沿海地区开始海洋捕捞作业，并发明了延绳捕捞技术②，到了近代随着我国海洋捕捞业的发展，捕捞渔法渔具也获得了较大的发展，目前海洋捕捞作业应用比较多的主要有拖网、张网、刺网、围网、钓具、笼壶、敷网、抄网、地拖网、耙刺、掩罩和陷阱等。以下是新中国成立后在不同时期出现的主要海洋捕捞渔法渔具和捕捞新方法的发展情况。

1. 捕捞渔具渔法的创新（1949～1959 年）。

新中国成立后随着国民经济的快速恢复，海洋捕捞业也迎来了新的发展机遇，这一时期（1949～1959）是我国海洋渔业资源的丰富期和海洋捕捞业的快速发展期，全国各地都掀起了捕捞技术革新运动，这一时期海洋捕捞业发展的特点可以概括为“一船多业，一具多用，一人多技”③，而捕捞技术的革新重点是在捕捞渔具和渔法研究上，科技人员通过加大网口和扩大捕捞水层，来提高渔场的平面和立体利用率，增加网具的捕捞面积和单位产量。在这期间浙江创造了“双层大捕”，辽

---

① 冯森，郑炳文：《我国海洋捕捞业现状与发展》，载《福建水产》，1999 年第 2 期，第 67～73 页。

② 资料：延绳作业：用专用钓船和延绳钓具钓捕带鱼的作业方式，有单船式作业和母船式作业两种。渔具由干线、支线、钓钩、浮子、沉子和浮标等组成。作业方式可分为浮延绳钓、底延绳钓和定置延绳钓三种：（1）浮延绳钓。用于钓捕索饵洄游的带鱼，是主要的作业；（2）底延绳钓。主要钓捕栖于底层的产卵带鱼；（3）定置延绳钓。在渔场环境受到限制时使用，一般在六级风以下的天气作业，饵料在春季一般用泥鳅、鲨或鳗为主，冬季用带鱼或其他鱼。一般采用顺风、偏流或横流放钩，每放出数筐钓具后，装一个浮标，浮出水面表示钓具位置。全部钓具放完后，渔船返回到开始放钓处起钓。起钓过程中，边整理钓线，边摘取渔获物并补上缺饵。

③ 在 1958 年全国海洋渔业会议讨论高速度发展渔业问题上被提出。

宁渔民发明了"万能网"，福建的渔业生产者创造了"流网"等新型捕捞作业方法并及时应用到海洋捕捞生产中去，大大提高了捕捞生产效率和捕捞产量。

在大力改进捕捞网具的同时，还加大了发展钩钓作业的力度，由于钩钓作业不受水域的限制，成本低，而且不会破坏渔业生态环境，在沿海地区得到了大力推广，其中延绳钓捕捞技术更是得到了广泛的运用，到1960年以前延绳钓作业已经发展成为广东、福建、浙江海洋捕捞中主要作业方法之一，作业海域由近海逐渐向深海发展，这一时期延绳钓作业捕捞产量占到海洋捕捞总产量30%以上，有的沿海县（市）占总产量60%以上①。

2. "机轮灯光围网"捕捞技术的发明（1960～1969年）。

围网是渔网的一种，它是由网衣和网索构成的长带形状或囊形的大型网具，是主要的捕捞网具，捕捞对象主要为中上层鱼类。一般网次产量为50～100吨，最高可达2500吨左右，围网捕捞现在已经发展成为世界海洋捕捞的主要作业方式之一，世界围网捕捞产量一般约占海洋总捕捞产量的1/4。

灯光围网捕捞是利用一些海洋鱼类有趋光的习性，用灯光把这些趋光性鱼类诱集到光照区进行捕捞的方法，在1950年代开始应用到捕捞生产中，海洋捕捞大国日本从1950年开始结合光诱鱼群进行围网作业，我国也在这一时期开始利用机动渔船进行双船和单船围网作业，但还处在尝试阶段。1960年代南海水产研究所在全国率先研制发明了"机轮灯光围网"捕捞技术，直接推动了我国南海渔民机帆船灯光围网作业的掀起和发展，为捕捞南海中上层渔业资源做出了卓著贡献，现在机轮灯光围网已成为我国海洋渔业的重要作业方式之一。

轮机灯光围网捕捞根据捕捞时船只的数量分为单船、双船和多船三种捕捞形式，下面对这三种捕捞方式进行简单介绍：

（1）单船围网捕捞。这种捕捞方式指的是用一艘放网船围网捕捞作业，另有一艘辅助船进行辅助作业，通常情况下使用无囊围网。当发现鱼群时，放网船在下风或流向的上方与鱼群保持适当距离，网具一端由辅助船系带，自身以鱼群为目标快速旋回放网，形成包围圈。当放网船旋回到原来位置时，即从辅助船接过网具一端并固定于船首；迅速收绞括纲两端，使底环聚集以封闭网圈底部，使网圈逐渐缩小到适当程度时可捞取渔获物。

（2）双船围网捕捞。这种捕捞方法又分有囊围网或无囊围网两种情况。有囊围网作业具有围网、张网和拖网捕捞三种方式结合的性质。捕捞时两船靠拢，放网

① 郑根甫：《浅析延绳钓作业与减轻海洋捕捞压力》，载《中国水产》，2004年第2期。

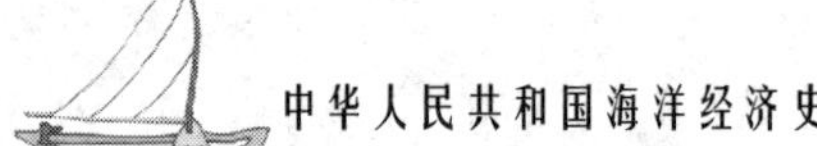

船将一根曳纲递给带网船系于右舷尾部后，依次放出网具作圆弧形航行包围鱼群，经一段时间的拖、张后，两船逐渐靠拢，由带网船将曳纲传递给放网船，后者在前者拖曳下起网，迫使鱼群进入网囊内。无囊围网作业时，两船靠拢，将各载的半盘网具联结在一起，然后两船以鱼群为目标，分别以相反方向作圆弧形前进，各自放出网具包围鱼群。

（3）多船围网捕捞。多船围网捕捞采用无囊围网作业。捕捞作业时用 3 艘装载网具的放网船，先共同对鱼群形成一个大包围圈，同时相互连接网具，然后各放网船向网圈中部聚集，并连接在一起，分别收拉网具两端，使之形成各自独立的包围圈，再起网捞取渔获物。

3. 马面鲀鱼捕捞技术的改进（1970～1979 年）

我国海洋捕捞渔船的机动化发展，不仅使渔民海上捕捞作业安全得到了保障，而且使海洋捕捞区域不断向外海延伸，发现新的渔场和新的鱼类。浙江沿海渔民在向外海发展的过程中在距离沿海岛屿 80～90 浬的外海场作业时，开发出了马面鲀新资源并发展了一套捕捞技术。

马面鲀，全名绿鳍马面鲀，又叫三角鱼、剥皮鱼，属暖水性近底层鱼类。肉质坚实，营养价值高，蛋白质的含量高于带鱼，肝脏较大，可制成鱼肝油。这种渔场是由渔业工人、国营海洋捕捞公司，利用渔场位置与大洋水和沿岸水系的消长及海洋气候密切关系探测到的。根据科研人员的调查发现马面鲀渔场主要分布在黄海中、北部以及渤海南部，渔期分别为 4～7 月和 8～10 月；东海的绿鳍马面鲀资源，渔期为 1～6 月，每年 3 月份为鱼发旺汛，中心渔场位于浙江南部外海，5～6 月份渔场转移到舟山、长江口渔场外侧。

经过不断的探索和渔业科技人员的实践证明，马面鲀捕捞作业最好是使用拖网作业。国营渔业公司在捕捞实践中发明机轮拖网捕捞作业，采用这种捕捞方法作业，首先要在渔场用探渔仪器探得鱼群位置，进行瞄准捕捞。对机轮船的要求，曳纲（拖曳网具的绳索）需用约 800～850 米，浮沉力比例一般在 55%～57%，下纲放长 60～65 厘米，使用玻璃浮子，背网和腹网要增加三条网筋以增强网身强度。由于马面鲀表皮粗糙、鱼体浮漂、背鳍上有刺根、互相摩擦、起网时不易下袋，袋筒底纲需要由原来 4.5 米增至 5～5.5 米使呈喇叭形口，卡包钢丝绳应由原 5 米放长至 7 米，以减少分吊的次数。机轮船在深水海域作业还需要注意网具放出后下沉要有一段过程，在拖网过程中，要注意网档不要过大，在旺汛作业应注意拖网时间不宜过长，以免造成因捕捞渔过多网包破裂。

对于个体渔民来说，捕捞马面鲀作业这一时期主要是采用机帆船作业，使用网

具主要有拖网、小对网等。沿海渔民根据马面鲀具有昼升夜降的习性，多采取晚上作业，尤其是在凌晨和傍晚，这段时间鱼群集中，网头大，容易捕捞。在捕捞中放鱼绳的长度根据栖息水层而定，一般在白天放10~20托，晚上放30~40托效果最好[①]。

4. 鳀鱼捕捞技术研发成功（1980~1989年）。

在我国大力发展海洋捕捞政策的指引下，20世纪60~70年代机帆船、渔轮数量不断增加，在近海捕捞过于频繁，造成近海部分渔业资源衰退，海洋生态环境也遭到了破坏。为了保护海洋生物资源，相关海洋专家提出要合理控制捕捞强度、大力发展外海、远洋捕捞，探测新的渔场，缓解近海捕捞强度过大的现状。

这一时期我国的船舶工业也得到了快速的发展，造船吨位不断增大，基本上具备了发展外海、远洋捕捞的条件。在20世纪80年代海洋捕捞研究较多，成效最大的是鳀鱼捕捞技术的研发和推广。鳀鱼[②]是鳀属的一种，分布范围广，在太平洋东南部和西北部鱼群丰富。20世纪70年代秘鲁的鳀鱼年产量一般为500~700万吨，最高年产高达到1300万吨（1971年）。我国鳀鱼资源主要分布在东海、黄海和渤海，据黄海水产研究所“北斗”船的调查评估结果，我国的鳀鱼资源量高达280万吨[③]。

国际上日本、朝鲜这期间都在研究鳀鱼捕捞技术。为了尽快找到捕捞鳀鱼的方法，鳀鱼资源的开发利用列入“七五”国家科技攻关项目。1988年7月中国水产科学院黄海水产研究所在荣成县石岛召开了“1986~1987年度鳀鱼项目攻关总结会议”，会上总结了鳀鱼资源调查、试捕的经验教训，初步掌握了黄海、东海鳀鱼的洄游规律，积累了大量鳀鱼生物学和生态学基础资料。同时，在变水层瞄准捕捞和网位控制技术等当面掌握了一定经验。

20世纪80年代中后期由黄海水产研究所等的朱德山、陈毓祯、林德芳、王为祥、陈广栋等主持调查完成的“鳀鱼资源、渔场调查及鳀鱼变水层拖网捕捞技术研究”项目，在黄海、东海中上层鱼类资源调查和进行变水层拖网瞄准捕捞鳀鱼的实验研究，经过科研人员的努力终于在1990年冬取得成功，在我国首次成功地应用声学方法评估出黄海、东海鳀鱼资源量、可捕量，为开发利用鳀鱼资源提供了技术保证，研究成果在1990年8月12日通过鉴定并且已达到国际先进水平，并荣获1991年中国水产科学院科技成果一等奖和农牧渔业部科技进步一等奖。

① 浙江省水产局海洋渔业处：《浙江近海马面鲀生产情况的调查》，载《水产科技情报》，1975年第1期，第12~13页。

② 鳀鱼为学名，各地俗名：鰛抽条、海蜒、离水烂、烂船丁等，是世界上有名的高产鱼种，口宽大，吻钝圆，下颌短于上颌。体被极易脱落的薄圆鳞。侧下部及腹部银白色，尾鳍叉形。温水性中上层鱼类，趋光性较强，幼鱼更为明显。小型鱼，产卵鱼群体长为75~140毫米，体重5~20克。

③ 崔明彦：《鳀鱼》，载《海洋渔业》，1988年第1期，第22页。

这项研究成果提出了我国黄海、东海鳀鱼的声反射目标强度值，摸清了秋冬季黄海、东海鳀鱼行动分布规律、提出了寻找中心渔场的重要指标，全面系统地研究和掌握了黄海、东海鳀鱼的年龄、生长、死亡及群体组成、繁殖、摄食等渔业生物学特征。并以此成功设计试验了适合我国当时600马力渔轮的短网袖、短网盖四片式四爪变水层双拖网和适用于200马力渔轮的全对称四片式和背腹对称六片式变水层双拖网。根据研究推出的鳀鱼捕捞方法，1988年浙江象山县一对600马力渔轮在年底进行了试捕工作，共投网10个网次，有效6个网次，共计捕获鳀鱼11.3吨①，捕捞鳀鱼的效果大大优于通用的底拖网。

在实际作业过程中通过采用放大网口网目，改进和调整网具结构及网线材料，在不增加网具阻力的情况下，使网口高度增加，网口扫海面积增加。同时，探索出一整套对现有渔轮甲板机械不敢改动，不增加新设备情况下适用的曳网分段连续控制技术及作业控制参数。在这期间，由黄海103/104号441kW双拖渔船试验变水层拖网瞄准捕捞鳀鱼试验，农业部水产司先后组织山东省和浙江省部分136kW和441kW渔船试捕均取得成功。根据农业部渔业局的渔情统计处的统计，1992年全国鳀鱼产量达到19.27万吨，1993年达到25万吨，1994年达到30万吨，其中山东是鳀鱼主要作业省份，1993年产量达到15万吨，占全国总量的60%②。

以下对大马力441kW型渔船变水层拖网捕捞技术进行介绍：

对于441kW渔船来说，通常使用的变水层拖网主尺度为520目×600毫米，海上实测网口高度20~22米，两袖间距23~31米，网口扫海面积约450平方米。曳纲分成83米和116米若干段并用卡环连接，在拖速3.0~3.5节，两船间距250~300米，采用曳纲分段方法控制网位行之有效③。

根据调查的结果来看，每年的4~6月是鳀鱼在近海产卵场形成鱼群期，黄海鳀鱼每年12月到次年2月份在连青石渔场中南部和大沙渔场北部越冬场形成鱼群。浙江渔场的鳀鱼主要分布在10米等深线以东海域，适温范围8~23度，随着渔场水温的下降，鱼群南下向浙江近海洄游，2~4月份到达浙江中南部鱼山、披山一带海域形成生产渔场。

在捕捞作业时要把握网位深度和瞄准作业。因为鳀鱼具有昼夜垂直移动的习性，每天下午4点左右开始上浮，经过约2个小时后稳定在表层；晚上鱼群分散于表层，次日凌晨3点开始下降，约3个小时后稳定栖息在中层或底层，所以作业时

① 余匡军：《浙江象山县试捕鳀鱼首获11.3吨》，载《现代渔业信息》，1988年第3期，第29页。
② 林德芳：《我国的鳀鱼渔业》，载《海洋渔业》，1995年第2期，第69~71页。
③ 赵尊敬：《论我国金枪鱼渔业现状及对策》，载《齐鲁渔业》，1994年第6期，第18~20页。

间应尽量避开鱼群上升或下降这两个时间段。根据441kW渔船使用520×600毫米变水层拖网捕捞产量统计结果来看，瞄准捕捞表层产量2.3~3吨/小时，底层产量3.6~4.5吨，中层产量5.0~14吨，因此白天作业应尽量选择捕捞中层鱼群。

5. 金枪鱼、鱿鱼远洋捕捞技术的发展（1990~1999年）。

在20世纪80年代末期，国内海洋捕捞船只的增多使得近海渔业资源严重减少，一些重要鱼种面临消失的危险，国家在这一时期将大力发展海水养殖和远洋捕捞提上了日程，1985年3月中国水产品总公司组建了我国第一支远洋渔业船队开赴西非海域作业，翻开了我国远洋渔业发展的新的一页。1988年中国远洋股份有限公司，开始准备在南太平洋开展金枪鱼钓作业，在这之后远洋捕捞发展迅速，到1993年全国共有8个省市的20多个单位前往南太平洋作业，共派出船只308艘，外派人员近3000人①。

金枪鱼是我国远洋渔业重要捕捞对象之一，主要分布在太平洋、大西洋、印度洋热带、亚热带和温带广阔水域，也称鲔鱼或吞拿鱼。金枪鱼一般生活在100~400米的深水海域，游速达30~50公里/小时，最高游速可达160公里/小时。常见的有蓝鳍金枪鱼、马苏金枪鱼、大眼（也叫大目）金枪鱼、黄鳍金枪鱼、长鳍金枪鱼、鲣鱼等6种。由于金枪鱼分布在深海水域，远离污染，生食味美，口感极佳，具有很高的经济价值和较全面的营养价值，是现代人崇尚和信得过的“无公害、绿色、健康海鲜珍品”。

我国金枪鱼捕捞方法主要以延绳钓为主，其次是竿钓，金枪鱼的围网作业也在积极发展。现代金枪鱼延绳钓渔船以日本发展最早，在日本的远洋钓鱼船中，也以金枪鱼延绳钓渔船为主。早在20世纪70年代初，广东省从日本引进2艘旧的延绳钓渔船在南海的中沙、西沙进行了试捕，到1994年中国在南太平洋作业的中国金枪鱼渔船数量约为500艘，以钢船、玻璃钢船为主，也有少量的木船和水泥制船②。

金枪鱼延绳钓作业分为浮延绳钓、底延绳钓以及中层延绳钓三种。金枪鱼延绳钓使用的渔具主要由干绳、支绳、浮子、浮绳、钓钩等组成（即在延伸的干绳上垂挂若干根带钩的支绳，借以捕捞金枪鱼的一种工具）。在干绳上系结若干浮子，在钓钩上需装饵料，饵料主要有冷冻竹刀鱼、乌贼、沙丁鱼、鲐鱼等。

金枪鱼延绳钓捕捞技术主要包括以下三个过程：

（1）探捕，先下少量钓线，一般在500钩左右，第二天根据渔获量来判断中心渔场。

---

① 赵尊敬：《论我国金枪鱼渔业现状及对策》，载《齐鲁渔业》，1994年第6期，第18~20页。

② 赵荣兴：《中国金枪鱼渔业发展现状》，载《现代渔业信息》，1996年第5期，第18~20页。

（2）放线，探得中心渔场后开始放线，放线时间最好是在早晨3～4点，随着月光起落的推迟，放线时间也要推迟。放线的方向要横流或斜流。一般来说，一种是放线方向与海流方向垂直，此法截取断面大，可为下一次放线宽度提供参考。

（3）起线，根据测向仪测出的电信号，找到钓钩后，使船与线呈30度夹角，船带线走，速度以6节船速为宜，当起到有鱼时，船速要放慢，并倒车。把浮子、支线、无线电浮标和浮标灯暂从主线上摘下来并整理，检查主线和支线，发现有损伤要马上剪断接好。

金枪鱼钓竿捕捞：金枪鱼钓竿捕捞与普通的钓竿方式一样，金枪鱼拖曳钩钓竿的渔具主要由竿、轮、线、钩组成，钓竿的尖梢比普通杆的粗，竿的强度要很大，一般要经得起80～130磅的拉力。

金枪鱼围网捕捞具有适应性强、产量大、效益高的优点，目前采用金枪鱼围网作业的国家和地区主要有美国、日本、韩国和我国的台湾地区。在这一时期，我国还没有能力发展金枪鱼围网作业，1992年11月17日时任农牧渔业部的张延喜副部长在全国远洋渔业工作会议上明确指出了“要大力发展远洋渔业，坚定信念建立一支现代化的金枪鱼渔业围、钓并举的远洋船队”。发展远洋金枪鱼围网渔业关键是要解决渔船，目前能建造金枪鱼远洋围网渔船的只有日本和美国、西班牙等发达国家，由西班牙维哥船厂制造的西班牙金枪鱼船队的旗舰ALBACORA是世界上最大的金枪鱼围网船。我国台湾的金枪鱼围网船只也是从日本、美国购买的旧船或者合作生产的。对于我们国家来说，可以在引进国外80年代建造的旧船开展金枪鱼远洋围网捕捞的基础上建立自己的金枪鱼围网船队。

我国远洋捕捞的另一种主要作业对象就是鱿鱼。鱿鱼属于头足类，在世界头足类产量构成中，鱿鱼类占的比重最大。目前国际上捕捞头足类的作业方式主要有钓、拖网和流刺网等，其中光诱钓捕是最重要的作业方式之一，其产量约占头足类总产量的60%左右。拖网是第二大作业方式，其产量约占世界头足类捕捞总产量的25%。流刺网曾是重要的作业方式之一，其产量约占世界头足类总产量的10%，特别是在北太平洋公海海域。但在1991年第46届联合国大会上通过的第46/215号“关于大型公海流刺网捕鱼活动及其对世界大洋和海的海洋生物资源的影响”决议，规定从1993年1月1日起，在各大洋和公海海域全面禁止大型流刺网作业。

我国在1991～1993年由东海水产研究所与上海渔业公司共同承担的“东黄海鱿鱼等头足类资源调查与开发利用”课题研究，对东黄海鱿鱼资源进行了调查，探测到了东黄海鱿鱼中心渔场的海洋地理位置、分布情况。在这期间，福建省闽东渔业指挥部于1990年8月组织5对大功率对拖渔轮对闽东渔场北外侧渔区鱿鱼资

源进行了生产性捕捞调查，发现闽东鱿鱼密集区。1994年秋季“闽东北外海鱿鱼单拖技术”得到了推广，1995年“外海机轮单拖捕鱿鱼技术”在沿海示范推广，取得很好的经济、社会效益。目前我国拥有专业大型鱿钓船100多艘、改装型鱿钓船300~400艘，年产量20多万吨，已经成为世界上主要生产鱿鱼类的国家之一。

目前，我国捕捞鱿鱼的作业方法主要有：光诱鱿钓作业和灯光鱿鱼敷网作业。

（1）光诱鱿鱼钓作业。这种方法主要是利用鱿鱼趋光和摄食的习性，运用高强度灯光和自动化的钓机及拟饵复合伞钩进行钓捕鱿鱼类的一种捕捞技术。它具有节能、省劳力、高效、高技术含量等特点。光诱鱿鱼钓船主要设备：集鱼灯、鱿鱼钓机、钓线、机钩钩、手钩钩、海锚和尾帆等。

光诱鱿钓作业过程：首先要根据渔海况速报资料和现场观测的水温、海流等，确定中心渔场的大致位置，并利用探鱼仪探测鱼群映象，然后决定作业渔场的位置。选择好中心渔场后抛下海锚，并升好尾帆，以控制船位和渔船漂流的速度。在开钓前半小时，开启集鱼灯，放下钓机进行试捕。开钓时钩机运转过程中根据渔况情况调节起钓速度，最好各舷同时起钓，手钓同时开始作业。

（2）灯光鱿鱼敷网作业。灯光鱿鱼敷网作业也是利用了鱿鱼类的趋光习性，用人造光源将鱼群引诱到渔船周围的光照区域，再诱导至已经敷设在水域中的网具内进行捕捞。这是一种传统的被动性捕捞方法，目前在新光源的应用和渔具的改进后，生产力水平得到了极大提高，逐渐成为技术装备先进、捕捞方法科学的渔法。

灯光敷网渔具：有囊敷网（主尺度82米×108米），钢索，属具（浮子、沉子、沉锤、下纲铁环、支撑杆等）。敷网捕捞作业过程：过程1：灯光诱鱼。通过渔船下水灯将鱿鱼诱集到渔船附近的光照区。过程2：放网、起网。当接到放网信号时，迅速选择放网位置，先投出曳纲前端的浮球，再依次投放曳纲、翼网、囊网在水下形成包围圈，大约半个小时后开始起网收鱼①。

6. 我国海洋捕捞技术的发展（2000至今）。

进入21世纪人类伴随着科学技术的迅速发展，现代化的捕捞技术与设备以及超强度的捕捞，使得海洋资源日益枯竭，大力发展循环捕捞，有选择地进行捕捞，让渔业资源得到保护已成为社会的共识，因此在海洋捕捞上要大力发展循环经济，实现海洋渔业的可持续发展。通过运用生物技术、工程技术、信息技术来保护渔业资源、修复海洋生态环境。发展探鱼新技术：发明多功能、自动化、彩色数字显示的探鱼仪器和超声激光探鱼，建立相关海洋渔场、渔情及主要鱼港鱼市行情的监测

---

① 张明德：《浙江渔场鳀鱼资源开发利用前景及其捕捞技术》，载《中国水产》，1998年第12期，第40~41页。

及信息传递网络，确保渔业资源在保护的前提下适度捕捞。因此，21 世纪要把我国建成海洋经济强国的关键在于用高新技术改造海洋传统产业。

21 世纪海洋捕捞技术发展主要侧重于以下几个方向：首先在研究和发展海洋捕捞探鱼的基础上，提高捕捞机械，助鱼仪器等设备的水平；其次，要加快外海渔业和远洋渔业的发展，大力发展远洋大中型拖网技术，控制近海底拖网和定置作业，适当提高围网、流网、钓鱼的比例，控制捕捞强度，合理捕捞，实现海洋渔业资源的可持续发展。

（二）海洋捕捞船只的升级换代

渔船是进行海洋捕捞作业的主要工具，尤其是在发展外海和远洋捕捞时，更需要高性能渔船。因此，一个国家海洋捕捞业的发展状况就在很大程度上取决于该国渔船的发展状况。我国渔船捕捞历史悠久，但在近代由于中国半封建半殖民地的社会状况，渔业发展受到破坏，渔船发展也被迫停滞。因此在 20 世纪 50 年代中期以前，我国沿海渔民捕捞作业的渔船仍然以木制非机动渔船为主。到了 20 世纪 50 ~ 60 年代，随着捕捞业的发展，机帆渔船才得到了很好的改进，进入 1970 年代，木制帆船、机帆船已经满足不了我国渔业发展的需求，取而代之的是钢制机动汽船，到 80 年代初，我国沿海渔民基本实现渔船动力化，并朝着标准化、大马力化和现代化方向发展。以下是我国捕捞渔船在两个主要时期的发展状况。

1. 非机动渔帆船的发展（1949 ~ 1969 年）。

新中国成立后在很长一段时间我国海洋捕捞作业区域只是在近海海域，作业船只也大多数是非机动的渔船，吨位较小。据统计，建国初非机动渔船数量仅为 7.8 万艘，43 万载重吨，1960 年代末发展至近 14 万艘，60 万载重吨，为历史最高水平①。这时期我国沿海不同海域的非机动渔船主要有以下几种：

渤海海区：主要有闷腚、马槽等船型，这种渔船的特点是齐头方尾平底，吃水浅，稳定性差，不抗风浪，不能远海航行。

黄海海区：黄海北部渔船主要有排子、燕尾、燕翅、燕飞、高头等，其中排子型渔船吃水较浅，摇摆较轻，航速较快，适于流动作业；黄海南部以大沙船为主，此类船也是平底齐头，吃水较浅，但吨位较大，一般载重 500 吨，甲板平阔，抗风力和续航力都好于其他木船。

① 曾呈奎，徐鸿儒，王春林等：《中国海洋志》，大象出版社 2003 版。

东海海区：这一海区的渔船一般头尖尾宽，大多无龙骨，两舷外拱，船体多用对开原木制成，舵狭长且向前方斜插。浙江一带主要是大捕船、大对船和小钓船。福建渔船以大围缯船为代表。

南海海区：这一海区渔船种类多，船型复杂，主要以拖网船为主。如粤东的帆拖船，粤中的七膀拖船，粤西有三角艇。海南岛有一种红鱼母子钓船，母船尖头圆尾，船尾高翘，甲板可放小型钓舟20具左右，稳性较好，但航速较慢①。

由于非机动船速慢、受自然条件限制多等对捕捞业的发展产生很大的制约，所以在这个时期海洋捕捞的一个重点工作就是对非机动渔船性能进行改造，并向机动渔船的方向发展。

2. 机帆渔船的大力发展和推广（1970 至今）。

机帆渔船是靠机器动力前进的渔船，是在新中国成立后开始研制并得到不断发展的。我国机帆渔船的发展大致经历了试验、推广和大力发展三个阶段。

山东省是最早进行机帆船研制试验的，早在 1952 年山东省黄海造船厂就试制了我国第一台 12 马力渔用柴油机，1953 年当时的掖县（莱州市）试制了我国第一艘机帆渔船。1953 年黄海造船厂先后试制了 40 马力、60 马力机帆船。1954 年舟山地区在大捕船安装 40 马力柴油机，成为机帆两用船，并试验成功。

进入 1960 年代国家对渔用柴油实行优惠价政策，全国群众渔业机帆船发展迅速，到 1969 年底，全国机帆渔船已达到 1.2 万艘。在北方，群众渔业渐以 876 型 185 马力、HC814A 型 180 马力两种型号的钢壳渔船为主要更新船型。国有渔业公司则以青岛海洋渔业公司船厂设计的 450 马力灯光围网船、黄海造船厂设计的 HC815 型围网船、中国水产科学院设计的 8154 型双拖尾滑道冷冻船和上海设计的 8101 型 600 马力拖网渔船为主要更新船型。

到 1977 年全国机动渔船发展到 3.9 万艘。1980 年代中期沿海渔船数量急剧膨胀，1995 年全国机动渔船已增加到了 27.4 万艘，其中 200 马力以上的渔轮达 1.71 万艘②。

机动渔船的快速发展在一定程度上说明了这一时期我国海洋捕捞业处在快速发展阶段，同时，由于大量渔船的过度捕捞也使得我国沿海的渔业资源生存环境遭到严重破坏，资源数量日益枯竭。这也促使我国加强对近海渔船的捕捞作业的管理和控制，并大力发展远洋捕捞作业，在一定程度上推动了我国捕捞渔船向大型化、现代化、智能化的方向发展。

---

①② 曾呈奎，徐鸿儒，王春林等：《中国海洋志》，大象出版社 2003 版。

第十五章　中国海水养殖业中的技术演变

一、海水养殖业的发展状况

我国海水养殖业也有着悠久的历史，有文字记载的海水养殖情况可以追溯到宋朝，但在漫长的封建社会和近代中国半封建半殖民地的历史条件下，我国海水养殖业发展非常缓慢，1949 年全国海水养殖品种仅限于贝类，养殖范围主要集中在东南沿海，产量只有 1 万吨。新中国成立后，在大力发展海洋捕捞的同时也加大了海洋养殖业的发展力度，使我国海水养殖业在短时间里得到了恢复和健康发展。改革开放以后，一方面大力引进国外的先进养殖技术和新品种，另一方面加强海水养殖的技术研发，产生了一批优质的养殖新品种和高新技术，海水养殖业得到了快速、高质量的发展，并使我国逐渐成为世界养殖大国，养殖技术也达到了国际先进水平。回顾新中国成立后我国海水养殖业的发展历程，大致经历了以下四个发展时期。

（一）海水养殖业的恢复发展期（1949～1959 年）

在新中国成立后，在全国人民的共同努力下，国民经济很快就得到复苏，海水养殖也有了稳步的发展，在东南沿海各地先后建立了一批国营海水养殖场。在这其中成立较早、规模较大的养殖场主要有：辽宁省旅大水产养殖场、山东省水产养殖场、浙江省鄞县合岙养蚶场、福建省连江水产养殖场、广东省潮汕水产养殖场等。这些国营海水养殖场的建立对群众发展海水养殖业起了示范作用，推动了沿海各地海水养殖的发展。经过“一五”计划的恢复，到 1959 年全国海水养殖面积扩大到 10.2 万平方公顷，比 1950 年增加 5 倍多；养殖产量上升到 10.5 万吨，比 1950 年

增长9倍多[1]。

（二）海水养殖业的曲折发展期（1960～1976年）

这一时期，在经历了1958年“大跃进”和三年自然灾害后国家对经济发展进行了调整，国民经济逐渐得到了恢复，海水养殖业也得到了喘息的机会，从全国的养殖情况来看，海带养殖产量有所增长，贻贝养殖也有所发展，紫菜养殖开始起步。但由于“左”的思想干扰，海水养殖业一度出现曲折和徘徊。为了走出这一困窘，国家加快海水养殖业的发展步伐，水产部在1962年召开了全国海水养殖汇报会，会议总结了前几年全国海水养殖生产的经验教训，确定了海带养殖要根据条件适当进行发展的方针，贝类养殖面积争取恢复到1957年的水平，海珍品要继续试养并积极保护资源，力争在巩固和稳定滩涂养殖的基础上积极开发浅海养殖。经过3年的调整，滩涂贝类生产有所好转，坛紫菜人工采苗获得成功，贻贝海区采苗着手进行，海水养殖生产开始有起色。

1966年以后全国掀起了轰轰烈烈的文化大革命运动，在“四人帮”等人的干扰和严重破坏下，“左”的思想影响更加严重，沿海各地大规模的围海造田运动，造成广东、浙江、江苏等地良好的滩涂贝类养殖场地面积锐减，使海水养殖的基础受到了重大影响，但在全国人民的艰苦奋斗下和养殖新技术、新品种的推广，我国海水养殖在曲折中还有所发展，1976年全国海带养殖产量达到15万吨，比1969年翻了一番；贻贝产量达到7.7万吨，比1969年增长6倍[2]。

（三）海水养殖业的蓬勃发展期（1978～1988年）

1978年党的十一届三中全会确立了我国经济发展的工作重心，为海水养殖的发展指明了方向，1979年2月国家水产总局[3]在北京召开全国水产工作会议，会议根据十一届三中全会的精神，在总结了近三十年的水产工作经验教训的基础上，研究了水产工作方向的调整和着重点转移，制定了加速发展水产生产的方针、政策和措施，使我国海洋渔业生产结构得到较大调整，调动了沿海各地贫瘠海区大面积发展海带养殖的热情，并在沿海各地大力推广海带养殖的成功经验，调动了全国各地养殖业的积极性，使我国海水养殖业进入了蓬勃发展的好时期。

①②　曾呈奎，徐鸿儒，王春林等：《中国海洋志》，大象出版社2003版。

③　为了调控我国海洋捕捞业的发展，1978年3月，国务院设立国家水产总局。

（四）海水养殖业的科学发展期（1990 年至今）

在这期间，随着国家改革开放的进一步深入和社会主义市场经济体制的不断完善，国家加快了海水养殖产业结构的调整，加大养殖业技术创新的力度，使新技术和新品种得到了大力推广，推动了我国海水养殖的绿色发展、可持续发展。这一时期科技工作者在种苗遗传育种、养殖生态环境研究和养殖饵料等方面也取得了重大突破，使我国的对虾、海参、鲍鱼、大菱鲆等名优品种养殖获得了较快的发展，并逐渐形成了以养殖鱼类为主的第四次蓝色浪潮。

二、海水养殖技术的发展

从我国海水养殖业的四个发展时期可以看出海水养殖技术创新在一定程度上直接推动了我国海水养殖业的发展，科学技术是第一生产力已经成为人们的共识。人们形象地把新中国成立后由技术创新带来的海水养殖快速发展的四个时期称为“四次蓝色浪潮”，即海带、紫菜等藻类养殖为代表的第一次蓝色浪潮；以扇贝等贝类养殖为代表的第二次蓝色浪潮；以对虾养殖为代表的第三次蓝色浪潮和以大菱鲆、鲽类等鱼类养殖为代表的第四次蓝色浪潮。

（一）海带夏苗培育、紫菜人工采苗技术为代表的第一次蓝色浪潮（1949 ~ 1969 年）

1. 海带养殖新品种的培育和推广。

我国海带养殖技术比较成熟，早在 1954 ~ 1955 年中国科学院海洋生物研究所在曾呈奎①教授的领导下创造了海带夏苗培育法。之后1958年，朱树

① 曾呈奎，男，1909 年 6 月 18 日生于福建厦门，1980 年 1 月加入中国共产党，1980 年当选中国科学院院士，1985 年当选第三世界科学院院士。是世界著名海洋生物学家，我国海洋科学的主要开拓者之一，我国海藻学研究的奠基人之一和我国海藻化学工业的开拓者之一，中国科学院资深院士。曾呈奎院士曾先后荣获 2001 年美国藻类学会“杰出贡献奖”、“2002 年度山东省最高科学技术奖”、国家民政部授予的“2004 年度全国爱心捐助奖”，他的“海带养殖原理研究”荣获 1978 年全国科学大会奖。

屏[①]教授带领下的黄海水产研究所和山东水产养殖场进行了海带自然光育苗实验研究并获得成功。这种育苗法出苗率高、设备简单、操作方便，可以节省人力70%、电力65%、投资75%，提高单产50%[②]，在国内属首创。

同时，曾呈奎、吴超元等教授还主持完成了海带人工养殖原理的研究，提出了海带陶罐施肥法、夏苗培育法、切梢增产法及海带养殖南移。这时期的山东海洋学院方宗熙教授等开创建立的海藻遗传理论与良种选育技术，也为海带、紫菜新品种培育和海藻养殖业的发展起到了重要的支撑和推动作用。在国家大力发展养殖海带政策的支持下，全国先后建成海带工厂化育苗场17座，年生产能力65亿株，可以满足1.3万平方公顷海带生产用苗。

20世纪60年代黄海水产研究所、山东海洋学院和中国科学院海洋生物研究所等科研院所开展了海带遗传育种研究，在1960年先后选育出“海青1号”（宽叶品种）、“海青2号”（长叶品种）、“海青3号”（厚叶品种）、“海青4号”（薄叶品种）和若干自交系品种。山东海洋学院方宗熙教授等于1973年在我国首次进行海带单倍体遗传育种研究，获得单倍体的雌性克隆与雄性克隆，发现海带雌性生活史并利用单倍体进行杂交，培育出“单海1号”优良新品种。

因此，这一时期的海带自然光低温育苗技术和全人工筏式养殖及南移获得成功，为我国海带养殖迅速发展奠定了技术基础，海带养殖产量增长迅速，1958年全国海带养殖产量仅0.6万吨，到1980年产量达到25.3万吨，与1958年相比增长40多倍[③]。

2. 紫菜人工采苗技术获得成功。

紫菜是我国最早进行人工养殖的一种海藻。南方海域以养殖坛紫菜为主，北方海域则以养殖条斑紫菜为主，其中，坛紫菜养殖面积和产量均占紫菜养殖总面积和产量的90%以上，福建是我国主要的紫菜养殖地区。

早在20世纪50年代初山东水产养殖场在青岛、烟台等海区就进行过紫菜采孢

---

① 朱树屏（1907.4.1～1976.7.2），男，号叔平，字锦亭，山东昌邑人。世界著名海洋生态学家，水产学家，教育家，世界浮游植物实验生态学领域的先驱。中国海洋生态学、水产学及湖沼学研究的先驱和奠基者。培育了新中国第一代水产科技人才。1947年1月至1948年9月，先后任云南大学教授、中央研究院动物研究所研究员、创建我国第一个本科水产系山东大学水产系，并任水产系首任主任。在水产系成立了渔捞、养殖、加工3个专业组，还争取到实习调查船。1955年，首先指导海带施肥养殖研究获得成功。1978年获山东省科学大会奖。1956年8月至1957年6月，与有关专家组织领导海带南移研究获得成功，1978年获山东省科学大会奖。1957～1958年，与有关专家共同发明创造了海带自然光育苗法，海带自然光育苗技术在世界领先，是中国海水养殖史上具有重大意义的科研成果，推动了中国海带养殖的大发展，使中国海带养殖技术与产量均居世界领先地位。由朱树屏领导完成的《海带施肥养殖》、《海带自然光育苗》、《坛紫菜人工育苗与养殖的研究》三项成果，均获1978年全国科学大会奖。

②③ 曾呈奎，徐鸿儒，王春林等：《中国海洋志》，大象出版社2003年版。

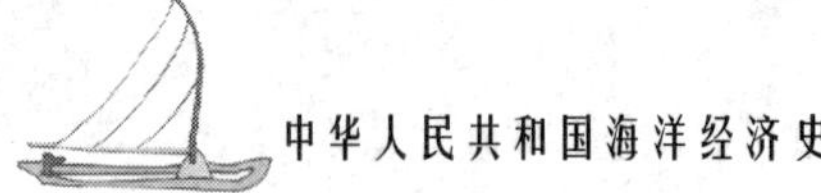

子的初步试验。1954～1957 年中国科学院海洋生物研究所曾呈奎、费修绠、任国忠、张德瑞等藻类专家在青岛和福建平潭开展紫菜生活史的调查研究，通过对紫菜生活史各发展阶段的全面研究，查明了紫菜果孢子放散后溶附在贝壳内，蔓生为丝状体度夏，入秋形成壳孢子，放散水中后附着生长成小紫菜，这一研究结果成功地解决了紫菜养殖的基本理论与技术关键问题，由此揭开了紫菜人工采苗的序幕。

1954 年后大批藻类学者也对条板紫菜的丝状体和叶状体两个阶段的生长发育及其与主要环境因子的相互关系进行系统的实验研究，1959 年坛紫菜半人工采苗实验研究取得成功[①]。进入 60 年代当时的水产部组织坛紫菜人工养殖技术攻关，取得重大进展，打开了养殖紫菜的新局面。1966 年浙江进行条斑紫菜人工采苗试验获得成功，1970 年江苏启东条斑紫菜人工育苗也告成功，从此紫菜进入全人工养殖新阶段[②]。

在紫菜养殖方式上，1964 年设计的支柱式、半浮流式或浮流式的养殖筏架创造了活动竹帘式养殖法，并获得大面积试生产成功，这种方法突破了潮位的限制使紫菜养殖面积扩大，使我国在 1980 年养殖面积扩大到 3333 公顷，产量达到 7200 吨，1984 年养殖面积增加到 5870 公顷，产量达到 1.2 万吨，在不到 10 年的时间里我国紫菜养殖获得了快速的发展，养殖面积相比扩大了 7.9 倍，产量增长了 8.7 倍[③]。

（二）贻贝采苗、扇贝养殖技术为代表的第二次蓝色浪潮（1970～1980 年）

1. 贻贝采苗技术的研究。

我国贻贝[④]人工养殖始于 20 世纪 50 年代中期，在 1957 年就开始进行紫贻贝和翡翠贻贝的人工育苗和人工养殖试验。70 年代初北方紫贻贝筏式养殖和海区半人工育苗取得成功，大连湾很快成为北方紫贻贝的养殖中心区；1975 年全国海水养殖工作会议确定贻贝养殖为第一个重点品种，促进了贻贝养殖的大发展，1976 年我国养殖贻贝的产量占到养殖贝类产量的 87.9%，其中山东、辽宁成为贻贝养殖

①②③ 曾呈奎，徐鸿儒，王春林等：《中国海洋志》，大象出版社 2003 年版。

④ 贻贝，在我国北方称为“海红”，南方称为“东海夫人”，我国沿海主要分布有紫贻贝、厚壳贻贝、翡翠贻贝三种。

的主要省份[1]。在贻贝自然采苗方面，1973 年中国科学院黄海水产研究所在烟台沿海试验成功了“废旧草绠采苗法”，这种方法是利用收割海带后的废旧物料，既节省、又省工，很快得到了推广，1975 年在推广废旧草绠采苗法后当年采苗达 4 亿枚左右，1976 年苗产量达到 29 亿枚左右，山东在 1977 年的贻贝养殖面积占到了全国的 70%，成为贻贝养殖的主产区[2]。

2. 扇贝养殖技术的推广。

在这同一时期，我国的扇贝养殖技术也取得了重大突破。扇贝养殖在我国始于 20 世纪 70 年代中期，养殖的主要品种有黄渤海区的栉孔扇贝、从北美洲引进的海湾扇贝和从日本引进的虾夷扇贝。栉孔扇贝在我国只分布在山东和辽宁的部分海区，1974 年山东海洋学院（中国海洋大学前身）在烟台、威海和长岛进行了扇贝的半人工菜苗试验并获得成功。1978 年国家水产总局在山东长岛县后口举办了全国首次扇贝养殖技术培训班，并着手筹备建立海珍品育苗室，到 1987 年全国共建成 50 多座扇贝育苗室，育苗水体达 2. 7 万立方米，培育栉孔扇贝苗 5. 8 亿个[3]。

中国科学院海洋生物研究所从 1982 年开始先后 3 次从美国引进海湾扇贝种贝，终于获得育苗成功。1983 年张福绥[4]教授在经控温蓄养获得室内人工育苗技术，并在山东胶南、乳山自然海区进行生产性试养，当年每公顷产 37. 5 吨。引进的海湾扇贝与栉孔扇贝相比肉体肥壮，肉柱出成率比栉孔扇贝高 10%，而且适温性广，自北方的辽宁到南方的福建、广东均适宜养殖，生长快，周期短，当年育苗可当年养成。大连市在这期间从日本引进虾夷扇进行育苗研究并在 1986 年人工育苗成功，育出苗 20007 个，国外扇贝新品种的引进和推广使我国北方扇贝养殖形成了以栉孔扇贝养殖为主，海湾扇贝、虾夷扇贝并举的新格局。

这期间，青岛海洋大学（中国海洋大学前身）水产学院教授发明了牡蛎三倍体育苗等核心技术，突破贝类种苗全人工繁育和良种培育领域系列关键技术。之后

---

① 中国科学院海洋研究所贝类实验生态组：《贻贝的养殖研究》，载《海洋科学》，1979 年第 1 期，第 69 ~ 73 页。

②③ 曾呈奎，徐鸿儒，王春林等：《中国海洋志》，大象出版社 2003 年版。

④ 张福绥，男，中国工程院院士，海洋生物学家，水产养殖学专家。出生于山东省昌邑县。1953 年毕业于山东大学。1962 年于中国科学院海洋研究所副博士研究生毕业。现任中国科学院海洋研究所研究员、博士生导师，兼任中国贝类学会理事长，中国动物学会理事，中国海洋学会理事。是我国海洋贝类增养殖生物学和养殖产业化的主要奠基人。80 年代首次从美国大西洋沿岸引进海湾扇贝，研究解决了在中国海域养殖海湾扇贝的一些生物学与生态学问题，从而在产业化规模上建立了一套工厂化育苗与养成的关键技术，并致力于向社会推广，在我国北方海域形成世界上第一个海湾扇贝养殖产业。90 年代又引进墨西哥湾扇贝的南北两个种群至南海与东海，相继形成产业。近年来他一直关注海水养殖业存在的种质、病害、环境与产品质量等问题，提出实施离岸养殖等措施。曾获国家科技进步一等奖（1990）1 项、陈嘉庚农业科学奖（1995 年度）1 项、第三世界科学院农业科学奖（2000 年度）1 项、山东省科学技术最高奖（2005 年度）1 项及省部级奖多项。

中国海洋大学鲍振民教授还培育成功了“海大蓬莱红”扇贝新品种，为我国海洋贝类养殖业的可持续发展不断注入新的活力。

（三）对虾全养殖技术为代表的第三次蓝色浪潮（1980～1990年）

对虾养殖业在我国历史较长而且养殖种类较多，早在20世纪50年代沿海渔民就利用潮汐纳苗和捕捞天然虾苗开展对虾养殖。1958年天津市水产研究所和中国科学院海洋研究所在北塘首次进行中国对虾人工繁育试验，利用越冬亲虾培育出首批人工孵化的仔虾，迈出了对虾人工繁殖的第一步。此后在相关科技人员的共同努力下，连云港海洋水产站对中国对虾、珠江水产研究所对墨吉对虾的人工繁殖育苗也均获成功；1962年长毛对虾的育苗又获成功；1969年斑节对虾育苗也获得突破[①]。不过，这一时期的对虾养殖主要还是依靠天然捕捞的亲虾来进行繁殖。

随着对虾人工养殖业的发展和对虾的大量捕捞，天然对虾的数量不断减少，但是人工养殖对虾需要的亲虾还是主要来自天然捕捞，因此要大规模发展对虾养殖必须解决对虾的育苗技术。为此，国家水产总局在1980年组建了中国对虾工厂化育苗技术攻关领导小组，组织黄海水产研究所、中国科学院海洋研究所、山东海洋学院水产系、山东省海水养殖研究所、浙江省海洋水产研究所等科研院所开展中国对虾工厂化人工育苗试验并获得成功，当年培育出虾苗3.4亿尾，达到了工厂化育苗批量生产的目的。

这项中国对虾工厂化人工育苗技术已经达到当时的世界先进水平，并获得1985年国家科技进步一等奖。在这期间由黄海水产研究所杨从海副研究员带领的课题组发明的“人工移植精荚”方法，找到了解决对虾人工养殖自然交尾率低的有效办法，研究成果通过了我国甲壳动物学会的技术鉴定，很快在生产上得到了推广，为研究中国对虾的遗传育种提供了新的手段。

中国对虾工厂化育苗技术取得成功，如何在全国沿海推广养殖对虾被提上日程，1982年国家水产总局在北京召开了第二次全国对虾养殖工作会议，会议制定了“巩固提高、稳步发展的养虾方针”，并对中国对虾经营管理和实行科学养虾、提高经济效益等问题进行了讨论。1987年以后对虾养殖在全国沿海兴起，到1990

---

① 中国科学院海洋研究所贝类实验生态组：《贻贝的养殖研究》，载《海洋科学》，1979年第1期，第69～73页。

年全国养虾面积达 14.4 万平方公顷，产虾 18.4 万吨，其中山东 5 万平方公顷，产虾 4.3 万吨，占到全国对虾养殖产量的 23%。但是后来因为近海捕捞作业强度过大，造成沿海海域污染加重，生态环境恶化，导致 1993 年全国对虾白斑病大面积暴发，使我国对虾养殖业遭到重创，全国对虾养殖产量也由 1991 年 21.9 万吨的历史最高水平跌至 8.8 万吨①。

为了找到解决治疗白斑病的方法，沿海各地以及相关科研院所对克服对虾白斑病寻求更加科学合理的养殖方法进行一系列的实验。通过实验一方面对对虾种质问题进行研究，对中国对虾进行品种选优，中国科学院黄海水产研究所采用健康养殖新技术对中国对虾优良品种进行了种群筛选技术、对虾苗种及养成技术和对虾种群隔离区的设计和建立技术等方面研究的基础上培育出了我国第一个人工选育海水养殖动物新品种——“黄海 1 号”中国对虾。这种对虾具有生长快、抗病能力强等优良性状，2004 年通过国家水产原良种审定委员会的审定，并在沿海各地得到了推广生产。另一方面对养殖方式进行了改进，改变过去虾池单一养殖对虾的方式，探索虾鱼贝藻的混合养殖，确保养殖水域的生态平衡，最大化利用养殖空间，大力推广网箱养殖和大面积围网养殖，这样可以远离近海遭到污染的水域，减少对虾疾病大面积暴发的概率。

（四）大菱鲆、鲽类等名优鱼类养殖技术为代表的第四次蓝色浪潮（1991 年至今）

20 世纪 90 年代以来，传统的水产养殖产业受环境、气候影响较大，加上近海遭受严重污染，使我国的养殖产品种质、品位有所下降，在这种情况下，人们认识到必须依靠科技进步，提高水产养殖的科技含量，因此这一时期引进养殖新品种，加大对名优产品的育苗及养成技术的研究成为水产养殖业可持续发展的必由之路。

在我国最早开创鱼类养殖优良品种引进并获得成功的是中国工程院雷霁霖院士②，1992 年雷霁霖院士第一个从英国引进大菱鲆良种，经过 7 年的攻关、3 年推广和 4 年的发展，最终突破了大菱鲆的人工育苗技术，掌握了苗种发育的关键技

① 曾呈奎，徐鸿儒，王春林等：《中国海洋志》，大象出版社 2003 版。

② 雷霁霖，1935 年 5 月 24 日出生于福建省宁化县，畲族。1958 年毕业于山东大学。现任中国水产科学研究院黄海水产研究所研究员，中国海洋大学兼职教授和博导，是我国著名的海水鱼类养殖学家，工厂化育苗与养殖产业化的主要奠基人和学科带头人。在我国海水鱼类繁殖生物学、胚胎学、工厂化种苗培育和增养殖技术方面取得了重要成果，40 多年来，雷院士先后系统地研究了 22 种经济鱼类的繁殖与养殖，已经有鲆、鲀、石首鱼等 8 种实现了产业化。

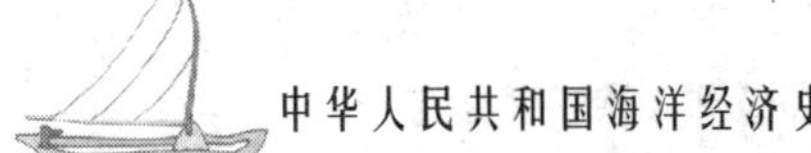

术，并通过控制光照、温度等环境因素，建立了符合我国国情的“温室大棚+深井海水”工厂化养殖模式，并以实现产业化为龙头在我国掀起了以海水鱼类养殖为主的第四次蓝色浪潮。现在大菱鲆养殖已成为年产量5万吨，年产值超过45亿元的大产业，成为了中国北方海水养殖的支柱产业。

在大菱鲆养殖产业化的带动下，沿海各地加快了鱼类养殖的研究速度，目前鲆鲽类鱼类的养殖正由北方沿海向南方地区辐射，主要养殖品种还是以大菱鲆和牙鲆为主，由中国海洋大学海洋海洋生命学院张全启教授为主开展了星鲽和石鲽生殖调控、强化培育、人工诱导亲鱼产卵和工厂化苗种培育等研究发明了鲽类生殖调控和人工繁育技术，成功解决了星鲽和石鲽规模化人工苗种生产问题，促进了人工繁殖技术的发展。同时在重要海洋经济动物营养学研究与饵料开发、海水健康养殖理论与技术、病害防治等方面形成的理论和技术体系也为海水养殖业可持续健康发展提供了重要支撑。

在此期间，刺参、鲍鱼等名优海珍品养殖产业也得到了发展，我国刺参增殖养殖最早始于20世纪50年代末，当时的中科院青岛海洋所、国家海洋局第一海洋研究所、黄海水产研究所等科研单位先后对刺参人工育苗进行攻关，并在70年代初刺参人工育苗试验成功，到80年代中期刺参的人工育苗技术形成较为系统的操作规范，推动了刺参养殖的产业化发展。实现刺参增殖主要有两种方法，一种是选择适合养殖的海域投放人工培育的苗种；二是从其他水域向刺参增殖区移植亲参。在80年代主要采用苗种的人工放流实现刺参增殖，到90年代探索发明了筏式贝参混合养殖、人工造礁养殖、海底投石增殖、港湾投石养殖、潮间带垒石养参和刺参围网养殖技术等新方式来实现刺参的增值①。

我国北方鲍类养殖的主要品种是皱纹盘鲍，这种鲍鱼被誉为“海八珍”之首。早在1959年山东省烟台水产养殖场曾两次从长岛引进皱纹盘鲍种鲍117.5kg，分别投放在烟台山下和担子岛周围海区，使其自然繁殖生长。1985年长岛县海珍品试验增殖站在黄海水产研究所科技人员指导下，在市内人工培育幼鲍18万个，创下鲍大水体人工育苗的新纪录②。鲍鱼苗的养殖方式主要有：海上筏式养殖，潮间带网箱床式养殖，海边围池养殖，陆地工厂化养殖。

进入90年代皱纹盘鲍人工育苗新技术获得突破并进入生产性阶段，为鲍鱼大面积增殖创造了条件。中国科学院海洋研究所在对皱纹盘鲍不同地理群体间的遗传

---

① 王兴章，邢信泽：《中国北方刺参增养殖发展现状及技术探讨》，载《现代渔业信息》，2000年第15期，第21~22页。

② 曾呈奎，徐鸿儒，王春林等：《中国海洋志》，大象出版社2003年版。

差异进行研究，缓解或解决养殖皱纹盘鲍大规模死亡问题。通过定向选择性杂交，培育出我国第一个贝类养殖新品种“大连一号”杂交鲍，其养成周期缩短0.5～1年，成活率提高1～2倍。目前皱纹盘鲍杂交已经实现产业化，年产值达到25亿元以上①。

三、21世纪海水养殖技术的发展

21世纪是海洋世纪，也是海洋经济可持续发展的时代，我国在21世纪海洋经济可持续发展的总体目标就是要在不断开发海洋，发展海洋经济的同时，大力发展循环经济、蓝色经济为我们的子孙后代在经济建设、环境保护、社会发展等各方面营造长期、有效的可持续发展生存条件和空间。我们必须全面落实科学发展观，在海洋经济可持续发展的战略指引下，加大对海洋经济尤其是主要海洋产业的科技研发投入力度，争取更大的海洋科技成果，为我国海水养殖业产业的可持续发展做出重要贡献。站在新世纪展望我国海水养殖业的发展前景，以下几个方面将是我国海水养殖业发展的重点。

（一）工厂化养殖、深海抗风浪网箱养殖技术产业化发展

工厂化养殖是一种新兴的养殖模式，具有科技含量高、投入高、产出高的特点，被视为现代渔业的代表。我国的工厂化养殖最早始于20世纪70年代，经过十多年的技术消化吸收，到90年代初才进入产业化发展阶段，到2003年全国海水工厂化养殖场有近2000家，养殖面积约1500万立方米，其中主要分布在山东、河北、辽宁沿海。

国际上的工厂化养殖方式大体上可分为流水养殖、半封闭循环水养殖和封闭循环水养殖三种。我国主要以工厂流水养殖为主，其中又以采用“地下深井＋自然海水式温流水养鱼场”为典型代表。其厂房多采用轻钢结构，深色玻璃钢瓦，砖混墙体，养殖全过程中均实行开放式流水。封闭式循环水养殖技术在我国也得到了一定的发展，取得了一定的技术成果。比较有代表性的是由中国水产科学院黄海水产研究所创造的工厂化封闭式循环水鱼类高密度养殖工程技术。该养殖工艺流程

① 科技部：《海洋高技术成果汇编（2001～2005）》，海洋出版社2007年版。

为：养鱼池——→自动控制微滤机——→快速过滤器——→蛋白质分离器——→一级生物净化池——→二级生物净化池——→水温调节池——→模块式紫外线消毒池——→高效增氧罐——→自动水质监测——→养鱼池。采用这种方式建造1000平方米的水体循环系统，可以实现水循环1次/2小时，水利用率为95%，通过养殖大菱鲆试验，单位产量可达35千克/平方米水体①。相对我国工厂化养殖设备的落后情况，这种封闭式循环水养殖方式具有广阔的市场空间。

我国深海抗风浪网箱养殖研究历史较晚，直到1998年夏海南省临高县才首次从挪威瑞发（REFA）公司引进周长40~50米的大型深海抗风浪网箱设备，开创我国深海大型网箱养殖业的先河。为了加快发展我国沿海的深海网箱养殖，山东、浙江、福建、广东等省的一些科研院所和养殖企业密切合作，开展深海抗风浪网箱技术的引进、消化吸收和开发应用等研究工作。由中国水产科学研究院黄海水产研究所承担了国家“十五”和“863”计划——“深海抗风浪网箱的研制”课题，经过大量的基础研究和产业基础设施开发，利用“以柔克刚”和“圆形结构受力均一性”的设计原理，采用自主开发的HDPE钢材，并在网箱的结构设计、网具扎制、焊接工艺、防污处理和升降控制等关键技术上进行了创新，研制成功了HDPE圆形浮式和升降式抗风浪养殖网箱。现在已经推广应用网箱500余只，并出口到俄罗斯和新西兰等国，网箱设施收入3000多万元，网箱养殖效益8800万元，共创产值约1.2亿元②。深海抗风浪网箱具有大容量、生态型、安全、高产、高效的技术优势，为其在沿海地区大面积推广奠定了良好的产业基础。

沿海其他地区抗风浪网箱研究也取得重大成果，由浙江海洋学院等单位完成的深水抗风浪网箱及其养殖示范工程和由中科院黄海水产研究所研制出的深水网箱养殖配套使用的水下监视系统、鱼类大小分级装置、真空活鱼起捕机、网衣清洗机和自动投饵机等为我国发展深海抗风浪养殖提供了重要的技术保障。

（二）海洋生物技术在海水养殖科研和生产上的运用

海洋生物技术涉及海水养殖，海洋生物活性物质提取和环境与资源保护等几大领域，主要针对我国当前海水养殖品种退化、病害严重等问题，但是研究重点和热点则集中在海水养殖种子工程的基因工程和细胞工程上。

基因工程主要是通过人为的干预对基因进行操作，获得动植物的优良品系，我

①② 科技部：《海洋高技术成果汇编（2001~2005）》，海洋出版社2007年版。

国在转基因的研究中已获成功，生物学家朱作元在世界上首创鱼类基因工程育种的先河；国家海洋局第三海洋研究所运用基因工程技术，率先从我国三种海水鱼中克隆出了鱼类生长激素，使养殖鱼类产量增加了20%以上，缩短了人工养殖高档鱼类的生长周期，产生了很好的经济和社会效益。此外，中国科学院海洋研究所曾呈奎院士在海藻蛋白基因的分离与纯化，外缘基因导入及检测技术上也取得了突破。

细胞工程育种是在细胞和染色体水平上进行遗传操作，改良品种的育种新技术，与传统育种相比，它具有速度快、效率高和目的性强的特点，通过这种技术培育的三倍体动物具有不育性，可使极少的能量用于性腺发育，更多的能量用于生长，具有生长快、个体大的优势，提高养殖品种的品质，降低死亡率。由厦门大学主持完成的杂色鲍遗传改良技术已经通过福建省科技厅的专家鉴定，这种方法采用杂交、选择结合分子标记辅助技术开展遗传改良研究，已经选育出第二代快长选育群。杂交种和选育系在合作单位生产应用，获得产值721万元，利润255万元①。

海洋生物技术在传统养殖产业也有广泛的应用。我国是世界上海带养殖量最多的国家，“901”海带是目前我国正在推广的优良品种，按照传统的方法繁殖培育，两三年内品质就会退化，烟台市水产技术推广中心在我国率先将细胞和染色体水平上的克隆技术，应用到了海带上的育种、保种、育苗的生产中，解决了品种退化的问题，保证了品种的遗传稳定性。

通过克隆这种无性繁殖技术，一方面为我国海洋养殖品种在杂交育种的利用上开辟了新的道路；另一方面也提高了养殖品种的品质水平，避免了品种间混杂，对改进我国传统的育苗生产模式起到了重要的促进作用。

（三）栉孔扇贝高产抗逆新品种培育、石斑鱼人工繁育技术的研发

扇贝养殖是我国海水养殖业的主导产业之一，优良品种的培育已成为实现水产养殖业持续发展的关键因素之一。进入21世纪国家确立了以扇贝现代良种培育技术体系的建设，实现养殖良种化的目标，通过研发扇贝的遗传参数精确评估技术，构建精细遗传连锁图谱，应用分子标记辅助育种技术和杂交育种技术，培育高产、抗逆优良品种。在扇贝新品种研发方面，中国海洋大学包振民教授在对栉孔扇贝多年强化选育的基础上，应用远缘杂交，雌核发育和横交固定等技术，进而通过分子

---

① 科技部：《海洋高技术成果汇编（2001~2005）》，海洋出版社2007年版。

标记技术结合常规育种技术培育出高产抗逆的扇贝养殖新品种“蓬莱红”。2006年1月通过了全国水产原良种审定委员会评审。这种新品种壳色鲜红、高产抗逆、性状稳定，比常规养殖品种增产35%～68%以上，死亡率降低30%以上。目前已在山东、辽宁和浙江等地试养植1万余亩，新增产值2亿多元，增加纯收入1500余万元①。如果能在全国40万亩栉孔扇贝养殖生产中的50%的养殖单位采用“蓬莱红”新品种，其增产、增收效果预计将在100亿元以上，经济效益显著，而且可以改变我国海水贝类遗传育种的落后局面，推动贝类养殖业的发展。

石斑鱼是一种雌雄同体的鱼类，一般雌性先熟后发生性转化变为雄鱼，雌雄性较难控制，而且初孵化子鱼个体小，对开口饵料要求严格，子鱼纤弱，鱼苗自相残杀，被认为是海水鱼类中人工育苗难度最大的种类之一。以前石斑鱼养殖靠的是钓捕和笼诱天然捕捞鱼苗，很难解决对石斑鱼鱼苗的大量需求。由福建省水产研究所承担的重点科技攻关项目“石斑鱼规模化人工育苗技术开发”获得成功，这项技术目前是世界上水平最先进的。

福建省水产研究所已经研究石斑鱼繁育技术13年，随着人工育苗技术的逐渐成熟及石斑鱼繁育基地的配套建设，这里必将成为亚太地区石斑鱼优良种苗的繁育和供应中心，不仅可以产生巨大的经济效益，还从理论上丰富了海水鱼类繁养殖生物学和生物多样性的研究内容，对其他海水养殖鱼类起到借鉴、带动和示范作用，进而推动我国海洋鱼类养殖事业的发展。

（四）中国对虾健康养殖技术的研究与示范

我国对虾养殖面临苗种培育生长不稳定、抗逆性差和性状退化严重的问题，由中国水产科学院黄海水产研究所王清印研究员任首席科学家的国家农业科技跨越计划项目“中国明对虾健康养殖技术研究与示范”研究成果通过了山东省科技厅有关专家的技术鉴定。该项目自2000年实施以来，在“中国对虾无特定病原种群选育”等课题前期研究工作的基础上，采用选择育种与分子生物学遗传标记辅助育种技术、全人工控制条件下的对虾种群延续保护技术，通过连续6代的选育，培育出我国第一个人工选育海水养殖动物新品种“黄海1号”中国明对虾新品种②。而且还通过设立养殖示范区，确立对虾养殖过程中的生态环境优化技术，并建立了海水养殖、盐碱地地下渗水养殖和工厂化养殖等不同的养殖模式。

---

①② 科技部：《海洋高技术成果汇编（2001～2005）》，海洋出版社2007年版。

这项研究成果以中国明对虾快速生长品种选育技术、中国明对虾高健康苗种培育技术和中国明对虾健康养殖和病害综合防治技术为核心技术，以对虾暴发性流行病快速诊断技术、对虾疾病药物防治技术和对虾养殖有机污染物的降解技术为配套技术，建立和完善了中国明对虾健康养殖技术体系，制定了中国明对虾亲虾生产操作规程、高健康对虾苗种培育操作规程、中国明对虾健康养殖技术操作规程和滩涂盐碱地渗水养虾技术操作规程等四项技术操作示范规程，设立了健康养殖示范区，其研究成果对缩短我国与世界先进水平的差距并在多方面保持同步甚至领先地位具有重要意义。

通过以上不同时期的发展状况可以看出，技术创新对我国海水养殖业的发展具有重大的推动作用。海水养殖业作为我国传统的海洋经济产业，在国民经济的发展过程中起着举足轻重的作用，随着经济的快速发展和人民生活水平的提高，国民对海水产品的品种和质量要求会产生大幅度的增长，因此我们必须贯彻落实科学发展观，以海水养殖为主、养捕结合的发展思路，重点是加大对海水养殖科技研发的投入力度，加快技术创新成果的转化力度，以科技创新加快海水养殖产业的升级，使我国的海水养殖业迈向快速、健康、可持续的绿色发展道路。

第十六章　中国海洋水产品加工业中的技术演变

一、海洋水产品加工业的发展状况

我国海洋水产品加工业的发展是伴随着海洋捕捞产业的发展而逐步建立起来的。生产方式从新中国成立初的“一把菜刀，一把盐”的粗加工小作坊逐步发展到现在的产业化冷冻加工和精深加工专门化行业；产品结构也由过去单一的盐干鱼、大冻块产品的粗滥加工，转变成以多层次、多品种、方便化的小巧包装冻品、制品和调理食品为主，品种涉及水产制冷、腌制、干制、罐制以及水产工艺品等10多个专业门类的现代工业体系。

从我国海洋水产品加工业的发展历程来看，水产品加工业的起步最早始于1950年代中期，1955年国家在舟山建立第一家鱼粉厂，1956年当时的上海水产局在上海水产公司冷冻厂和鱼肝油厂的基础上建立了上海鱼品厂进行鱼类的加工。经过“一五”期间恢复和发展，克服了发展道路上的种种困难，由简单手工业作坊模式逐渐走向了工业化的发展通路。据统计，1957年全国水产品加工总量达到312万吨，是1949年加工总量49万吨的6.4倍[①]。

1978年党的十一届三中全会以后，我国海洋渔业捕捞和养殖生产获得了快速全面发展，为水产品加工业的发展带来了有利的条件和丰富的渔业资源，1997年水产品总产量按新统计标准达到3601.8万吨，是1978年的7.7倍，占世界水产品总产量的30%[②]。与此同时，我国水产品加工业也取得了长足的发展，水产品加工

① 中国食品工业：《中国水产品加工业利国富民五十年》，载《中国食品工业》，1999年第10期，第20～22页。

② 陈德隆：《我国水产加工业现状》，载《中国食品工业》，1999年第3期，第34～37页。

业整体实力不断增强，数以百计的企业通过技术改造和引进国外先进的技术和设备，产品质量与产品安全意识增强，在国际市场的竞争力显著增强。据统计，1997年全国有水产冷冻、加工企业5866家，加工能力907.2万吨，加工品产量498.4万吨，折原料约1000万吨，占水产品总产量的27.8%；冷冻品产量280.5万吨，占到加工品产量的56.2%①。

进入21世纪，随着科学技术的不断发展和人民生活水平的提高，人民对水产品的需求也将大幅增长，我们要充分利用水产品营养价值较高的特点，通过技术创新用现代技术改造传统产业生产产销对路的一般食品及营养保健食品，这是当前我国水产品加工业的主要发展方向，同时要加强政府的规范管理和宏观调控，促进、带动海洋水产品加工业的技术改造与整体发展。

二、海洋水产品加工技术的发展

海洋水产品加工是利用现代加工和保鲜技术的知识型、技术密集产业，技术创新对产业的发展具有直接的推动作用，在我国海洋水产品加工业发展的两个大的时期中都产生了一批有影响力的新技术和加工工艺。技术创新一方面加快了我国水产品加工产业的发展，另一方面也促进了产业结构和工业布局合理化。以下对我国海洋水产品加工业在不同时期加工技术和新工艺进行介绍，并对今后我国海洋水产品加工的发展方向进行探讨。

（一）水产品保鲜加工技术的发展（1949～1969年）

20世纪50年代初，随着我国渔业捕捞生产迅速恢复、发展，汛期鱼货出现了高度集中，运销困难的现状。怎样把大量鱼货销出去，把一时卖不出去的鲜品及时加工储藏起来，以便淡季供应或运往外地销售，成为这一时期人们普遍关注的问题。这一时期沿海渔民仍沿用过去“一把刀，一把盐”的传统加工方法，力求不烂鱼或少烂鱼。国营水产企业也仍以盐干鱼为加工重点，在第一个五年计划期间，国家向水产业投资总额为1.2亿元，其中25.8%用于冷藏保鲜加工业。1957年我国咸干海产品产量仍占海产品经营总量的60%以上②。1958年沿海广大人民群众

① 陈德隆：《我国水产加工业现状》，载《中国食品工业》，1999年第3期，第34～37页。
② 曾呈奎，徐鸿儒，王春林等：《中国海洋志》，大象出版社2003年版。

广泛开展水产品加工综合利用，当地政府充分发动和依靠群众力量进行副产品的回收、加工和利用，采取“就地收取、就地加工、就地利用”和“科学技术与群众经验相结合”的方针，鼓励渔业合作社和有组织的商贩进行经营。山东大学水产系和中国科学院生物研究所对藻类的综合利用，上海水产学院对贝类的综合利用，都作了有价值的试验研究。

水产部在1958年底召开的全国水产品综合利用会议上提出了“先土后洋，土洋结合，以土为主，洋中求广求高”的方针，要求各地社办为主，以食为主，以主带副，因地制宜地积极扩大水产品综合利用的比重。所以，在这时期产生的新技术主要有：水产品冷冻保藏技术、熏制鱼类、鱼肝油和鱼胶生产工艺等。

（二）冷海水和盐水微冻保鲜和冷冻冰块制造工艺的发展（1970～1980年）

进入1970年代以后，我国海洋捕捞和海水养殖产业得到了快速的发展，为海洋水产品业的发展提供了大量的水产品资源。这时期政府认识到发展水产品加工业的重要性。当时的国务院李先念副总理对建设冷藏库、冷藏船、冷藏车（统称“三冷”）问题作了四次指示，直接推动了冷藏制冰建设的发展，同时也促进了冷海水保鲜和微冻保鲜的研究。

尤其是在1978年党的十一届三中全会以后，政府把搞好保鲜加工，提高鱼货质量列为调整水产工作的三大重点之一，连续两年每年专项拨款1000万元进行基本建设投资、扶持水产品加工工业的发展。1982年中国水产学会召开了低值鱼类加工利用技术讨论会，与会专家提出了发展多层次的保鲜加工技术，改变产品结构；以冷冻冷藏促进食品加工，以食品加工促进综合利用的一套全面发展水产品保鲜加工的经济技术政策。

海洋捕捞作业的不断壮大，尤其是在马面鲀作为新的捕捞对象产量大增，而它又不适于鲜销，从而激发了以马面鲀为原料的食品和综合利用加工，为海洋水产加工的新发展打下了基础。这期间水产品保鲜最关键的是捕捞水产品在渔船上的冷冻保鲜，确保生产第一线的产品品质，从1976年开始，浙江、广东、上海等省市开展了机帆船改装隔热板的实验，这种方法简单易行、改装成本低、保鲜效果好，很快得到了推广①。同时，温冷藏保鲜、机制冰保鲜、冷海水保鲜和冻结保鲜等技术

① 俞继：《推广简便易行的鱼货保鲜方法》，载《中国水产》，1980年第6期，第18～19页。

逐渐也得到推广应用，使海产品保鲜质量有了明显提高。

为了增加海洋水产品的保鲜储藏能力，全国各地纷纷自筹资金建设小型冷库，促进了我国块冰、片冰工艺的发展，1983 年江苏省南通建成 23 座水产冷库，当年冻鱼 1.2 万吨，制冰 2 万余吨，山东荣成先后兴建水产冷库 104 座，成为全国最密集的水产品冷库群。到 1987 年底全国有集体渔业兴办的水产冷藏库 858 座，冷藏能力已占全国总能力的 31.6%[①]。乡镇冷库的发展一方面节省了国家的大量资金；另一方面也解决了渔民带冰出海捕捞的问题，为开展产地加工，实现渔工商综合经营创造了有利条件。

（三）褐藻胶、甘露醇等藻类深加工产品的研制（1980～1990 年）

对海带和藻类的深加工综合利用是藻类工业发展的重要方向，以海带等原料生产的化工产品主要是褐藻胶、甘露醇和碘。早在 1952 年曾呈奎等藻类专家首次进行从马尾藻中提取褐藻胶的实验并取得成功。1957 年青岛实业酒精厂建起我国第一个褐藻胶生产车间。

褐藻胶是我国海藻工业的主要产品，其产量已居世界前列，在国际褐藻胶市场上占有重要的地位。在 1980 年代国内主要采用常压重力过滤和浮选的工艺方法从提取液中分离杂质，提取褐藻胶。经过科学家的努力在克服常压重力过滤造成的效率低、夹带损失大的不足发明了减压过滤技术提取褐藻胶新工艺[②]。甘露醇是一种天然糖醇，广泛存在于海藻、植物叶和植物体内，在食品工业、化学工业和医药工业中有着广泛的用途。我国生产甘露醇主要是通过海藻、海带等天然物为原料提取。

在 1981 年国家水产总局统一制定碘、胶、醇部级能耗标准和内销印染用胶部级标准，并组织相关科研所和高等院校以及部分制碘企业对制碘、醇、胶基础理论研究、生产工艺、设备、新产品开发和推广应用等课题进行研究。在生产工艺方面，中科院海洋研究所提出的褐藻胶前处理工艺、黄海水产研究所研发的甘露醇多级套泡工艺在一部分工厂中得到了采用。后来在中国海洋大学薛长湖教授的主持下发明了膜法甘露醇工业化生产技术。这种新技术攻克了原料预处理、膜集成工艺优

---

① 俞继：《推广简便易行的鱼货保鲜方法》，载《中国水产》，1980 年第 6 期，第 18～19 页。

② 甘纯玑：《提取褐藻胶的新方法——减压过滤与有关工艺的探讨》，载《福建水产》，1984 年第 3 期，第 31～36 页。

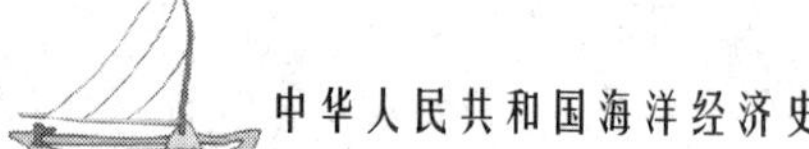

化设计、运行参数筛选、膜污染防止及其性能复苏、防治微生物污染、杀菌灭藻等关键技术，采用膜集成组合技术对海藻提取甘露醇传统工艺进行改造。目前该技术已经投入生产，建造了世界上第一条规模为年产1500吨甘露醇的工业化生产线。已经累计生产甘露醇3000吨，实现销售收入1亿元，净利润2000万元，累计创汇700多万美元①。

在这一时期的新产品研发方面取得重大突破的还有以山东海洋学院管华诗院士带领的研发小组研制成功的PSS（藻酸双酯钠）并在1986年投入生产，该产品在1987年南斯拉夫第15届国际新发明博览会上获发明奖金牌。

（四）水产品冷藏链保鲜技术的研发（1990～2000年）

水产品冷藏链保鲜技术是建立在食品冷冻工艺学、船用设备制造技术、制冷技术、包装技术、物流技术、销售技术等学科的基础上发展起来的一门综合技术和系统工程。它是确保水产品生产和流通的全过程在适度低温状态下运行的综合系统，包括捕捞、运输、贮藏、流通、加工、监控、管理和服务条件等体系②。冷藏链是保证水产品、副食品、花卉等需冷藏对象品质的先进手段和最佳途径。

我国水产应用制冷技术在新中国成立后就得到了发展，沿海地区的主要城市和渔港配有与海洋捕捞和水产业相配套的冷藏库。进入1980年代中期，随着我国远洋捕捞业的发展，渔船上开始应用速冻制冷设备和低温冷藏舱，经过几十年的发展逐渐形成了以生产性、分配性水产冷库为主，加工基地船、渔业作业船为辅的水产品冷藏链。但是我国的水产品在流通过程中还没有形成完善的冷藏链系统，有的关键技术还比较落后，流通环节还比较薄弱。所以要保证水产品在低温情况下流通并保证水产品的品质，必须建立一条完整、无间断的冷藏链系统。

我国今后冷藏链保鲜技术的发展必须把生产和市场结合起来，根据消费者的需求，依靠科技进步，强化新产品、新装备的研究。冷藏链的发展要以冰鲜冷藏链、-18℃冷藏链、-25℃冷藏链及更低温度冷藏链同步发展来相互补充，满足不同消费群体对冷冻水产品的需求，同时加快建立全国低温配送中心，确保其形成集团优势，发挥配送中心的规模效益。

---

① 科技部：《海洋高技术成果汇编（2001～2005）》，海洋出版社2007年版。
② 陈坚，朱富强：《我国水产品冷藏链的现状与发展方向》，载《制冷》，2001年第20期，第27～30页。

（五）水产品加工综合化、高值化和多样化的发展

随着我国加入世界贸易组织，对我国水产品加工业加强与国际市场的连接，提高产品在国际市场的竞争力，提高水产品的附加值，满足世界不同客户群对水产品的需求提出了挑战。因此必须加强应用基础研究与高科技产品开发，建立完善的水产品质量保证体系，市场监管体系，根据市场需求进一步调整产品结构，在抓好水产品加工产量的同时，狠抓水产品的质量，使我国水产品的生产达到国际市场的要求。

国家农业部为加快我国水产品加工业的发展制定的《全国主要农产品加工业发展规划》，明确了今后水产品生产和加工要以大宗产品、低值产品和废弃物的精深加工和综合利用为重点，优化产品结构，推进淡水鱼、贝类、中上层鱼类、藻类加工产业体系的建立。培植和引导一批具有活力的水产品加工龙头企业，通过企业技术改造，促进适销对路的加工产品的开发，不断提高国内外市场占有率。

从国际水产品加工业的发展来看，21 世纪水产品加工业将呈现综合化、高值化、多样化的发展特点，重点表现在以下几个方面：

1. 确保水产品加工食品的安全和质量。

由于水生动植物生长的水域环境，近年来受到工业废水、生活污水和养殖水体自身污染的影响，使水生动植物体受到了环境的污染，影响了水产加工品的食用安全。世界各国都加强了对渔业环境保护和监测、贝类的净化、有毒物质的检验检疫技术和有害物质残留量允许标准的研究，陆续制定有关的食品安全的国际法规和标准，来保证水产加工品的安全和质量。我国是世界上主要的水产品加工出口国，在国际市场占有很高的比重，但我国在水产品加工食品安全检验检疫方面的技术还没有达到国际先进水平，我们必须重视食品安全的检验技术，确保我国出口产品的质量和品质，维护我国在国际市场上的良好形象。

2. 加强水产生物资源利用的基础性与精深加工技术研究。

在我国水产品加工方面海洋生物资源的基础性研究还比较薄弱，重视系统研究主要鱼类、贝类、虾、藻类的生物化学和物理化学特性，可以为我国高效利用水生生物资源提供科学依据，同时我们要推进水产品加工向精深加工方向的发展，提高水产废弃物加工的利用价值和经济效益。

3. 扩大海洋资源中天然产物的研究和开发。

海洋生物与陆地生物分属不同的生物圈，海洋中的生物体成分构成、生理活性

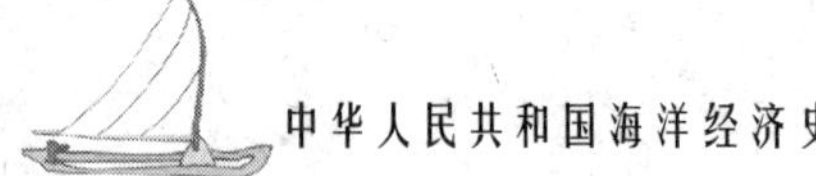

与陆生生物有很大的差异，在生物进化过程中产生了不同的代谢系统和机体防御系统。研究开发海洋资源中的天然产物是对研究陆生资源的有益补充，目前科学家已从海洋生物中发现3000多种新的化学结构，其中2000多种具有生物活性，在这基础上完成的新药达十几种，在临床上取得了很好的效果。世界各国对在21世纪的海洋功能食品和海洋药物方面获得重大突破充满信心，这也为我国未来是水产品加工提供了研究的方向。

4. 水产品加工食品的开发向多样化和健康化发展。

进入21世纪，人们的生活水平的提高和生活节奏的加快，对于水产食品的需求产量越来越大，要求越来越细，不同的人群对水产加工品产品的需求是不同的，而且注重产品的营养成分。目前市场上水产加工产品研发的重点是方便食品、速冻食品、微波食品、保鲜食品、儿童食品、老年食品、休闲食品、保健食品和调味品等，今后的发展会更加呈现出消费层次多样化和个性化的特性。

第十七章　中国其他主要海洋产业中的技术演变

一、海洋石油和天然气产业中的技术演变

（一）我国海洋石油和天然气的开发现状

在我国广阔的海域里，海底蕴藏着丰富的石油和天然气资源。我国海洋石油和天然气的开发工作较晚，物探工作最早始于1959年，到1965年后才开始进行海洋油气勘探。改革开放以后，政府确定了海洋油气对外合作开发的方针，通过加快引进国外先进技术和资金开采我国海洋油气，迎来了我国海洋油气开发的春天。1982年国家成立了中国海洋石油总公司，全面负责我国对外合作开采海洋石油、天然气资源业务。经过改革开放30年的发展，我国海洋油气产业已进入集勘探、开发和生产并进，上、下游工业一体化发展的新阶段。2005年我国海洋原油产量达到了3174万吨，产值达823亿元；海洋天然气产量达到了62.7亿立方米，产值43.7亿元[①]。回顾我国海洋石油和天然气的发展历程，大致可以划分为三个不同的发展阶段：

1. 独立勘探阶段（1960～1979年）。

这时期由于周边国际关系的影响，我国采取独立自主、自力更生的政策，在海洋石油资源的勘探主要是独立勘探和研究，1975年我国建造了自己的第一艘海洋石油勘探船“勘探一号”，到1979年普查、勘探共完成海洋重力、磁力、人工地

① 国家海洋局：《2005中国海洋统计年鉴》，海洋出版社2006年版。

震及航空磁力测量线总长47.6万千米，钻探井和评价井等141口，在这期间发现了我国海四、埕北和石臼坨油田及一些含油气构造。

2. 对外合作勘探、开发阶段（1980～1995年）。

由于海洋油气开发是一个资金和技术双密集型产业，对技术水平的要求非常严格，国家实行对外开放的政策以后，中国海洋石油总公司作为国家唯一的海上石油公司，通过大规模的对外合作和勘探开发我国海上油气，使我国海洋油气业进入一个较快的发展阶段。1985年渤海中日合作的埕北油田投产，成为我国海上第一个商业性开发的油田。海洋原油产量也获得了快速的增长，从1980年的16.57万吨增长到1995年的927.5万吨，年均增长60万吨①。

3. 勘探、开发、上下游一体化发展阶段（1996年至今）。

1996年我国海洋原油产量首次突破1000万吨大关，这标志着我国海洋油气业进入了一个新的、更高速发展的阶段。在海洋油气产量不断增加的同时，还积极开拓下游产业，实现上下游一体化的发展结构。这样既可以占领最终的消费者市场，摆脱对国际成品油的依赖，获得油气利用的增值效益，又可以增强资源和市场抗风险能力。中国海洋石油总公司牵头在广东建立的大型石油化工项目顺利投产，该项目可年产乙烯80万吨，是世界上最大的单系列装置，技术和管理也达到了国际先进水平。

（二）我国海洋油气开采技术的发展

海洋油气资源勘探开发是知识、资金和技术密集型的产业，新技术的引进和创新对于海洋油气资源的开发利用至关重要。经过改革开放多年的发展，尤其是通过中国海洋石油总公司加强对外合作勘探和开发，引进吸收国际先进技术，同时强化自营，吸收创新发展海洋石油勘探、开采新技术，推动了我国海洋石油天然气资源的开发。

1. 我国海洋石油勘探、开发自主研发配套技术的形成（1960～1995年）。

我国海洋石油勘探开采技术在引进、吸收国外先进经验的过程中，加强自主研发和科技攻关，产生了一批适合我国国情的新技术，到“八五”期末已经研发出适合我国海洋油气勘探、开发的十大配套技术，是我国海洋油气开发迈上了新台阶。这十大配套技术主要包括：

① 曾呈奎，徐鸿儒，王春林等：《中国海洋志》，大象出版社2003年版。

（1）含油气盆地资源评价和勘探目标评价技术，该技术已经达到了国际先进水平的油气资源评价新方法和盆地模拟技术。

（2）海上地震勘探的资料采集、处理和解释技术，在地震采集方面研制成功了高分辨率地震采集系统，在地震资料处理、解释方面掌握了三维地震资料处理技术和面元均化、多项拟和去噪、道内插等配套处理技术。

（3）水平井、大斜度井及复杂底层钻井技术，这项技术解决了油层上部松软、下部为底水的钻井难点，克服了井漏和完井防砂等技术难题。在超深高温高压钻井技术研究中，创造了适应于高温高压井的防塌泥浆体系及相应的现场工艺技术，并成功地完成了高温高压超深天然气的钻井作业。

（4）海上油气田完井及延长测试技术，在海上油气田完井作业中，研究成功的保护油层的早期管内砾石充填防砂、TCP负压射孔等关键技术，油井的实际产能比预计产能提高了30%，获得了明显的效益。

（5）数控测井与资料分析处理技术，研制成功了HCS－Ⅲ数探测井仪及高温高压测井仪，并荣获国家科技进步奖二等奖。

（6）油气田数值模拟和油藏评价技术，通过消化吸收和开发应用国外引进的油藏模拟软件，进行黑油、挥发油、双重介质油藏等各种类型油藏的研究，在油田评价、可行性研究及油田检测管理中广泛应用数值模拟技术，提高了油田采收率。

（7）海上复杂油气田开采技术，根据油气田的不同特点，采用不同的开采方式。

（8）海上油气田工程设计、建造和安装技术，在开发海上油气田工程设计中采用了许多新技术，比如在惠州26－1油田深水导管架的设计、建筑和安装中引用我国的创新技术，达到了国际先进水平，该项成果获得了国家技术进步三等奖。

（9）海上油气管道铺设技术，我国已经具备从事近海油气管道设计和建设工程，并打入国际市场，在印度尼西亚承包了海上铺管作业业务，显示了我们的技术实力。

（10）海洋石油环境条件及预报技术，开展了近海石油开发区水文气象条件观测和工程地质调查工作①。

在海洋油气勘探、开采十大配套技术形成的基础上，我国在海洋油气发展中逐渐具备了在复杂地质条件下寻找大、中型构造油气田的能力、自营开发海洋油气田的能力、承包海上技术作业服务的国际竞争能力和开拓海外海洋油气资源发展的资

① 中国海洋石油总公司：《向大海要油为国家分忧——记中国海洋石油“三新三化”科技创新》，载《中国科技奖励》，2005年第2期，第82～85页。

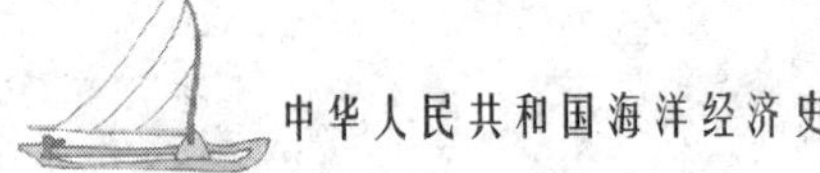

源勘探、开发的四大能力。

2. 我国海洋油气勘探、开发技术的重大突破（1996 年至今）。

在国家“863”计划的大力推动下，国家加大了对海洋产业研发的投入力度，“九五”以来，我国在海洋油气资源勘探、开采技术创新工作取得了卓越的成绩，许多成果已经达到了国际先进水平，我国“南海 2”号钻井船，在对外承包作业中获得了最高的 A 级操作费。这时期研究取得了对我国海洋油气资源开发具有重要意义的成果。

（1）发现渤海海域第三系大油田群。1999 年中国海洋石油总公司与菲利普斯合作的渤海 11/05 合同区蓬莱 19 - 3 油田的发现，实现了海洋石油勘探对渤海海域上第三系领域的重大突破，也是目前中国海上发现的最大整装油田，这个油田的发现进一步促进了我国对外合作，对我国海洋石油产业的发展产生了积极影响。

（2）海上优质快速钻井技术的成功实践。快速钻井技术有效降低了油田开采成本，胜利油田埕北海区，渤海石油公司承包的埕北油田 B 平台丛式井的钻井工作，有 28 口丛式生产井，最大井斜度 46°30″，钻井速度和质量都达到先进水平，显示出我国钻丛式井斜井技术已跨入了世界先进行列。

（3）海上中深层高分辨率地震勘探技术达到了国际水平。该技术为海上油气勘探提供了更丰富的信息，试生产中深层高分辨率地震剖面近 3000 公里，达到了研究合同规定的探测深度 2500 ~ 4000 米，地层分辨能力达 7 ~ 10 米的技术经济指标，已在中国海洋石油总公司广泛推广应用①。

（4）成像测井系列仪器研制达到了国际 90 年代中期水平。我国在瞄准国际最先进的测井技术的同时，完成了具有自主知识产权的第一套数控成像测井系统，其仪器性能指标全部达到和超过了国外同类仪器的水平，获得了 8 项专利技术，使我国具备了与国外专业大公司相抗衡的高新技术竞争实力。

（5）大位移钻井技术取得重大进展。应用大位移钻井技术，可在一个平台上开发周边距离较远的多个油田，从而减少平台建造数量和工程费用投资，在提高经济效益的同时，使得用常规方法开发没有经济效益的边际油田得以有效开发，是我国海上边际油田开发的重要方法之一，也是国际钻井技术发展的前沿，具有广阔的市场前景。我国首次研制成功了具有独立知识产权的大位移井控制集成软件系统，该系统具有覆盖面广、数据共享的特点，该成果在渤海油田大位移井钻井施工中得

① 科技部 863 计划联合办公室：《国家 863 计划 15 年主要成就汇编（海洋领域分册）》，2000 年。http：//www. 863. org. cn/863_95/maritime/mar04_01. html.

到成功应用和验证①。

二、滨海砂矿业中的技术演变

（一）我国滨海砂矿业的开发现状

海洋矿产资源在广义上包括海底的矿产资源和海水中的矿产资源两大部分，但通常理解的海洋矿产资源仅指海底的矿产资源。海底矿产资源依据产出海域划分成滨海砂矿资源、海底矿产资源和大洋矿产资源②。目前，我国已经开发的海洋矿产资源包括石油、天然气、滨海砂矿、浅海砂矿等，并开始对大洋矿产资源、天然气水合物等进行了调查、勘探。

我国对沿海滨海砂矿进行调查研究开始于1950年代，1958～1960年国家科委领导并组织了我国浅海区的海洋综合调查，对海底重矿物进行了研究；1970年代以来，我国陆续发现了一批具有工业价值的砂矿床；自1980年代以来我国对滨海砂矿进行不同程度的开发，到2002年我国滨海已探明的砂矿产区90余处，各类矿床191个，矿点135个。目前已探明具有工业储量的滨海砂矿矿种有：钛铁矿、金红石、锆石、磷钇矿、独居石、磁铁矿、锡砂矿、铬铁矿、钽铁矿、砂金、工业砂、砂和砂石集料等，这些矿种主要分布在山东、福建、广东、广西、海南和台湾省③。

经过多年海上调查、勘探，滨海砂矿调查工作取得了重大的进展，我国不仅在南海海底找到了钴结壳和锰结核矿，而且在1991年3月我国成为继印度、法国、日本、俄罗斯之后世界上第5个国际海底多金属结核资源勘探开发先驱投资者。目前我国已在东太平洋海域完成概查面积200万平方千米，圈出具有商业开采价值的申请区30万平方千米，其中赋存多金属结核20万吨。并经联合国批准获得国际海底15万平方千米多金属结核资源开辟区，拥有太平洋7.5万平方千米多金属结核专属勘探区。

---

① 龚再升：《科学技术是推动海洋石油工业持续发展的原动力》，载《石油科技论坛》，2001年第1期，第10～14页。

② 王永生：《海洋矿业：亟待走向可持续发展》，载《矿产保护与利用》，2006年第1期，第9～13页。

③ 曾呈奎，徐鸿儒，王春林：《中国海洋志》，大象出版社2003年版。

在海洋资源勘探中，1997年我国还与俄罗斯科学家共同研制出无缆水下机器人，在6000米深海处对海底进行矿产调查获得成功；2000年广州市海洋地质调查局利用地震波探测海底地表反射，发现我国南海区域有“可燃冰”资源的存在。

我国滨海海砂的开采业得到了快速发展，在1960年代主要是采用土法开采，到1970年代逐渐向机械化、半机械化的开采方向发展，机械化开采提高了工业矿物回收率，加快了滨海砂矿业的发展。经过近30年的发展，海滨砂矿业成为我国主要海洋产业，2005年我国滨海砂矿开采产量达到了4849万吨，工业总产值22亿元，增加值8亿元，浙江省滨海砂矿业产值占全国滨海砂矿业总产值的67.0%，在全国居首位①。

（二）我国滨海砂矿业开采技术的发展

滨海砂矿开采属于海底作业，必须具备一定的技术手段，尤其是在深海开采作业，环境恶劣，深度可达5000～6000米，无氧、高压、腐蚀，人员难以进入，而且海底地形复杂，采矿车在海底行驶有极大困难，再加上深厚的海水给海底观测带来困难，因此要对海底作业设备进行精密控制就更加困难，所有这些不确定因素都对海底矿产资源的开发提出了挑战，我国滨海砂矿发展起步较晚，海洋矿产科学研究与技术开发落后，整体装备较差。但是我国改革开放以来，沿海地带经济发达地区城市化建设的迅速发展和建筑工程对建筑用砂的大量需要，其市场需求量不断增长，所有这些都要求我们必须加快滨海砂矿业的发展，依靠技术创新和新的探测、开采设备的研制来提高我国滨海砂矿开采的效率。我国在过去滨海砂矿的开采中主要以土法开采和半机械化开采为主。

1. 土法开采（1950～1969年）。

我国在20世纪60年代的滨海砂矿开采作业中多为土法开采，由于这种方法操作方便、简单、而且成本低，因此在我国的山东、福建、广东、海南岛等很多矿区得到了推广。土法开采技术比较成熟的主要有锆英石砂开采用船型淘洗盘淘洗、流槽水力冲洗及粒浮选方法；钛铁矿开采用土制流槽水力冲洗和螺旋水洗法；独居石砂矿采用粒浮选法；石英砂采用水沉法；砂金和锡石采用土制流槽水流冲洗和淘砂盘法等。

2. 半机械、机械化开采（1970年至今）。

1970～1980年代我国滨海砂矿开采设备机械化程度有了很大的提高，并研制

① 国家海洋局：《2005中国海洋统计年鉴》，海洋出版社2006年版。

成功水力式集矿机和复合式集矿机的模型探机，具有结构简单、工作可靠和采集率高的特点。在广东和海南岛的一些矿山已经开始采用摇床进行粗选，然后用浮选、磁选和电选等方法进行精选的方式进行开采，与过去使用的土法开采相比总回收率大大提高，一般为40%～60%。这期间的广东甲子锆英石、南山海独居石、海南岛石钛铁矿等矿山开采规模较大，机械化设备较全，能够综合回收各种主要工业矿物。

尽管改革开放以来我国滨海砂矿的开采取得了较快的发展，但是与国外先进国家相比目前我国滨海砂矿采选场一般为中、小型，先进的开采设备较少，开采的机械化程度还不高，工业矿物回收率还比较低，因此我国滨海砂矿的开采还有很大的发展潜力，必须加快滨海选矿相关技术的研发，加强高精度、高质量和高分辨率的滨海砂矿探测仪器和测试技术手段的研制，提升我国滨海砂矿在探测和开采领域的整体技术水平，满足我国经济发展对滨海砂矿需求量日益增长的实际。

三、海洋船舶工业中的技术演变

（一）我国海洋船舶工业的发展现状

船舶制造业在我国有着悠久的历史，早在15世纪初期明朝郑和下西洋时就能建造当时世界上最大的舰船，之后因巩固封建王朝中央集权和防止海盗的入侵的需要实行禁海政策制约了船舶制造的发展，尤其是到了近代外国列强的入侵和掠夺使我国造船工业遭到了破坏，与世界造船业的差距越来越大，到1949年新中国成立时，我国只能制造简单的小型钢制船舶，总吨位不到1万吨。

新中国成立后国民经济的恢复和海洋捕捞业的兴起使我国造船业得到了快速发展，1978年改革开放以后，发展更加迅速，逐渐建立起具有一定规模的现代造船工业，造船由满足国内市场需求到参与世界造船业竞争，我国建造的货船、油船等达到了世界一流产品的质量并出口到亚洲、欧洲和美洲地区。回顾我国造船工业发展的历程，主要经历了以下三个不同的发展阶段：

1. 奠定船舶工业发展的基础（1950～1960年）。

这一时期是我国造船工业的恢复发展阶段，为了满足国内市场的需求和国防建设的需要，在苏联的帮助下制造了各种民用和军用船舶，进入20世纪60年代我国造船厂建造了15000吨级的货船和油船、500吨冷藏船和鱼雷快艇、潜艇和驱逐舰等。

2. 船舶工业技术的自主研发（1961～1978年）。

这一时期国内由于1957年“反右”，1958年“大跃进”运动的影响，加上连续三年的自然灾害，国际上1960年7月16日苏联单方面终止协定，致使我国许多在建舰艇材料、配套设备来源中断，使我国造船业陷入了困境。在这种情况下我国不得不通过自力更生、自主研发来推动造船业的发展。在广大科技人员和职工克服种种困难的情况下，依然取得了很多成果，而且还有新型产品出现，到70年代我国具备了建造25000吨级货船和50000吨级油船的能力，这期间还通过自行设计，建造了大型登陆舰、导弹驱逐舰和核动力潜艇等军用舰船。

3. 船舶工业的快速发展（1979年至今）。

在改革开放政策的指引下，我国造船业逐渐走上了与国际接轨、快速发展的黄金时期，造船业通过全面、深入学习国际技术标准，按照国际造船规范设计、建造船舶，并全力开拓国际市场，不断取得新的突破。经过二十多年的发展，我国已经成为世界油轮、散装货轮、集装箱轮国际名牌的造船国；我国已经能够自主研发和设计30万吨的超大型油轮、巴拿马极限型集装箱船和1650吨化学品船等。造船新技术的研发使我国成为世界上主要的船舶出口国，海洋船舶工业造船完工量继续保持世界第三位，2005年我国接获船舶订单700万修正吨，超过日本的620万修正吨，造船完工量达到1162万综合吨，成为世界第二大造船国，当年工业总产值达到867.82亿元，增加值191.28亿元①。2006年我国海洋船舶工业总产值达到1145亿元，增加值252亿元，比上年增长31.94%。上海市海洋船舶工业产值占全国海洋船舶工业产值的24.7%，稳居全国首位②。

（二）海洋船舶工业技术的发展

船舶制造工业是设计建造用于航运业、海洋开发业、军事等领域的各种船舶和海洋建筑物的综合性装配产业，是资金、技术和劳动密集型产业，它可以影响和带动50多个行业的发展，是重要的基础性产业，也是国家推进工业结构化升级的重要部分。我国造船业的发展历程，造船技术的发展是最重要的因素和直接推动力。从我国造船业的发展可以看出技术的引进、消化吸收和自主创新是船舶制造业快速

---

①② 国家海洋局：《2005中国海洋统计年鉴》，海洋出版社2006年版。

发展的关键，在一定程度上可以认为我国造船业的发展是不断突破技术封锁、实现自主创新的过程。

我国造船技术发展历程大致经历了引进、吸收苏联造船技术，建立自己的造船技术体系，封闭型的自主研发和走向世界开放式的系统研究四个过程，尤其是进入20世纪90年代后我国把先进制造技术和新材料列为两大基础技术研究领域，纳入国家科研和国家“863”计划，技术投入加大，自主研发能力得到提高，在先进制造技术概念的推动下，我国船舶制造技术取得了重大进步，主要表现在以下几点：

1. 建立现代造船模式，缩短造船周期。

1995年中国船舶工业总公司召开第二次缩短造船周期会议，会议的主题是在过去造船制造技术进步的基础上建立现代造船模式，取代落后的低效率的、传统的造船模式，并建立现代造船模式相适应的组织结构和管理体制。2004年10月我国最大的造船公司中国船舶工业集团成立了船舶及海洋工程研发中心，标志着中船集团以集团研发中心和其他研发力量相结合的两级创新体系的形成，为集团优化科技资源、实施新的管理模式迈出了重要一步。推动了重点产品研究开发工作的进展，30万吨级超大型浮式生产储油装置的开发项目取得成果，液化天然气船关键技术研究项目转入实船建造技术研究阶段①。

2. 改进传统造船工艺。

高效焊接技术得到了全面推广大大提高了焊接效率；造船全过程舾装得以推行，使得舾装效率大为提高，造船周期得到了控制。

3. 信息、数字技术的广泛运用。

现代信息技术在造船设计、建造、管理中得到了全面的应用，使得造船全过程的信息流、资金流、人流、物流得到有效控制②。

21世纪是信息膨胀的世纪，信息技术、数字技术的创新将会从根本上改变船舶设计方法、生产和管理方式，我国要想成为世界第一大造船国必须坚定不移的发展高科技，走信息造船、数字造船的路线，数字造船就是现实造船国成数字化，造船设计、制造装备、生产过程、管理数字化，必须引进和培养高科技人才，建立一支操作技能高、综合技能强的技术工人队伍。

---

① 中国海洋年鉴编纂委员会：《2005年中国海洋年鉴》，海洋出版社2006年版。

② 应长春：《论造船技术的发展历程及现代化》，载《造船技术》，1988年第7期，第1~10页。

四、海洋盐工业中的技术演变

（一）我国海洋盐工业的发展现状

我国海盐资源十分丰富，海水制盐的历史悠久，最早可追溯到明朝永乐年间，到了近代在半殖民地、半封建的旧中国，在官僚资本主义、封建主义、帝国主义的压迫下，严重破坏了我国海盐工业发展的条件，盐业生产缓慢发展，1949 年全国仅生产海盐 250 多万吨。

1949 年新中国成立后，国家通过没收封建官僚资本经营的大的盐场为国营盐场，对个体盐场进行社会主义改造，使我国盐业得到了快速的恢复和发展，在经历了“大跃进”和文化大革命期间的曲折发展。1978 年党的十一届三中全会开辟了社会主义现代化建设的新时期，我国海洋盐业生产进入了全面发展时期，1978 年全国海盐产量达 1540 万吨，30 年增长了 5 倍多。到 1989 年全国海盐产量达到 1887 万吨，1950～1989 年平均每年增长 5.94%①。到 2005 年我国海盐生产发展到盐田总面积 40.3 万公顷，年海盐生产能力达 3226.8 万吨②。

在我国海盐产量稳步提高的同时，盐行业内部加快产业结构调整，坚持“以盐为主，盐化结合”的方针，大力发展盐化工并在全国新建一批盐化工厂，1997 年盐化工产品总量达到 156.31 万吨，为 1978 年 34.55 万吨的 4.5 倍。海盐化工的产品结构也由单一品种向多品种、深加工发展，1997 年海盐化工品种已发展到 80 余种，为 1978 年的 2.5 倍。溴素的深加工发展最快，溴、钾、镁的系列产品形成。

进入 21 世纪，我国海盐化工已形成以纯碱和氯碱为龙头，下游产品开发并存的盐化工产业格局。2006 年海洋盐业总产值达 94 亿元，增加值 44 亿元，比上年增长 10.4%。山东省海洋盐业产值占全国海洋盐业产值的 58.3%，继续高居全国首位。以海盐化工为主的海洋化工业继续保持良好发展态势，2006 年实现工业总产值 406 亿元，增加值 140 亿元，比上年增长 13.0%。天津市海洋化工业产值占全国海洋化工业产值的 33.0%，在全国居首位③。

---

① 曾呈奎，徐鸿儒，王春林等：《中国海洋志》，大象出版社 2003 年版。
② 国家海洋局：《2005 中国海洋统计年鉴》，海洋出版社 2006 年版。
③ 国家海洋局：《2006 年中国海洋经济统计公报》，国家海洋局 2007 年版。

（二）海洋盐工业技术的发展

海盐是生活必需品，同时又是重要的化学工业原料，在国民经济中具有不可替代的地位，国家对制盐工业的生产发展和科技进步极为重视，早在 1952 年国家轻工业部就组建了盐务总局，又组建海盐科研所，在全国各主要产区成立了科研、设计机构，来加快盐业发展的技术研究。盐业科学技术进步成为新中国盐业生产、盐化工发展的重要推动力量。经过半个多世纪的发展，我国海盐产业在科技力量的推动下逐步实现了生产工艺科学化和生产过程的机械化。

新中国成立后我国盐业技术发展大致经历了恢复发展、曲折前进、全面发展 3 个时期。

1. 海洋盐业技术的恢复和发展（1949～1957 年）。

新中国成立到“一五”计划地完成使我国海盐生产的恢复期。在这期间主要是对盐田进行技术改造，将分散的盐田改造为集中式或半集中式盐田，为机械化操作创造条件。经过改进我国的盐田用地利用率有了显著提高。1950 年盐田生产面积为总面积（盐田总面积分生产面积和杂地面积）的 80%，到 1987 年盐田生产面积上升为总面积的 90%，提高了土地利用率。在海盐生产工艺方面，国家盐务总局总结推广了盐业劳动模范柳国喜的生产经验，形成了一套完整的海盐生产操作技术，同时研究推广越冬晒盐新工艺。

2. 海洋盐业技术的曲折前进（1958～1976 年）。

由于“大跃进”和文化大革命的影响，对盐业生产和技术进步产生了消极的影响。由于盐业生产“大跃进”，过高的生产指标造成了盐田盲目生产和基础设施建设的低利用率，1961 年全国盐工业贯彻国家“调整、巩固、充实、提高”的方针，对前期的错误思想进行修正，盐业生产取得一定的成效。

在海盐生产技术方面，1958 年提出了海盐生产技术操作的“七字”纲要，即“水、卤、滩、结、工、动、管”。同年，在青岛永裕公司建成真空制盐车间并试产成功，成为我国第一座真空制盐装置，1965 年我国开始在海盐化工中试验海盐塑料薄膜苫盖结晶技术。

这期间的盐业生产、流通虽然受到了严重的干扰和破坏，但是盐业生产和技术创新仍然在曲折中前进，盐业生产、海盐化工取得了重大成果，海盐盐区改进滩田结构，水力管道输盐和塑苫新工艺等得到了广泛的推广。

3. 海洋盐业技术的全面发展（1978 年至今）。

1978 年党的十一届三中全会以后，我国盐业工作进行了一系列改革，1980 年

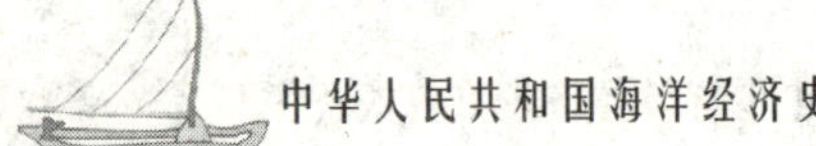

2月国家成立中国盐务总公司，并恢复盐务总局，加强对盐业的指导和管理工作，推动了海盐生产、海盐工业技术的发展。

在海盐生产和技术创新方面，大面积推广海盐塑料薄膜苫盖结晶技术。该技术为我国首创，从1965年开始试验到推广历时30多年，从塑料薄膜、苫盖方法、滩田结构及收放机械，进行了大量的探索和研究，苫盖技术和工艺基本成熟，改变了过去靠天吃饭的被动局面，对实现海盐稳产、高产、优质，起到了重要的支撑作用。

在盐田改造方面，按照“三化四集中”① 的精神，积极稳步的进行盐田结构改造，建成集中式、半集中式盐田，实现盐田生产的机械化。

海洋盐化工技术在这期间也都得到了长足的发展，1974～1975年中国科学院地质研究所联合天津制盐工业研究所和52857部队八一盐场进行海水提钾小试和扩试取得一定进展。1997年10月山东海化集团与中国石油天然气总公司工程技术院合作承担的国家“科技兴海”重点项目——国内首创综合利用制盐苦卤年产1.5万吨硫酸钾项目获得成功，这标志着我国最大的综合利用制盐苦卤生产硫酸钾基地的诞生，为解决我国每年从国外大量进口钾肥的供需矛盾作出了重大贡献②。

五、海洋生物医药业中的技术演变

（一）我国海洋生物医药业的发展现状

海洋生物医药业是指从海洋生物中提取有效成分利用生物技术生产生物化学药品、保健品和基因工程药物的生产活动。我国传统中医理论就十分重视海洋药物的应用，以海洋生物为主要成分组方的海洋中成药，对疾病的防治发挥着重要的作用。在明朝李时珍编著的《本草纲目》中记载的可以作为中药的海洋药物达数百种。可以说，以海洋药物为中成药的研究是现代海洋医药工业发展的基础和雏型。

我国现代海洋药物的发展起步较晚，在改革开放以后才逐渐被提上日程不断发展的。在1978年全国科学大会上，国家科委、卫生部通过了关美君研究员“向海

① 20世纪60年代起，盐务总局提出“三化”即：盐田结构合理化，生产工艺科学化、生产过程机械化；“四集中”即：纳潮、蒸发、结晶、集坨的指导原则。

② 曾呈奎，徐鸿儒，王春林等：《中国海洋志》，大象出版社2003年版。

洋要药”的提案，海洋药物产业随之发展起来，但是全国各地海洋药物的发展不均衡，山东省发挥省内科研院所的技术和资源优势在海洋药物的研究和产业发展方面走在了全国的前列。1978 年当时的青岛海洋大学中国海洋大学前身就成立了海洋药物研究室，1980 年扩建为海洋药物研究所，在青岛海洋大学管华诗院士的带领下，科研人员运用现代生物技术和传统医学理论研究成功了我国首例海洋新药——藻酸双酯钠（pss），经临床验证，该药在治疗缺血性心脑血管病效果明显，1986 年顺利投产，取得了很好地社会和经济效益，为我国开发利用海洋药物资源开辟了新路，带动了海洋药物这一新兴产业的发展。

随着改革开放的发展和我国整体科研水平的提高，二十多年来我国海洋药物新产品的研究开发取得了长足的进展，1982～2002 年期间先后有 7 个海洋药物获得国家批准生产，另外省级批准的海洋药物约有 15 个。海洋生物作为新型药物和保健品的来源得到了医药界和相关科研院所的高度重视。从海洋生物中提取、分离出数以百计的海洋活性物质，在此基础上已经研制成功的海洋新药除藻酸双酯钠（pss），还有甘糖酯、海藻素、烟酸甘露醇、褐藻淀粉硫酸酯、鱼肝油酸钠等。海洋药物产业作为 20 世纪的新兴产业逐渐成为我国海洋经济的主要产业，新产品开发取得了快速发展、海洋医药、保健食品工业异军突起。2006 年海洋生物医药业实现工业总产值 94 亿元，增加值 26 亿元，比上年增长 15.5%。浙江省海洋生物医药业产值占增长较快达到 36 亿元，占全国海洋生物医药业产值的 38.3%，位居全国第一位①。

（二）我国海洋生物医药业技术的发展

海洋生物医药作为从海洋生物中研发药品的新兴产业，涉及研究海洋药物资源的分布、探明储量、药物提取、合成及加工等环节，是集知识、技术、资本与一身的高新技术产业。科学技术的进步对海洋医药行业的发展至关重要，在一定程度上直接决定了海洋生物医药新产品的研发和生产。我国现代海洋生物医药的研发虽然起步较晚，但发展迅速，近年来海洋医药产业平均每年以高于 20% 的速度增长。

海洋生物技术的发展，推动了我国海洋活性物质和海洋药物研究开发的进程。海洋生物医药技术的发展主要表现在以下几个方面：

首先，在于海洋微生物资源的研究开发，对药用生物资源按分类系统和区系进

① 国家海洋局：《2006 年中国海洋经济统计公报》，国家海洋局 2007 年版。

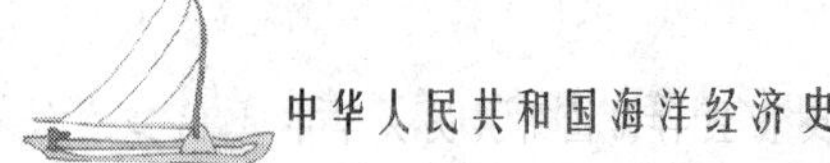

行进行海洋天然活性物质的研究。1999年底，由国家海洋局第三海洋研究所徐洵、中国海洋大学管华诗承担的科技部《海洋药物生物资源及基因库构建》国家正大基础研究项目，旨在构建和完善符合国际标准的海洋药源信息库、海洋药源生物资源信息库、海洋药源生物基因文库及海洋药源生物标本库已经取得了阶段性的成果。在这方面取得重大突破的还有中山大学的陈尚武，他主持的海洋生物药用功能基因研究通过建立南海海洋生物cDNA文库及EST序列测定和生物信息学分析，获得了大量海洋生物特有的新的毒素及其他特定生理活性的多肽编码基因，为我国开发具有自主知识产权的重组海洋肽类新药和功能蛋白奠定了良好的基础。该成果获得国家发明7项，获得教育部提名的国家科学技术奖技术发明奖一等奖1项①。

其次，海洋生物技术的运用是我国海洋药物产业发展的关键手段，大量的生物学及生态学的研究结果表明海洋生物活性物质大部分来自低等海洋生物及其共生微生物。通过运用海洋生物技术如基因工程、细胞工程、发酵工程等技术进行有价值的海洋药物基因的分离，培养新的活性物质转基因生物，易于培养新的海洋药物生物。据报道，国内外海洋药物学家研究了许多海洋生物及其次级代谢产物，发现5000余种化学结构新颖独特、生物活性多种多样的天然产物，为新药研究与开发提供了极有价值的先导化合物。

再其次，积极推广海洋天然活性物质提取、分离技术。海洋药物研究的目的无非是通过研究具有特异活性的海洋天然产物的化学成分，并探索各类成分在海洋或海洋生物中的含量与分布，并对这样的高活性的天然产物，采用组合化学原理，进行技术集成组装半合成目标化合物。通过这种方法我国目前已经发现数百种新化合物，并开发了数种海洋新药，有些已经达到了国际先进水平。

在我国海洋药物的发展中，重视发展海洋中药和中成药开发是一大特色和优势，充分利用我国传统医药宝库中的知识经验并与结合现代药理研究基础相结合，对一些有确切疗效且主要功效明确的海洋药物进行研发，开发出一批高技术含量、高市场容量、能够直接参与国际医药市场竞争的海洋中成药、保健食品，提高我国在世界海洋药物研究开发领域的地位。目前我国一些天然产物和半合成药物开发水平已经处于国际先进行列。

21世纪是海洋的世纪，开发海洋、利用海洋已经成为世界各国科技革命主要的方向，向海洋索取更多的有效药物是社会发展的必然趋势，我们必须通过"产—学—研"一体化的模式来加快海洋药物的产业化进程，加强对海洋药物的基础

---

① 科技部：《海洋高技术成果汇编（2001～2005）》，海洋出版社2007年版。

研究及海洋药物高级人才的培养，为我国海洋药物的持续、快速发展提供强有力的学科体系和人才队伍保障。随着知识创新、技术进步的不断发展，海洋生物资源研究开发的深入，在不久的将来，必将加速我国海洋生物医药和海洋保健食品行业的产业化进程。

参考文献

1. 吴书齐:《水产品的加工利用》，载《科学大众》，1958 年第 4 期，第 146 ~ 147 页。

2. 评论:《高举技术革命的红旗向水产品综合利用猛勇进军》，载《中国水产》，1958 年第 9 期，第 19 页。

3. 社论:《在今冬明春要掀起海洋捕捞技术革新运动的高潮》，载《中国水产》，1958 年第 10 期，第 4 页。

4. 蒋慰昌:《我国沿海木帆渔船船型性能研究》，载《中国造船》，1959 年第 4 期，第 32 ~ 43 页。

5. 张立修:《把水产品综合利用更好的开展起来》，载《中国水产》，1959 年第 7 期，第 27 ~ 28 页。

6. 朱树屏:《“以养为主，积极捕捞”是我国独创性的水产方针》，载《中国水产》，1959 年第 9 期，第 15 页。

7. 马敬通:《十年来的国营海洋企业》，载《中国水产》，1959 年第 19 期，第 8 页。

8. 广东水产厅:《广东省海洋捕捞开展多种作业的做法和经验》，载《中国水产》，1959 年第 21 期，第 17 ~ 18 页。

9. 评论:《收购、供应、加工三并举福建省东山县的供销工作》，载《中国水产》，1959 年第 24 期，第 11 页。

10. 海工:《大鱼岛大队改装的二十马力机帆渔船获得高产》，载《中国水产》，1964 年第 6 期，第 24 页。

11. 章九雄:《渔船技术会议》，载《科学通报》，1965 年第 3 期，第 277 ~ 278 页。

12. 薛奕明:《我国海洋捕捞渔业机械化途径的探讨》，载《经济研究》，1965 年第 5 期，第 35 ~ 38 页。

13. 曾呈奎:《海洋学的发展、现状和展望》，载《科学通报》，1965 年第 10 期，第 877 ~ 883 页。

14. 大连水产专科学校海洋渔业系：《灯诱围网捕鱼》，载《中国水产情报》，1973年第8期，第19～20页。

15. 张荫本：《化石与石油、天然气》，载《化石》，1974年第2期，第21～22页。

16. 浙江省水产局海洋渔业处：《浙江近海马面鲀生产情况的调查》，载《水产科技情报》，1975年第1期，第12～13页。

17. 沪东造船厂：《我国第一艘海洋石油勘探船——勘探一号》，载《造船技术》，1975年第3期，第50～51页。

18. 上海水产研究所：《绿鳍马面鲀》，载《水产科技情报》，1975年第8期，第29～30页。

19. 中国古代造船发展史编写组：《郑和下"西洋"与我国明朝的造船业》，载《大连理工大学学报》，1976年第1期，第83～87页。

20. 福建省海洋渔业公司生产技术科：《捕捞马面鲀的体会》，载《河北渔业》，1976年第4期，第5～6页。

21. 天津市海洋捕捞水产公司：《400马力对拖网具改革试验》，载《天津水产》，1977年第4期，第8～9页。

22. 拖网网板计算和标准设计图协作组：《机轮拖网网板模型的风洞试验报告》，载《河北渔业》，1977年第22期，第23～30页。

23. 浙江省水产局：《坚持科学捕鱼　海洋捕捞稳产高产》，载《河北渔业》，1978年第6期，第17页。

24. 曾呈奎：《关于我国专属经济海区水产生产农牧化的一些问题》，载《资源科学》，1979年第1期，第58～64页。

25. 赵炳来：《中国暨山东水产学会海洋捕捞学术讨论会在山东烟台召开》，载《海洋湖沼通报》，1979年第2期，第73页。

26. 鲍仙：《日本渔船渔获物保鲜和加工梗概》，载《中国科技情报》，1979年第4期，第22～27页。

27. 何朴：《国外渔业对先进技术的应用》，载《中国水产》，1979年第4期，第29～30页。

28. 陈晓军：《国家水产总局召开海洋渔业资源座谈会》，载《中国水产》，1979年第4期，第2页。

29. 中国科学院海洋研究所贝类实验生态组：《贻贝的养殖研究》，载《海洋科学》，1979年第1期，第69～73页。

30. 《调整捕捞生产恢复近海资源十四位水产科学专家提出紧急建议》，载《中国水产》，1980 年第 1 期，第 5 ~6 页。

31. 《全国海洋捕捞学术讨论会中国水产学会在烟台召开》，载《海洋渔业》，1980 年第 2 期，第 24 页。

32. 徐荣：《机轮双船底拖疏目大网在上海海洋渔业公司获得成功》，载《海洋渔业》，1980 年第 4 期。

33. 俞继：《推广简便易行的鱼货保鲜方法》，载《中国水产》，1980 年第 6 期，第 18 ~19 页。

34. 李爱杰：《三十年来我国海藻工业利用的研究进展》，载《海洋湖沼通报》，1981 年第 3 期，第 76 ~79 页。

35. 邱健：《中国造船业的复兴，今日中国（中文版）》，1982 年第 1 期，第 20 ~23 页。

36. 丁永敏：《机轮拖网鳀鱼捕捞记录初步分析》，载《海洋渔业》，1983 年第 1 期，第 16 ~18 页。

37. 甘纯玑：《提取褐藻胶的新方法——减压过滤与有关工艺的探讨》，载《福建水产》，1984 年第 3 期，第 31 ~36 页。

38. 王作芸：《铜藻的褐藻糖胶、褐藻淀粉和褐藻胶的分离及提纯》，载《水产学报》，1985 年第 1 期，第 72 ~77 页。

39. 盛巽：《我国第一艘玻璃钢冷冻流钓渔船试制成功》，载《江苏船舶》，1985 年第 2 期，第 63 页。

40. 胡灵太：《世界海洋矿物资源的开发现状》，载《矿产综合利用》，1985 年第 3 期，第 55 ~68 页。

41. 陈思行：《海洋捕捞装备的发展与展望》，载《世界农业》，1986 年第 12 期，第 36 ~37 页。

42. 王明德：《大网目变水层拖网海洋捕捞试验和研究》，载《大连水产学院学报》，1987 年第 2 期，第 111 ~116 页。

43. 崔明彦：《鳀鱼》，载《海洋渔业》，1988 年第 1 期，第 22 页。

44. 夏新华：《1986 ~1987 年度鳀鱼攻关项目总结会在荣成召开》，载《现代渔业信息》，1988 年第 2 期，第 30 页。

45. 余匡军：《浙江象山县试捕鳀鱼首获 113 吨》，载《现代渔业信息》，1988 年第 3 期，第 29 页。

46. 王宇：《我国远洋金枪鱼渔业的发展和对策》，载《中国水产科学》，1988

年第4期，第18~20页。

47. 应长春：《论造船技术的发展历程及现代化》，载《造船技术》，1988年第7期，第1~10页。

48. 张舜华：《21世纪的造船业，未来与发展》，1989年第5期，第47~50页。

49. 沈德纲：《鳀鱼拖网捕捞效果分析》，载《海洋渔业》，1989年第5期，第216~217页。

50. 张寿：《九十年代中国船舶工业的发展》，载《船舶工程》，1990年第1期，第4~5页。

51. 甘纯玑：《提高我国褐藻胶产品市场竞争能力的途径》，载《水产科技情报》，1990年第6期，第178~179页。

52. 连培植：《世界鱼类捕捞贸易的回顾与展望（1989~1990)》，载《海洋渔业》，1991年第1期，第44~45页。

53. 宋家来：《从海水养殖的“三次浪潮”看科学技术是第一生产力》，载《科技进步与对策》，1992年第9期，第44~45页。

54. 张守道：《中国造船技术的发展与展望》，载《中国海洋平台》，1993年第6期，第12~15页。

55. 张振国：《海洋石油工业的现状和前景》，载《海洋技术》，1994年第4期，第71~74页。

56. 管华诗：《海洋天然产物与海洋生物技术》，载《生物工程进展》，1994年第6期，第25~29页。

57. 方瑞生：《东黄海鱿鱼渔场环境初步研究》，载《海洋渔业》，1994年第6期，第249~256页。

58. 赵尊敬：《论我国金枪鱼渔业现状及对策》，载《齐鲁渔业》，1994年第6期，第18~20页。

59. 吕雪梅：《世界鳀鱼资源的分布和利用状况》，载《水产科学》，1994年第13期，第69~71页。

60. 马继安：《关于开发远洋金枪鱼围网渔业可行性研究的探讨》，载《现代渔业信息》，1995年第2期，第16~20页。

61. 林德芳：《我国的鳀鱼渔业》，载《海洋渔业》，1995年第2期，第69~71页。

62. 廖谟圣：《2010年前世界海洋石油钻采工业和设备发展趋势及对发展我国

钻采工业和设备的建议》，载《石油矿场机械》，1995 年第 3 期，第 3 ~6 页。

63. 杨久炎：《转换造船模式注重技术创新——中国造船业崛起的成功之路》，载《广船科技》，1995 年第 4 期，第 1 ~7 页。

64. 赵永益：《龙口市全面发展渔业海洋经济》，载《海洋信息》，1995 年第 8 期，第 4 ~5 页。

65. 吴万夫：《加快海洋生物资源的开发研究》，载《水产科技情报》，1995 年第 22 期，第 51 ~53 页。

66. 李志棠：《加快福建海洋高新技术产业的发展》，载《海洋开发与管理》，1996 年第 1 期，第 15 ~16 页。

67. 于宜法：《创建技术经济一体化新机制　促进我国蓝色药物产业发展》，载《研究与发展管理》，1996 年第 1 期，第 62 ~65 页。

68. 杨吝：《世界大洋金枪鱼资源及其开发现状》，载《海洋信息》，1996 年第 2 期，第 26 ~27 页。

69. 福建闽东渔场指挥部：《致力科技兴渔为振兴海洋捕捞业作贡献》，载《现代渔业信息》，1996 年第 4 期，第 15 ~21 页。

70. 赵荣兴：《中国金枪鱼渔业发展现状》，载《现代渔业信息》，1996 年第 5 期，第 18 ~20 页。

71. 韩仍：《远洋渔业十年回顾及今后的发展设想》，载《中国渔业经济研究》，1996 年第 6 期，第 10 ~12 页。

72. 王义库：《努力实现两个根本性转变　加快船舶工业发展》，载《船舶工业技术经济信息》，1996 年第 8 期，第 8 ~16 页。

73. 郑基：《光诱鱿鱼钓生产调查报告》，载《海洋渔业》，1997 年第 1 期，第 28 ~31 页。

74. 陈龙：《远洋延绳钓渔船的发展过程》，载《水产科学》，1997 年第 1 期，第 38 ~42 页。

75. 宋利明：《大西洋中部金枪鱼延绳钓捕捞技术初探》，载《上海水产大学学报》，1997 年第 2 期，第 345 ~347 页。

76. 张明德：《光诱鱿鱼敷网作业渔具渔法及其发展探讨》，载《海洋渔业》，1997 年第 2 期，第 74 ~78 页。

77. 李志堂，黄美珍：《海洋生物技术发展动向》，载《福建水产》，1997 年第 2 期，第 78 ~81 页。

78. 卢德裕：《灯光鱿鱼缯捕捞技术》，载《福建水产》，1997 年第 4 期，第 56 ~

59 页。

79. 徐学光:《采用“成组－相似工程”技术创建我国现代造船模式》,载《船舶工程》,1997 年第 4 期,第 36 ~ 39 页。

80. 甘霖:《关于我国金枪鱼延绳钓船队发展的探讨》,载《现代渔业信息》,1997 年第 7 期,第 7 ~ 10 页。

81. 马继安:《金枪鱼远洋渔业的开发与对策》,载《现代渔业信息》,1997 年第 7 期,第 11 ~ 15 页。

82. 张鸣治:《中国海洋石油工业的发展战略》,载《石油企业管理》,1997 年第 11 期,第 11 ~ 12 页。

83. 胡伟福:《西班牙二片式底层单拖网应用分析》,载《水产科学》,1997 年第 16 期,第 21 ~ 23 页。

84. 曲志强:《金枪鱼深冷延绳钓船的经济效益分析》,载《中国渔业经济》,1998 年第 2 期,第 32 页。

85. 陈龙:《远洋金枪鱼延绳钓渔船主要参数分析》,载《大连水产学院学报》,1998 年第 3 期,第 55 ~ 63 页。

86. 管华诗:《海洋药物开发及其产业》,载《海洋开发与管理》,1998 年第 3 期,第 35 ~ 36 页。

87. 管华诗:《我国海洋生物技术的发展与展望》,载《世界科技研究与发展》,1998 年第 4 期,第 12 ~ 14 页。

88. 黄鲁成:《关于我国造船业产品创新的思考》,载《科学学与科学技术管理》,1998 年第 7 期,第 36 ~ 38 页。

89. 黄文其:《海水养殖新技术》,载《海洋世界》,1998 年第 7 期,第 19 页。

90. 宋利明:《中西太平洋金枪鱼延绳钓捕捞技术的改进》,载《上海水产大学学报》,1998 年第 12 期,第 345 ~ 347 页。

91. 张明德:《浙江渔场鳀鱼资源开发利用前景及其捕捞技术》,载《中国水产》,1998 年第 12 期,第 40 ~ 41 页。

92. 曾呈奎:《大力加强海洋生物技术的研究》,载《海洋科学》,1999 年第 1 期,第 1 ~ 2 页。

93. 管华诗:《我国水产品加工业的现状与展望》,载《中国食物与营养》,1999 年第 1 期,第 28 ~ 30 页。

94. 贾复:《金枪鱼围网渔船技术经济分析》,载《船舶工程》,1999 年第 1 期,第 14 ~ 17 页。

95. 应长春:《知识经济、海洋世纪和造船业的振兴——新世纪中国船舶工业发展的战略思考》，载《上海造》，1999年第1期，第24~28页。

96. 唐明芝:《黄海鳀鱼资源开发现状及建议》，载《海洋信息》，1999年第2期，第16~18页。

97. 钟长永:《当代中国盐业50年》，载《盐业史研究》，1999年第3期，第3~11页。

98. 林建宇:《新中国盐业科学技术的进步》，载《盐业史研究》，1999年第3期，第12~20页。

99. 梁增林:《拖钓金枪鱼》，载《中国钓鱼》，1999年第3期，第16~17页。

100. 陈德隆:《我国水产加工业现状》，载《中国食品工业》，1999年第3期，第34~37页。

101. 陆忠康:《生物技术在水产养殖中应用的现状及其发展前景》，载《现代渔业信息》，1999年第4期，第148~154页。

102. 叶振江:《金枪鱼延绳钓的渔具结构与设计的初步研究》，载《海洋湖沼通报》，1999年第4期，第59~64页。

103. 冯森，郑炳文:《我国海洋捕捞业现状与发展》，载《福建水产》，1999年第2期，第67~73页。

104. 归钦:《海洋21世纪的经济亮点》，载《中国技术监督》，1999年第8期，第23页。

105. 吴锦元，曹友生:《我国造船业的规模结构状况及规模效益分析》，载《船舶工业技术经济信息》，1999年第8期，第12~19页。

106. 管华诗:《新药藻酸双酯钠“PSS”的研究》，载《医学研究杂志》，1999年第28期，第8页。

107. 管华诗:《海洋知识经济》，青岛海洋大学出版社1999年版。

108. 中国食品工业:《中国水产品加工业利国富民五十年》，载《中国食品工业》，1999年第10期，第20~22页。

109. 黎颖:《甘露醇的性质、生产与发展建议》，载《广西化工》，1999年第28期，第30~33页。

110. 古德生:《知识经济与21世纪的矿业》，载《矿业研究与开发》，1999年第19期，第2~5页。

111. 程龙刚:《新中国盐业管理体制50年回眸，盐业史研究》，载《2000年第1期，第39~44页。

112. 赵晓莉，吕清萍：《浅谈海洋药物的发展近况》，载《黑龙江医药》，2000 年第 2 期，第 105 ~ 106 页。

113. 张福绥：《21 世纪我国的蓝色农业》，载《中国工程科学》，2000 年第 2 期，第 21 ~ 26 页。

114. 燕敬平，孙慧玲，方建光：《我国海湾扇贝养殖现状、问题与发展对策》，载《海洋水产研究》，2000 年第 21 期，第 77 ~ 80 页。

115. 科技部 863 计划联合办公室：《国家 863 计划 15 年主要成就汇编（海洋领域分册）》，2000 年。

http：//www. 863. org. cn/863_95/maritime/mar04_01. html.

116. 关长涛，王清印：《我国海水网箱技术的发展与展望》，载《渔业现代化》，2000 年第 3 期，第 5 ~ 6 页。

117. 邹婉虹：《我国将制订压缩海洋捕捞强度新措施》，载《中国渔业经济》，2000 年第 3 期。

118. 王兴章，邢信泽：《中国北方刺参增养殖发展现状及技术探讨》，载《现代渔业信息》，2000 年第 15 期，第 21 ~ 22 页。

119. 关长涛，王清印：《我国海水网箱技术的发展与展望》，载《渔业现代化》，2000 年第 3 期，第 5 ~ 7 页。

120. 管华诗，耿美玉，王长云：《21 世纪，中国的海洋药物》，载《中国海洋药物》，2000 年第 4 期，第 44 ~ 47 页。

121. 周应祺：《新世纪初我国渔业发展问题和对策》，载《农业科技管理》，2001 年第 1 期，第 17 ~ 19 页。

122. 柯才焕，陈慧：《海水养殖的可持续发展战略探讨》，载《福建水产》，2001 年第 1 期，第 41 ~ 50 页。

123. 龚再升：《科学技术是推动海洋石油工业持续发展的原动力》，载《石油科技论坛》，2001 年第 1 期，第 10 ~ 14 页。

124. 石昌来：《浅谈知识经济与盐业企业管理》，载《中国井矿盐》，2001 年第 32 期。

125. 应长春：《技术是经济的发动机——谈我国造船技术的进步》，载《中国船检》，2001 年第 3 期。

126. 常咏：《海洋与盐》，载《盐业史研究》，2001 年第 4 期，第 48 页。

127. 闵宗殿：《明清时的海洋渔业》，载《学术研究》，2001 年第 9 期，第 102 ~ 106 页。

128. 陈坚，朱富强：《我国水产品冷藏链的现状与发展方向》，载《制冷》，2001 年第 20 期，第 27 ~ 30 页。

129. 叔廷飞，温琰茂，贾后磊：《我国水产养殖业可持续发展的对策》，载《水产科技情报》，2001 年第 28 期。

130. 陈坚，朱富强，万锦康：《发展中的水产品冷藏链技术——金枪鱼冷藏链》，载《渔业现代化》，2002 年第 1 期，第 29 ~ 30 页。

131. 薛长湖，林洪，曾明勇：《我国水产品加工的现状和未来》，载《科学养鱼》，2002 年第 2 期，第 6 ~ 7 页。

132. 林洪：《新技术在水产品加工中的应用》，载《科学养鱼》，2002 年第 2 期，第 55 页。

133. 汪多仁：《甘露醇的开发与应用》，载《广西蔗糖》，2002 年第 3 期，第 34 ~ 35 页。

134. 徐君卓：《我国深水网箱的发展动向及重点》，载《科学养鱼》，2002 年第 3 期，第 3 ~ 4 页。

135. 姚海燕：《我国海洋药物产业发展概况》，载《海洋科学》，2002 年第 26 期，第 15 ~ 18 页。

136. 李永琪，鹿守本：《海域使用管理基本问题研究》，青岛海洋大学出版社 2002 年版。

137. 马英杰：《谈新的海洋制度下我国海洋捕捞渔业的发展对策》，载《现代渔业信息》，2003 年第 18 期，第 5 ~ 7 页。

138. 陈可文：《中国海洋经济学》，海洋出版社 2003 年版。

139. 程龙刚：《新中国盐业生产的发展历程和辉煌成就》，载《盐业史研究》，2003 年第 2 期，第 36 ~ 43 页。

140. 周燕侠：《我国水产品加工存在问题及发展方向》，载《科学养鱼》，2003 年第 3 期，第 57 页。

141. 齐凤生，程秀荣：《水产品冷藏链的现状和发展趋势》，载《河北渔业》，2003 年第 3 期，第 40 ~ 41 页。

142. 杨得前：《我国海洋渔业资源捕捞过度的经济学分析》，载《北京水产》，2003 年第 3 期，第 22 ~ 24 页。

143. 张圣坤：《开拓创新与时俱进加快中国船舶工业的发展》，载《港口经济》，2003 年第 3 期，第 34 ~ 35 页。

144. 杨得前：《我国海水养殖业可持续发展中存在的问题及对策》，载《北京

水产》，2003 年第 4 期，第 3～5 页。

145. 郑文娟：《水产品保鲜剂在水产品加工中的应用》，载《渔业现代化》，2003 年第 4 期，第 32～33 页。

146. 严冰：《中远 30 万吨级油轮创我国造船业新高》，载《中国水运》，2003 年第 6 期，第 45 页。

147. 曾呈奎，徐鸿儒，王春林等：《中国海洋志》大象出版社 2003 年版。

148. 孙洪，李永祺：《中国海洋高技术及其产业化发展战略研究》，中国海洋大学出版社 2003 年版。

149. 于留春：《开发利用海洋资源实现社会持续发展》，载《中国矿业》，2003 年第 12 期，第 1～3 页。

150. 张福绥：《近现代中国水产养殖业发展回顾与展望》，载《世界科技研究与发展》，2003 年第 25 期，第 5～13 页。

151. 吕航：《我国将走进数字造船时代》，载《中国船检》，2004 年第 1 期，第 26～29 页。

152. 姚本全：《三维地震采集设计方法研究》，载《江汉石油学院学报》，2004 年第 26 期，第 58～60 页。

153. 张新龙：《造船业发展影响要素的分析及我国在工业技术方面存在的差距》，载《船舶工业技术经济信息》，2004 年第 226 期，第 29～35 页。

154. 郭根喜，陶启友：《我国深水网箱养殖技术及发展展望（上）》，载《科学养鱼》，2004 年第 7 期，第 10～11 页。

155. 郭根喜，陶启友：《我国深水网箱养殖技术——及发展展望（中）》，载《科学养鱼》，2004 年第 8 期，第 10～11 页。

156. 孙春录，于丽，曹洪松：《云鳗单拖网技术研究》，载《齐鲁渔业》，2004 年第 21 期，第 45～47 页。

157. 潘克厚，孙吉亭，陈大刚：《海水养殖业向高新技术产业转变之探讨》，载《海洋水产研究》，2002 年第 23 期，第 71～75 页。

158. 刘斌，王长云，张洪荣：《海藻多糖褐藻胶生物活性及其应用研究新进展》，载《中国海洋药物杂志》，2004 年第 23 期，第 36～40 页。

159. 郑根甫：《浅析延绳钓作业与减轻海洋捕捞压力》，载《中国水产》，2004 年第 2 期。

160. 葛新权：《技术创新与管理》，社会科学文献出版社 2005 年版。

161. 慕永通：《我国海洋捕捞业的困境与出路》，载《中国海洋大学学报：社

会科学版》，2005 年第 2 期，第 1 ~ 5 页。

162. 中国海洋石油总公司：《向大海要油为国家分忧——记中国海洋石油“三新三化”科技创新》，载《中国科技奖励》，2005 年第 2 期，第 82 ~ 85 页。

163. 胡茂宏：《关于促进海洋石油的合作勘探、开发、生产的思考》，载《技术经济与管理研究》，2005 年第 4 期，第 103 ~ 105 页。

164. 谈向东：《水产品冷藏链技术路线探讨》，载《冷藏技术》，2005 年第 4 期，第 1 ~ 3 页。

165. 滕瑜，王彩理：《水产品加工的发展趋势与研究方向（上）》，载《科学养鱼》，2005 年第 5 期，第 69 页。

166. 滕瑜，王彩理：《水产品加工的发展趋势与研究方向（中）》，载《科学养鱼》，2005 年第 6 期，第 79 页。

167. 滕瑜，王彩理：《水产品加工的发展趋势与研究方向（中）》，载《科学养鱼》，2005 年第 7 期，第 69 页。

168. 杨瑾：《我国海洋化工开发的新进展及存在问题》，载《海洋开发与管理》，2005 年第 6 期，第 14 ~ 17 页。

169. 广东海洋渔业“十一五”规划研究课题组：《全球海洋经济及渔业产业发展综述》，载《新经济杂志》，2005 年第 8 期，第 10 ~ 14 页。

170. 陈伟雄：《我国盐化工发展现状及趋势》，载《化工科技市场》，2005 年第 8 期，第 47 ~ 50 页。

171. 徐君卓：《我国设施渔业的发展现状》，载《现代渔业信息》，2005 年第 20 期。

172. 宋晓梅，郭汉丁：《关于国家海洋技术创新的探讨》，载《海洋技术》，2005 年第 24 期，第 138 ~ 140 页。

173. 梁仁君，林振山，任晓辉：《海洋渔业资源可持续利用的捕捞策略和动力预测》，载《南京师大学报：自然科学版》，2006 年第 29 期，第 108 ~ 112 页。

174. 卢峰本，黄滢，周启强：《海水养殖的气象风险分析及预报》，载《气象》，2006 年第 32 期，第 114 ~ 117 页。

175. 檀学文：《我国渔业可持续发展问题研究》，载《经济研究参考》，2006 年第 35 期。

176. 中国海洋年鉴编纂委员会：《2005 年中国海洋年鉴》，海洋出版社 2006 年版。

177. 国家海洋局：《中国海洋统计年鉴》，海洋出版社 2006 年版。

178. 评论：《关于实施科技规划纲要增强处方创新能力的决定》，人民出版社2006年版。

179. 中国海洋年鉴编纂委员会编：《2005年中国海洋年鉴》，海洋出版社2006年版。

180. 国家海洋局：《中国海洋统计年鉴》，海洋出版社2006年版。

181. 吴益春，赵元凤，吕景才：《海水养殖环境生物修复研究进展》，载《生物技术通报》，2006年增刊第138~140页。

182. 管华诗：《我国海洋创新药物的研究和开发》，载《中国天然药物》，2006年第4期，第1页。

183. 王永生：《海洋矿业：亟待走向可持续发展》，载《矿产保护与利用》，2006年第1期，第9~13页。

184. 高莉，刘鹏，赵俊梅：《青岛市生物制药产业发展现状及问题分析》，载《生物技术通报》，2006年增刊第158~160页。

185. 雷霁霖：《我国海水鱼类养殖大产业构架与前景展望》，载《海洋水产研究》，2006年第27期，第1~9页。

186. 胡宁：《科学发展我国制盐工业》，载《中国井矿盐》，2006年第37期，第3~8页。

187. 郤晓彤：《船舶企业实施自主创新的对策》，载《国防科技工业》，2006年第3期，第28~31页。

188. 余江，杨宇峰，叶长鹏：《海水养殖环境污染及控制对策》，载《海洋湖沼通报》，2006年第3期，第112~115页。

189. 黄建新，于业绍：《滩涂贝类围塘健康养殖技术》，载《苏盐科技》，2006年第4期，第24~25页。

190. 姜国建，文艳：《世界海洋生物技术产业分析》，载《中国渔业经济》，2006年第4期，第45~48页。

191. 宋立清：《捕捞渔民减船转产问题的国际比较》，载《中国海洋大学学报：社会科学版》，2006年第4期，第12~14页。

192. 杨吝，张旭峰，孙典荣：《广东省拖网网囊调查》，载《湛江海洋大学学报：自然科学版》，2006年第21期，第22~26页。

193. 王海峰，刘大海，姜军：《对影响我国海洋捕捞业制度要素的实证分析》，载《中国渔业经济》，2006年第5期，第24~27页。

194. 胡晓龙：《我国水产养殖新品种引进与可持续发展初探》，载《山西水

利》，2006 年第 5 期，第 70～71 页。

195. 余远安：《开创海水苗种新革命，推动我国海水养殖新浪潮——记中国水产科学研究院黄海水产研究所雷霁霖院士》，载《中国水产》，2006 年第 5 期，第 18～19 页。

196. 付小玲，吴隆杰：《海水养殖引进种的生态影响及管理对策研究》，载《中国渔业经济》，2006 年第 6 期，第 42～44 页。

197. 罗季燕：《大力推进数字化造船全面提升船舶行业核心竞争力》，载《舰船科学技术》，2006 年第 6 期，第 3 页。

198. 王新，王琴：《我国首座 400 英尺海上石油钻井平台由大连船舶重工建造成功》，载《国防科技工业》，2006 年第 6 期，第 43 页。

199. 吴开军，俞国平，张澍：《海洋捕捞渔船分析系统的开发与应用》，载《海洋渔业》，2006 年第 28 期，第 241～245 页。

200. 卢布，杨瑞珍，陈印军：《我国海洋渔业的发展、问题与前景》，载《中国农业信息》，2006 年第 9 期。

201. 周军，李怡群，张海鹏：《河北省海水养殖现状及发展对策》，载《河北渔业》，2006 年第 9 期，第 10～12 页。

202. 杨宁生：《科技创新与渔业经济》，载《中国渔业经济》，2006 年第 3 期，第 8～11 页。

203. 张晓晖：《中国船舶制造业走可持续发展道路的研究》，载《当代经济》，2006 年第 10 期（下），第 14～15 页。

204. 祖恩普：《对高产池塘捕捞技术的探讨》，载《中国水产》，2006 年第 11 期，第 73～74 页。

205. 牛化欣：《我国北方地区几种新开发的海水养殖经济鱼类及其发展状况》，载《中国水产》，2006 年第 11 期，第 30～32 页。

206. 方富永，徐美奕，蔡琼珍等：《海水养殖鱼类肌肉中微量元素的测定》，载《广东微量元素科学》，2006 年第 13 期，第 60～63 页。

207. 姜海滨：《我国捕捞渔业资源可持续利用分析》，载《山东省农业管理干部学院学报》，2006 年第 22 期，第 61～62 页。

208. 綦振奕，赵志宏，于志新：《当前我国海洋捕捞业面临的主要问题及可持续发展对策探讨》，载《齐鲁渔业》，2006 年第 23 期，第 53 页。

209. 宋志文，王玮，赵丙辰等：《海水养殖废水的生物处理技术研究进展》，载《青岛理工大学学报》，2006 年第 27 期，第 13～17 页。

210. 艾海新，王崇明，任伟成等：《核酸杂交技术在海水养殖动物疾病诊断中的应用》，载《海洋水产研究》，2006 年第 27 期，第 96 ~ 99 页。

211. 马志荣，张莉：《科技创新：海洋经济可持续发展的新动力》，载《当代经济》，2007 年第 1 期，第 48 ~ 49 页。

212. 邱罡，龚敏，易滢婷等：《中日韩全球造船业龙头之争》，载《中国投资》，2007 年第 9 期，第 55 ~ 59 页。

213. 黄悦华，任克忍：《我国海洋石油钻井平台现状与技术发展分析》，载《石油机械》，2007 年第 35 期，第 157 ~ 160 页。

214. 曹桂森：《对我国造船业发展的若干思考》，载《中国水运：理论版》，2007 年第 5 期，第 27 ~ 28 页。

215. 冯春雷，黄洪亮，陈雪忠：《SPF 理论及其在捕捞能力计算中的应用》，载《上海水产大学学报》，2007 年第 16 期，第 49 ~ 52 页。

216. 宫一震：《海水养殖苗种生产中的水质处理》，载《齐鲁渔业》，2007 年第 24 期，第 19 页。

217. 科技部：《海洋高技术成果汇编（2001 ~ 2005）》，海洋出版社 2007 年版。

218. 李世强：《由浅入深的跨越——中国海洋石油 25 年发展之路》，载《中国石油企业》，2007 年第 z1 期，第 48 ~ 50 页。

219. 张晓根：《我国生物技术制药的发展与展望》，载《郑州牧业工程高等专科学校学报》，2007 年第 1 期。

220. 刘爱智：《河北省海洋盐业资源开发利用现状及存在问题研究》，载《海洋开发与管理》，2007 年第 1 期，第 101 ~ 105 页。

221. 中国船检编辑部：《国内海事 10 大新闻》，载《中国船检》，2007 年第 1 期，第 18 ~ 20 页。

222. 武建东：《中国海洋天然气改革的创新战略》，载《海洋世界》，2007 年第 2 期，第 34 ~ 39 页。

223. 连桂玉，金泉源，黄泰康：《国内外生物制药产业发展状况的比较研究》，载《中国药业》，2007 年第 16 期，第 20 ~ 21 页。

224. 傅秀梅，宋婷婷，戴桂林等：《山东海洋渔业资源问题分析及其可持续发展策略》，载《海洋湖沼通报》，2007 年第 2 期，第 164 ~ 169 页。

225. 国家海洋局：《2006 年中国海洋经济统计公报》，国家海洋局 2007 年版。

226. 宋杰兰：《中国造船业比较优势分析》，载《财经界（中旬刊）》，2007 年第 3 期，第 286 ~ 287 页。

227. 树林：《中国造船工业创新之路及未来技术创新的方向选择》，载《船舶物资与市场》，2007 年第 3 期，第 8 ~ 11 页。

228. 林鹰：《发展中的我国造船业》，载《交通与运输》，2007 年第 4 期，第 44 ~ 46 页。

229. 黄甫，蒋鸿标：《加快广东省海水养殖业可持续发展的措施》，载《科技情报开发与经济》，2007 年第 17 期，第 105 ~ 106 页。

230. 普家勇：《马面鱼的深加工工艺技术》，载《渔业致富指南》，2007 年第 5 期，第 44 ~ 45 页。

231. 穆献中，张纬九：《关于海洋石油工程技术服务业的发展建设问题》，载《石油科技论坛》，2007 年第 5 期，第 13 ~ 18 页。

232. 丁敏：《中国造船市场分析》，载《世界海运》，2007 年第 30 期，第 12 ~ 14 页。

233. 虞成富，吴树敬：《发展海洋捕捞循环经济的意义与重要途径》，载《海洋开发与管理》，2007 年第 6 期，第 123 ~ 126 页。

中国海洋经济理论的产生与演变

第十八章　中国海洋经济概念的产生与演变

从历史角度看，人类社会产生之初便存在着海洋经济活动，但从经济的角度上研究这些活动的历史则并不长。直到20世纪40年代，美国和日本才出现了一些对于海运经济和渔业经济的零星研究。第二次世界大战后，一些发达国家也开始重视海洋经济管理理论的研究，但其研究始终体现出一种单项的、孤立的研究观点，没有将海洋经济活动作为一个整体、一个系统来进行研究。这种状况有着其经济实践中的原因，因为直到20世纪中期，即使在世界范围内，“海洋经济”这个名词仍然等于“海洋渔业经济”加“海洋运输经济”，其作用就是为陆域经济体系提供原料和服务，是陆域经济体系的附属，在经济特征上并没有体现出同质性和系统性的特点，必然难于产生针对其的系统理论研究。

进入20世纪60年代，随着海洋产业种类不断增多、规模不断扩大，在世界经济体系中的地位也日益重要，海洋经济体系逐渐形成。应当说，海洋经济体系的产生，是具有其特定的时代背景的，一方面，第二次世界大战之后人类社会经济体系不断扩张，陆上自然资源开发利用已很难满足需求，各国开始将着眼点放到广阔的海洋之上，这构成海洋经济体系产生的必要性；另一方面，科学技术水平的提升，特别是海洋相关科技的发展，使人类大规模开发、利用海洋资源、空间具有物质基础，这是海洋经济体系产生的可能性。在海洋经济体系下，各涉海相关产业已不再是陆地经济体系的一部分或者补充，已经开始构成一种独立的、可以与陆地经济分庭抗礼的海洋经济体系。在这个过程中，海洋经济不同于陆地经济的特点逐渐显现，在陆地经济体系下建立发展起来的传统经济学理论体系对海洋开发实践中所面临的各种问题解释力也就愈发不足，这就客观上要求对其进行改良、甚至变革，从而产生了对系统海洋经济理论的需求。

传统的经济理论虽然是人们对经济现象、经济行为本质规律的研究，从主观上看，与海洋、陆地的差别并无关系。但不可否认，这套体系是在陆上经济占绝对主导地位时期产生、完善起来的，由于此时期人类对经济活动认识的片面性，其不可

避免的存在着各种与陆地经济特点相联系的片面观点与理论，可以将其称为经济理论的“陆上痕迹”。纵观世界以及我国海洋经济研究历史的变迁情况，无论是从对海洋经济、海洋经济学本身认识与理解的演化过程之中，还是在整个海洋经济理论研究体系的扩张进程之内，都体现出一种新研究领域、框架、范式的孕育、发展和成熟的过程，其发展趋势必然是建立一个与传统陆域经济研究体系截然不同、可以分庭抗礼的海洋经济体系。但存在这种趋势并不是说海洋经济应该完全脱离现有的经济分析体系独立发展，海洋经济理论的发展演进，归根结底仍然是对原有经济理论的运用、检验、批判和改革的过程。在这个过程中寻找、辨识和消除其中的“陆上痕迹”，从陆域经济体系和海洋经济体系并立的基础上，在更高的学术层次上建立起一套更适应现代经济要求的基本经济理论体系才是海洋经济研究最为本质的目的。

一、海洋经济定义的演变

对海洋经济的定义是进行海洋经济理论研究的基础。在美国，“海洋经济”（Ocean Economy）这一术语只是在少数涉海经济研究中偶尔出现，其对“海洋经济”的定义是“包括全部或部分源于海洋和五大湖资源投入的经济活动”（徐敬俊，韩立民，2007）。我国学者对于“海洋经济”则丰富很多，从公开发表的文章来看，这些定义有着明显的时代特征，是随着海洋开发实践和相关研究工作的不断深入，而不断变化着的，迄今为止，学术界对海洋经济的概念尚没有形成公认的一致性看法。从学者们总体研究成果看，海洋经济所定义的范围其中蕴涵着一种不断扩大的趋势，经历了一个由窄到宽、由资源性到产业化、由陆域经济体系的附庸到与其对立的新经济体系的演化过程。

（一）海洋经济资源论

1982年，何宏权、程福祜（1982）首先提出了海洋经济的定义：“所有这些人类在海洋中及以海洋资源为对象的社会生产、交换、分配和消费活动，统称为海洋经济。海洋经济活动的范围是在海洋，就空间地理位置来说有别于陆地故称海洋经济。”在整个80年代，许多学者都从自身专业背景①、研究思路及实践经验入手，

① 在我国，目前从事海洋经济问题研究的主要是经济地理学、区域经济学、资源经济学、海洋经济学以及管理学等专业的学者。由于不同专业、不同学者的着眼点不一样，对海洋经济的概念也有着各自不同的解释。（曹忠祥等，2005）

从不同角度对海洋经济进行了定义，并且有着明显的时代性特征。在早期（20 世纪 80 年代中期），学者主要立足于社会主义政治经济学，从海洋资源的角度将海洋经济定义为："海洋经济活动是人们为了满足社会经济生活的需要，以海洋及其资源为劳动对象、通过一定的劳动投入而获取物质财富的劳动过程，亦即人与海洋自然之间所实现的物质变换的过程。"（权锡鉴，1986）海洋经济的资源论定义有两三大特点：（1）强调海洋经济的资源性，认为"正是由于海洋开发经济活动是以海洋资源为劳动对象，从开发利用资源的空间位置和资源对象来说区别于陆地上的经济活动，才称之为海洋经济活动"（张爱城，1989）；（2）认为海洋经济与陆地上经济活动相比，并不存在内在的矛盾特殊性，也就是说从实质上与陆地开发的经济活动是没有什么区别的，海洋开发的经济活动只不过是陆地上经济活动发展的扩大和延伸；（3）仅仅强调对海洋资源的一次开发活动，并未将海洋管理、海洋服务业、海洋教育科研等列入海洋经济的范畴。在 20 世纪 80 年代，我国海洋经济活动仍主要集中于海洋捕鱼、海盐制造、海洋运输等传统产业，而国家对于海洋开发的远景规划也仅限"海洋是一个巨大的资源宝库，存在着众多的矿产、石油资源"。因此，如何合理高效地开发各种海洋资源，最大化地利用这些资源促进陆域经济的发展，也就成为海洋经济学者的主要课题。在此背景下产生的海洋经济定义必然受到局限。

（二）海洋经济资源—空间论

20 世纪 90 年代之后，在经济领域中，海洋经济开发活动不断深入；而在思想领域中，各种西方经济学的思想、方法进入我国，极大的扩展的学者们的视野。致使学界对"海洋经济"的看法也呈现出百花齐放的态势。此时，多数学者仍然从资源经济的角度进行定义，从本质上讲，仍然是将海洋经济看做陆域经济的附属（资源产地），如王长征和刘毅（1993）①、陈万灵（1998）②、周江（2000）③、徐

① 国内学者王长征、刘毅认为，海洋经济是以海洋为空间活动场所，以海洋资源和海洋能源的开发和利用为目标的所有海洋产业的经济活动和经济关系的总称。

② 陈万灵（1998）提出："海洋经济就是指对海洋及其空间范围内的一切海洋资源进行开发的经济活动或过程。海洋经济实质上是关于海洋资源的经济问题，即为了满足人民对海洋资源产品的需要，如何协调开发与管理、利用与保护、改造与培育的经济问题。"其在社会经济生产过程中更为广泛的定义了海洋经济，将海洋管理、海洋保护也纳入了海洋经济的范畴。

③ 周江（2000）文章中提出："海洋经济是人类以海洋资源为对象而展开的生产、交换、分配和消费活动。"

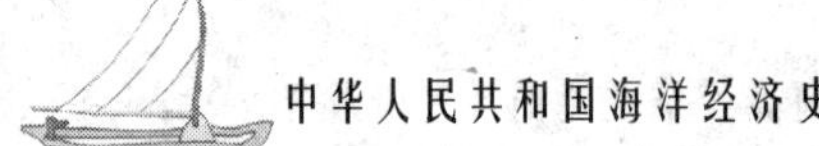

杏（2002）[①]、陈学林（2006）[②] 等；也有部分学者坚持资源经济论的同时，注意到以海洋空间作为活动场所的经济行为规模不断上升的客观现实，并将其纳入了自身的理论中去，如1984年杨金森在《发展海洋经济必须实行统筹兼顾的方针》一文中讲到“海洋经济是以海洋为活动场所和以海洋资源为开发对象的各种经济活动的总和。”其特点是侧重从外延上对海洋经济进行界定，与其有类似观点的还包括：陈可文（2001[③]，2003[④]）、何翔舟（2002）[⑤]、曹忠祥等（2005）[⑥]。

（三）海洋经济产业论

海洋经济产业论与海洋经济资源论及资源—空间论一脉相承，它是从资源开发的前后向联系入手，从产业发展的角度对海洋经济进行定义，将其视为围绕海洋资源进行的一系列生产、分配、交换、消费活动的总和以及其所形成的一系列上下游产业。其定义包括广义和狭义两个层次，其中“广义海洋经济是指人类在涉海经济活动中利用海洋资源所创造的生产、交换、分配和消费的物质量和价值量的总和，包括直接的海洋产业和间接的海洋产业。狭义海洋经济是指直接的海洋产业，所以也叫海洋产业经济。”（许启望、张玉祥，1998），持类似观点的还包括陈可文（2003）[⑦]。海洋经济产业论到目前阶段为止，还是受到较多人所接受的，如在国外

---

① 徐杏（2002）的文章虽然是从产业角度将海洋经济定义为：“一国涉海各个经济部门即海洋产业活动部门的总称”，但她同时也认为海洋经济“其实质是关于海洋资源的经济问题，即为了满足人们对海洋资源产品的需要，如何协调开发与管理、利用与保护、改造与培育的经济问题。”

② 海洋经济是关于海洋资源的经济问题，即为了满足人们对海洋资源产品的需要，如何协调开发与管理、利用与保护、改造与培育的经济问题。海洋经济所有的活动与海洋有着直接的关系，是由海洋产业组成的，而海洋产业是人类利用和开发海洋、海岸带资源所进行的生产和服务活动，是涉海性的人类经济活动。同时海洋经济不是单一的部门经济或行业经济，是人类所有涉海经济活动的总和。现代海洋经济包括为开发海洋资源和依赖海洋空间而进行的生产活动，以及直接或间接为开发海洋资源及空间的相关服务性产业活动，这样一些活动而形成的经济集合均被视为现代海洋经济范畴。（陈学林，2006）

③ 陈可文认为，海洋经济是以海洋空间为活动场所或以海洋资源为利用对象的各种经济活动的总称，其本质是人类为了满足自身需要，利用海洋空间和海洋资源，通过劳动获得物质产品的生产活动。

④ 2003年，陈可文著的《中国海洋经济学》中讲到“海洋经济是以海洋空间为活动场所或以海洋资源为利用对象的各种经济活动的总称。海洋经济的本质是人类为了满足自身需要，利用海洋空间和海洋资源，通过劳动获取物质产品的生产活动。”海洋经济与海洋相关联的本质属性是海洋经济区别于陆域经济的分界点，也是界定海洋经济内容的依据，按照其经济活动与海洋的关联程度。

⑤ 何翔舟（2002）所谓海洋经济，是指在一定的社会经济技术条件下，人们以海洋资源和海洋空间为主要对象，所进行的物质生产及其相关服务性活动的综合。

⑥ 所谓海洋经济，是指在一定的社会经济技术条件下，人们以海洋资源和海洋空间为主要对象，所进行的物质生产及其相关服务性活动的综合（曹忠祥等，2005）。

⑦ 陈可文认为：广义海洋经济，指为海洋开发利用提供条件的经济活动，包括与狭义海洋经济产生上下接口的产业，以及陆海通用设备的制造业等。（陈可文，2003）

取代“海洋经济”而频繁使用的正是“海洋产业”（Marine Industry）[①] 一词，而这种观点也是我国官方所最为承认的观点，在许多正式的文件、标准中所常常使用的（《全国海洋经济发展规划纲要》[②]，2003；《海洋学术语——海洋资源学》[③]，2004）。虽然这些观点对于海洋经济范围的认识在不断扩大，但其出发点仍旧是资源特征，始终是建立在陆域经济体系之下的，将海洋经济作为陆域经济附属和延伸的地位，或者进一步说是对陆地经济体系的重要补充和组成部分。

（四）海洋经济区域论

海洋经济区域论将海洋经济空间说单独列出，从海洋经济与陆地经济的对立入手，在区域角度来确定其范畴[④]，因为从广义上的海洋经济，主要是指与海洋经济难以分割的海岛上的陆域产业海岸带的陆域产业及河海体系中的内河经济等，包括海岛经济和沿海经济。（陈可文，2003）甚至有人认为海洋经济实质上就是区域经济[⑤]，如有人认为，“海洋经济包括海岛经济”，甚至认为向陆若干公里以内的海岸带经济均属于海洋经济的范畴。

（五）海洋经济综合论

海洋经济综合论从沿海区域资源经济、产业经济和滨海区域经济相结合的角度来理解海洋经济的内涵，认为海洋经济“是产品的投入与产出、需求和供给，

---

① 目前，西方沿海国家对“海洋产业”的表述基本相同，例如：美国和澳大利亚的“海洋产业（Marine Industry）、英国的“海洋关联产业（Marine-related Activity）”、加拿大的“海洋产业 Marine and Ocean Industry）”，以及欧洲的“海洋产业（Maritime Industry）”等（徐敬俊、韩立民，2007）。

② 2003 年，国务院文件《全国海洋经济发展规划纲要》中指出“海洋经济是指开发利用海洋的各类产业及其相关活动的总和”。

③ 2004 年，中华人民共和国国家质量监督检验检疫总局发布的国家标准《海洋学术语——海洋资源学》（送审稿）中认为“海洋经济是人类开发利用海洋资源过程中的生产经营管理活动的总称”。

④ 曹忠祥等（2005）从区域经济角度对海洋经济的内涵做出如下界定：“所谓海洋经济，是指在一定的社会经济技术条件下，人们以海洋资源和海洋空间为主要对象，所进行的物质生产及其相关服务性活动的综合。”这一定义具有以下几个基本点：第一，海洋经济的内涵是与一定时期的社会经济技术条件紧密联系的，并随着社会经济技术条件的发展而发展；第二，海洋经济具有区域性特点，是与特定区域的资源、环境和社会经济发展基础紧密联系的；第三，涉海性是海洋经济的基本属性，直接以海洋资源和空间为生产对象或主要为此类生产活动服务，是海洋经济有别于陆地经济的内在规律性；第四，海洋经济具有综合性特点，既包括以海洋资源和海洋空间为基本生产要素的生产和服务活动，也包括不依赖海洋资源和海洋空间、但直接为其他海洋产业服务的经济活动，更加宽泛意义上的海洋经济还包括海洋科学研究、教育、技术等其他服务和管理活动。

⑤ 如石洪华等（2007）认为“海洋经济是指一定的区域内以海洋资源作为利用对象的各种经济活动和各种经济要素相互关系得总和。”该定义从区域的角度对海洋经济进行了界定，明确了海洋经济的区域属性。

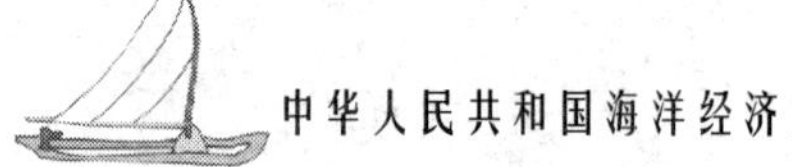

与海洋资源、海洋空间、海洋环境条件直接或间接相关的经济活动的总称。”（徐质斌，1995）此后，许多学者如孙斌、徐质斌（2000）[①]、徐斌、牛福增（2003）[②]、郑贵斌（2006）对海洋经济综合论进行了进一步深化，更加侧重于研究海洋经济内部的相互联系，认为“从科学、系统的角度理解，它是对沿海区域资源经济、产业经济和滨海区域经济的有机综合；发展海洋经济是以海洋资源为基础，以海洋产业为桥梁，以沿海区域的社会经济全面而发展为目标的一项系统工程”[③]（郑贵斌，2006）；以及这种联系所形成的基础“海洋经济是活动场所、资源依托、销售或服务对象、区位选择和初级产品原料对海洋有特定依存关系的各种经济的总称。也可以说，海洋经济是从一个或几个方向利用海洋的经济功能的经济。”这些观点将海洋经济在体系上从陆地经济中彻底剥离出来，成为一个与其同等地位的经济体系，也从客观上说明了对海洋经济这一特殊经济体系相关理论研究的必要。

① “海洋经济指的是在海洋及其空间进行的一切经济性开发活动和直接利用海洋资源进行生产加工以及为海洋开发、利用、保护、服务而形成的经济。它是人们为了满足社会经济生产的需要，以海洋及其资源为劳动对象，通过一定的劳动投入而获取物质财富的经济活动的总称。海洋经济是海洋开发活动的物质成果”（孙斌，徐质斌，《海洋经济学》，2000 年）。

② 2003 年，徐质斌、牛福增，《海洋经济学教程》中认为“海洋经济是活动场所、资源依托、销售或服务对象、区位选择和初级产品原料对海洋有特定依存关系的各种经济的总和”。

③ 郑贵斌（2006）提到所谓海洋经济活动，是全人类以海洋及其资源为劳动对象，通过一定形式的劳动支出来获取产品和效益的经济活动。所谓海洋经济学是在海洋空间范围内人类的经济活动与各种海洋因素之间相互关系的一门科学。这里，揭示了海洋经济的特性和共性。现在需要进一步指出，海洋经济是既含有海洋特定属性（相异性），又全面反映经济活动本质属性（全息统一性）的综合性、整体性、复合经济。我们不妨对海洋经济活动作些具体分析。海洋经济是以海洋为对象的，首先是开发海洋资源的活动。按照海洋资源专家的研究，海洋资源是相对陆地资源而言的，泛指海洋环境中存在的现在和未来能够被人类所利用的物质、能量和空间等一切资源（也可分为海洋水体资源、海洋土地资源、海洋生物资源、海洋能源、海洋矿藏资源、海洋空间资源等几大类）。海洋资源属于复合型的资源系统。在人类对海洋的认识上，通常认为海洋资源具有原位性。原位资源转化为流资源（资源产品）的行为被称为开发。技术意义上的资源开发就是开采、捕捞或加工等；经济意义上的开发就是投入或产出。从广义上讲，开发就是在一定时期和技术条件下，按一定社会需求和战略需要，对原位性的海洋资源进行开发和对新开发的或已开发的海洋资源进行重新认识和再开发。后者的含义是指在一种新价值观和发展观指导下对原来已经习惯的资源利用方向、方式、格局进行重新排列、组合，确定新的海洋产业和部门，从而提高原有海洋资源系统的功能。就这个意义而言，海洋资源开发和再开发就构成了海洋经济。海洋资源开发与利用表现在空间上具有圈层性，中心圈层为海洋水体（含底土和上空），连接圈层为海岸带，外圈层为沿海地区。总之，海洋经济就是指对海洋及其空间范围内的一切海洋资源进行开发和再开发的产业活动或投入产出过程。海洋经济是囊括海洋产业的生产、交换、分配和消费环节在内的再生产过程。由此可以看出，海洋经济既是区域空间经济和部门（产业）经济，又是资源经济，是海洋空间范围内由开发海洋资源而形成的海洋产业部门的经济活动的总称。总之，海洋经济本质上是开发利用海洋资源的活动以及相关的经济活动，即为了满足人们对海洋资源产品的需要而进行的再生产过程。

二、海洋经济的特点

马克思曾论述："人类始终只提出自己能够解决的任务，因为只要仔细考察就可以发现，任务本身，只有在解决它的物质条件已经存在或者至少是在生成过程中的时候，才会产生。"① 海洋经济理论之所以能够区别于传统经济理论，正是由于建立在海洋这一新兴的经济载体之上，存在着众多不同于传统陆地经济的特点。要对海洋经济理论进行研究，首先需要对海洋经济的特点进行研究。我国学者对海洋经济特点的研究，归结起来主要有以下几项：

（一）海洋经济的综合性

海洋经济的综合性，是指海洋经济活动存在着大跨度与多行业性，而且这些行业不能视为零散的、独立的个体，其各行业之间往往反映出较陆地经济更为密切的联系②。这种特点源于海洋资源整体复合性、用途的多宜性和使用方式的兼用性特征③，也造成海洋开发的立体化、整体化以及相互之间更为严酷的竞争性。使得海洋经济体系从一开始建立，就具有较高的宏观一体化水平，已经构成了一个庞大而不可分割的产业群体。就其运作空间来说，包括海空、海岸④（包括海岸带整体）、海面、海水（水的不同深度）、海底等每一层次；就其开发等级来说，每一类型的资源，在经济区域也具有多种用途的可能性，往往可以同时进行海洋生物、矿产、

① 《马克思恩格斯选集》，人民出版社1995年版，第2卷，第33页。

② 关于这一问题的系统论述，最早可以追溯到杨克平（1984）的一篇文章，他提到："所有这些海洋资源全部存在于海洋水域生态系统之中。虽然各种资源性质不一，存在形态不一，各是独立的完整系统，但它们并不是孤立的，这些分支系统彼此相互关联，相互调节，相互依存，具有明显的整体性和完整的系统性。所以，海洋经济产业活动的建立与评价远不如陆洲经济那样直观，单打一地孤立地对其某一分支系统进行开发而忽视了整个系统的平衡要求和调节恢复功能，是断然不会顺利的。"

③ 海洋资源整体复合性、多宜性和兼用性是由陈万灵（1998）提出，他认为：海洋资源是由多种资源要素复合而成的自然综合体，具有多层次多组合、多功能等特点。除岛屿外，整个海洋资源是一个由水体覆盖成的整体。多宜性和使用方式兼用性则是指海洋资源具有满足多种需要的多宜性特点。在一定海域，可以进行捕捞、水产养殖及牧鱼，也可以开采矿物和制盐等。

④ 具体就该方面，石洪华等（2007）进行了详细论述。该文认为不同于陆域经济，海洋经济的活动场所具有多变性。例如，海洋油气业、海洋矿产业主要在海上进行生产，船舶制造业则主要在陆地上，而像海洋药物制造业既要从海洋获取原材料，又要在陆地上进行加工制造。由此可以看出，不同的海洋经济活动，其生产场所是不同的。这种生产场所的多变性一定程度上决定了海洋经济的复杂性及其生产、管理的难度。

海盐、航运、海洋能、旅游的开发①；就其产业分布来说，海洋经济贯穿于国民经济第一产业、第二产业和第三产业各个部分，既包括开发利用海洋资源和海洋空间的直接的生产活动，还包括为上述生产活动提供服务的相关产业②。因此，海洋经济问题就不能简单地定义为单一资源经济问题或者个别产业问题，需要有一套特殊的理论对其进行全面分析③。对海洋经济的这个特点进行重点强调的主要包括：杨克平（1984）、何宏权、程福祜（1982）、陈万灵（1998）、石洪华等（2007）。

（二）海洋经济的国际性

海洋作为经济活动的载体与陆地最大的不同点即在于海洋资源存在或水平、或垂直的流动性。这其中不仅仅有海水资源、及其中所蕴含的矿产资源的流动性，海洋中的生物、热能、动能、风能等资源同样在不同的海域之间依照自身规律进行着位移，海洋整体构成一个地球上最为广阔的介质总体。

因此，海洋经济活动很难进行专属划界和支配④。目前世界上绝大部分海洋仍然为公海，并不属于某一国家管辖，并无所有权，使以海洋为纽带进行的经济活动，可以较少的受到国家行政区划的影响；而近海存在所有权划分的部分，如领

① 石洪华（2007）将其单列为海洋经济的空间性特征，他认为：海洋作为一种资源，对海洋经济的支持作用体现为一种立体效应，即海面、水体、海底均可作为海洋经济活动的开发对象。海面可用来发展航运，水体可作为捕捞和养殖的场所，而海底可开采石油、天然气和矿产。海洋的这种立体效应为海洋经济的发展提供了广阔的空间，使得海洋经济具有极大的增长潜力。

② 海洋第一产业包括海洋渔业；海洋第二产业包括海洋油气业、海滨砂矿业、海洋盐业、海洋化工业、海洋生物医药业、海洋电力和海水利用业、海洋船舶工业、海洋工程建筑业等；海洋第三产业包括海洋交通运输业、滨海旅游业、海洋科学研究、教育、社会服务业等。海洋开发的多部门性与多学科性。海洋经济因其地理位置不同于陆地而形成为另一空间系统，故它不属于国民经济的某一个或某几个部门，而是陆地经济与海洋有关的部门在空间上的扩展，所以它的开发利用涉及的户头多、部门多、行业多、学科多。

③ 在有些文章中还将海洋经济综合性从纵向空间上进行定义，称之为海洋经济的立体性。如何宏权、程福祜（1982）提出："海洋经济立体性是指海洋及包括海水水体，也包括海水中的各种漂浮生物和海底矿藏，还包括海滨风光。这些资源和条件立体分布于海洋往往可以由不同的部门同时利用，经济价值很高。"另一部分学者从横向空间上进行定义，将其称之为多变性。如石洪华等（2007）认为："不同于陆域经济，海洋经济的活动场所具有多变性。例如，海洋油气业、海洋矿产业主要在海上进行生产，船舶制造业则主要在陆地上，而像海洋药物制造业既要从海洋获取原材料，又要在陆地上进行加工制造。由此可以看出，不同的海洋经济活动，其生产场所是不同的。这种生产场所的多变性一定程度上决定了海洋经济的复杂性及其生产、管理的难度。"本文认为无论是海洋经济的立体性、还是多变性，都体现了海洋经济体系内密切的相互联系、相互作用机制，应当统一为海洋经济的综合性。

④ 大部分学者将海洋经济的这种特点称为国际性或区域性，但其实质内容并无差别。如何宏权、程福祜（1982）提出："海洋资源开发的国际性。海洋的绝大部分不属于某一国管辖、专有，而一国的海洋活动又往往涉及他国，经常引起争端。"

海、专属经济区等[1]，虽然也属主权国管辖的领水范围，也缺乏明确的界标以及数量众多无法进行明确划分的资源，致使海洋开发过程中容易出现国家间的争端[2]；而再进一步说，在一国范围之内，即便本不存在地区所有权或个人所有权，参与海洋经济的个人、企业、地区往往是依据传统习俗、设备能力来进行活动。因此，海洋经济具有了陆地经济所无法比拟的外向性、国际性、开放性、整体性[3]，如何处理资源开发与环境保护进程中各国、各地的关系，成为海洋经济理论中的重要研究课题。提出类似观点的主要有：何宏权、程福祜（1982）、徐质斌（1995）、郑贵斌（2006）等。

（三）海洋经济的科技性

虽然现代人是由海洋中进化而来的，但不可否认的是人类的文明进程是在陆地上产生发展起来的，已经不具备直接在水中生存、劳动的生理器官，此外，海洋中极端恶劣的自然条件、层出不穷的气象灾害[4]，也给海洋经济活动带来极大的风险，当然伴随而来的还有极大的收益。因此，人在对海洋的开发，必须借助于专用的技术设备，如各种船舶、捕捞设备、勘探开采机械、抗风浪设备等等。从历史角

---

① 按照《联合国海洋法公约》的规定，海洋可以划分为法律地位不同的区域：（1）领海基线以内的内水、如我国的渤海；（2）领海基线向外延伸一定宽度的领海，我国领海宽度为 12 海里、以及再向外延伸 12 海里的毗连区；（3）从领海基线向外延伸 200 海里的专属经济区；（4）连接大陆的大陆架；（5）国家管辖范围以外的区域。

② 郑贵斌（2006）提出对沿海国家来说，领海及专属经济区的边界是有明确范围的，然而在有些方面却不受这些边界的限制。例如，洄游性鱼类、海上污染物的流动，以及国际海底矿产资源等，都是跨国界或共享的。因此，一些具有国际性或涉及国家之间权益和国际关系问题的海洋开发活动，需要国际之间的协调和合作。如，在 200 海里经济区重叠的海域或公海渔场生产，就涉及各有关国家的利益，有关国家必须协商解决资源分配和保护问题。此外，相邻国家还有共同维护海洋环境的责任。

③ 徐质斌（1995）在文中提到“海洋水体的连续性、贯通性，给海洋经济带来两方面的影响。一是各部门、各区域、各企业，凭借港口、船舶、海底电缆等运输、通讯设施，以海洋水体为纽带建立了特定联系，突破了陆地空间距离的限制，很少受行政区划、乃至国度的局限，借以进行物资、人员、信息的交流，使海洋经济事业具备了很强的外向性、国际性和整体性。二是一旦发生水体污染等灾害，其蔓延的速度和面积比较大，控制、治理的难度也比较高。”但笔者认为海洋水体污染问题同样是海洋经济外向性、国际性的重要体现。

④ 蒋铁民（1981）、何宏权、程福祜（1982）文中均将海洋的这种特性称之为其自然性，具体论述如下：“海洋的自然性是指各种海洋生产活动在相当大的程度上仍受海洋诸自然条件的制约和支配。恶风险浪，海啸袭击，给人们生产、生活带来严重困难甚至灾害。因此，海洋开发不仅艰巨性大、技术要求高，而且危险性也大。”而石洪华（2007）对该问题有更详细的论述：在陆地上，企业的生产活动受自然因素的影响较小。而海洋经济的很多生产活动都是在海上或近岸进行的，而这些场所经常受到海洋灾害的影响。海洋灾害尤其是台风、海啸、赤潮等对渔业捕捞、海洋运输、海洋油气开采等海上生产活动造成巨大危害，同时对沿岸工程、工业设施、沿岸公路及桥梁亦造成严重破坏。正是由于经常受海洋灾害的影响使得海洋经济活动具有很大的风险。这一点也是海洋经济与陆域经济的重要区别，应加以重视。

度看，海洋经济发展的每一次飞跃，总是可以溯源到某种关键技术的巨大进步①。20 世纪以前，由于科技水平较低，海洋经济活动仅局限于海洋捕捞业、海水制盐业和海洋运输业，产业规模小，发展速度慢；20 世纪之后，新的科技革命迅猛发展，在电子计算机、遥感、激光、机械制造和交通运输等方面接连取得了重大技术突破，这些技术成果越来越多地被迅速引进到海洋领域，促使海洋油气业、海洋化工业、海洋生物、海洋电力、远洋运输等众多新兴产业产生和迅速发展。海洋开发、海洋经济、海洋科学、海洋技术已经构成一个完整不可分割系统②，任何对海洋经济的研究都不可能刻意忽略科技的力量。有人把海洋经济的这种特点简明地概括为高投入、高技术、高风险、高产出③，这对上文的分析进行了充分概括。对其进行过相关论述的学者有：蒋铁民（1981）、何宏权、程福祜（1982）、杨金森、郾希盛（1986）、徐质斌（1995）、周江（2000）、石洪华（2007）等。

三、海洋经济发展对总体经济发展的作用研究

既然海洋经济具有如此之多不同于陆域经济的特点，那为什么不专注于人类自古发源生存的陆域空间，而要推动海洋经济理论的研究呢？这是因为，海洋经济的发展对国民经济发展具有极强的辐射作用，而其对国家生产力以及产业结构的积极作用，无疑是国家、学界对海洋经济进行研究的根本动力。因此，对海洋经济外部性特征、及其传导途径的研究，同样是海洋经济理论研究的基础性工作。只有充分

---

① 海洋开发技术，大致可分为几类（1）各种开发活动共同需要的基础技术，如把人送进海洋深处生活、工作的运载工具，潜水技术，海上作业必需的航海定位技术，各种海洋设施、海洋建筑技术等。（2）各种海洋资源开发（回收）的专门技术，技术门类之多不少于陆上开发技术，而对于技术性能的要求，要高于陆上，海洋技术不是陆上技术的简单延伸，而是一个新的技术体系。（3）海洋探测、监视和环境预报、服务方面的技术。所有的海洋技术都要受严酷的海洋条件的制约，材料性能和三防技术都要比陆上严格得多（杨金森、郾希盛，1986）。

② 关于这个论断，周江（2000）有一段精辟的分析：“大规模的、立体的、综合性的海洋开发的展开以及海洋产业结构的丰富和升级，标志着现代海洋经济的兴起。现代海洋经济是以新的科技革命为背景的，其经济过程的基础是资本、知识和高技术。从海洋资源勘测到生产过程的展开，从海洋劳动过程、经济运行过程到海洋管理，都依赖于整个知识系统和高新技术的支持。从现代海洋科技和海洋产业的发展趋势来看，海洋科学、海洋技术、海洋开发和海洋经济活动越来越融合为一个统一的综合性的一体化过程，海洋开发和海洋经济的发展依赖于海洋高新技术的进步，海洋高新技术的进步又依赖于海洋科学知识以及其他科学知识的增长。在这个一体化的发展过程中，现代海洋科技和海洋开发又呈现出多学科融合、国际间密切合作的趋势。由海洋经济的特殊性所决定，任何国家或区域性的海洋开发活动的全面展开，都必须充分利用整个世界的知识资源和其他各国的技术优势，现代海洋经济本质上是建立在当今世界全部科学知识和技术成果的基础之上。”

③ 转引自：徐质斌：《海洋经济与海洋经济科学》，载《海洋科学》，1995 年第 5 期，pp. 21 – 22.

了解海洋经济体系在国民经济中的作用，才能为未来的海洋经济理论体系指明研究方向，保证其健康发展。从1983年开始，众多学者就陆续对此问题作过总结，如吕克义、杨金森（1983），钮因义（1985），杨金森、邸希盛（1986），王诗城（1999），管华诗（1999），陈可文（2003）等。值得注意的，关于该问题的成果在30年的研究中演化趋势并不显著，其主要观点基本集中于如下几个方面：

（一）对国家生产力水平的直接影响

海洋经济对于国家生产力的影响主要体现在需求和供给两方面。从需求角度看，我国对海洋产品和服务的市场需求十分巨大，随着经济的发展，我国居民对于动物蛋白、能源消费、生活服务以及生态环境都有了更高的要求，从而对于海洋渔业、海洋能源、海洋运输、滨海旅游以及海洋环境等产业提出更高的发展需求①。从供给角度看，海洋经济涵盖了第一、二、三次产业的各个重要领域，是国民经济的重要组成部分，其高速发展的将带动快速整个国民经济的快速发展。我国海洋经济发展起步较晚，20世纪90年代初期平均每年以22.24%的速度递增，高于我国国内生产总值增幅1倍以上，也高于世界海洋经济产值平均年增长速度11%的1倍以上，海洋经济在整体宏观经济中的比例越来越大②，带动了整个国民经济的发展。

（二）对国家生产力水平的间接影响

海洋经济的发展除了直接带动国家生产力进步以外，还对国家生产力具有一系列间接影响，主要体现在带动相关产业的发展、促进经济的对外开放和国际竞争、

① 随着我国人口的增加以及人们食物结构中动物蛋白质摄取量的提高，对水产品的需求将越来越大。据有关部门的预测，21世纪初海洋水产品供给量将占市场需求的一半以上。能源供给是我国国民经济的薄弱环节，预计21世纪初我国石油消费量为2.3亿~2.5亿吨，天然气为240亿~400亿立方千米，未来能源供应的增量部分大部分将由海洋油气的发展来承担。我国是一个缺水的国家，特别是北方沿海城市和地区，单靠河流和地下水资源很难满足城市和工业发展用水需要。直接利用海水或者将海水淡化后作为工业用水和部分生活用水，可以满足沿海城市和地区对水资源的巨大需求。随着经济建设对外贸易的发展，沿海港口的吞吐量和海洋运输量都会大幅度地增加，我国的海洋交通运输业市场的发展远景极为可观。海洋旅游业是新兴的海洋经济．由于人民生活水平的逐步提高，以及海内外交往的日益增多，海洋旅游人数也会大量增加。此外，海盐和海滨砂矿是重要的生活资料和原材料。大力发展海洋经济，增加海洋产品和服务的供给，是繁荣我国社会主义市场经济的需要（陈可文，2003）。

② 从历史上看，一些西方国家由于造船和航海业的发达，成为世界上经济实力强大的国家。我国海洋资源丰富，但开发利用程度还低于发展国家，如果国家能够充分发挥海洋高新技术，必将大大增强我国的经济实力。增强我国的经济实力　到本世纪末，海洋开发的产值和收入达到500亿元，按12亿人口计算，人均41元，比发达国家要低得多。但是，由于我国的基数低，在当时工农业总产值中接近2%，是不可忽视的（钮因义，1985）。

提高国家的科学技术水平三个方面。

首先，海洋经济具有增长快、效益好、市场占有率高、产业关联性大、能带动相关产业发展等特点。海洋开发会产生新的产业和产业群。产业与产业之间，产业群与产业群之间都密切相关，一个产业的兴旺发达往往会带动一系列产业①。发展海洋经济往往可以促进海洋产业中技术密集型和高新技术产业的发展，建立各种外向型的经济开发区，从而优化产业结构，促进、带动相关产业的发展，使沿海地区成为我国经济发展最快、外向度最高、最有活力的地区。

其次，发展海洋经济，有助于增进国际合作，扩大对外开放。我国对外开放是从沿海地区开始，并逐步向内地发展的。由于沿海具有发达的城市群、优越的港口和便利的海上交通，使沿海聚集了各种经济功能，从而使沿海经济也取得了在与国内相同际经济联系中的主导地位。我国的经济特区、沿海开放城市和沿海开放地带等改革开放的前沿阵地都与海洋联结在一起。可以说正是海洋经济的发展带动了我国沿海经济圈的开放，从而带动了东部经济的发展。

最后，发展海洋经济可以带动国家科技水平的发展。海洋经济不是孤立发展起来的，而是与之有关的科学技术和产业部门的协调发展促成的。因此，随着海洋经济的迅速发展，与之有关的科学技术和产业部门也相应地得到了发展。现代的海洋开发是一个复杂的塔形结构：首先是基础科学研究，解决人类对海洋的认识问题，然后是技术研究，解决开发技术问题，最后是把技术成果变成经济政策，由各种产业部门进行开发。可促进我国科学技术的进步，国内外的许多学者认为："今天的海洋开发，是一场真正的科学技术革命"，可以促进科学技术的发展。同时，通过与外资的合作开发，可以吸收国外的先进技术，使我国科学技术的发展产生一个阶段性的飞跃。

（三）对其他相关方面的影响

除了在生产力方面的作用，海洋经济的发展同样对社会经济活动中很多不能用生产力水平来衡量的因素，主要包括促进国家海洋权益、经济可持续化发展以及国民身体素质等方面。

---

① 海洋石油工业的兴起，会影响和推动钢铁、冶金、土木工程、造船（平台）、运输、化工、机械、仪表、电子、深海工程、海洋调查勘探、环境保护、油上救捞、海洋预报以及焊接等一系列工程技术的发展。海洋渔业、盐业、海水淡化、海洋能发电等产业的兴起，同样会影响和推动一系列工程技术的发展。每一项海洋开发都会产生新的产业、产业群，大批海洋产业的兴起，势必会影响国家工业的布局和产业结构（钮因义，1985）。

首先，发展海洋经济，有助于维护国家海洋权益。历史表明，一个濒海国家如果只限于在陆地发展，而忽视发展海洋的优势，就必然导致衰退；只有注重开发利用海洋资源，实现陆地与海洋的一体化发展，才能繁荣和壮大国家经济。海洋经济发展起来了，才能更好地维护国家的海洋权益。

其次，海洋是可持续发展的强有力的支持领域。可持续发展道路是人口、经济、社会、环境、资源和技术相互协调的科学发展战略。但是，由于经济的快速发展，人口不断的增长，有限的陆地资源日益减少，特别是由于不合理的开发利用，有些资源已濒扩枯竭，越来越难以满足经济日益增长的需要，直接危及着人类的生存和发展。21 世纪，资源问题将更加困扰整个世界。海洋是地球最大的资源宝库，蕴藏着丰富的资源，可以弥补陆地资源的不足，是人类赖以生存及发展的重要条件之一，也是人类社会可持续发展的重要源泉。我国是一个海洋大国，海洋资源为我国经济可持续发展提供了广阔的天地和十分有利的条件。

最后，发展海洋经济，有助于提高我国国民的身体素质和健康水平。充分而全面地开发利用海洋资源，从海洋中获取不断丰富的海产品，对于调整和改善我国人民的食物结构、提高国民身体素质具有重要意义。海产品具有高蛋白低脂肪的特点，并且具有多种药用价值。海产品中含有 DHA 等物质，有助于提高人的智力水平和健康水平。随着海洋产业结构的丰富和海产品的不断开发，人民的生活质量与水平必将有一个巨大的飞跃。

第十九章　中国海洋经济学的研究体系

当海洋经济的特征得到了确定，要构建起一门具有科学性的学科，需要重新思考这样几个问题：何谓海洋经济？“海洋经济学”的研究对象究竟是什么？它的研究范畴有哪些？它是否具有形成一门独立学科的本质特征？它到底是一种什么性质的科学？由于现代化的海洋开发、保护的进程不长，人们对海洋经济的认识不深，海洋经济学的许多基本理论还有待于继续深入研究和不断概括。本章只是基于现有的思想材料，对海洋经济理论基本特征发展的总趋势作初步探讨和论证。

一、海洋经济学研究的任务与对象

一门学科的任务和对象决定了其研究的深度。随着海洋经济的兴起，对海洋资源的开发利用越来越成为人类经济活动不可缺少的一个重要内容，这就要求经济学的研究领域横向扩展，向海洋领域渗透。把经济学的理论应用于海洋经济实践，由此所形成的经济理论便构成海洋经济学的内容。因此，海洋经济学是运用经济学原理研究海洋开发利用、保护的经济学分支学科，是经济学领域横向发展渗透的一部分，是经济学研究向海洋科学世袭领地的扩展或入侵。作为经济学的分支学科，必须体现经济学的学科特性，与经济学理论体系保持一致。但是，海洋经济毕竟不同于陆地经济，海洋的自然特性决定了海洋经济与陆地经济的不同特点，并由此产生了海洋经济研究的重点方向和内容。海洋与陆地环境的不同，海洋自身的特点使海洋经济有它的特殊性。发现、研究这种特殊性成为海洋经济学构成独立学科的基础（王琪等，2005）。

在对海洋经济学研究的任务的论述中，虽然存在部分学者将海洋经济学与海洋

经济有关的海洋部门经济学区分开来，认为海洋经济的任务仅限于"探索海洋经济综合整体运动和发展的规律"（蒋铁民，1981）。但总体来说，绝大多数学者都承认海洋经济学也包括研究像海岸带经济、海洋渔业经济等一些海洋的个别经济问题，"海洋经济研究的任务是解释海洋经济现象普遍的、必然的内在联系"（何宏权、程福祜，1982）这一论述在某种程度上已成为学术界的共识。而针对海洋经济学的研究与其他经济学门类类似，其具体研究对象同样可分为两大部分，即对生产力环节和生产关系环节的研究。

（一）海洋经济研究的"生产力"特性

对海洋经济生产力的研究往往从海洋经济的资源性入手，认为海洋经济理论研究的重点在于研究如何合理的组织和发展海洋生产力①。持此理论者将自己的注意力集中于海洋开发过程中的生产力方面的问题，作出科学的描绘和分析。其研究对象主要有三：一是对我国海洋的状况，包括自然状况和近几十年的现状；二是对海洋资源开发所涉及的各个部门，包括水产、盐业、化学、水电、农垦、海运和旅游等部门的相互作用中各种问题；三是从经济角度上看如何正确对待海洋国土的理论原则和这些原则的科学基础。

因此，海洋经济学主要是从海洋资源与经济现象、经济过程和经济行为等诸方面的关系中研究自然资源开发利用、保护管理、改造培育中的经济问题。具体而言，海洋经济学就是要着重研究引起海洋资源开发利用经济问题的原因，确认和考察开发利用方向，寻求可供选择的开发项目、政策，并对这些项目和政策进行效益——成本分析，以及资源配置的效益和成本对地理、经济部门、消费主体和世代之间的影响，以其特有的问题透视方式探索经济持续、稳定发展的机会（张爱城，1990；陈万灵，2001）。

（二）海洋经济研究的"生产关系"特性

持此种观点的学者，往往强调"海洋经济研究的目的，是为国家制定海洋经

① 海洋社会生产力反映的关系，本质上是人与海洋这个地球上最大的自然地理单元的关系，是人类利用、改造、征服和协调海洋以获取物质资料的现实能力。人类与海洋的矛盾是海洋经济发展的基本矛盾。解决这一矛盾的基本途径，就是人类不断用各种物质手段装备自己，用自己的智力和体力加强利用、改造、协调海洋的物质力量。（孙斌、徐质斌，2000）

济政策、实行科学管理提供理论依据，为发展海洋经济服务”（何宏权、程福祜，1982），即强调对海洋经济实践活动中的生产关系组织的研究。该理论要求海洋经济研究不仅要解决好海洋某个生产部门中的经济问题，如对海洋渔业、海洋运输企业、海洋石油企业等涉海企业的经营管理和战略研究；更为重要的是要解决好海洋开发利用中的综合性经济问题，既要研究海洋生产力的合理组织，也要研究海洋生产管理的协调。

概括地说，就是探索海洋经济综合整体运动和发展的规律性，研究和提出保护、治理、开发与利用我国海洋及各地区海洋国土资源的措施和规划意见以及从经济学的角度上研究政府管理海洋的职责、研究综合开发和管理海洋的有关法律以及这些法律的内容、研究海洋综合开发的管理体制（张爱城，1990）。正如权锡鉴（1987）提到的“海洋经济活动赋予海洋经济学的任务，是通过上述经济过程和经济关系的研究，揭示海洋经济的内在联系和发展规律性，包括总体海洋经济发展的一般规律和各种具体海洋经济活动的特殊规律，从而为人们制定发展海洋经济的具体方针、政策和规划提供理论指导和论证。”

二、海洋经济研究的体系

学科理论研究的范畴体现了其发展的广度。1999 年美国开始实施的“全国海洋经济计划”（The National Ocean Economics Program，NOEP）将美国的涉海经济划分为海岸带经济（Coastal Economy）和海洋经济（Ocean Economy）两大类。而我国海洋经济研究的体系结构是随着海洋经济理论的发展而扩展的，其扩张动力有着内在和外在两方面，外在动力在于海洋经济实践活动的发展，会面临着各种各样的新问题、新挑战，需要相应的海洋经济理论来解决；内在动力则是随着各种经济理论的引入，其理论的产生和演化会产生理论体系内部的自我发展进程，比较典型的就是海洋经济交叉学科的兴起。总体来说，我国学者对海洋经济理论体系做了各种分析。

（一）按照海洋产业经济分类

该方法最早是国家海洋局和中国社会科学院经济研究所于 1981 年 6 月 24 ~ 26 日在北京联合召开了海洋经济座谈会上提出。在会中总结海洋经济所要研究的问题

主要包括：海洋渔业方面、海洋盐业方面、海洋运输方面和海洋矿业方面。应该说这种划分方法无论从学科理论体系整体上还是在海洋部门经济中都是不完整的，这是与当时对海洋开发的认识水平分不开的。此后，权锡鉴（1987）和张爱诚（1988）对其进行了扩充，他认为“总体海洋经济活动包括许多具体的部门和不同的侧面，各种不同的具体海洋经济活动的相互联系以及总体海洋经济活动的诸重大方面反映到海洋经济理论中去，便构成了海洋经济学的内容体系和基本理论框架。”其研究的基本内容主要包括：海洋捕捞农牧经济①、海洋运输经济②、海洋工业经济③、海洋技术经济④、海洋经济管理⑤、海洋生态经济（或称海洋环境经济）⑥、海洋空间经济⑦、海洋经济发展战略⑧等。以上这些内容既包括了对具体的微观方面的海洋经济问题的研究，又包括对综合的宏观方面的研究；既包括了对部门经济问题的研究，又包括了对总体、区域以及边缘经济问题的研究；既包括了对

---

① 海洋捕捞农牧经济研究的基本内容包括：（1）开发海洋渔业资源的合理方式，通过对个别农牧场的定性和定量研究，科学地确定海洋农牧场的合理规模。（2）海洋渔业生产活动内部生产力的合理组织，研究生产过程中的技术因素与社会因素如何合理地结合。（3）实现海洋渔业经济良性循环的途径和措施，研究使海洋渔业技术经济系统、生物系统和环境系统如何有机统一起来，形成一个生态经济系统。

② 海洋运输经济的研究，主要包括如下基本内容：（1）海洋运输业的发展方向和发展速度，对各种可供选择的投资方案进行论证和评价，分析其经济效果，研究海洋运输不同种类的合理配置以及不同运输方式的有效利用和综合发展。（2）劳动时间的节约和劳动力的合理分配以及降低运输成本的途径。（3）实现海洋运输工具和技术设备现代化以及实现海洋运输业务和经营管理现代化的途径和方法。

③ 海洋工业经济的研究主要包括如下基本内容：（1）对不同侧面的海洋矿物资源、化学资源、能源进行工业开发的经济可行性，通过对技术、劳动投入与经济效果的对比研究，论证各种投资方案的优劣。（2）对海洋矿物资源、化学资源、能源进行工业开发的合理方式和合理规模。（3）海洋工业生产过程内部生产力的合理组织，包括各生产要素的合理配置和有效结合以及各生产环节的密切协调等。（4）提高海洋工业劳动生产率的途径，提高生产力素质和生产技术水平的措施和步骤。

④ 具体说，海洋技术经济的研究包括如下几个方面：（1）从经济效益的角度对不同技术方案在满足需要、消耗费用、价格指标和时间因素等方面进行研究，选择和确定最佳的技术方案。（2）探讨技术方案如何在海洋经济过程中以最少的劳动时间、最低的劳动消耗获得最大的经济效果，或以相同的劳动消耗获得最大的社会使用价值。（3）研究海洋技术经济的计算方法，包括技术方案经济比较的计算方法，投资、劳动力占有量和成本消耗的计算方法等。（4）探讨海洋技术方案的各种经济指标体系。

⑤ 海洋经济管理研究，主要包括如下内容：（1）在宏观方面，研究影响海洋生产力合理布局的条件、因素和实现海洋生产力合理布局的途径以及实现海洋产业协调、综合发展的方式。（2）在微观方面，探讨海洋生产过程内部各生产要素的最佳结合方式、协调各生产要素和各生产环节的原则和方法，以及有效地进行计划管理、生产管理、技术管理、劳动管理、设备管理、成本管理等的途径和措施。（3）研究实现海洋经济管理体制高效化、管理方法科学化、管理手段现代化和管理人才专业化的途径和措施。

⑥ 研究海洋生态经济，主要是探讨海洋经济系统与海洋生态系统的相互制约关系，具体包括如下基本方面：（1）提高海洋劳动生产率与保护海洋自然环境的相互关系，开发利用海洋资源与维护海洋生态平衡的相互关系。（2）实现海洋经济效益与生态效益相互统一、同步提高的途径和措施。（3）保护海洋自然环境与生态平衡的措施和方法。

⑦ 海洋空间经济研究，主要研究在一特定海洋区域，不同资源的开发布局与相互关系；研究合理利用某一海区的途径和措施。

⑧ 海洋经济发展战略研究，主要包括战略根据研究、战略目标研究、战略措施研究、战略步骤研究等基本方面。通过这些研究，它要对海洋经济领域中“发展什么，不发展什么”、“先发展什么，后发展什么”、“怎样发展”、“发展到什么程度”这类根本性问题作出解释和回答，为海洋经济活动提供根本的指导思想。

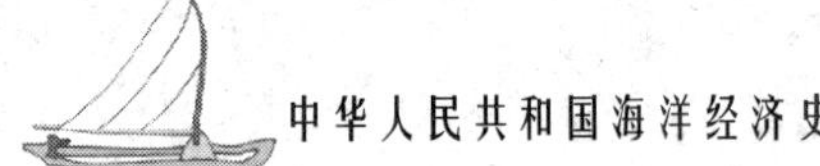

海洋开发中各种生产关系的研究，又包括对海洋开发中各种生产力问题的研究。在一定程度上，这也就构成了海洋经济研究的基本内容，但其体系中贯穿始终的问题仍然停留在“如何以最小的劳动耗费取得更大的劳动成果，提高海洋物质生产力”，体现了当时海洋经济体系的资源性。

（二）按照宏观经济研究的顺序分类

张海峰，杨金森（1981）将海洋经济研究分为三个阶段。分别是第一阶段，研究海洋方面的基本情况。现代海洋经济综合性很强，投资很大，而且是探索性的领域，须冒一定的风险，没有周密的科学的规划，难以顺利发展。制订海洋经济规划的一个重要前提，是要弄清我国海洋方面的情况——“海情”①。第二阶段则是要研究提高海洋经济效果的途径和方法。海洋经济研究要为海洋开发服务，探讨海洋生产的一般理论，研究如何提高海洋经济效果的途径。海洋经济效果包括整个海上经济活动的客观经济效果和各部门的具体的经济效果。② 第三阶段就是提出合理且行之有效的海洋经济政策和法规。这种体系结构从理论性上，符合当时经济学研究“现状—原因—对策”的三段式框架，体现出鲜明的实用主义特色。

（三）按照研究对象的特征分类

何宏权、程福祜（1982）按照经济学的学科特征将海洋经济理论体系划分为：（1）海洋部门经济学：海洋部门经济学有海洋渔业、海洋化工、海洋采矿、海洋运输、海洋能源、海洋环境保护和海滨旅游等学科。海洋经济研究首先是从这些海

---

① 按照张海峰，杨金森（1981）的论述，“海情”研究应当包括如下几大部分：（1）地理条件，包括海洋自然地理和政治地理情况。（2）资源丰度和条件状况（这是海洋经济发展的客观基础）。（3）技术条件。包括海洋科技人员的数量和水平，技术装备的水平和能力。（4）经济条件。包括国家经济发展对于海洋资源开发的需要和可能。各个时期的生产能力、投资能力，包括投产前进行先行试验的能力和必要性。（5）历史条件。包括以前的开发范围、规模和经验，现在的开发产值、产品结构、存在问题。（6）其他条件。如与海洋经济有关的各部门的分工、合作、协调等。

② 关于此阶段，张海峰，杨金森（1981）在文中提到了五大问题，包括：（1）海洋环境复杂，海洋资源种类繁多，开发活动涉及许多部门，统筹协调好各部门的关系，既有明确分工，又有密切合作，是提高客观经济效果的重要途径。（2）许多种海洋资源组分复杂，只有开展综合利用才有利于降低成本，提高经济效果。（3）海洋生物资源是再生资源，受着生态规律的制约。（4）海洋环境对于海洋经济效果也有重要影响。（5）海上活动往往牵涉到与别国的关系。

洋经济部门开始的，渐次发展到其他海洋经济各个部门，然后实行综合性研究。在政治经济学和生产力经济学理论的指导下，对前述两个研究的成果，进行总结、概括、提高，便形成独立的海洋经济学。海洋经济学研究海洋各部门经济的共同性问题。海洋部门经济学研究各该部门的特殊性问题（何宏权、程福祜，1982）。(2) 海洋经济管理学：海洋经济管理可以从宏观和微观两个方面进行研究。从宏观方面说，海洋经济管理是从整体出发，研究整个海洋经济的经营管理问题、研究海洋经济管理的基本原则、体制和领导方法。研究各海洋经济部门合理的组织形式、规模大小、分工和协作。微观的研究则在海洋部门经济内部进行，它包括全面实行经济核算、确定和分析成本利润等指标体系、建立统计计划会计制度、运用“边际”概念进行成本效益分析、推行各种形式的生产责任制、制定定额连产计酬等等。(3) 技术经济学和工程经济学：加强海洋工程及技术措施的经济效果研究，根据技术的可行，经济的可能，进行综合比较，作出最优方案的选择，以最小的消耗获取最大的经济收入和效益。

（四）按照理论研究客体的层次分类

蒋铁民（1989）将海洋经济研究的范围，分为宏观经济和微观经济两个部分。宏观的海洋经济问题，包括：（1）海洋经济发展战略①。（2）海洋经济结构②。（3）海洋生产力的合理布局③。（4）海洋生态环境和经济活动之间的关系。④

① 战略是宏观经济中最重要的问题，战略正确与否，可以加速经济的发展，也可以导致经济遭受重大损失。我国海洋经济如何跟上世界潮流，从传统的开发利用转向现代化的开发利用，这就需要在认识客观规律的基础上，分析内部条件和外部条件，提出符合我国实际情况的海洋发展战略目标、战略步骤和战略措施。根据总目标，合理安排海洋开发的规模、速度相经济结构，调动一切人员，为实现这一战略目标奋斗。

② 海洋经济结构包括各种海洋经济成分，各种海洋产业，各个地区以及再生产各个方面的构成，既有生产关系问题，又有生产力问题，其中建立合理的产业结构最为重要。我国海洋经济是以传统的渔业、盐业、海运业为主的结构。在新技术革命形势的推动下，如何开拓新的海洋产业，实现跳跃式的前进，这就需要对海洋经济结构重新组合，使传统产业旧貌换新颜，使新兴产业迅速发展起来。

③ 海洋生产力布局是从整体出发把各部门先后有序安排在特定的位置上，使其充分发挥优势。生产力布局的合理与否，关系到海洋生产部门发展的速度，也关系到沿海地区经济以至整个国民经济的持续发展问题。我国海岸带的开发利用涉及工、农、渔、盐、交通运输等许多部门，要根据地理位置、资源条件和生产力发展水平，做到宜渔则渔，宜盐则盐，宜农则农，既能为各部门统筹安排、全面发展，又能保证经济效益、生态效益相结合的社会效益。

④ 海洋处于生物圈层的最低部位。人为过程和自然过程产生的废弃物，绝大部分都要流入海洋，而且，海洋污染总负载的一半集中在只占海洋面积千分之一的沿岸沿海区域。当海洋生态环境遭到破坏时，海洋生产的经济效果就会下降或破坏。反之，当生态环境达到最佳状态时，经济效果亦随之提高。所以，我们要研究生态环境与经济活动之间的关系，并定量分析生态效益和经济效益的最佳结合。

（5）海洋资源综合利用的效益和途径①。（6）进行海洋经济预测②。微观的经济问题则包括：（1）各种海洋产业的内部结构③。（2）海洋企业的经营管理④。（3）各种海洋企业提高经济效益的途径和方法⑤。上述宏观和微观两个方面，宏观经济的研究是决策性和方向性的，对海洋经济的发展起重要的影响。如果决策得当，就能够加速海洋经济发展，反之，就会造成重大损失和浪费。微观经济的研究虽是局部性的问题，但是，微观经济搞不好，就直接影响宏观经济目标的实现。因此，海洋经济研究把宏观和微观两个方面结合起来，先从微观经济问题着手，然后从宏观角度解决全局性的问题，这已经具备了经济学理论体系的初步框架。

（五）从资源经济学角度分类

陈万灵（2001）从资源经济学的角度将海洋经济理论研究分为如下几大范畴：（1）探讨海洋资源的性质及特征。尽管海洋经济学不直接研究海洋资源的技术问题，但是，技术方面的信息资料有助于经济价值的评价、开发利用的技术方案及其经济路线的选择。这就要求准确把握海洋资源的稀缺性（可更新性和可耗竭性）、不可确定性、共享性与外部性等，从而弄清海洋资源的环境问题、开发利用的拥挤问题等的原因；必须了解海洋资源的分类及其空间特点，为海洋经济的区划规划、开发管理奠定了基础；也必须探索各类海洋资源储量及其质量品位，从而确定海洋资源合理开发与管理的方法。（2）在海洋资源的性质和技术鉴定的基础上，建立海洋资源评价标准和方法，开展海洋资源技术经济评价、开发项目的可行性评估及其最优利用理论和方法的研究，为海洋资源管理和海洋经济可持续发展提供理论依

① 综合利用比单项生产：在经济上要合理得多，既减少产品运输，又能一物多用，降低成本。就某种资源来说，经过加工提炼，可以获得多种使用价值，如海带在综合利用后，每吨可产3陆的碘、7%的甘露酶，20%的褐藻胶，可供国防、医学、纺织、印染、造纸、食品等工业作原料和辅助材料，产量提高到十倍，经济效益大大提高。

② 使海洋开发的短期计划与远景规划结合起来。预测是决策的科学前提。做好海洋经济预测，可以高瞻远瞩，展望世界海洋经济技术发展的新趋势，用最先进的科学技术成果，推动海洋经济从传统利用向现代化开发利用过渡。

③ 包括生产结构（如投资比重、速度快慢）；分配结构（如积累和消费的比例）；交换和消费结构（如流通环节及各种消费的比例），技术结构（如海洋科学技术和教育的比重）等。建立合理的内部结构，可以使海洋产业内部各个环节以及与其他部门的关系协调发展，不断提高劳动生产率。

④ 加强海洋企业经营管理是提高微观经济效益的主要途径，当前，有些海洋企业和生产部门劳动生产率低，产品质量差，原材料消耗高，商损事故多。其主要原因是缺乏科学的管理制度。提高微观经济效益，必须进行海洋企业的整顿和改革。研究海洋企业经营管理的特点和规律性，促进海洋经济部门建立科学管理的制度。

⑤ 提高经济效益是海洋经济活动的中心。离开每个海洋企业的效益，就谈不上全局性的经济效益，海洋生产部门由于生产条件和经营管理不同，他们在投入和产出之间，劳动消耗和资金占用之间，往往产生不同的经济效益。如何提高海洋经济活动的效果，除了提高企业的经营管理水平外，还须研究海洋部门的管理体制、经济结构和各种比例的协调等。

据。(3) 海洋经济统计指标体系的设计。海洋经济总量和结构、效益评价等数量指标是海洋经济研究、政府决策及管理必需的方法，必须设计科学的统计指标并开展统计工作。(4) 海洋经济的产业及其区域性研究。海洋资源开发总是表现为产业形式和空间状态，因此，海洋经济发展状态必须要从海洋产业及其空间布局来描述。(5) 海洋资源产权与制度设计。“海洋”的产权具有共享性、其开发利用具有较强的外部性，产权界定尤其重要。从宏观上来看，海洋资源的权力涉及到国家领海权，需要国际法来协调，广义而言，关于海洋的国际政治、国际法也应是海洋经济学涉及的范畴。在主权范围内，海洋资源产权界定与公平和效率有重要关系，这是政府制定法律和制度的重要理论依据，也是实现国家持续性开发利用与个体利益最大化的激励相容机制的基础。(6) 海洋文化的研究。人们在认识海洋、开发海洋的长期活动中，所形成的能起到指导思想作用的一系列文化体系：海洋的价值观念、评价标准、信仰、伦理、风俗习惯，以及海洋开发的生产及生活方式等，构成了海洋经济学的研究内容，这是制度经济学在海洋经济学方面的应用①。这种体系结构是从海洋资源开发的过程出发进行划分的，已经具有一定的经济理论性。

三、海洋经济学体系的特点

任何科学都具有实践性、客观真理性和逻辑系统性。海洋经济科学除了这些共性之外，还有如下特性：

(一) 资源性

海洋经济学是“海洋资源”的经济学。因为所有的资源决策都是由分散的，

---

① 陈万灵 (2001) 从另一个角度对其进行了划分。将其分为：(1) 海洋经济学的基本问题。这包括海洋经济学科的范畴：形成背景、研究对象、学科范围、研究方法等；海洋资源性质、海洋资源问题及其历史沿革、海洋经济发展情况等；并且提出海洋资源开发利用过程中可能出现的资源环境、社会经济问题，阐明合理开发利用和管理海洋资源的规律。(2) 海洋资源的综合考察和评价。要研究海洋经济问题，必须首先认识海洋资源，对海洋资源的形态、品位、数量及动态特征进行分析和评价。海洋经济学必须提供从事海洋资源综合考察的组织技术、原则、内容、程序和方法。(3) 海洋资源的价值核算和评价。在海洋资源开发利用过程中，必然发生交易行为，必须对资源进行价值计量。海洋经济学应该提供海洋资源定价和评价方法。(4) 海洋资源开发过程的研究。这主要包括开发战略、总体规划、开发项目的选择与可行性论证、开发组织与程序、开发过程的调节及策略、开发等。(5) 海洋资源产权、市场与配置效率。这包括产权与效率、外部性与共享性、市场与政府等问题对资源配置的影响和作用。(6) 海洋资源的区域配置及区域经济。这包括海洋资源的区域特点与区域定位、海洋经济结构和区域布局。(7) 海洋资源的最优管理。这包括可耗竭资源的最优利用、可更新资源的持续利用等方法、条件与实现途径。(8) 海洋资源法规与政策。这要求根据海洋资源性质和特点制定相应的法规和政策，并同时发挥保护、调节和管理海洋资源开发的作用。

旨在追求行为效益最大化的业主做出；如果这些决策都是有效的和公正的，那么海洋经济学就不能作为经济学分支而存在。所以，海洋经济学一方面研究经济人“个体”如何利用海洋资源实现其行为效益最大化；另一方面探求整个人类如何“理性”地对待和开发海洋资源，一是寻求当代人合理开发海洋资源的有效途径及“经济”策略；二是海洋资源可持续开发利用的方式和方法，以满足人类社会各代人的永续利用（陈万灵，1998）。

（二）群体性

海洋经济科学不是单一学科，而是以海这一自然基质为单元的一系列交互错杂的“学科丛”，即它不是经济学园地中一株独立的“树”，而是一片有共同性状的“林”。有的文章指出：海洋经济学是一门领域学。这里的“海洋经济学”实际指的是“海洋经济科学”（徐质斌，1995）。

（三）交叉性

或称边缘性、综合性。它是在其他多种学科融合的基础上发展起来的，涉及经济学、海洋学、地理学、管理学、社会学、科学学、技术学、工程学、生态学、数学、政治学、法学、历史学等多学科知识。而经济学、海洋学、管理学等又可划分为很多分支。因此，它给海洋经济科学工作者提供了广阔的用武之地，也提出了特殊的严格要求，如“宽专业”、思维统摄能力、厚积薄发、单点深入的研究能力等，只懂一门专业的人是难以胜任的（徐质斌，1995）。①

① 其他学者提出的海洋经济特点如下：（1）社会科学性。海洋经济学虽然较多地涉及海洋学、地理学、技术工程学、数学等自然科学和通用科学的知识，但在主体上仍属于社会科学性质。光有自然科学技术成果不能转化为现实生产力，尤其不能转化为社会生产力，必须通过社会科学这个环节。所以要建立海洋经济科学的某一分支乃至体系，必须掌握相关社会科学知识。（徐质斌，1995）而更进一步说，海洋经济学属于社会科学中的经济学，以“经济”的思想和观点，观察和分析人们配置海洋资源的各种行为，研究各种经济主体如何利用“海洋资源”实现其利益、效用或行为目标的最大化。（陈万灵，1998）（2）海洋性。海洋经济学的研究对象是海洋经济，把握海洋经济的特性，准确反映海洋经济的特点，是构建海洋经济理论框架的前提。作为人类的一种经济活动，海洋经济与陆地经济有着相同的特点，都要解决生产什么、怎样生产和为谁生产的问题，都要研究稀缺资源在各种可供选择的用途中间进行分配，其目的都是要求以最少的劳动消耗取得最大的经济效益，最终实现经济的可持续发展。但是，海洋资源与陆地资源的区别，使得海洋经济又具有了与陆地经济不同的特点。（王琪等，2005）（3）应用性。海洋经济科学中虽然也有理论层面的分支，但大多数或本质上是实用性的，是比较直接地为人类合理开发利用海洋服务的。从事这一领域工作的科学工作者应当具有对经济实际生活深切的了解，把理论知识操作化的能力。有人认为海洋经济学“是一门应用经济学。旨在运用经济学理论和方法探究海洋资源开发利用和管理过程中的经济问题，寻求开发利用、改造培育、保护管理等制度和政策。”（陈万灵，1998）

第二十章　中国海洋经济理论研究的演变

一、海洋经济演变的总体趋势

海洋经济发展壮大及其不同于陆地经济学的特点促使海洋经济学的产生。海洋经济学是随着海洋经济活动的不断深入而发展起来的一门学科，而人们对其研究范畴的认识也是在不断发展演进着的。“海洋经济不是简单的陆地经济向海洋的延伸和重复，而是一个全新的经济领域，它有着与陆地经济完全不同的特点与运行规律。这样一来，即使实践以经济提出了这方面的需要，一个整体的和系统的海洋经济理论体系也不可能立即形成。他需要全面总结国内外的海洋经济实践经验，并上升到理性认识，这项工作绝非少数人一朝一夕就能够办到的。”而我国海洋经济学理论 30 年的发展历程，恰恰就经历了一条点一线一面一空间系统化的理论发展演化脉络。海洋经济交叉研究的发展，是海洋经济发展成熟的体现。它极大地扩展海洋经济学科知识的覆盖面，形成一条由早期的点——单个热点海洋经济问题研究（80 年代左右），到线——如海洋区域经济学、海洋产业经济学、海洋运输经济学等专业性、理论性研究领域的兴起（90 年代左右），再到面——各理论性研究成果形成内涵性的交叉（21 世纪）——最后与其他面（其他学科）构成海洋经济研究的空间体系（21 世纪之后），最后组合成涵盖海洋经济活动各个方面，包括理论研究和应用研究系统的完整经济学发展脉络，完成了学科体系的最终构建，如图 20－1 所示。

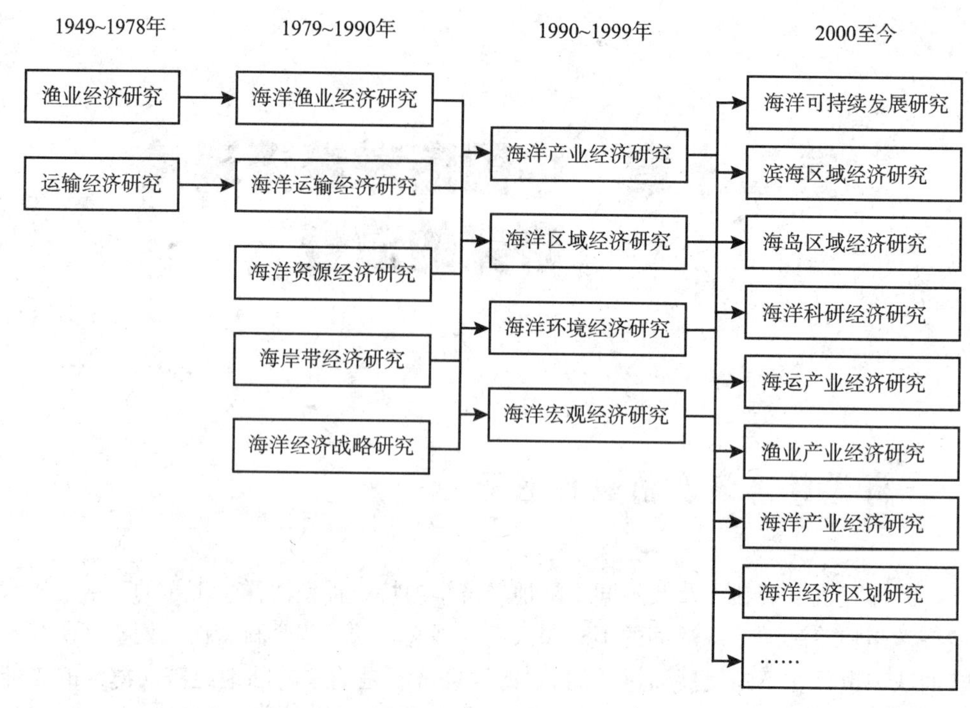

图 20－1　中国海洋经济体系演变过程

总体来说，我国海洋经济研究的历史可以分为前、后两大阶段，其分界线为 1978 年①。他们在 1978 年全国哲学社会科学规划会议上提出建立“海洋经济”学科和专门研究机构。在 1949～1978 年，虽然我国并未提出“海洋经济”这一概念，但此时国内已经存在着规模不小的海洋相关产业，如海洋渔业和海洋运输业，因此出现了一些围绕这些产业的个别问题进行研究的成果，较为零散，文献散见于渔业经济、运输经济或农业经济各研究领域之中，并未形成系统的研究方法和学科体系，因此可以称为我国海洋经济研究的“酝酿时期”。1978 年著名的经济学家于光远、许涤新等在全国哲学和社会科学院规划会议上提出建立“海洋经济学”新学科以及针对其的专门研究所。1980 年 7 月，我国召开了第一次海洋经济研讨会，并且成立了中国海洋经济研究会。以此为标志，我国海洋经济体系逐步建立，相关研究工作开始踏上正轨，涌现了一大

① 20 世纪 70 年代末，为了适应我国海洋事业发展的客观要求，著名经济学家于光远、许涤新等提出开展海洋经济研究，并作了一些开拓性工作。他们在 1978 年全国哲学社会科学规划会议上提出建立“海洋经济”学科和专门研究机构。

批杰出的专家、学者。这种趋势从文献数量就可以看出，从 1979 年开始我国海洋经济相关文献数量不断上升，先后经历了 80 年代的平稳增长阶段、90 年代的迅猛发展阶段以及 21 世纪之后的成熟阶段，至此我国海洋经济的学科体系已经完善。

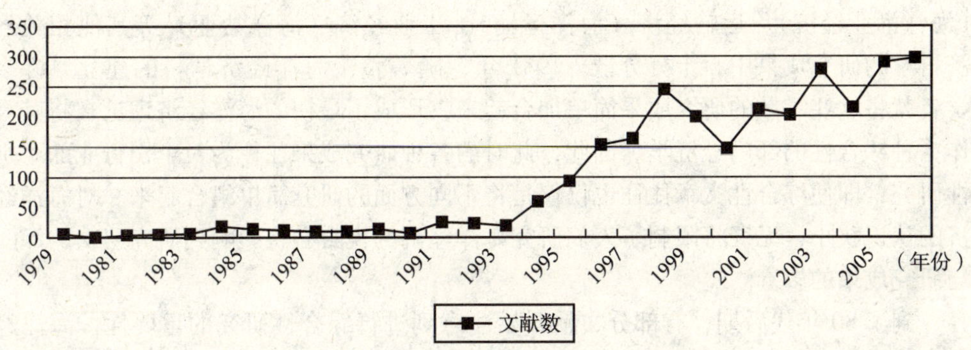

图 20－2　海洋经济研究文献数变化趋势表

早期的海洋经济理论研究多具有离散的特点，可以分为产业（行业）研究、区域研究（此时海洋区域研究是指“小区域”研究，往往研究的是一省、一市甚至一县的海洋经济问题）、资源开发研究，缺乏思维张力，忽视多维空间和整体设计，但其整体上与当时海洋开发水平是协调的。研究区域仅仅限定在海岸线的界定区间或者近海、浅海区域，从区域上并没有和陆地分开。名为研究海洋经济，实为研究陆地附近经济或浅海经济。从经济研究的半径与成本来考虑，在海洋经济欠发达或不发达时期，由于其专门研究所能带来的社会效益并不显著，为降低政府在进行相关研究活动所投入的直接和间接成本，将海洋经济理论界定于各部门经济研究之中是值得的。然而，当社会经济进一步发展，科学技术成果以几何级数增加，海洋科学与海洋产业向纵深化、全方位拓展并成为与大陆经济平行存在与发展的趋势下（它虽然在产出量上与大陆经济还无法比较，但从资源存量及开发潜力上比较，其前景比大陆经济宽广得多），再将其归属为大农业经济或部门经济就只会制约其发展前景及研究水平的提高。因此，随着我国海洋开发实践的不断进步，海洋经济研究进程也沿着纵横两条轨迹不断扩展和演进。

横的轨迹是指对海洋经济理论的认识是指其通过对其辖下单个部门经济学不断

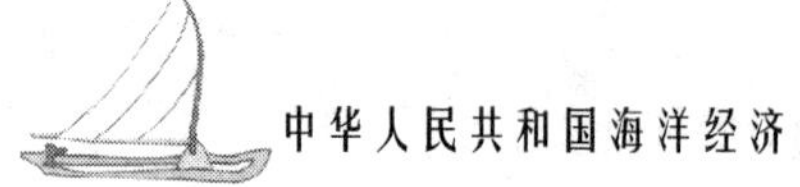

综合的演进过程①。在海洋经济发展的初级阶段，海洋是作为一个综合性的资源载体而存在，其资源的开发是分门别类逐渐进行的，而且是由各个行业、各个部门分别从陆地向海洋延伸而进行的，由此造成海洋经济活动从一开始就是分散进行的。因此，海洋经济研究必然会首先产生于各个行业或部门经济学之中。在20世纪50、60年代，海洋经济理论仍未成型，此时的海洋经济研究成果散见于农业经济（海洋渔业经济）、运输经济（海洋运输）、工业经济（海洋盐业）等其他相关经济科学的研究成果中，十分分散。1981年，随着整个海洋经济学科的建立，许多学者就将这些零散的研究成果简单加合起来，形成了最初的海洋经济理论，将其看作一种综合性的部门经济学。因此，此时的各种研究成果往往为对个别行业的个别性研究，即使综合性文章往往也仅仅是将不同方面的研究简单组合起来。对海洋经济的认识狭小，无疑将限制了人们研究海洋经济的视野必将影响到研究层次的深浅与研究成果的多寡。

到了80年代后期，有部分文献开始注意到进行综合性研究的重要性，海洋经济学的研究对象，就是从宏观上研究怎样合理地、有效地开发利用海洋生产力运动规律的科学，在全局利益和长远利益的前提下，全面协调、相互配合、合理地利用海洋资源，有效地组织生产，才能提高经济效益。到了20世纪90年代以后，许多学者开始利用西方宏观经济、产业经济的相关理论，将涉海各经济部门进行横向综合研究，将海洋经济理论研究扩展到包括关于海洋经济各方面研究工作的一切科学成果。包括："关于海洋经济整体及各部门和区域的本质、特征、结构、规律的研究成果；关于海洋经济各侧面（生产力、生产关系、管理体制等）的研究成果；关于海洋经济各运行环节的研究成果；关于海洋经济条件的研究成果；关于海洋经济发展历史的研究成果；关于海洋技术经济的研究成果；关于海洋工程经济的研究成果等。"（徐质斌，1995）。至此，海洋经济学已不只是关于海洋渔业、海洋运输业、海洋资源开发业、海洋服务业和海洋旅游等个别海洋经济领域的理论，成为整个海洋经济系统的运行作为研究对象，以合理控制、科学协调和维护国家海洋经济

① 如蒋铁民（1981）认为："海洋经济学是一门综合性的部门经济科学，它既要研究海洋经济的基础理论，也要研究海洋经济的具体问题。"孙凤山（1985）也认为："海洋经济学不是一门理论经济科学，而是属于应用经济科学，即部门经济科学。……凡是对社会生产分部门或分侧面地进行研究，就构成应用经济学，即部门经济学。工业经济学，是研究社会工业生产力合理布局运动规律的科学；农业经济学，是研究农、林、牧、副、渔全面发展运动规律的科学；海洋经济学，就是研究海洋经济活动运动规律的科学。因此，工业经济学、农业经济学、海洋经济学，都是属于应用经济学。……海洋经济学，是研究海洋经济活动运动规律的科学，只是从科学的分类上，说明它是属于应用经济科学，不属于理论经济科学，但是它不能具体指明海洋经济学的研究对象。因为海洋经济活动的规律很多。要指明海洋经济学的研究对象，就必须从研究海洋经济活动的特点、内容和范围中去探索。"他们在文中都提到了海洋经济学的"综合性"以及研究对象"规律很多"，都体现了早期海洋经济理论是由许多种不同的部门经济学结合形成的。

整体利益为目标的经济理论。也就是说，海洋经济学的研究对象已逐渐扩展到海洋经济综合体或整体，其已经逐渐成为一门综合性科学。

而纵的轨迹则是从海洋资源的开发和利用出发，将经济科学与海洋科学结合起来①，逐渐由海洋资源开发的研究，向海洋资源的深加工，再到资源的产业化发展，资源产业化对区域经济、环境经济的影响，最后发展到对国民经济和世界一体化趋势的影响研究，最终从纵向贯穿海洋经济理论的整个体系。在早期，持此种观点的学者往往将海洋经济科学视为自然学科与社会科学，或者说是海洋自然科学与理论经济学②的“边缘科学”③，主要研究的是资源开发的经济效益问题。随着海洋经济实践的深入，海洋经济研究向纵向的不断开始，一些学者开始将其视为“以经济学、政治经济学和生产力经济学为理论基础的”“一门应用经济学”，“不能把海洋经济学划入边缘经济学种类”，“因为它是把理论经济学的基本原理应用于海洋资源开发与利用的实践，在实践的基础上进行经济总结、理论抽象与揭示客观规律，并为海洋资源的开发利用和保护服务的学科”④。（孙斌、徐质斌，2000）

---

① 何宏权、程福祜（1982）就在文中提到：“海洋经济学是研究海洋各种经济关系和海洋各种经济活动规律的科学。和海洋学一样，它也是多科性的综合学科。但是它比海洋学更为年轻。海洋学是自然科学，海洋经济学是社会科学，是经济科学的分支；它所研究的不仅包括生产关系，还包括生产力，它是自然科学与社会科学交叉的边缘科学。”

② 权锡鉴（1986）认为：“海洋经济学是介于理论经济学与海洋自然科学之间的边缘性学科。他认为：“海洋经济学，一方面是理论经济学在海洋经济领域里的推广和应用，另一方面又是海洋基础科学在海洋经济过程中的理论升华。与理论经济学相比，海洋经济学属于应用经济学或部门经济学的范畴，就海洋经济学领域来说，海洋经济学又输入海洋科学的组成部分或一个分支；就海洋经济学本身而言，它属于介乎理论经济学与海洋自然科学之间的边缘性学科。”

③ 将海洋经济称为“边缘学科”或称“边缘经济学”的说法在何宏权、程福祜（1982）、权锡鉴（1986）、张海峰（1989）、孙斌、徐质斌（1993）、徐质斌（2000）均有出现。“边缘学科”是指由原有基础学科的相互交叉和渗透所产生的新学科的总称。其共同特点是：运用一门学科或几门学科的概念和方法研究另一门学科的对象或交叉领域的对象，使不同学科的方法和对象有机地结合起来。边缘经济学，是经济学科与其他社会科学和自然科学相互渗透过程中逐渐派生的交叉学科。从这类学科产生的原因和特点分析，又分两类：（1）同社会科学交叉的边缘经济学科，如人口经济学、经济法学等；（2）同自然科学交叉的经济学科，如生态经济学、经济控制论、地质经济学等。

④ 陈万灵（1998，2001）的文中系统总结海洋经济的资源经济特性。“海洋经济学的研究目的在于寻求合理开发海洋资源的途径及策略，探求海洋资源开发利用的可持续性发展的方法，以满足人类社会对海洋资源产品的需求。海洋经济学的学科性质属资源经济学，其方法要求把现代经济学、资源经济学、福利经济学以及工程学的基本原理和方法应用于各种海洋资源开发利用的最优管理和海洋经济的持续发展。海洋经济学是以海洋及其空间和海洋资源的开发利用过程为研究领域，以海洋资源开发的经济规律、管理理论和决策方法为对象。海洋经济学的研究任务和规范性内容主要集中于：海洋资源性质及特征，通过与陆地资源比较，建立海洋资源评价标准和方法；设计海洋经济的统计指标体系，为科研和政府决策及管理提供方法；研究海洋经济的产业结构和区域布局及其演变规律和理论；海洋资源最优利用理论和方法，为实现海洋经济持续发展提供理论依据；海洋资源共享性问题与产权和开发效率的关系，寻求海洋资源开发和海洋经济的运行机制，为政府制定法律和制度提供理论依据等。上述理论内容的共同目标都是为海洋资源合理开发和有效管理提供法律、制度和政策方案。”“海洋经济学是研究海洋资源开发与保护、利用与管理、改造与培育过程中特殊经济问题的一门学科。其学科性质属于资源经济学，研究具有经济意义的海洋自然体或海洋自然力的特征，及其人类开发利用的社会经济特征。”

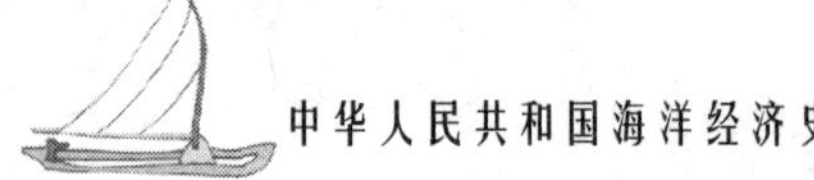

进入21世纪，则更进一步，将海洋经济科学定义为有关海洋开发与管理、利用与保护、改造与培育过程中特殊经济问题的一门学科。

总体来说，"纵"的轨迹是以纵向不同产业，不断通过水平运动向相关产业机制扩张，来推动理论发展；而"横"向发展则是以产业链为基础，从海洋资源的开发出发，逐渐向其后向关联发展，从资源一次利用、再到深加工、进一步到相关服务、科研教育活动，都一步步纳入海洋经济理论研究的范畴。但"纵"向发展与"横"向发展不是相互割裂的，其相互之间有着或多或少的"交叉点"，且随着两种轨迹的不断深入，这种"交叉"部分不断增加，从而促进两种演化路径的相互融合。

直到进入21世纪之后，随着海洋经济实践进入新的阶段，海洋经济理论横、纵两条发展主线已逐渐交织在一起，开始有学者将海洋产业经济观点与海洋资源经济观点融合起来，建立起海洋"大区域经济理论"①（此种观点即将海洋与陆地对立起来，将其视为独立的一块"区域"进行研究）；也有学者运用最新发展起来的集成创新理论与系统创新观，按照社会经济活动的纵横结构规律和经济科学的分类要求，将海洋经济学定义为是在海洋空间范围内人类的经济活动与各种海洋因素之间相互关系的一门科学，将海洋资源环境经济、海洋产业经济和海洋区域经济结合为一个密切联系的系统，最典型的就是郑贵斌（2005）提出的"海洋经济位理论"②。由于此时期，海洋经济是相对于陆地经济提出的概念，因此其内涵已是非常丰富的，也比较全面地反映了海洋经济本身的各种属性。但从经济学科发展的规律来看，海洋经济理论仍然仅限于以现有的理论体现来解释"涉海"经济活动，而并未对经典经济理论本身有所补充或修正，仍然处于理论发展的初级阶段。

---

① 此种观点即将海洋与陆地对立起来，将其视为独立的一块"区域"进行研究。如何翔舟（2002）的论述："我国政府把海洋经济仍然归属于大农业经济的一部分，使海洋经济研究成为一个部门经济研究中的分支。这种受传统大农业所属的划分对海洋经济的研究影响，使人们将海洋经济理所当然地看成了部门经济来研究。无论是从地理学的角度看，还是从海洋经济资源开发及配置活动的角度看，显然是不正确的。因为，海洋本身有其丰富而广泛的产业门类，而且随着现代科学技术的不断发展，其产业门类将逐步完善、健全，一、二、三次产业会先后出现，并成为人类新的生存空间。依据上述推论，海洋经济不能归属于农业经济而应该归属于区域经济，而且是与大陆经济相平行的大区域经济。"王琪等（2005）也在文中提到"人类的经济活动可粗分为陆地经济活动和海洋经济活动。长期以来，当提到人类经济活动时，往往强调的是陆地经济活动，所形成的经济学理论体系也主要侧重于陆地经济。随着海洋经济的兴起，对海洋资源的开发利用越来越成为人类经济活动不可缺少的一个重要内容，这就要求经济学的研究领域横向扩展，向海洋领域渗透。把经济学的理论应用于海洋经济实践，由此所形成的经济理论便构成海洋经济学的内容。"

② 海洋经济分层（或分支）系统的相异性主要是表明其在海洋经济大系统中的位置。因为作为大系统是由各分支经济系统及其相互关系构成的整体，作为大系统中的各经济系统是由特定功能组成的不同经济客体。正是由于这些分支系统有特定的功能，且表明了其在大系统中的位置，所以具有相异性。笔者把不同功能海洋经济分系统的占位，定义为海洋经济位（郑贵斌，2005）。

二、海洋经济“酝酿”时期的发展（1949～1978年）

在1978之前，我国还没有出现“海洋经济学”这一名词。此时对海洋经济的研究，都是附属于陆地经济的相关领域中，往往是作为部门经济的特殊形式（如农业经济中的海洋渔业经济、运输经济中的海运经济），或者管理经济学的特定对象（如管理经济中的海岸带管理）。其研究成果也并未形成系统，仅仅是零散的现于各种相关著作中。此时期，可称之为海洋经济研究的“酝酿”时期。

（一）海洋经济“酝酿”时期产生的原因

马克思说：“人类始终只提出自己能够解决的任务，因为只要仔细考察就可以发现，任务本身，只有在解决它的物质条件已经存在或至少在形成过程中的时候，才会产生。”在20世纪80年代之前，人们对于海洋经济的认识，受到社会经济实践的影响，仍仅仅局限于一些较为零散的领域，如海洋渔业经济、海洋运输经济、海岸带管理经济，缺乏系统地针对海洋经济特点和规律的研究体系。这说明，即使在20世纪70年代末，相关的物质条件还没有形成。就像物质生产的产生与发展要受到供需两方面条件的制约，海洋经济理论的建立同样取决于这两种因素①。

从需求角度讲，海洋经济学理论产品的需求者可以大体分为三类：公众、政府和企业。

政府可以说一直是经济学思想产品的大主顾。政府的决策活动中有相当一部分

① 徐质斌（2002）从另一个方面提出了海洋经济科学产生的三大条件。分别为：（1）客体对象的发育程度。理论是客观实践的反映。学科大建设首先受着客观过程发展及其表现程度的限制，如果客观过程的各方面及其本质尚未充分暴露，解决问题的办法还隐蔽在不发达的经济关系中，再有才能的人也写不出海洋经济学。（2）思想资料的积累。任何个人的实践都是有限的。正确的做法，是更多地利用他人实践积累的思想成果。理论创造就是理论主体对已经积累起来的思想材料加以扬弃、改造、提高的过程。在这个意义上说，学科创造就要“踩着别人的肩膀向上爬”。可供利用的思想材料越多、越接近真理或真理因子越多，学科的系统化理论也就越可能形成。（3）理论主体的素质。在以上两个条件具备的前提下．也并不是人人都可以写出海洋经济学，或者写出的海洋经济学质量、水平也不一样。因为还要取决于理论主体的使命感、职业便利、社会地位、经费、时间等等，尤其是素质，包括德、识、才、学、意、体6方面，单有勇气、热情或头衔是不够的。可以注意到，虽然该文并没有明确提出供需因素的名词，但这三大条件同样包含着这种思想，条件1可以视为影响海洋经济理论需求的因素，条件2和3可视为决定供给的条件。

是制定经济政策或与经济有关的其他政策①。但在20世纪70年代以前，从总体上看还局限在小范围内，行业间的矛盾还不太突出，国家间的海洋权益斗争尚不尖锐，因此，对海洋经济的研究还没有引起大多数国家的注意。国家海洋观念总体上的薄弱，对一项涉及许多行业和部门具有极强的综合性经济理论的建立是一个非常突出的障碍。没有统一或综合的需要，当然也就不可能有综合的海洋经济理论的建立。并且此时期，受到大跃进和文化大革命的影响，政府在海洋管理方面的职能受到极大影响，对其的投资处于停滞状态。因此，对相应经济理论的需求也趋于停滞。

企业同样是思想产品的主要购买者，企业不仅需要经济学家提供相应的政策指导，同时也需要经济理论本身作为其进一步发展壮大的指导。在此时期，我国的绝大部分涉海企业均为国营企业（主要为国营渔业公司、国营盐场以及交通部下属的海洋运输企业）。生产方面的软约束使其对于进一步增加经济效益并非十分热衷，同样很难产生对经济理论的指导需求。

公众之所以成为经济学思想产品的需求者，是因为他们不论以什么身份出现在经济活动中——消费者、要素所有者、厂商的管理者，作为经济活动的参与者和决策者，都需要能指导其行动的政策建议。但当具体到当时的背景之下，由于国家海洋产业发展薄弱，其经济效应在国民经济中所占的比例非常小，且往往依附于其他产业之中（如海洋渔业经济属于农业经济、海洋运输经济依附于交通运输经济），公众对海洋经济活动几乎没有任何接触的机会，自然不可能对其背后的经济规律产生需求。

在供给方面，海洋经济理论思想产品的供给同样取决于投入，这种投入应当包括具有专业素质、符合海洋经济研究要求的经济学家和相应的海洋知识资本积累。

经济学家是经济学思想得以生产的必要条件②。海洋经济不是简单的陆地经济向海洋的延伸和重复，而是一个全新的经济领域，它有着与陆地经济完全不同的特点与运行规律。这样一来，即使实践已经提出了这方面的需要，一个整体的和系统的海洋经济理论体系也不可能立即形成。给想要提供这种“供给”的经济学家以特殊的要求，需要他们不仅对经济理论本身有所了解，并且要熟悉海洋经济活动的

---

① 在欧洲，从中世纪末开始一直到今天，无论是国王，还是各种类型的政府，都为各种经济问题所困扰。国王们一直在考虑如何增加自己的财政收入。并由此而引申出另一个问题：如何增加整个国家的财富，尤其是货币财富。重商主义便是满足这种需求的最初的政策建议。尔后的政府普遍面临的问题是采取什么经济政策才能使自己的国家在经济上发展起来，才能使经济避免波动。对解决这类问题的政策建议的需求，使政府成为思想市场上一个举足轻重的需求者。遍读经济学文献，便可发现，大多数文献直接提出的政策建议或隐含在理论分析中的政策建议，都是以政府作为直接的或潜在的需求者的，都是为了满足政府制定经济政策的需要。

② 张旭昆（1993）系统地论述了经济学家在经济思想供给上的重要性。“没有他们，经济学思想产品就无法产生。知识资本要靠他们来积累，思想产品要靠他们在所积累的知识资本的基础上，通过创造性思维过程生产出来。没有他们及其创造性思维，即便有最丰富的知识资本，也不可能生产出思想产品来。”

各种规律、特性，相对于其他经济门类而言，增大了其所需的投入。在20世纪80年代之前，受国家政治（如反右斗争扩大化、文化大革命等对经济工作者的冲击）、经济（由于国民经济水平的落后，无法给经济工作者提供合理的收益）以及思想（缺乏对系统经济理论与海洋科技理论的传播与流通机制）等因素的冲击，很难提供足够的经济学家。

除了经济学家以外，知识资本是决定经济学思想产品供给潜力的第二个因素。思想产品不能凭空制造，必须借助以往已经生产出来的思想产品来制造，就像物质产品的生产一样。正是在这种意义上，称以往生产的思想产品为知识资本。它也是思想产品得以生产的必要条件。海洋浩瀚而复杂，存在着大量的未知因素，难以开发，造成海洋经济长期发展缓慢，至今仍然是一项不成熟的经济；实践上的不成熟，也难以形成成熟的理论。而在此时期，海洋经济活动仍然局限在很小的范围内，海洋是一个综合性的资源载体，资源的开发是分门别类逐渐进行的，而且是由各个行业、各个部门分别从陆地向海洋延伸而进行的，由此造成海洋经济活动从一开始就是分散的进行。并未引起人们的关注，缺少对其系统、全面的调查、分析与研究，没有积累足够的思想产品作为依托，海洋经济很难发展起来。

（二）海洋经济研究“酝酿”时期的特点

在此时期，海洋经济研究成果的供需状况决定了系统的海洋经济学科体系在此时期不可能建立起来，只能称之为“酝酿时期”，这包括以下几种特点：

第一，研究成果数量稀少。1949～1979年的30年间，笔者所搜集到的海洋经济相关分析仅为59篇，数量上仅相当于1994年一年的文献发表量。且体现出显著的时代性特征，即绝大部分研究成果集中于1949～1960年和1973～1978年两个时期，1960～1973年的13年间，海洋经济研究的成果仅有3篇。这种情况的出现主要是受反右倾活动和文化大革命等政治活动的影响，60年代开始我国各学术刊物先后停刊，大批学者受到冲击，无法进行正常的研究工作，更是对海洋经济研究的发展构成了致命的冲击。在这种背景下，许多研究往往就是简单地对国外的海洋产业发展成果的介绍与总结，其基本是源引自国外经济学期刊，主要是各杂志采编了一些对其他国家的海洋渔业、海洋航运业发展历程的分析性、评论性的文章，如对法国海运业（A. 柯拉西尔什科夫，1957）、挪威海运业（小孔尔，1957）、朝鲜海洋渔业（水产科技情报，1973）、苏联远洋渔业（1973）等国家/产业的论述。这些文章基本都集中在50年代后期和1973～1975年，恰恰是我国具有较强的海洋产业发展意愿的时期，在我国海洋产业研究较为闭塞的时期，带来了些许新意。

第二，从研究对象看，宏观研究领域较为集中，而具体研究内容则较为分散。在此时期的海洋经济研究主要集中在海洋渔业和海洋运输产业之中，对其他产业较少涉猎。但通过对其具体研究目标的分析可以发现，成果散布于这两个产业的众多领域之中，但并没有明显的集中研究趋势。如对海洋渔业的论述中就包括了对海洋渔业发展必要性的研究（王建悌，1958）、对海洋渔业企业经济体制的研究（马敬通，1959）、对渔业生产组织的研究（广东省湛江专署水产局，1964）、对渔业技术经济的研究（夏世福，1963）、对渔业金融贷款的研究（章道真，1959）等。而在对海洋运输业的研究也包括了对我国海运产业宏观状况的总结（张达广，1960）、对港口产业布局原则的研究（陈汉欣，林幸青，1960）、对港口微观经济学的研究（钟海运，1976）等。

第三，从研究方法看，以对海洋经济活动的现状论述为主要方式，缺乏系统的经济学理论作为支撑，甚至从某种意义上讲，大部分成果都不能说是运用经济学理论进行分析，而只能在实用主义基础上，运用众多相关学科的知识来阐述和解释一个经济问题，不具有经济学理论研究的一般特性。

三、海洋经济初步形成阶段的发展特点（1978～1990年）

1978年，我国学术界第一次提出了“海洋经济”这个名词，并围绕其开展了大量的学术活动，海洋经济学科正式产生。此后，在系统海洋经济研究的推动下，国家对于海洋经济的重视程度愈加显著，也越来越为国家高层领导所重视①。1981年和1982年，中国海洋国际问题研究会在国家海洋局和中国社会科学院的支持下，组织召开了两次包括“海洋经济”在内的讨论会，并将第一次讨论会有关海洋经济的论文进行了整理，形成了论文集《中国海洋经济研究》（张海峰，1982），这

① 海洋经济的地位和作用越来越被有识之士和国家高级决策层所重视。1983年，中国著名科学家、中国科学院学部委员钱学森、钱伟长发出呼吁：海洋开发具有广阔的前景，应当像当年抓原子、航天一样把海洋开发作为一个大型系统工程，即像抓“上天”一样抓“下海”。1987年8月，国家主席李先念题词：“发展海洋事业，振兴国家经济。”1990年3月，国务委员、国家科委主任宋健在海洋技术政策论证会上提出“人类在重返海洋”“海洋开发和保护是具有战略意义的大问题，要作为一项重大决策进行研究”。1990年8月，中共中央政治局常委宋平在山东考察时提出：“开发海洋资源前途很大，要作好海洋经济这篇大文章。”1991年1月，在北京召开了全国首次海洋工作会议，会议确定90年代我国海洋工作的基本指导思想是：以发展海洋经济为中心，围绕“权益、资源、环境、减灾”四个方面展开。1994年7月，国家海洋局成立30周年之际，江泽民总书记题词：“振兴海业，繁荣经济。”李鹏总理题词：“管好用好海洋，振兴沿海经济。”（孙斌、徐质斌，2000）

标志海洋经济理论研究的开始。整个20世纪80年代成为了我国海洋经济研究大发展的阶段。此时期的海洋经济研究主要进行了三项工作：

（一）完成了海洋经济学体系的初步构建

在一个社会科学学科初步构建之时，必然需要对其研究对象、研究内容、研究目的以及研究方法等进行初步构建，明确该学科与相关学科的特点与差异。因此，在整个20世纪80年代对海洋经济研究体系的探讨贯彻始终，成为当时海洋经济研究的一大主题。

在早期这种发展趋势主要表现为国外系统海洋经济学研究成果的大规模引入和介绍。实际上，早在20世纪60年代，世界上的主要发达国家（如美国、苏联、日本、法国、加拿大、英国、荷兰和韩国等国是较早对海洋经济进行研究的国家），就相继建立了海洋研究团体和机构，围绕海洋部门经济、海洋区域经济、海洋开发战略和管理等领域展开了多方位的研究，取得了一批重要成果①。因此，当我国学术界开始摆脱文革所带来的影响，意图建立我国的海洋经济学科时，必然首先需要将目光集中于国外的先进研究成果之上。在此背景下，在70年代末、80年代初我国的专业经济研究期刊和文集中出现了一批源引自西方主流经济学刊物的海洋经济学论文（见表20－1）。这些文章均对当时世界海洋经济学研究的主要范式、方法和框架作了系统论述，为我国海洋经济理论的产生奠定了基础。

表20－1　　1978～1980年我国源引自西方主流经济学刊物的海洋经济学论文列表

论文题目	作　者	期　刊	年份
海洋经济学、环境、存在问题和经济分析	［美］莫利斯·威尔金森	国外社会科学文摘	1986
海洋资源　美国海洋政策经济学	［美］詹姆斯·克拉奇菲尔德	国外社会科学文摘	1980
苏联集团海洋政策经济学	［苏］弗拉迪米尔·卡佐恩斯基	国外社会科学文摘	1980
1985年空间海洋学的状况和展望	［美］D. J. 贝克	海洋开发与管理	1986

① 比较有代表性的成果有：美国的阿姆斯特朗和赖纳所著的《从新角度看海洋管理》，罗伯特编著的《海洋资源管理》，前苏联的布尼奇1975年的《海洋开发的经济问题》和1977年的《大洋经济》，沃茨涅辛斯主编的《海洋研究与开发》，日本的稻田仁所著的《日本海洋开发》，清光照夫所著的《水产经济学》，加拿大国际海洋学院的创始人鲍斯基博士的《海洋管理与联合国》等。这些研究成果主要探讨了发展海洋经济的重要意义，规划和管理海洋经济的现代科学方法，合理利用海洋资源和保护自然环境的经济机制提出了把海洋作为一个整体管理，实行海洋资源综合开发与可持续利用的主张，在指导海洋开发实践，促进海洋经济发展中发挥了一定的作用。

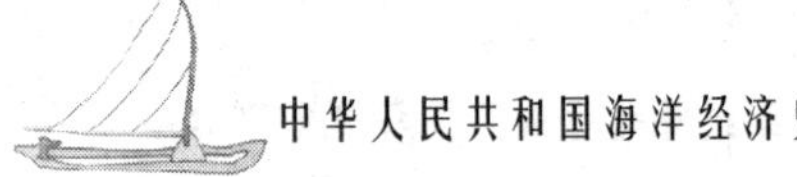

在引入西方海洋经济研究体系的同时，1982 年中国海洋经济研究会的成立，促使学者也从我国特有的经济环境、学术背景出发，围绕中国海洋经济学的构建以及海洋开发战略、规划和政策等方面开展系统的研究。涌现出了一批具有理论创新意义的文献（见表 20－2），并先后出版了《中国海洋经济研究》（1～3 辑）、《中国海洋经济研究大纲》、《海洋经济研究文集》、《中国海洋区域经济研究》和《海岸带管理与开发》等著作。1986 年山东社会科学院承担的“中国海洋区域经济研究”是国家“七五”社会科学基金项目，是我国社会科学中第一次系统研究海洋经济的课题。1990 这些成果既包括海洋经济理论性问题的探讨，也包括对于其具体分支或领域的基础性研究，从理论高度构建了海洋经济学发展、研究的基础和框架。

表 20－2　　　　1978～1980 年我国海洋经济理论性研究论文列表

论文题目	作者	期刊/论文集	年份
海洋经济学初探	权锡鉴	东岳论丛	1986
海洋、海洋经济与海洋经济学	蒋铁民	中国海洋经济研究第一编	1981
关于开展海洋经济研究的几个问题	张海峰、杨金森	中国海洋经济研究第一编	1981
略论海洋开发和海洋经济理论的研究	何宏权、程福祜	中国海洋经济研究第二编	1982
关于开展我国海洋经济理论研究的设想	杨克平	社会科学	1984
谈一点我对海洋国土经济学研究的认识	于光远	海洋开发与管理	1984
海洋经济学的研究对象、任务和方法	孙凤山	海洋开发与管理	1985
建立海洋开发经济学科学体系初探	张爱诚	东岳论丛	1990

但从海洋经济理论的研究进展来看，受当时生产力发展水平和国内经济学理论研究水平所限，此时期的海洋经济研究也不可避免地存在一些问题。第一，对于海洋经济的内涵、海洋经济的归属、海洋经济的主要理论等基本问题研究的尚不够深入，主要集中于对海洋经济资源属性的定义与描述，仍旧将其视为陆地经济的原料产地，缺乏独立性。第二，从研究方法上讲，主要是通过对实际经济活动中出现的各种问题进行总结和分析，结合马克思主义政治经济学的一般原理进行定性分析，说服力较弱。第三，受研究力量所限，与当时海洋经济快速发展的趋势相比，海洋经济的理论研究也显得较为缓慢，不能很好地满足海洋经济发展的需要。

（二）进行了开展海洋经济发展所必需的一系列基础性工作

在20世纪80年代初的海洋经济研究起步阶段，为给海洋经济理论创造必要的发展基础，我国各地涉海科研、统计部门做了一系列资料性工作，具体完成了两项任务。

一是对于海洋经济研究的物质基础，海洋物理资源进行了调查。理论源于实践，而经济学家对于实践活动的观察，主要是通过各种统计资料和调查数据来进行的。1949年建国初始，我国海洋经济管理建立在行业基础之上，各种海洋管理机构由原来大陆的行业管理向海洋延伸形成，未建立统一管理海洋事务的综合管理部门。尽管在1964年7月国家海洋局正式成立，但国家赋予国家海洋局的宗旨是负责统一管理海洋资源和海洋环境调查资料收集整编和海洋公益服务，目的是把分散的、临时性的协作力量转化为一支稳定的海洋工作力量，而中国的海洋经济资料并没有包括其中，这极大地影响了我国海洋经济研究的发展。

1979～1990年，由国家海洋信息中心主持、国家科委、海洋局和测绘局等参加完成的“中国海岸带和海涂资源综合调查”，500多个单位近2万人在35万平方千米的海岸带上取得各种观测数据5800万个，编写各种报告6000万字，绘制图件数千个，初步弄清了海洋资源的存量和开发状况。此后，国家又于1987～1992年、1983～1989年，先后组织20多个单位进行了全国海岛资源综合调查、世界大洋多金属结核资源调查，获得了大量基础性数据。1988年海洋出版社出版了《1986中国海洋年鉴》，其中就包括了部分海洋经济统计资料，1989年国务院赋予国家海洋局的职责中明确提出由国家海洋局“负责海洋统计”的工作，国家海洋局组织开展了《海洋统计指标体系》的研究和前期准备工作。自当年起，《中国海洋经济统计年鉴》陆续出版，为海洋经济研究提供了系统的经济信息资源。至此，我国海洋基础数据工作基本完成。

二是开辟了一系列相关的学术会议、研究机构和学术交流场所。在80年代之前，我国并没有专门的海洋经济研究组织与刊物，其相关文献均零散的出现于相关领域的期刊之中。如果一门学科长期没有相应的学术交流活动，无疑会对其在学术界与社会上的接受程度造成影响，从而制约其长远的发展。因此，1981年6月，国家海洋局和中国社会科学院经济研究所在北京联合召开了第一次海洋经济研究座谈会，并开始筹备成立“中国海洋经济研究会”。1982年，在山东省社科院设立国家级海洋经济研究所。此后出现了许多海洋经济研究机构，有国家海洋局海洋战略研究所、海洋科技情报研究所（后改为海洋信息中心）、经济研究室、辽宁师大海洋经济地理研究室等等。1984 年，国家海洋局创办了《海洋开发》杂志①，指导海洋经济工作实务和理论研究，为广大海洋经济学者提供交流平台。

（三）对当时我国海洋产业发展面临的一些突出问题进行了研究

由于前期缺乏对于海洋经济发展各领域的基础性研究，此时期海洋经济研究成果主要以实用主义为主，主要是针对在实践活动中所存在的实际问题而进行的专题性研究，其内容往往以特点、问题、原因、措施中一部分或几部分作为基本结构，运用定性分析做出结论，理论基础较为缺乏。受生产力条件所限，20 世纪 80 年代的海洋经济活动仍以资源开发为主题，以海洋渔业和海洋运输产业为主流，海洋盐业、滨海矿砂开采、海洋石油开发为辅。而文献分布也与此相适应，1978 ~ 1990 年各学术期刊共有海洋经济相关文献 480 篇，其中研究海洋渔业与海洋运输业发展的占到了 80% 以上，此外海洋区域经济研究与海洋资源经济研究也占一定比例，分别为 10.63% 和 5.21%，这突出地体现了 20 世纪 80 年代海洋研究以实效性、政策性为主，缺乏基础理论研究的特点。

具体从各研究领域来看，也同样体现出浓郁的实用主义特色。在渔业方面，主要是围绕着当时我国近海渔业资源枯竭的现实问题，有针对性地对我国渔业资源评价、渔业资源保护、海洋水产养殖发展、远洋渔业捕捞发展、海洋渔业多种经营、渔业产业化等一系列问题作了分析与探讨，形成了一系列专著和论文，如表 20 – 3 所示。而在海洋运输发展领域，80 年代是我国海运产业开始推行大规模推行赶超战略的关键时期，因此，大部分文献集中于研究我国港口布局与开发、远洋航运产业发展战略以及世界各国海运产业发展脉络，以期对我国海运发展提供一定的参考，主要成果有 1990 年出版的论文集《港口发展与沿海经济》（杨玉生，1990）及各种学术论文 135 篇。在海洋区域经济方面，则主要是在国家改革开放，大力发展社会主义经济建设的背景下，各沿海省份、城市对如何利用自身在海洋方面的地理位置与资源优势，制定合理的经济发展战略的研究，主要成果有天津市哲学社会

① 1983 年，中国海洋经济研究所与全国海岸办在南通联合召开了海岸带开发研讨会，并开始筹备创办《海洋开发》杂志，组织专家编写较为系统的海洋经济专著。《海洋开发》创刊号于 1984 年 9 月出版发行，1988 年该刊更名为《海洋与海岸带开发》，1993 年该刊又更名为《海洋开发与管理》，是海洋经济研究成果发表的主要园地。（孙斌、徐质斌，2000）

科学学会联合会《沿海城市经济研究》编辑组编撰的《沿海城市经济研究》论文集以及蒋铁民主编的《中国海洋区域经济研究》。在海洋资源开发的研究中，主要研究 80 年代已初步具有开发能力的资源，如海洋石油、海洋矿产、海洋能源、滨海矿砂等的经济效果和前景问题，较为分散，缺乏综合性、产业化的研究文献。

表 20－3　　1978～1990 年海洋渔业研究成果列表

书名	作者	出版社	年份
渔业技术经济分析	夏世福	农业出版社	1980
海洋水产资源调查手册	夏世福、刘效舜	科学技术出版社	1981
南海北部大陆坡渔业资源综合考察报告	南海水产研究所	南海水产研究所编印	1981
东海大陆架外缘和大陆坡深海渔场综合调查研究报告	东海水产研究所	东海水产研究所编印	1984
远洋渔业	沈汉祥等编著	海洋出版社	1987
渔业经济生态学概论	夏世福	海洋出版社	1989
黄、渤海区渔业资源调查和区划	刘效舜、吴敬南等	海洋出版社	1990
山东近海渔业资源开发与保护	唐启升等	农业出版社	1990
中国渔业资源调查和区划	夏世福等	农业出版社	系列专著

总而言之，20 世纪 80 年代是我国海洋经济研究事业从无到有、从小到大的重要阶段。其在整个海洋经济研究发展进程中，起到了无法替代的作用，其所初步建立海洋经济的理论体系和研究方法对于提高人们的海洋意识、促进海洋经济的快速健康发展、鼓励学者对海洋经济理论的深入研究等方面均具有重要意义。

四、海洋经济研究迅猛发展时期的特点（1991～2000 年）

1991～2000 年，海洋经济实践的快速发展和各种西方经济学方法论的引入为我国海洋经济研究提供了实践和思想基础，此时期海洋经济研究开始呈现出大范围、多角度、多元化的研究趋势。此时期我国各学术期刊共刊发海洋经济相关论文 980 篇，各种著作、文集、报告等资料 100 多部，都较上一时期有极大的增长。在国家、政府的高度重视之下，海洋经济研究呈现出迅猛增长的势头。整个海洋经济研究也进入了一个新的阶段，主要呈现出以下几种特点：

（一）研究的系统性、理论性有了极大的增强

1991～2000 年是我国海洋经济大发展的 10 年，在这期间海洋经济在我国国民

经济中的地位不断提高，受此影响海洋经济研究在整个经济研究体系中的意义也不断扩大。海洋经济研究已不仅仅是作为陆地经济的资源产地、如煤炭、石油等资源经济一般的研究领域，许多学者已逐渐将海洋经济扩展到其生产、流通、分配、消费的一系列产业活动中去，将其视为国民经济中的重要部门经济学科、或区域经济学科，对其学科的系统性进行了研究。海洋经济学科体系逐步建立，对其体系下的海洋资源经济学、海洋产业经济学、海洋区域经济学、海洋环境经济学的研究，已开始逐步摆脱了单纯的问题—原因—对策的实用主义文章范式，开始运用西方经济学中的产业组织理论、产业增长理论、产权理论、区域位理论、资源禀赋理论、公共品理论等先进的经济学方法论，对其基本原理进行讨论。出现了一批具有极强理论性著作，如表 20 -4 所示。

表 20 -4　　1991 ~2000 年海洋经济理论性研究成果列表

书名	作者	出版社	年份
海洋经济学	孙斌、徐质斌	青岛出版社	2000
国际航运经济新论	徐建华	人民交通出版社	1997
现代港口经济学	邹俊善	人民交通出版社	1997
海运经济地理	王晶　唐丽敏	大连海事大学出版社	1999
海洋产业优化模式	郑培迎	海洋出版社	1997
沿海经济学	潘义勇	人民出版社	1994
海洋资源与可持续发展	鹿守本	中国科学技术出版社	1999

具体来看，在这 10 年中，我国各学术期刊共刊发海洋经济相关论文 980 篇，其中对于海洋经济理论性研究的文献为 257 篇，占总数的 26. 22%，比上一时期的 14. 5% 有大幅提高。从研究领域上看，理论性较强的海洋经济理论研究、海洋区域经济研究、海洋产业理论研究、海洋环境经济研究分别占总比例的 8%、10%、7% 和 3%，较上一时期分别增长了 412%、100%、1360% 和 733%，表现出对这些理论强劲的增长趋势。而与之相对，在我国海洋经济研究中长期占据主要地位的海洋渔业经济研究和海洋运输经济研究则增长不大，仅增长了 10. 35% 和 26. 63%，在文献总数中的比例也下降到了 50% 以下，为 46. 12%。造成这种趋势的主要原因是海洋经济性理论的研究对这两种传统的产业性经济研究领域有极强的替代性。首先，从严格意义上说，这两种经济研究类型可以算作海洋产业经济中的具体产业经济研究，但由于其在海洋经济发展历程中的特殊地位，在早期不得不将其独立出来。其次，在进行这两种产业的研究时，不可避免的将会运用到海洋经济理论研究所提供的各种方法论进行指导，如海洋产业经济理论可以对海洋渔业产业化和海运

产业化的发展趋势构成指导、海洋区域经济理论可以对港口产业的布局提供建议等等。此外，还值得注意的是对于海洋旅游经济的研究在此时期开始出现，这是与当时的海洋经济开发实践相符合的。

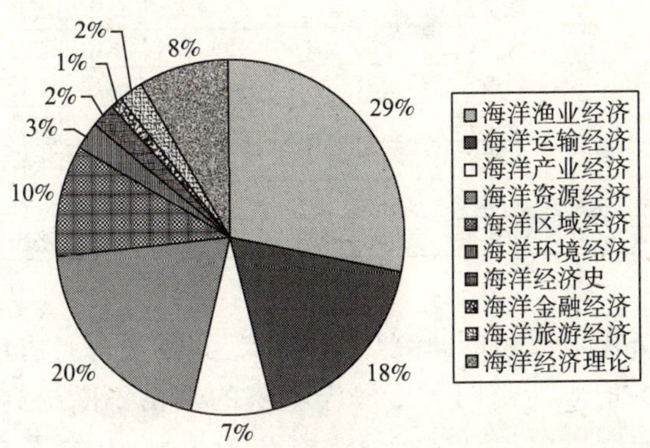

图 20－3　1991～2000 年海洋经济研究成果分布示意

（二）我国海洋经济发展战略研究的高潮

1991 年 1 月，在北京召开了全国首次海洋工作会议，确定了 90 年代我国海洋工作的基本指导思想：以开发海洋资源、发展海洋经济为中心，围绕“效益、资源、环境、减灾”主题开展工作。1996 年《中国海洋 21 世纪议程》正式发布，是我国实施海洋可持续开发利用的政策指南。基本战略原则是以发展海洋经济中心，适度快速开发，海陆一体化开发，科教兴海和协调发展。此后，随着 1998 年“国际海洋年”的到来，我国开始掀起海洋经济发展研究的高潮，各种合作协议、学术研讨会、知识培训、考察访问活动层出不穷，同时我国学者还广泛参与海洋领域的国际合作与交流活动。在此基础上，许多学者撰文分析了我国发展海洋经济的重要性，提出了“海上中国”的说法。此后他们围绕政治、主权、国家安全、经济发展、资源开发等领域，开展了一系列战略性研究。

表 20－5　　1991～2000 年中国海洋经济发展战略研究成果列表

书名	作者	出版社	年份
中国海洋开发战略	杨金森、梁喜新、黄明鲁	华中理工大学出版社	1990
建设海上中国纵横谈	王诗成	山东友谊出版社	1995
中国海洋开发与管理	刘洪滨	香港天马图书公司	1996
中国海洋 21 世纪议程	国家海洋局	海洋出版社	1996

续表

书名	作者	出版社	年份
中国海洋政策	国家海洋局海洋发展战略研究所	海洋出版社	1998
海洋强国论	鹿守本	海洋出版社	1999
海洋资源开发与管理	陈学雷	科学出版社	2000
建设海洋经济强国方略	徐质斌	泰山出版社	2000
21 世纪中国海洋开发战略	周镇宏、胡云章	海洋出版社	2001
WTO 与中国海洋经济	李忠林	海洋出版社	2002
海陆一体化建设研究	栾维新	海洋出版社	2004
海洋开发战略研究	王曙光	海洋出版社	2004
中国海洋经济发展战略研究	徐质斌	广东经济出版社	2007

在国家海洋经济发展战略的研究热潮之下，我国沿海各省市也出现“蓝色国土”开发热，各级政府职能部门对于海洋经济的热情不断提高。在其推动之下，众多新的海洋经济研究机构和海洋相关院校得以成立。1997 年湛江海洋大学开始设立了海洋经济学专业，培养海洋经济方面的专门人才，全国海洋经济研究队伍得到了壮大。在沿海各省份的大力倡导之下①，产生了一系列针对各省海洋经济发展

① 如：山东省充分利用地理区位优势，自 1991 年提出实施“科技兴海”、“建设海上山东”的战略以来，组织力量向海洋进军，耕海牧渔，大力发展海洋经济，走在了全国前列。辽宁省在提出建设“海上辽宁”战略设想之后，省委、省政府于 1996 年 8 月召开了建设“海上辽宁”工作会议，省委书记、省长等省级领导以及 70 多个部门及市地负责人参加了会议，出台了《“海上辽宁”建设规划》，成立了由省委常委、常务副省长任组长，分管副省长任副组长，海洋水产厅和各涉海部门负责人为成员的“海上辽宁”建设综合协调小组。福建省继提出“山海经”之后，省委作出了“再创海上优势，大作海的文章，建设海洋大省”的重大决策，并在 1996 年召开的省第六次党代会和八届人大四次会议上，把“发展蓝色产业，建设海洋大省”作为福建省实施“九五”计划和 2010 年远景目标纲要的战略突破口来抓，出台了《关于加大海洋开发力度，建设海洋经济大省的决定》和《福建省海洋经济发展计划纲要》；省财政每年拨出 500 万元的科技兴海专款，用于走“开海兴闽”之路。海南省在建省时就提出了“以海兴岛，建设海洋大省”的战略，新近又推出“科技兴海”的“蓝色狂想”。广东省继 1993 年提出发展海洋产业构想之后，省委、省政府连续召开了两次全省海洋工作会议，出台了《广东省海洋产业“九五”和 2010 年发展规划》和《关于加强渔港建设的议案》，决定从 1994 年起，连续 10 年内，每年拿出 8000 万元用于渔港建设；并计划在“九五”期间投资 216 亿元用于实施海洋战略工程建设，现已初步确定了 21 个海洋重点开发项目。江苏省在发出“向海洋进军”的号召之后，在 1996 年 4 月召开的全省海洋经济工作会议上，提出了建设“海上苏东”的战略设想，出台了《关于加快发展海洋经济的若干意见》，决定用 5 ~ 6 年时间，开发百万亩滩涂。浙江省在制定《海洋开发纲要》之后，计划在“九五”期间多渠道筹措 80 亿元设立海洋开发基金。河北省在提出“立体开发海洋”和“陆海经济齐抓”的战略之后，又提出了“陆海并重，重点突破，梯次推进，综合开发”的科技兴海新路子。上海市在提出以沿海区位优势带动外向型经济发展的总体战略之后，最近又推出依托“四大优势”实施“三步计划”、2020 年将上海建成国际航运中心的新举措。广西在提出“蓝色计划”之后，按照中央的部署，加快了把北部湾建成大西南出海通道的建设步伐。天津市在提出加快海洋开发，使海洋经济进入全面发展新阶段的想法之后，加快了航运建设步伐；1994 年，天津港吞吐量突破了 5000 万吨大关。吉林省没有海岸线，他们主动争取图们江的出海权，1995 年 12 月 6 日在联合国总部大厅，中、朝、俄、韩、蒙 5 国签订了开发图们江地区的协议，迈出了“开发辉春，开发图们江，发展与东北亚各国的友好合作关系”的可喜步子。远离海边的北京，也与河北的唐山联营，扩建唐山港，寻求自己的出海口。一场以开发海洋、利用海洋、大力发展海洋经济的“蓝色风暴”正在沿海地区刮起，并有向内陆蔓延之势。（王诗成，1999）

的研究成果。“海上山东”、“海上辽宁”、“海上浙江”、“海上广东”等等说法屡见不鲜，甚至还出现了“海上苏东”、“海上锦州”、“海上连云港”的理论，此外各种“海洋强（大）省”、“海洋活县（市）”等论述更是汗牛充栋。这充分体现了，在社会主义市场经济条件下，出于地方经济增长的考虑，当时的地方各级政府对于海洋经济的极高热情。因此，这些研究主要是从海洋经济发展和地区的资源禀赋特点出发，对地方各省、市、县的海洋相关产业发展进行了战略性研究，形成了一系列“战略性构想”、“发展规划”、“综合开发”“发展方向”“经济跳跃发展”之类的研究，取得了一系列成果，如表20－6所示。

表20－6　　1991～2000年区域海洋经济发展战略研究成果列表

书名	所属省份	作者	出版社	年份
建设海上山东	山东	鞠茂勤	海洋出版社	1992
海洋经略	广西	郑白燕	广西科技出版社	1992
山东海洋经济	山东	孙义福	山东人民出版社	1994
希望在海洋	江苏	江苏省海洋管理局	江苏人民出版社	1994
建设海洋大省	福建	福建省计划委员会	鹭江出版社	1996
建设海上山东战略措施研究	山东	高洪涛、徐质斌	海洋出版社	1996
加速海上山东建设研究	山东	黄学军	海洋出版社	1997
长山群岛经济社会系统分析——辽宁省长海县综合发展战略研究	辽宁	张耀光、张云瑞	辽宁师范大学出版社	1997
山东海洋产业结构和布局优化研究	山东	徐质斌、孙吉亭	海洋出版社	1998
海上山东建设概论	山东	郑贵斌、徐质斌	海洋出版社	1998
河北省海洋经济发展研究	河北	尹紫东	海洋出版社	1998
广东海洋经济	广东	王荣武、梁松	广东人民出版社	1998
辽宁海岛资源开发与海洋产业布局	辽宁	张耀光、胡宜鸣	辽宁师范大学出版社	1998
浙江建设海洋经济大省战略研究	浙江	苏纪兰、蒋铁民	海洋出版社	1999
21世纪的粤湛经济：海洋知识经济	广东	叶远谋	当代中国出版社	2000
海南经济经济特区定位研究	海南	李克	海南出版社	2000
广东海洋产业发展方向与对策	广东	容景春	海洋出版社	2002
广东海洋经济重大问题研究	广东	徐质斌、张莉	海洋出版社	2006

五、海洋经济研究初步成熟阶段的特点（2001年至今）

21世纪的海洋经济研究成果也十分丰富，截至2007年，共刊发海洋经济相关各种论文1751篇，比上一时期增加了78.67%，体现出了较前一时期更为迅猛的增长势头。这主要是由于在21世纪初，我国大规模的海洋经济发展已经历了20多年，随着实践活动的深入，海洋经济的研究范畴进一步扩大，如陈可文（2003）就认为泛义上的海洋经济可以包括“与海洋经济难以分割的海岛上的陆域产业海岸带的陆域产业及河海体系中的内河经济等，包括海岛经济和沿海经济。”这在一定程度上已经将海洋经济独立于陆域经济，形成独立的经济系统。因此，学者的研究重点也逐步由对海洋开发利用中的局部问题研究上升到全局问题研究；由对海洋经济发展的现实对策研究提升到运用经济理论对海洋经济理论基本框架、体系等原理问题的探讨。从一定意义上可以说，研究方向、研究内容、研究形式的转变，标志着海洋经济理论研究质的飞跃。至此，海洋经济研究逐渐形成了自己独立的研究范式和框架，理论与实证相结合的研究方法得到确立。这种成熟的研究氛围，必定会促使更多的学者加入海洋经济研究的行列。与之相适应，此时期的海洋经济研究也呈现出了新的时代特点。

（一）以可持续发展为核心的新研究领域不断发展、壮大

从21世纪的海洋经济研究范畴看，绝大部分传统研究领域增长较为平缓，如海洋渔业经济研究、海洋产业经济研究、海洋区域经济研究、海洋经济史研究、海洋经济理论研究分别增长了110%、102%、93.1%、80%以及58.5%，基本与此时期的整体增长趋势相符。此外也有一些研究领域陷入停滞，如海洋运输经济研究、海洋资源经济研究，仅分别增长了7.42%和7.77%，这是由这两种学说所对应研究的领域在海洋经济实践活动中的地位下降造成的。

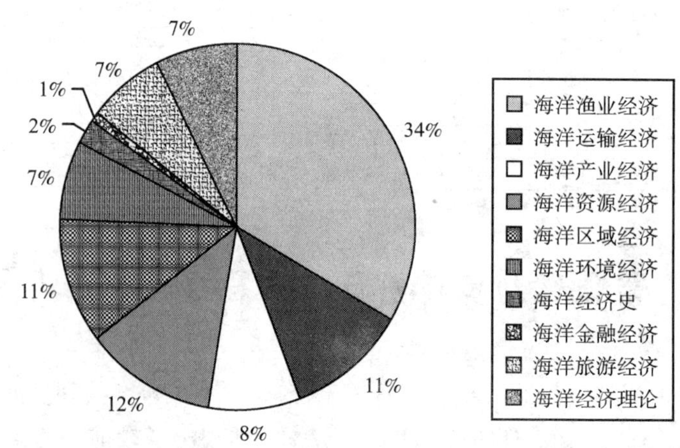

图20－4　21世纪以来海洋经济研究成果分布示意图

在这种背景下，特别值得注意的是，90年代新兴的海洋经济研究领域，即海洋旅游经济研究和海洋环境经济研究，在此时期有了长足的发展，分别较前一时期增长了388%和459%，在总量中已分别占7%的比例了。对海洋环境经济和海洋旅游业的研究，从实质上讲都是从可持续开发的角度对海洋资源的运用研究，这是21世纪经济发展对于海洋资源开发所提出的新要求。海洋经济可持续发展是一种新的发展观，是指以人类社会与自然和谐发展为目标，以经济社会与环境协调为途径，逐步实现人口、环境、资源与发展的协调。对于海洋开发同样要做到生态系统、经济效益和社会公平三者协调发展。做到人、海、地域经济系统在发展上的和谐，使海洋资源得以持续利用，海洋经济持续增长，海陆经济共同发展。（高强，2006）

实际上我国提出海洋可持续发展理论研究的历史很长，从20世纪80年代中期就开始追踪国际相关动向。并先后在1994年和1996年颁布的《中国21世纪议程》和《中国海洋21世纪议程》，提出中国海洋事业要走可持续发展的道路。但直到2001年，受经济发展条件所限，学者对可持续发展的意识并不强烈。虽然许多海洋经济研究相关论文均提到海洋可持续发展问题，但专门针对该问题的理论研究成果并不多。2001年国家海洋局印发了《海洋工作“十五”计划纲要》提出了以满足社会经济发展对海洋资源不断增长的需要为基本出发点，推动海洋经济可持续发展的主题，极大地推动了海洋可持续发展研究的进程。从具体研究成果来看，海洋环境经济研究主要侧重于研究21世纪以来的海洋生态环境保护问题，研究方向主要有：合理开发海洋资源、维护我国海洋权益、强化海域资源管理、保证海洋环境安全、建立和完善海洋开发规划、海洋法律、海洋管理、海洋科技和公益服务体系，实现海洋可持续发展等等（具体成果见表20－7所示）。内容较为广泛，与相关研究领域结合十分密切，起到了基础性学科的作用。而海洋旅游经济则是从另一种产业经济的侧面，提出了一条新的可持续性开发海洋资源的道路。虽然受发展时间较短的影响，目前对于海洋旅游范畴、范围及内容仍然存在模糊与异议，但经过6～7年的发展，其已初步建立了一套包括海洋旅游经济基础理论研究、海洋旅游资源开发、海洋旅游可持续发展、海洋区域旅游开发、海洋旅游产业进程等一系列领域系统化的海洋经济学科。

表20－7　　2001～2007年海洋经济可持续发展成果列表

书名	作者	出版社	年份
山东海洋资源与环境	李荣升	海洋出版社	2002
海岸带可持续发展与综合管理	恽才兴	海洋出版社	2002

续表

书名	作者	出版社	年份
厦门市海洋经济发展战略和海洋环境保护研讨会论文集	厦门市海洋与渔业局	海洋出版社	2006
山东省滨海旅游及旅游业	刘洪滨	海洋出版社	2004
海洋旅游学	董玉明	海洋出版社	2007

（二）海洋经济学研究的交叉化趋势

进入21世纪的中国海洋经济研究，学科体系已经确立，在理论研究上已达到较为完善的阶段，对于各个领域的基础性理论和热点问题研究，在现有方法论条件下，已达到一个较为完善的程度，不太具备高速发展的空间。因此，此时期许多学者开始转向学科交叉性的研究。这种交叉既有海洋经济研究体系之内的内涵性交叉，也包括海洋经济理论与其他学科门类的外延性交叉。

内涵性交叉研究倾向是指学术界开始将目光转向原来并不为学术界所重视的一些较为细致、具有多种海洋经济研究领域交叉属性的问题（表20－8列出了这种交叉趋势的典型成果）。这是由海洋经济学理论的供给和需求两方面作用引发的。从需求角度讲，21世纪的海洋开发实践活动，无论是从规模上还是深度上，都达到了前所未有的高度。因此，在实践中遇到的各种问题也愈加复杂，涉及的因素众多，很难用单一化的理论进行研究。这也对海洋经济研究的交叉化提出了要求。而从供给方面讲，这种学科交叉的趋势是海洋经济学理论研究进入系统化发展阶段的必然要求。这种交叉性研究成果的形成，是来源于海洋经济学领域各基础性研究课题的集合，又是各研究领域专业分工的必然结果。这种研究领域的分工帮助学者对特定领域能够更为深入进行研究，提高其专业素养；但另一方面，学者在面临其他相关研究领域的问题时，也会习惯性的运用自身较为熟悉的方法论来解决，这无疑将促使不同研究领域之间的知识点相互作用，形成新的研究点。

表20－8　　2001～2007年海洋经济学研究交叉化趋势典型成果列表

文章名	学科属性	年份
黄渤海区海洋渔业可持续发展研究	环境经济/渔业经济	2006
中国海洋渔业资源可持续利用和有效管理研究	环境经济/渔业经济	2006
论环境资源制约下我国海洋产业结构的优化策略	产业经济/环境经济	2006
海洋经济强省建设下山东国际航运发展战略研究	区域经济/产业经济/运输经济	2006

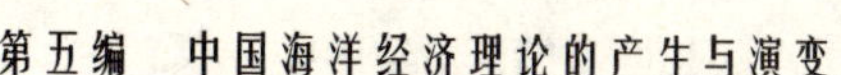

续表

文章名	学科属性	年份
区域海洋产业合理布局的问题及对策	产业经济/区域经济	2004
山东省海洋旅游业可持续发展系统分析与评价	环境经济/区域经济/旅游经济	2005
浙江海洋旅游产业区位分析及空间重构	旅游经济/区域经济	2006
保护海岛资源科学开发和利用海岛	资源经济/区域经济/环境经济	2004
国民经济核算体系与海洋生态资源核算	宏观经济/资源经济/环境经济	2004
海岛地区产业演替及资源基础分析	资源经济/区域经济/产业经济	2005
休闲海钓及其发展趋势	旅游经济/渔业经济	2006
建设广西渔业区域经济的战略思考	区域经济/渔业经济	2002

海洋经济学外延上的交叉性主要体现在其与其他相关学科的交叉性研究之上，此时期海洋经济外延上的扩展主要在于与社会人文学科的融合。海洋经济学作为一门资源性特征很强的经济学科，自产生之时起，就与相关的海洋自然学科有着千丝万缕的联系，80 年代较为盛行的海洋技术经济研究和对资源开发的经济效果研究便是典型的例子。到了 21 世纪，随着海洋事业整体水平的发展，与之伴生的海洋人文科学①弱势已经日益强烈地凸现出来。海洋文化在海洋经济活动中产生、形成和发展，而海洋经济发展则需要海洋文化发挥基础作用，为其提供智力和活力支持②。因此，从 20 世纪 90 年代末期开始，许多学者运用其他社会学科方法论和经济学理论结合，对海洋经济活动进行研究。他们往往在经济分析中引入历史学、社会学、心理学、宗教学的理论，从海洋社会经济史和海洋人文社会的视野对海洋经济活动进行考察，产生了一批较有意义的成果，比较典型的如江西高校出版社出版的《海洋与中国丛书》（共两辑）、海洋出版社出版的《蓝色的畅想》（李向民，2007）、中山大学出版社出版的《海南经济史》（陈光良，2004）、齐鲁书社出版的

① 海洋作为地球生命支持系统的一个重大部分，在因其自然属性而产生的自然科学的基础上，尚存有保障、推动和提升其事业发展的因素，并涵盖政治、经济、文化、军事、教育、科技、哲学、法律、外交、宗教、民族、民俗等方面的学科，此即为海洋人文科学。……自然科学问题需要用自然科学研究的方法论来解答。而社会科学问题则需要社会科学研究的方法论来回答。海洋事业的发展如果长时期停留在“自然海洋”层面，而忽视了“人文海洋”的另一层面必将有失偏颇，问题长时期存在必将导致社会价值倾向失衡，制约海洋事业发展和社会进步。（李明春，2006）

② 海洋文化与海洋经济是辩证统一、相辅相成的关系。首先，遵守存在决定意识的原理，海洋经济作为经济基础，对海洋文化起着决定和制约作用。海洋经济的发展不仅为海洋文化提供了必要的物质条件和形成的土壤，而且对海洋文化的价值观念、形成、内容和发展方向产生深刻影响。其次，海洋文化具有自己的相对的独立性，又对海洋经济起着直接或间接的反作用。世界与中国的海洋史已经表明，一个国家海洋意识的强弱、海洋知识的多寡、海洋技术高低以及海洋管理能否有序、海洋法规是否健全，等等，都会对这个国家海洋经济的发展环境、发展速度、发展水准和发展规模产生重要影响。（李明春，2006）

《山东沿海开发史》（王赛时，2005）等。

至此，中国海洋经济的理论已达到了初步成熟的阶段，学科体系的构建已较为完善。但这种完成并不是意味着海洋经济学可以安枕无忧了，恰恰相反，完善的海洋经济学体系正是给予海洋经济学者以更为强大的方法论武器，可以面对未来更为复杂的海洋经济实践活动，不断将海洋经济理论与主流经济学理论接轨，逐步表述精致化、模型化，丰富其内涵、扩展其外延，促进海洋经济活动与海洋科学理论的不断进步。

第二十一章　中国海洋经济方法论的总体发展趋势

任何一门学科都有与其学科特点相适应的研究方法，方法的正确与否对其未来发展影响重大。海洋经济学作为一门新的学科，它的研究方法本身亦是重要的研究课题。由于理论研究工作实践并不长，还没有人专门探讨它的研究方法。因此，系统地回顾海洋经济研究的方法论，有助于进一步扩展和改善其研究方法。

海洋经济研究的方法论，基本经历了调查研究基础下的定性分析（1949～1987）——基本经济理论指导之下的理论定性分析（1988～2000）——具体经济学理论与先进的经济学模型为基础的定量分析（2001～）这三个步骤。体现了方法论由低级向高级跃迁的演化过程。虽然说在这种跃迁中明显受到了其他外来因素的干扰，如文化大革命、如西方经济理论的逐步引入，但从本质上讲，出现这种跃迁轨迹并不是偶然促成的，而是海洋经济特性所决定的。最为显著的证据就是，除了海洋经济宏观体系体现出了这种特征，在具体到个别海洋部门的经济理论研究中也体现出了这种特点，如在20世纪90年代才开始出现的海洋旅游经济研究的演化进程之中，也出现了这种演化进程，即首先对各地海洋旅游状况进行调查、分析，提出制约因素和解决方法（90年代前期）；其次，引入了西方旅游经济的一般理论对其做深入的理论分析（90年代后期）；第三，开始构造数量模型进行因素分析（21世纪之后）。可以说，海洋旅游经济研究的十余年的演化过程，与海洋经济理论近50年的发展过程，有着惊人的相似。因此，可以认为，海洋经济研究的这种特性是由其自身的综合性、国际性、科技性特征造成的。这与海洋经济这种特征造成了海洋经济活动具有十分复杂的影响因素，很难在以陆域经济为主的传统经济理论中找到现成的理论进行解释，只能在问题出现之时逐步将原有理论进行调整，才能进行研究。

一、调查研究基础上的定性分析阶段（1949～1987年）

这一时期，受国内经济研究大环境的影响，海洋经济研究基本上是建立在政治经济学和当时正在建立的生产力经济学基础上的。此时期海洋经济学的研究方法，同其他社会科学、自然科学一样，都是以唯物辩证法作指导。在理论基础方面，海洋经济研究主要借鉴的是唯物辩证法中的两大原则，即发展和联系的原则①。主张从实际出发，运用普遍联系和永恒发展的辩证唯物主义思想，研究海洋经济活动，而此时期方法论的变迁也鲜明地体现了这种特点。

（一）调查研究的方法

要认识海洋，研究海洋经济活动规律和特点，合理地开发利用海洋，首先需要对海洋资源分布和海洋开发现状的客观材料有丰富储备。但在20世纪80年代以前，我国对于海洋经济资源的系统调查近乎为零。因此，调查研究成为海洋经济学早期发展的主要方法论，调查报告也就占据了此时期海洋经济学文献的主要组成部分。蒋铁民（1988）对此时期海洋调查的对象做了十分精辟的总结，其主要内容包括：

1. 自然资源条件的调查。

资源条件是海洋开发的基础，资源调查的对象主要包括三点：一是资源中有经济价值的种类、数量和分布特点；二是资源开发对海洋生态环境的影响；三是海洋资源与相应的陆地资源比较所处的地位，这些因素直接影响海洋开发的范围和规模，是海洋经济调查的重点。

---

① 运用辩证唯物主义方法研究海洋经济问题，应当注意遵循以下原则：发展的原则。辩证唯物主义认为，世界上的一切事物，都处在永恒的运动和发展之中。海洋经济也是这样，它随着社会经济的发展和科学技术的进步在不断发展。在漫长的历史过程中，海洋经济已经经历过原始阶段、传统阶段，进入到现代阶段。现代海洋经济与其他许多领域的经济活动相比，仍然是新的探索性的经济领域，必须用发展的观点来研究。例如，除了海洋运输业、海洋渔业、海水制盐业是成熟的海洋产业之外，其他海洋产业都是刚刚兴起的，经济实践提供的经验还不多，理论研究很少，我们的研究工作必须与经济活动一起探索前进。联系的原则。这也是进行海洋经济研究必须遵循的一条辩证唯物主义原则。海洋资源具有立体分布的特点，海洋产业之间的联系极为密切。因此，任何一种海洋产业的发展都不能不影响其他海洋产业。海洋渔业的发展要求有良好的渔场环境，要求船舶和石油平台限制排污量；海洋运输业的发展要求其他产业为其保留深水港湾和航道。海洋经济研究要分析这些联系因素，探讨促进各种海洋产业协调发展的有效途径。（张海峰，1985）

2. 科学技术条件的调查。

现代海洋开发，至少需要70多种科学技术，究竟哪些技术装备符合我国的需要，采用哪些方式引进技术，以及对其进行技术经济的论证和调查。

3. 经济条件的调查。

包括国家经济开发对海洋资源开发的需要和可能，各个时间的产品数量、发展速度、投资规模以及与海洋经济有关部门的分工、协作。

4. 政治条件的调查。

包括各个时期的战略目标和政策要求、体制改革步骤和要求。

5. 历史条件的调查。

包括海洋开发的历史演变、传统经验和现状的对比。

（二）逻辑分析的方法

逻辑分析方法是建立在具备了对客观事物以及实践活动具有一定程度认识，即掌握了一定的调查研究结果之后，对这种认识进行初步加工的一种分析方法，是一种定性分析的思考方法，包括比较与综合两种思路。

1. 比较的方法。

客观事物、现象千差万别。要全面认识事物现象，就要用对比的方法，才能找出一种事物、现象同其他事物、现象的共同点与区别点，找出事物的普遍性与特殊性。因为任何事物、现象都不是孤立的，只有在其周围的联系和关系中，通过前后左右，古今中外的比较，才能认识它的性质，找出其规律性，并提出解决问题的方案（孙凤山，1985）。在20世纪80年代，我国海洋经济面临着历史性战略选择的重大时期，需要确定各种海洋经济的发展方向，如发展捕捞还是养殖、发展远洋捕捞还是坚持近海捕捞、开放海洋石油还是陆地石油等等，这些选择都不是十全十美的，需要采用比较研究的方法，两利相权取其重，两害相权取其轻。并且，在权衡利害过程中，还要把在未来开发过程中，可能面临的最困难、最坏的方面估计进去，以便有充分准备，不致陷于被动。

比较典型的就是学者对我国开发西北地区石油与开发近海地区石油的比较，认为开发近海石油比开发西北地区石油费用要低，因而主张先开发近海石油。在一般情况下，开发海洋石油比开发陆地石油费用要高，但在当时大西北地区人烟稀少，气候寒冷，交通不便，运输线长，这就构成开发石油费用较高的条件。所以，只有通过比较，才能选择开发石油的最佳方案，取得较快、较好的经济效果。

2. 合作的方法。

海洋经济研究工作，应当是自然科学工作者与经济科学工作者的密切合作。因为海洋经济学是一门边缘性科学，既包括经济科学和其他社会科学，也包括自然科学。没有自然科学与经济科学以及其他社会科学的结合，就不成为海洋经济学；没有自然科学工作者与经济科学工作者的合作，海洋经济科学也就难于建立起来。因此，合作是研究海洋经济学不可缺少的方法（孙凤山，1985）。在20世纪80年代，海洋经济与其他学科融合趋势非常显著，但这只是停留在一种较为低级的融合之上，其产生的背景是当时我国的经济学方法论十分缺乏，很难找到系统的理论体系对现实问题进行分析，只能运用其他学科的方法论，如海洋学、生态学、地理学、政治学、军事学、地质学、化学等等（如表21－1所示），来对经济问题进行分析。

表21－1　海洋经济方法论合作和趋势一览表

文章名	方法论属性	作者	年份
加强海洋管理必须重视海洋生态学研究	生态学	罗钰如	1984
世界政治经济地理结构中的海洋	社会地理学	陆卓明	1984
海洋经济的战略转变	政治学	蒋铁民	1984
大陆架制度及其资源开发	自然地理学	林木	1984
海洋开发与军事	军事学	刘庆胜、唐复全	1985
我国海洋生物资源开发战略研究	海洋生物学	于效群、陈其刚、刘容子	1985
海洋渔业资源开发潜力估计	海洋水产学	杨纪明	1985
太平洋锰结核调查资源调查开发设想	地质学	睦良仁	1985
海水化学资源开发预测	化学	吕铮	1985
波浪研究现状及对未来设想	海洋环境学	廖康明、林雨良	1985

（三）技术经济的某些研究方法

20世纪80年代是海洋经济资源产业经济投资、发展的高峰期，其内部都存在着许多技术经济问题。如海洋石油、水产、运输等部门的发展规划、技术方案，都需要进行技术比较、经济评价和效果分析，以便确定各个时期切实可行的生产规模，并取得理想的效果。因此，技术经济的分析方法在此时期快速兴起。技术经济主要考虑的问题是以尽量少的劳动消耗量（活劳动或物化劳动）取得尽可能大的效果（表现为价值和使用价值）。例如当时我国面临的海底油、气开发问题，技术复杂，投资很大，而我国的海洋石油开发技术落后，资金不足，开发规模受到限制。因此，在制定我国海洋油、气生产规模和政策时，就需要认真分析已经具备的技术力量和经济能

力、比较陆地和海洋开发的经济效果，从资源条件、运输条件、社会经济条件和勘探、钻井费用角度对海洋石油资源开发的经济效益和机会成本进行判断。

蒋铁民（1988）认为海洋技术经济分析法主要应当包括如下内容：

1. 海洋资源及其开发的经济评价。

海洋资源有丰富贫乏之差，开发条件也有难易之别，在分析各种开发因素的基础上，指明资源开发在经济上的可行性。

2. 海洋资源利用方向的技术经济研究。

必须考虑资源的种类、加工工艺的特性和用户的要求，资源利用的进步以及合理运输的原则。通过技术经济分析，确定资源在一定时期内合理利用方向的方案。

3. 海洋资源开发利用技术经济指标的研究。

如针对不同海区和资源状况规定合理的捕捞量，捕捞过度会破坏资源，捕捞不足是浪费资源。

4. 海洋企业定点方案的技术经济论证。

海洋渔业企业、盐场、养殖场、海洋沿岸工程的定点，要对其基地的选择、规模大小、产品方向、运输条件等问题进行对比分析，还要比较各种技术经济指标。

5. 海洋各部门的布局和海洋区域规划的经济论证。

包括对各生产部门的协调和平衡、综合开发和综合利用的作用与效果等。

海洋技术经济分析的步骤有三：第一步，提出可能的方案。第二步，分析各种方案中技术经济指标的数量关系，编制图表或建立数学模型。第三步，对各种方案进行综合评论，推荐最优方案。海洋经济建设项目往往会有多种技术方案，其经济效果属于高度综合的经济范畴，不是少许指标所能阐述清楚的，必须选择合适的方法对其进行综合评价。此时期，对海洋经济进行技术经济分析的一般方法，主要有如下几种：

1. 主导因素法。

主导因素法是指在各不同方案中将各种主要指标所起的作用及量的大小通过直观比较确定好坏次序，择优选用①。夏世福（1980）就尝试着建立了一套完整的、

---

① 夏世福（1980）书中举了个例子：南海近海400马力钢质单拖渔轮的技术方案，分两种情况。

a. 渔场离基地100海里。几个基本数据，鱼价按1962年当时平均价格550元/吨；每年出海250天，每天投网6次，每次平均产量0.5吨；每航次出海天数为18天。

b. 渔场离基地300海里，其余同上。

对这个例子用主导因素法进行综合分析，离基地100海里以内以方案1为好，离基地300海里以内以方案4为好。

科学的符合我国实际的评价渔业技术经济效果的指标体系，其中包括主体指标①、分析指标②和目的指标③三大类。

2. 箭头法。

在多指标多方案中，某指标为正常状态用（—）表示，比正常状态好时用（↑）表示，比正常状态差时用（↓）表示。向上箭头（↑）个数多者为优，向下箭头（↓）多者为劣。

3. 顺序法。

顺序法非常简便，只得按指标的优劣项序写上导码，然后按方案计总，数越小越优。

4. 经济评价法。

经济评价法主要采用以下的计算式进行比较。

$P = X(S - V) - F \pm A$

式中：P——平均利润期望值。

X——平均销售量估计值

S——产品价格估计值

---

① 其设定的主体指标类，包括直接性经济效果亚类和综合性经济效果亚类。直接性经济效果亚类则包括资金效果指标组（指标有单位投资水产品年产量、单位投资新增养殖区面积、单位投资新增渔船），劳动生产率指标组（水产品劳动生产率、每劳动力养殖亩数、平均航次产量、平均网次产量），追加物资耗费效果指标组（单位水产品年增产量所耗主要物资量），追加成本产量指标组（每追加成本新增产品产量、单位产品变动成本、单位产品固定成本、捕捞业单位成本、养殖业单位成本）。综合性经济效果亚类包括资金效果指标组（单位追加投资渔业年产值增长额、单位追加投资渔产品年产值增长率、单位投资新增固定资产、渔业投资利润率、单位投资平均利润增长额、渔业投资回收期、投资回收期、追加回收期、投资总收入率、投资总收益率、最佳投资增收率、累计折算投资效果时值指标、单位追加投资人均国民生产总值增量），劳动生产率指标组（渔业劳动生产率、每劳动力年净产值、每渔业劳动力平均年利润），追加成本利润指标组（成本利润率、成本纯收入率、养殖区平均每亩成本利润率、产品销售成本利润率、销售收入利润率），追加投资经济临界限指标组（追加投资经济临界限）。

② 分析指标类包括技术效果分析指标亚类、经营管理成果指标亚类以及其他指标和有关因素。技术效果分析指标亚类包括捕捞业技术效果分析指标组（包括渔场利用率、捕捞强度、开辟新渔场的效果、加强利用旧渔场的效果、渔具利用率、渔船利用率、渔船作业系数、舱容利用率），水产养殖业技术效果分析指标组（养殖区利用率、放养密度、扩大养殖区的效果与提高集约化程度的效果比较、日投饵量、饵料转化率），水产品加工技术效果分析指标组（出成率、设备利用率、产品合格率、工时利用率），渔业机械技术效果分析指标组（渔机设备完好率、劳动效率提高程度、渔机作业增产率、机具可靠性、安全生产率、事故损失率、机收化程度）。经营管理成果指标亚类包括产量、任务增量指标组（捕捞生产率、生产能力形成率、年增加水产品产量、年新增船、总吨、马力数、渔港数及装卸能力，冷藏、制冰、加工能力，修造船能力等、节约燃料消耗量、新增养殖面积、新增油量养殖种类），产品、产值增长指标组（含渔业总产值增加额和水产加工品新增种类及产值、纯益）；其他指标包括产品等级、质量、品种、贷款利息、折旧率、外贸加价常数、投资效果系数定额、国内外价格变动、渔业各部门结构比例、市场需求情况等；有关因素包括时间因素、劳动条件、科技水平、管理水平、经营规模、机械化、电子化、多种经营发展情况、自然条件、经济条件、社会条件、生态系统平衡状态、环境保护、专业化、社会化、地理及交通条件等。

③ 目的指标类则包括：人均水产品增量、人均水产品消费量增量、渔民人均收入增长额、单位投资劳动力变动数。

F——新产品固定成本。

A——新产品投放后对价格、销售等的好坏影响，好者为 +，坏者为 -。

V——单位可变成本估计值。

5. 综合评分法。

采用综合评分的方法简便易行，先根据产品的性质，参考历史经验，规定评价的项目、内容和分数。参照其他新产品评分标准拟出海洋产品的评分表，再根据评分表算分数，进行计算，计算公式为：

$V=(A+B)(C+D)(E+F)$

在渔业建设项目上技术经济分析的各项指标其重要性并不一定是完全相同的，这就出现了加权的问题，通过研究和生产实践可以定出各个指标的权数。用此种方法进行评分，称为加权综合评分法，其计算式如下：

某海洋经济技术方案总分 = $\sum W_i P_i$

式中：W_i——各项评价指标的加权数。

P_i——各项评价指标的分数。

6. 动态分析方法是考虑资金的时间价值的分析方法。

在技术经济分析中，时间因素主要解决不同时间资金的可比性和时间对投资效果的影响等问题。渔业和其他行业一样，其扩大再生产过程是生产—积累—扩大再生产的过程，与时间是紧密相连的。在技术经济分析中所需用的一些指标，如资金占用量、资金的周转、资金利率不同时期价格的变动、货币购买力等都与时间有关。因此在技术经济评价中需引入复利、贴现的基本财务概念。

二、基本经济理论指导下的理论定性分析阶段（1988～2000年）

20世纪80年代末，经济学方法论逐渐丰富，在海洋经济学分析中的运用也愈加广泛，海洋经济文献的理论性、系统性都大大增强了，成果开始呈现出由前阶段的低水平学科融合向单纯的经济学研究成果“回归”的趋势。

（一）生产力分析方法

海洋生产力分析运用生产力分析的框架，对海洋经济活动中所面临的要素组

合、要素分配进行分析，研究其规模、布局、结构、时序的组合问题，寻找适应经济发展需要的合理机制。海洋经济文献在运用生产力分析方法时，主要通过生产力优化的三大原则（孙斌、徐质斌，2000）来进行分析。

1. 高效性原则。

生产力方式优化的目的首先是为了获得比原来生产力方式更好的效益，否则就没有意义。效益表现为产出对投入的最大化，或投入对产出的最小化。要保证现有生产能力的充分发挥，有效地利用人力、物力、财力和自然力资源，真正做到人尽其才、物尽其用、地尽其力，而且坚持经济效益、社会效益、生态效益三者的统一。在研究过程中，许多学者运用这种方法，对海洋经济活动中，如港口建设、运输经济、资源开发中一些微观层面问题的经济效益进行分析，取得了一系列成果，如表 21－2 所示。

表 21－2　　运用生产力高效性原则的研究成果

文章名	作者	期刊	年份
从机械配置上提高港口竞争能力和综合经济效益	王志民	水运工程	1988
港口经济效益刍议	顾苏生	交通财会	1988
港口社会效益的定量分析	庄剧忠等	上海海事大学学报	1988
刍议“利润”指标考核港口经济效益的局限性及改进意见	金国平	交通财会	1989
港口机械的经济效益及经济寿命分析	毕华林、王少梅	武汉理工大学学报（交通科学与工程版）	1989
浅谈海洋运输经济效益及其提高的途径	姜圆华	大连海事大学学报	1990
试谈港口货运计量工作的经济效益	茅庆潭	交通标准化	1990
评价海洋国土资源综合开发效益的新尝试	刘锦明	海洋开发与管理	1991

2. 整体性原则。

社会生产力是一个完整的系统，优化生产力方式固然要抓当时的重点突出问题，但是着眼点不是生产力的某些要素或子系统的改进，而是系统总体功能的提高。要高瞻远瞩，不能因为眼前利益、局部利益而忽视、牺牲长远利益和整体利益。要围绕某一产业，把存在某种共性的不同资源组合为一个整体。在海洋经济研究中对于生产力整体性原则的运用往往集中于各研究领域中的宏观政策层面，如海洋宏观经济政策的研究、海洋具体产业发展中的宏观政策研究、特定区域的海洋宏观经济发展研究等。运用整体性、系统性的原则对海洋经济发展进行了定性分析，提出相应的应对措施，是该类文章的主要结构特点，如表 21－3 所示。

表 21－3　　运用生产力整体性原则的研究成果

文章名	作者	期刊	年份
大渤海地区的战略地位及整体综合开发和治理研究	陆大道	地理研究	1989
世界海洋开放形势和我国海洋资源综合开发利用战略研究的思考	张海峰、杨金森、鹿守本	国际技术经济研究	1990
论海洋综合管理	孙斌	东岳论丛	1992
江苏省海洋国土资源与综合开发	陈报章	资源科学	1994
试论江苏省海洋区域资源综合开发布局	叶依广	海洋开发与管理	1994
强化海洋综合管理推进海洋经济发展	于青松	海洋信息	1995
海陆经济系统的动态仿真研究	李慎典	农业系统科学与综合研究	1997
建设北部湾海洋经济综合体的思路	朱峰	广西师范大学学报	1998

3. 持续性原则。

自然资源的有限性和日益短缺的严峻形势，促使人类产生了可持续发展观，即既能保证使之满足当代人的需要，又不危及下一代满足其需要的能力，要正确处理资源消费与资源再生能力的关系。海洋经济研究中可持续原则的运用，主要是基于“资源利用的规模和速度有一个数量界限”，通过两方面手段来对海洋资源开发与利用进行分析，一方面是不超出资源再生能力的临界点；另一方面是要与生产要素均衡匹配。提出了一系列如设置禁渔区、禁猎区、禁采区等等可持续发展的相应措施。

表 21－4　　运用生产力持续性原则的研究成果

文章名	作者	期刊	年份
海水资源开发利用产业化的可持续发展	徐梅生	海洋技术	1995
我国海陆经济带的可持续发展	张耀光	海洋开发与管理	1996
庙岛群岛国土资源与持续发展研究	刘兆德	国土与自然资源研究	1996
中国海岛的山地利用与持续发展	张耀光、杨荫凯	山地学报	1997
海洋资源开发对我国可持续发展的作用	桂碧蓝	海洋开发与管理	1997
辽宁海洋农业布局与可持续发展研究	肇博、渠爱雪	经济地理	1998
浙江海洋渔业可持续发展对策探讨	祝行	浙江海洋学院学报	1998
浙江省港湾区资源及其可持续利用研究	李植斌、包浩生	自然资源学报	1998

（二）产业经济分析方法

20 世纪 90 年代，海洋产业经济研究是海洋经济研究中的主体部分，其一方面包括在宏观上的海洋产业结构研究；另一方面则包括众多的部门经济研究，如海洋

渔业经济学、海运经济学、海洋石油矿产经济学、海洋能源经济学、海洋化工经济学、海洋环保经济学和海洋旅游经济学等学科。与之相适应，采用产业经济方法论也主要分为两个部分，即产业组织理论及产业增长理论。

1. 产业组织理论。

产业组织理论是用于分析产业结构的方法论框架。海洋产业结构是指各海洋产业部门之间的比例构成以及它们之间的相互依存、相互制约关系。海洋产业结构是海洋经济基础结构，是决定海洋经济的其他结构，如就业结构、技术结构等的重要因素。海洋经济研究中的产业组织理论运用则主要是对我国海洋产业结构的现状及其特点进行分析，如表 21 -5 所示，并在此基础上对我国海洋产业结构的优化及调整措施进行研究，其中包括两个层次：第一，是对宏观产业结构的组合进行定性分析，层次较高；第二，则是对海洋具体产业中的产业结构组合进行研究，如海洋渔业中的捕捞业、养殖业、水产加工业、水产服务业的结构如何，如何进行合理的宏观规制，也是产业组织理论产生作用的一大领域。

表 21 -5　　运用产业组织理论的研究成果

文章名	作者	期刊	年份
关于我国海洋产业结构优化的建议	吴克勤	海洋信息	1996
关于推进我国海洋产业结构优化的建议	罗钰如、陈右铭、杨桓	高科技与产业化	1996
关于优化海洋经济结构的三个问题	尚云斌	浙江经济	1998
加快调整海洋渔业经济结构的构想	杨朝世	中国渔业经济	2000
优化产业结构加快发展海洋经济	王忠兴、王麦全	中国渔业经济	2000

2. 产业发展理论。

产业发展理论是运用宏微观经济学、产业经济学等的方法论，对具体产业发展的进程进行研究，寻找合适的产业发展政策，促进产业规模和结构的增长和优化。而在 1986 ~ 1997 年短短的 10 多年中，我国主要海洋产业总产值由 226.62 亿元增加至 2876.72 亿元，年平均增长速度高达 25.99%（孙斌，徐质斌，2000），远远高于同期国民生产总值的增长速度。在海洋经济总量高速增长的同时，海洋产业也日趋增多。海洋捕捞、海洋运输、海盐业、海水养殖、海洋石油、海滨旅游、海洋化工、海洋药物、海水综合利用、海洋能源、海洋矿业未来产业已具雏形，对这些产业的发展历程以及其未来发展方向研究具有很大需求。因此，将产业发展理论运用于具体海洋产业之中（如表 21 -6 所示），进行其发展与政策的定性分析，也就成为海洋产业经济方法论的一个重要用途。

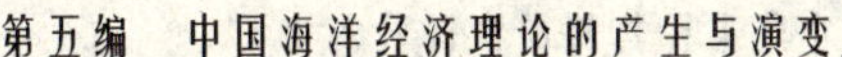

表 21-6　　运用产业发展理论的研究成果

文章名	作者	期刊	年份
我国水产业发展前景研究	水产发展研究课题组	农业经济问题	1990
我国国际海运业国际化的发展战略	宋军	亚太经济	1991
对我国海洋新兴产业发展分析及建议	隋映辉	中国科技论坛	1992
中国滨海旅游业的发展	贾泓	海洋开发与管理	1993
试析中国海运业的发展前景	周赞佳	集美航海学院学报	1996
浙江海洋旅游业的可持续发展分析与控制	周明飞	旅游学刊	1999
我国海洋捕捞业现状与发展	冯森	福建水产	1999
我国水产业态势分析及发展对策	唐辉远、宋天翔	中国科学院院刊	1999

（三）区域经济分析方法

海洋区域经济研究是海洋经济理论定性研究的另一个重要方面。海洋区域经济方法主要是在特定的自然资源条件和社会经济条件的海洋区域内形成的海洋经济系统进行研究，其划分标准主要是其地理特征的不同，对海岸带经济的研究、对滨海区域经济的研究、对海岛经济的研究构成了海洋区域经济方法论体系的主要内容，透过区域经济理论的定性分析，提出区域经济发展政策是其研究的最终落脚点。

1. 海岸带经济研究。

海岸带是指大陆和海洋之间交接、过渡的陆域和滩涂、浅海地带，是一片具有特殊重要性的国土。我国针对海岸带管理的兴起较早，早在 20 世纪 80 年代初就有个别地区学者对其进行过研究①，但大部分仅是针对海岸带个别资源、个别区域、个别产业进行的研究，海岸带区域经济研究则是在 80 年代中期才逐步为人所知的研究领域。海岸带经济研究成果（见表 21-7）运用区域经济的方法论，以其综合管理体制为落脚点，用更系统的连带关系涵盖了环境、自然资源、社会经济、政治、文化和海岸带的区位等因素，使其成为一个动态管理过程，通过制定和实施协调管理的战略方针，合理分配社会、经济和环境资源，以取得环境保护与资源开发

① 较早讨论海岸带的管理论文是任美锷，1984 年他在“自然资源”杂志上发表了“海岸带管理的内容和程序”一文，他在该文中首先提出了“海岸带是一个多领域、多要素、多层次的自然经济综合体”（任美锷等，1984），因此，开发管理也是“多单位、多系统、多方面”的多元说。以后众多研究者相继发表了不少关于海岸带管理方面的论文。（叶岩，2005）

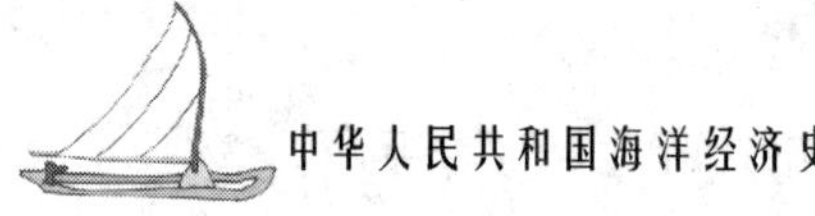

在健全的基础上持续而稳定的发展①。

表 21－7　海岸带区域经济研究成果

文章名	作者	期刊	年份
海洋和海岸带开发利用的实践与思考	姜尚文	浙江社会科学	1991
初论海岸带的边缘效应	吴平生、彭补拙、窦贻俭	海洋开发与管理	1992
海南海岸带资源结构及其在特区经济建设中的地位	赵海云、郑锋	海洋开发与管理	1993
资源产业理论及在海洋海岸带资源管理中的应用	李德潮	海洋开发与管理	1994
浙江省海岸带优势资源及其组合特点	李家芳、戴泽蘅	自然资源学报	1996
海岸带和海洋综合管理的指导原则	赵绪才	海洋信息	1999
我国海岸带资源潜力与可持续发展	刘锋	海洋开发与管理	1999
泉州市海岸带可持续开发研究	王锋印	泉州师范学院学报	2001

2. 对滨海区域经济的研究。

滨海地带是沿海地区中直接面临海洋的地带，是沿海地区的关键部分。它包括海岸、滩涂、近岸浅水区域和向内陆延伸一定范围的土地，有滨海平原或丘陵、山地，其范围往往较海岸带大，我国东部沿海地区均可算作滨海区域。联合国经济与社会事务委员会指出，滨海地带（coastal area）是个“富有价值的国家财产”。而我国众多学者运用区域经济的方法论，对我国各滨海区域（如环渤海地区、长江三角洲地区、珠江三角洲地区）的合理开发利用和管理，以及国家对其发展规划措施进行了定性分析，如表 21－8 所示。

表 21－8　滨海区域经济研究成果

文章名	作者	期刊	年份
论环渤海经济区海洋产业的合理布局	栾维新	辽宁师范大学学报	1989
环渤海地区未来人口的合理配置	潘建纲	海洋开发与管理	1990
试论沿海地带的区域开发	顾世显	农业经济	1991
天津滨海地区开发与工业布局	聂剑玉	地域研究与开发	1991
厦门特区海洋经济进展与发展目标展望	周定成	海洋开发与管理	1993
环南海经济圈与我国的亚太经济战略思考	吕拉昌	地理学与国土研究	1997
建设北部湾海洋经济综合体的思路	朱峰	广西师范大学学报	1998

① 范志杰、薛丽沙（1995）对海岸带综合管理的属性概括了五个方面：（1）具有跨越空间大，延续时间长的特点，同时又是一个动态过程，需要经常不断的更新和修订；（2）具有空间地理边界，其空间包括海洋环境，过渡近岸环境，并一直延伸到一定距离的陆域环境；（3）有一定的管理政策和程序，用于决定分配资源的依据；（4）管理机制包括一种以上的战略措施，优化和规范资源分派决策；（5）管理战略以系统论为基础，确认近岸资源与过程之间的联系，并在设计和实施管理战略中，以系统的观点考虑各部门管理的战略措施。（范志杰、薛丽沙，1995）

3. 对海岛区域经济的研究。

海岛是被海水四面包围并在高潮时高于水面自然形成的陆地区域[①]。海岛有不同于大陆的特点，“海岛型经济”这一概念，就是从自然地理的观点上来称呼它的，与“山区经济”或“平原经济”类似。对海岛区域经济的研究，主要是针对海岛中“渔[②]、景[③]、港[④]”的巨大资源优势，以及“水[⑤]、电、交通[⑥]”的主要制约因素，采用区域经济理论的一般方法，将其作为一个较为封闭的经济个体进行定性研究。其主要包括了对于海岛经济增长、海岛产业结构、海岛旅游开发等问题的对策研究，如表 21 –9 所示。

表 21 –9　　海岛区域经济研究成果

文章名	作者	期刊	年份
粤东海岛经济开发的构思	黄远略、陈升忠	经济地理	1991
关于海岛开发建设系统分析	张耀光、胡宜明	海洋开发与管理	1993
广东省沿海岛屿在经济建设中的地位	徐国旋、黄卫凯、周厚诚	海洋开发与管理	1993
试论海岛开发建设格局	迟本政	农业经济	1993
浙江省海岛土地资源开发利用探讨	侯慧粦、毛发新	浙江大学学报（理学版）	1996
浙江省海岛海滨旅游资源的开发利用	金平斌	科技通报	2000
以旅游业为契机推进海岛工业的发展	李军	中国集体经济	2001

---

①　某些紧靠大陆与大陆相连的连陆岛、小型海角，往往也被当作海岛对待。在一定意义上说，地球上的各大洲都是岛，究竟环水陆域面积在多大范围内称为岛、没有统一严格的规定，这里是按人们习惯的看法，限于那些比洲小的陆地。(徐质斌，1990)

②　我国海岛岸线曲折，有许多优良的港湾。岛屿主要类型为大陆基岩岛，岛基不但是海参、鲍鱼等海珍品和经济藻类的理想生长场所，而且因地形复杂，水流畅通，又有岛陆营养物质的供应，是多种鱼类索饵、繁殖栖息和避敌的地方，常形成岛屿的家门渔场。(张朝贤，1988)

③　海岛环境优美，山清水秀，风景秀丽、气候宜人，许多名胜古迹和引人入胜的神话传说，更为海岛增添了许多迷人的色彩。(张朝贤，1988)

④　我国海岛多数周围的海况、水文条件优良，适宜建大、中型的港口。(张朝贤，1988)

⑤　由于海岛通常是山不高、溪流短，不易蓄水，地下水又不丰富，淡水资源相当缺乏。有些岛天旱时，居民吃水难以保证，常年需由大陆运水，每吨水的成本为几元，甚至高达二十多元。如舟山群岛就有一部分居民用水特别困难。大部分海岛淡水缺乏，用水紧张，已造成工农业生产、水产品加工和生活用水困难。解决海岛用水是当务之急，可通过扩建水库、淡化海水、苦咸水以及废水净化再利用等途径来开发水源，扩大淡水来源，解决淡水紧缺问题。(张朝贤，1988)

⑥　交通不便是海岛开发的第三个制约因素。海岛与内陆隔海相望，海岛经济对内陆具有程度不同的依附性，海岛必须通过航运或空运与内陆或国外联系。海上和空中的交通对于海岛开发非常重要。许多海岛由于能源的短缺和常受天气的影响，交通很不方便。(张朝贤，1988)

三、具体经济学理论与先进的经济学模型为基础的定量分析（2001 年至今）

海洋开发由许多相互关联、相互作用和相互依存的部门和因素组成，构成一个系统。这个系统与国民经济各部门，与整个大自然又有着相互联系、相互制约的关系，又构成更大的系统。对这样复杂的事物进行研究，必须运用系统概念和系统方法①。而进行系统以及系统之内的各个子系统的分析必须借助模型，社会经济活动的复杂性，成为特殊的开放性系统，要求系统思想方法不仅是定性的，而且能定量。数学方法的引入，使海洋经济的研究方法由定性到定量与定性相结合的阶段。通过定性分析建立系统总体及各系统的概念模型，并尽可能将它转化为数学模型。定量研究则从数量上加以分析，将数学模型经过求解或模拟后得出定量结论，并寻求系统及要素之间量的关系（见图 21－1）。

模型只是反映客观实体某一方面本质特征的一种近似形式，在研制模型体系时，首先要围绕研制目的，对各模型提出具体要求。而海洋经济理论分析模型，则必须考虑海洋经济的独特性。在此基础上，张耀光、胡宜鸣（1993）提出了海洋经济数量建模的几个原则：

1. “因地建模”原则。

在应用数学方法对海洋经济进行研究时，应树立“因地建模”原则，根据研究的地区和内容，适当选取合适的数学方法建立模型。在进行海洋经济综合发展规划时，无论是人口、资源、环境、经济与社会等都具有强烈的海洋特点。由于政策因素的改变所造成的变化，有些数量方法的应用就会失真，因而并不是陆域上能应用的所有数学方法在海洋上都能应用。

2. 动态发展原则。

任何一个地区的社会经济系统，都通过其内部子系统之间的相互作用以及外部环境之间物质能量、信息、资金等的交换，促进系统本身的演替和发展，使系统整

① 系统分析的基本思想归纳为以下几点：（1）系统的整体性、目的性、最优化是制定海洋规划的出发点和归宿点。（2）海洋各部门的分系统的发展方向要放在系统的整体中去权衡，同时，要把海洋整体目标作为国民经济目标的一个分系统，建立其联系。（3）强调系统配套，使海洋系统中各部分、各层次相互协调，构成最大的综合能力。（4）把海洋开发同社会需要、科技能力、资源条件和经济力量等相关联的因素置于统一体中，达到需要和可能的统一，任务和条件的一致。（5）把海洋生态系统与海洋经济系统放在整体目标中。（6）建立反馈系统，实行动态平衡。（蒋铁民，1989）

体呈现动态性和复杂性，构成了系统运动的活力。所以研究综合发展规划时，要强调发展，发展就不能简单地用静态的模型去分析问题，必须从动态的观点出发，建立动态模型，分析和研究系统的动态行为和发展演替规律，从而达到对系统实施控制的目的。

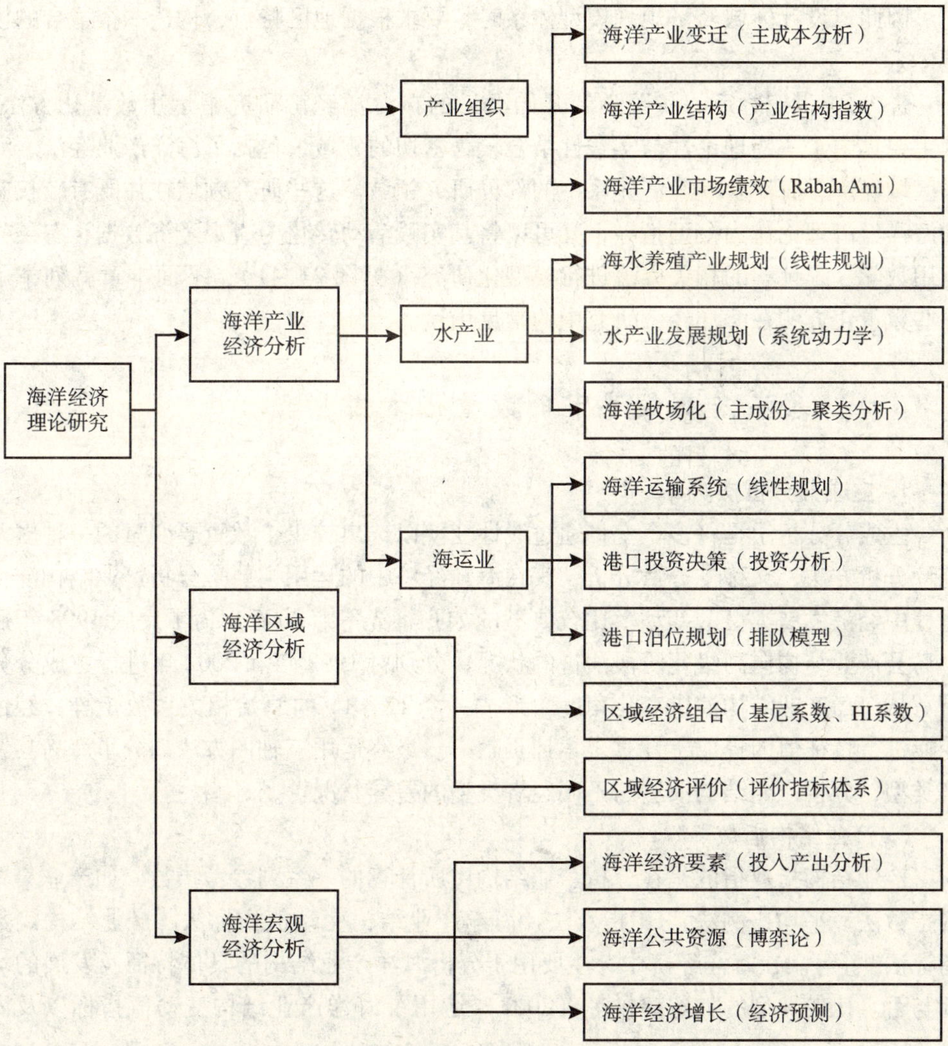

图 21－1　海洋经济定量分析方法论系统

3. 多种模型结合的原则。

地区规划模型体系中的每一个模型，都有其自身特点的功能和作用，它们各自从不同的角度描述和模拟一定的社会经济系统的行为及要素间的关系。社会经济系统又不同于一般的物理系统，它们属于复杂的、缺少定量化理论的，而且又存在着大量模糊的、随机的人为因素。不可能用某一种单一的定量方法对其进行个体表述。因此，设计区域经济规划模型体系时，要求根据地区特点，构造一个适合的模型体系。

进入21世纪之后，我国学者开始大量的在海洋经济研究中运用数量化方法，其主要集中于一些理论性与实践性结合较为密切的领域，包括了海洋产业经济、海洋区域经济、海洋宏观经济体系中的部分研究领域。这些研究领域往往既有较权威的海洋经济理论作为模型指导，又可以将其实践活动转化为直观经济数据，有条件运用数学、统计学的相关方法进行模型化研究（见图21－1），下面本章就列举了一些数量化方法在海洋经济研究中的常见用途。

（一）海洋产业经济中的数量化方法

1. 主成分分析法。

主成分分析法是将多个变量通过线性变换以选出较少个数重要变量的一种多元统计分析方法，又称主分量分析，其在海洋经济中的运用主要是分析产业结构演化过程中经济发展类型的变动。比较典型的如张耀光等（2005）为了反映1998年后海岛县产业结构向高级化阶段演进的状况，分别对1992年和2002年进行主成分分析。从海岛产业结构演进变化角度，形成一个12＊11的原始相关系数矩阵，经过变换进行特征值的提取，计算出累计贡献率。最终运用三轴图方法划分了海岛县经济类型，分析产业结构演进与不同经济类型的差异状况。

2. 产业结构指数。

产业结构指数指的是在分析产业结构中所计算的一系列参考指数，如产业集聚度指数法、平均比例法、HI指数法、海洋产业结构变动值指标法、产业结构熵数指标法[①]等等。在海洋经济中，主要用于分析海洋产业结构的具体特征及发展的均衡与否。比较典型的如纪建悦等（2007）运用了海洋产业结构变动值指标以及海

---

① 海洋经济产业结构熵数是一个反映产业结构变化程度的指标。如果说产业结构变动值是表示产业结构的量变关系，那么，产业结构熵数就是表示产业结构的质变关系。其公式为：$e' = \sum_{i=1}^{n} [W_{it} \ln (1/W_{it})]$

洋经济产业结构熵数指标，对环渤海地区海洋产业结构从量变和质变两方面进行了考察，得到结论认为过去该地区海洋三次产业结构发展形态趋于单一化。

3. TCM 方法。

TCM（旅行费用法）是评估无价格的自然景观或环境资源价值的一种较成熟和惯用的方法，用于那些免费或低收费的自然景区等具有旅游、娱乐及观赏功能的享受性资源的估价①。陈伟琪等（2001）曾运用 TCM 对厦门岛东部海岸的旅游娱乐价值进行评估。该文采取整群随机抽样的方法对研究区的游客进行半访谈式问卷调查，获取被调查者有关旅行费用等信息资料，并依据旅客对厦门各主要景点喜好程度的赋分值考虑了旅行时间的机会成本。并最终拟合得出全国各地游客对厦门岛东部海岸的旅游娱乐需求曲线，并计算出总消费者剩余。结果显示其旅游娱乐价值达 4 亿多元/年以上。

（二）海洋区域经济中的数量化方法

1. 基尼系数法。

GDP 衡量的是一个国家或地区的经济总量，人均 GDP 评价的是一个国家或地区的富裕程度。在经济学界，人们更多地以人均 GDP 作为划分经济发展阶段的重要指标。目前国际上衡量收入不均等程度的几种通用方法中，洛伦斯曲线与基尼系数是常用的方法，通过绘制洛伦斯曲线可以直观地看出收入不均等的程度，通过计算基尼系数可以定量看出收入分布不均等状况，为此，基尼系数亦称洛伦斯系数②。在海洋经济研究中，基尼系数法普遍用于测度区域海洋经济发展的区域或时间变动情况进行测度，如：张耀光等（2005）根据海岛县人均 GDP 计算的基尼系

---

① 用 TCM 评价某一特定的户外旅游娱乐场所给用户带来的效益，国外已做了不少工作。该方法寻求与市场有关的消费行为作为替代物来评估非市场的自然景观等公共物品的价值，具有可操作性和独到之处。TCM 基于这样一种假设：游客到某一户外娱乐场所或自然景区游览虽不用付参观费或者只需付很低的入场费，但他们必须支付直接的交通费及其他必不可少的费用，并占用一定时间。这些花费和时间成本是享受或利用该自然资源的隐含价格。根据经济学的需求关系原理，某一商品的价格越高，需求越少。因此，到某一自然景区或户外娱乐场所旅游的游览人次与其旅行费用成负相关。根据调查分析，可以得出旅行人次与旅行费用等因素之间的经验关系式，进而可求出经典的旅游需求曲线，该曲线下面的面积为总消费者剩余，可以解释为消费该物品所得到的娱乐价值 TCM 基本步骤为：1. 游览区游客调查；2. 出发区划分；3. 计算旅行成本；4. 回归统计分析；5. 画出经典的需求曲线，求出总消费者剩余。

② 当地区之间人均 GDP 绝对均等时，表示为一条从原点（零点）开始的对角线，此一直线称为均等分布线，在正方形的图上为对角线，即一条 45 度线。当收入不均等时，所绘制的洛伦斯曲线（实为折线）与对角线之间构成一定的离差，离差大小即曲线下凹程度大小，以此表示地区间收入不均等的程度。当收入绝对均等时，洛伦斯曲线是（0，0）和（1，1）两点的连线，当洛伦斯曲线离开对角线较远时，即向下弯曲的程度越大时，则收入分配越不平等。（张耀光、王国力、肇博、王圣云、宋欣茹，2005）

数绘制了洛伦斯曲线图，发现海岛县经济差异在缩小。王圣云（2006）也采用基尼系数、洛仑兹曲线以及赫佛因德指数①（HI）等方法，对长山群岛港口地域组合空间结构的变动方向与强度进行准确的定量测度。

2. 评价指标体系法。

评价指标体系是用于评价区域经济发展状况的一种较为直观的评价方法，其建立的过程中，无论是对指标的选取还是模型的构建，都需要遵照一定的原则来进行，这包括可行性（可操作性）原则、区域性原则、层次性原则、可行性原则、动态性原则、简明性原则、整体性原则、稳定性原则等等。因此虽然对海洋区域经济进行指标体系设置的文献很多，但其相互之间有着很大的差异，如李金克、王广成（2004）和张颖辉（2005）虽然都是对海岛可持续发展建立评价指标体系，但却存在很多不同点。

李金克、王广成（2004）的海岛可持续发展指标评价体系，结合海岛地区的实际情况以及数据资料的可获得性，应用系统学的理论和方法，把可持续发展评价指标体系分为总体层（A）、系统层（B）和指标层（C）3 个层次。总体层（A）表达可持续发展总体能力，代表着海岛可持续发展战略实施的总体态势和效果。系统层（B）代表可持续发展评价的一级综合评价指标，用于评价可持续发展进程中经济社会、海洋产业、资源、生态环境、可持续发展潜力的状况。指标层（C）是系统层的支撑指标，指标层的所有指标都由具体的量化指标构成。而张颖辉（2005）建立的长山群岛可持续发展生存支撑系统模型则由生存资源指数、农业投入水平、资源转化效率、生存持续能力四方面组成。其主要特点是在生存资源禀赋里面，增加了海洋资源状况禀赋，在农业投入水平里增加了渔业投入的情况，显示了海洋在海岛发展中的地位和作用，体现了海岛的特点②。可见与其他数量化的方法论不同，评价指标方法在形式上更具有灵活性，其体现的海洋经济特色也更多。

---

① 赫佛因德指数（HI）是国外用来分析市场集中化程度的一种方法，本文用该指数刻画长山群岛港口地域组合核心区、第一外围区和第二外围区客、货运量的集中化程度。计算公式如下：$HI = \sum_{i=1}^{n} P_i^2$，式中：$P_i$ 为各岛域港口组合占长山群岛港口地域组合总货运量（客运量）的比重，n 为岛域港口数目。根据公式可知，$0 < HI = 1$。当 HI 趋近于 $1/n$ 时，（当 n 趋近于 8 时，HI 趋近于 0），货流（客流）趋向分散；HI 趋近于 1，货流（客流）趋向集中。（王圣云，2006）

② 在资源转化效率方面，无论是生物转化效率还是经济转化效率海洋的作用都十分明显，水产品的产量和创造的产值都数倍于农业，对系统的影响作用远远高于其他类别。在生存稳定度方面，海洋的影响力同样起到了巨大的作用，海产品的产量波动、产值波动、养殖区的条件状况以及海洋灾害情况构成了系统的重要组成部分，对生存系统的可持续发展起到了决定性的作用。（张颖辉，2005）

（三）海洋宏观经济分析中的数量化方法

1. 海洋经济预测方法。

海洋经济预测方法是对我国宏观海洋经济的发展趋势进行判断和预测，其包括一系列数学方法，如神经网络法、模糊预测模型①、成长曲线法②、趋势外推法③、灰色系统法④、组合预测法⑤、随机梯度方法等。构建预测模型主要包括以下 5 个步骤：选择变量与模型关系形式、参数估计、模型检验、模型分析以及预测。在编制海洋经济发展规划时，海洋经济预测问题是一个重要问题，具体内容包括：总体海洋经济的预测、海洋产业分别预测。海洋经济的预测主要采用定性和定量相结合的方法，定性分析的目的是估计出海洋经济发展的大体趋势，定量分析的目的是获得较准确的预测结果（刘明，2006）。

我国在海洋经济预测中有许多成果，比较典型的如：《中国海洋经济发展趋势与展望》课题组（2005）根据 1990 ~ 2004 年的年度数据，构建了中国主要海洋产业的发展趋势与预测模型，系统地分析了 2005 年中国海洋经济的发展趋势，以及我国 6 个主要海洋产业总产值与其影响因素之间的定量关系。刘明（2006）对烟台市海洋产业增加值占地区生产总值比重和海洋产业总产值进行了预测。殷克东（2007）运用 GM（1，1）模型，对海洋经济 2007、2008 年的海洋经济总产值和各个产业产值做出了预测。徐丛春、李双建（2007）利用趋势外推法、灰色预测法和成长曲线法预测了我国 2010 年海洋经济发展目标。

---

① 模糊预测模型：GM（1，1）模型是基于随机的原始时间序列，经按时间累加后所形成的新的时间序列呈现的规律，可用一阶线性微分方程的解来逼近。实践证明，经过一阶线性微分方程的解逼近所揭示的原始时间数列呈指数变化规律。因此，当原始时间序列隐含着指数变化规律时，灰色模型 GM（1，1）可成功地进行预测。灰色模型 GM（1，1）用作短期预测时，一般能取得较高的精度。用灰色模型 GM（1，1）进行预测一般包括预测可行性检验、GM（1，1）建模、预测三个步骤。（《中国海洋经济发展趋势与展望》课题组，2005）

② 成长曲线法是一条 S 型曲线，它反映了经济开始增长缓慢，随后增长加快，达到一定程度后，增长率逐渐减慢，最后达到饱和状态的过程，主要包括龚柏兹（Gompertz）曲线模型和罗吉斯缔（Logistic）曲线模型。（刘明，2006）

③ 趋势外推法是长期趋势预测的主要方法。它是根据时间序列的发展趋势，配合合适的曲线模型，外推预测未来的趋势值，具体包括自线模型预测法、多项式曲线模型预测法、指数曲线模型预测法等。（刘明，2006）

④ 灰色系统法是一种研究少数据、贫信息不确定性问题的新方法。灰色系统理论以部分信息已知，部分信息未知的“小样本”、“贫信息”不确定性系统为研究对象，主要通过对部分已知信息的生成、开发，提取有价值的信息，实现对系统运行行为、演化规律的正确描述和有效监控。（刘明，2006）

⑤ 组合预测法是将若干种类的预测方法所获得的结果按照一定的权重组合起来，以便减少单项预测误差较大的缺陷的预测方法。按照获得权重的方法可以分为：普通线性组合预测法和基于调和平均的线性组合预测法。（刘明，2006）

2. 宏观经济核算方法。

海洋生产总值（GOP）是海洋经济管理和沿海各级政府最为关注的海洋经济指标之一。对于海洋生产总值的核算，何广顺等（2006）从三种不同的视角提出了核算方案，一是剥离的角度，由于海洋经济是国民经济的重要组成部分，海洋产业活动已包含在国民经济各行业中，因此通过建立以相关分析为基础的剥离方法，是较为有效的核算方法；二是扩展的角度，由于我国具有良好的海洋统计工作基础，能获得较为系统和全面的主要海洋产业数据，因此有条件以海洋产业为基础进行扩展，利用相关的理论和方法核算出海洋生产总值；三是模型外推的角度，如果具备多年的海洋生产总值数据，则可以利用这些历史数据构建经济分析模型，然后利用模型外推出所需年份的核算数据。另外，根据对核算区经济发展的了解掌握情况，还可采取专家评估法等其他辅助核算方法。从上述核算方法的设计思想出发，该文确定了三种海洋生产总值的核算方法：剥离法①、扩展法②和外推法③。

3. 投入产出分析法。

投入产出分析法是在宏观经济分析中最为常见的方法，其在海洋经济中的运用主要也是用于分析经济发展中的要素使用效率。如何翔舟（2002）就运用投入产出分析对海洋经济发展中的要素贡献率分析进行了分析。该文选择了海洋技术、劳动投入、资本（原材料）投入为对象，实际上这些指标也是海洋生产活动中的常规性指标，对这些生产要素的平均生产率状况进行分析。运用柯布——道格拉斯生产函数，对样本单位的数据进行测算，根据海洋技术、资本（原材料）、劳动生产率与样本单位总产值之间的关系进行回归模拟，得出 1995 ~ 2000 年间样本单位的单要素平均生产率状况。

---

① 剥离方法：相关分析方法主要目的是从地区各行业产值中剥离出海洋产业产值，即将各行业产值中有关海洋产业产值的信息提取出来。所以，定义海洋产业产值为 Y，即因变量，再分析影响海洋产业产值的各种相关因素，包括海洋产业产量、地区资源、地区人口、地区经济等方面的主要指标，分别定义为变量 X1，X2，X3，…，通过统计数据计算海洋产业产值与变量 X1，X2，X3…或某个变量的函数变换后的单相关系数，确定主要影响因素。（何广顺等，2006）

② 海洋经济核算扩展法的实质是基于投入产出分析的核算方法，就是以国民经济投入产出模型为基础，通过涉海产业部门（海洋产业对应的国民经济产业部门）后向连锁效应系数、前向连锁效应系数，计算涉海产业的辐射力系数。在涉海产业辐射力系数基础上，结合海洋产业特质系数对涉海产业辐射力系数进行修正，最终核算出海洋生产总值。（何广顺等，2006）

③ 外推法，海洋经济的发展一般具有一定的趋势特征。如果能够拥有多年的海洋生产总值数据，那么就可以利用这些历史数据构建经济预测模型，然后利用模型外推出所需的核算数据。通常采用的经济预测模型有一元线性回归模型、对数曲线模型、幂函数曲线模型、指数曲线模型、多项式曲线模型和灰色系统预测模型等。由于这些模型在基本原理、适用性和精确性等方面存在着差别，因此在实际应用时要根据模型自身的检验参数和海洋经济发展的特点，选取最优模型进行预测。

4. 博弈论方法。

张向前（2002）尝试运用博弈论原理对公共海洋资源问题①进行了分析，该文对地区联合捕捞问题、企业海洋排污问题、海洋经济建设“回扣”款问题、海洋经济建设中的信号博弈问题以及规则设计问题都作了分析。

参考文献

1. ［美］D. J. 贝克：《1985 年空间海洋学的状况和展望》，载《海洋开发与管理》，1986 年第 3 期。

2. ［美］威尔金森：《海洋经济学：环境，存在问题和经济分析》，载《国外社会科学文摘》，1980 年第 9 期。

3. ［美］詹姆斯·克拉奇菲尔德：《海洋资源——美国海洋政策经济学》，载《国外社会科学文摘》，1980 年第 9 期。

4. ［挪］小孔尔：《战后挪威海运业的动向》，载《世界经济文汇》，1957 年第 10 期。

5. ［苏］A. 柯拉西尔什科夫：《法国的海运业》，载《世界经济文汇》，1957 年第 8 期。

6. ［苏］弗拉迪米尔·卡佐恩斯基：《苏联集团海洋政策经济学》，载《国外社会科学文摘》，1980 年第 9 期。

7. 《中国海洋经济发展趋势与展望》课题组：《中国海洋经济预测研究》，载《统计与决策》，2005 年第 24 期。

8. 毕华林，王少梅：《港口机械的经济效益及经济寿命分析》，载《武汉理工大学学报（交通科学与工程版）》，1989 年第 1 期。

9. 曹忠祥，任东明，王文瑞，赵明义：《区域海洋经济发展的结构性演进特征分析》，载《人文地理》，2005 年第 12 期。

10. 陈报章：《江苏省海洋国土资源与综合开发》，载《资源科学》，1994 年第 6 期。

11. 陈东有：《走向海洋贸易带：近代世界市场互动中的中国东南商人行为》，

① 所谓公共资源是指：（1）没有被个人、企业或其他组织占有；（2）大家都可以自由利用或供人类生产免费使用的设施和财物。在海洋经济利用过程中也存在不少公共资源问题，我们称之为公共海洋资源问题，如不同渔民共同在一个地区捕鱼、企业可自由向海水排污、沿海居民占用海堤等问题。由于居民或企业完全从自己的利益出发自由利用公共海洋资源，公共海洋资源有被过度利用、低效率使用或者浪费的危险，并且过度使用会达到使任何利用它的人都无法得到多少实际好处的程度。（张向前，2002. 02，“海洋经济建设中若干现象的博弈分析”，《石油大学学报》）

江西高校出版社 1998 年版。

12. 陈光良：《海南经济史》，中山大学出版社 2004 年版。

13. 陈汉欣，林幸青：《我国港口布局原则的初步探讨》，载《中山大学学报》，1960 年。

14. 陈可文：《树立大海洋观念　发展大海洋产业——广东省海洋产业发展与广东海洋经济发展的相关分析》，载《南方经济》，2001 年第 12 期。

15. 陈可文：《中国海洋经济学》，海洋出版社 2003 年版。

16. 陈万灵：《关于海洋经济的理论界定》，载《海洋开发与管理》，1998 年第 3 期。

17. 陈万灵：《海洋经济学理论体系的探讨》，载《海洋开发与管理》，2001 年第 5 期。

18. 陈学雷：《海洋资源开发与管理》，科学出版社 2000 年版。

19. 迟本政：《试论海岛开发建设格局》，载《农业经济》，1993 年第 6 期。

20. 董伟：《美国海洋经济相关理论和方法》，载《海洋经济》，2005 年第 4 期。

21. 董玉明：《海洋旅游学》，海洋出版社 2007 年版。

22. 冯森：《我国海洋捕捞业现状与发展》，载《福建水产》，1999 年第 2 期。

23. 福建省计划委员会：《建设海洋大省》，鹭江出版社 1996 年版。

24. 高洪涛，徐质斌：《建设海上山东战略措施研究》，海洋出版社 1996 年版。

25. 顾世显：《试论沿海地带的区域开发》，载《农业经济》，1991 年第 6 期。

26. 顾苏生：《港口经济效益刍议》，载《交通财会》，1988 年第 5 期。

27. 广东省湛江专署水产局：《关于海洋捕捞渔业社队经营管理的几个问题的探讨》，载《中国水产》，1964 年第 8 期。

28. 桂碧蓝：《海洋资源开发对我国可持续发展的作用》，载《海洋开发与管理》，1997 年第 3 期。

29. 国家海洋局：《中国海洋 21 世纪议程》，海洋出版社 1996 年版。

30. 国家海洋局海洋发展战略研究所：《中国海洋政策》，海洋出版社 1998 年版。

31. 韩立民，王爱香：《保护海岛资源科学开发和利用海岛》，载《海洋开发与管理》，2004 年第 6 期。

32. 何广顺，王晓惠，周洪军，郭越，徐丛春：《海洋生产总值核算方法研究》，载《海洋通报》，2006 年第 3 期。

33. 何翔舟:《海洋产出的要素贡献分析以“海洋大市”湛江为例》，载《热带农业工程》，2002年第6期。

34. 何翔舟:《我国海洋经济研究的几个问题》，载《海洋科学》，2002年第1期。

35. 侯慧粦，毛发新:《浙江省海岛土地资源开发利用探讨》，载《浙江大学学报（理学版)》，1996年第6期。

36. 黄顺力:《海洋迷思：中国海洋观的传统与变迁》，江西高校出版社1999年版。

37. 黄学军:《加速海上山东建设研究》，海洋出版社1997年版。

38. 黄远略，陈升忠:《粤东海岛经济开发的构思》，载《经济地理》，1991年第2期。

39. 纪建悦，孙岚，张志亮，初建松:《环渤海地区海洋经济产业结构分析》，载《山东大学学报（哲学社会科学版)》，2007年第2期。

40. 贾泓:《中国滨海旅游业的发展》，载《海洋开发与管理》，1993年第2期。

41. 江苏省海洋管理局:《希望在海洋》，江苏人民出版社1994年版。

42. 姜尚文:《海洋和海岸带开发利用的实践与思考》，载《浙江社会科学》，1991年第5期。

43. 姜圆华:《浅谈海洋运输经济效益及其提高的途径》，载《大连海事大学学报》，1990年第S1期。

44. 蒋铁民:《中国海洋区域经济研究》，海洋出版社1990年版。

45. 金国平:《刍议“利润”指标考核港口经济效益的局限性及改进意见》，载《交通财会》，1988年第9期。

46. 金平斌:《浙江省海岛海滨旅游资源的开发利用》，载《科技通报》，2000年第6期。

47. 鞠茂勤:《建设海上山东》，海洋出版社1992年版。

48. 蓝达居:《喧闹的海市——闽东南港市兴衰》，江西高校出版社1999年版。

49. 李德潮:《资源产业理论及在海洋海岸带资源管理中的应用》，载《海洋开发与管理》，1994年第2期。

50. 李家芳，戴泽蘅:《浙江省海岸带优势资源及其组合特点》，载《自然资源学报》，1996年第1期。

51. 李军:《以旅游业为契机推进海岛工业的发展》，载《中国集体经济》，

2001 年第 2 期。

52. 李克：《海南经济特区定位研究》，海南出版社 2000 年版。

53. 李荣升：《山东海洋资源与环境》，海洋出版社 2002 年版。

54. 李慎典：《海陆经济系统的动态仿真研究》，载《农业系统科学与综合研究》，1997 年第 4 期。

55. 李向民：《蓝色的畅想》，海洋出版社 2007 年版。

56. 李植斌，包浩生：《浙江省港湾区资源及其可持续利用研究》，载《自然资源学报》，1998 年第 2 期。

57. 李忠林：《WTO 与中国海洋经济》，海洋出版社 2002 年版。

58. 联合国经济及社会理事会海洋经济技术处：《海岸带管理与开发》，海洋出版社 1988 年版。

59. 刘锋：《我国海岸带资源潜力与可持续发展》，载《海洋开发与管理》，1999 年第 3 期。

60. 刘洪滨：《山东省滨海旅游及旅游业》，海洋出版社 2004 年版。

61. 刘洪滨：《中国海洋开发与管理》，香港天马图书公司 1996 年版。

62. 刘锦明：《评价海洋国土资源综合开发效益的新尝试》，载《海洋开发与管理》，1991 年第 2 期。

63. 刘明：《海洋经济发展规划编制中的预测方法研究》，载《统计教育》，2006 年第 11 期。

64. 刘效舜，吴敬南：《黄、渤海区渔业资源开发与保护》，海洋出版社 1990 年版。

65. 刘兆德：《庙岛群岛国土资源与持续发展研究》，载《国土与自然资源研究》，1996 年第 4 期。

66. 刘正刚：《东渡西进：清代闽粤移民台湾与四川的比较》，江西高校出版社 2004 年版。

67. 楼东，谷树忠，朱兵见，刘盛和：《海岛地区产业演替及资源基础分析》，载《经济地理》，2005 年第 4 期。

68. 卢秀容：《中国海洋渔业资源可持续利用和有效管理研究》，华中农业大学硕士学位论文 2005 年。

69. 卢兆发：《建设广西渔业区域经济的战略思考》，载《海洋渔业》，2002 年第 1 期。

70. 陆大道：《大渤海地区的战略地位及整体综合开发和治理研究》，载《地理

研究》，1989 年第 1 期。

71. 鹿珑：《黄渤海区海洋渔业可持续发展研究》，天津大学硕士学位论文 2006 年。

72. 鹿守本：《海洋强国论》，海洋出版社 1999 年版。

73. 鹿守本：《海洋资源与可持续发展》，中国科学技术出版社 1999 年版。

74. 吕拉昌：《环南海经济圈与我国的亚太经济战略思考》，载《地理学与国土研究》，1997 年第 1 期。

75. 栾维新：《海陆一体化建设研究》，海洋出版社 2004 年版。

76. 栾维新：《论环渤海经济区海洋产业的合理布局》，载《辽宁师范大学学报》，1989 年第 4 期。

77. 罗钰如，陈右铭，杨桓：《关于推进我国海洋产业结构优化的建议》，载《高科技与产业化》，1996 年第 3 期。

78. 马敬通：《十年来国营海洋企业》，载《中国水产》，1959 年第 19 期。

79. 马丽卿：《浙江海洋旅游产业区位分析及空间重构》，载《浙江学刊》，2006 年第 4 期。

80. 茅庆潭：《试谈港口货运计量工作的经济效益》，载《交通标准化》，1990 年第 3 期。

81. 聂剑玉：《天津滨海地区开发与工业布局》，载《地域研究与开发》，1991 年第 3 期。

82. 欧阳宗书：《海上人家：海洋渔业经济与渔民社会》，江西高校出版社 1998 年版。

83. 潘建纲：《环渤海地区未来人口的合理配置》，载《海洋开发与管理》，1990 年第 2 期。

84. 潘义勇：《沿海经济学》，人民出版社 1994 年版。

85. 全锡鉴：《海洋经济学初探》，载《东岳论丛》，1986 年第 6 期。

86. 容景春：《广东海洋产业发展方向与对策》，海洋出版社 2002 年版。

87. 尚云斌：《关于优化海洋经济结构的三个问题》，载《浙江经济》，1998 年第 7 期。

88. 沈汉祥：《远洋渔业》，海洋出版社 1987 年版。

89. 石洪华，郑伟，丁德文，高会旺，刘洋：《关于海洋经济若干问题的探讨》，载《海洋开发与管理》，2007 年第 1 期。

90. 水产发展研究课题组：《我国水产业发展前景研究》，载《农业经济问题》，1990 年第 10 期。

91. 水产科技情报编辑组：《朝鲜民主主义人民共和国海洋渔业》，载《水产科技情报》，1973 年第 6 期。

92. 水产科技情报编辑组：《苏将通过海洋渔业进一步掠夺世界水产资源》，载《水产科技情报》，1973 年第 2 期。

93. 宋军：《我国国际海运业国际化的发展战略》，载《亚太经济》，1991 年第 6 期。

94. 苏纪兰，蒋铁民：《浙江建设海洋经济大省战略研究》，海洋出版社 1999 年版。

95. 隋映辉：《对我国海洋新兴产业发展分析及建议》，载《中国科技论坛》，1992 年第 6 期。

96. 孙斌，徐质斌：《海洋经济学》，青岛出版社 2000 年版。

97. 孙斌：《论海洋综合管理》，载《东岳论丛》，1992 年第 3 期。

98. 孙凤山：《海洋经济学的研究对象、方法和任务》，载《海洋开发与管理》，1985 年第 5 期。

99. 孙义福：《山东海洋经济》，山东人民出版社 1994 年版。

100. 唐辉远，宋天翔：《我国水产业态势分析及发展对策》，载《中国科学院院刊》，1999 年第 2 期。

101. 唐启升：《山东金海渔业资源开发与保护》，农业出版社 1990 年版。

102. 王锋印：《泉州市海岸带可持续开发研究》，载《泉州师范学院学报》，2001 年第 2 期。

103. 王建悌：《领导群众垦殖海洋》，载《中国水产》，1958 年第 9 期。

104. 王晶，唐丽敏：《海洋经济地理》，大连海事大学出版社 1999 年版。

105. 王淼，刘晓洁，李洪田：《国民经济核算体系与海洋生态资源核算》，载《乡镇经济》，2004 年第 11 期。

106. 王琪，何广顺，高忠文：《构建海洋经济学理论体系的基本设想》，载《海洋信息》，2005 年第 3 期。

107. 王荣国：《海洋神灵：中国海神信仰与社会经济》，江西高校出版社 2003 年版。

108. 王荣武，梁松：《广东海洋经济》，广东人民出版社 1998 年版。

109. 王赛时：《山东沿海开发史》，齐鲁书社 2005 年版。

110. 王诗成：《建设海上中国纵横谈》，山东友谊出版社 1995 年版。

111. 王诗成:《海洋经济在国民经济中的战略地位》,载《海洋信息》,1998年第10期。

112. 王曙光:《海洋开发战略研究》,海洋出版社2004年版。

113. 王震:《山东省海洋旅游业可持续发展系统分析与评价》,中国海洋大学硕士学位论文2007年。

114. 王志民:《从机械配置上提高港口竞争能力和综合经济效益》,载《水运工程》,1988年第6期。

115. 王忠兴,王麦全:《优化产业结构加快发展海洋经济》,载《中国渔业经济》,2000年第6期。

116. 吴克勤:《关于我国海洋产业结构优化的建议》,载《海洋信息》,1996年第1期。

117. 吴平生,彭补拙,窦贻俭:《初论海岸带的边缘效应》,载《海洋开发与管理》,1992年第2期。

118. 夏世福,刘效舜:《海洋水产资源调查手册》,科学技术出版社1981年版。

119. 夏世福:《渤、黄、东海渔轮技术经济分析》,载《海洋水产研究丛刊》,1963年。

120. 夏世福:《渔业技术经济分析》,农业出版社1980年版。

121. 夏世福:《渔业经济生态学概论》,海洋出版社1989年版。

122. 夏世福:《中国渔业资源调查与区划》,农业出版社。

123. 厦门市海洋与渔业局:《厦门市海洋经济发展战略和海洋环境保护研讨会论文集》,海洋出版社2006年版。

124. 徐丛春,李双建:《我国海洋经济发展趋势预测研究》,载《海洋开发与管理》,2007年第4期。

125. 徐国旋,黄卫凯,周厚诚:《广东省沿海岛屿在经济建设中的地位》,载《海洋开发与管理》,1993年第3期。

126. 徐建华:《国际航运经济新论》,人民交通出版社1997年版。

127. 徐敬俊,韩立民:《"海洋经济"基本概念解析》,载《太平洋学报》,2007年第11期。

128. 徐梅生:《海水资源开发利用产业化的可持续发展》,载《海洋技术》,1995年第4期。

129. 徐杏:《海洋经济理论的发展与我国的对策》,载《海洋战略》,2002年第2期。

130. 徐质斌，牛福增：《海洋经济学教程》，经济科学出版社 2003 年版。

131. 徐质斌，孙吉亭：《山东海洋产业结构和布局优化研究》，海洋出版社 1998 年版。

132. 徐质斌，张莉：《广东海洋经济重大问题研究》，海洋出版社 2006 年版。

133. 徐质斌：《海洋经济与海洋经济科学》，载《海洋科学》，1995 年第 5 期。

134. 徐质斌：《建设海洋经济强国方略》，泰山出版社 2000 年版。

135. 徐质斌：《中国海洋经济发展战略研究》，广东经济出版社 2007 年版。

136. 许启望、张玉祥：《海洋资源核算》，载《海洋开发与管理》，1994 年第 3 期。

137. 许小江：《休闲海钓及其发展趋势》，载《浙江海洋学院学报（自然科学版）》，2006 年第 4 期。

138. 杨朝世：《加快调整海洋渔业经济结构的构想》，载《中国渔业经济》，2000 年第 6 期。

139. 杨国桢：《东溟水土：东南中国的海洋环境与经济开发》，江西高校出版社 2003 年版。

140. 杨国桢：《闽在海中：追寻福建海洋发展史》，江西高校出版社 1998 年版。

141. 杨海军：《国外发展海洋经济的理论与实践》，载《浙江经济》，2005 年第 12 期。

142. 杨克平：《关于开展我国海洋经济理论研究的设想》，载《社会科学》，1984 年第 9 期。

143. 杨强：《北洋之利——古代渤黄海区域的海洋经济》，江西高校出版社 2003 年版。

144. 杨玉生：《港口发展与沿海经济》，大连海运出版社 1990 年版。

145. 叶向东：《现代海洋经济理论》，冶金工业出版社 2006 年版。

146. 叶依广：《试论江苏省海洋区域资源综合开发布局》，载《海洋开发与管理》，1994 年第 2 期。

147. 叶远谋：《21 世纪的粤湛经济：海洋知识经济》，当代中国出版社 2000 年版。

148. 殷克东，秦娟，张斌，张燕：《基于数列预测的海洋经济预测》，载《海洋信息》，2007 年第 4 期。

149. 尹紫东：《河北省海洋经济发展研究》，海洋出版社 1998 年版。

150. 于光远：《谈一点我对海洋国土经济学研究的认识》，载《海洋开发与管

理》，1984 年第 1 期。

151. 于青松：《强化海洋综合管理推进海洋经济发展》，载《海洋信息》，1995 年第 12 期。

152. 于永海，苗丰民，张永华，刘娟：《区域海洋产业合理布局的问题及对策》，载《国土与自然资源研究》，2004 年第 1 期。

153. 于运全：《海洋天灾——中国历史时期的海洋灾害与沿海社会经济》，江西高校出版社 2005 年版。

154. 恽才兴：《海岸带可持续发展与综合管理》，海洋出版社 2002 年版。

155. 曾少聪：《东洋航路移民：明清海洋移民台湾与菲律宾的比较研究》，江西高校出版社 1998 年版。

156. 张爱城：《建立海洋开发经济学科学体系初探》，载《东岳论丛》，1990 年第 5 期。

157. 张彩霞：《海上山东：山东沿海地区的早期现代化历程》，江西高校出版社 2004 年版。

158. 张达广：《新中国海运地理十年》，载《陕西师范大学学报》，1960 年第 1 期。

159. 张德贤：《海洋经济可持续发展理论研究》，青岛海洋大学出版社 2000 年版。

160. 张海峰，杨金森，鹿守本：《世界海洋开放形势和我国海洋资源综合开发利用战略研究的思考》，载《国际技术经济研究》，1990 年第 1 期。

161. 张海峰，张立新：《〈海洋经济学〉评介》，载《海洋开发与管理》，2000 年第 2 期。

162. 张海峰：《中国海洋经济研究，第二辑》，海洋出版社 1984 年版。

163. 张海峰：《中国海洋经济研究，第三辑》，海洋出版社 1986 年版。

164. 张海峰：《中国海洋经济研究，第一辑》，海洋出版社 1984 年版。

165. 张海峰：《中国海洋经济研究大纲》，海洋出版社 1986 年版。

166. 张卫国：《海洋经济强省建设下山东国际航运发展战略研究》，载《中国海洋大学硕士学位论文》，2007 年。

167. 张晓宁：《天子南库——清前期广州制度下的中西贸易》，江西高校出版社 1999 年版。

168. 张耀光，胡宜明：《关于海岛开发建设系统分析》，载《海洋开发与管理》，1993 年第 3 期。

169. 张耀光，胡宜鸣：《辽宁海岛资源开发与海洋产业布局》，辽宁师范大学出版社 1998 年版。

170. 张耀光，王国力，肇博，王圣云，宋欣茹：《中国海岛县际经济差异与今后产业布局分析》，载《自然资源学报》，2005 年第 2 期。

171. 张耀光，杨荫凯：《中国海岛的山地利用与持续发展》，载《山地学报》，1997 年第 2 期。

172. 张耀光，张云瑞：《长山群岛经济社会系统分析——辽宁省长海县综合发展战略研究》，辽宁师范大学出版社 1997 年版。

173. 张耀光：《我国海陆经济带的可持续发展》，载《海洋开发与管理》，1996 年第 2 期。

174. 章道真：《收回渔业贷款的几种做法》，载《中国金融》，1959 年第 15 期。

175. 赵海云，郑锋：《海南海岸带资源结构及其在特区经济建设中的地位》，载《海洋开发与管理》，1993 年第 3 期。

176. 赵昕，马洪芹，李秀光：《试论我国海洋产业结构合理化》，载《时代金融》，2006 年第 12 期。

177. 赵绪才：《海岸带和海洋综合管理的指导原则》，载《海洋信息》，1999 年第 9 期。

178. 肇博，渠爱雪：《辽宁海洋农业布局与可持续发展研究》，载《经济地理》，1998 年第 4 期。

179. 郑白燕：《海洋经略》，广西科技出版社 1992 年版。

180. 郑贵斌、徐质斌：《海上山东建设概论》，海洋出版社 1998 年版。

181. 郑贵斌：《海洋经济学理论与海洋经济创新发展》，载《海洋开发与管理》，2006 年第 5 期。

182. 郑培迎：《海洋产业优化模式》，海洋出版社 1997 年版。

183. 中国 21 世纪议程管理中心：《中国 21 世纪议程》，中国环境科学出版社 1994 年版。

184. 钟海运：《国外主要港口对 CF 和 CIF 价格条件的解释和运用》，载《国际贸易问题》，1976 年。

185. 周定成：《厦门特区海洋经济进展与发展目标展望》，载《海洋开发与管理》，1993 年第 2 期。

186. 周罡：《论环境资源制约下我国海洋产业结构的优化策略》，中国海洋大

学硕士学位论文2006年。

187. 周江：《海洋经济发展探析》，载《天府新论》，2002年第6期。

188. 周明飞：《浙江海洋旅游业的可持续发展分析与控制》，载《旅游学刊》，1999年第1期。

189. 周赞佳：《试析中国海运业的发展前景》，载《集美航海学院学报》，1996年第1期。

190. 周镇宏，胡云章：《21世纪中国海洋开发战略》，海洋出版社2001年版。

191. 朱峰：《建设北部湾海洋经济综合体的思路》，载《广西师范大学学报》，1998年第S2期。

192. 祝行：《浙江海洋渔业可持续发展对策探讨》，载《浙江海洋学院学报》，1998年第4期。

193. 庄剧忠，邓永恒，曲林迟，李汾，凌建菁，龚刚：《港口社会效益的定量分析》，载《上海海事大学学报》，1988年第Z1期。

194. 邹俊善：《现代港口经济学》，人民交通出版社1997年版。

附录四

中国台湾地区海洋经济演变

第一章　中国台湾地区海洋经济概述

一、基本概况

台湾岛远在三千多年前的殷商时代称做“岱舆”、“员峤”，澎湖列岛称做“方壶”；战国时改称“岛夷”；汉代时称“东鳀”；至三国时，吴主孙权曾在公元230年派遣将士万人航海至台湾。至隋朝时，政府多次派遣官员至台湾，联系日益紧密。从唐代开始，海峡两岸之间的贸易和移民一直就没有间断。至宋代时，台湾岛开始使用宋代年号和钱币。12世纪，南宋政权将澎湖隶属于福建路晋江县，成为中国行政区域的一部分。元朝时，在澎湖设“巡检司”，管辖澎湖、台湾的海防和民政。明朝嘉庆年间，为防止倭寇袭扰东南沿海，重设澎湖巡检司，加强军事设防，并在台湾基隆、淡水两港驻屯军队。明朝末年，荷兰侵略者趁明朝政府处境艰难之际侵占台湾。民族英雄郑成功于1662年收复台湾。由于台湾战略地位极为重要，清政府在1684年设立台湾府，隶属于福建省。又于1885年设台湾省，是中国最早设立的海岛省份。1895年清政府签订丧权辱国的《马关条约》，将台湾和澎湖列岛割让给日本。1945年，台湾光复，重回祖国怀抱。1949年国民党势力从大陆败退台湾。由于外国势力干预及台湾海峡天险，致使台湾与祖国大陆暂时分离。

台湾岛是中国第一大岛，位于我国东南沿海大陆架上，其诸海岛恰扼西太平洋航运中心，是我国东南沿海的天然屏障，地理位置十分重要，素有“七省藩篱”、“东南锁钥”之称。远古时代，台湾与大陆是连接成一体的，后来由于全球气候变化与地壳运动，逐渐与大陆分离成为海岛。台湾地区共有大小岛屿200余个。台湾本岛地形像芭蕉叶，南北长、东西窄，山地约占全岛2/3，平原面积为4500平方千米，主要分布于西部沿海，北回归线横穿全岛。全岛面积约3.6万平方千米，居民2287万（2006年底），是我国面积较小而人口密度较高的地区。台湾气候适宜，非常有利于有“台湾三宝”之称的甘蔗、稻米和茶叶的生长。台湾地区还素有

"水果之乡"的称号，盛产香蕉、柑橘、菠萝等。台湾地区森林覆盖率高达52%且生物资源异常丰富，有"绿色宝岛"之称。此外，台湾地区盛产多种矿产资源，地热、温泉资源也非常丰富。台湾海峡全长380千米，平均宽度约190千米，平均水深不过60米，最深处不到100米。欧洲、非洲及南亚的船只到中国大陆东部沿海都要途经台湾海峡，是著名的远东海上走廊。

台湾地区的旅游资源异常丰富，四季如春的气候，千娇百媚的湖光山色，景色绮丽的南国海岛风情，令人流连忘返。自古以来就有"美丽宝岛"的美誉，清代就有"八景十二胜"① 之说，是著名的世界旅游胜地。台湾可供游览的地方很多，最负盛名的是充满诗情画意的日月潭，美不胜收的阿里山，风光秀美的台东海岸等。其他风景区如阳明山、太鲁阁峡谷、清水断崖等也举世闻名，古迹有赤嵌楼、郑成功庙、龙山寺、云林港妈祖庙、台北故宫博物院等。

台湾地区经济是外向型的海岛经济，这种特征决定了台湾的经济和贸易发展离不开交通运输的推动。经过几十年的发展，逐步形成了海、陆、空齐全的现代化的交通运输网络。在台湾岛内，交通运输主要以公路和铁路的客货运输为主，对外经贸联系则要依赖于海运和空运。岛内公路客运量占陆路交通运输的70%～80%，形成了环岛公路、高北高速公路、北部第二条高速公路、横贯公路及县道、乡道结合的现代化的公路网，其中高北高速公路是台湾"十大建设"② 之一。台湾地区目前铁路总长约1400千米，其中90%的铁路集中于台湾西部平原，将主要城市和港口联结起来。台湾的海运较发达，港口多集中于台湾本岛。高雄港为台湾岛第一大港，此外台湾还有基隆、花莲、台中、苏澳等国际港口和台东、马公等内航港口。可以毫不夸张地说，海运是维持台湾经济发展的生命线。民航方面，台湾现有10多家航空公司，其中中华航空公司规模最大。台湾航空运输开辟国际航线100多条和地区航线20余条。桃源中正国际机场为岛内第一大机场，此外还有台北、高雄等重要国际机场和马公、花莲、台东等中小型机场。民用航空现已成为台湾对外交通的重要手段③。

---

① 1953年台湾地区指定八景为玉山积雪、阿里云海、双潭秋月、大屯春色、安平夕照、清水断崖、鲁谷幽峡、澎湖渔火。1996年台湾地区旅游局举办台湾十二景之选拔，票选后经专家评选后为太鲁阁（鲁谷幽峡）、阿里山（阿里晓日）、溪头（溪头朝雾）、玉山（玉山层峰）、合欢山（合欢积雪）、日月潭（明潭清波）、鹅銮鼻（鹅銮观海）、故宫文物（故宫瑰宝）、野柳（野柳听涛）、大霸尖山（大霸九仞）、秀姑峦溪（秀姑漱玉）。

② 20世纪七八十年代，台湾为改善基础设施，进行了十大建设，以促进经济腾飞。具体项目是：（1）高北高速公路；（2）铁路电气化；（3）北回铁路；（4）桃园国际机场一期工程；（5）台中港；（6）苏澳港；（7）高雄造船厂；（8）核电厂；（9）高雄钢铁厂；（10）石油化工。

③ 部分数据引自孙小红，路静：《台湾——祖国的宝岛》，江苏教育出版社2000年版，第115～118页。

二、台湾海岛经济

台湾岛四面环海，远离陆地，这种天然的条件决定了台湾经济发展必然存在不同于陆地经济的特征。首先，台湾要与外界联系，进行进出口贸易，发展经济，必须依赖于航运（包括海运和空运），主要是海运。即经济越发达，其交通运输业也就越发达；其次，台湾面积有限，资源相对缺乏，尤其是原材料和燃料匮乏，这就决定了其经济对外具有很高的依存度；最后，人口、资源的相对有限性决定了台湾经济发展必须以进出口贸易作为发展重点。台湾不仅要进口原材料和能源，还要进口技术密集型产品，出口台湾有资源、技术优势或者是生产过剩的产品，以突出发展重点，促进特色产业升级，提高竞争力。所以台湾经济还具有天然的外向性。即台湾作为海岛型经济体，发展经济面临着诸如原材料和燃料匮乏、人口有限、内需不足及对外依存度过高等很多不利因素。

第二次世界大战胜利后，中国收回台湾，经济濒于崩溃，百废待兴。首先以发展农业入手，夯实农业基础，加速资本积累。然后通过发展工业，逐步走上工业化的发展道路。从20世纪60年代起的20年间，台湾经济高速增长（经济年均增长超过9.5%），迅速成为亚洲新兴的工业化经济体，与中国香港地区、韩国、新加坡并称为“亚洲四条小龙”，成为世界经济发展中的“亮点”。台湾经济大体经历了四个发展阶段：

1949～1959年为进口替代阶段，农业生产开始得到逐步恢复和发展。农业生产的发展给工业发展提供了原材料、劳力资源及消费品市场，从而为工业发展打下了良好的基础。台湾当局适时制定了“以农业培养工业，以工业发展农业”方针，为台湾工业顺利起步铺平了道路。从50年代中期开始发展进口替代工业，重点发展消费品工业以替代进口，以电动机、电话机、平板玻璃、汽车外胎等新兴工业发展较快。至1959年时，国民生产总值比1952年增长了约1.6倍。

1960～1973年为出口加工发展阶段，从发展进口替代工业转向出口加工工业，形成以加工外销为主的海岛型经济模式。由于当时先进的资本主义经济体处于由劳动密集型向资本技术密集型转变的经济转型期，一些劳动密集型产业开始向外转移，台湾抓住机遇引进劳动密集型轻纺工业的资本与技术，利用岛内廉价劳动力资源组织生产和加工，积极促进出口，从而形成了一个长期的出口热潮，使产品进入国际市场，实现了出口扩张和经济飞速发展。至70年代初，工业生产总值在岛内生产总值中的比重已经超过50%，工业品外销占经济总外销的90%。但是这一时期，台湾经济过度依赖日本和美国，致使经济相对脆弱，抵御风险的能力较弱，这

种弊端在70年代逐渐凸显出来。

1974～1986年为发展社会基础设施和资本密集型工业阶段，由于10年间技术进步和劳动力成本大幅上升等因素，劳动密集型产业已逐渐失去发展优势。台湾地区转而重点发展交通、核电、钢铁、造船等部门以及资本、技术密集型工业，借以促进产业结构升级。与此同时，70年代的世界石油危机以及由美元贬值所引发的金融危机使整个资本主义经济进入“滞胀”阶段，台湾经济对日、美的过度依赖使其自身也受到强烈冲击。加之台湾地区工业升级困难、政局不稳定、人才流失严重等内部问题，台湾地区出现了物价上涨、失业率上升等一系列经济问题。台湾当局适时采取了相应减缓经济衰退的措施①，对促进经济稳定发展起到了积极作用，使台湾经济在总体上仍保持良好的发展势头。至80年代中期，台湾的重工业、交通运输业及资本密集型工业等都有了较大发展。

1987～2006年为新的经济增长时期，在此期间，产业升级转型，高科技产业和信息产业开始崛起，使经济平衡发展。这一阶段发展速度放缓，呈中速发展。1986年，台湾当局提出了“三化”口号，即自由化、国际化、制度化借以促进经济转型。确定信息（IT）、电子、半导体和通讯等十大高新技术产业②作为支柱产业，并进行扶持和促进优先发展，以此带动整个经济发展。进入90年代，技术密集型产业逐渐成为台湾经济的主导力量，技术进步在促进经济发展中的作用开始逐步显现。1996年台湾高科技产品占制造业生产总值比重为42.3%，高科技产品出口总值531亿美元，占整体出口比重达45.8%，大大提升了产品出口竞争力，台湾科技实力也已上升到全球前10位。1995年台湾地区国民生产总值69824亿新台币（2649亿美元），人均国民生产总值13439美元，达到世界中等发达国家和地区以上的水平。台湾地区经济的竞争优势在于其资金优势和领先的技术优势，这种优势使台湾在世界经济论坛的全球竞争力排名中名列前茅。

台湾地区要继续保持经济持续增长面临着诸如资源能源短缺、劳动力不足，工资上涨，土地昂贵等很多问题。加之国际贸易保护主义不断抬头，台湾外向型的海岛经济面临着严峻考验。再加上党派内斗引起台湾政局动荡，投资者丧失投资信心，台商资金也以各种方式转向大陆，台湾岛内经济年均增长率仅为3.3%，失业

---

① 1974年1月，经过紧急磋商，台湾当局颁布《稳定当前经济措施方案》。包括：（1）提高油价，限制石油供应；节约用电，调整电费；调整交通运输费；稳定物价等稳定经济的目标。（2）以增加税收；发行建设公债，支援建设重大工程；提高储蓄存款利率等以抑制通货膨胀等财政金融目标。（3）进行包括“新竹科学工业园区”、“十大建设”等在内的大规模基础设施建设。

② 台湾当局在1990年制订的“六年建设计划”（1991～1996）中，提出发展十大新兴工业，即通讯工业、资讯（信息）工业、消费性电子工业、半导体工业、精密器械与自动化工业、航空航天工业（航太工业）、高级材料工业、特用化学工业与制药工业、医疗保健工业与污染防治工业。

率不断上升。祖国大陆巨大的经济实力和发展潜力举世公认。大陆丰富的资源、低成本的劳动力、广阔的潜在消费市场以及良好的投资环境吸引着越来越多的国家和地区。从2001年起，中国内地已取代美国成为台湾地区最大的出口市场，两岸的经济合作存在着巨大的发展空间。在过去的20多年里，台商投资项目累计50820个，合同金额累计547亿美元，实际利用293亿美元（截至2001年底）。海峡两岸的贸易额由1979年的不足1亿美元增加到2000年的323.8亿美元，占台湾同期对外贸易总额的11.2%，台湾贸易顺差达199.4亿美元，海峡两岸的经贸关系已密不可分，日趋走向一体化。半个多世纪的政治对立使两岸都付出了巨大的经济代价，两岸只有携手合作，才能抓住历史机遇，实现互利双赢。

三、海洋资源

台湾岛本身只占地球面积不到万分之一，但台湾附近海域在每单位面积里生物种类数量上却名列世界前茅，海洋生物资源非常丰富，现有的海洋生物种类约占全世界1/10。

（一）海洋渔业

台湾岛四面环海，海域广阔，海岛众多，海岸线长达1600公里，有大小渔港200多处。由于台湾本岛地处大陆架边缘，四周多为浅海区，水深多在200米以内。台湾西部是平均水深只有80米的台湾海峡浅海区，海底地势平坦、缓和，大陆和本岛的江河带来了大量的营养物质，是各种鱼类、虾、蟹良好的栖息和繁殖的场所。台湾东部有北上的黑潮经过，地处暖流与寒流的交汇地，其周围水域是很多大洋性洄游鱼类的必经之路，各种鱼类非常丰富①。经济性鱼类有数百种，如乌鱼、黄鳍鲔、剑旗鱼、石斑鱼等。台湾本岛地理位置适中，可以自由往返于世界各大渔场，因而自然条件异常优越，是我国东南沿海重要的渔场。

为了维护渔业营运安全和保护海洋渔业资源，当局设立禁渔区、保护区及颁布各种渔业法规以实现对渔业资源的保护和持续的利用。1948年建立了远洋单拖和

---

① 台湾地区鱼类繁多目前已经发现命名的台湾地区本土鱼类约有2400多种，占世界鱼类总数的十分之一。主要有300多种，其中，鲷鱼、鲻鱼、虱目鱼、黄鱼、鲔鱼、鱿鱼、旗鱼、鲭鱼、鲨鱼、秋刀鱼等20多种为主要捕捞鱼类。其中尤以鳗鱼、鲔鱼、鲷鱼等较为名贵。鳗鱼是一种名贵的海味食品，畅销许多国家。鲔鱼体大，平均每条重达50公斤，肉味亦佳，并可生食，是制作罐头的最好原料，主要产于海峡东南部。鲷鱼是台湾地区水产资源中数量最多，经济收益最大的鱼类。鲷鱼属寒水性鱼类，在每年春秋季时，大量富集在台湾西南岸一带。鲷鱼肉实、骨少、肉味鲜美，为鱼中上品。台湾气候温和，沿海低洼及浅海水资源丰富地区可辟为养殖区，海湾又可从事箱网养殖，养殖渔业发展条件亦甚良好。台湾水产养殖技术先进，养殖包括草虾、虱目鱼、斑节虾、牡蛎、军曹鱼、石斑鱼、文蛤和鲷鱼等，主要以石斑鱼和牡蛎为主，在台湾渔业中占据重要地位。

双拖作业的禁渔区，并于60年代后期开始限制建造小型单拖渔船和设立渔船作业渔区等。70年代以后，台湾当局陆续在台北、基隆、屏东、宜兰等9个县、市建立多处保护区，以保护台湾沿岸的各种海洋资源。1970年台湾当局公布了修正后的渔业法，对海洋捕捞业做出了详细的规定，但很不完善，对海洋水产养殖、水产加工、水产运销、渔港管理等方面却没有具体的规定。此后台湾当局陆续制定了台湾渔业管理办法；渔业登记规则；台湾船员管理规则和动力渔船输入管理办法等。台湾地区下属的各县市也相应制定了各种渔业法规。台湾地区虽然制订了花样繁多的各种渔业法规，但执行力度不够，致使渔业法规大多被搁置，没有起到应有的作用。

（二）海盐

台湾地处亚热带，盛产海盐，自古就是我国重要的产盐区，素有"东南盐库"之称。台湾盐田面积4000多公顷，主要分布于台湾西南海岸，年产海盐一度达到四五十万吨。台湾东部由于地形崎岖，大部分海岸因断层作用，岸壁陡直，是典型的断层海岸，不利于晒盐。北部又多阴雨连绵的天气，也极不适宜海盐的晒制。台湾西南部滨海一带在气象条件、地理位置、土壤及海水含盐量等自然条件方面都利于盐田地开辟。这里秋后少雨，日照充足，云量少，气温高，风速大，同时地势平坦，沙滩平铺，滩涂面积广阔，是良好的引水晒盐场，非常适于晒盐业的发展。20世纪50年代初期，台湾原盐质量较差，后来通过引进制盐技术，使台湾海盐品质转好，成本下降而且色泽纯白，达到国际标准。台湾盐场的分布面积很广，主要的产盐中心为高雄、布袋、七股和北门等几大盐场，其中尤以台南的布袋盐场最为有名，这几大盐场所产海盐占台湾海盐产量的70%以上。但由于成本和气候条件等因素制约，台湾晒盐无法与进口晒盐竞争，至2002年5月宣告停止晒盐。制盐公司开始转型进入观光旅游和服务业，盐田也大多成为观光旅游的景点。

（三）其他资源

台湾地区海藻资源也相当丰富，主要有石花菜、紫菜、海苔、江蓠、礁膜等。石花菜是"冻粉"的重要原料，主要产自澎湖列岛一带。甲壳类有10余种，包括日本对虾、长毛对虾、刀额新对虾、斑节对虾、罗氏沼虾、锯缘青蟹、梭子蟹等。各种贝类有鲍鱼、蛤蜊、牡蛎、乌贼、河蚬等10多种。台湾珊瑚资源非常丰富，台湾岛四周都产珊瑚，其中东部的太平洋是主要产地。台湾的珊瑚产量曾在20世纪六七十年代占世界总产量的80%以上，独领风骚。所产珊瑚有红、黑、紫等颜色，其中尤以桃红色珊瑚质量最佳。珊瑚是台湾所有外销产品中经济价值最高的特产，台湾珊瑚出口位居世界前十位。因此，台湾又有“珊瑚王国”的美称。但由于其不注意珊瑚资源的保护，致使过度开发，加之再生缓慢，珊瑚资源遭到严重的破坏。另外，台湾四周的海域蕴藏着丰富的海底油气和矿产资源，主要是石油、天然气、海地煤田等。滨海地区以砂矿床为主要矿物资源，有钛铁矿、磁铁矿、锆石、金红石、十字石、锡石、独居石、金刚石、黄金等砂矿资源。

台湾四面环海，海域广阔，海岛众多，海洋资源相当丰富。台湾鱼类繁多，目前已经发现命名的台湾本土鱼类约有2400多种，台湾海藻种类繁多，台湾岛四周盛产珊瑚，台湾海域蕴藏着丰富的海底油气和矿产资源。台湾丰富的海洋资源对台湾地区的经济发展起到了重要作用，海洋类相关产业在台湾经济中占据重要地位。但与此同时，由于多年来高密度经济开发，不注意资源利用的持续性，开发过于粗放，致使海洋资源受到严重破坏，沿海污染严重，海洋生态早已亮起红灯。拿台湾珊瑚来说，台湾开发珊瑚在20世纪六七十年代一度达到世界总产量的80%，独领风骚。但这是以宝贵的资源为代价，如今珊瑚资源已经枯竭，教训惨痛。当今经济发展不应以牺牲环境和资源为代价，应根据自身优势发展特色产业。海洋生态旅游无疑是最佳选择之一。海洋生态旅游是当今世界旅游的热点，台湾可依托其自身得天独厚的海洋旅游资源发展包括对海洋、沙滩、海湾、海岛（包括珊瑚岛）以及浅海水生物的观光、娱乐和休闲活动。台湾蓝天碧海、珊瑚礁石、浅海生物、风土人情、独特的海洋性气候，极具海洋旅游开发价值。这样一来，既利用了海洋资源，又保护了海洋资源，促进海洋资源自身的修复和再生。

第二章　中国台湾地区海洋产业的发展

一、海洋渔业

台湾岛的开发是以海洋经济的原始产业——海洋渔业为先导的，故台湾渔业非常兴盛。台湾岛东部海域有黑潮[①]北上，故台湾早期居民与所谓的“黑潮文化

① 黑潮是北太平洋环流的一支，这种海流与沿海居民的生产活动有密切关系。黑潮终年流经台湾东部沿海，黑潮是由于表面波浪起伏大，透明度差，从空中看为深蓝近乎黑色而得名。黑潮在夏季时表层水温可达30℃，冬季时水温在20℃左右，黑潮宽度125～170公里，深度700米左右，表面流速在1.5米/秒左右，在台湾东北海域转向东北流。黑潮流经台湾东部时，与发源于白令海峡并南下的寒流亲潮相汇再加上受到海底地形的影响，在台湾东南沿海和东北外海引起上升流现象，使这一地区渔业资源非常丰富，从而形成良好的渔场。

圈”有深厚渊源。由于台湾地处暖流与寒流的交汇地，其周围水域是很多大洋性洄游鱼类的必经之路。福建沿海渔民早在明朝时就到台湾各渔场进行捕捞作业。至明末清初时，大陆沿海渔民在台湾西部海岸各海港周围捕鱼，在鱼汛时高达万人之多。由此可见，在明、清时期，台湾地区海域的海洋捕捞业已经非常兴盛。

日本占领台湾后，虽然台湾渔业资源丰富，但水产品却是年年进口大于出口。台湾作为日本的殖民地，把捕捞的渔货和晒好的食盐发往日本，在从日本进口成品盐制鱼货。1912 年台湾开始发展单拖渔轮。以基隆为基地，日本共同渔业株式会社和台湾渔业株式会社共有渔轮 5 艘，在中国东海、南海和北部湾作业。到 1940 年前后，台湾的单拖渔轮发展到 13 艘，第二次世界大战时生产停顿[①]。

抗战胜利后，国民政府在台湾接收了“南日本水产统制株式会社”的相关渔轮，当时的“鱼管处”利用在台接收的部分渔轮建立了台湾水产公司，在基隆、高雄设立了分公司。1945 年，台湾地区能够使用的各类渔船仅为 600 余艘，总吨位不足 10 万吨。20 世纪 50、60 年代台湾地区利用外资建造了大量作业渔船，作业渔场也因此扩大。在台湾的渔业总产量中，海洋渔业产量占了很大比重。在海洋渔业内部，海洋捕捞比重虽然有所起伏，但一直占据约 70% 以上。海洋捕捞业又可以具体划分为沿岸捕捞、近海捕捞和远洋捕捞三大部分。1945 年台湾光复时，由于战争的严重破坏，近海和远洋捕捞能力非常有限，沿岸捕捞在光复 10 年内一直占据主导地位。50 年代中期以后，通过利用外资兴建大批近海、远洋渔船，使近海和远洋捕捞能力大增，至 60 年代中期，两者比重已达整个海洋捕捞的九成以上，其中远洋捕捞已达到海洋总捕捞量的近一半。至 1973 年时，沿岸捕捞仅占海洋捕捞产量的 5% 以下，之后由于加强了沿岸海洋渔业资源的保护，使其在海洋捕捞产量中的比重才有所上升。海水养殖业不断增长，由于优良的海湾非常适合网箱养殖，再加上台湾水产养殖技术先进，使海水养殖业在台湾渔业中占据重要地位。海水养殖品种包括鲷类、虱目鱼、草虾、三节虾等，海面养殖品种包括牡蛎、文蛤、石斑、海鳊等，以石斑鱼和牡蛎为主。近年来养殖渔业已占海洋渔业总产量的 20% 左右。渔业在全台湾省的农业中居第三位。2000 年，台湾渔业总产量为 135.6 万吨，产值 913.3 亿元新台币，渔业生产者约 13 万户，从业人数约 34 万人，渔业总产量居世界第 20 位。

---

① 杨国桢：《东溟水土》，江西高校出版社 2007 年版，第 90、91 页。

在台湾地区的渔业结构中，远洋捕捞占据渔业总产量的七成左右，是台湾渔业的主体。台湾地区的远洋渔业相当发达，拥有现代化的远洋渔船船队，在世界公海捕鱼国家和地区排名中位列前六位。各国近年来纷纷划定本国的专属经济区，致使公海渔场面积大幅缩减。[①] 再加上世界范围内环境资源保护意识的日益增强，渔业管理日趋严格都对台湾的远洋渔业造成了很大影响。[②] 新形势下，中国台湾的远洋船队在新的国际法规下存在着非法捕捞、越界捕捞等违规行为，再加上当局对渔业管理不善，致使台湾渔业（尤其是金枪鱼业）经常受到国际制裁。要继续维持台湾远洋渔业的竞争力，就必须推动国际间的渔业合作，遵守《联合国海洋法公约》和其他国际法规，积极配合世界各重要渔场，并与相关地区的渔业部门建立长期稳定的合作关系，力求实现产供销一体化，使远洋渔业在面临困境时稳定发展。

台湾地区养殖渔业约占渔业总产量的两成左右。由于台湾地区得天独厚的濒海资源再加上养殖技术先进，台湾养殖渔业发展较快。台湾地区水产养殖面积达90余万亩，产量超过25万吨。台湾颇具优势的养殖品种有鳗鱼、对虾、吴郭鱼和虱目鱼等，其中以对虾的养殖技术最为突出，位居世界前列。20世纪80年代以后，随着人工育苗技术的开发成熟，加之鱼用饲料质量的大幅提高，养殖开始形成规模，养殖渔业迈入国际化、企业化时代，盛极一时。但与此同时，台湾沿岸的生态环境不断恶化，养殖病害严重，养殖行业抗风险能力较弱，养殖产业由于成本上升开始外移，再加上当局有关部门管理混乱等原因，台湾水产养殖业发展目前遭遇严重滑坡甚至是衰退，困难重重。在这种情况下，应加强养殖技术的研发和推广，如循环水养殖和外海网箱养殖等。采取多样化的养殖，增加养殖品种以规避养殖风险。当局要制定合理的产业政策，使水产养殖相关产业既能长远发展又能可持续的协调有序发展，才能改变台湾水产养殖的低迷现状，保持国际竞争力。

以下图表分别为台湾地区四大渔业产量和产值图[③]。

---

① 为积极保护国际海洋环境，有效解决国际争端，规范与明确各国海洋权利义务，联合国于1982年制订《1982年联合国海洋法公约》，并于1994年开始实行。海洋法公约建构了海洋基本管理架构，被各国视为“海洋的宪章”。它最关键的是建立了200海里专属经济海域及大陆礁层管理的制度。《公约》共分17部分，连同9个附件共有446条。

② 联合国粮农组织陆续通过《负责任捕鱼宣言》、《促进公害渔船遵守国际保护与管理措施协定》、《跨界鱼种及高度洄游鱼种捕鱼宣言》等国际法规。

③ 绘图数据来源于陈永乐：《台湾省渔业概况》，载《现代渔业信息》，2003年第4期，第8~9页。

台湾地区四大渔业产量图

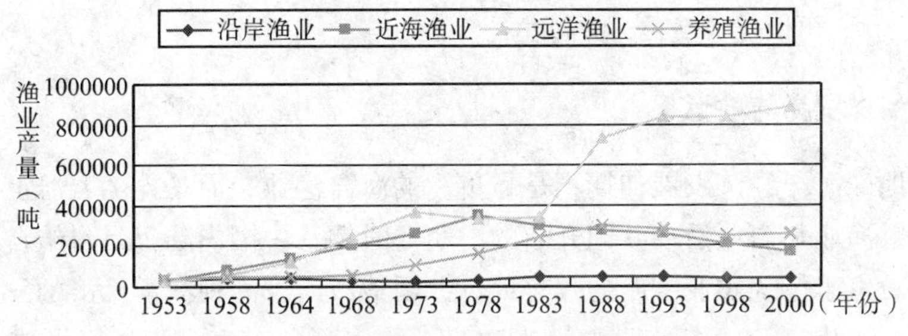

台湾地区四大渔业产值图

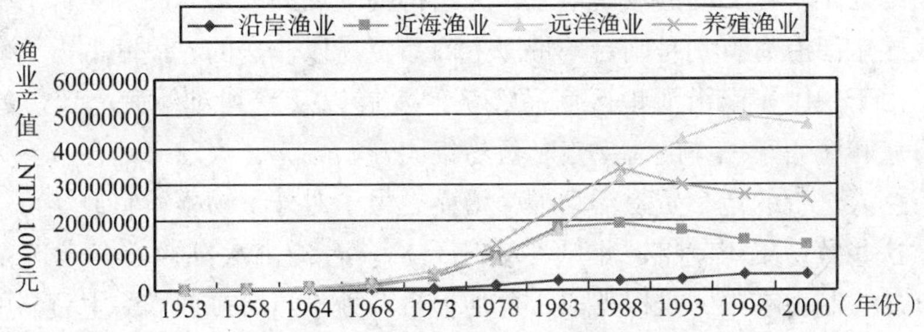

附图 3－1　台湾地区四大渔业产量/产值图

台湾地区沿岸捕捞在 20 世纪 70 年代获得的较快发展，得益于台湾沿岸渔业资源的丰富，加之台湾当局的大力扶持。包括贷款协助渔民建造渔船，兴建渔港等渔业公共设施，并实施“渔船设备机械化”、“作业科学化”及改进渔具渔法等措施。但与此同时却缺乏妥善有效的保护措施，以致长期过度捕捞，造成台湾临近海域渔业资源枯竭的现象。2000 年以后，台湾渔业衰退迹象明显。2004 年台湾渔业总体减产 16.06%，其中远洋渔业减幅最大，达 22.78%，养殖渔业减产 21.74%，沿岸渔业减产 11.69%，近海渔业略有增幅。虽然当局陆续采取一些措施保护渔业资源，但并未起到实质性的效果，因而近海渔业资源，仍然呈现长期持续性的衰退现象，渔场资源逐渐减少，沿近海捕捞逐渐没落。在这种情况下，当局应有长远的战略眼光，可效仿内地的渔业保护政策尤其是休渔政策，采用可持续的发展策略来经营海洋。由粗放式的捕捞型渔业转变为集约型的养殖型渔业，采取捕捞和养殖结合，适度捕捞，养殖为主，尤其是网箱养殖以保护原有的海洋资源。同时，可以将作为第一产业的海洋捕捞业向第三产业的服务业即渔业休闲观光转向，这是未来渔业的发展方向之一。海峡两岸在渔业发展上有充分的合作空间，祖国内地是世界上最大的渔业和水产养殖大国，但渔业发展水平和整体效益不高；台湾渔业技术和管理水平居于世界前列，具有较强的竞争力，但由于台湾地区存在渔业资源日渐枯竭，外海渔场不断缩小及劳动力不足等不利因素，渔业发展面临困境。两岸如果实现渔业合作，可以优势互补，共同发展。

二、海洋贸易与航运

台湾地区海洋经济发展初期不是靠单一的海洋渔业，而是伴随着海上贸易活动的兴起，以渔业和商业活动共同开启的。明清时期，中国内陆仍是自给自足的农业经济模式。由于传统农业文明的强势地位，明清政府都漠视海洋经济的发展，严禁中外贸易，一味实行“海禁”的海洋政策。致使我国东南沿海地区形成的海洋经济因素始终处于农业文明的从属地位，无法得到发展的政策空间和条件。但是在这一时期我国东南沿海特别是闽台一带海上商品贸易以非法的、民间的方式崛起。明中期后，由于中国东南沿海地区商品经济的发展以及受到对外海上贸易的利益驱动，集海寇和海商于一体的海上走私贸易集团开始崛起，大陆海商与日本人、西班牙人及荷兰人进行的走私贸易活动最为繁盛。由于对外贸易不被官府认可，受到官府打压，这些贸易集团就将“巢穴”定于台湾。台湾离大陆较远，政府由于海禁政策对外岛控制力有限，难以驾驭，再加上台湾处于当时东西洋海上贸易的重要通道上，使台湾成为大陆货物转贩东西洋的重要基地。1624～1661 年明末清初时期，荷兰和西班牙殖民者也以台湾为基地，进行东西方贸易。郑氏为代表的海商集团凭借其强大的海上军事力量和航海、通商等方面的优惠政策已形成横贯东西方复杂的海上贸易网络。

日本在台湾开始殖民统治后，中国大陆与台湾的两岸海运贸易逐步萎缩，而后处于近乎停滞状态，台湾与大陆贸易所开的特别港口走向衰落。清朝末年进入台湾的西洋贸易势力也随着日本的殖民统治开始淡出台湾。日本殖民政府不断执行“日台经济一体化”殖民政策，并在台湾岛内建设比较先进的交通网络、奖励日台海上航运贸易、统一日台之间的通货及建立近代银行等措施，都是促使台湾与日本的贸易蓬勃兴起的有利因素。当时，日本在台湾开设 7 家轮船公司，以营运台日各港口间的定期和不定期航线。这 7 家轮船公司共有轮船 63 艘，合计 33 万吨。日本殖民当局的鼓励日台贸易政策和海运补助政策虽然是为其加强殖民统治和对外进行侵略扩张服务，但客观上对台湾航运与贸易的影响很大，不但促使台湾港口体系重组，发展了以基隆港为主的对日轮船航运与贸易。

台湾光复以后，随着台湾经济的腾飞，对外贸易大幅增加。由于对外贸易很大程度上依赖于航运（特别是海运），使台湾海运事业获得较大的发展机遇和空间。其中台湾集装箱航运公司更是在世界前十位中占据两家，成为世界主要的商船队之

一。1952 年，台湾有轮船 124 艘，总吨位只有 36.5 万载重吨。从 60 年代起，台湾当局开始实施《商船淘汰更新计划》，开始投入巨资建厂造船及购买半新船舶。至 1982 年时，台湾有轮船 176 艘（200 总吨以上），总吨位达 248 万载重吨。到 1991 年达 252 艘，总吨位 960.3 万载重吨。2002 年，台湾有轮船 241 艘（200 总吨以上），总吨位 682 万载重吨，与 20 世纪 90 年代初相比大幅下降。

台湾海运公司包括公营公司和民营公司两类。公营公司包括“国营”的招商局轮船公司①和“省营”的台湾航业公司；民营公司众多，1971 年时有 130 家，至 1982 年时达 280 余家。包括“中国航运公司”、第一航业公司、阳明海运公司②、长荣海运公司③、益利轮船公司和复兴轮船公司等。其中尤以“中国航运公司”历史最为悠久且实力雄厚。台湾海运公司在 20 世纪 50 ~ 70 年代先后开辟到日本、美国、中国香港地区、东南亚、欧洲、中南美洲、非洲、加勒比地区、中东、澳洲及新加坡等国家和地区的国际航线。在十余条航线中以台美线、台日线和台港线最为重要，为最主要的航线。台湾货轮于 1998 年首航内地深圳盐田港，从而开辟了深圳盐田—香港—高雄—日本—美国西岸的集装箱运输航线。接着分别又于 1999 年、2002 年相继开通上海—青岛—香港—高雄—基隆—石垣和海口—香港—高雄—小仓—广岛—梅口两条通往内地的海运航线。中国台湾近海航运主要围绕台岛各大港口展开，如高雄—台东—花莲航线，从而充分利用航运运量大、成本低、耗能少等优点，逐步实现近海航运代替陆上运输的目的。

三、海港的兴起

从事海洋渔业的渔民，从事海上贸易的商人，先后入台的荷兰、西班牙人以及后来经营台湾的郑氏集团都将台湾的诸多海港作为海上贸易的重要中转基地，促进了台湾港口同时作为渔港和商港的兴起。台湾北部、西南部、南部沿海的魍港、大员港、基隆（鸡笼）、淡水港、高雄港（打狗港）、鹿耳门港等为渔人、走私商人

---

① 台湾为壮大海运力量，1981 年 7 月将招商局轮船公司改为阳明海运公司（民营），原属于招商局的多数船只也更改船名。台湾当局先后为其订造 2.5 万载重吨的全集装箱船 4 艘，投入北欧集装箱航线，与民营长荣海运公司开展激烈竞争，使其集装箱船队迅速扩大，由成立之初拥有各类船舶 16 艘，计 31.85 万载重吨，发展到 1993 年，仅集装箱船已有 21 艘，约 56750 箱位，跻身世界二十大集装箱船公司中的第十二位。转引自曾呈奎，徐鸿儒，王春林：《中国海洋志》，大象出版社 2003 年版，第 591 页。

② 阳明海运公司成立于 1972 年 12 月 28 日，总部位于台湾省基隆市，1978 年开始经营货柜运输，是具备内陆运输、码头装卸、投资和国际物流的海运集团。截至 2006 年 12 月底，阳明海运拥有 94 艘营运船舶，承运量高达 400 万载重吨，年营运货柜逾 240 万 TEUS。

③ 长荣海运公司于 1968 年 9 月 1 日在台北成立，以一艘 20 年船龄的杂货船起家，1975 年开辟远东至美国东岸的全货柜定期航线，1979 年开辟至欧洲的集装箱航线，1984 年开辟东西双向环球航线，1994 年开始进入内地市场，其服务网络遍及全球，全盛时期拥有集装箱船舶达 148 艘，曾在世界前十大集装箱航运公司中位列第 3 位，至 2006 年时位列第 7 位。

加以开发和利用。大员港是明末清初时台湾的首要港口，是台湾西南海岸较为优良的深水港，其周围海域又是生产鱼虾的天然渔场。凭借其优良的自然地理条件成为台湾重要的渔港和走私贸易基地。基隆港位于台湾北部沿海，“其港三面皆山，独北面瀚海”。基隆港水位较深，港内广阔，有着较为理想的建港条件。福建沿海居民在明朝初兴时就开始利用基隆港与当地居民进行贸易，在西班牙和荷兰相继占据时期，基隆港作为东西方贸易的港口进行走私贸易。郑成功时，由于其地处台湾北部，军事防御功能凸显，作为贸易商港的功能渐趋衰落。至清政府中后期，其贸易商港的功能及对外贸易又逐渐恢复。同治二年（1863），清政府在此设立海关，正式辟为商港。高雄港现为台湾地区第一大港。高雄港早在明末就被闽粤渔民发现，称为打狗港。大船进港虽不方便，但进港以后可以躲避风浪，是良好的避风港。明末清初，高雄港已成为台湾最重要的渔港之一。同治二年（1863），清政府正式辟高雄为商埠，高雄对外贸易开始发展起来。鹿耳门港在荷兰占据台湾时开始逐步形成，郑成功时以鹿耳门港发展闽台贸易和东西方贸易。康熙二十三年（1684 年），鹿耳门港被指定为台湾地区唯一的正式出入口岸，和厦门对渡，成为“群治之咽喉，全台之门户。”但随后由于港口条件较差，逐渐废弃，被安平商港取代，安平随后成为闽台贸易和东西方贸易的集散地，成为商业和贸易中心。

日本占领台湾后，从 1899 年开始对基隆港先后进行了五期建设，主要是填海造地，增加港内锚地，改扩建码头、仓库，添加机械设备以及修筑防波堤等。至日占后期，基隆港可停泊各类船舶 400 余艘，成为当时台湾最大的海运港口，也是台湾对外贸易的航运中心。1928 年时，港内水面约 5 万平方米，水深在 4 米左右。为强化殖民统治和进行资源掠夺，日本殖民当局从 1908 开始对高雄港进行了修建和扩建，历经三次较大的工程，分别为：第一期 1908～1911 年，工程完工后，港内可同时停泊 11 艘 3000 吨级轮船，年吞吐量达 45 万吨。第二期 1912～1937 年，工程完工后，港内可同时停泊 1000 吨级以上船舶 26 艘，年吞吐量达 100 万吨，港内可停泊 5000 吨级船舶。第三期 1938～1944 年，工程完工后，港内可同时停泊 1 万吨级轮船 34 艘[①]。高雄港成为台湾东南部的航运中心和远洋渔业中心。

台湾光复以后，高雄港进行了多次扩建，成为著名的国际性港口和航运中心，成为全台湾的高附加值产品加工再出口基地。全港有码头近 100 座，包括 58 座深水码头和 18 座集装箱码头，是远东地区最大的集装箱转运码头之一。高雄港为台湾岛第一大港，也是台湾南部的海上门户。由于先天条件优越，加之集装箱运输起

① 部分数据引自黄民生：《闽台港口开发对比》，载《经济地理》，2001 年第 1 期，第 81～85 页。

步较早，1980年港口吞吐量迅速跃升到世界前十强，1986年成为全球最大的集装箱港，至1995年时完成集装箱吞吐量505.3万TEU（标准箱），在世界上仅次于中国香港和新加坡，位居第三。此后，由于港口吞吐量增长速度不及大陆及韩国大港，排名略有下降①，至2002年时，高雄港进出港轮船计36484艘，总吨位为65493万吨。集装箱吞吐量849.3万TEU，有118个码头泊位，排名世界第五。基隆港在二战中受到严重破坏，光复以后开始重建，逐渐成为台湾北部的航运中心和港务行政中心，台湾北部进出口的货物大都经由基隆港进行转入和转出。在20世纪六七十年代进行了三次扩建，此后历经多年开发，到80年代逐渐成为台湾地区仅次于高雄港的国际性港口。1995年集装箱吞吐量216.5万TEU，成为世界上第12大集装箱港口。全港共有码头57座（营业码头40个），其中货柜码头15座，杂货码头24座，客运码头2座，其他码头16座。至2002年时，基隆港共计进出港船舶18164艘，进出港总吨位数计23794万吨，货物吞吐量3454万吨，货物装卸量8891万吨，集装箱装卸量为192万个标准箱。台湾的高雄港和基隆港分别为全球第5大和第30大集装箱港口（2002），不过到2006年时，高雄港和基隆港排名都有所下滑。下表为2002年和2006年中国集装箱港的排名：

附表4－1　　2002年和2006年中国集装箱港排名

2002年中国集装箱港排名			2006年中国集装箱港排名		
中国排名	港口	世界排名	中国排名	港口	世界排名
1	香港	1	1	香港	2
2	上海	4	2	上海	3
3	高雄	5	3	深圳	4
4	深圳	6	4	高雄	6
5	青岛	15	5	青岛	11
6	天津	24	6	宁波	13
7	广州	27	7	广州	15
8	基隆	31	8	天津	17
9	宁波	32	9	厦门	22
10	厦门	36	10	大连	26
11	大连	53	11	基隆	44（2005年）

资料来源：中国港口集装箱网有关统计摘编

① 1993～1999年世界排名第3位，2000年被韩国釜山港超过，从第3位降为第4位；2002年被内地上海港超过而降为第5位；2003年又被内地深圳盐田港超过降为第6位。

除高雄港和基隆港外，台湾四大国际商务港还包括花莲①、台中②两港。苏澳③为国际商务辅助港，台东、马公为内航港口，此外还有布袋、鹿港、新港、淡水、台西等次要港口。台湾当局重视对港口等基础设施的建设。从1976年到1981年5年间计划投资133亿元新台币，到1990年时更是增加到253.97亿新台币。1992年时，台湾港口总吞吐量达1.292亿吨，港口集装箱吞吐量为590万TEU。

附表4-2　台湾地区三大集装箱港口吞吐量比较（1990~2006年）　（%）

年度	高雄港		基隆港		台中港	
	吞吐量	增长率	吞吐量	增长率	吞吐量	增长率
1990	349.5	—	184.1	—	12.8	—
1991	391.3	12.0	200.8	9.1	20.9	63.0
1992	395.1	1.2	194.1	-3.3	27.8	33.0
1993	463.3	17.1	188.6	-2.8	30.3	9.0
1994	490.0	5.7	204.7	8.5	36.1	19.2
1995	505.3	3.1	216.5	5.8	44.7	23.8
1996	506.3	0.2	210.9	-2.6	69.5	55.5
1997	569.3	12.4	198.1	-6.0	84.2	21.2
1998	627.1	10.1	170.7	-13.8	88.0	4.5
1999	698.5	11.4	166.6	-2.4	110.7	25.8
2000	742.6	6.3	195.5	17.3	113.0	2.0
2001	754.1	1.5	181.6	-7.1	106.9	-5.4
2002	849.3	12.6	191.8	5.6	119.3	11.6
2003	884.0	4.1	200.1	4.3	124.6	4.5
2004	971.0	9.8	207.0	3.4	124.5	-0.08
2005	947.1	-2.5	209.1	1.0	122.9	-1.3
2006	977.4	3.2	212	1.4	119.5	-2.8

资料来源：中国台湾省交通运输研究所。

---

① 花莲港原隶属基隆港系，位于东海岸中部，是台湾东部最大的港口。1962年开港，1974年开辟为国际港，营运量大幅增加。港区航道水深9.7~17.5米，锚地共7200平方米。自1959年底开始历时20年进行了三期扩建内港工程，拓宽航道和扩大港池水域，使港口吞吐量达到290万吨。1979~1985年扩建外港，至90年代初，港口有营业码头22座，总长4025米，起重机4台，堆高机25台，拖船4艘。港口主要运输散杂货。国际航线遍及东南亚、美、日、韩等。2002年，花莲港进出港船舶共计4673艘（进港2336艘，出港2337艘），总吨位达3111万吨。上述内容部分来源于中国网。

② 台中港1976年开港，1973年开始兴建，港区泊地水域面积487万平方米，有营运码头29座，长6530米，可停船舶29艘，拥有起重机21台，堆高机95台，驳船3艘，拖船8艘。2002年，进出港船舶11081艘（进港5546艘，出港5535艘），总吨位15357万吨，集装箱装卸58万TEU。台中港的发展目标是将港口建设成为拥有88座码头的全方位、多功能的国际大港。数据源于中国网。

③ 苏澳港1978年开港，1974年开始兴建，历时9年，为基隆港的辅助商务港。港区水域面积28.4万平方米，港区航道水深24米，可容8万吨船舶出入，起重机6台，堆高机8台，拖船6艘。2002年，进出港船舶共计1354艘（进港687艘，出港687艘），总吨位1150万吨。数据来源于中国网。

台湾是世界上集装箱港口发达的地区之一。1995 年 1 月，台湾当局出台了“发展台湾成为亚太营运中心计划”，其中包括将台湾港口建设成为亚太海运转运中心的计划。进入 21 世纪又提出将高雄港发展成为“洲际货柜转运中心”，并列入“挑战 2008 国家发展重点计划”（2002～2008），力争将高雄港建设成为国际枢纽大港。2003 年 4 月，台湾当局正式开放大陆所有货物经台湾各港口进行各种方式的转运。但台湾当局对港口管理混乱，对港口的管理由“台湾省政府交通处”、“海关总局”、“海军军港管理所”、“港务局”及“海军海岸测量局”等共同负责，由于政出多门，行政效率低下。台湾海港普遍存在着收费过高、服务质量和形象不佳及争取中转箱的措施不力等诸多不足。要提高台湾港口的竞争力，积极推进两岸港口业合作，不失为一种好的选择。两岸港口虽然存在着一定的竞争关系，但两者发展各具优势，一旦两岸直通开放，可实现优势互补。再加上两岸经济逐渐融为一体以及台湾海峡作为黄金水道的天然区位优势，如若实现良好合作，定能促进两岸港口业的发展，实现共赢。

四、海盐

早期的台湾居民，以鹿肉等与来台捕鱼的大陆沿海渔民互换取得所需食盐。至 1624 年荷兰占领台湾时，食盐仍然从大陆沿海输入。郑成功收复台湾后，从 1665 年郑氏参军陈永华教民晒盐，引入大陆沿海的晒盐法，开辟濑口盐埕（今台南市南区盐埕南方），成为台湾记载本岛最早的晒盐田。随后由于人口增加，又分别在今台南县永康盐行与高雄市盐埕区开辟“洲仔尾盐田”与“打狗盐田”，食盐也开始由民间自由交易，官方就盐埕面积课征盐埕税。至清朝时，官方沿用郑氏体制，食盐仍可以自由贸易，但由于人口大幅增加，食盐市场供需逐渐失调，盐价波动剧烈。1726 年清政府引入大陆食盐体制，实施食盐官方专卖制度。在此后 170 年间，政府陆续在台湾西南滨海地区开辟濑北场（台南盐埕盐田）、濑西场（高雄弥陀盐田）、濑东场（高雄大林浦盐田）、佳里外渡头盐田、北门旧埕盐田及布袋盐田等晒盐场。红顶商人吴尚新为清嘉庆、道光年间府城最富有的盐商，其父子在台南、嘉义两县主持盐贩馆。吴尚新参考大陆沿海晒盐法改良台湾晒盐技术，使台湾晒盐技术大幅改进。1868 年（同治七年），设全台盐务总局，主持盐政，在台南府特设台南盐务总局主管产运销事务。1884 年（光绪十年），刘铭传改革盐制，令巡抚兼任盐务总理，将台南盐务总局改为盐务分局，在台北府城内设全台盐务总局，统领台湾盐政。

日本占领台湾地区不久即成立“盐政调查委员会”，调查台湾盐业。殖民当局

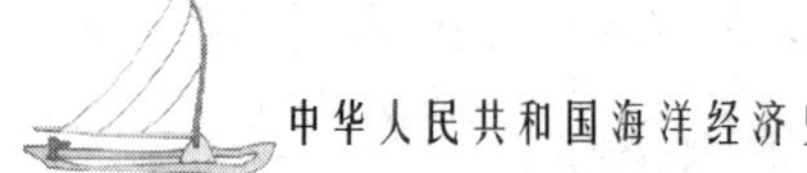

认为专卖制度容易产生弊端，即放弃专卖制度重新采用自由产销体制。专卖体制废除后，盐贩晒盐求售无门加之不愿受日本人指使，盐田纷纷废弃。当时全岛原南部五大盐场盐滩仅存198甲。另北部有淋卤式5甲，共计203甲。1899年，殖民当局不得以公布了食盐专卖规则，食盐列入专卖品，并奖励民间修复盐场与投资盐业生产，台湾盐业才重新恢复。此间，新增台南安顺、湾里盐田，东石掌潭盐田，永安乌树林盐田，北门中洲、蚵寮与王爷港盐田，高雄盐埕盐田。此后，随着日本军国主义的狂热和对外扩张的需要，开始把台湾盐业开始改造为日本战争工业的重要一环。至1925年时，台湾盐田面积共有2348甲，产量约20公吨，约13公吨盐运往日本国内。日本殖民当局在20世纪30年代开始有计划引进日本财团资金，改进台湾晒盐工业。陆续开辟台南四草、布袋新塭、七股台区与中寮、顶山、后港、高雄竹沪等新式盐田。在此期间，台湾盐业陆续引入卤水浓度度量、盐品化验、气象探测等科学实验技术，引入再制盐工场、洗涤盐工场、煎熬盐工场、盐品化验室、真空盐蒸馏塔等先进制造工艺，再加上抽水马达与火车先进动力设备的采用，使台湾盐业有了新的发展。

1945年日本战败投降，中国政府收回台湾，并接收所有会社晒盐场和相关设备，随后成立台湾制盐总厂继续从事盐业生产，政府开始独占盐业经营。大陆来台的盐业管理人员融合了日本人及大陆盐工的制盐经验，使台湾盐业融入了新的生产技术及管理方式，一定程度上促进了晒盐工业的技术进步。由于受到长期的殖民统治和战后初期的经济萧条，台湾工业落后。为赚取外汇以弥补财政需要，食盐开始出口。台湾原盐质量较差，后来通过引进先进制盐技术，使台湾海盐品质转好，成本下降而且色泽纯白，尤其是70年代在苗栗县新建的通宵电析精盐厂完工，采用离子交换膜法，生产高品质的精盐，产量也比较稳定，将台湾食盐品质提升到国际水准。台盐面对传统晒盐方式成本偏高、晒盐青壮年劳动力外流，及晒盐品质未能达到硷氯工业的需求等问题，决定大规模实施盐滩机械化，从而降低晒盐生产成本、提高晒盐品质。虽然新盐滩的开发和大规模实施盐滩机械化，大幅提高了晒盐产量，来满足台湾经济增长对大量工业用盐需求，但工业用盐仍然需求大于供给。在这种情况下，台盐开始扩建七股扇形盐场，盐场区面积广达2700余公顷，成为台湾工业用盐的重要供应基地。但由于成本和气候条件等因素制约，无法与进口晒盐竞争，至2002年5月宣告停止晒盐。盐专卖制度也被正式废除，台湾开始迎来进口盐时代。结束晒盐的盐田收归“公有”，台盐公司也在2003年完成民营化，转型到观光旅游和服务产业，现在的盐田大多都已变成观光旅游的景点。台湾338年的晒盐产业从此走入历史。

五、台湾造船

20世纪60年代起，台湾当局开始投入大量资金用于购买船舶和建厂造船。1970年，台湾营运船队仅有170艘201万载重吨。至1991年发展到252艘960.3万载重吨。其中集装箱船有79艘239.5万载重吨。台湾最大的造船厂是“中国造船公司①”，它包括两个厂，分别是南部的高雄造船总厂和北部的基隆造船总厂。其中高雄造船厂② 1976年6月建成，位于台湾南部高雄港口，为填海所建，是台湾“十大建设”之一，耗资2亿多美元，以建造大型船舶为目标。基隆造船厂始建于日本占领时期，1946年改为公营台湾造船公司，当时仅能建造小型的木质和钢质渔船。60年代与日本石川岛播磨重工合作，才使其造船能力大幅提高，能够建造10万吨级油轮、5.8万吨级散装货轮和5500吨级冷藏船舶，并能修理13万吨级以下各种船舶。除“中船”外，较大的造船公司还有公营台湾机械造船有限公司和民营庆富造船公司等。据1981年版“台湾总览”，台湾有136家民营造船企业，其中造船年产量3000~6000吨的有5家，1000~3000吨的有113家，1000吨以下的有18家。民营造船企业生产各种渔船、拖船、帆船和游艇等，有些专门建造游艇以供出口。20世纪70年代，由于对外贸易大幅增加和捕捞渔业的兴旺，再加上高雄造船厂的建成，台湾造船业进入较快发展时期。造船总量由1970年的21.7万吨猛增至1977年70.4万吨。台船在70年代建造10万吨级油船10艘，6万吨巴拿马籍散装货船7艘，28000吨级散货船20余艘，6000吨木材船10余艘③，并培养了大量造船人才。

进入80年代后，由于受世界经济不景气大环境和台湾造船业不利内部环境的双重影响下，台湾造船业受到较大冲击，造船总量大幅下降，由80年代初的1500艘降至1993年的264艘，台湾造船业进入低潮期。进入80年代后，世界经济发展开始放慢，特别是受到第二次石油危机的影响，国外大型油轮订单大幅减少。由于《联合国海洋法公约》的制定和实施，各国纷纷建立专属经济海域，使公海渔场锐

---

① 台湾当局为实现造船资源优化整合，提高台湾造船业的整体竞争力，于1978年初将台湾造船公司（基隆造船厂）与高雄造船厂合并组成“中国造船公司（CSBC）”，简称“中船”。

② 高雄造船厂年造船能力150万载重吨、修船250万总吨。该厂有百万吨级三段式造船坞1座、350吨自动门型吊车2座、112万平方米船体车间和1.6万平方米舣装车间各一个。该厂能同时建造两艘44万吨级油轮，同时建造多艘中型船舶或能修理15万吨级以上各型船舶，还能建造军用舰艇和专门用途船。该厂以建造商船为主，产能占台湾造船业的2/3，居于主导地位。引自黎泉兴：《台湾的造船工业》，载《海峡科技与产业》，1995年第5期。

③ 上述数据引自王伟辉：《台湾造船及相关工业之成长及发展》，载《船舶工程》，1994年第4期，第28~31页。

减，台湾远洋渔业受限。再加上台湾近海渔业资源的枯竭，台当局限制建造新渔船的政策，使渔船产量大减。最后连一向视为具有竞争优势的游艇业产量也在逐年下滑。在台湾造船业内部，首先，台湾当局政策不力，缺乏有效的激励和扶持措施，贷款利率偏高，而台湾造船公司多为中小型企业①，缺乏必要的融资渠道，再加上订船采用延期付款的方式，致使资金周转困难，债务负担加重；其次，造船的相关配套产业水平较低，虽然船舶所用的空调、电线、电缆、钢板、油漆等岛内可生产，但航海仪器、通讯器材、泵阀、锅炉等主机等相关船用品多靠进口，致使大量外购，拉高成本；再其次，台湾造船业科技更新缓慢，缺乏自主设计能力。受大环境的影响，各造船厂纷纷转入多元化生产，以维持正常的经营活动。再加上订单数量的限制，往往委托船东或国外船厂设计船舶蓝图，从而使科技更新缓慢，缺乏自主设计能力。特别是1997年亚洲金融危机使汇率大幅波动，致使造船和修船价格大幅下滑加重了台湾造船业的危机②。

要摆脱台湾造船业的困境，必须采取一些行之有效的措施。台湾当局着力扩大内需市场，提高“行政院”海巡署的公务船艇需求。落实“国舰国造”，力求自行建造小型军舰和巡逻艇；其次，促进造船相关产业的融合，由于造船工业涉及钢铁、机械、电子、化工、电机、航海仪器、油漆等相关行业，相关行业发展必然会带动造船工业的发展，应采取措施促进相关行业优化升级。再其次，最根本的是提高造船工业的竞争力，应加大科研投入和技术引进，促进技术升级，提高自主设计和创新能力。最后，台湾造船工业的未来在大陆。祖国内地自改革开放以来，经济快速增长，对外贸易迅速增加，对船舶需求大增。同其他行业一样，大陆具有原材料和人力资源优势，加之科研实力较强，两岸之间具有极强的互补性。应尽快开展合作，才能促进两岸造船业双赢。

第三章　中国台湾地区海洋管理体制

一、“海巡署”

20世纪90年代，台湾地区的海岸管制、海洋运输及安全检查、缉私和巡防等

---

① 据2001年有关统计资料，台湾省造船企业约140家，其中大型造船企业1家（为“中国造船公司”），中小型造船企业94家，游艇厂35家，船舶配套厂10家。

② 援引台湾“国营公司经济委员会”的消息披露，从1998年7月到1999年6月的财年里，台湾的中国造船公司亏损额达11亿新台币（约3370万美元）。

工作分别由多个单位分别掌管。由于各自为政，不能达到很好的协同效果。为统一台湾海岸和台湾海洋的管辖权，提高行政职能和效率，台湾当局于2000年2月1日成立“行政院海岸巡防署”纳编相关单位涉海机关①，作为台湾海域执法专责机关，其主要职能有：海域巡护；进出台湾港口水上运输工具的安全检查；稽查走私；防止偷渡；海岸管制区的管制和安全维护；对通商口岸人员进行安全检查及其他犯罪调查；海洋巡防涉外事务的协调；走私调查和情报搜集；海洋事务研究和发展事项等。“海巡署”包括“海洋巡防总局”和“海岸巡防总局”两大机构。“海洋巡防总局”设在淡水，包括16个海巡队、3个机动海巡队和1个直属船队，有各式舰艇100余艘。其担负的主要任务包括远洋、近海巡护，海上救难，海上缉私，海上环境保护及生态保育。“海岸巡防总局”位于中和，包括北巡局、中巡局、南巡局、东巡局。下又分为岸巡总队、大队、中队。其中南巡局还辖有东沙与南沙指挥部。其担负的主要任务包括科技监控、机巡、步巡、商渔港安检、河搜组安检等②。

二、“渔业署”

“行政院农委会渔业署”于1998年8月1日成立，为强化其职能并提高行政效率，台湾当局在1999年将台湾省农林厅渔业局并入“渔业署”，使“渔业署”统一负责管理和发展渔业。具体来说，“渔业署”主要职能是进行鱼产品的深加工、研制开发新的鱼产品并建立相应认证标准；对鱼市场进行改扩建并充实完善基础设施；在各渔港建立鱼产品直销中心，以简化销售环节；推广电子商务网站“渔网打尽”并连接台湾内外渔业相关网站；建立并推广鱼市场电脑拍卖制度；举办鱼产品促销活动等。通过上述措施改进台湾鱼产品加工、运输和销售各环节，以提升鱼产品品质，保持竞争优势，提高科技含量，促进相关产业升级。

三、台湾渔会

台湾渔会是以维护渔业权益、保障渔民利益、促进渔业安全和有效实现渔民自救自助的民间性的中介组织，并受台湾当局有关部门的指导和监督。由于台湾渔会历史悠久，其运作也比较成熟，能够有效发挥作为渔业主体渔民在其互助联合中的

---

① 台湾当局“行政院”规划纳编原“国防部”海岸巡防司令部、“内政部”警政署水上警察局及“财政部”关税总局缉私舰艇等单位，在不增加总员额的原则下，编成“行政院海岸巡防署”。

② 据韩东：《海岸巡防署——台湾“海上警察”》，载《当代海军》，2002年第9期，第43页，相关内容摘编。

积极作用，是对政府渔业管理体制的有效补充，并实现两者相互联合互动，从最大程度上降低渔业和渔民损失。台湾渔会体系比较完备，共分为“全国渔会”、“省（市）渔会”和区渔会三级，其中区渔会40多个，包括了所有主要的产渔区。由于台湾渔会职能比较完备，对渔民能够提供周到的服务和权益的保障，再加上入会费一年只有几百新台币，渔民对入会比较踊跃。根据台湾当局《渔业法》，渔会的职能或工作内容包括以下四个方面：渔会可直接办理的事项、渔会配合办理事项、受委托办理事项、特准办理或指定办理事项。渔会在台湾渔业发展中起着重要的作用，实现了渔民自主管理与政府指导监督相结合，是台湾现代渔业组织管理的重要形式。

参考文献

1. 《当代中国》丛书编辑部：《当代中国的海洋事业》，中国社会科学出版社1985年版。

2. 陈国少，肖星，常工：《台港澳手册》，华艺出版社1990年版。

3. 陈剑峰，赖荣欣：《闽台港口航运合作分析》，载《泉州师范学院学报（自然科学）》，2001年第6期，第60~64页。

4. 陈永乐，曲善庆：《台湾省渔业概况》，载《现代渔业信息》，2003年第4期，第8~12页。

5. 陈永乐，曲善庆：《台湾渔业概况》，载《水产科技》，2003年第1期，第42~46页。

6. 丁永良，张明华：《台湾省的特色水产养殖业与工业化养鱼》，载《现代渔业信息》，2003年第6期，第9~13页。

7. 付景川：《世界名岛》，长春出版社2003年第1期。

8. 付景川：《世界名岛》，长春出版社2006年第1期。

9. 傅骊元：《亚洲的崛起》，北京大学出版社2005年第9期。

10. 高雪峰，郭保春：《台湾三大港口发展脉象》，载《中国物流》，2007年第6期，第78~81页。

11. 根涌：《台湾的造船、海运和海港》，载《天津航海》，1982年第4期，第38~40页。

12. 龚少军：《高雄港在全球集装箱港排名下滑的原因及对策》，载《浙江交通职业技术学院学报》，2004年第4期，第26~29页。

13. 龚义式：《台湾港口的竞争力现状》，载《集装箱化》，1998年第3期，第

25 ~ 27 页。

14. 郭文路，黄硕琳：《我国台湾的渔会及其职能》，载《中国渔业经济》，2001 年第 4 期，第 23 ~ 24 页。

15. 韩东：《海岸巡防署——台湾“海上警察”》，载《当代海军》，2002 年第 7 期，第 43 页。

16. 胡欣：《中国经济地理（第五版)》，立信会计出版社 2005 年版。

17. 黄民生，廖善刚：《台湾海峡两岸港湾资源特点和开发利用》，载《热带地理》，1999 年第 4 期，第 294 ~ 299 页。

18. 黄民生：《闽台港口开发对比》，载《经济地理》，2001 年第 21 期，第 81 ~ 85 页。

19. 柯贤柱：《台湾海运发展面面观》，载《交通世界》，1994 年第 3 期，第 13 ~ 16 页。

20. 黎泉兴：《台湾的造船工业》，载《海峡科技与产业》，1995 年第 5 期，第 14 ~ 16 页。

21. 李长久，卢云亭：《海峡》，海洋出版社 1987 年版。

22. 李建华，许正春：《台湾积极发展外海网箱养殖》，载《台湾农业探索》，2004 年第 4 期，第 26 ~ 27 页。

23. 李建华：《台湾水产养殖业之困境与发展策略》，载《福建农业科技》，2005 年第 1 期，第 50 ~ 52 页。

24. 吕淑梅：《陆岛网络——台湾海港的兴起》，江西高校出版社 2007 年版。

25. 吕淑梅：《台湾早期海港与陆岛网络的初步形成》，载《中国社会经济史》，1999 年第 2 期，第 50 ~ 58 页。

26. 罗志涛：《福建省水产学会赴台湾考察团考察报告》，载《福建水产》，2002 年第 4 期，第 1 ~ 7 页。

27. 石正方：《高雄港城经济发展的困境与出路》，载《亚太经济》，2004 年第 3 期，第 85 ~ 87 页。

28. 宋全忠：《中国导游十万个为什么——台湾》，中国旅游出版社 2006 年版。

29. 苏红宇：《台湾舰船工业》，载《船舶市场》，2002 年第 9 期，第 34 ~ 46 页。

30. 孙小红，路静：《台湾——祖国的宝岛》，江苏教育出版社 2000 年版。

31. 谭征：《海洋博物馆》，天津教育出版社 1996 年版。

32. 王伟辉：《台湾造船及相关工业之成长及发展》，载《船舶工程》，1994 年第 4 期，第 28 ~ 31 页。

33. 王毓宽，王中：《我国海岛型经济开发初探》，载《海洋开发与管理》，1986年第4期，第4~7页。

34. 吴成业，黄颖：《在WTO环境下的闽台渔业合作与交流之构想》，载《福建水产》，2002年第3期，第33~37页。

35. 吴士存：《世界著名岛屿经济体选论》，世界知识出版社2006年版。

36. 徐逸桥：《台湾主要国际贸易港口现状与未来发展趋势研究》，载《世界之窗》，2003年第11期，第47~49页。

37. 徐云国，邓子彬：《高雄港经验值得借鉴》，载《集装箱化》，2002年第11期，第29~31页。

38. 徐质斌：《海岛区域经济的特点和管理的重点》，载《地理学与国土研究》，1990年第6期，第35~36页。

39. 杨国桢：《东溟水土》，江西高校出版社2007年版。

40. 杨国桢：《明清中国沿海社会与海外移民》，高等教育出版社1997年版。

41. 杨纪明：《台湾海洋渔业资源开发与研究》，载《海洋科学》，1995年第4期，第40~42页。

42. 杨文鹤：《中国海岛》，海洋出版社2000年版。

43. 叶向东：《现代海洋经济理论》，冶金工业出版社2006年版。

44. 俞连福，韩保平：《台湾省渔业近况概述》，载《海洋渔业》，2000年第4期，第173~176页。

45. 曾呈奎，徐鸿儒，王春林：《中国海洋志》，大象出版社2003年版。

46. 翟文明：《话说中国》，中国和平出版社2006年版。

47. 张荣忠：《发展中的台湾岛港口》，载《港口经济》，2003年第6期，第49~50页。

48. 张弈：《中国地理速读》，光明日报出版社2005年版。

49. 张泽南，弟增智：《走向海洋的中国》，福建教育出版社2000年版。

50. 赵玉榕：《台湾渔业的困境与出路》，载《两岸关系》，2006年第10期，第15~17页。

51. 中国社科院农业经济研究所，农牧渔业部水产局，全国渔业经济研究会：《中国海洋经济》。

附录五

中国香港地区海洋经济演变

第一章　中国香港地区海洋经济概况

一、自然条件

香港位于珠江口外东侧，西与澳门隔珠江口相望，北同深圳相毗邻，是中国大陆南部沿海的行政特区。香港由香港岛、九龙半岛和新界三部分组成，全境面积约1104平方千米，其中香港岛面积80.47平方千米，九龙半岛面积46.93平方千米，新界面积及235个离岛约976.57平方千米。

香港的地理位置和自然条件优越。东北和东南季风季节性交替形成的季风气候在冬季将华东延安冷水（台湾海流），夏季将华南暖海水（海南海流）带到香港。黑潮一分支在冬季经吕宋海峡进入中国南海，流经香港附近，保持短暂寒冷季节珊瑚群落生长的海温条件。因此，沿海生物群落同时具有空间上和时间上的多样性。香港岛与九龙之间的维多利亚湾，面积达59平方千米，宽度1.2千米~9.6千米不等，港内波浪作用较弱而潮流流速较大，淤积少，水深条件好，可停泊远洋巨轮。因此维多利亚港是世界上最优良的天然海港之一。香港也是重要的旅游胜地，每年游客达900余万。

二、海洋经济的变迁和沿革

香港从一个荒僻的小渔村发展成为今天的国际金融、贸易与航运中心经历了百余年的历程，由于其特殊的地理位置和自然条件，香港海洋经济随着其港口经济在不同时期的不同作用而发展变迁，主要经历了小渔村时期、转口港时期、本地商品进出口时期以及远东航运中心时期。

香港地处边陲，在封建时代，其经济属于乡村经济的范畴，开发较晚且经济发展缓慢。在此期间香港的海洋经济主要是以渔业、航运业、制盐业和采珠业为主。由于海岸线长，港口优良，并且拥有屯门、九龙等的水陆交通枢纽，这使得香港的

航运业和商业的发展有着得天独厚的优势。在小渔村时期，香港的渔业和航运业最为繁荣，这也是香港最古老的两个行业。沿海许多船户人家往往在渔业旺季以捕鱼为主，在淡季兼营航运。香港地区海岸线长，潮墩和草荡很多，为制盐业的发展提供了条件。香港自秦代开始产盐，汉代成为岭南的重要产盐区并且逐渐兴旺。由于香港不仅盛产食盐，而且地理位置优越，使得其当时成为食盐贸易最集中的港口。小渔村时期的香港采珠业也盛行一时。采珠业始自五代的南汉，当时大步①到大奚山一带沿海都是重要的采珠场所。宋代曾以害民误国为由禁止百姓以采珠为业。其后时禁时弛。而清初时期实行的“迁海”政策②，使得制盐业和采珠业逐渐衰落。

19世纪上半叶，英国陆续占领了港岛、九龙和新界（包括离岛），把香港作为对华贸易的重要据点，开始发展转口贸易，并宣布香港为自由港，香港的经济发展进入自由港时期。所谓自由港，就是允许外国货物自由进出的港口。在这一时期，香港实行转口港政策，也就是对外国货物进口，一般不征收关税（香港至今只对烟、酒、饮品、化妆品、甲醇、碳氢油类等六种进口商品征收关税，对其他进口商品都不征收关税），外国货物进口以后储存、整理、分类、再加工、再包装或者再出口等都不受限制。实行自由港政策的前提：当地资源匮乏，粮食和其他消费品需要从外地输入；并且地处交通要道，拥有优良港口，适合转口贸易，鼓励外来人口入境；有足够的军事力量进行防卫。香港不仅具备这些条件，而且自由港政策的实行利于香港的贸易、航运等行业以至整体经济的发展。由于香港特殊的地理位置和世界一流的天然深水良港，英国占领港岛的同时也带来了先进运输工具，在香港发展以汽轮为主，帆船为辅的航运业。在这一时期内，香港的转口贸易和航运业都发展迅速，航运业更是成为这一时期香港的支柱性产业之一。港英政府同时加强了对港口的建设和管理，提高了各国商人对香港航运业前景的信心，一些私营公司纷纷投资建立造船厂、修船厂以及仓库和码头，香港的远洋航运业务也在这一时期逐渐开展。除了拥有了当时较先进的运输工具，自由港政策的实行以及转口贸易的发展，也带动了与航运业有关的仓储业、船舶修理和制造业、旅栈业的逐步兴起。随着香港港口经济和航运的发展，从19世纪60年代开始，有关港口和海岸的管理制度不断完善，与航运有关的设施也得以兴建。此外，转口贸易的不断发展，使得港岛用地需求与日俱增，通过填海工程以扩大港岛的地域。抗日战争初期，香港曾出

---

① 今大埔。

② 清政府为了遏制台湾郑成功的反清势力，采纳了明降将施琅等的建议，于顺治十八年（公元1661年）下诏在东南五省（广西、广东、福建、浙江、江苏）沿海地区距海岸30～50华里划一界限，强令界外居民到界内，违者处死。并将沿海船只房屋全部烧毁，严禁出海。

现短暂“战时繁荣”，而太平洋战争的爆发使香港港口遭到日军的严重破坏，一连4年几乎没有商船进入香港港口，航运和对外贸易也因此中断，直到第二次世界大战结束，港口才恢复正常功能。

1950年朝鲜战争爆发，美国下令禁止向中国包括香港输出战略物资，次年联合国在美国的操纵下也发出了类似禁令。这从根本上动摇了香港的转口经济，使香港的转口贸易和航运业受到沉重打击。因此香港不得不对经贸关系和产业结构进行了重大调整。在经贸关系上，香港大力开展与东南亚国家的经贸活动，产业结构也调整为由转口贸易为主体转向以出口导向为主体的经济，逐步进入本地商品进出口时期。这一时期的航运业仍然是海洋经济的最主要产业，服务对象则明显的转向为本地进出口服务，转口运输降到次要地位。到20世纪70年代，航运业在香港整体经济发展的带动下更加发达。一方面，港口码头设施不断扩展，葵涌码头兴建以及多种现代化先进设备的应用，使香港成为一个现代化、高效率国际港口；另一方面，香港修船造船业在这一时期也得到长足发展，拆船业的规模在当时已闻名遐迩。

从20世纪70年代中期起，香港进入远东航运中心时期。此时的香港已经是典型的城市经济，推行经济多元化方针，对外贸易活动日益活跃。其产业结构以工业和服务业为主，这两大类行业的产值一直占本地生产总值的98%以上，农渔业不占重要地位。同时其产业结构不断发展变化，历经工业化时期之后，实现了经济的多元化。经济中心也逐步由服务业与制造业并重转变为以服务业为主。香港的服务业由进出口贸易、商用服务、本地商业、仓储、运输、金融、房地产、通讯、旅游、社会服务和个人服务等行业组成，这些行业都是香港经济体中重要的部门。特别是服务业中的金融业、旅游业、房地产业增长迅速。同时中国大陆实行改革开放政策，使香港作为转口港的作用和地位再次凸现。在这一时期，香港的海洋经济仍然以港口经济为依托，转口贸易和本地进出口并驾齐驱，航运业进一步发展，滨海旅游业在这一时期也逐步兴起。

三、海洋环境

以港口经济为依托，香港的经济发展迅速，人口也由20世纪50年代200多万增至今天680余万人。经济的发展和人口增加给港口经济带来了需求以及压力，然而随着香港国际化程度的加深，在发展港口经济的同时，我们也应注意城市建设和港口建设对海洋环境造成的不良影响。由于香港的居住区以及商贸区多集中在海湾地区，沿海修建公路、发展工业，对近海生态造成很大破坏，港口工程建设带来的污染以及海岸线的变化也破坏了近海生物的生存环境。其中包括海水富营养化带来的赤潮会破坏生态平衡；工业排放带来的化学物及重金属污染，有机污染物被分解形成恶臭，引致水底缺氧，海洋生物大量死亡，生物多样性遭到破坏等。另外，香港人口的迅猛增长以及生活水平的提高，使得人们对住房及公共设施要求提高，土地供应面临很大压力。政府不断通过填海工程解决土地问题。而大规模的填海工程同样对海洋环境造成负面影响。一方面，填海材料的选择源于近海海沙，取沙过程搅动近海海水，破坏海底动植物生存环境；另一方面，填海永久性改变海港状况，减少海洋动物的栖息场所，对于海洋食物链以及海洋渔业都有长远的影响。

第二章　中国香港地区海洋经济产业

由于中国香港是个优良的天然不冻港，而且地理适中，得天独厚的自然条件使得香港百年来从一个荒凉渔村，逐步发展成为世界上经济最富活力的大都市之一。依托于发展港口经济，香港的金融、贸易、制造、航运成为香港经济四大支撑产业，并且都具有国际性的影响。金融业与航运业为世界三大中心之一，其中集装箱港口以吞吐量连年为全球之冠；手表和玩具生产与出口占世界第一位；服装、印刷、人均外汇储备量等均居世界前列。香港海洋经济离不开港口经济的发展，海洋经济与港口经济相辅相成，港口经济的发展带动了一系列海洋产业的迅速发展，港口对香港经济与社会发展所起的作用是不可估量的。现在我们将其中最主要的几大海洋产业分析如下：

一、海洋渔业

（一）海洋渔业概况

香港在开埠之前是一个小渔村，渔业是其最古老的行业之一。而香港地处亚热带，三面环海的地理环境，加之散布于近海的众多岛屿，地理条件决定了其渔业的产量和鱼类种类必以海洋鱼类为主。香港每年捕获量和养殖量为 20 多万吨，从事渔业生产的人数约为 23000 多人，渔船 5000 艘，保证了香港市场上绝大部分水产品的供应。特区主要的渔业基地有香港仔、屯门、元朗、西贡、沙头角以及长洲岛、南丫岛、大澳等，其重要渔场是中国南部沿海大陆架部分，即由浙江至海南岛之间的海域，有些有较先进装备的渔船也赴南海西沙、南沙等海域捕鱼，渔船基本上仍是木船，其中 60% 以上为拖网船和刺网艇，以拖网作业为主，每年捕鱼量在 20 × 104 吨以上，占香港海域消费量的 50%。近年来，为适应形势的需要，香港不

断更新渔船，并采用现代化设备，在发展近海渔业的同时，积极致力远洋渔业，并重视水产养殖，使其渔业总产量持续上升。香港特区的海洋渔业由捕捞渔业和养殖渔业组成，其中捕捞渔业是海洋渔业的主体。

1. 捕捞渔业。

捕捞渔业对维持本地新鲜海鱼的供应有很大贡献。在2006年，渔业产品产量约为155000公吨，价值达16亿。据统计，目前出海作业的渔船约有5000余艘，90%以上为机动渔船。主要的捕捞方法包括各类拖网、延绳钓、刺网及围网，其中拖网业占大部分的渔获量。而各种方法中，尤以双拖作业法最为先进，渔轮上备有探鱼、导航及通讯等各种现代化的仪器装备。香港目前有渔民2万余人，大多数为家庭式操作的经营方式，由家庭成员操作渔船，另外雇用渔工协助。近海海产鱼类的种类繁多，合计超过100种，而作为主要渔获物的种类是以大眼鲷为主的多种普通鲷科鱼类，数种石首鱼科鱼类和当地俗称“红三”、“门鳝”等的鱼类以及鱿鱼类。

2. 养殖渔业。

海水养殖业是近10年来才发展起来的。海水养殖业在风浪较少的沿岸水域进行，多数是在浅海采用浮排悬挂的网箱养殖。香港地区现有26个养鱼区，面积达209公顷，持牌照的海鱼养殖者约1100名。当地从事海水网箱养鱼的渔民受严格控制——首先向渔农处申请，领取牌照，并必须在指定的海域中进行养殖。近年来，有部分流动渔民由原从事的浅海捕捞作业转向网箱养殖，以独资、合作或合资的形式在沿海港湾饲养优质海水商品鱼，并获得了较好的经济效益。海水养殖的主要种类有石斑鱼、紫红笛鲷、鲈鱼、红鲅等。养殖用的苗种来源，则是大部分靠沿海省份和台湾供应，同时也从泰国、菲律宾等国家进口，少量由本地区的海域中捕得。

（二）香港渔业组织、管理

1. 渔业组织。

香港渔民以各区为单位，自发组织设立渔民协会。渔民可自愿加入协会，并定期交纳会费。渔民协会是政府部门与渔民之间的联络纽带，一方面，渔民能通过协会向政府有关部门反映意见，提出建议，争取合法的权益；另一方面，政府部门同样可由协会转达各项有关政策决定、问题解答及实施办法等。值得一提的是，香港渔民互助社是香港渔民团体的一个重要组织，到2007年，渔民互助社已成立60周年，该团体在推动各个渔民团体之间加强联系，积极参与社会、经济和政治活动，维护渔民合法权益，保护海洋渔业资源，促进渔业经济发展等方面发挥着极其重要的作用。

2. 渔业管理。

不同于中国大陆实行半集中管理型的海洋经济管理体制，香港特区实行分散管理型的管理体制。在海洋渔业方面，香港有一系列严格的管理制度对渔业进行管理。其行政主管部门是隶属于原香港政府经济司的渔农处（香港特别行政区政府渔农自然护理署）。该处承担对香港渔业进行管理的职责，负责技术培训、生产引导以及鱼病病理研究等。此外，法律规定，所有渔产品均必须进入"鱼类统营处"统一销售。"鱼类统营处"是非政府、非盈利的机构，但在他们统营之时需从业主的销售额中提取低额佣金，以用于水产批发市场管理、水产教育以及发放渔船发展贷款等方面的各项费用。

（三）渔业的可持续发展

由于香港奉行自由贸易政策，本地渔产品市场除了约 1/4 由本地渔业生产外，其余由内地以及其他（主要是东南亚）国家进口的渔产品供应，再加上水产养殖及运输技术的发展，进口活鱼及其他鱼类产品的供应量得以大大提高。而本地捕捞渔业正面临传统捕鱼场的资源下降以及其他不利因素，同时水产养殖生产成本高，导致了本地渔获竞争力低，传统渔业难以发展的局面。渔护署一直积极采取各种措施来推动香港渔业的可持续发展。

第一，加强执行《渔业保护条例》。对于使用炸药、有毒物质、电力、抽吸器具及挖采器具等破坏性的捕鱼的行为，根据《渔业保护条例》（第 171 章）的规定，任何人士违反此条例，即属违法，一经定罪最高判处范宽 20 万元以及监禁 6 个月。

第二，除了打击破坏性捕鱼活动外，渔护署还将以控制捕鱼船队的捕捞力量以及保护本地重要鱼类育苗和产卵场的角度，建立新规管机制。其中将实施捕鱼牌照制度，作为解决问题的第一步，该措施除了可禁止非本地渔船捕取香港的渔业资源外，政府也可借此制度搜集重要数据，以有效管理渔业。另外，设立吐露港及牛尾海渔业保护区和制定在香港水域实施休渔期的机制也是新规管机制的重要组成部分。

第三，香港特区政府通过多种支持服务协助渔民转型至可持续发展的渔业及相关行业。其中包括利用"鱼类统营处贷款基金"、"渔业发展贷款基金"、"世界难民年贷款基金"和"美国经援协会贷款基金"，为渔民发展远洋渔业及其他可持续发展的渔业提供贷款；为对可持续渔业行业有兴趣的渔民安排合适的培训课程和研讨会，以便于渔民获取所需的基本知识和技术；为渔民安排考察活动，探究有关行

业发展潜力；将可持续发展渔业及相关行业的有关资料提供给渔民等方式。

此外，特区政府渔农自然护理署还建立香港仔渔业教育中心，以多种形式向市民介绍香港各式渔船、捕鱼用具、海产以及渔业管理措施，借此增强市民对香港捕鱼业的认识，提高对人们保育渔业资源和保护海洋环境的意识，进一步促进渔业的可持续发展。

二、海洋交通运输业

（一）航运业

1. 航运业概况。

香港位处华南海岸，水深港阔，海港面积5000公顷，宽度由1.2千米至9.6千米不等，又拥有天然屏障，所以香港不但是亚洲区卓越的航运中心，也是全球主要的国际航运中心。香港提供形形色色的航运服务，这些服务向来以效率高、竞争力强且专业见称，使香港得以建立国际航运中心的美誉。

香港的航运业十分蓬勃，服务网络完备。香港的港口设施已达到现代化海运标准，在世界享有盛誉。香港船东、船舶管理公司及其他相关公司均经验丰富，提供广泛的航运服务，包括船舶融资、保险、船务经纪验船、维修、仲裁、法律服务等。由于很多国际著名的船东都在香港经营业务，由他们控制或管理的船舶吨数，约占全球的8%。优良的天然海港，加上中枢的位置及有效率的经营，使香港成为全球第七大航运中心。

香港航运业由于是在特殊的殖民地自由资本主义社会下发展起来的，因此它除了具有资本主义社会市场经济和以自由港为基础的共性外，还具有自身的一些特点：首先，香港是目前世界上最开放的自由港，自由港和积极不干预政策在航运方面的体现主要是船舶进出自由、航运企业自由经营和船舶自由登记。任何国家船舶进出香港无需报关，只需在24小时前通知香港海事处，除烟、酒等少数货品外都免税免检；任何个人或企业都可以在香港投资经营航运业而不受国际和投资比例限制；香港船东所拥有的船舶可以在任何国家和地区登记，任何国家的船舶也可在香港注册登记。因此香港拥有最开放、最自由的航运环境。其次，香港的船东以整个世界作为主要活动舞台。香港船东拥有一支远远超过本港需求的庞大船队，主要承揽第三国货载，而且不仅经营航运业务，还从事船舶贸易活动，这些使香港航运业可以迅速的顺应国际市场变化，却也不可避免的容易受到世界航运市场的影响。此外，香港港口完善的设施和先进的设备，加上科学的管理和有效的经营方法，形成香港的又一大特点——世界上最大、效率最高的集装箱港。

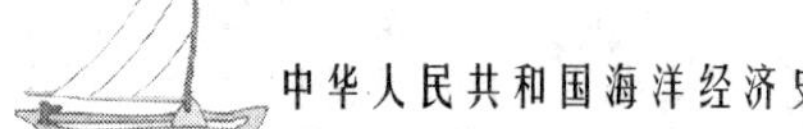

2. 航运业的发展。

香港的航运业是香港最古老的行业之一，已有160多年的历史。1840年鸦片战争后，中国被迫签订一系列割地条款，不得不停止对香港地区行使主权，百多年来香港成为英国的殖民地。然而由于香港所处的优越地理位置和自然环境，通往世界各地的海上交通十分便利和发达，从而决定了港岛航运业的发展。

英国占领香港后，宣布其为“自由港”，并运用先进的运输工具，在这里发展以汽轮为主，帆船为辅的航运业，同时加强港口建设和管理，以利于航运业的进一步发展。在这之后，不仅有外资轮船公司纷纷入驻香港争夺航运市场，香港的远洋航运业务也在这一时期逐渐开展。自由港政策的实行以及转口贸易的发展，促进了航运业的发展，与航运业有关的仓储、船舶修理和制造业、旅栈业等行业也逐渐兴起。

到了1863年，法国邮船公司加入了香港欧洲的定期航运。从此，英法在港展开竞争。英国“太平洋邮船公司”和“海洋轮船公司”等也为香港与各地航运线增加了航班。1865年，终于联合组成“省港澳轮船公司”，进一步发展广州、香港、澳门之间的航运。到了1866年，美商“太平洋邮船公司”派轮船行驶香港与旧金山定期航线。1860年进出香港的欧美船只已经超过了英国。这一时期香港航运事业是带动香港经济发展的先导行业。进出口船只货物的载重总量急剧上升。

在第二次世界大战结束后，香港的经济逐渐恢复，以天然良港发挥其国际商港的作用，成为远东重要的转口港，贸易和航运成为其经济支柱。随着内地经济和本港工业的发展，促进了香港对外贸易和转口贸易，从而加强和提高了香港作为国际商港和远洋运输中心的地位。20世纪60年代末和70年代初，西方国家集装箱运输正式在世界海运中出现，香港当局筹建了现代化的葵涌码头，使海洋运输集装箱化程度大为提高，也使香港成为世界上名列前茅的集装箱大港，为商船的发展提供了良好的基础。

香港航运业集团大多是新中国成立前夕从上海转移到香港的一些航业资本家创办的。他们利用战后世界经济的恢复和发展需要大量运输的有力机会，积极发展航运事业。特别是美国先后发动侵略朝鲜、越南战争的国际环境，以及香港的自由经济政策和自由港的有利条件，开创了香港的船东业。经过长期艰苦的经营和演变，使香港的船东业获得迅速的发展，吸引了许多船公司在香港登记注册。据统计，到1985年，在香港注册的船公司及船务代理公司已有350家左右，船东公司95家左右。拥有船舶5000万载重吨，成为仅次于希腊、美国、日本的世界第四大商业船队。

香港航运业发展到今天，已成为国际航运财团在亚太区的行政和船舶管理中心，世界各地有300多家轮船公司在香港设有总公司、分公司或代理处。香港也已成为世界最大的独立船东总部，拥有庞大的商队。如今，香港的船东拥有1294艘远洋船舶，6050万载重吨，其中香港船王包玉刚家族旗下的“环球航运”，2003年通过国际收购增加108艘，总载重量达到2230万吨，成为全球最大的船运公司，并介入中国内地海运市场。目前香港有80家国际集装航运公司，每周提供400条航线，开往全球500多个港口。

此外以港口特有的性质及适应港口生产的要求，香港还有一支强大的港口船队，主要用于港内货物驳运和私营驳运的生产服务。除经营港澳及港口交通运输服务的船队外，香港还拥有相应的一支为市政管理服务的船队。

香港航运业从各个方面对香港经济的腾飞和发展作出巨大的贡献，香港的对外经济贸易的兴旺发达很大程度上得益于航运业。水路运输的商品占香港进出口贸易的九成以上，航运业保证了香港工业所需物资源源不断的供养，并且承担了将香港工业产品分送到海外市场的任务。航运业还对香港维持国际收支平衡发挥了重大作用，对香港的金融、旅游、保险业等都起到了促进作用。

（二）港口建设

1. 香港港口建设的发展。

香港被誉为世界上三大天然深水良港之一，是名列榜首的集装箱吞吐港，也是最为繁忙与效率最高的港口。香港之所以能成为亚太地区一个重要的航运中心，与其优良的港口设施和先进的经营手段是分不开的。

1860年签订的《中英北京条约》，使南九龙至香港岛间全部约44平方千米的水域，实际上权属于英国所占有，并将其定名为“维多利亚港”。1861年，第五任港督罗便臣委派海军上尉亨利·乔治·汤式为香港港务处长兼海事裁判、火药库监督及海关长官。汤式上任以后，提出“港口与海岸法案”，对帆船和港口船只执行管制，以维持港口的正常秩序。1862年，为使众多船只在气候骤变时，有个安全去处，兴建了铜锣湾的避风塘，这也是最初的港口形态。1867年1月，又颁布了一项帆船登记与管制法例，规定船只进出港口，必需经过申报许可，进一步加强了船只的管理。1875年，在香港岛东南部鹤咀环南端的大浪头，建立了香港的第一个灯塔，指引进出港口的船只。1884年，香港的天文台建成，为海上的船只预报气候的变化。这一些海上交通运输和港口所必需的基本设施的建立和完善，为香港航运贸易的发展创造了不可缺少的条件。

到了20世纪60年代末和70年代初，西方国家集装箱运输正式在世界海运中

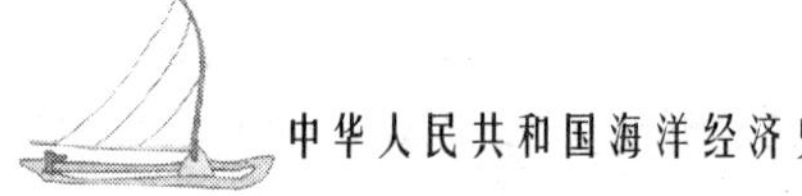

出现，最早经营集装箱运输的美国陆海联运公司，正式在香港开办集装箱运输业务。为了应付络绎而来的集装箱船，开办集装箱装卸业务，香港当局抓紧着手筹建现代化的葵涌码头。码头的建成投产，使海洋运输集装箱化程度大为提高，使香港集装箱运输发生了根本的变化。一方面替代了70年代前原广东道、北角和红磡三个码头的接卸任务，另一方面年均接卸量大幅度上升。香港1973年接卸26万TEU①，为1970年底的6倍多，到1984年已突破200万TEU，为1973年的8倍，成为世界上名列前茅的集装箱大港。

2. 香港港口建设的现状。

香港自150年前开埠以来，一直是亚太地区的国际航运中心。以2006年底的数字为例，香港的港口集装箱吞吐量高达2354万TEU，位列世界第二。香港港口条件优良，具有现代化的港口设施。香港的港口设施大体可分为5类：集装箱码头、内河货运码头、公众货物装卸区、中流作业区与浮标和碇泊处。

以葵涌码头为例，葵涌码头是世界上最具现代化的集装箱码头之一，设施先进，机械化程度高。下表为香港葵涌码头建设现状：

附表5-1　　葵涌码头现状

<table>
<tr><th>码头编号</th><th>业主</th><th>泊位数（个）</th><th>码头面积（$10^4 m^2$）</th><th>岸线长度（m）</th><th>平均陆域纵深（m）</th><th>岸桥数量（台）</th></tr>
<tr><td>葵涌1号</td><td>香港现代货箱MTL</td><td>1</td><td>12.1</td><td>305</td><td>397</td><td>4</td></tr>
<tr><td>葵涌2号</td><td>香港现代货箱MTL</td><td>1</td><td>14.2</td><td>305</td><td>466</td><td>3</td></tr>
<tr><td>葵涌3号</td><td>美国海陆联运公司</td><td>1</td><td>13.0</td><td>305</td><td>426</td><td>3</td></tr>
<tr><td>葵涌4号</td><td>香港国际货柜HIT</td><td>3</td><td>28.0</td><td>1186</td><td>236</td><td>7</td></tr>
<tr><td>葵涌5号</td><td>香港现代货箱MTL</td><td>2</td><td>25.7</td><td>472</td><td>544</td><td>5</td></tr>
<tr><td>葵涌6号</td><td>香港国际货柜HIT</td><td>3</td><td>29.0</td><td>957</td><td>303</td><td>8</td></tr>
<tr><td>葵涌7号</td><td>香港国际货柜HIT</td><td>4</td><td>32.0</td><td rowspan="3">2420</td><td rowspan="3">374</td><td>10</td></tr>
<tr><td>葵涌8号东</td><td>中远香港国际货柜</td><td>2</td><td rowspan="2">58.5</td><td rowspan="2">10</td></tr>
<tr><td>葵涌8号西</td><td>中远-香港现代货箱MTL</td><td>2</td></tr>
<tr><td>青衣9号</td><td></td><td>6</td><td>（60）</td><td></td><td></td><td></td></tr>
</table>

资料来源：根据钱耀鹏《当代香港航运》和香港特别行政区政府统计处数据整理。

香港的内河货运码头的营运范围包括重组和合并往来香港和珠江三角洲的货柜、散装货物。码头位于屯门望后石，由内河货运码头有限公司经营。码头占地约65公顷，提供3000米的海岸线，于1999年11月全面落成运作。

① 标准箱（Twenty-foot Equivalent Unit 以长20英尺的集装箱为标准）。

香港的公众货物装卸区是以短期租约形式分配泊位和沿岸地方给营运者作为装卸一般货物和货柜至趸船之用。全香港现今共有八个公众货物装卸区，提供7020米海岸线，由香港特别行政区海事处管理。

香港的中流作业区主要提供趸船装卸远洋和内河货物至货柜车或货车的服务。现在中流作业区位于香港12个不同地点，共占地34.3公顷，提供3462米的海岸线，分为长期和短期租约两种。

关于浮泡和碇泊处，在香港水域内，有两种浮泡供船只作货运作业使用。它们总称为政府系泊浮泡，分两类：甲级政府系泊浮泡，可容纳船只至183米长，6.2米至10.8米深；乙级政府系泊浮泡，可容纳船只至137米长，4.8米至9.7米深。政府系泊浮泡主要为远洋船只提供系泊服务，以便于装卸货物至趸船上。除此以外，政府系泊浮泡也可在恶劣天气情况下作为船只碇泊之用，以及作为非货物装卸用途，如游船乘客上落点。香港港口也有提供碇泊处作为货运作业之用。现在共有16个此类碇泊处，面积共为3606公顷，其中超过40%为深水货运作业碇泊处。在2006年，浮泡和碇泊处总共处理了310万个标准货柜单位，和1700万公吨其他货物。

除此以外，香港的港口主要货物装卸设施还包括如船厂、船坞、避风塘等一系列支援设施。目前有两类船厂为香港的港口工业提供服务——为本地船队提供服务的船厂，以及为较大型的远洋船只提供服务的船坞。本地船厂分别位于11个不同地区，而三个船坞则位于大屿山北部和青衣岛西面。全港同时共有十四个避风塘共423公顷的水域范围，为本地及内河船只在台风和恶劣天气情况下提供避风地方。

3. 香港港口管理。

香港港口一直对香港经济的发展起着十分重要的作用。中国于1997年7月1日恢复对香港行使主权后，除了香港特别行政区对外使用“中国香港”的名称，外国军舰需经中央人民政府批准方可进出其港口外，香港港口的运作和管理仍保持不变。

香港港口与其他港口不同之处在于并无港务局，以负责一切港口基本设施和港务监督。大部分港口设施均由私营机构拥有、经营，政府干预微乎其微。香港管理港口的政府机构是海事处，其主要职能是确保港口运作和全港水域安全、管理香港船舶注册以及保证香港注册船舶的品质。具体而言，海事处的职能是：促进香港水域内船舶航行、客货运输安全快捷；确保在香港注册、领牌和使用香港水域的船只，均符合国际和本地的安全、海上环保标准；管理香港船舶注册、订立符合国际公约规定的政策、标准和法例；确保在香港注册、领牌和使用香港水域的船只所聘用的海员均符合国际和当地规定的资格，并规管香港海员注册和聘用等事务；履行香港应有的国际责任，协调海上搜救行动，并确保行动符合国际公约所订标准；对付香港水域内的油污、收集船只产生的垃圾和清理香港水域内特定范围的漂浮垃圾；以最具成本效益的方式，提供并保养大量政府船只，配合各部门的需要。

此外，香港政府负责港口规划与管理的港口发展局也在港口管理问题具有重要作用。香港港口发展局成立于1990年4月，其职责是负责香港政府有关港口发展方面的各种事务，其中包括：（1）港口需求的战略规划；（2）监督上述规划的实施；（3）倾听港口业港方意见和建议；（4）必要时就上述意见建议采取行动；（5）在港口发展方面协调政府和私营业主之间的关系。

三、旅游业

香港的旅游业具有悠久的历史，它是为适应香港社会经济发展的需要而不断发展起来的。作为全球最早的“自由港”之一，香港以贸易开埠，商贸的需要促进了商务旅游的发展，至二次大战前已有各类旅行社20余家，主要为旅客提供住宿、娱乐、购买车船票及行李托运业务。从20世纪50年代开始，香港从转口贸易为主转向以加工贸易为主，贸易往来的同时也开始有为数不多的海外游客来港观光游览，这可谓是香港旅游业的发端。1955年港英政府设立了发展旅游事务委员会，同年颁布了旅游业条例，1957年，为了促进旅游业的发展，香港成立了“香港旅游协会”（2001年4月1日正式更名为政府资助机构“香港旅游发展局”）①。到1958年，访港旅客首次突破10万人次，1978年则跨越200万人次大关。

政府和民间有关行业此时也开始增设旅游景点，扩建旅游设施并且大力宣传香港风光、美食、文化、娱乐、购物等多方面优势。海洋的旅游资源支持了香港的旅游事业发展。香港拥有80公里的海岸线，200多个海岛，分布着许多奇异景观和海滩胜景，可以开发、建设旅游的景区或景点，现已建成并投入使用的有海洋公园、水上乐园、青龙水上乐园、私营水上活动中心、郊野海滨公园和保留地与保护区等，招来四面八方的游人，成为香港旅游的主要内容。此外，由于香港地理位置优越，拥有先进的国际机场、连接全球的航空以及航运网络、四通八达的道路及轨

---

① 香港地区直接同旅游业香港的机构有两家：一是“香港旅游发展局”；二是“旅游事务署”。其中，“香港旅游发展局”属于政府资助机构，其前身是1957年成立的“香港旅游协会”，其主要职能是“在世界各地宣传和推广香港旅游胜地，以及提升旅客在香港的旅游体验；就本港旅游设施的范畴及质素，向香港特区政府和有关机构提供建议”，其使命“是要尽量提升旅游业对香港社会及经济的贡献，并致力于巩固香港作为别具特色、最令人向往的世界级旅游胜地地位”。而旅游事务署则是政府部门，它成立于1999年5月，隶属于政府的“经济发展及劳工局”，主要职责是“就香港旅游业的发展，为政府制定政策、计划和策略，并就影响旅游业发展的事项，统筹各有关政府部门的工作。”

道网络和高效可靠的公共交通服务，使全球旅客都能便捷的到达香港。香港无论在硬件设施（包括城市基建、旅游景点等）和软件配套（包括服务和管理素质、酒店住宿、饮食和购物等方面）都达到国际水平。据统计，香港旅游业已是其最大的服务业之一，是香港赚取外汇第二个行业。近几年访港旅客来自多个国家和地区，港外旅客每年约在900万左右，所得收入（不含来自内地旅客的消费）都在500亿元以上。

附表5－2　**按居住国家/地区划分的访港旅客人数**　单位：千人次

居住国家/地区	2001年	2005年	2006年
中国内地	4449	12541	13591
中国台湾	2419	2131	2177
南亚及东南亚	1747	2413	2660
北亚	1762	1853	2030
美洲	1259	1565	1631
欧洲、非洲及中东	1171	1726	1917
中国澳门	532	510	578
澳大利亚、新西兰及南太平洋	387	620	668
总计	13725	23359	25251
	（+5.1）	（+7.1）	（+8.1）

资料来源于《中国统计年鉴——2006》以及《香港统计数字一览》（2007年2月）。

2005年，随着香港经济的全面复苏和迪斯尼乐园①等新景点②在此地落成开放，香港旅游业的发展更为迅猛。尤其是内地旅客，超过访港旅客总数逾半；2005年上半年，内地赴港旅客累计超过588万人次，占全部访港旅客的53.6%，其中“个人游”旅客达254万人次，占内地访港旅客总数的43.2%，内地访港旅客成为香港旅游业发展的最主要推动力量。

香港是享誉海内外的旅游胜地，旅游酒店业是香港重要的支柱产业之一。随着香港经济稳步复苏，内地经济快速发展以及两地经贸联系日趋紧密（包括内地逐步扩大内地居民赴港“自由行”的城市数目），随着多项崭新旅游项目的陆续启用，香港必将吸引全球越来越多游客的目光，并为旅游酒店业的发展带来历史性机遇。为了促进香港旅游业的发展，香港旅游发展局已将2006年定为“精彩香港旅

① 根据旅游事务署的估算，迪斯尼乐园这一主题公园不仅“有助香港重新定位为亚洲区内家庭旅游的首选目的地”，而且“会在未来40年为香港带来1480亿港元的净收益”。

② 如香港湿地公园、昂平360、心经简林、亚洲国际博物馆、香港国际机场航天城、山顶凌霄阁翻新改造工程、香港海事博物馆和大屿山环岛游等。

游年”①，并耗费了约 4.7 亿港元用于宣传“2006 精彩香港旅游年”。

四、重大海洋工程

（一）填海工程

海洋为香港的发展提供了广阔的空间。土地是宝贵的，在香港尤为宝贵。海洋为解决香港用地紧张提供了条件。通过围海造地，获得城市建设用地一直是香港利用海洋的一项开发活动。香港政府于 1842 年，即香港开埠后的第二年，便已经进行第一次非正式的填海工程。当时由于香港岛中环皇后大道及云咸街的兴建造成大量沙石，为免搬运至其他地区存放，于是直接把沙石推进维多利亚港，扩大维多利亚城的发展面积。而香港首次的正式填海工程，则是于 1852 年展开的文咸填海计划。从围海建设文咸街开始，香港的围海造地从未间断，其中规模较大的有：1890 年中区填海修筑干诺道和遮打道；1924 年在旧空城寨外填海建启德机场；1947 年至 1957 年在观塘填海建设新市镇；1978 年在沙田填海建设新马场；1997 年建设香港新机场等。

今日港岛北岸上环、中环一带的海滩是最先被填成陆地的地方。第一次大规模填海造陆工程始于 19 世纪 50 年代，此工程开辟了当时的“海傍道”。香港历史上最大规模的一次开山填海造陆工程是在 1889～1903 年间进行，修建成了目前港岛北岸海旁最宽的德辅道、干诺道。进入 20 世纪以后，随着香港人口的急剧增加和经济的高速发展，原来主要商业区和居住区格局发生变化，港岛的湾仔、铜锣湾、北角、鲫鱼涌、旺角、启德机场等地均开展了不同规模的开山填海造陆工程。“二战”以后，全香港的总体规划设计开始启动，其中又以新市镇的开发、启德机场的扩建与维多利亚港的发展最为突出。如客运量列世界第三位、货运量列世界第二位的香港启德机场于 1974 年扩建时共填海造陆 45 公顷（1 公顷 = 10000 平方米），解决了一条 3400 米长的跑道所需的土地，保证了机场经营的需要。70 年代初，香港政府和规划设计部门向新界郊野开拓，发展新市镇和乡镇，其中葵涌的码头装卸区，已发展为世界第二大的货柜专业码头。

多年来香港填海造陆达 20 多平方千米，占它总面积的 2% 左右，占市区面积的 20% 以上，比例虽然不是很大，但填海造陆的地区都是重要的商业区和机场、

---

① 包括重新包装和宣传现有的“幻彩咏香江”、“星光大道”、“香港购物节（6～8 月）”、“美食之最大赏”（10 月）、“香港缤纷冬日节”（11 月至元旦）等活动，以及将原有的零散个别活动扩展综合成新的项目，如将围绕“元朗天后诞会景巡游”、“大屿山宝莲禅寺浴佛节”而推出的“文化及传统节庆”（4～5 月）。

码头，利用率很高，对香港的经济发展做出了巨大的贡献。香港的商业闹市、港区、公寓区，几乎都建在填海地上，据80年代初期的统计，在6平方千米的弹丸新地上，共居住有69万人，占当时全岛总人口的58%。

（二）海底隧道

我国香港特别行政区目前拥有三条海底隧道，越过维多利亚海峡，把港岛与九龙半岛连接起来。这三条海底隧道分别是港九中线海底隧道、港九东线海底隧道以及西区海底隧道。

港九中线海底隧道（又名红磡海底隧道），即九龙至香港的海底公路隧道的建成，是香港交通史上的里程碑，也是一项闻名世界的大型海洋工程。红磡海底隧道是香港第一条过海行车隧道，其修建计划于1955年开始研究，经过10年筹备，于1966年动工，工期历时6年，1972年建成通车。隧道全长1.86千米，包括一条四车道、日流量12万次的汽车隧道和一条地铁隧道，其中海底部分为1290米。整个工程采用混凝土钢管沉埋法[①]，共耗费钢铁2.3万吨，至于水泥等建筑材料更是不计其数。建筑费总投资达3.2亿港币。该海底隧道南端出入口位于奇力岛（又称灯笼洲），因工程关系该岛已经与香港岛连接。北端出入口所在的土地位于红磡以西，亦是填海所得来的。

港九东线海底隧道，即连接港岛东和九龙东的东区海底隧道，是香港交通网络系统的重要组成部分。该隧道由1989年8月开始施工兴建，1989年9月21日正式落成启用，隧道南端为鲗鱼涌，北端为茶果岭，全长1.8千米，整条隧道建筑费用达22.14亿港币。由新香港隧道有限公司营运。自从港九东线海底隧道于2005年5月调整隧道费后，交通流量从2005年1月至4月的平均每日71488辆，下降16%，至2005年5月至12月的平均每日60131辆。在香港整体经济强劲复苏带动下，2006年的交通流量上升1.5%，至平均每日61010辆。

西区海底隧道简称西隧，于1997年4月30日正式通车。该隧道是香港第三条过海行车隧道，是全港首条双程三线行车的过海隧道和全港最大的海底隧道。隧道全长2千米，连接香港岛的西营盘和九龙尖沙咀附近的西九龙填海区，是香港第一条双程三线分隔沉管式隧道。香港西区隧道有限公司在1997年以“建造、营运、

---

① 海底隧道的施工方法主要有“盾构法”和“沉管法”两种。其中，“沉管法”是将岸上预制的钢筋混凝土结构沉管，两端用临时封板密封，分段运到隧道位置的水面上，然后向沉管内注水增加重量，借助船吊装置，将沉管准确地沉放于预先挖好的水槽内。沉管之间的接头，用橡胶垫和密封圈组成内外两道止水带，以防止海水的侵入。利用水压作用将各段沉管拼装成连续结构，再拆去临时封板，抽去积水，一条贯通两岸的隧道就建成了。这种方法，由于无需在海底深层大量挖掘，因此工期短、造价低。我国大陆第一条公路地铁合一的大型水下交通设施——珠江隧道就是采用这个方法建造的。

移交”方式获得西区海底隧道30年专营权。然而因其高昂的收费，西区海底隧道车流一直偏低。2001年，该隧道平均每日行车辆只有39700辆，远低于可供行车数目的180000辆。截至2007年7月31日，西隧每日车流量及市场占有率比去年同期均有所上升。除了每日车流量取得3989辆（9%）的增长外，市场占有比率也从2005~2006年度的19%增加至2006~2007年度的20%，令西隧的平均每日行车量增加至46984辆。

新香港隧道有限公司2006年报表显示，红磡海底隧道在全港过海隧道总流量的市场占有率为54%，东隧的市场占有率为26.6%，西区海底隧道为19%。三条海底隧道使回归祖国后日益繁荣的香港特别行政区交通无阻。

参考文献

1. 蔡仁逵：《香港渔业考察报告》，载《现代渔业信息》，1993年第8期，第5~7页。

2. 陈国少，肖星，常工：《台港澳手册》，华艺出版社1990年版。

3. 陈思行：《香港渔业现状》，载《水产科技情报》，1985年第4期，第24~27页。

4. 崔崇尧：《香港港口发展管理与前瞻》，载《中国水运》，2001年第9期，第4~6页。

5. 戴道华：《香港旅游业的机遇与挑战》，载《粤港澳价格》，2003年第7期，第4~6页。

6. 丁安华：《香港国际航运中心的未来》，载《中国远洋航务》，2007年第7期，第52~53页。

7. 方奕，乐美龙：《港口物流现状及发展思考》，载《中国航海》，2003年第55期，第38~41页。

8. 傅骊元：《亚洲的崛起》，北京大学出版社2005年版。

9. 高群服：《香港农渔业扫描》，载《海峡科技与产业》，1997年第4期，第35~36页。

10. 高彦生，李德庆：《香港的渔农业》，载《中国进出境动植检》，1997年第2期，第9~9页。

11. 郭平，刘卫中：《浅谈：香港旅游业的发展》，载《地理教育》，1997年第3期，第30页。

12. 何洁霞：《打救香港旅游业》，载《经济导报》，2007年第16期，第44~

55 页。

13. 侯永庭：《中国港口经济区发展趋势》，载《海洋与海岸带开发》，1991 年第 4 期，第 50 ~ 54 页。

14. 胡传林：《香港渔业简况》，载《水利渔业》，1997 年第 5 期，第 7 ~ 8 页。

15. 胡天新：《香港的港口资源及港口运输业的发展》，载《自然资源》，1997 年第 2 期，第 16 ~ 22 页。

16. 胡欣：《中国经济地理（第五版）》，立信会计出版社 2005 年版。

17. 胡振国：《深港合作新趋势》，中国经济出版社 2005 年版。

18. 林凌，刘世庆：《中国东南沿海经济起飞之路》，经济科学出版社 1998 年版。

19. 刘卯忠：《香港港口的形成与经营特点》，载《世界之窗》，1998 年第 6 期，第 42 ~ 43 页。

20. 卢受采，卢冬青：《香港经济史》，人民出版社 2004 年版。

21. 罗宗志：《香港特区政府如何发展旅游业》，载《四川改革》，2003 年第 10 期，第 45 ~ 47 页。

22. 倪建民，宋宜昌：《海洋中国：文明重心东移与国家利益空间》，中国国际广播出版社 1997 年版。

23. 倪健中：《告别港英：两个世纪之交的两个香港之命运》，中国社会出版社 1996 年版。

24. 潘晨光，王宪磊：《中国人才发展报告 NO. 3》，社会科学文献出版社 2006 年版。

25. 钱耀鹏：《当代香港航运》，大连海事大学出版社 1996 年版。

26. 秦云：《香港港口发展概况及其对天津港口建设的启示》，载《城市》，2006 年第 2 期，第 57 ~ 60 页。

27. 孙萍，陈静，张杰涵：《挑战未来——中国经济跨世纪发展战略》，西南财经大学出版社 1999 年版。

28. 谭征：《海洋博物馆》，天津教育出版社 1996 年版。

29. 陶冬：《中国经济热点透视》，上海人民出版社 2006 年版。

30. 田北俊：《回望十年变迁旅游业壮根基迎挑战》，载《经济导报》，2007 年第 26 期，第 62 ~ 63 页。

31. 汪小炎：《香港渔业简介》，载《中国水产》，1988 年第 3 期，第 40 ~ 41 页。

32. 王博：《中华人民共和国经济发展全史》，中国经济文献出版社 2006 年版。

33. 王海平：《关于港口经济的几点思考》，载《港口经济》，2003 年第 3 期，第 18 页。

34. 王荣武，梁松：《广东海洋经济》，广东人民出版社 1998 年版。

35. 王涛：《香港旅游业发展初探》，载《亚太经济》，2004 年第 4 期，第 55～58 页。

36. 王永厚：《香港的渔农业》，载《世界农业》，1997 年第 5 期，第 44～45 页。

37. 翁克勤：《香港集装箱港口状况分析》，载《水运工程》，2003 年第 5 期，第 12～22 页。

38. 吴炯机：《中国恢复对香港行使主权后香港港口的作用（摘要）》，载《上海造船》，1998 年第 1 期，第 9 页。

39. 吴松弟，戴鞍钢，林满红：《中国百年经济拼图》，山东画报出版社 2006 年版。

40. 香港海事处：《香港回归祖国：港口与航运管理迈进新纪元》，载《中国港口》，1997 年第 3 期，第 17～19 页。

41. 香港西区隧道有限公司：《香港西区隧道有限公司二零零七年年报》，2007 年。

42. 萧灼基：《2006 年经济分析与展望》，经济科学出版社 2006 年版。

43. 新香港隧道有限公司：《新香港隧道有限公司 2006 年年报》，2006 年。

44. 徐惠蓉：《港口城市和腹地经济之间的联系问题》，载《南方经济》，1990 年第 4 期，第 20～23 页。

45. 徐建华：《九七回归以后香港港口发展前景》，载《中国港口》，1997 年第 3 期，第 21～23 页。

46. 徐剑华：《香港的港口发展与未来趋势》，载《开放导报》，1997 年第 7 期，第 37～39 页。

47. 徐立新：《论香港全球旅游推广计划对中国内地旅游营销活动的示范效应》，载《商业经济》，2006 年第 10 期，第 107～108 页。

48. 杨海英：《把脉香港旅游业化解诚信问题前景美》，载《经济导报》，2007 年第 14 期，第 36～38 页。

49. 杨强：《北洋之利：古代渤黄海区域的海洋经济》，江西高校出版社 2005 年版。

50. 杨伟成：《香港港口的前景及所面对的问题》，载《特区与港澳经济》，1994 年第 4 期，第 53～55 页。

51. 杨文鹤：《二十世纪中国海洋要事》，海洋出版社2003年版。

52. 杨文鹤：《中国海岛》，海洋出版社2000年版。

53. 叶向东：《现代海洋经济理论》，冶金工业出版社2006年版。

54. 曾呈奎，徐鸿儒，王春林：《中国海洋志》，大象出版社2003年版。

55. 曾呈奎，周海鸥，李本川：《中国海洋科学研究及开发》，青岛出版社1992年版。

56. 詹伟芳，罗寿枚：《香港旅游的客源市场分析及其优化建议》，载《云南地理环境研究》，2007年第19期，第137～142页。

57. 张泽南，弟增智：《走向海洋的中国》，福建教育出版社2000年版。

58. 张泽南，张璐：《海疆纵览：中国海域地理变迁和资源开发》，海潮出版社2003年版。

59. 赵弘：《2005～2006年：中国总部经济发展报告》，社会科学文献出版社2005年版。

60. 赵世彭，李国辉，邓崇智：《香港航运的过去、现在和将来》，载《水运科技信息》，1998年第2期，第11～13页。

61. 周先标：《浅谈中外休闲渔业管理》，载《中国渔业经济》，2004年第5期，第28～33页。

62. 朱丽英，黄婉霜：《全港发展策略》，载《城市规划》，1996年第6期，第4～8页。

63. 朱少颜：《香港旅游业：现状分析与前景展望》，载《特区经济》，2003年第11期，第39～41页。